【개정판】

사방공학

마 호 섭 지음

넥서스환경디자인연구원 출판부

머리말

우리나라의 산림은 민족의 수난과 함께 많이 파괴가 있어 왔다. 일제 강점기에는 우량한 임목들이 수탈당했고, 광복 이후에는 전쟁으로 많이 황폐화되었다. 1907년부터 황폐화된 산림을 복구하고 녹화하기 시작한지 어언 116년이 지나면서 우리나라의 산지는 훌륭한 산림자원으로 회복되고 있다.

최근 지구환경의 변화로 산림의 중요성이 부각됨에 따라 숲에 대한 국민적 관심과 사회적 수요도 점차 다양화되고 있으나 경제성장과 함께 개발로 인하여 택지, 공장, 리조트 시설, 도로, 채광 및 채석 등 인위적인 훼손지와 산사태 등 자연적인 훼손지도 끊임없이 발생되고 있다. 이러한 다양한 훼손지에 대한 복구 및 녹화와 산지재해 예방 및 복구를 위한 환경친화적인 공법의 필요성도 점차 높아지고 있다.

우리나라의 산림복구 및 녹화는 제2차 세계대전 이후 유일하게 성공한 사례로 평가를 받고 있다. 그동안 눈부시게 발전한 사방공학은 학문적 및 실무적인 면에서 선진국 수준에 도달하였으나 국토의 보전과 사방사업의 발전을 위하고, 자연과 조화로운 사방기술을 위하여 계속하여 새로운 기술을 도입하거나 연구 개발하여야 할 것이다. 사방공학은 임학뿐 만 아니라 토목공학, 수문학, 수리학, 토질역학 및 하천공학 등을 응용하는 융합과학이다.

이 책은 그동안 저자가 대학에서 강의 자료와 연구를 통하여 얻은 경험과 지식을 바탕으로 사방공학 분야의 학문적인 체계를 새롭게 세우고자 노력하였다. 대학에서 강의하는 사방공학의 교재뿐 만 아니라 사방공학 분야에 종사하는 실무자들도 활용하기 쉽도록 기술하였다, 또한 토목학, 조경학, 건축학 및 도시계획에 관련된 전문인들도 참고가 될 수 있었으면 한다.

특히, '사방공학' 개정판을 내면서 일부 내용들을 새로이 보완하고 수정하여 더욱 이해하기 쉽고 체계화된 책이 되고자 하였다.

끝으로, 어려운 여건을 무릅쓰고 원고 정리에 고생하신 사방공학 연구실 학생들에게 심심한 사의를 표하며, 또한 이 책이 출간되기까지 많은 협조를 해 주신 넥서스환경디자인연구원(주) 대표님과 출판부 직원 여러분들께도 깊은 감사를 드립니다.

2023. 08.

저자 씀

차례

제4장 산림황폐 및 산지침식

제5장 토질과 사면안정

제1장

총론

제1장 총 론

1 2 3 4 5 6 7 8 9

1.1 사방공학과 사방사업

1.1.1 사방공학의 정의

사방공학(砂防工學: erosion control engineering)이란 국토보전적인 측면에서 산지의 토사재해 예방 및 복구 등 사방의 목적을 달성하기 위한 기술과 이를 기초로 하는 과학의 응용에 관한 이론 및 실제를 다루는 학문이다. 사방공학은 사방에 이용되는 기술과 공법들에 대하여 최신 기술로 개발하고, 체계화하여 학문적 발전을 도모함에 있다.

사방(砂防: erosion control work)이란 산지의 침식과 토사유출에 의하여 토사가 단번에 하류로 이동하지 않도록 억제 · 조절하여 하류로 유출시켜야 한다. 이러한 토사유출 과정에서 산지를 황폐로부터 보호하여 자연환경과 국토를 보전하는 것이다. 즉, 토사재해의 원인이 되는 토사의 생산 · 이동 · 퇴적 현상을 과학적으로 규명하고, 토사재해의 방지기술을 확립하여 적절한 공법을 통하여 지반의 안정과 식생의 도입으로 자연환경을 복구하는 것이다. 이와 같이 복구를 통하여 식생이 자라 녹화가 되면 산지의 보전이 이루어지게 된다.

사방사업에서 황폐지나 훼손지의 복구(復舊: rehabilitation)와 녹화(綠化: revegetation)라는 용어가 많이 사용되고 있다. 황폐지 및 훼손지는 자연적 또는 인위적인 원인으로 산지가 황폐화되거나 훼손되어 토석 · 나무 등의 유출 또는 모래의 날림 등이 발생하는 지역이며, 국토의 보전적 측면에서 재해의 방지, 경관의 조성 또는 수원(水源)의 함양(涵養)을 위하여 복구공사가 필요한 지역이다.

복구는 원래의 산림생태계가 더 이상 훼손되지 않도록 토목학적인 방법인 구조물 시공으로 지반을 안정시키고, 식물학적인 방법인 수목의 식재를 통하여 식생의 회복을 도모하는 개념이다. 녹화는 훼손된 산림 생태계가 자연의 힘만으로는 산림의 재생과 녹지가 형성될 수 없는 열악한 환경을 사방사업에 의한 복구를 통하여 시간이 지남에 따라 산림의 회복과 녹지가 창출되도록 하여 원래의 산림상태계로 복원시키고자 하는 개념이다(그림 1-1 참고).

최근에 자연환경에 대한 관심이 높아지고 훼손된 산림환경을 관리하면서 종래의 개념에서 더욱 진전된 개념으로 훼손되기 이전의 환경으로 되돌린다는 의미로 복원(復元: restoration)이라는 용어도 많이 사용되고 있다. 우리나라의 사방사업법에서 법률용어로 산지사방사업은 산사태복구사업, 산지보전사업, 산지복원사업과 야계사방사업에서는 계류보전사업, 계류복원사업 등 복구와 복원을 함께 사용하고 있다. 또한, 산지보전사업과 계류보전사업에서도 보전을 법률용어로 사용하고 있다. 따라서 사방사업에서 복구, 녹화, 복원 및 보전과 보존이라는 용어에 대하여 정확한 이해가 필요하다.

① 복구(復舊: rehabilitation) : 사방사업에 의한 복구는 안정되고 지속가능한 생태계를 만드는 것으로서 재해방지 및 경관유지에 중점을 두고 산림의 구조와 기능을 개선하는 행위를 의미한다. 복구는 식물의 성장과 함께 녹화가 이루어지면서 원래의 생태계로 되돌리려는 초기단계의 개념이며, 시간이 지나면서 녹화단계를 거쳐 복구지역의 고유한 생태계 구조와 유사한 복원단계에 이르게 된다.

② 복원(復元: restoration) : 철저한 현장조사에 기초하여 복원목표를 설정하고 계획을 수립하여 교란 또는 훼손 이전의 원상태로 정확하게 되돌리기 위한 것이다. 복원은 자연적 과정을 통해 완전한 원상태의 산림으로 회복하는 것은 현실적으로 불가능하기 때문에 복구과정 및 사후 모니터링을 통하여 산림의 생물다양성을 높히고 온전성과 건강성을 회복하도록하여 경관의 유지와 재해방지가 가능하도록 하는 것을 의미한다. 특히 복구과정을 통해서 자연 스스로의 힘으로 회복이 될 수 있도록 도와주는 역할을 해야 하며, 복구 -> 녹화 -> 복원으로 회복되는 과정이 복구와 유사하다.

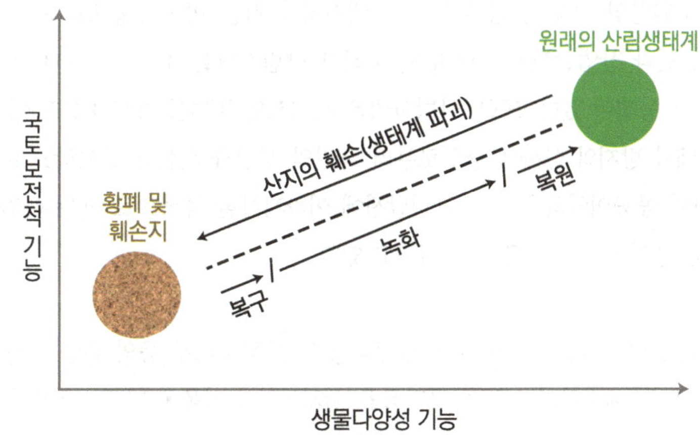

[그림 1-1] 사방사업을 통한 산림복원의 과정

③ 보전〔保全: conservation〕 : 산지를 일부 개발하여 이용도 하면서 지켜나가자는 환경대책, 즉 생물의 서식환경의 보호를 고려하는 한편 인간의 생존환경의 보호도 함께 고려하고자 하는 것이다.

④ 보존〔保存: preservation〕 : 개발이나 훼손이 없이 원래의 상태가 손상되지 않게 잘 유지하자는 것이다.

⑤ 보호〔保護: protection〕 : 생물의 생존환경의 지속적인 보존을 도모하는 것을 주 목표로 하며, 이 경우 보존의 주 대상이 되는 것은 생물환경으로서 종족의 유지와 서식환경의 보존에 접근하는 것이다.

세계 여러 나라에서도 산림황폐, 토사유출, 홍수 및 비사 등에 의한 재해를 방지하기 위하여 다양한 사방사업을 실시하였으며, 우리나라에서도 다양한 사방기술을 개발하고 발전시켜 자연재해를 예방하고 복구하여 살기 좋고 아름다운 국토를 만들어 가야할 것이다.

1.2 사방사업

1.2.1 사방사업의 목적

사방사업은 붕괴 위험지와 황폐지 또는 산사태취약지역 등에 산림토목 기초공사를 실시하고 식생을 조성함으로써 상류 산지사면과 계류의 황폐화를 막고, 불안정한 비탈면을 고정하며, 토사와 석력의 생산 및 이동을 억제하여 산사태와 토석류로부터 발생되는 산지재해를 최소화하기 위하여 실시한다.

특히, 사방사업을 통하여 산림자원의 생육 및 생산기반을 조성하고, 산림의 공익적 기능, 즉 국토보전 기능, 수원함양 기능, 산림휴양 기능, 대기정화 기능, 야생동물보호 기능 등을 향상시켜 공공이익의 증진과 산업발전에 기여하며, 수려한 산림경관을 조성함으로써 국민의 삶의 질을 높이는 데에 그 목적이 있다. 또한, 사방사업은 사방사업법(법률 제12052호)에 의하여 시행되며, 국토의 황폐화 방지와 산사태 등으로부터 국민의 생명과 재산을 보호함으로써 국토를 효율적으로 보전하여 공공이익의 증진과 산업발전에 이바지함을 목적으로 하는 사업이다. 사방사업과 관련된 기본 용어는 다음과 같이 정의하고 있다.

① 사방사업이란 황폐지를 복구하거나 산지의 붕괴, 토석 · 나무 등의 유출 또는 모래의 날림 등을 방지 또는 예방하기 위하여 공작물을 설치하거나 식물을 파종 · 식재하는 사업 또는 이에 부수되는 경관의 조성이나 수원의 함양을 위한 사업을 말한다.

② 사방시설이란 사방사업에 의해 설치된 공작물과 파종 및 식재된 식물(사방사업의 시행 전부터 사방사업의 시행지역 안에서 자라고 있는 식물을 포함)을 말한다.

③ 사방지란 사방사업을 시행하였거나 시행하기 위한 지역으로서 사방사업법 제4조에 따라 특별시장 · 광역시장 · 도지사 · 특별자치도지사(이하 '시 · 도지사'라 한다) 또는 지방산림청장이 지정 · 고시한 지역을 말한다.

1.2.2 사방사업 관련 법령 및 제도

1. 사방사업 관련 법령

우리나라의 사방관련 법령에는 법률인 사방사업법(砂防事業法: The Erosion Control Work Act), 대통령령인 사방사업법 시행령(砂防事業法 施行令: Enforcement Decree of the Erosion Control Work Act) 및 부령인 사방사업법 시행규칙(砂防事業法 施行規則: Enforcement Rule of the Erosion Control Work Act)이 있다.

사방사업법은 1962년 1월 15일 "국토의 황폐화를 방지하고 산사태 등으로부터 국민의 생명과 재산을 보호하고 국토를 보전하기 위하여 사방사업을 효율적으로 시행하므로써 공공이익의 증진과 산업발전에 이바지함"을 목적으로 제정되었다. 사방사업법은 사방시행, 시설관리, 비용부담 및 수익, 벌칙, 사방시설의 해제 등을 주요 내용으로 하고 있다. 사방사업법 시행령은 사방사업법에서 위임된 사항과 그 시행에 필요한 사항을 규정함을 목적으로 하는 대통령령이다. 사방사업법 시행규칙은 사방사업법 및 같은 법 시행령에서 위임된 사항과 그 시행에 필요한 사항을 규정함을 목적으로 하는 규칙이다.

사방사업은 사방사업법 제5조와 제13조에 의하여 실시되며, 사방사업법 제5조에는 "사방사업은 국가사업으로 하며, 국가의 사업으로 시행하는 사방사업은 대통령령이 정하는 바에 따라 시 · 도지사 또는 지방산림청장이 이를 시행한다". 또한, 제13조에는 "누구든지 사방사업을 시행하거나 사방시설을 관리하는 것을 거부하거나 방해하여서는 아니 되며, 제28조에 이를 위반한 자는 1년 이하의 징역 또는 500만원 이하의 벌금에 처한다"라고 되어 있다.

특히, 사방사업법 제7조에 "사방사업의 시행에 따른 비용은 국가가 이를 부담한다. 다만, 제6조의 규정에 의하여 지방자치단체 · 공공단체 기타 국가외의 자가 시행하는 경우에는 당해 시행자가 이를 부담하되 국가는 그 비용의 전부 또는 일부를 보조할 수 있다"고 되어 있다. 현재 우리나라에서 사방사업은 사유림의 경우 국비 70%와 지방비 30%로, 국유림의 경우는 국비 100%를 지원하여 수행하고 있다.

2. 산사태 대응 관련 법령

산사태 대응관련 법령에는 법률인 산림보호법(山林保護法: The Forest Protection Act), 대통령령인 산림보호법 시행령(山林保護法 施行令: Enforcement Decree of the Forest Protection Act) 및 부령인 산림보호법 시행규칙(山林保護法 施行規則: Enforcement Rule of the Forest Protection)이 있다.

2011년 서울 우면산 산사태 발생 후 생활권 산지재해에 관한 관심이 급증하면서 2012년 산림보호법에 산사태 대응과 관련한 조항이 신설되었다.

제5장 제1절 산사태의 예방 대책의 수립에 관한 내용은 산사태 예방 장기 대책의 수립 및 시행, 산사태 예방연도별 대책의 수립 및 시행, 산사태예방 지원본부의 설치 및 운영, 산사태 정보 체계의 구축 및 운영, 산사태 예측정보의 제공 등이다. 제2절 산사태의 예방 및 대응에 관한 내용은 산사태 발생우려지에 대한 조사, 산사태 취약지역의 지정 및 해제, 산사태취약지역 지정위원회의 구성 및 운영 등이다.

제3절 산사태 발생지 복구에 관한 내용은 산사태 발생지의 복구, 산사태 대응의 평가 및 분석, 산사태 예방에 대한 문책요구 등이 있다.

산사태취약지역의 조사 및 지정의 목적은 산사태로 인한 국민의 생명과 재산피해를 줄이기 위하여 피해 위험 지역을 선정하고, 선정된 위험지역은 구조물 대책으로 사방사업의 수행과 비구조물 대책으로는 경계피난 및 대피 등을 위한 것이다.

3. 재해방지 및 복구 관련 법령

재해방지 및 복구 관련 법령에는 법률인 산지관리법(山地管理法: Mountainous Districts Management Act), 대통령령인 산지관리법 시행령(山地管理法 施行令: Enforcement Decree of the Forest Management Act) 및 부령인 산지관리법 시행규칙(山地管理法 施行規則: Enforcement Rule of the Forest Management Act)이 있다.

산지관리법은 2002년 12월 30일 산지를 합리적으로 보전하고 이용하여 임업의 발전과 산림의 다양한 공익기능의 증진을 도모함으로써 국민경제의 건전한 발전과 국토환경의 보전에 이바지함을 목적으로 제정되었다.

재해 방지 및 복구는 제37조 산지전용, 산지일시사용, 토석채취 또는 복구를 하고 있는 산지에 대하여 대통령령으로 정하는 바에 따라 토사유출, 산사태 또는 인근지역의 피해 등 재해방지나 산지경관 등에 필요한 조사, 점검 및 검사 등을 할 수 있다.

산지 전용지 등의 복구는 제39조에 따라 복구를 해야 하며, 산지를 복구하는 자는 산지복구기간 등이 포함된 산지복구설계서를 제출하여 승인을 받아야 한다. 복구설계서는 허가 또는 신고 대상 전체 면적에 대하여 작성하되, 복구 대상 산지는 산지복구에 적합한 사방공법 등을 적용하여 설계하여야 한다.

4. 사방사업 관련 제도

1) 사방사업의 설계 및 시공 기준

사방사업법 시행규칙의 별표에서는 「사방사업의 설계 · 시공 기준」에 관하여 포괄적인 설계기준과 시공기준을 규정하고 있다. 설계기준에서는 현지조사(공통조사항목, 야계사방사업의 경우 추가 조사항목), 사방사업의 면적산출, 도면의 제도, 설계서 작성 등에 관한 사항이 규정되어 있으며, 그 내용은 다음과 같다.

① 사방사업 대상지 내 상 · 하단부의 주택과 산업시설 등은 피해 방지를 위하여 우선적으로 시공한다.
② 산사태가 발생된 산지는 인근 지역을 포함하여 2차적인 붕괴 · 침식 또는 토석의 유출 방지를 위한 공법 등을 적용한다.
③ 야계사방 사업지의 경우 계류의 유속을 줄이고 침식 또는 토석류를 저감하기 위한 공법 등을 적용한다.
④ 물이 항상 흐르고 어류 등이 서식하는 계류에는 어류 등의 이동이 가능하도록 생태통로를 설치한다.

2) 사방사업의 설계 · 시공 세부기준

산림청 고시 제2012-67호로 「사방사업의 설계 · 시공 세부기준」을 제정하여 운영하고 있다. 이 세부기준에는 공통사항(토공, 파종, 나무심기, 생태통로 등의 설치, 자연경관 증진, 안전시설물 설치, 편익시설 등, 현장대리인의 배치), 산사태예방 · 산사태복구 · 산지보전사업의 공통사항(정지작업, 수로내기, 줄 만들기, 단쌓기, 줄떼만들기, 사면보호, 편책 · 바자얽기, 씨뿌리기, 골막이, 기슭막이), 산지복원사업(기본원칙, 산지복원사업의 종류, 식생복원사업의 기준, 기반안정복원사업의 기준), 해안방재림 조성사업(기본원칙, 수종선정, 객토 · 시비, 식재목 보호시설, 사후관리시설), 해안침식방지사업(기본원칙, 시공기준), 계류보전사업(둑쌓기, 바닥막이, 기슭막이), 계류복원사업(기본원칙, 사업기준), 사방댐 설치사업(사방댐의 유형, 기본원칙, 위치선정, 댐의 안정성, 높이 등 크기, 저사선, 방수로, 댐어깨, 댐 단면 및 기울기, 물빼기구멍, 물받이, 끝돌림, 측벽) 등에 관한 세부기준들이 포함되어 있다.

3) 사방사업의 시공감리 업무지침

사방사업의 시공감리 업무지침은 2006년 8월 5일 제정 이후 2010년과 2013년, 2015년에 개정되었고 16개 조로 구성되어 있었으나 2019년 11월 29일 폐지되었다. 폐지 후 산림기술진흥 및 관리에 관한 법률 제15조 및 동법 시행규칙 제12조(산림사업의 감리) 감리의 세부기준 및 사업비의 산출기준 등은 폐지된 "사방사업의 감리업무 지침"을 준용하여 시행하고 있다.

4) 사방사업의 타당성평가 및 위탁업무 처리규정

이 규정은 「사방사업법 시행령」 제4조의2 관련 「별표 1」, 산림청 고시 제2022-37호, 2022. 4. 6. 일부개정 되었고, 사방사업 타당성평가에 관하여 필요한 사항과 같은 법 제22조의2제5항에 따른 시·도지사 또는 지방산림청장이 사방사업 타당성평가를 한국치산기술협회에 위탁함에 있어 필요한 사항을 정함을 목적으로 한다.

5) 사방시설의 유지관리 지침

이 지침은 「사방사업법」 제15조, 같은 법 시행령 제12조 및 「별표 2」 산림청고시 제2018-27호, 2018. 2. 28에서 정하는 사방시설의 관리 · 점검 · 안전진단 · 안전조치에 관한 세부적인 기준과 실시방법 · 절차 등에 필요한 사항을 정하여 사방시설의 기능유지 및 안전성을 확보하는 것을 목적으로 한다.

기타 산림복원에 관한 실태조사, 타당성 평가, 계획 · 시행, 모니터링, 재료, 전문인력 등과 관련한 내용은 산림자원 조성에 관한 법률에 따르며, 백두대간 보호지역의 산지복구 · 복원에 관한 내용은 백두대간 보호에 관한 법률을 적용한다.

1.2.3 사방사업의 분류

1. 사방사업법에 의한 분류

사방사업법에서는 ① 산지사방사업〔山地砂防事業: hillside erosion conrol projects〕 ② 야계사방사업〔野溪防事業: torrent erosion control projects〕 ③ 해안사방사업〔海岸砂防事業: sea coast sand dune fixation projects〕으로 구분하고 있다.

산지사방사업은 산지에 대하여 시행하는 사방사업이며, 주요 사업은 다음과 같다. ① 산사태예방사업〔山沙汰豫防事業: landslide prevention projects: 산사태의 발생을 방지하기 위하여 시행하는 사방사업〕 ② 산사태복구사업〔山沙汰復舊事業: landslide rehabilitation projects: 산사태가 발생한 지역을 복구하기 위해 시행하는 사방사업〕 ③ 산지보전사업〔山地保全事業: mountain conservation projects: 산지의 붕괴 · 침식 또는 토석의 유출을 방지하기 위해 시행하는 사방사업〕 ④ 산지복원사업〔山地復元事業: mountain restoration projects: 자연적 · 인위적인 원인으로 훼손된 산지를 복원하기 위하여 시행하는 사방사업〕 등이 있다.

야계사방사업은 산지의 계곡, 산지에 접속된 황폐계류 또는 하천에 대하여 시행하는 사방사업이며, 주요 사업은 다음과 같다. ① 계류보전사업(溪流保全事業: stream conservation projects: 계류의 유속을 줄이고 침식을 방지하기 위하여 시행하는 사방사업) ② 계류복원사업(溪流復元事業: stream restoration projects: 자연적 · 인위적인 원인으로 훼손된 계류를 복원하기 위하여 시행하는 사방사업) ③ 사방댐설치사업(砂防댐設置事業: erosion control dam projects: 계류의 물매를 완화시켜 침식을 방지하고 상류에서 내려오는 토석 · 나무 등을 차단하며 수원함양을 위하여 계류를 횡단하여 소규모 댐을 설치하는 사방사업) 등이 있다.

해안사방사업은 해안 모래언덕 등 해안과 연접한 지역에 대하여 시행하는 사방사업이며, 주요 사업은 다음과 같다. ① 모래언덕(砂丘) 조성사업(sand dune projects: 해풍의 세기를 줄여 모래날림을 방지하고, 모래언덕을 고정하기 위하여 행하는 사방사업) ② 해안방재림 조성사업(海岸防災林 造成事業: coast disaster prevention forest projects: 해일 · 풍랑 · 모래날림 · 염분 등에 의한 피해를 감소시키기 위하여 시행하는 사방사업) ③ 해안침식방지사업(海岸浸蝕防止事業: prevention of coastal erosion projects: 파도 등에 의한 해안침식을 방지하거나 복구하기 위하여 시행하는 사방사업) 등이 있다.

2. 시행 장소, 시기 및 수단에 따른 분류

사방사업은 시행장소에 따라 ① 산지사방(山地砂防: hillside erosion control) ② 계간사방(溪間砂防: valley erosion control), ③ 야계사방(野溪砂防: torrent erosion control) ④ 해안사방(海岸砂防: coast sand dune fixation and stabilization) ⑤ 도시사방(都市砂防: urban erosion control) 등이 있다. 시행시기에 따라 ① 산지재해를 미연에 방지하기 위한 예방사방(豫防砂防: preventive erosion control) ② 재해 발생지의 복구사방(復舊砂防: post-disaster erosion control)으로 구분한다. 수단에 따라서는 ① 황폐지에 사방용 초본류와 수종을 파종하거나 식재하여 복구 · 녹화하는 식생적 대책(planting measures) ② 각종 사방시설 등의 구조물을 정비하여 산사태 및 토석류 등에 의한 산지재해를 예방 또는 경감하거나 재해발생 지역을 복구하기 위해 기초공사인 토목 공작물을 시공하는 토목 구조물 대책(structural measures) ③ 토사재해의 위험이 있는 구역을 지정하여, 그 위험 구역에 대한 경계피난체제를 정비하고 비가 오면 산사태정보시스템에 의하여 산사태 주의보나 경보를 발령하여 대피로를 따라 경계 · 피난활동을 통하여 인명이나 재산 등을 보전하려는 비구조물 대책(非構造物 對策: non-structural measures)으로 구분한다.

1.2.4 사방사업의 시행절차

1. 사방사업의 기본계획 수립

사방사업을 계획적 및 체계적으로 추진하기 위하여 “산림청장은 5년마다 다음의 사항이 포함된 사방사업 기본계획을 수립 · 시행하여야 한다”라고 규정하고 있다(사방사업법 제3조의2).

① 사방사업의 기본목표 및 추진방향
② 사방기술의 개발 촉진 및 그 활용을 위한 사항
③ 사방사업대상지 및 사후관리에 관한 사항
④ 사방사업의 기술인력의 육성에 관한 사항
⑤ 사방기술의 국제교류 확대에 관한 사항
⑥ 그 밖에 산림청장이 필요하다고 인정하는 사항

사방사업 기본계획은 사방사업의 여건 및 경제 사정 등 현저한 변경사유가 있을 경우에 변경할 수 있으나, 기본계획을 수립 또는 변경하고자 할 때 산림청장은 시 · 도지사 또는 지방산림청장의 의견을 들어야 한다.

2. 사방사업 대상지 조사 및 타당성 평가

1) 기초조사와 정밀조사

사방사업 대상지의 기초조사에서는 위치, 규모, 특성 및 발생 원인, 인근의 주택 · 농경지 등 주변여건, 사방사업의 필요성 여부, 그 밖에 산림청장이 필요하다고 인정하는 사항 등이 포함되어야 한다. 또한, 기초조사에 의하여 집중호우 등으로 지형의 변화와 생태계의 피해가 발생할 우려가 있는 지역은 정밀조사를 실시할 수 있다. 정밀조사에서는 토석유출 · 붕괴 · 침식의 위험정도, 인근의 지황 · 임황 등 발생 인자별 특성, 그밖에 산림청장이 필요하다고 인정하는 사항 등이 포함되어야 한다. 사방사업 실태조사는 직접 현지조사와 항공기 · 인공위성 등을 이용한 원격탐사, 자료 · 문헌 등을 통한 간접조사 등이 있다.

2) 사방사업 타당성평가

사방사업 타당성 평가는 시 · 도지사 또는 지방산림청장이 사방사업을 실시할 경우에 대상지의 기본계획과 산사태 취약지역을 고려하여 사방사업의 필요성 · 적합성 · 환경성 등을 종합적으로 고려하여, 그 타당성을 평가하도록 하고 있다(사방사업법 제7조의3). 다만, 산사태 등 자연재해를 복구하기 위하여 사방사업을 하는 경우에는 타당성평가를 생략할 수 있다. 타당성평가의 기준 · 방법 · 대상사업 등은 사방사업법시행령 제4조의2의〔별표 1〕을 준용하고, 「사방사업의 타당성평가 및 위탁업무 처리규정(전부개정 2022.4.6 산림청고시 제2022-37호)」에 따라 시행한다.

3. 사방사업의 설계

1) 설계 및 시공을 위한 현지조사

사방사업을 위한 현지조사는 시공의 여부를 결정하기 위하여 개개의 대상지에 대한 검토뿐만 아니라 유역을 전체 규모로 보고 유역관리 및 보전상의 가치를 중심으로 검토하고, 그 후에 계획 및 설계단계에 들어간다. 이 과정에서 계획조사와 설계조사를 별도로 구분하지 않고 설계단계에서 조사하는 경우도 있다. 현지조사는 크게 시공의 여부를 결정하는 조사, 시공할 경우 어떠한 공법으로 어떤 공종(구조물)으로 시공할 것인가를 검토하는 조사, 채택되는 공법과 구조물의 시공에 필요한 자재 · 노동력 · 기계 · 운반관계 등 여러 가지 내용들에 대한 조사가 이루어진다. 사방사업을 하기 전에 공통적으로 조사할 내용과 설계서에 들어갈 항목은 다음과 같다(사방사업의 설계 · 시공 기준).

(1) 공통적으로 조사할 내용

- 사방사업 대상지의 면적 및 지장물 현황과 그 소유관계, 지번별 · 지목별로 조사, 편입용지도(編入用地圖) 작성
- 사방사업 대상지의 형상 및 토질, 토사 · 암반으로 구분하여 조사, 피해 재발 우려 지역은 필요시 지반조사 병행
- 설치할 공작물의 위치 · 종류 · 수량 및 사용자재의 구격 등
- 지황, 임황 및 기상인자 등 사방사업 대상지의 특성
- 사방사업 대상지와 연접지에 습지, 희귀식물 · 특산식물 및 멸종위기 식물 등이 있는지 여부
- 공사 시 중장비 등의 활용 가능성과 절토량 및 성토량의 정도
- 공사에 필요한 골재 · 석재 · 떼 등 자재의 현지채취 가능성, 내구성 및 환경성
- 법령상 공사제한 사항 등 사방사업 실시에 있어서의 제반 장애요인

(2) 사방사업의 설계서에 필요한 조사항목

- 지황 : 지질, 토성, 토심, 방위, 경사도, 지표의 상태, 침식붕괴의 정도
- 임황 : 성림지 비율(%), 치수지 비율(%), 미림목지, 황폐지, 수종, 수령, ha당 본수, 생육상황
- 기상 : 연강우량, 최대시우량, 년최대일강우량, 연속강우량, 강설량, 첫서리, 최고 · 최저온도, 호우빈도

- 사방 대상지의 특성 : 발생 원인인 소인(素因)과 유인(誘因)
- 사방 대상지의 현황 : 면적, 집수유역면적과 형상, 붕괴토량, 황폐 확대의 위험성, 자연회복의 가능성, 지표수의 유수상황, 지하수의 용수상황
- 토지이용관계 : 국토이용관리법, 산림관련 법령, 도시계획법, 자연환경보전법 등 다른 법상의 제한사항 검토
- 토지권리관계 : 국유림, 공유림, 사유림별 면적
- 공사용 자재 및 노무관계 : 공사재료의 유무, 채취장소 및 채취 가능량, 공사용 자재의 시장가격, 운반시설의 가부, 부대공사 및 가설공사(架設工事)의 여부, 노동력의 공급상황과 임금의 실태, 기계임대
- 시공공종 : 공법 및 공종의 적부, 수량의 개산견적(概算見積), 공종배치의 견취도(見取圖) 작성, 경비의 개산견적
- 기타 : 시공기간의 견적과 다른 토목공사의 시공 상황 등

2) 사방공종의 선정 및 배치

사방공종의 선정은 현지조사와 측량자료를 토대로 대상지를 능선이나 계곡, 임도 등을 경계로 1ha 내외의 단지로 구획하고, 단지별로 시공면적과 토사량을 계산하여 공작물의 수량과 위치를 결정한다. 또한, 동일 공종으로서 규격이 다른 것은 공작물 치수조사표에 기재하며, 설계단비는 평균 치수에 의하여 산출한다.

3) 사방사업 설계서 작성

(1) 설계서 작성 순서

사방사업의 설계서작성은 현지조사 자료와 측량자료에 기초하여 작성한다. 설계서는 목차, 위치도, 공사설명서, 일반시방서, 특별시방서, 예정공정표, 관계지적조서, 공사원가계산서, 설계내역서, 일위대가표, 단가산출서, 각종 중기경비계산서, 공종별 수량계산서, 각종 소요자재 총괄표, 토적표, 산출기초, 설계도면 순으로 작성한다.

(2) 단가산출 기준

일반적으로 설계에 필요한 각종 단가산출서의 적용기준은 산림청장이 정하는 『사방표준품셈』을 적용하지만, 『건설표준품셈』 및 실적공사에 의한 예정가격을 적용할 수도 있다. 단가명세표의 기재순서는 재료를 먼저 기입하고 다음에 인부를 기재하며, 단가는 높은 것부터 기입한다.

(3) 설계홍수량의 산정

설계홍수량은 최근 100년 빈도 1시간 확률강우량을 최대시우량으로 이용하는 시우량법이나

24시간 확율강우량과 홍수도달시간을 이용한 합리식(合理式)으로 계산한다. 배수로는 계산된 최대홍수유출량의 1.2배 이상으로 하며, 사방댐 등 횡공작물의 방수로 등은 2배 이상 5배 이하로 설계하지만, 급류지역에서는 그 이상으로 할 수 있다.

(4) 설계도면 제작

- 제도는 KSF1001 토목제도 통칙에 따른다.
- 산지사방사업의 설계도 작성에서 공작물 배열순서는 계간공사 · 산복공사 · 잡공사 순으로 한다.
- 축척은 평면도는 1/1,200, 종단면도는 고저(수직) 1/100, 거리(수평) 1/500, 횡단면도는 1/100, 공작물도는 1/100을 원칙으로 한다.
- 설계평면도(견취도)는 측량원도(1/3,000 또는 1/6,000)를 단지별로 구분하여 견취(見取)하며, 설치할 시설물을 적지적공이 되도록 공종부호와 치수를 도시하거나 표시한다. 평면도에는 방위, 축척, 시공년도, 구역번호, 구역면적, 시공면적 등을 기입한다.
- 시공은 설계서를 바탕으로 하되, 「사방사업의 설계 · 시공 세부기준」, 「사방표준품셈」 등의 내용을 참고한다.

(5) 사방지의 지정 및 관리

① 사방지의 지정 및 해제

사방지의 지정은 시 · 도지사 또는 지방산림청장이 사방지를 지정하고, 그 내용을 고시하여야 한다. 다만, 산지사방사업으로서 1개소의 면적이 1천 제곱미터 이하인 것은 지정하지 않을 수 있다(사방사업법 제4조).

또한, 사방지의 해제는 사방지의 지정 목적이 달성되었을 때(시공 후 5년), 지정 목적이 상실되었을 때 등 대통령령이 정하는 바에 따라 시 · 도지사 또는 지방산림청장이 사방지의 지정을 해제할 수 있다(사방사업법 제4조).

② 사방시설물의 관리

사방시설물은 2009년부터 사방사업법에 따라 준공 후 4년이 지나면 사방사업을 시행한 자는 사방시설을 관리하여야 한다(사방사업법 제15조 및 동법 시행령 제12조의〔별표 2〕). 사방시설의 관리자는 사방시설의 안전성 확보를 위해 필요한 경우에 육안 점검 및 안전진단을 하고, 그 결과에 따라 안전조치를 하여야 한다. 사방시설의 관리 · 점검 · 안전진단과 안전조치 등은 세부적인 기준과 실시방법 및 절차에 따라 실시한다.

사방시설의 유지관리는 사방시설 준공 이후 사업별로 점검 체크리스트 등에 따라 실시하고 사방시설 관리대장의 기록 → 점검 및 안전진단(정기 · 수시) → 점검 및 안전진단결과 조치계획 → 안전조치 등의 순으로 실시한다.

사방시설 관리대장 내용에는 시행청, 시공위치, 계약현황, 사업비, 산사태취약지역의 지정, 시공현황, 타당성평가, 하자보수 점검결과 · 조치, 사방시설 점검 · 안전진단 및 안전조치, 준설 등 관리내용, 사방지 지정 · 해제, 시설도면 및 사진자료 등을 포함한다. 관리대장은 시 · 도 및 지방청별로 담당자를 지정하여 관리하며, 사방사업을 실행한 기관은 산사태정보시스템에 입력 작성하고, 시 · 도지사 및 지방산림청장이 확인한다.

사방시설의 점검 종류는 다음과 같다.

- 정기점검 : 사방시설의 유지관리를 위해 매년 정기적으로 점검이 필요한 사방시설에 대하여 실시한다.
- 수시점검 : 태풍 또는 집중호우 등으로 피해발생이 우려되거나 피해가 발생되었을 때 사방시설 관리주체는 비정기적(수시)으로 사방시설을 점검할 수 있다.
- 하자점검 : 「국가를 당사자로 하는 계약에 관한 법률 시행령」 제60조 및 「지방자치단체를 당사자로 하는 계약에 관한 법률 시행령」 제69조의 규정에 따른 하자담보책임기간 내에 있는 사방시설에 대한 침하 · 균열 및 누수 등의 발생여부를 점검한다.

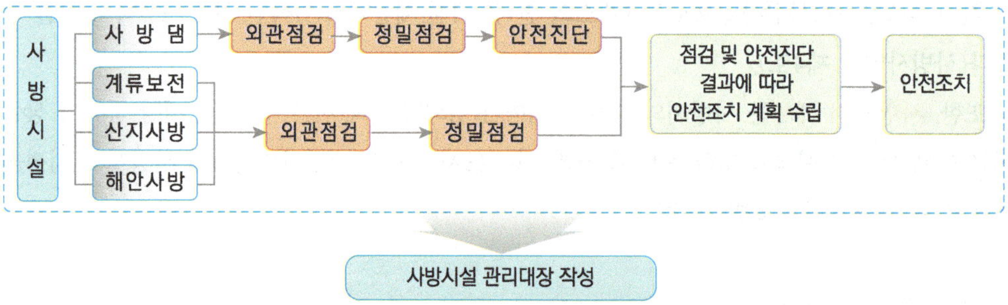

[그림 1-2] 사방시설의 유지관리 체계도

1.2.5 사방사업의 효과

사방사업은 각종 재해로부터 인명과 재산을 지키고, 안전한 생활기반을 창출해 내며, 지역의 활성화와 생활환경의 향상을 도모하여 윤택한 생활을 창조도록 하고 있다. 또한, 사람과 자연과의 조화 및 생태계의 보전을 위하여 다양한 기술 개발도 추진하고 있다.

사방사업의 효과는 크게 직접적 효과와 간접적 효과로 구분되며, 그 내용은 다음과 같다.

1) 직접적 효과

① 산각(山脚)의 고정 및 계안침식 방지
② 하상(河床)기울기의 완화 및 계류의 보전
③ 산지침식 및 토사유출 방지
④ 산지붕괴 및 땅밀림 방지
⑤ 비사(飛砂)의 고정 및 해안방재림 조성
⑥ 홍수조절 및 수원함양
⑦ 하구(河口) 및 항만(港灣) 토사퇴적 방지
⑧ 저수지(貯水池) 매몰방지(埋沒防止)
⑨ 탄갱 침투수 방지
⑩ 농경지 매몰방지
⑪ 국토보전(國土保全)

2) 간접적 효과

① 각종 용수(用水)의 보전
② 하천공작물의 보호
③ 농경지와 택지의 조성 및 안정
④ 자연환경의 복구 및 보전

특히, 사방사업은 산림이 지닌 여러 가지 공익적 기능을 유지 · 증진시키기 위한 사업이므로 기능면에서는 국토보전 및 재해방지의 효과 · 수자원함양의 효과 · 생활환경보전의 효과 · 정책상의 효과 등이 있다. 또한, 최근에 높이 평가되고 있는 산림휴양과 숲 치유 효과도 있다.

① **국토보전 및 재해방지 효과** : 산림은 지표를 피복하여 표면의 침식을 방지하고, 근계(根系)가 산림토양을 긴박하여 지면의 균열을 방지함으로써 산지의 붕괴 · 산사태 및 토사유출을 방지한다.
일반적으로 산림지역에서의 붕괴지면적은 100ha 당 1.2ha, 무임목지에서 2.4ha 정도로 산림지보다 무임목지에서 약 2배 많이 발생된다고 한다. 또한, 산림지역에서의 연간 토사유출량은 100ha 당 약 100㎥, 황폐지에서 5,000~15,000㎥, 붕괴지에서 약 50,000㎥로 추정되고 있다. 따라시 사방사업에 의하여 재해방지 효과가 높은 산림을 조성하는 일은 매우 중요한 국토보전 사업이다.

특히, 사방사업을 통한 계간 공작물과 산복공작물에 의하여 재해를 미연에 방지한 사례도 많이 있다. 또한, 해안지역은 해안방재림을 조성하여 비사(飛砂)와 조풍해(潮風害)에 의한 민가, 농경지 및 공공시설의 보호와 파도에 의한 연안침식을 방지하기도 한다.

[그림 1-3] 토사유출 방지효과

② **수자원함양 효과** : 산림지역에 비가 내리면 빗물은 우선 나무의 줄기와 잎을 적시고 나머지는 땅속에 스며든다. 산림지역에 내리는 연간 823억 톤의 강수량 가운데 41%인 339억 톤은 증발산 되어 공중으로 되돌아가고, 37%인 304억 톤은 홍수로 흘러가며 나머지 22%인 180억 톤만 시냇물이 되어 연중 흘러내린다고 한다. 이와 같이 산림지역에서 강수 후 산지비탈면을 따라 흐르는 지표수는 땅속으로 침투하여 지하수가 되지 못하고 대부분 지표수로서 유출하여 홍수로 발전되는 경우가 많다.

산림의 수자원함양에 대한 효과는 강수량의 대부분을 지하에 침투시켜 인간이 이용할 수 있는 지하수를 많이 확보하는 것이라 할 수 있다. 산림이 우량한 지역은 낙엽과 부식질이 쌓여 있어 토양 내 공극의 발달로 지하침투를 좋게 하며, 지하에 저류(貯留)된 물은 서서히 유출된다. 이와 같은 산림은 댐의 저수 효과와 비슷하므로 마치 거대한 자연 저수(貯水)댐 또는 녹색댐의 효과가 있다고 할 수 있다.

두꺼운 부식층을 지닌 양호한 산림토양의 침투능 시험에서 몇 시간의 범위 내에서 1시간

[그림 1-4] 수자원 함양효과

당 평균 침투능은 125~150㎜/hr 이었고, 낙엽이 없는 황폐지토양에서 10~40㎜/hr 정도라 하였다. 만일 우리나라의 산림면적 약 630만 ha가 모두 녹화되어 좋은 임상〔林床: forest floor〕을 이루게 된다면 산지의 침투능에 따라 시간당 약 100억 톤의 물이 저류된다고 할 수 있다.

따라서, 산림분야의 사방사업에 의하여 산지를 복구하여 좋은 산림을 조성하고 유지함으로써 효율적인 수자원 함양 효과도 얻을 수 있을 것이다.

③ **생활환경보전의 효과** : 최근 도시의 개발과 급속한 팽창으로 녹지가 부족하여 미세먼지, 대기오염 및 소음 등으로 인한 환경악화가 많은 문제로 대두되고 있다. 도시녹화를 통하여 도시의 악화된 환경을 개선하면 도시 산림의 환경보전기능이 증대될 것이다. 도시의 녹지 증대는 대기정화 · 기상조건의 완화 · 방음 · 방풍 · 긴장의 완화 · 토사붕괴 · 토사유출 등 산림의 환경보전기능이 높아지게 되며, 최근 산림휴양과 숲 치유 기능도 높일 수 있을 것이다.

사방사업은 이와 같은 기능을 부여할 수 있는 산림을 조성하거나 또는 유지 개량하여 주민의 보건휴양과 생활환경의 보전을 도모하게 된다.

④ **정책상의 효과** : 예전부터 산을 잘 다스려 산사태 등 토시재해를 방지하고, 물을 잘 다스려 수해를 방지하려는 치산치수(治山治水)를 중요시 하였다. 특히, 1930년대에 사방사업은 영세민구제(零細民救濟) 및 재해 이재민 구호사업(罹災民 救護事業)으로 실시된 바 있다. 또한 1950년대 중반부터도 세계식량계획(World Food Program : WFP) 및 미국의 밀가루 지원에 의한 주민동원 사방사업이 대대적으로 시행되었고, 1970년대에는 새마을 소득증대사업의 일환으로서 마을도급 사방사업이 실시된 바 있다. 우리나라 사방사업의 정책적 효과는 국토보전과 영세민 구제를 위하여 매우 상징적이고 특징적인 효과로 인식되고 있다.

사방사업을 시행하기 전의 산림유역의 모습은 그림 1-5와 같다. 그림 1-5에서 보면 ① 황폐한 산지의 모습 ② 사면 하부의 경작으로 토양침식 증대 ③ 넓은 지역의 단일 작물재배로 토양침식 증대 ④ 산사태로 인한 도로 단절 ⑤ 퇴사로 인한 고기잡이 감소 ⑥ 저수지의 퇴사로 발전소 수명 감소 ⑦ 구곡침식으로 경작지 감소 ⑧ 하천의 토사퇴적으로 항해성 감소 ⑨ 농촌폐허로 인구의 도시이동 ⑩ 홍수로 인한 교량붕괴 ⑪ 방치되어 자란 농작물 ⑫ 불량하게 관리된 초지 및 나무는 바람침식의 위험에 노출 ⑬ 빈번한 홍수는 마을을 황폐화 시키고 있음을 알 수 있다.

[그림 1-5] 사방사업을 시행하기 전의 산림유역

황폐화된 산림에 사방사업을 실시하면 산림유역은 그림 1-6과 같이 변하게 된다.

① 복구된 산지 ② 긴 사면을 계단식으로 조성 ③ 계단식으로 조성하여 침식예방 ④ 산사태가 없어 도로 소통 원활 ⑤ 하천에 토사퇴적이 적어 배의 항해가 원활 ⑥ 숲이 조성되어 저수지의 퇴적 감소 ⑦ 사방댐이나 식생으로 구곡침식 감소 ⑧ 토사유출이 중단되어 홍수 감소 ⑨ 인구이동이 중단되어 도시서비스 개선 ⑩ 홍수가 없어 도로 소통 원활 ⑪ 등고선을 따라 농작물의 윤작으로 침식예방 ⑫ 방풍림 조성하여 바람침식 감소 ⑬ 마을 팽창으로 농촌서비스 개선 ⑭ 제방건설로 지표면 유출 감소 ⑮ 새로운 저수지 건설로 인근 마을에 전력공급 ⑯ 급경사지에 계단식으로 수목을 식재하여 침식예방

이와 같이 황폐한 산림유역을 사방사업을 통하여 재해가 없으며 살기 좋고 쾌적한 환경을 조성하여 풍요로운 국토를 만들어 가는 것이 사방의 이상(理想)이라고 할 수 있다.

[그림 1-6] 사방사업 시행이후의 산림유역

1.3 사방사업의 발전과정

1.3.1 우리나라의 사방사업

1. 정부수립 이전의 사방사업

조선시대 이전에는 풍수해와 같은 기상재해에 관한 기록이 분명하지 않다. 그러나 산을 잘 다스려 수원함양, 토사유출 및 붕괴방지를 도모하고, 물을 잘 다스려 수해를 방지하려는 치산치수를 중요시 하였다. 특히, 경상남도 함양군의 상림공원에 있는 호안림(護岸林)은 제방의 보호를 위한 숲이다. 신라 진성여왕 시절 최치원(崔致遠)이 함양태수로 있을 때 함양읍의 중앙을 흐르는 위천(渭川)에는 매년 홍수피해가 우심하여 농민을 동원하여 둑을 쌓고 강물을 지금의 위치로 돌리고, 그 둑을 따라 나무를 심어 지금의 숲을 조성하였다고 한다. 상림의 호안림 숲은 역사적으로 가장 오래된 인공림 중의 하나이며, 현재는 천연기념물 제154호(보호수)로 지정되어 풍치림 기능이 높아 많은 사람들이 찾고 있다.

또한, 서기 935년경에 수리(水利)를 잘 해서 한해(旱害)를 방지하려고 노력한 사실이 '조선치산치수사고(朝鮮治山治水史考)'에 기록되어 있다.

조선시대이후에는 임야를 국유화하기 위해 사점금지제도를 채택하였지만, 각종 정변 속에서도 집권자나 권세가들은 먼저 산림을 점유하거나 벌채, 개간 등을 하였고, 양반들의 횡포에 견디다 못한 백성들은 산속에 숨어들어 화전(火田)을 경작하여 산림황폐의 원인이 되었다. 특히 조선시대 말기의 빈번한 외침과 전쟁 등에 의하여 산림피해가 확대되었다.

우리나라의 근대 사방사업은 일제 강점기인 1907년 경성(서울) 부근의 산림을 녹화하여 풍치를 증진하기 위한 식림사업(植林事業)으로 창의문 내 백운동(현재 청운동)에서 선떼붙이기인 '적묘공(積苗工)'을 시행한 것이 효시이다. 그 이후 1918년에 조선임야조사령을 제정하여 8대 하천유역의 황폐지를 조사하였고, 사방사업실행방침을 내부규정으로 이용하였다.

1922년에는 제1기 국비계속사방사업계획(1922~1934년)을 수립하여 각 도에 사방사업소를 설치하였고, 치산사업 30개년계획(1922~1951년)을 수립하였으며, 1925년 사방사업 실시지침을 제정하여 공작물의 명칭, 유형, 수량 및 치수의 단위 설계시행에 필요한 각종 양식 등을 만들었다. 1931년에 제1차 궁민구제사방사업계획(1931~1934년)을 수립하여 농산촌민을 구제하였으며, 1933년에는 조선사방사업령을 제정하였다.

1934년 수해이재민 구제사방사업계획과 조선사방사업령 시행규칙을 제정하여 사방사업은 국가부담체제로 전환하고, 제2차 국민구제사방사업계획(1934~1935년)을 수립하였다. 1935년 제2기 국비사방사업계획(1935~1949년), 도비사방사업계획(1935~1949년), 낙동강유역 사방사업계획(1935~1949년), 한해이재민 구제사방사업계획(1935~1949년) 등을 수립하였으며, 1937년에는 산사태지 복구를 위해 재해임지복구사방사업계획(1935~1949년), 제2기 사방사업

수정계획(1935~1949년) 등을 수립하였다.

특히, 1940년에는 경지보전사업을 위해 야계 및 야계적 하천에 대하여 조사하고, 1941년에 야계사방공사를 착수하였으나 1942년에는 제2차 세계대전으로 사방사업이 대폭 위축되었다. 1945년에는 전시상황 속에서 각 도에 설치된 사방관리소가 해당 시군에 통합되었고, 사방사업도 많이 축소되어 사방수난의 시대가 되었다.

2. 정부수립 이후의 사방사업

1948년에는 대한민국 정부가 수립되기 전 사방의 '수난시대'이었지만 1946년에는 사방관리소가 부활되었고, 일제 강점기의 '조선사방사업령'과 '동시행규칙'이 '사방사업령', '동시행규칙', '사방사업실시요령'으로 바뀌고 한글화되었다. 1947년에는 조림 및 사방사업 10개년계획이 수립되었고, 각 도에 산림과가 설치되었다.

1948년 '조림 및 사방사업 10개년 계획'에 의해 산지사방 사업이 수립되었지만, 1950년부터 3년간 한국전쟁으로 그동안 사방사업이 수행된 지역과 국토가 다시 황폐화되었다. 1953년에 사방사업 5개년 계획이 수립되었고, 국제연합한국부흥위원회(united nations korean reconstruction agency: UNKRA)의 원조에 의해 '밀가루 지원'으로 마을 산림계원(山林契員)을 동원하여 입지공(立芝工)보다 조공(條工)과 파종공(播種工)을 많이 실시하였다. 1956년 사방사업 시공법개선을 위한 자문위원회를 중앙에 설치하였고, 1957년에는 미국에서 토양보전관련 전문가를 초청하여 상류수원함양사업(上流水源涵養事業) 또는 용수임지보전사업(upper watershed soil and water conservation project) 체제로 전환하고, 토양보전용 초본류(草本類)를 대량으로 도입하여 적응시험과 함께 사방사업 시공분야의 근본적인 변혁을 가져왔다. 또한, 제2차 사방사업 5개년계획도 수립되었다.

1958년에는 요사방지를 A급지, B급지, C급지로 구분하고 도입 초본류를 이용하여 민둥산을 복구하려고 노력하였으나, 도입 초본류에 의한 토양보전 방법으로는 많은 제한이 있었다. 1959년에는 '사방의 날'(3월 15일)을 제정하기도 하였지만 1960년도에 폐지되었다.

1962년에 '사방사업법'이 제정되어 본격적인 사방사업을 실시하게 되었다. 1963년에는 '사방사업법' 개정과 함께 '국토녹화촉진에 관한 임시조치법'이 각각 공포되어 사방사업을 범국민적으로 전개하여 산림사업비의 약 80%가 집중 투자되기도 하였다. 1964년 UN 한국산림조사사업기구가 발족하여 항공사진에 의한 황폐지 조사가 이루어졌다. 1965년에 '사방지 비배사업(肥培事業)'이 시작되었고, 1966년에는 '사방센터'가 경북 김천에 설치되어 각종 사방공법과 공종들이 시공 및 전시되었다.

특히, 1967년 농림부 산림국이 '산림청'으로 승격 개편되고 조림국에 치산과가 설치되었다. 1968년에는 유엔개발계획(united nations development program: UNDP), 식량농업기구(food and agriculture organization: FAO), 세계식량계획(world food program: WFP)

기구의 협력으로 3강 유역(안성천, 동진강 및 상주천) 개발사업(1968~1972)'이 시작되었으며, 1969년에는 사방초지조림사업과 1970년에는 '제1회 사방공법세미나'가 개최되었다.

1971년부터 4대강 유역개발 사업으로 야계사방사업이 많이 실시되었다. 1972년 '한 · 일 항공노선 집단황폐지 복구사업계획(영일지구 특수사방)'의 수립으로 특수사방(特殊砂防)이 실시되었다. 1973년에 산림청이 농림부에서 내무부로 이관하여 산림보호를 더욱 효율적인 행정체제로 전환하고 제1차 치산녹화10개년계획(1973~1982)을 수립하였다. 이 때 사방사업의 기본방침은 지구완결원칙에 입각한 계통사방녹화로 정하였고, 방풍림 조성사업과 '사방기술교본'도 발간되었다.

1974년에는 '녹화사업을 위하여 한 · 독 간 약정'이 체결되었고, 사방사업을 새마을사업의 일환으로 '내 마을 붉은 땅 없애기 운동'과 연계하여 추진하였다. 1975년에는 '훼손임지복구요령'과 1977년에는 '임지훼손허가 및 복구요령', '보안림의 관리요령'과 '육림의 날'이 제정되었고, 특히 '영일지구 특수사방사업'은 성공적으로 실행되었다.

[그림 1-7] 황폐지 복구 전, 중 및 후의 전경

[표 1-1] 우리나라 사방사업의 발전연혁

기간	시대구분	기간	시대구분
1907~1911	일본의 사방기술 도입	1972~1974	사방단비 제도개선 및 사방설계기준정비 시대
1911~1917	독창적 간이사방시대		
1917~1921	산복공사 편중시대	1974~1978	계통사방 및 완전사방시대(특수사방시대)
1921~1923	계간공사 편중시대	1978~1980	수재해복구사방시대(산사태 재해발생)
1923~1928	재1기 근대사방시대	1980~1984	사방사업정비시대(사방위축시대)
1928~1929	산복공사 개혁시대	1984~1987	야계사방 및 사방댐시공시대 (계간사방시대)
1929~1931	재2기 근대사방시대		
1931~1934	재3기 근대사방시대	1987~1993	예방사방시대(산사태 방지공사)
1935~1937	사방전성시대	1993~1997	사방사업 다양화시대(도급병행)
1937~1941	제2기 계간공사 편중시대	1997~1999	환경사방시대 (마을환경사방실시)
1941~1945	사방위축시대	2000~2006	재해방지사방시대(동해안 대형 산불 · 태풍 및 집중호우 피해, 신국가 방재시스템)
1945~1948	사방수난시대(광복직후)		
1948~1950	사방정비시대(정부수립)	2007~2010	친환경사방공사 및 사방관련법규 정비시대 (한국사방100주년 기념, 사방점검 · 평가 제도도입)
1950~1953	사방재난시대(한국전쟁)		
1953~1955	사방재해복구시대 및 해안사방 착공시대	2011~ 2015	산사태 예방 중점추진시대(「산림보호법」 개정, 산사태의 예방 · 대응 및 복구 관련 조항 신설, 산사태정보체계 구축, 산사태 취약지역 조사 및 지정 등)
1955~1957	사방부흥시대 (외원자금사방시대)		
1957~1961	토양보전식사방공법시대 (신공법시대)	2016~ 2019	산사태취약지역 중심 사방사업, 전국 땅밀림 및 지진 등 새로운 유형의 산사태 기초조사 및 무인 원격감시시스템 등 재난 대응체계 구축
1961~1964	간이산지사방공법 편중시대 (파종공법 시대)		
1964~1967	사방시공법 정비시대 (구공법 개선시대)	2020~현재	재해 예측 고도화 및 경계 피난 시스템 강화, 사방협회가 치산기술협회로 명칭 변경
1967~1972	야계사방 및 유역개발사방시대		

1978년 제1차 치산녹화10개년계획(1973~1982)은 4년 앞서 조기에 종료되었으며, 사방사업은 당초 목표의 약 50% 정도밖에 시행되지 못하였고, 1979년에는 제2차 치산녹화10개년계획(1979~1988)이 수립되었다. 1981년 마을도급사방이 확대 실행되었고, 1982년에 '사방사업법 시행령'이 개정되었고, 사방댐이 최초로 시공되었다. 1983년에는 각 도청 사방계가 폐지되어 사방관련 업무는 양묘계에 통합되었다.

1986년 사방사업소를 치산사업소로 개칭하였고, 사방댐 설계요령을 제정하고, 사방댐 사업이 수행되었다. 1987년에 산림청이 내무부에서 농림수산부로 다시 이관되었다. 또한, 산사태 위험지 조사 판정요령 및 예방사방사업 실시요령을 제정 및 시행하였고, 1988년에는 산사태발생 예경보제를 실시하였다. 1989년에 황폐지복구사가 발간되었고, 1992년에는 사방사업 실행지침과 도급 사방사업지침이 제정되었다.

1993년 각 도의 임업시험장과 치산사업소가 산림환경연구소로 통합되었고, 야계사방과 사방댐 사업에 대하여 도급사방(都給砂防)이 도입되어 1994년에 도급사방사업 실시요령과 사방공사 시방서를 제정하였다, 1995년에는 산림청 치산과는 산림토목과로 개편되고, 영림과의 임도업무를 이관 받아 사방사업과 임도사업을 관장하게 되었다. 또한, 산사태 위험지 일제조사가 실시되고, '사방사업실행지침'이 제정되었다.

1996년에 강원도 고성지역에 대형 산불이 발생하여 자생식물의 혼파처리법이 개발되었고, 1997년에는 마을환경사방시범사업과 정화시설시범사업이 각각 3개소에서 실시되었다. 2000년에는 강원도 고성지역에 발생한 대형 산불 피해지가 복구되었으며, 산사태위험도 판정 프로그램이 개발되었다. 2002년에 태풍 루사에 의한 산지재해 복구 및 환경친화적 사방공법이 정립되었으며, 제1차 한 · 일 토사재해방지기술회의가 개최되었다. 2003년에는 태풍 매미로 인한 산지재해 복구사업에 홍수발생 빈도 설계기준을 50년 이상으로 강화하였다. 2006년에 GIS를 이용한 산사태위험관리시스템의 운영과 집중호우 및 태풍 에위니아 등에 의한 산지재해 복구가 실시되었다.

2007년도는 한국 사방100주년이 되어 기념식을 통하여 사방유공자들에게 포상을 하였고, 경북 포항에 사방기념공원 조성, 한국 사방 100년사 발간 및 국제심포지엄 등이 개최되었다. 2008년에 사방사업법을 개정하여 사방사업은 산지사방사업 · 해안사방사업 · 야계사방사업으로 구분하였고, 특수법인 '사방협회'가 창립되었다.

2009년에는 사방사업을 4대강 살리기 사업과 연계하여 추진하였고, '산림복원사업'을 신설하여 자연적 · 인위적으로 훼손된 산림을 복원하여 지속가능한 산림생태계 보전 기능을 유지 · 증진하도록 하였다. 2010년부터 5년마다 황폐지 실태조사와 사방품셈을 새롭게 만들었다. 2011년에는 7월의 집중호우로 인해 서울시 우면산과 강원도 춘천 등에서 대규모 산사태가 발생하여 많은 인명(사망자 : 우면산 16명, 춘천 13명)과 재산피해가 발생하였다. 이러한 산사태는 서울시의 도시생활권에서도 산지재해로 인한 인명과 재산상의 피해가 발생할 수 있다는 전 국민적 관심을 갖게 된 계기가 되었다.

2012년에는 「산림보호법」이 개정(2012. 2. 22)되어 제5장 산사태의 예방, 대응 및 복구 관련 조항이 신설되었고, 산림청 치산복원과가 산사태방지과로 개편되었다. 또한, 생활권 중심으로 산사태취약지역을 조사하여 산사태 예방과 대응력을 강화하였고, "사방사업 설계 · 시공 세부기준"을 정비(산림청 고시 제2012-67호)하였다.

2013년에는 '신사태방지분야 시행계획'을 수립하였고, 「사방사업법」의 일부 내용도 개정(8월 13일)되었다. 2014년에는 산사태방지 종합대책에 따른 기관별 지역대책을 수립하여 시행하였으며, 사방사업법시행령과 동법 시행규칙의 일부가 개정(2월 18일)되었다. 개정된 사방사업법시행령에서는 법 제20조 제1항 제5호에 따라 사방사업 시행 후 5년이 지나 사방시설에 의하여 지반이 안정된 경우에는 사방지 지정을 해제하도록 하였으며, 또한 「사방표준품셈」을 전면적으로 시행하였다. 2015년에는 산림청의 용역으로 산림조합중앙회 엔지니어링사업본부에서 산사태취약지역 전국조사가 시행되고, 그 조사결과에 따라 전국 시 · 도에 약 10,000개소의 산사태취약지역이 추가 지정되었다. 특히, 산사태 대응팀 운영, 산사태예방지원본부의 구성 및 운영, 산사태현장예방단의 구성 및 운영을 상시 가동하였고, 2016년에는 생활권 중심의 사방사업을 확대 시행하였다. 2017년도에는 산사태 예측정보의 정확도를 제고하고, 지진 산사태 대응체계도 구축하였다.

2018년도는 전국 땅밀림 산사태 기초조사 및 무인 원격감시시스템을 구축하여 땅밀림 산사태 재해를 예방하기 위하여 많은 노력을 하였다. 2019년도는 전국 시 · 도에서 용역을 발주하여 산사태취약지역 조사가 수행되었다. 2020년부터는 재해예측 고도화 및 경계피난시스템을 강화하고 있다.

특히, 우리나라의 산림녹화는 제2차 세계대전 이후 유일하게 성공한 사례로 평가를 받고 있으며, 정부와 국민이 하나가 돼 이루어 낸 결과물이다. 많은 임업인과 단체들은 1960년대 초반부터 2000년대까지 시작한 산림녹화와 관련된 기록물들을 모아 유네스코(UNESCO) 세계기록유산으로 등재하기 위하여 많은 노력을 하였다.

1.3.2 외국의 사방사업

1. 아시아 지역의 사방

1) 일 본

일본은 나라시대(700년경)부터 수목의 벌채행위를 제한하는 법률이 정해져 있었으며, 지리적인 위치와 자연적인 특성에 의해 고대로부터 지진, 화산 및 홍수로 인하여 토사재해가 끊이지 않고 있다. 에도시대(1603~1868)에는 치산 · 치수의 사상이 도출되었고, 메이지시대(1868~1912)에 들어서 유럽의 사방기술 도입과 치수3법(하천법, 사방법, 삼림법)의 정비에 의해 전국적으로 사방사업이 실시되었다. 쇼와시대에 들어서는 기술면에서 콘크리트 기술에 의한 대규모 사방댐이 축조되어 사방기술이 발전되었고, 법제 면에서도 「사방법」 이외에 「땅밀림방지법」(1958)과 「급경사지 붕괴대책법」(1969)이 정비되었다. 1935년에는 사방협회가 설립되어 1940년에는 법인화되었고, 사방센터(1975), 사방 프론티어(1991), 사방홍보센터(1983)가 설립되었다.

일본의 사방법은 1897년 명치(明治) 30년에 공포되어 현재 사방의 법적 기초가 되었다. 사방법에 의하여 이미 산지의 붕괴로 인하여 사방공사가 필요한 지역은 사방요설비지(砂防要設備

地)로 지정하였고, 토사붕괴의 위험성이 큰 산지는 사방지정지(砂防指定地)로 정하였다.

일본의 임야청(林野廳)의 사방은 1907년에 제정된 삼림법(森林法)과 1951년에 개정된 삼림법에 의하여 시행되고 있다. 사방법과 삼림법의 제정 이후 일본의 사방은 오스트리아와 프랑스의 사방공법을 도입하여 급속하게 발전하였다. 그 후 현재에 이르기까지 사방공사는 사방법에 근거하여 건설성(建設省)에서 집행하는 사방사업과 삼림법에 근거하여 농림성(農林省)의 임야청에서 집행하는 치산사업으로 구분하여 시행하고 있다. 특히, 임야청 소관의 치산사업은 복구치산(復舊治山) · 예방치산(豫防治山) · 방재림조성(防災林造成) · 수원림조성(水源林造成) · 보안림개량(保安林改良) · 땅밀림방지 등으로 구분하여 시행되고 있다.

1948년 "정원사방"이라는 이름으로 상태경관을 고려한 사방사업이 실시되었으며, 1958년에는 땅밀림에 의한 피해 방지와 국토보전과 민생안전을 위하여 "땅밀림 등 방지법"을 제정하였다. 1969년에는 산사태 재해로부터 인명과 재산을 보호하기 위하여 "급경사지 붕괴에 의한 재해방지에 관한 법률을 제정되었으며, 1990년대부터 친환경 사방사업이 본격적으로 추진되었다. 또한, 2000년에는 토사재해의 위험이 있는 구역에 대하여 위험의 주지, 경계피난체제 정비, 주택 등의 신규입지 억제 및 기존 주택의 이전 촉진 등 비구조물 대책을 추진하기 위해 토사재해방지 대책 추진에 관한 법률을 제정하였다.

특히, 화산이류, 화쇄류, 용암류 등에 의한 화산재해는 넓은 범위에 걸쳐 인명이나 재산피해를 야기하기 때문에 사방댐 등의 구조물 대책과 함께 경계피난체제의 정비 등과 같은 비구조물 대책 등 화산사방을 통하여 피해를 최소화하고 있다. 또한 국제교류도 적극적으로 추진하여 2000년에는 '일 · 이탈리아 사방회의'를 개시하였으며, 우리나라와도 2002년부터 매년 '한 · 일 토사재해 방지기술회의'를 개최하고 있다.

2) 홍콩의 사방사업

홍콩에서는 호우 등에 의한 산사태 등 자연재해와 채광, 채석 및 개발에 의한 훼손지의 관리 및 복구(복원)사업을 토목공정척서〔土木工程拓署: Civil Engineering and Development Department : CEDD〕에서 관장하고 있다. CEDD의 정책목표는 "토목기술을 통해 재해를 효율적으로 관리하여 국민의 복리와 국가의 발전을 도모"하는 것이다. CEDD의 조직은 서장 아래에 총무부, 토목공정처〔土木工程處, Civil Engineering Office〕, 토력공정처〔土力工程處, Geotechnical Engineering Office〕 등 4개의 지역처가 있다. 산지재해와 채광, 채석 등의 업무와 훼손지 복구(복원)사업은 토력공정처의 산지재해 방지담당 부처에서 소관하고 있다.

홍콩의 산지는 경사 15° 이상의 면적이 약 70%를 차지하는 급경사 지역이며, 연평균 강우량도 2,400㎜로서 산사태 발생에 매우 취약하다. 높은 인구밀도로 산록부 및 구릉지에 아파트 등 주거가 밀집되이 있이 신사대 발생으로 1947년 이후 65년긴 약 470명의 인명 피해가 있었다. 특히, 산사태에 취약한 사면보호를 위하여 1977년 지반관리국을 신설한 후 1999년에 지반방재국으로 조직을 강화하고 재해방지에 많은 노력을 기울이고 있다. 또한, 산지재해 관리는 산지재해 방지계획(Landslip Preventive Measures Program)에 의해 체계적으로 추진되고 있다. 산사태지에 대한 복구공사는 Soil Nail 공법을 적극적으로 도입하여 콘크리트 옹벽과 돌쌓기 옹벽을 보강하는 방법으로 토양과 암반기반을 안정시키고, 주변 식생과 조화되는 식물을 이용하여 수림을 조성하고 있다.

비구조물 대책으로는 강우자료에 의한 주의보 및 경보체제 발령으로 인명 및 재산상의 피해 예방을 위하여 노력을 하고 있으며, 또한 인공사면 및 자연사면은 위험성을 줄이도록 정기적으로 교육과 홍보를 하고 있다.

3) 대만의 사방사업

대만의 산림재해 관련 업무는 크게 행정원(行政院) 농업위원회(農業委員會) 산하의 임무국(林務局)과 수토보지국(水土保持局)에 의해 이루어진다. 주로 산림을 관리하는 임무국은 삼림기획조(森林企劃組), 임정관리조(林政管理組), 집수구치리조(集水區治理組), 조림생산조(造林生產組), 삼림육락조(森林育樂組), 보육조(保育組) 및 기타 행정관리조직으로 구성되어 있다. 이 중에서 집수구치리조는 보안림과(保安林科), 치산과(治山科), 임도과(林道科) 등 3개의 과로 조직되어 있으며, 치산과에서 재해방지를 위한 토목사업의 실시 및 설계 업무를 담당한다.

수토보지국은 유역관리 및 침식의 방지, 경사지의 보호 및 효율적인 이용, 경사지의 모니터링 및 관리, 농촌계획 및 개발 등을 담당하는 곳이며, 종합기획조(綜合企劃組), 보육치리조(保育治理組), 농촌건설조(農村建設組), 감측관리조(監測管理組) 등으로 구성되어 있다. 특히, 토석류방재센터(土石流防災中心)를 운영하여 산림에서의 토석류 발생을 예측하여 관리하고, 그 피해를 사전에 예방하기 위한 주요 사업을 시행한다.

임무국 소관의 삼림법(森林法)은 삼림보호편에 치산 관련 사항이 규정되어 있고, 수토보지국 소관의 수토보지법(水土保持法)은 수토보호지역의 처리와 유지관리와 관련하여 일반적인 부분과 특수한 부분으로 나누어 관련사항들이 규정되어 있다.

사방사업은 해발 1,000미터를 기준으로 그 이상의 지역에 대해서는 임무국에서 담당하고, 그 이하 지역은 수토보지국에서 담당하고 있다. 주로 지진과 호우에 의한 산사태와 토석류 재해가 많이 발생하고 있는 산지에 대해서 사방댐과 골막이 및 바닥막이 등을 계통적으로 시공하여 재해를 방지하고 있다.

2. 유럽지역의 사방

1) 프랑스

프랑스는 유럽 여러 나라 중에서 가장 먼저 사방을 실시한 나라이다. 산림황폐는 산림의 남벌로 발생하였으므로 1718년에 최초로 법률을 공포하여 산지황폐 방지에 노력하였다. 특히 1846년과 1856년의 대홍수에 의한 재해가 막심하게 되어 1860년 7월 28일에는 사방조림(砂防造林)에 관한 법률을 공포하였고, 1864년 7월 8일에는 사방에 관한 규칙을 제정하여 산지사방에 노력하였다.

프랑스에서 사방사업을 가장 많이 시행하게 된 때는 P. Demontzey(1882)가 나타난 1800년대 말이었다. 그 후 한때 부진하였으나 프랑스의 국회의원이 Alps 지방의 야계(野溪)를 시찰한 후 사방의 필요성을 재확인하게 되었다. 사방분야의 유명한 학자인 E. Thiery는 Nancy대학의 교수로서 사방공학을 처음으로 체계 있게 저술하였다. 프랑스는 오스트리아와 같이 야계사방(野溪砂防)이 대단히 발달되었다.

2) 오스트리아

오스트리아의 사방기술은 1882년 이전에는 Tirol주의 산악지방을 중심으로 부분적인 산복사방과 Fersina강의 토사유입을 억제하기 위한 통나무댐이 주가 되어 왔다. 그러나 1882년 Alps 지방과 Tirol 및 Kärnten주의 대홍수에 의한 심한 재해를 기점으로 사방에 대한 국민적 관심이 고조되어 1884년 사방법이 제정되었다. 사방법에는 사업목적 · 대상 · 범위 · 조직 등이 규정되어 있으며, 하천공사진흥법이나 수리권법 등에도 사방에 관련된 규정이 있다. 1975년에 대폭 개정된 개정삼림법에도 황폐계류 및 눈사태에 대한 방지에 관한 내용이 있으며, 이와는 별개로 '위험구역도'나 '보호림 및 보안림'에 관한 규정도 제정되어 있다.

사방사업을 수행하는 행정조직은 농림부 임무국의 '사방 및 눈사태 방지부'에 일괄되어 있으며, 하천개수 사업은 농림부의 수리 · 하천국 소관이다. 사방사업은 연방정부의 직할로 시행되고 있으며, 하천공사 등은 주정부의 관할 하에 있다.

오스트리아는 황폐계류에 대한 사방공사가 세계에서 가장 발전한 국가로 인정받고 있다. 사방공사의 기본은 황폐계류를 하나의 생태계(ecosystem)로 간주하여 시스템의 균형을 보전하는 것이다. 각각의 공사기술은 토목공학적 기술과 산림조성적 기술이 종합된 산림-공학기술체계로 실시되고 있다. 현재 사용되고 있는 사방공사 방법은 토목공학적 방법, 산림생물학적 방법, 경영관리적 방법 및 예방적 방법의 4종류로 구분하고 있다.

토목공학적 방법은 우리나라에서 시공되고 있는 사방댐 등 야계사방 공사와 유사하고, 산림생물학적 방법은 '녹화공'과 '조림'으로 구분된다. 녹화공(綠化工)은 붕괴지나 민둥산에 식생을 도입하여 피복하는 것이며, 주로 표면침식 방지에 있다. 조림(造林)은 토사생산원인 산사태지의 주변에 수목을 식재하여 산복사면의 수문조건을 개량하고 눈사태 방지의 목적을 겸해 실시되고 있는 경우가 많아 황폐계류의 최상부 고도가 높고 적설심이 큰 지점에 주로 실시한다.

경영관리적 방법은 토지이용의 전환과 그에 따른 산림조성에 의하여 사방효과를 추구할 뿐만 아니라 농업 · 임업 · 관광업의 균형을 갖추어 유역 전체로서의 수익향상을 도모하여 지역경제의 개선을 목표로 하는 경영관리적 방법과 토목공학적 방법을 효과적으로 조합한 '종합적 토지개량 방법'이다.

예방적 방법으로는 위험구역도에 근거하여 지역 내의 주거용 건축행위를 위험도에 따라 제한하고 있다. 위험구역은 재현기간 150년의 재해규모를 예상하여 적색위험 구역과 황색위험 구역으로 설정하고, 적색위험 구역에서는 새로운 건축을 금지하고, 황색위험 구역에서는 조건부로 건축을 허용한다.

또한, 급경사 산지로부터 발생하는 토사재해를 방지하기 위한 사방댐은 최상부에 토괴파쇄용 투과형댐, 2차로 토석을 크기별로 확산시키는 투과형댐, 3차와 4차로 토석을 크기별로 퇴적시키는 투과형댐, 최하부에 작은 토석을 퇴적시키고 유출시키는 불투과형댐(dosing 댐)을 계통적으로 설치하는 방식을 채택하고 있다.

[그림 1-8] 눈사태 방지시설 및 슬릿 사방댐

3) 스위스

스위스는 19세기 중엽에 하천의 상류유역부터 도시 지역의 계류까지 계통적 사방을 실시하였다. 1861년의 대홍수가 있은 후부터 스위스 정부에서는 하천개수와 사방공사에 대하여 보조금을 교부하여 안전시공을 기하였다.

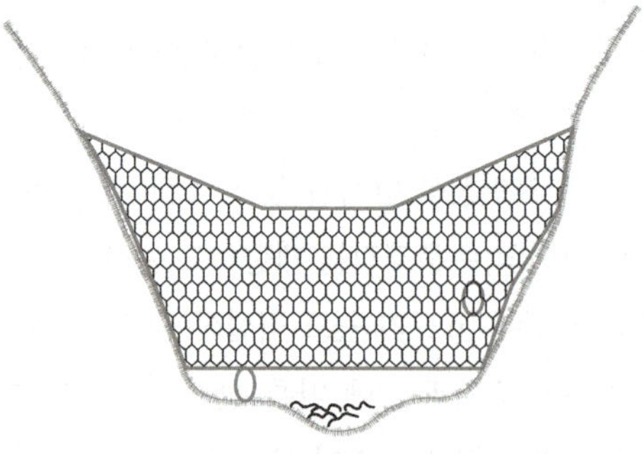

[그림 1-9] 링네트 시설

스위스 사방의 특징은 오스트리아와 같이 산사태 등 산지재해에 대한 처리뿐만 아니라 적설과 빙하에 의한 재해예방과 처리에 집중되어 눈사태 방지 공법이 대단히 발달되었다. 또한, 알프스 주변 산지는 암반의 풍화가 극심하고 절리가 발달되어 있어 낙석과 산사태가 많이 발생한다. 특히, 이러한 지역의 산사태 예방은 시공이 비교적 간편한 링네트 등을 이용하고 있다.

4) 이탈리아

이탈리아의 사방은 Reno강의 Casalacchio-Sperre 댐은 Pontalto-Sperre 댐과 같이 유명한 댐으로서 이 댐은 1191년에 Bologna시 근교에 통나무댐으로 건설되었다. 그 후 1324년에 찰쌓기돌댐으로 개축되었지만 잦은 홍수로 파괴되어 1894년에 무너지게 되었으나 다시 여러 개의 부댐으로 보강하였다. 특히, 1883년에 국가 사방과 지방 사방으로 구분하고 산복에는 사방조림을 주로 실시하고, 계류에는 통나무댐과 돌댐을 시공하였다.

최근 2011년 친퀘테레 국립공원에서 집중호우로 인하여 홍수와 산사태가 발생하여 11명의 사망자가 있었다. 또한, 2016년에는 중부지역에서 지진발생으로 그란사소 국립공원 인근에 산사태가 150여개소가 발생하였다. 특히, 알프스 지역들은 산지의 암반들이 대부분 풍화가 극심하고, 절리가 발달되어 있어 주로 암반지역에서 낙석과 산사태가 발생한다. 산사태는 주로 산정 및 산복에서 많이 발생하므로 시공이 비교적 간편한 링네트 등을 이용하여 복구를 하고 있다.

5) 독일

독일은 산림은 경사가 급한 지역은 많지 않아 비교적 합리적인 산림경영(forest management)으로 임업이 발달된 임업 국가이다. 산림경영적 측면에서 우리나라 및 일본의 임학발전에 많은 영향을 미친 것으로 볼 수 있다. 따라서 독일은 주변국 오스트리아 및 스위스와는 달리 급준한 산악지가 거의 없어 사방사업이 발전하지 않았으나 일부 지역에서 소규모로 시행된 바 있다. 특히 환경청에서 1973년 생태적인 기술 매뉴얼 및 1993년 계류보전 관리지침서를 발간하면서 친환경 사방사업이 실시되고 있다.

6) 미국

미국에서는 1903년에 최초로 농무성 농업시험장에서 토양침식 방지를 위하여 경사지 배수공법에 관한 야외시험을 실시하였다. 1917년에는 처음으로 Missouri대학교의 농업시험장에서 유수 및 유토 측정에 관한 시험사업이 실시되었으며, 1926년에는 Texas주와 Oklahoma 주에서 경사지 계단설치에 대하여 시험을 실시하였다.

특히, 미국은 토양침식의 위험성이 증가됨에 따라 1929년에 미국 의회에서는 연방 각 주별로 농경법별 토양침식량을 조사하도록 하였다. 이 사업에 관한 행정은 농무성 산림국 · 토양화학국 및 농업토목국에서 관장하였으며, 산림국에서는 주로 국유림에서의 침식방지 분야를 담당하였다.

최근에 산림청(Forest Service)에서는 주로 국유림에 대한 사방과 광산지의 복구, 녹화 및 임도의 침식 방지분야에 중점을 두고 있다. 농경지와 일반 경사지에 대한 침식방지 및 토양보전 사업은 토양보전청(Soil Erosion Service)에서 담당하고 있다.

1979년에는 대통령 직속으로 재난관리 전담기관인 연방재난관리청(Federal Emergency Management Agency: FEMA)을 설치하여 자연재해 뿐 아니라 모든 재난관련 기획, 대피훈련, 피해경감, 대응, 복구지원 등 연방 재난 관리계획의 수립과 부처 간 업무조정, 지방정부에 대한 기술적 지원과 교육 등의 업무를 담당하고 있다.

특히, 산사태 재해에 관한 업무는 미국지질조사소(United States Geological Survey: USGS)를 중심으로 수행하고 있다. USGS에서는 과학적인 정보수집과 분석을 통하여 산사태 위험 유발요인 규명, 산사태 위험성에 대한 대중의 이해 증진, 안전의식 고취, 산사태 위험 경감을 위한 대책수립, 산사태 피해 최소화를 위한 정보제공 등을 하고 있으며, 1970년대 중반부터 산사태 재해 프로그램(Landslide Hazard Program: LHP)을 운영하고 있다. 산사태 재해는 주로 태평양 연안, 로키 산맥, 애팔래치아 산맥일대 및 하와이 등지에서 다수 발생하고 있다.

note

제2장
산림유역과 사방

제2장 산림유역과 사방

1 2 3 4 5 6 7 8 9

2.1 산림유역 의의 및 특징

2.1.1 유역의 의의

산지의 계류나 또는 하천의 임의 지점에서 그곳을 통과하여 흐르는 유출수량을 결정지어 주는 일정 지역의 한계를 유역〔流域: watershed〕이라고 한다. 유역과 유역의 경계는 분수계〔分水界: devide〕 또는 유역계〔流域界: watershed divide〕라 하며, 인접 유역과는 지형 상의 분수계, 즉 지표수분수계(地表水分水界)에 의하여 경계가 된다. 이 유역의 한계선 즉 분수계로 둘러싸인 구역을 유역면적〔流域面積: watershed area〕이라고 한다. 일반적으로 산 능선에 따라 구분하지만 평야부에서는 분명하지 않은 곳도 많다. 또한, 이 유역에 물이 모이는 구역이라는 의미에서 집수구역〔集水區域: catchment area〕 또는 집수면적(集水面積)이라 한다.

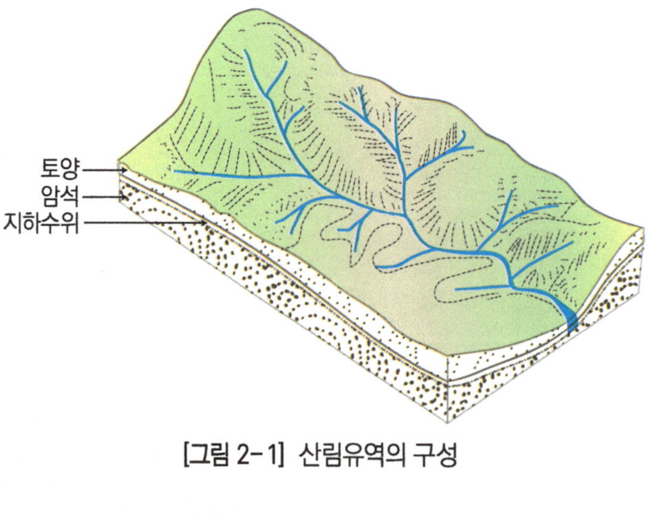

[그림 2-1] 산림유역의 구성

산림유역의 구성은 그림 2-1에서 보는 바와 같이 한 개의 유로로 이루어지는 것이 아니고 상류의 수원(水源)에서는 많은 작은 나뭇가지와 같은 적고 협소한 세천(細川)들이 흐르면서 합류하여 계류(溪流)가 되고, 하류로 갈수록 점차 큰 하천이 되는 것이다. 지표면의 어느 정해진 범위를 분담하여 강수를 각각의 하천에 흘려보내게 될 때 이 범위를 하천유역(river basin) 또는 배수유역(basin area)이라고 하고, 비교적 광범위한 규모의 유역에서 사용된다. 하천유역의 출구가 바다와 접할 때 하구(河口: estuary)라고 한다. 이 하구와 직결되는 주하천을 본류(本流: main river) · 본천(本川: main stream) 또는 간천(幹川: trank river)이라 한다. 본류에 유입되는 계류를 지류(支流: tributary) 또는 지천(支川: 제1지류)이라 하고, 이 지류에 유입되는 계류를 소지류(小支流) 또는 소지천(小支川: 제2지류)이라고 한다.

2.1.2 유역의 형상

유역의 형상은 유역의 지질과 지세 및 홍수특성에 의하여 다르며, Howard에 의하면 기본형은 그림 2-2에서 보는 바와 같이 선형, 수지형, 방사형, 평형형 및 복합형으로 구분할 수 있다.

① **선형**(扇形: fan shape) : 분수계가 원형 또는 부채모양으로 되어 있어 주위로부터 지류가 한 지점에서 합류되며, 일반적으로 가장 넓은 형으로 분지를 형성하는 유역에 많이 있다. 특히, 각 지류의 홍수가 동시에 한 지점에 집중되므로 전 유역에 호우가 있을 때에는 집중 홍수류가 발생하게 된다.

② **수지형**(樹枝形: dendritic) : 가장 일반적인 형이며, 지류가 본류의 양쪽 기슭으로부터 유입하여 나뭇가지 모양으로 둘러싸여 있고 본류가 유역의 중앙을 관통하여 비교적 가늘고 긴 장방형(長方形)의 유역이다. 우수가 하천에 일시에 집중하여 홍수가 되는 일은 없으나 높은 수위가 계속 발생되기도 한다.

③ **방사형**(radial) : 산정에서부터 하류를 향하여 여러 방향으로 하곡이 발생한 것으로서 하천연장에 비하여 유역면적이 좁아 고수위의 홍수 계속시간은 짧은 편이다.

④ **평행형**(parallel) : 좁고 깊은 독립된 두 유역을 가진 하천이 평행하게 흐르다가 나중에 서로 합류하거나 또는 좌우에서 서로 흘러 합쳐지는 경우가 많으며, 이때 합류점이나 하류에서 큰 홍수가 발생할 위험성도 있다.

⑤ **복합형**(compound) : 위의 4가지 형이 합해진 형태이고, 수지형과 방사형의 복합이 많다.

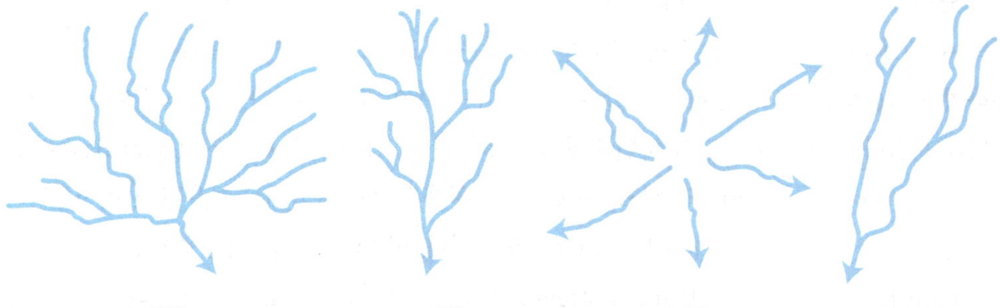

[그림 2-2] 유역의 형상

이상 설명한 지류유역의 모양은 작은 유역에서 독립성을 보이지만, 큰 하천에서는 이들 여러 개의 지류유역이 종합된 하천유역을 형성하게 된다. 우리나라의 큰 하천인 한강 · 낙동강 · 금강 · 영산강 등이 그 좋은 예이다.

2.2 산림유역의 조사

산림유역의 조사는 어떤 유역 내에서 발생한 산지의 침식 · 산사태 · 토사유출 등의 규모를 양적(量的)으로 분석하여 그 발생 상황의 관계를 구명하기 위하여 실시한다. 또한, 앞으로 발생할 수도 있는 재해를 수치적(數値的)으로 해석하여 위험성을 예측하거나 수문유출의 해석 등 기초자료를 얻기 위하여 실시한다. 유역의 정보를 얻기 위하여 필요한 조사내용에 대하여 알아보기로 한다.

2.2.1 유역의 형상계수

유역의 면적(A)을 그 유역 내 주하천인 본류의 길이(L)로 나눈 것을 유역의 평균 폭(B)이라고 하며, Horton은 유역의 형상을 수치적으로 나타내는 유역의 형상계수(形狀係數: shape factor, form factor of basin)를 다음과 같이 제시하였다.

$$B = A/L \quad \cdots\cdots (2\text{-}1)$$

$$F = B/L = A/L^2 \qquad \cdots\cdots (2\text{-}2)$$

유역의 형상계수 F의 값은 유로연장에 비하여 그 나비가 넓어 1에 가까우면 유역의 모양이 원형에 가깝고, 반대로 적으면 가늘고 긴 유역이 된다. 유역의 형상계수에 따른 유량의 유출 상태는 그림 2-3에서 보는 바와 같다. 유역의 형상계수 값이 클 경우에는 유출기간이 짧지만 첨두유량이 크고, 적을 경우에는 유출기간이 길고 첨두유량이 작은 현상이 일어난다.

특히, 일반적으로 유로의 연장은 그림 2-4에서 보는 바와 같이 유역의 최하부 출구 지점에서부터 지형도상에 나타난 본류(main river)의 종점까지의 거리(L)를 의미한다.

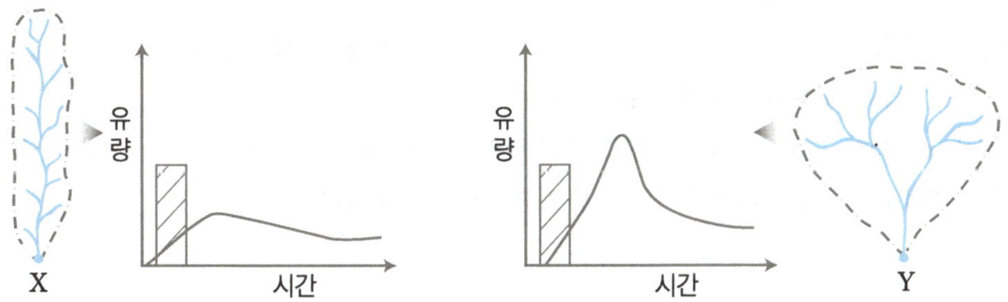

[그림 2-3] 유역의 형상에 따른 유량의 유출 상태

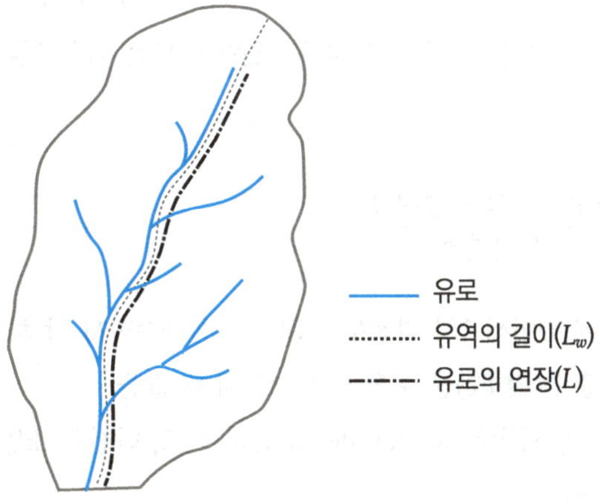

[그림 2-4] 유역길이와 하천연장

2.2.2 하천차수

하천은 본류와 지류의 크기를 세밀한 단계로 구분하여 수계의 등급 표시한다. 이것은 Horton이 고안하고, Strahler가 수정 제시한 하천차수〔河川次數: stream order〕 또는 수계차수(水系次數) 개념이다. 이 하천차수는 일정한 유역 내에 최초에 지류를 갖지 않는 수원의 시점으로부터 흐르는 계류를 1차 유로라 하고, 1차 유로들이 합류한 것을 2차 유로라 하며, 또한 2차 유로들이 합류하면 3차 유로로 이어진다.

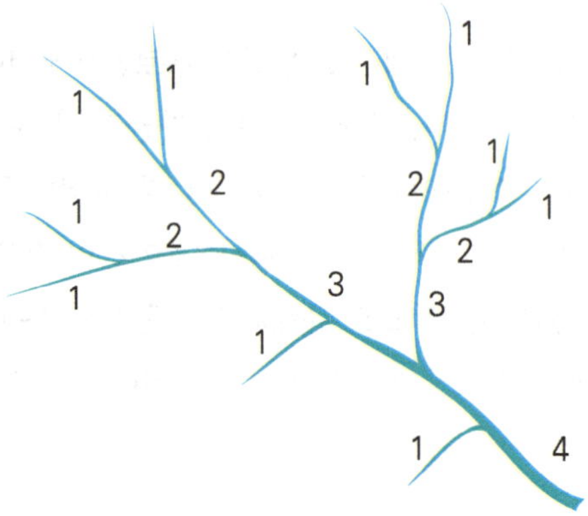

[그림 2-5] 하천차수 표시도

이와 같이 n차 수류와 또 n차 수류가 합류할 경우 (n+1)차 수류가 되지만, 이것보다 저차의 수류가 합쳐졌을 경우에도 차수에는 변동이 없다. 하천차수(stream order)의 표시도를 보면 그림 2-5와 같다.

2.2.3 수계밀도와 수계빈도

수계밀도〔水系密度: drainage density〕는 일정한 유역 내를 흐르는 본류와 지류의 총 연장을 유연면적으로 나눈 값을 말하며, 하천밀도〔河川密度: river density〕라고도 한다. Neumann에 의하면 수계밀도는 유역 내에 지류가 많은가 또는 적은가를 나타내는 지수로서 다음과 같이 나타낸다.

$$수계밀도 = \frac{본류 \cdot 지류의\ 총연장}{유역면적} \quad \cdots\cdots (2\text{-}3)$$

그리고, 일정한 유역에 있어서 1차 하천부터 최고 하천차수까지 각 차수별 개수(個數)를 모두 세워서 더한 값인 총수(總數)를 유역면적으로 나눈 값을 수계빈도〔水系頻度: stream frequency〕 또는 곡밀도〔谷密度: valley density〕라 하고, 하천의 소밀상태를 나타내는 지표로서 다음과 같이 나타낸다.

$$수계빈도 = \frac{하천\ 차수의\ 총수}{유역면적} \quad \cdots\cdots (2\text{-}4)$$

2.2.4 하상계수

하상계수는 하천유황의 대소를 비교하여 하천유량의 안정도를 수량적으로 표시하기 위한 것이다. 일정한 하천지점의 최대유량과 최소유량과의 비를 그 지점의 하상계수(河床係數)라고 한다. 이것은 하천 내 유수의 이수(利水)와 치수(治水)계획에 있어서 대단히 중요하다. 우리나라는 주로 산지하천으로 하상계수는 다른 나라에 비하여 비교적 크므로 강우 시 계류에 많이 유출되어 홍수 발생이 높아 적극적인 치수가 필요하며, 이수에 불리하다.

2.2.5 기복량

유역의 경계면 내에서 지형도 상 최고점과 최저점과의 표고차(h)를 구하여 주하천의 유로연장(L)으로 나눈 것(표고차/유로연장)을 기복량비(起伏量比: relief ratio)라고 한다. Schumm은 기복량(起伏量: relief)을 유역의 단위면적 내의 최고점과 최저점과의 표고차로 정의하였다. 기복량은 유역의 크기와는 별 관계없이 유역의 경사도를 대략 나타내는 의미로 사용된다.

$$\text{기복량}(R) = \frac{\text{고도차}(h)}{\text{유로연장}(L)} \quad \cdots\cdots (2\text{-}5)$$

2.2.6 유역의 평균종단곡선

유역의 평균종단곡선은 고도에 따른 토사유출의 해석 · 토사 이동의 영향 및 하천유역의 일반적 성질 등을 분석하는 데 많이 이용되고 있다. 그림 2-6에서 보는 바와 같이 지형도 상에 유역의 구분을 하고 일정한 간격으로 정사각형 방안망을 그려 주하천의 방향에 직각이 되도록 직선을 그어 a-a, b-b, c-c, d-d, … 를 만들고 이들 선과 등고선과의 교점의 고도를 이용하여 주하천선상의 평균고도를 구한다. 이 평균고도와 유역의 최고점으로부터 유로를 따라 측정한 수평거리와의 관계를 그리면 유역의 평균종단곡선을 얻을 수 있다.

산지계류에서 물이 흐르는 부분을 유로(流路)라고 한다면 이 유로를 형성하는 양쪽의 분수계 사이에 낀 구역은 계곡(valley) 또는 하곡(河谷)이라고 할 수 있다. 하곡은 최상류인 수원으로부터 말단의 출구에 이르기까지 횡(横)으로는 하도에서 좌안(左岸)과 우안(右岸)의 양안(兩岸)을 이루고, 종(縱)으로는 산간구역 · 곡구역 및 평지구역을 형성한다. 일반적으로 상류의 신지구간은 경사가 급하고 곡구역에서 평지구역으로 옮겨 감에 따라 완만한 경사를 이루며, 하도의 종단곡선은 그림 2-7과 같다.

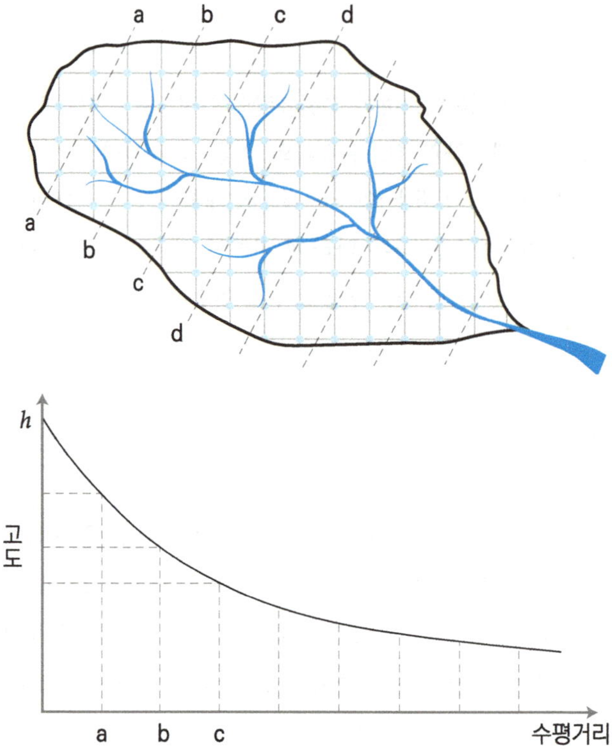

[그림 2-6] 하천의 평균종단곡선

산간구역(mountain district)은 보통 하곡의 상류부를 말하며, 최상류부에서 강우 시 산사태 및 토사유출 등이 있으면서 침식이 일어나기도 한다. 이 산간구역은 비교적 긴 협곡으로서 하상침식이 왕성하게 이루어지고, 대부분 V자형의 곡천(谷川)을 이루게 된다. 또한, 유수에 의한 침식에는 화학적 작용에 의하여 암석이 용해되는 침식(浸蝕: corrosion)과 기계적 작용에 의하여 유로의 바닥과 계안이 깎여 나가는 세굴(洗掘: scour)이 있다. 침식의 물리적인 현상에서 하곡의 깊이를 증가시키는 수직침식(垂直浸蝕: vertical erosion)과 나비를 증가시키는 측방침식(側方浸蝕: side erosion)이 있다.

곡구역(谷區域: valley district)은 산간구역과 평지구역의 중간부분을 말하며, 홍수 시에 다소 하상침식(河床浸蝕)이 발생한다. 감수 시에는 일부 퇴적현상(堆積現象)으로 하상이 거의 평형상태에 있게 된다. 또한, 하상에는 둥근 돌과 자갈 및 자갈더미가 많이 쌓여 있으며, 하천이 산간구역을 벗어나면 하상의 경사가 완만해져서 유속이 감소되어 운반물질의 상당수가 침전 또는 퇴적되기 때문에 선상지(扇狀地: alluvial fan)를 형성하는 경우도 있다.

평지구역(平地區域: plain district)은 하폭이 넓고 경사가 완만하여 침식작용이 아주 적으며, 상류에서 이동된 토석의 퇴적작용이 왕성하다. 이 퇴적작용에 의하여 하상이 계속 높아지게 되고, 홍수 시에는 토사가 이동하여 침전 및 퇴적되면 범람원(氾濫原: flood plain)이 형성된다.

특히, 평지부의 하도는 불안정하여 하도가 만곡(彎曲)되어 측방침식이 진행되면 사행하천〔蛇行河川: meandering river〕을 형성하게 되고, 사행이 극히 심해지면 만곡부분의 목이 끊겨 단락을 이루어 초승달모양의 호수가 생기게 된다.

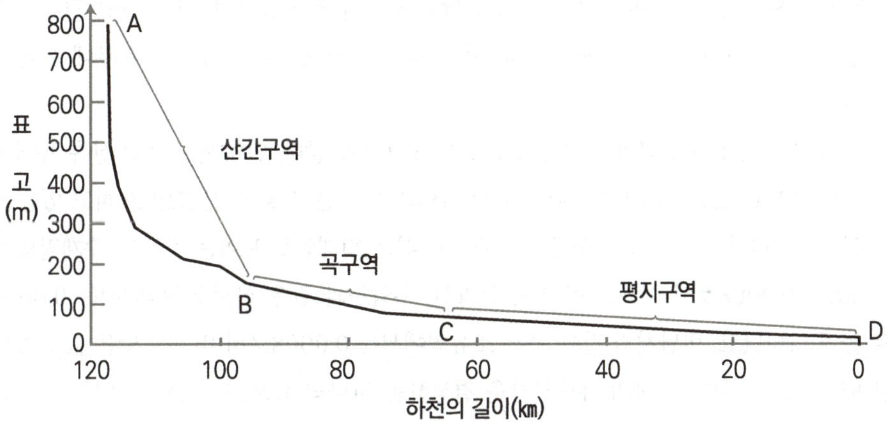

[그림 2-7] 하도의 종단곡선

우리나라 안양천 상류유역의 산지는 대단히 황폐가 심하여 암반노출지가 많으므로 안양천 상류유역을 중심으로 유역 특성을 분석하였다.

안양천은 한강에 유입되는 제1지천으로서 하천관리상으로 국가하천(시흥대교에서 한강까지 13.4㎞), 지방1급 하천(안양철교에서 시흥대교까지 7.3㎞), 지방2급 하천(안양철교에서 상류로

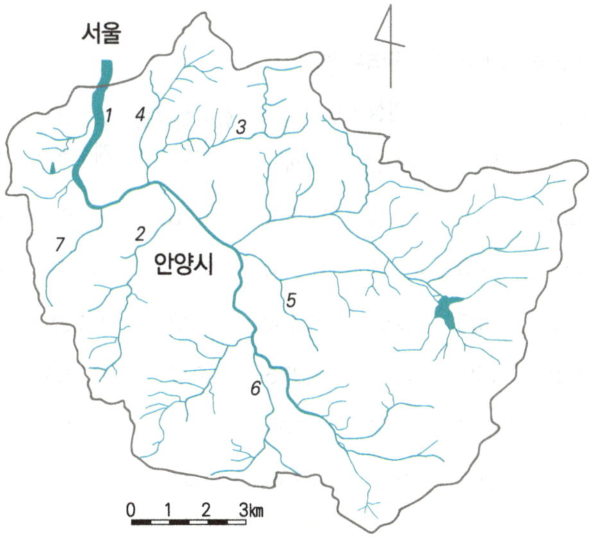

① 안양천 본류 ② 수암천 ③ 삼성천 ④ 삼막천 ⑤ 호계천 ⑥ 당정천 ⑦ 박달천

[그림 2-8] 안양천 상류유역의 주요 배수조직

11.6㎞)으로 구성되는 유로연장 32.3㎞의 법정하천 구간이다. 이외에도 「소하천」구간이 상류로 연속되고 여기에 15개의 지방2급 하천 지류가 유입된다. 주요 지천을 포함하는 배수조직 상태는 그림 2-8과 같다.

산림지역의 황폐계류는 유로연장이 비교적 짧고 계상물매가 급하며, 그 유량은 강우나 강설 등으로 급격히 증가하여 유수는 계안과 계상을 침식하고 사력을 생산하여 하류부에 유출 또는 퇴적시킨다.

안양천 수계 상류 6개 유역의 유역특성을 보면 표 2-1과 같다. 안양천 수계별 상류 유역의 형상계수는 0.199~0.429의 범위에 있어 비교적 유역의 형상은 가늘고 긴 모양을 하고 있음을 보여주고 있다. 즉 이것은 유수가 집중되어 황폐되기 쉬운 형태임을 보이는 것이다. 수계밀도의 범위는 0.0017~0.0008로서 대체로 삼성천, 삼막천, 수암천과 같은 산지소유역에서는 0.0014 이상으로 높게 나타났고, 박달천과 같은 구릉 소유역에서는 0.0008로서 비교적 낮은 값을 보였다. 이러한 배수밀도는 유역 내 물의 유출시간을 결정하는 하나의 요소로서 중요한 역할을 하고 있어 삼성천, 삼막천, 수암천유역은 쉽게 황폐될 수 있는 위험성을 지니고 있다.

안양천 수계 상류 6개 유역 중 황폐계류가 많은 삼성천, 삼막천 및 수암천의 기복량은 7~9%의 범위에 있으며, 그 외 비교적 안정 상태에 있는 당정천의 기복량은 4%로 나타났다. 유역의 안정상태의 조건은 배수밀도, 표고, 경사 등의 유역특성인자들이 주로 유수의 작용에 의해서 상류부에서는 침식되고 하류부에서는 퇴적되어 점차 안정 상태로 진행된다. 따라서 유역은 새로운 곡이 발달되고 수계밀도 및 지표의 물매가 증가되어 지형변화를 가져온다.

[표 2-1] 안양천수계 상류 6개 유역의 유역특성

소유역	유역면적(㎡) (A)	유로연장(m)			유역평균폭 (B)	유역형상 계수 (F)	배수밀도 (D)	기복량비 (R)
		본류(L)	지류(L')	계				
삼성천	8,076,625	6,375	7,625	14,000	1,267	0.199	0.0017	0.09
삼막천	5,010,845	4,100	4,250	8,350	1,222	0.298	0.0017	0.09
수암천	8,157,500	5,900	5,250	11,150	1,388	0.235	0.0014	0.07
호계천	3,075,000	3,625	250	3,875	848	0.264	0.0013	0.09
당정천	4,387,500	3,650	3,250	6,900	1,202	0.329	0.0016	0.04
박달천	4,668,750	3,300	450	3,750	1,415	0.429	0.0008	0.08

2.2.7 면적-고도곡선

면적-고도곡선(面積-高度曲線: hypsometric curve)은 어느 고도에서 어느 정도 크기의 면적을 차지하고 있는가를 나타내는 곡선이다. 산림 유역에서 고도별로 면적비의 계산은 지형학적인 면에서 홍수효과나 침식과 지형과의 관계 등 지표면의 성립을 볼 수 있다. 또한 수문학적인 측면에서는 홍수도달 시간을 도출하여 등고선면적에 따른 지표유출의 추적에 이용할 수 있고, 산지의 개발 가능성을 판정하는 데 유효하게 이용할 수도 있다.

그림 2-9에서 보는 바와 같이 전 유역의 면적을 A, 유역의 최고점과 최저점의 고저차를 H라 하고, 또한 유역의 최저점으로부터 h만큼 높이의 수평면적을 a라 한다. 세로축은 고도차에 대한 비(h/H)를 가로축에는 유역면적의 비(a/A)를 무차원(dimension less value)화하여 서로 다른 유역 간에도 적용할 수 있도록 하였다. 이것을 백분율 면적-고도곡선(percentage hypsometric curve)이라고 하며, Langbein과 Strahler 등에 의하여 제안되었다(그림 2-9 참조).

특히, 상대고도 $h/H = Y$와 $a/A = X$와의 사이에는 연속함수 관계가 성립되며, 다음과 같이 쓸 수 있다.

$$Y = f(X) \qquad \cdots\cdots (2\text{-}6)$$

여기서, H : 유역의 높이, h : 유역의 최저점에서 측정된 고도, A : 전유역의 면적,
a : 고도 h인 등고선으로 둘러싸인 면적

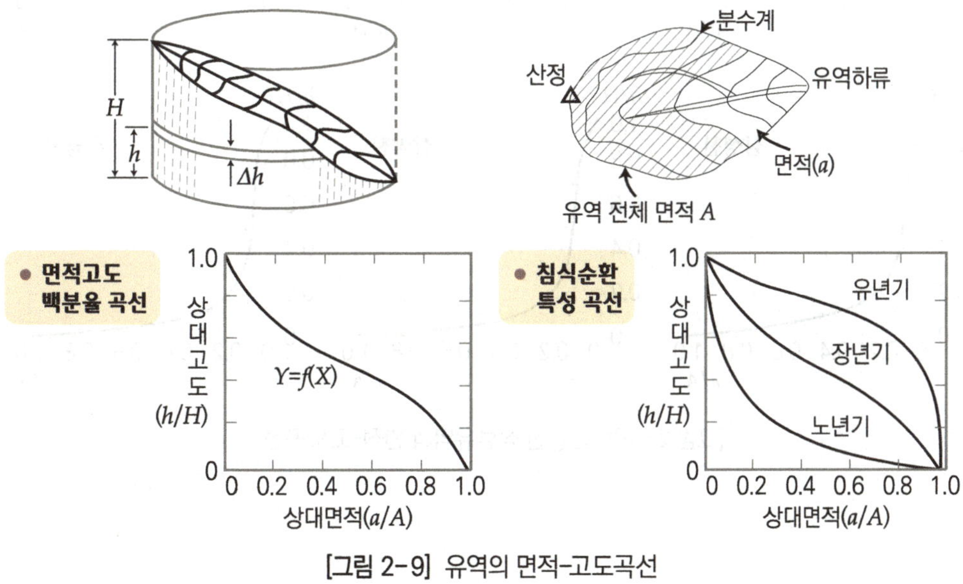

[그림 2-9] 유역의 면적-고도곡선

이 백분율 면적-고도곡선은 어느 정도 유역 전체의 지질상태도 함께 표현할 수 있고, 또한 산지의 상대적 체적을 나타내므로 산지 침식의 단계를 추정하고자 할 때 유용한 지형인자가 되기도 한다.

안양천 수계 상류 6개 유역에서 측정한 면적-고도곡선과 고도별 면적분포는 그림 2-10 및 표 2-2에 각각 표시하였다. 황폐계류가 많은 삼성천, 삼막천, 수암천은 비교적 모양이 비슷한 경향을 보이고 있다. Strahler의 유역의 지질학적 발달단계에 의한 분류법에 의하면 이들 산지소유역은 장년기에서 노년기까지의 침식단계에 있고, 호계천, 당정천은 비교적 안정한 유역으로 나타나고 있다. 안양천 전유역의 차원에서 보면 장년기에서 노년기형의 침식단계에 있는 것으로 생각된다.

특히, 안양천 본류는 노년기 상태로서 하천의 연안에는 토사가 두껍게 퇴적되어 유수의 일부가 스며드는 침식잔구(浸蝕殘丘)의 상으로 나타나고 있다. 또한, 황폐계류가 많이 조사된 삼성천, 삼막천, 수암천 이외의 소유역 상류구간도 황폐계류로 점차 발달될 수 있는 위험성이 매우 높은 것으로 보인다.

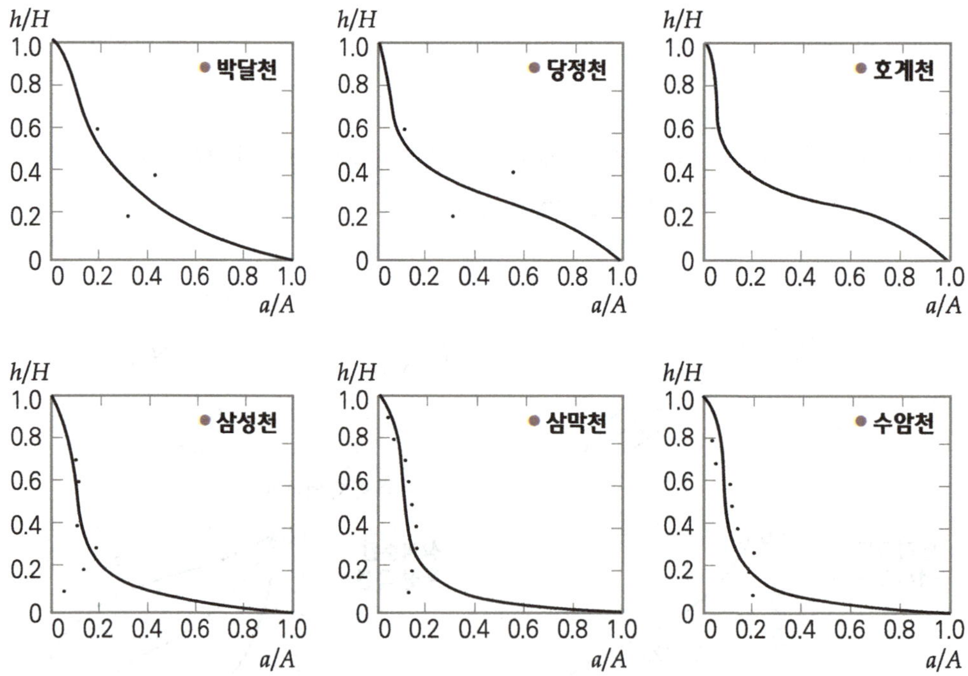

[그림 2-10] 안양천 상류유역의 면적-고도곡선

[표 2-2] 안양천 유역의 고도별 면적 분포

소유역	고도(m) 분류	0~50	50~100	100~150	150~200	200~250	250~300	300~350	350~400	400~450	450~500	500~550	550~600	600 이상	합계
수암천	면적	161.875	146.875	158.125	101.25	87.5	86.875	40	23.125	11.25	1.875				818.75
	백분율	19.77	17.94	19.31	12.37	10.69	10.61	4.89	2.82	1.37	0.23				100
삼성천	면적	40	108.125	152.7	86.538	100.3	99.375	83.75	51.875	43.125	21.875	12.5	6.25	1.25	807.663
	백분율	4.95	13.39	18.91	10.71	12.42	12.3	10.37	6.42	5.34	2.71	1.55	0.77	0.16	100
삼막천	면적	60	66.875	77.3	73.462	67.2	58.125	53.75	28.75	15.625					501.087
	백분율	11.97	13.97	15.43	14.66	13.4	11.6	10.73	5.74	3.12					100
호계천	면적	218.75	56.875	18.75	6.25	2.5	4.375								307.5
	백분율	71.14	18.5	6.1	2.23	0.81	1.42								100
당정천	면적	136.25	242.5	49.375	10.625										438.75
	백분율	31.06	55.27	11.25	2.42										100
박달천	면적	145	188.125	85	30	15	3.125	0.625							466.875
	백분율	31.06	40.29	18.21	6.43	3.21	0.67	0.13							100

2.2.8 유역의 평균경사

산지유역의 경사는 강우의 침투 및 지표면의 지표수 유출과 유속 등 물리적 성질에 많은 영향을 미친다. 또한, 유역 내 유로의 경사도도 유량의 규모 · 유속 및 유황 등 양적 변화에도 큰 영향을 준다. 유역의 평균경사를 나타내는 방법에는 여러 가지가 있지만 일부 국소지점의 경사 측정은 경사계(clinometer)를 이용하여 측정하며, 유역 전체의 평균 경사를 측정할 경우에는 지형도를 이용하는 방법이 주로 사용되고 있다.

1. 경사계를 이용하는 방법

산지사면의 일정한 지점의 경사도 측정은 경사계(clinometer)를 이용하여 구한다. 경사는 사면의 수평면으로부터 기울어진 각을 나타내는 것이고, 또한 사면이 암반일 경우는 사면에서 수평선을 그어 북쪽을 기준으로 방향을 나타내면 주향(strike)도 구할 수 있다.

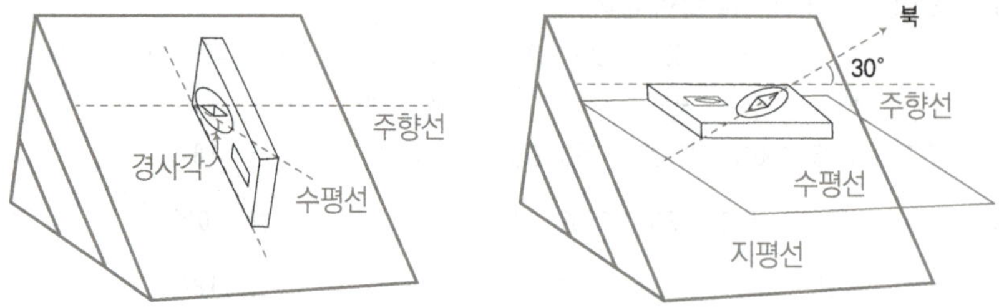

(a) 경사측정 (b) 주향측정

[그림 2-11] 경사계를 이용한 경사(a)와 주향(b)의 측정

2. 사면경사, 수평거리 및 고저차를 이용하는 방법

지형도를 이용한 산지유역의 평균경사 계측은 지형도상에서 두 지점간의 고도 차이를 측정하여 두 지점간의 수평거리로 나누어 탄젠트(tangent)값을 구하면 된다.

여기서,

a = AB면의 경사, h = A와 B의 고저 차

AB' = AB의 도상거리(수평거리), M = 도면 축척의 분모수

$$\tan\alpha = \frac{h}{AB'} \times \frac{1}{M} \quad \cdots\cdots (2\text{-}7)$$

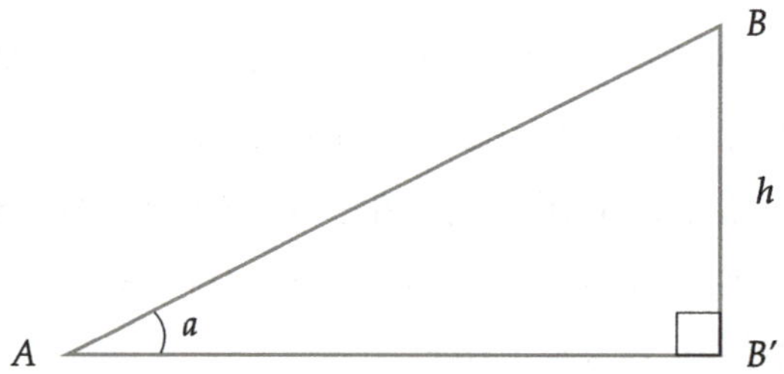

[그림 2-12] 수평거리와 고저차를 이용한 경사측정

3. 지형도 상의 방안을 이용하는 방법

지형도의 축척이 1 : 25,000일 때, 이 지형도에서 가로와 세로로 일정한 크기의 방안을 그린다. 이 때 방안 내에 있는 등고선의 수(N)를 세어 다음 식으로 산출한다.

$$\tan\theta = \frac{I \times N}{S \times A} \quad \cdots\cdots (2\text{-}8)$$

여기서 I : 도면 축척별 등고선 간격, S : 도면 축척의 분모 수
N : 방안내 등고선의 수, A : 한변의 크기

예제 2-1

지형도(1/25,000)상에서 두 지점간의 수평거리가 0.008m(8㎜)일 때 두 지점의 평균 경사를 구하여라.

{풀이}

지형도(1/25,000)상의 두 등고선간 주곡선의 간격(h)은 10m 임.

$h = 10m,\ AB = 0.008\text{m},\ scale\ 1 : 25{,}000$

$$\tan\alpha = \frac{10}{0.008 \times 25{,}000} = \frac{10}{200} = \frac{1}{20} = 0.05$$

따라서 삼각함수 진수표에 의하여 0.05를 경사도로 변환한다.

$\alpha \fallingdotseq 3°$이다.

예제 2-2

1/25,000 지형도에서 한 변의 크기가 2㎝라 하고,
그 방안(2×2㎝)내의 등고선의 숫자가 5개라 하면 그 지점내의 경사는?

{풀이}

$$\tan\theta = \frac{I \times N}{S \times A} = \frac{10 \times 5}{25{,}000 \times 2(\text{cm})} = \frac{50m}{500m} = 0.1$$

$= 0.1 \times 100 = 10\%$

제3장 산림수문과 사방

제3장 산림수문과 사방

1 2 3 4 5 6 7 8 9

3.1 물의 순환과 강수

3.1.1 물의 순환과 증발산

물이 대기권 · 육수권 및 해양권을 이동하고, 순환하는 것을 수문학적 순환(水文學的 循環) 또는 물의 순환(hydrological cycle)이라고 한다. 대기 중의 수분이 지표면에 공급된 물은 바로 증발하거나 땅속으로 침투하고, 침투한 물의 일부분은 모관상승에 의하여 재차 임지 표면에 도달하게 되면 증발하여 대기 중으로 되돌아가며, 다른 일부분은 식물에 의하여 흡수되어 증산되면서 역시 대기 중으로 되돌아간다. 한편, 계류에 도달한 물은 직접수면에 도달한 강수와 합쳐 일부분은 증발하여 대기 중으로 되돌아가지만, 대부분의 물은 바다에 까지 도달하여 반복적인 물의 순환과정을 마치게 된다.

수문학〔水文學: hydrology〕은 지구상에 존재하는 수자원이 대기권을 통해 지표면에 공급되고, 또한 지하로 침투하여 지하수를 형성하는 물의 순환과정에서 나타나는 문제점을 연구하는 과학의 한 분야이다. 산림수문학〔山林水文學: forest hydrology〕은 산림유역에 있어서 물의 순환과정 중에서 물의 성질 · 현상 · 분포에 관한 기초적 연구와 및 유역관리, 수자원 보전의 구체적인 방법 및 산림의 영향 등 임업기술의 응용에 관한 종합적인 연구를 한다.

물의 순환과정에는 강수, 차단, 침투, 저류, 유출, 증발산, 지하수류, 토양침식, 계류 및 하천에서의 흐름, 사력의 운반, 퇴적 및 홍수 등과 같은 여러 가지 현상이 포함된다. 특히, 산림이 물의 순환에 미치는 영향은 증산, 차단증발, 수간류, 지하수류 및 하천류, 포화 · 불포화 침투류, 표면류 및 수관통과우 등으로 구분되며, 그 효과를 산림의 이수기능 또는 수자원 함양기능 · 녹색댐의 기능이라 한다.

따라서, 산림유역에 내린 강수는 지형 · 토양 · 지질 및 식생 등의 영향을 복합적으로 받아 양적, 시간적으로 다양하게 변화하면서 유출되므로 유출과정에서 토양침식, 계류의 흐름, 사력의 운반, 퇴적 및 홍수 등이 사방공사에 많은 영향을 미치게 된다.

특히, 수목은 뿌리에서 물을 흡수하고 기공을 통해 증산하여 그 흡수량과 증산량간에 평형을 유지할 때 단목의 물수지라고 하며, 산림유역에서 대수층, 토양대, 호소, 저수지 등 수문단위 구역에서의 유출량, 유입량 및 저류량과의 관계를 산림유역의 물수지(water budget)라고 한다. 산림유역에 공급되는 물의 양은 강수량(P)으로 측정되고, 산림유역에서 나가는 물의 양에는 유출량(RO), 증발량(E), 증산량(T) 및 지하수가 땅속을 통하여 나가는 물의 양(X)이 있다. 그러나 일반적으로 일정기간 강우량과 유출량을 관측하는 경우 지하수에 의하여 유역 밖으로 나갈 때까지의 유출량을 측정하기에는 어려움이 많기 때문에 X를 무시하게 되어 산지소유역에서의 물 수지식은 다음과 같이 성립된다.

$$P = RO + (E + T) \quad \cdots\cdots (3\text{-}1)$$

산림유역에서 강수량, 유출량 및 기상요소를 관측하여 물의 순환과정인 유출에 미치는 산림의 영향을 연구하는 것이 산림영향시험(山林影響試驗) 또는 산림이수시험(山林理水試驗)이라 한다. 삼림영향시험에서는 기상요소, 특히 강수량의 유출 · 변동 시험결과를 얻는데 많은 시간이 필요하며, 장기적인 자료를 얻기 위하여 유량관측소〔流量觀測所: weir 및 notch stilling well〕를 설치한다. 이 유량관측소내의 자기수위계(自己水位計)로 수위의 변동을 기록하여 시간별 수위로부터 일유출량(日流出量), 월유출량(月流出量) 및 연간유출량(年間流出

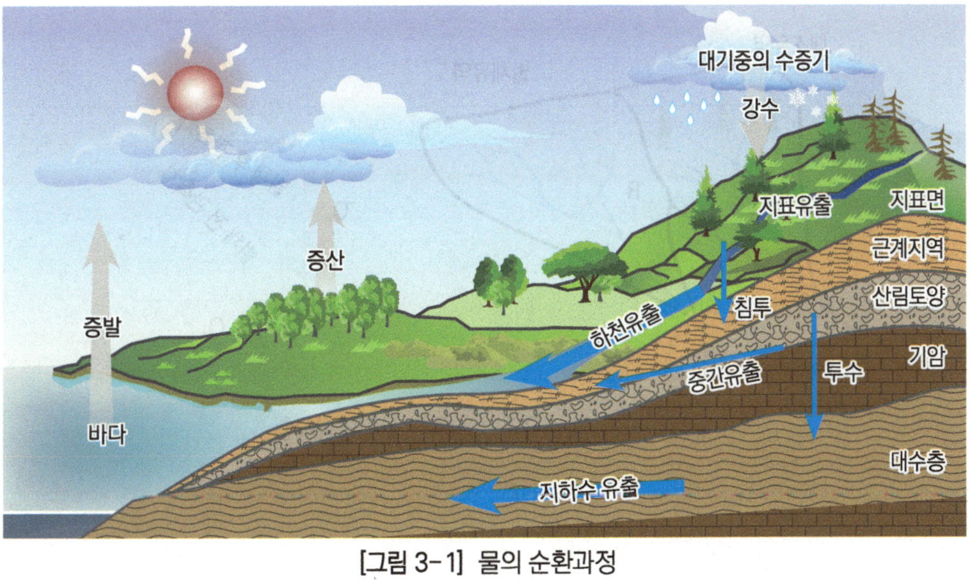

[그림 3-1] 물의 순환과정

量)을 산출하게 된다.

삼림영향시험 방법은 크게 단독법(單獨法) · 병행법(竝行法) · 대조유역법(對照流域法) 등으로 구분할 수 있다. 단독법은 1개의 유역에서 산림벌채(森林伐採) 전후의 모든 수문량(水文量)을 비교하는 방법이며, 병행법은 임상(林相)이 다른 2개 이상인 유역의 관측치를 비교하는 방법이다. 그리고, 대조유역법은 처음 임상이 일반적으로 동등한 2개 이상의 유역에 대하여 전기 관측기간〔前期 觀測期間: calibration period〕의 관측에 기초를 두고 기상요소의 영향에 의한 유출량의 변동을 구하는 것이다. 그 다음에 대조〔對照: control〕가 되는 유역 이외의 산림에 벌채 등 어떤 처리를 하고, 그 이후의 관측기간(treatment period) 동안의 삼림의 영향을 비교 분석하는 방법이다.

병행법 및 대조유역법에 의한 삼림영향시험지(森林影響試驗地)는 그림 3-2 및 3-3과 같다.

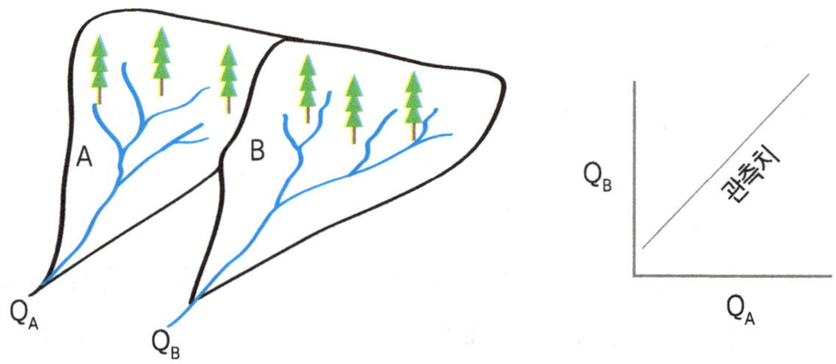

[그림 3-2] 병행법에 의한 산림영향시험

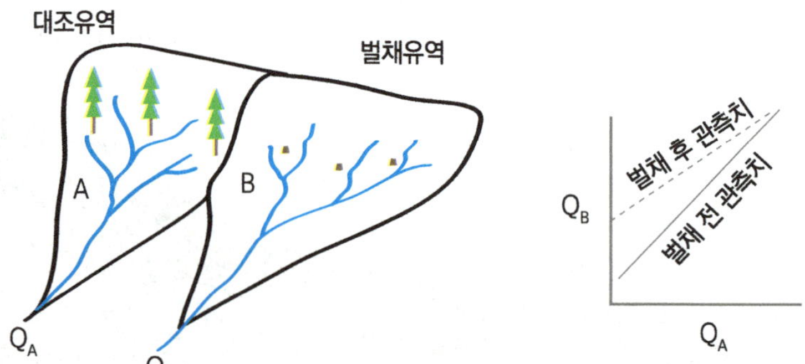

[그림 3-3] 대조유역법에 의한 산림영향시험

3.1.2 임지의 증발산

지표면에 내리는 강수량의 많은 부분은 증발, 증산 및 승화작용에 의해 대기 중으로 되돌아간다, 이들 세 가지 현상은 수문순환 과정을 반복시키는 태양열에너지에 의한 것이다. 증발현상〔蒸發現象: evaporation〕은 물의 표면 또는 습한 토양 표면의 물 분자가 태양이 방사하는 열에너지를 얻어 액체 상태에서 기체 상태로 변환하는 과정이다. 반면, 승화작용〔昇華作用: sublimation〕은 증발작용과 비슷하지만 물 분자들이 눈 또는 얼음과 같은 고체 상태를 거치지 않고 바로 액체 상태에서 기화(氣化)하는 점이 다르다.

물은 식물이 생명을 유지하거나 탄소동화작용을 하는데 필수적인 요소이며, 식물의 잎을 통하여 지중의 물이 수증기(水蒸氣) 형태로 대기 중에 방출되는 현상을 증산〔蒸散: transpiration〕이라 한다. 산림토양에서 증발은 일반적으로 표토에서 30㎝ 깊이에 한정 되지만, 공극이 많은 토양의 경우에는 깊이 1.2~1.6m 까지 영향을 미치게 된다. 모관상승(capillary rase)은 토양의 증발기회를 증대시킨다.

증발산〔蒸發散: evapotranspiration〕은 호수나 저수지 및 지면에서 수분의 증발현상과 식물엽면에서 수분이 증산하는 것을 총칭한 용어이다. 이 중에서 식생으로 피복된 지면으로 부터의 증발량과 증산량만을 소비수량(consumptive use of water)이라 한다. 산림유역에 도달한 강수의 일부는 유역의 수면, 임지면 및 식물체 표면으로부터 증발되거나 증산되어 수증기 형태로 공중으로 되돌아가는 양을 증발산량(蒸發散量)이라고 한다. 필요한 수분이 항상 완전하게 공급되는 경우의 증발산량을 증발산능(蒸發散能)이라고 한다.

증발산량을 산정하는 방법에는 물수지 방법(water budget method)과 증발산계〔蒸發散計: evapotranspirometer or lysimeter〕 등이 있다. 일반적으로 산림유역의 증발산량은 장기적인 유출량의 관측치 자료를 이용하여 식 3-2와 같이 강수량(P)에서 유출량(RO)을 빼서 구한다.

$$(E+T) = P - RO \quad \cdots\cdots (3\text{-}2)$$

연유출량과 연증발산량 간에 어느 것이 큰 가에 대해서는 장기적인 유출량 시험에서 구할 수 있다.

표 3-1에 의하면 일본 동경대학의 아이치(愛知)시험림은 유출량 960㎜, 증발산량 890㎜로 나타났다. 이 자료의 960㎜ 유출량은 기저유출량과 지표면유출량을 포함한 것이며, 이 중에서 기저유출량은 700㎜이며 총강수량의 약 38%로서 지하수 함양에 기여하고, 지표면유출량은 260㎜로 나타나 총강수량의 약 14.1% 정도로서 하천의 유량을 형성하여 흘러가게 된다. 그리고 미국의 coweeta 시험림은 유출량 970㎜, 증발산량 890㎜로 조사되어 유출량과 증발산량

[표 3-1] 물수지(연간측정량, 단위 : ㎜, 10㎜괄약치)

유 역 명	시험 실행기관(소재지)	통계기간	P = RO + (E + T)
愛　知(A)	일본 동경대학 연습림(아이치현(愛知縣))	1932~1961	1,850 = 960 + 890
Coweeta(No. 18)	미국 동남부임업시험장(N.C.)	1936~1943	1,860 = 970 + 890
Emmental(S)	스 위 스 林 詩(스위스)	1915~1927	1,610 = 910 + 700
龍 口 山(北)	일본임업시험장(오카야마현(岡山縣))	1937~1943	1,150 = 310 + 840
Wagon Wheel Gap(A)	미국기상청(Cololado)	1919~1926	530 = 190 + 340

은 비슷한 결과를 보였다. 스위스 Emmental 시험림의 경우도 유출량 910㎜, 증발산량 700㎜로 조사되어 유출량과 증발산량은 비슷하였다.

반면에 일본 임업시험장 오카야마현의 경우는 유출량 310㎜, 증발산량 840㎜로 조사되어 유출량보다 증발산량이 더 많았다. 또한, 미국 wagon wheel gap 시험림의 경우도 유출량 190㎜, 증발산량 340㎜로서 유출량보다 증발산량이 더 많이 조사되어 강수 · 산림 · 기상 · 지형 등 지역의 지형 및 조건에 따라 차이가 있음을 알 수 있다.

일반적으로 산림유역에서의 증발산도 기상, 임상 및 지형조건 등에 따라 차이를 받지만 정오에 최대, 자정에 최소가 되며, 또한 한여름에 최대가 되고, 겨울철에 최소가 된다, 증발과 증산의 총량은 강수의 총량과 같아야 하기 때문에 증발산량은 지역적인 견지에서 물의 손실이라고 볼 수 있다.

따라서 물의 순환과정 중의 하나인 증발과 증산작용은 물의 양적 손실정도를 판단하는 기준이 되므로 수자원 개발을 위한 계획의 수립과 물을 이용하는 이수(利水)적인 측면과 치수(治水)적인 측면에서 대단히 중요한 사항임을 알 수 있다.

3.1.3 산림유역의 평균 강수량 산정

산림유역에 내린 강수는 지형 · 토양 · 지질 및 식생의 영향을 종합적으로 받아 양적 · 시간적 · 공간적으로 다양하게 변화하면서 유출한다.

강수〔降水: precipitation〕란 공기 중의 수증기가 응결하여 액체 또는 고체 상태로 지상으로 떨어지는 모든 형태의 수분을 총칭하며, 비(rain) · 눈(snow) · 우박(hail) · 이슬비(drizzle) · 진눈깨비(sleet) · 이슬(dew) · 서리(frost) 등이 있다. 강수량은 강우량과 강설량을 합친 것이지만, 두 종류는 엄연히 다른 것이다. 일반적으로 겨울철에 내리는 강설량보다는 비가 더 자주 내려 산사태 등 재해를 많이 주기 때문에 강우량의 정보가 중요하다. 강우량〔降雨量: amount of rainfall〕의 크기는 일정한 면적에 내린 총강우량을 그 면적으로 나눈 깊이로 표시하며, 우리나라에서 사용하는 단위는 ㎜이고, 미국 등의 나라에서는 inch를 사용한다. 강우량의 관측은 관측시간부터 24시간 동안 측정한 강우량을 24시간 우량이라 하고, 오전 9시부터 다음날 오전 9시까지 측정한 우량을 일우량(日雨量)이라 한다.

강우량은 0.1㎜/일 이상을 강우량으로 기록하며 측정하는 계기(計器)를 우량계〔雨量計: rain gauge〕라 하고, 보통우량계와 자기우량계를 사용한다. 특히, 최근에 산지의 기상관측은 부정확성, 복잡성 및 관측인력의 확보에 어려움이 많아 장기자동기록 기상관측기가 개발되어 많이 사용되고 있다.

강우량의 자료는 사방계획의 기본이 되기 때문에 정확하게 측정이 되고 신뢰성이 있어야 한다. 세계기상기구(world meteorological organization: WMO)에서 온대, 열대 및 지중해성 기후의 산악지대 강우량의 관측점은 약 100~250㎢에 1개소를 추전하고 있으나 사방사업이 필요한 산지 계류에서는 50㎢마다 1개소의 관측점을 설치하는 것이 좋다. 산림 유역은 전반에 걸쳐 균일한 강우가 발생하는 경우는 극히 드물기 때문에 일정면적을 가진 지점우량(point rainfall)으로부터 대상지역 전체에 내린 강우량인 면적우량(area rainfall)을 추정하여 사용하게 되며, 이 추정치의 정밀도는 관측점의 밀도와 배치여부에 따라 좌우하게 된다.

특히, 강우량의 자료는 조밀한 밀도의 강우관측점에 의하여 구한 면적우량이 가장 이상적이지만 무조건 관측점이 많으면 유지관리 및 관측자료 처리 등에 많은 경비와 인력이 소요되므로 최소한의 관측점에서 만족할 만한 면적우량을 얻는 것이 좋다. 이러한 요구조건을 만족시키는 관측점을 대표점이라 하며, 대표점의 구비조건은 다음과 같다.

① 각 강우 분포 형에 대한 강우량의 경향을 파악할 수 있어야 하고, 또한 유역 내 소유역마다 강우의 특성이 있을 경우 분할 지역마다 대표점이 필요하다.
② 평균면적 고도지대에 가까워야 한다.
③ 관측점 부근의 지형 및 지세가 양호하여야 한다.
④ 유역의 상·하류에 관측점이 분포하여 유출 등과 관련하여 강우의 시간적 변동을 파악할 수 있어야 한다.
⑤ 관측이 용이하고 통신이 가능한 지점이라야 한다.

일반적으로 어느 산지유역과 그 주변에 다수의 관측점이 있을 때에는 평균면적우량〔平均面積雨量: average area rainfall〕을 계산하여 이용한다. 이 평균면적우량 산정법은 산술평균법〔算術平均法: arithmetic mean method〕, 티센법(Thiessen's weighting method), 등우량선법〔等雨量線法: isohyetal method〕 등이 많이 사용된다.

1. 산술평균법

산림유역 내 모든 관측점의 우량 관측치를 단순히 산술평균하는 방법이며, 관측지점이 많으면 간단하여 비교적 정확한 결과를 얻을 수 있다.

$$P_m = \frac{P_1 + P_2 + \cdots + P_N}{N} = \frac{1}{N}\sum_{i=1}^{N} P_i \quad \cdots\cdots (3\text{-}3)$$

식에서, P_m : 유역의 평균강수량(㎜), $P_1, P_2, \cdots, P_N$: 유역 내 각 관측점의 강수량(㎜)
N : 관측점의 합계(개소)

산술평균법은 강수에 대한 산악효과나 우량계의 분포상태 및 밀도 등에 대한 고려가 전혀 없으므로 평야지역에서 강우량의 분포가 비교적 균일할 때 사용하는 것이 좋다.

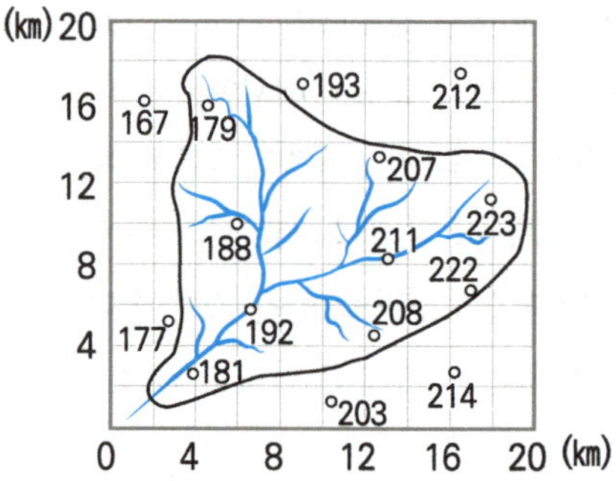

[그림 3-4] 유역 내 강우관측점과 강우량

2. 티센법

유역 내 우량계가 불균등하게 있을 경우에 사용한다. 전 유역면적에 대한 각 관측점의 지배면적 비(支配面積 比)를 가중인자(加重因子: weighing factor)로 잡아 이를 각 우량 값에 곱하여 합산한 후, 이 값을 전 유역면적으로 나누어 평균면적우량을 산정하는 방법이다.

각 관측점의 위치를 지형도 상에 표시하고 우량계의 지배면적은 우선 우량 관측점들을 연결하여 삼각형을 만들고, 이 삼각형을 각 변에 수직이등분선을 그어 각 관측점을 중심으로 다각형(Thiessen's polygon)을 만든다. 이 다각형의 면적이 각 관측점 우량계의 지배면적 또는 유효면적이 되며, 면적은 구적기(求積器: planimeter)로 측정한다. 이 면적의 우량을 그 관측점의 대표치로 하여 다음과 같은 식에 의하여 평균우량을 구한다.

$$P_m = \frac{A_1P_1 + A_2P_2 + \cdots + A_NP_N}{A_1 + A_2 + \cdots + A_N} = \frac{\sum_{i=1}^{N} A_iP_i}{\sum_{i=1}^{N} A_i} \quad \cdots\cdots (3\text{-}4)$$

식에서, P_m : 유역의 평균강수량(㎜), P_1, P_2, $\cdots$, P_N : 유역 내 각 관측점의 강수량(㎜)

A_1, A_2, $\cdots$, A_N : 각 관측점의 지배면적

티센법도 강우의 산악효과는 무시되고 있으나, 우량계의 분포상태는 고려되므로 산술평균법보다 정확하여 가장 많이 사용하고 있다.

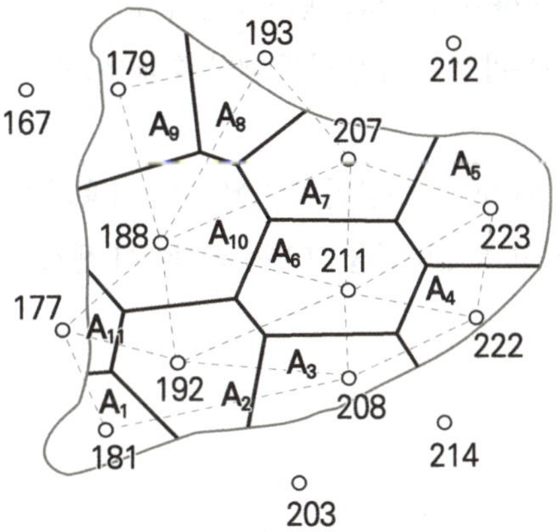

[그림 3-5] 티센법

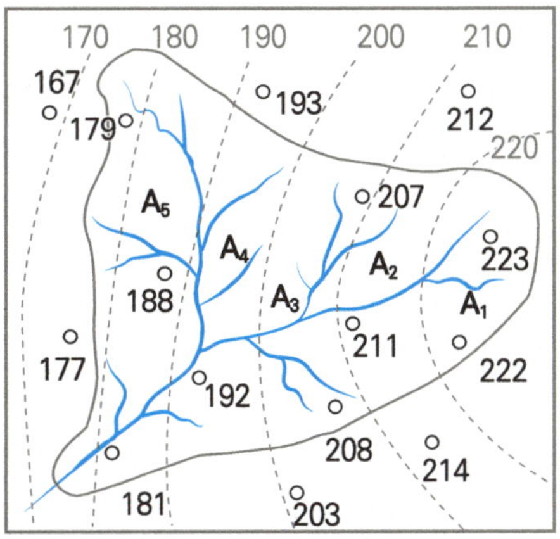

[그림 3-6] 등우량선법

3. 등우량선법

각 관측점의 위치와 관측된 강우를 지형도 상에 표시하고 등우량선(等雨量線: isohyets)을 그려 각 등우량선 간의 면적을 구적기로 측정한 후 전유역면적에 대한 등우량선 간의 면적비를 해당 등우량선의 평균강우량에 곱하여 이를 모두 더한다. 마지막으로 전 유역면적으로 나누면 평균우량을 구할 수 있다. 이 경우 등우량선의 간격은 10㎜로 구분 하는 것이 좋다.

$$P_m = \frac{A_1P_{1m} + A_2P_{2m} + \cdots + A_NP_{Nm}}{A_1 + A_2 + \cdots + A_N} = \frac{\sum_{i=1}^{N} A_iP_{im}}{\sum_{i=1}^{N} A_i} \quad \cdots\cdots(3\text{-}5)$$

식에서, P_m : 유역의 평균강수량(㎜), A_1, A_2, $\cdots$, A_N : 각 등우량선 간의 면적,

N : 등우량선에 의하여 구분되는 면적구간의 수,

P_{Nm} : 두 인접 등우량선 간의 면적에 대한 평균강수량

등우량선법은 유역면적이 5,000㎢ 이상인 장소에 많이 사용되며, 산악효과는 고려되지만 우량계의 밀도가 조밀하여야 하고 등우량선을 그리는 과정에서 생기는 오차를 주의하여야 한다.

예제 3-1

산지소유역에서 집중호우가 발생하여 유역 내 9개 우량관측점과 부근의 6개 관측점에서 측정된 우량은 그림 3-4와 같다. 이 유역의 평균강우량을 산정하기 위하여 Thiessen의 다각형과 등우량선을 그려 본 결과 그림 3-5 및 3-6과 같다. 이 산지소유역의 평균강우량을 산술평균법, Thiessen법 및 등우량선법에 의하여 산정하시오. Thiessen의 다각형별 면적과 등우량선 간의 소구역 면적은 표 3-2와 같다.

[표 3-2] Thiessen의 다각형별 면적과 등우량선 간의 소구역 면적

소구역번호	Thiessen 다각형면적(㎢)	등우량선 간 면적(㎢)
A_1	35	82
A_2	72	91
A_3	41	115
A_4	39	140
A_5	75	155
A_6	85	52
A_7	76	
A_8	34	
A_9	74	
A_{10}	94	
A_{11}	10	

{풀이}

1) 산술평균법

유역 내에 있는 9개 관측점에 기록된 우량의 산술평균값이 곧 평균우량이므로 식 (3-3)를 사용하여 계산한다.

$$P_m = \frac{1}{9}(181 + 192 + 208 + 222 + 223 + 211 + 207 + 179 + 188)$$

$$P_m = \frac{1{,}811}{9} = 201.2\text{mm}$$

2) Thiessen의 가중법

표 3-2의 자료를 사용하여 식 (3-4)으로 계산하면 표 3-3과 같다.

[표 3-3] Thiessen법 및 등우량선법에 의한 평균강우량 산정

소구역 번호	Thiessen 다각형면적			등우량선 간 면적		
	다각형면적 A_i(㎢)	우량 P_i(㎜)	A_iP_i	등우량선 간 면적 A_i(㎢)	등우선 간 평균우량 P_{im}(㎜)	A_iP_{im}
A_1	35	181	6,335	82	(223+222)/2 = 222.5	18,245
A_2	72	192	13,824	91	(212+211+214)/3=212.3	19,319.3
A_3	41	208	8,528	115	(207+208+203)/3 = 207.5	23,690.0
A_4	39	222	8,658	140	(193+192)/2 = 192.5	26,950
A_5	75	223	16,725	155	(188+181)/2 = 184.5	28,597.5
A_6	85	211	17,935	52	(179+177)/2 = 178.0	9,256
A_7	76	207	15,732			
A_8	34	193	6,562			
A_9	74	179	13,246			
A_{10}	94	188	17,672			
A_{11}	10	177	1,770			
계(Σ)	635		126,987	635		126,057.8

$$P_m = \frac{\sum_{i=1}^{11} A_iP_i}{\sum_{i=1}^{11} A_i} = \frac{126{,}987}{635} = 199.98\text{㎜}$$

3) 등우량선법

표 3-2의 자료를 사용하여 식 (3-5)로 계산하면 표 3-3과 같다.

$$P_m = \frac{\sum_{i=1}^{6} A_iP_{im}}{\sum_{i=1}^{6} A_i} = \frac{126{,}057.8}{635} = 198.52\text{㎜}$$

예제 3-2

어떤 유역의 각 관측점별 강우량과 지배면적이 다음과 같을때 Thiessen가중법에 의한 유역의 평균강우량을 산정하라.

관측강우량(㎜)	97	116	127	65	40
지배면적(㎢)	13	10	9	12	8

{풀이}

$$P_m = \frac{A_1P_1 + A_2P_2 + \cdots + A_NP_N}{A_1 + A_2 + \cdots + A_N}$$

$$= \frac{13 \times 97 + 10 \times 116 + 9 \times 127 + 12 \times 65 + 8 \times 40}{13 + 10 + 9 + 12 + 8} = \frac{4,664}{52} = 89.69\text{㎜}$$

예제 3-3

직경 20㎝의 보통우량계 물받이 통에 내린 강우의 양을 측정하기 위해 직경 5㎝의 매스실린더에 부어 측정하였더니 160㎜였다면 이 관측점에 내린 강우량은?

{풀이}

우량계와 매스실린더의 면적비는 $\frac{\pi}{4}(20)^2 : \frac{\pi}{4}(5)^2 = 400 : 25 = 16 : 1$ 이므로 매스실린더로 측정된 우량의 깊이 160㎜를 우량계 면적비 16으로 나누면 관측점의 실제우량이 계산된다.

즉, $\frac{160}{16} = 10$㎜

예제 3-4

관측한 강우기록에서 30분간에 30㎜의 강우가 있었다고 하면 이 때 강우강도는?

{풀이}

$$I = \frac{30\text{㎜}}{30\text{min}} \times \left(\frac{60\text{min}}{1hr}\right) = 60(\text{㎜}/hr)$$

3.1.4 설계홍수량

사방사업의 계획 및 설계에 사용되는 수문량은 과거의 최대치 또는 최소치를 사용하는 것이 아니고 통계적으로 확률수문량을 사용하며, 강우량에서는 설계홍수량, 최대홍수량 또는 계획강우량이라 한다. 설계홍수량(設計洪水量: design flood discharge)은 절대 안전한 설계를 위한 홍수량으로 정의하며, 일반적으로 사방댐에서는 대상지점으로 유입할 수 있는 최대가능홍수량을 선택하는 것을 원칙으로 한다.

수문학적으로 이용하는 강우자료는 사업대상지의 과거 관측 자료를 통계적으로 해석하며, 설정된 재현기간(return period)에 해당하는 강우사상의 산정은 사업대상지의 강우사상을 대표할 수 있는 지점의 연최대치 강우기록으로부터 지속시간별 매년 최대치 자료를 적출하는 작업이 선행되어야 한다. 또한, 적출된 자료로부터 재현기간별 확률강우량(probable rainfall)을 산정하는 작업을 빈도해석(frequency analysis)이라 하며, 이를 위해서는 강우의 지속시간에 따른 적정 확률분포형을 선정하는 작업도 필요하다.

일반적으로 설계홍수량 산정을 위한 재현기간 설정은 2, 5, 10, 20, 30, 50, 70, 80 100, 200년 빈도 등을 설정하며, 설계홍수량의 분석에는 확률분포 해석, 확률강우량법 및 강우강도식 등이 있다. 확률분포 해석에는 Gumbel-chow 법(type-1 극치분포) 및 대수정규분포법 등이 있으며, 확률강우량법은 국토교통부(2011)에서 Gumbel-chow 법을 이용하여 만든 전국의 확률강우량 표를 이용한다.

설계홍수량은 계획지역의 중요도, 사업효과 및 규모 등을 종합적으로 검토하여 결정하며, 사방계획을 위한 설계홍수량의 산정은 최근 100년 빈도 1시간 확률강우량을 이용하는 시우량법이나, 24시간 확률강우량과 홍수도달시간을 이용하여 계산하는 합리식이 있다.

가정최대 유출량은 배수로의 경우 설계홍수량의 1.2배 이상, 사방댐 등 횡공작물의 방수로 등은 설계홍수량의 2~5배, 배수암거의 경우는 1.5배로 설계하되 급류지역에서는 그 이상으로 할 수 있다.

특히, 사방계획을 위한 설계홍수량(최대홍수량)의 산정순서는 다음과 같다.

- 확률강우량의 산정 : 일반적으로 Thiessen network에 해당하는 관측점의 자료나 해당 지역의 최근 자료부터 매년 최대치 자료를 최소한 20년 이상 수집하여 확률강우량을 분석
- 설계홍수량의 결정 : 대상관측소, 빈도년, 강우량 분석을 직접하거나 국토교통부 분석 자료 100년 빈도 1시간 또는 24시간 확률강우량 자료를 이용함
- 유역특성 분석 : 유역면적, 유역의 형상 및 상태, 유출율 산정
- 홍수도달시간 내 강우강도의 산정

- 설계홍수량 추정방법 선정 : 시우량법, 합리식
- 설계홍수량의 계산 : 유역면적, 유출계수

설계홍수량 분석 방법 중 일반적으로 확률분포 해석에서 많이 사용되는 Gumbel-chow법을 이용한 확률강우량을 구하는 방법과 확률강우량법의 이용에 대하여 설명한다.

1. Gumbel-chow 법

극치확률분포 중의 하나인 Gumbel 분포에 대하여 Chow(1951)가 빈도계수법(frequency factor analysis)을 적용하여 만든 방법으로 Gumbel-chow 법이라 한다.

주어진 재현기간 T에 대하여 빈도계수(K)를 사용하여 확률강우량을 구하는 빈도계수법의 식은 다음과 같다.

확률강우량의 기본식 : $x = \overline{x} + \sigma \cdot K$ ....(3-6)

식에서 $\overline{x}$ = 산술평균치 $\left(= \frac{\sum xi}{N}\right)$

σ = 표준편차 $\left(= \sqrt{\frac{\sum(xi-\overline{x})^2}{N}}\right)$

T = 재현기간(빈도년)

N = 강우량 기록 년수

K = 재현기간(표본 크기)에 따른 빈도계수(도수계수)

재현기간에 따른 빈도계수(K)는 표 3-4를 사용하며, 재현기간이 100년 이상 무한대에 가까우면 다음 식 (3-7)로 구할 수 있다.

$$K = -\frac{\sqrt{6}}{\pi}\left[0.5772 + \log\left(\log\frac{T}{T\text{-}1}\right)\right] \quad \text{......................................(3-7)}$$

빈도계수법을 이용하여 확률강우량을 산정하는 절차는 다음과 같다.

① 재현기간에 따른 빈도계수를 표 3-4에서 찾아 이용한다.

② 사업대상지의 최소 20년 이상 년최대일강우량 자료의 평균 및 표준편차를 계산한다.

③ 표 3-4의 빈도계수와 강우량 자료의 평균 및 표준편차를 식 (3-6)에 대입하여 재현기간별 확률강우량을 산정한다. 계산된 확율강우량 값은 합리식의 홍수도달시간내 강우량도(I)를 산정하는데 이용하여 최대홍수량(설계홍수량)을 산출한다.

[표 3-4] 재현기간에 따른 빈도계수

T	*K*	*T*	*K*	*T*	*K*
5	0.719	30	2.188	200	3.678
10	1.304	50	2.592	500	4.394
20	1.866	100	3.136	1,000	4.936

2. 확률강우량법

확률강우량은 국토교통부(2012)에서 우리나라의 69개소 강우 관측망을 지형적 및 기상학적 강우특성이 비슷한 몇 개의 권역으로 분류하고 제시하였다. 2010년까지 20년 이상 관측된 임의 시간 강우량자료인 지점강우량을 Gumbel-Chow 방법에 의해 빈도해석하여 지속시간과 재현기간을 고정시켜 실용화를 위하여 군 단위까지 확률강우량표를 만들었으며, 또한 도면상에 동일한 값을 연속적으로 연결한 등우량선도(等雨量量線圖: isohyets)를 그려 확률강우량도(rainfall frequency map)를 만들어 제시하였다.

1) 확률강우량표 및 확률강우량도의 이용

사방사업을 위하여 최대홍수량의 산정은 최대시우량 자료를 이용하는 시우량법과 24시간 최대일우량 자료를 이용하여 홍수도달시간내의 평균강우강도(I)를 산정하는 합리식을 사용한다. 사방사업이 필요한 어떤 유역에서 확률강우량을 이용하고자 할 경우는 각 지점마다 제시된 지점 확률강우량표 또는 확률강우량도를 활용하여 필요한 설계홍수량을 산정한다.

표 3-5는 진주지점의 지속시간 10분에서 48시간(2,880분), 재현기간 10년에서 200년까지의 확률강우량을 나타낸 것이다. 진주지점의 확률강우량표에서 재현기간 100년 빈도의 60분 강우량은 $R_{F100/D60}$ = 86.75㎜ 임을 알 수 있다. 이 값을 이용하여 진주지역의 100년 빈도 60분간 확률강우량을 1시간(60분) 확률강우강도로 계산하면 86.7mm/hr가 된다.

$$R_{F100/D60} = \frac{86.7\text{㎜}}{60\text{min}} \times \left(\frac{60\text{min}}{1hr}\right) = 86.7\text{㎜}$$

따라서, 실용적으로 이용할 때는 100년 빈도 지속시간 60분에 해당하는 86.7mm/hr을 시우량법의 확률강우량으로 정하고 최대홍수량을 산정하게 된다.

[표 3-5] 진주지점의 확률강우량표

재현기간(년)	지속기간(분)											
	5	10	20	30	40	50	60	120 (2시간)	360 (6시간)	720 (12시간)	1440 (24시간)	2880 (48시간)
10	15.5	22.1	32.8	41.6	49.2	55.9	62	90.4	150.6	193.1	233.8	274.4
20	17.4	24.7	36.6	46.4	55	62.6	69.6	102.1	171.2	218.6	262.9	309
30	18.4	26.3	38.7	49.1	58.3	66.5	74	109.1	182.6	232.8	281	331.5
50	19.8	28.1	41.5	52.6	62.4	71.3	79.4	117.5	197.9	251.6	301.2	355.8
70	20.7	29.4	43.2	54.8	65.2	74.5	83	123.2	207.1	263.1	316.1	373.7
80	21	29.9	43.9	55.7	66.2	75.7	84.4	125.4	211.2	268.2	321.2	378.8
100	21.6	30.7	45.1	57.3	68.1	77.8	86.7	129	217.6	276.1	330.0	389.3
200	23.5	33.2	48.8	61.9	73.6	84.3	94	140.4	237.6	300.8	358.2	423.3

① 100년 빈도 60분(1시간) 확률강우량도의 이용

그림 3-7은 확률강우량표를 이용하여 제시한 확률강우량도 중 "재현기간 100년 빈도의 강우지속시간 60분(1시간)인 확률강우량의 전국적인 공간분포"를 나타내는 지도이다.

확률강우량도는 미계측 유역이나 지점 또는 해당 유역에 맞는 확률강우량을 산정할 수 있다. 확률강우량을 읽기 위해서는 확률강우량도에서 계획 대상지점 또는 지역을 찾아 지속기간 및 재현기간에 따른 확률강우량을 직접 읽는다. 이때 등우량선 간격이 크거나 그 지점을 지나가는 등우량선이 없으면 인접한 두 개의 등우량선에서 읽은 값을 평균하여 사용하거나 선형 보간하여 추정한다.

따라서, 어느 특정한 지역에 사방사업을 위하여 100년 빈도 60분 확률강우량이 필요하면 그림 3-7의 확률강우량도에서 해당지역의 자료를 찾아 사용하면 된다. 특히, 100년 빈도 60분(1시간) 확률강우량 자료는 홍수도달시간을 별도로 계산하지 않는 시우량법에 적용한다.

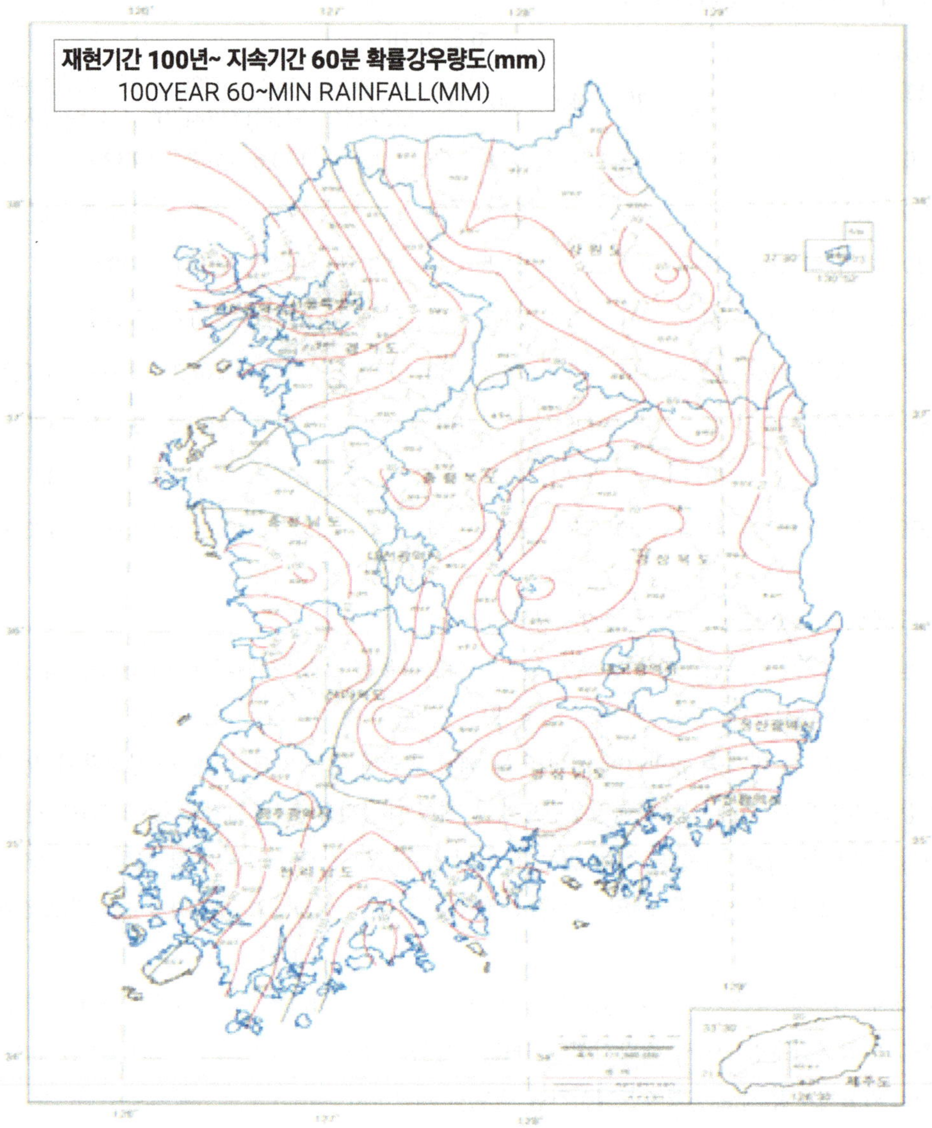

[그림 3-7] 100년 빈도 1시간 확률강우량도

② 100년 빈도 1,440분(24시간) 확률강우량도의 이용

그림 3-8은 재현기간 100년 빈도의 강우지속시간 24시간인 확률강우량의 전국적인 공간분포를 나타내는 지도이다.

그림 3-8에서 서울지점의 100년 빈도의 강우지속시간 24시간의 확률강우량을 대략 읽어보면 약 390mm 정도 됨을 알 수 있다. 또한, 진주지점의 확률강우량은 약 330mm 됨을 알 수 있다. 이 값은 2018년까지 최근 30년 동안 진주지역의 년최대일강우량 자료를 이용하여 100년 빈도 지속시간 24시간 확률강우량을 분석한 값 325.93mm보다 강우 관측기간의 차이로 약간 높

으나 비교적 유사하게 나타나고 있다(예제 3-5 참조). 24시간 최대일강우량 자료가 필요한 경우 그림 3-8의 자료를 이용하면 100년 빈도 24시간 최대일강우량 자료의 계산을 위한 많은 노력도 줄일 수 있을 것이다.

따라서 사방사업을 위하여 100년 빈도 1,440분(24시간) 확률강우량이 필요한 지역은 이 확률강우량도를 이용하여 Monobe(物部) 공식의 홍수도달시간내 강우강도(I)를 정하고, 합리식의 최대홍수량을 산정하면 아주 편리하다.

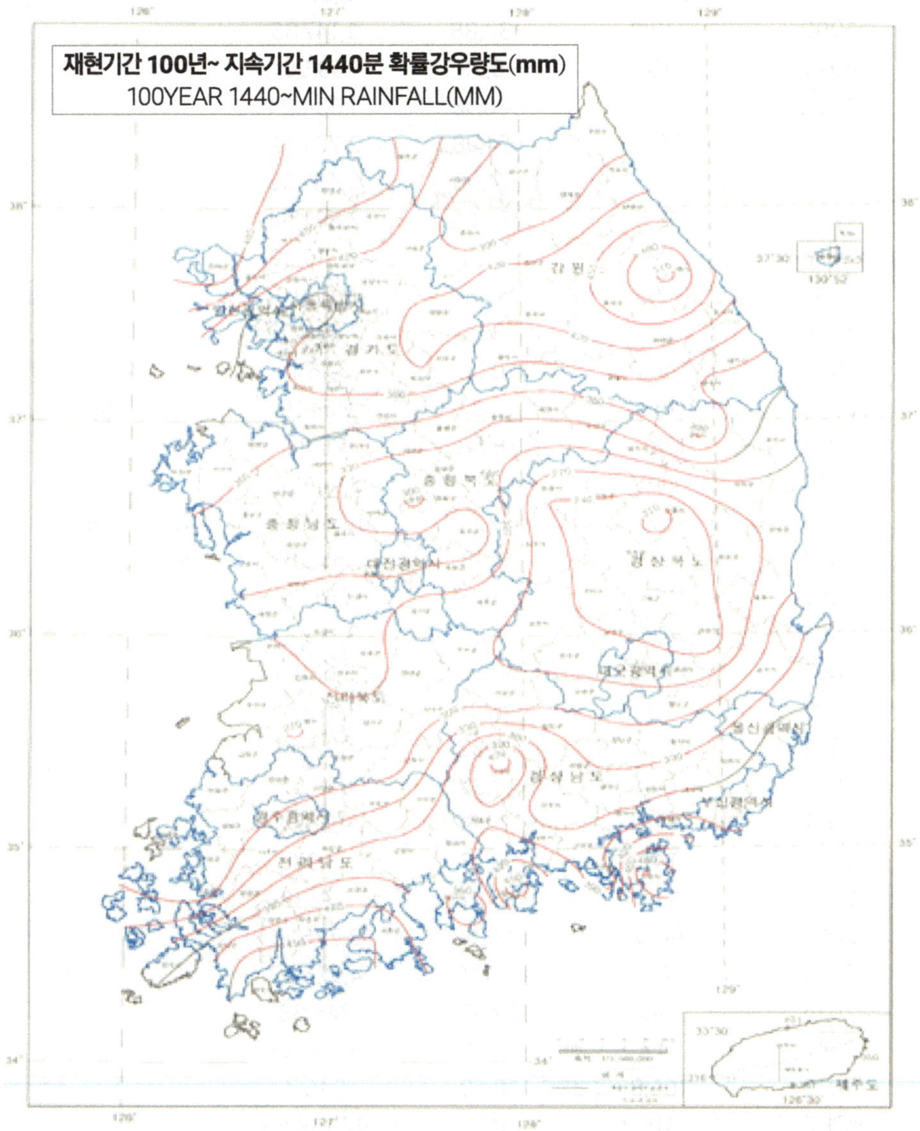

[그림 3-8] 100년 빈도 24시간 확률강우량도

예제 3-5

진주지역의 30년 동안 년최대일강우량 자료는 다음과 같다. 이 강우자료를 이용하여 산림유역 내 사방댐의 방수로 크기를 결정하기 위한 30년, 50년 및 100년 빈도의 확률강우량을 산정해 보시오, (단, Gumbel-chow 법을 이용)

[표 3-6] 최근 30년 동안 진주지역의 년최대일강우량(단위 : ㎜)

년 도	강우량(xi)	$(x_i - \bar{x})$	$(x_i - \bar{x})^2$	비고
1989	200.8	53.62	2,875.1	
1990	113.3	-33.88	1,147.85	
1991	138.9	-8.28	68.56	
1992	103.2	-43.98	1,934.24	
1993	95.2	-51.98	2,701.92	
1994	73.1	-74.08	5,487.85	
1995	93.5	-53.68	2,881.54	
1996	96	-51.18	2,619.39	
1997	92.5	-54.68	2,989.9	
1998	201	53.82	2,896.59	
1999	146.6	-0.58	0.34	
2000	166	18.82	354.19	• n = 30년
2001	138.5	-8.68	75.34	
2002	210	62.82	3,946.35	• 빈도계수
2003	259.5	112.32	12,615.78	K_{30} = 2.188
2004	139.5	-7.68	58.98	K_{50} = 2.592
2005	131	-16.18	261.79	K_{100} = 3.136
2006	203	55.82	3,115.87	
2007	207.5	60.32	3,638.5	
2008	98	-49.18	2,418.67	
2009	175.5	28.32	802.02	
2010	165.5	18.32	335.62	
2011	318	170.82	29,179.47	
2012	147	-0.18	0.03	
2013	116	-31.18	972.19	
2014	94.5	-52.68	2,775.18	
2015	77	-70.18	4,925.23	
2016	174.5	27.32	746.38	
2017	74.4	-72.78	5,296.93	
2018	165.8	18.62	346.7	
합계(Σ)	4,415.3	0.0	97,468.55	

{풀이}

확률강우량의 기본식 : $x = \overline{x} + \sigma \cdot K$

조건 : N = 30(년), 구조물의 내구연수 $K_{30} = 2.188$, $K_{50} = 2.592$, $K_{100} = 3.136$

평균강우량 $\overline{x} = \dfrac{\sum xi}{N} = \dfrac{4,415.3}{30} = 147.18$ ㎜/일

표준편차 $\sigma = \sqrt{\dfrac{\sum(xi - \overline{x})^2}{N}} = \sqrt{\dfrac{97,468.55}{30}} = 57.00$ ㎜/일

◆ 확률강우량(x)의 계산

- 30년 빈도치 x_{30} : $\overline{x} + \sigma \cdot k_{30} = 147.18 + 57 \times 2.188 = 271.90$ ㎜/일
- 50년 빈도치 x_{50} : $\overline{x} + \sigma \cdot k_{50} = 147.18 + 57 \times 2.592 = 294.92$ ㎜/일
- 100년 빈도치 x_{100} : $\overline{x} + \sigma \cdot k_{100} = 147.18 + 57 \times 3.136 = 325.93$ ㎜/일

예제 3-6

어떤 산림 유역에 30분간 계속된 집중호우에서 기록된 5분간격 우량치는 다음과 같다.

시간(분)	0~5	5~10	10~15	15~20	20~25	25~30
우량(㎜)	2.0	6.0	4.0	6.0	6.0	8.0

① 지속 시간별(5분단위) 최대 강우강도를 결정하라.

② 지속시간 20분 최대 강우강도는 얼마인가?

{풀이}

① 지속시간 5분단위 별로 표를 만들어 계산한다.

지속시간(분)	최대강우량(㎜)	최대강우강도 I(㎜/hr)
5	8	(96.0)
10	6+8 = 14	(84.0)
15	6+6+8 = 20	(80.0)
20	4+6+6+8 = 24	(72.0)
25	6+4+6+6+8 = 30	(72.0)
30	2+6+4+6+6+8 = 32	(64.0)

$$I_5 = \frac{8㎜}{5min} \times \frac{60min}{1hr} = 96[㎜/hr]$$

$$I_{10} = \frac{14㎜}{10min} \times \frac{60min}{1hr} = 84[㎜/hr]$$

계속해서 15분, 20분, 25분 및 30분 순으로 계산하여 표에 기입한다.

② 지속시간 20분 최대강우량은 10분에서 30분 사이의 4 + 6 + 6 + 8 = 24㎜ 이므로

$$I_{20} = \frac{24㎜}{20min} \times \frac{60min}{1hr} = 72[㎜/hr]$$

예제 3-7

어떤 지역의 강우강도 공식이 다음과 같다.

$$I = \frac{3,540}{t+28}$$

① 지속시간 20분 강우강도는?

② 20분동안의 강우량은?

{풀이}

① $I = \dfrac{3,540}{20+28} = 73.75[㎜/hr]$

② $R = 73.75[㎜/hr] \times \left(\dfrac{20분}{60분}\right) = 24.58㎜$

예제 3-8

어떤 유역에 내린 30분간의 집중호우의 시간별 누적우량은 다음 표와 같다. 지속시간 10분 최대 강우강도를 결정하라.

시간(분)	0	5	10	15	20	25	30
누적우량(㎜)	0	0.6	18.0	31.0	35.3	38.1	41.0

{풀이}

① 위의 누적강우량 자료를 이용하여 지속 시간별(5분 단위)로 표를 재정리한다.

시간(분)	0~5	5~10	10~15	15~20	20~25	25~30
누적우량(㎜)	0.6	17.4	13.0	4.3	2.8	2.9

② 지속시간 10분 최대 강우강도를 구한다.

지속시간(분)	최대강우량(㎜)	최대강우강도 I(㎜/hr)
5	17.4	( )
10	17.4+13.0 = 30.4	(182.4)
15	17.4+13.0+4.3 = 34.7	( )
20	17.4+13.0+4.3+2.8 = 37.5	( )
25	17.4+13.0+4.3+2.8+2.9 = 40.4	( )
30	0.6+17.4+13.0+4.3+2.8+2.9 = 41	( )

5분단위 별로 만든 표를 이용하여 계산한다.

지속시간 10분간 최대강우량은 5분에서 10분 사이의 30.4㎜이므로

$$I_{10} = \frac{30.4\text{㎜}}{10\text{분}} \times \frac{60\text{min}}{1hr} = 182.4[\text{㎜}/hr]$$

3.2 산림과 강수차단

3.2.1 수관에 의한 강수차단

산림지역의 임외우량(林外雨量)은 그림 3-9에서 보는 바와 같이 임지부근의 지표면과 수관이 45° 되는 지점에 우량계를 설치하여 관측하며, gross *P* 라 한다. 강수의 일부분은 수목 잎, 가지 등에 의하여 부착되거나 보유되어 차단된다. 이것을 수관차단우량〔樹冠遮斷雨量: canopy interception〕이라 하고, *I* 로 표시한다. 수목의 잎에 부착 및 보유된 강우가 가지와 줄기를 타고 임상(林床)으로 이동하면 수간유하우량〔樹幹流下雨量: stem flow〕이라 한다. 수목에 의하여 차단된 강수의 일부는 표면장력과 중력의 균형에 의하여 부착, 보유되어 지표면에 낙하하면 수관적하우량〔樹冠滴下雨量: drip from crown〕이라 하고, 수목에 닿지 않고 임상에 직접 도달하는 것을 수관통과우량〔樹冠通過雨量: through fall〕이라 한다. 실제로 현장에서 수관적하우량과 수관통과우량을 분리하여 측정하기는 쉽지 않다. 또한, 강수가 수관이나 하층식생에 의하여 차단되지 않고 임상물에 부착되거나 흡수된 후 공기 중으로 증발되면 임상물차단우량〔林床物遮斷雨量: litter interception〕이라 한다. 특히, 수간유하우량, 수관적하우량 및 수관통과우량을 합한 것을 임내우량〔林內雨量: rainfall under tree crown〕이라고 한다. 임외우량에서 임내우량을 제외한 나머지를 수관차단우량〔樹冠遮斷雨量: crown interception〕이라 하며, 임외우량에 대한 수관차단 우량의 백분율을 수관차단율이라고 한다.

수관에 의한 강수차단은 증산을 통해 대기로 되돌아 갈 때까지 지상의 수목 위에 정착되거나 물체를 적시고 있는 총 강수 유입량의 일부분으로 정의될 수 있다.

$$I = gross\ P - (S_t + T_h + D_r) \quad \cdots\cdots (3\text{-}8)$$

그림 및 식에서, 수관차단우량 : *I*, *Gross P* : 임외 강우량(㎜), S_t : 수간유하우량(㎜), T_h : 수관통과우량(㎜), D_r : 수관적하우량(㎜), L_i : 임상물차단우량

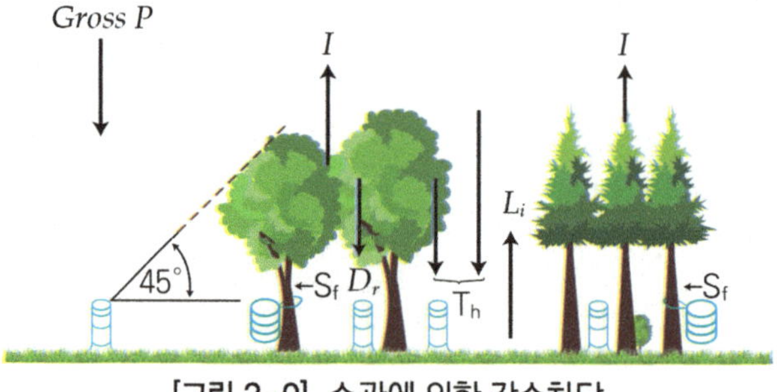

[그림 3-9] 수관에 의한 강수차단

3.2.2 수관 차단량

수간유하우량의 측정은 합성우레탄레버를 적절하게 잘라 수간(stem)에 감고, 그 틈새의 공간을 실리콘 수지로 채워 고정시킨 후 합성우레탄레버에 유하하는 유량을 채취하여 산정한다. 측정목은 조사구의 임목을 흉고직경에 따라 구분하고, 각 흉고직경별 대표수목을 선정하여 측정목의 평균 측정치를 구한 후, 조사대상 임분〔林分: stand〕의 임목본수를 곱해 전수간유하량을 산정한다.

차단되는 총 수량은 강수 특성, 식생의 종류나 밀도 및 성장정도, 계절에 따라 변화한다. 일반적으로 수목은 성장기 동안 강수의 10~20% 정도 차단과 증발산을 통해 수문학적 순환을 한다. 차단에 의한 물 손실량은 식생의 밀도가 높은 곳에서 매우 높아 총 강수량의 약 25%에 달한다.

Schomaker는 미국 서부 오리건 주와 워싱턴 주에서 서식하고 있는 더글라스 전나무의 조사에서 연평균 차단손실량은 강수량의 약 24%라 하였다. 남부지역 10년생 미송 조림지에서는 매년 연 강수량의 14%의 손실을 보였으며, 반면에 캘리포니아 폰데로사 소나무림에서는 약 12% 정도 차단한다고 하였다. 또한, 메인 주에서 겨울기간 동안 성숙한 가문비나무와 적당히 성장하여 하얀 회색빛 나는 자작나무림의 조사에서 평균 차단율은 각각 30.2%, 9.5%를 나타내었다고 하였다.

Lull은 떡갈나무 또는 사시나무의 잎이 100방울 정도의 물을 보유할 수 있다고 하였다. 1개의 잎이 평균 약 20방울의 물을 보유할 수 있다면, 잘 성장한 나무에서는 강수의 1.52㎜ 정도 차단될 것으로 기대된다고 하였다. 경미한 강수(전체 강수량 $P < 0.25$㎜) 의 경우 100% 차단이 발생하는 반면에, $P > 1.02$㎜ 정도의 강우에 대한 손실량은 10~40%의 범위에 걸쳐 발생할 수 있다고 한다. 각각의 식물에 의한 총 차단량은 잎의 총 수와 잎의 특성 및 잎의 방향과 직접적인 관계가 있다.

수관차단 우량은 기상 및 산림의 상태에 따라 많은 영향을 받는다. 기상조건은 총우량 · 우량강도 · 우량빈도 · 풍속 · 기온 등이고, 산림의 상태는 임관의 두께, 가지나 잎의 밀도 및 잎의 유무 등에 따라 차이가 많이 나며, 또한, 수종, 산림구조, 임령 및 축적 등에 따라서도 영향을 받게 된다. 침엽수는 활엽수보다 차단량이 크며, 강우의 수관 차단은 강우가 적을 때 상당히 많고, 집중호우 시에는 적으며, 건조지역이 다우지역보다 더 많다. 침엽수는 활엽수보다 수관 차단량이 많고, 수목의 잎이 가지에 예각으로 착생하는 수종은 둔각으로 착생하거나 평활하게 자라는 수종보다 많다고 한다.

산림지대에 안개가 심할 때 입자가 나무의 표면에 포착되거나 부착되는 것을 수평차단(水平遮斷) 또는 무적포착(霧滴捕捉)이라 하고, 물방울이 되어 떨어질 때 수우(樹雨)라고 한다. 일본의 북해도 동부 해안지방에서는 4월과 7월에 각각 11%, 10%의 무적포착 작용이 있다고 하였다. 특히, 온대지방에서는 수목의 지형적 효과에 의하여 증우(增雨)가 3% 이하 정도 있다고 하였으며, 미국 캘리포니아주의 윌슨산에서는 10~5월 사이의 임내우량이 임외우량 보다 2.0~2.7배 정도의 증우가 있다고 알려지고 있다.

3.3 침투와 침투능

3.3.1 침투와 투수

산지사면에 내린 강수는 지표수가 되고, 지표수는 지표면의 흡수 능력에 따라 일부는 지표면을 통하여 침투되며 그 나머지는 지표면을 따라 유출하게 된다. 침투된 물은 토양수분을 증대시키고, 공극을 포화시키면 모세관 현상과 중력에 의하여 수직으로 이동하여 지하수를 형성하게 된다.

임지에 도달한 강수가 지표면에서 모세관 현상에 의하여 토양으로 들어가는 것을 침투〔浸透: infiltration〕라고 하며, 침투한 물은 중력에 의하여 토양과 토양모재층의 공극을 지나 기암풍화층의 간극을 따라 계속 지하로 이동하여 포화대(zone of saturation)인 지하수면(ground water table)까지 도달하는 것을 투수〔透水: percolation〕 또는 침루(浸漏)라고 한다(그림 3-1 참고). 침투와 투수를 분리하여 정의할 수 있지만 토양 면을 통하여 침투한 물이 아래로 계속 이동되는 투수현상 없이는 불가능하기 때문에 이 두 현상은 서로 밀접하게 연관되어 있다. 지표면에 내린 강우가 단위시간에 토양 속으로 침투해 들어가는 비율을 침투율〔浸透率: infiltration rate〕이라 하며, 침투량은 직접유출(direct runoff)에 많은 영향을 미친다.

또한, 임지에 도달한 강수는 침투되거나 지표면 위를 흐르거나 또는 증발작용에 의해 분포되고 나서 지표면의 많은 요지(凹地)에 고이게 된다. 어떤 임의의 시간에 제한된 공간에서 물이 존재하는 현상을 저류〔貯留: storage〕라고 하며, 제한된 공간에 있는 물의 양을 저류량〔貯留量: amount of storage〕이라고 한다. 저류는 그 장소에 따라 지표저류(surface storage), 지표하저류(subsurface storage)로 구분하고, 또한 그 기구에 따라 모관저류(retention storage)와 중력저류(detention storage)로 구분한다.

중력저류는 유출과 증발산에 관여하며, 모관저류는 유출과의 관련성은 없고 증발산에 의하여 감소된다. 따라서 토층내의 모관공극 및 비모관공극의 다소 및 그 비율은 침투, 유출, 증발산 등에 영향을 미친다.

3.3.2 침투능

임지의 침투능을 측정하는 방법에는 침투계(infiltrometer)에 의하여 시간에 따른 침투능의 변화를 현장에서 측정하는 방법 및 비교적 동질성을 갖는 소유역을 선정하여 강수량과 유출량을 측정한 자료인 수문곡선(hydrograph)을 해석하여 추정하는 방법 등이 있다. 침투계에 의한 방법은 현장에서 강우를 대신하여 지표에 물을 공급하여 실험적으로 침투능을 측정하는 방법이며, 급수방법에 따라 관수형 · 유수형 · 살수형 등이 있다.

산림지역에서 어느 시간 안에 이루어지는 침투수량은 그 시간 내의 강우량과 지면잔류수량을 포함한 지표유출수량의 차이로 나타내며, 단위면적당 단위시간 내의 물이 최대로 침투할 수 있는 최대율을 침투능〔浸透能: infiltration capacity〕이라 하며, ㎜/hr, ㎜/min)로 표시 한다. Horton이 현장 실측자료를 이용하여 제시한 침투능곡선식은 다음과 같다.

$$f_p = f_c + (f_0 - f_c) \cdot e^{-kt}) \qquad \cdots\cdots (3\text{-}9)$$

식에서, f_p : 임의 t시간 동안의 침투능, f_c : 종기침투능(㎜/h), f_0 : 초기침투능(㎜/h),
t : 강우의 시작으로부터 측정되는 시간(hr), e : 자연대수,
k : 토양의 종류와 식생피복에 따라 결정되는 상수

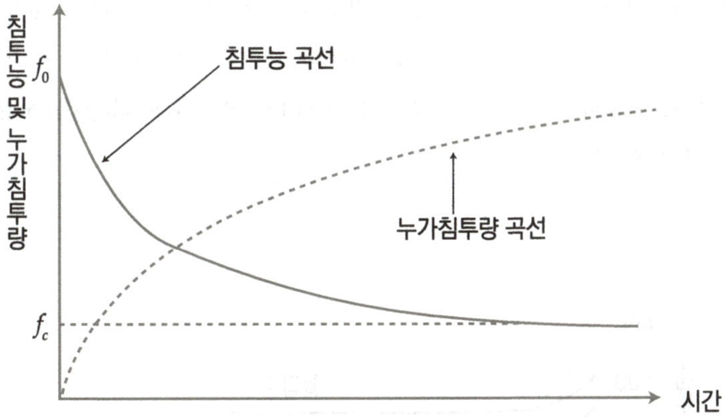

[그림 3-10] 침투능 및 누가침투량 곡선

$$F = \int_0^t f_p dt = f_c t + \frac{1}{k}(f_0 - f_c)(1 - e^{-kt}) \qquad \cdots\cdots (3\text{-}10)$$

또한, 식 (3-9)를 강우 시작 시간으로부터 임의 시간까지 합산하면 누가침투량〔累加浸透量: accumulated infiltration〕을 구할 수 있다(식 3-10 참조). 그림 3-10에서 보는 바와 같이 누가침투량은 강우 초기에는 급격히 증가하지만 강우가 계속됨에 따라 그 증가율은 감소하게 된다.

초기침투능도 강우 초기에 빠르게 증가하나 강우 1~1.5시간 후에는 증가율이 급격히 감소하여 거의 일정하게 종기침투능에 이르게 되며, 이렇게 하여 얻어진 곡선을 침투능 곡선이라고 한다. 침투능이 시간의 경과에 따라 감소하는 이유는 강우시간이 길어질수록 하부 토층의 포화가 진행됨에 따라 침투속도는 점차 느려지고, 수분증가에 따라 토양이 팽창하거나 침식된 토양 미립자의 이동에 의하여 토양공극이 점차 작아지기 때문이다.

침투능은 토양의 종류, 토양단면 및 공극의 차이, 지피(산림)의 상태, 지표경사, 토양 내 초기 수분함유량, 강우강도 등에 따라 달라진다. 즉, 종기침투능은 강우강도와 함께 증가하여 일정 범위에서 최대가 되고, 이후에는 강우강도와 거의 관계없이 일정해지는데, 이를 최대종기침투능이라 한다.

특히, 산림의 투수성은 같은 토양일지라도 침엽수, 활엽수, 초지 및 경작지 등 지피상태에 따라 차이가 나며, 벌채, 산불, 방목 및 초지로의 전환은 투수성을 악화시킨다. 산림 토층의 투수성은 주로 비모관공극의 양과 질에 따라 결정되며, 공극량이 많은 토층일수록 높다. 토양구조별 투수성은 단립구조와 일부 입상구조에서는 높지만, 일반적으로 입상구조에서는 불량하며, 견과상 · 벽상 · 세립상 구조의 토층은 매우 불량하다.

또한, 모래질 토양은 비교적 공극(pore)이 크고, 안정성도 높기 때문에 침투율이 대체로 크다. 물론 빗방울로 인한 충격력 때문에 흙입자가 재배치되어 공극의 크기는 건조 상태 때 보다 약간 적어지지만 다른 토양에 비하면 안정성이 비교적 크다. 실트(silt)질이나 점토(clay)질 토양은 강우에 의하여 콜로이드성 물질(colloidal material)이 부풀어 분해되어 건조시의 공극보다 많이 줄어들게 된다. 토양의 침투 및 투수성은 실트(silt)질이나 점토(clay)질 토양은 모래질 토양보다 크게 떨어지게 된다.

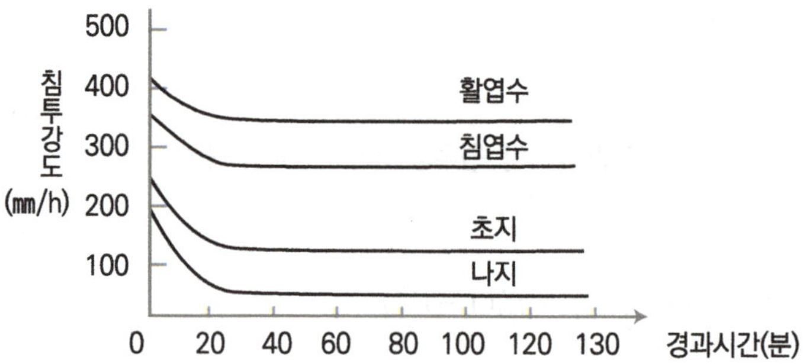

[그림 3-11] 지피상태에 따른 침투강도 곡선

예제 3-9

어떤 토양에서 강우지속 12시간 동안의 누가침투량이 46.5㎜ 이고, 종기침투능 f_c = 0.9㎜/hr, 토양 및 지표면 종류에 따라 결정되는 상수 k = 0.2 일 때, 이 토양의 초기침투능 f_0를 구하여 침투능 곡선식을 제시하시오.

{풀이}

누가침투량은 식 (3-10)에 대입하면

$$46.5 = 0.9 \times 12 + (1/0.2)(f_0 - 0.9)(1 - e^{-0.2\times12})$$

$$f_0 = 8.75\text{mm/hr}$$

따라서, 침투능 식 $f_p = f_c + (f_0 - f_c) \cdot e^{-kt}$에 대입하면

$$f_p = 0.9 + (8.75 - 0.9) \cdot e^{-0.2t} = 0.9 + 7.85\,e^{-0.2t}(\text{mm/hr})$$

예제 3-10

어떤 토양의 초기침투능 f_0 = 80㎜/hr, 종기침투능 f_c = 15㎜/hr, k = 2.0 일 때 강우강도 90㎜/hr, 40㎜/hr 및 10㎜/hr에 대한 침투능 곡선을 그려라.

{풀이}

이 토양의 침투능곡선은 식 (3-9)로부터

$$f_p = 15 + (80 - 15) \cdot e^{-2t}$$

$$f_p = 15 + 65 \cdot e^{-2t}$$

1) I = 90㎜/hr 일 때 : 강우강도가 침투능보다 항상 크기 때문에 실제의 침투능 f_0는 t = 0일 때의 f_0 = 80㎜/hr로 부터 $t = \infty$일 때의 f_c = 15㎜/hr 까지 지수함수적으로 감소한다(그림 a 참조)

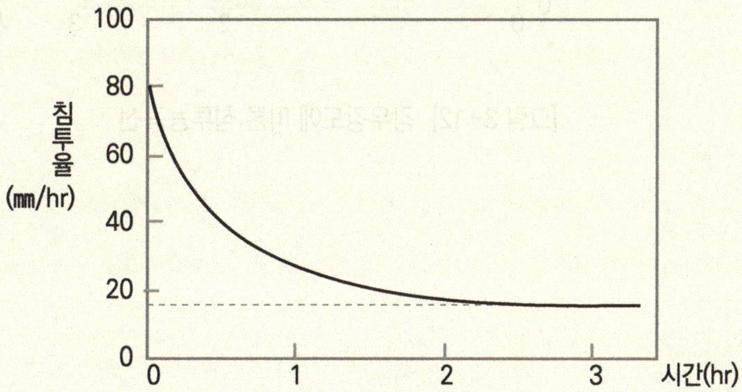

(a) 침투능

2) 실제의 침투율은 토양의 침투능이 40㎜/hr가 되는 시간까지는 강우강도와 같고, 그 이후는 침투능곡선을 따라 감소한다(그림 b 참조)

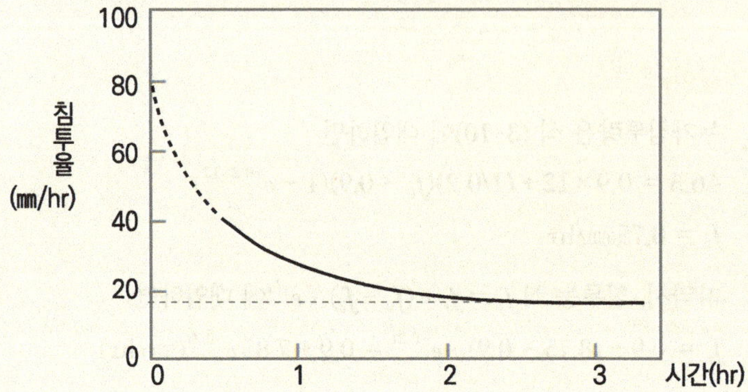

(b) 침투능

3) I = 10㎜/hr 일 때 : 강우강도가 $t = \infty$일 때의 침투능 f_c = 15㎜/hr 보다 적으므로 전 강우는 침투하게 된다(그림 c 참조)

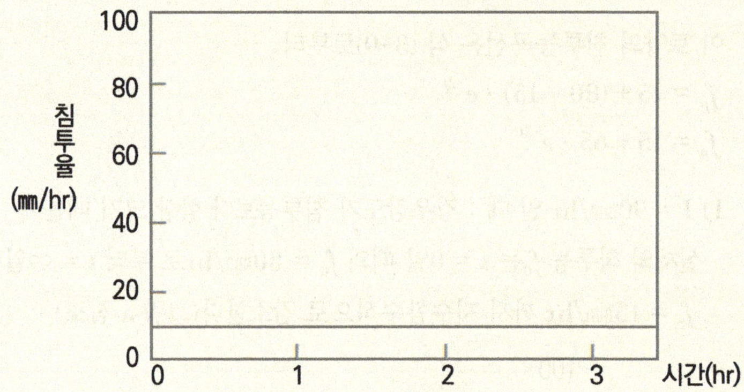

(c) 침투능

[그림 3-12] 강우강도에 따른 침투능곡선

3.4 산림토양과 수분

3.4.1 산림토양

산림토양은 암석의 풍화 쇄설물에 수목의 유기물이 공급되거나, 뿌리나 토양소동물의 작용에 의하여 만들어 지며, 토양의 단면은 2개의 다른 부분으로 구성되어 있다. 이중 하나는 표토에 주로 낙엽, 낙지와 그 분해 중간과정물의 퇴적층으로 교질성 부식질로 구성되어 있어 유기물층 또는 A_0층이라 한다. 나머지 하나는 A_0층 하부에 주로 암석의 풍화물인 무기물로 구성되어 있어 광질토층(鑛質土層)이라 한다.

일반적으로 광질토층은 A_0층 바로 밑에 부식이 풍부한 A층과 A층 하부에 부식이 적고 밝은 색조의 B층, 그리고 최하단부에 모재층인 C층으로 구분된다. A층은 표층 또는 용탈층이며, B층은 하층 또는 집적층, 그리고 C층은 기층이다(그림 3-13). 특히, A층의 두께는 부식의 침투와 밀접한 관계가 있다. 부식층이 두껍다고 하는 것은 수분의 침투가 좋고, 토양의 물리성이 양호하다는 것이다.

토양의 단면에는 모래, 점토 등의 토양구성 입자가 서로 결합하여 생긴 자연적인 집합체(aggregate)가 분포하는데, 이것을 토양구조〔土壤構造: soil structure〕라고 한다. 토양단면 조사 시 일정한 크기의 토양 덩어리를 파내어 보면 토양구조 사이의 틈이 있으며, 이것을 공극〔空隙: pore, void〕 또는 간극(間隙)이라 한다(그림 3-14). 산림토양은 수목의 뿌리 발달에 의하여 토양 내 공극을 만들고 토양 소동물을 풍부하게 하여 공극도 증대된다. 또한, 토양 내 다량의 유기물이 공급되어 조공극이 풍부한 토양구조가 되며, 세공극도 증가시켜 토양의 공극성이 개선된다.

산림토양의 성질은 공극의 양과 질이다. 일반적으로 야외조사에서 토양의 공극은 토양 덩어리의 부서진 면을 육안으로 식별할 수 있는 범위의 공극에 대해서만 조사한다. 공극의 크기와 양은 표 3-7에 따라 세공극 · 소공극 · 중공극 및 조공극으로 구분하며, 공극의 양은 10㎠와 2.5㎠ 면적에서 나타나는 공극의 개수로 구분하여 있음, 양호 및 풍부로 표시한다.

[표 3-7] 공극의 크기와 양의 구분

구분	공극(㎜)	구분	10 ㎠(개)	2.5 ㎠(개)
세(細)	0.1~0.5	있음	1~50	1~3
소(小)	0.5~2.0	양호	51~200	4~14
중(中)	2.0~5.0	풍부	〉200	〉14
조(組)	〉5.0			

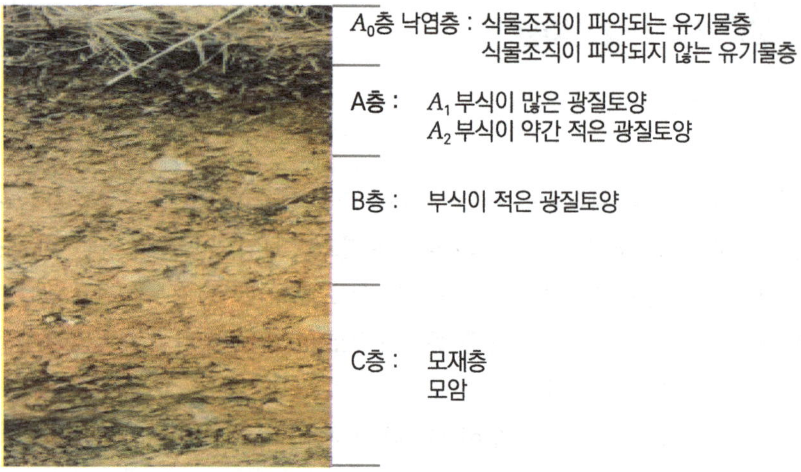

[그림 3-13] 산림토양 단면의 층위

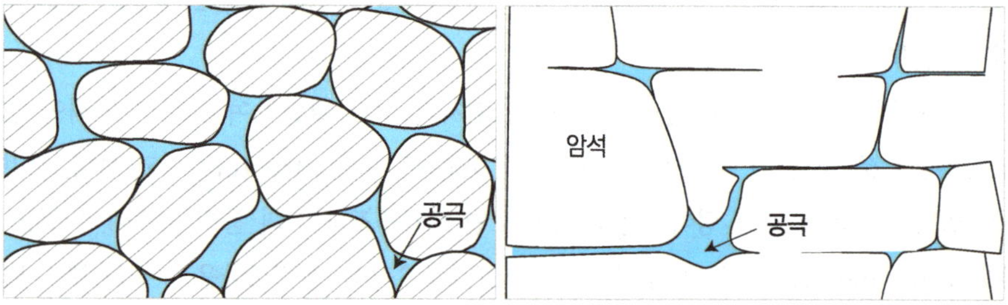

(a) 토양의 공극 (b) 암반의 공극

[그림 3-14] 토양 및 암반의 공극

3.4.2 토양수분

강우가 토양 내 침투되기 시작하면, 토층의 깊이별로 토양수분의 변화가 일어난다. 암석이나 토양입자 사이의 조그마한 공간인 공극이 존재하며, 이를 통해 물이 흐르게 된다.

지표면에 가까운 층은 대부분 그림 3-15와 같이 포화대 위에 통기대가 있고, 통기대는 지표면까지 연장된다. 지하수면의 아래 부분은 물로 포화되어 있어 포화대(飽和帶: zone of saturation)라 부르며, 위 부분은 공기와 물로 차 있어 통기대(通氣帶: zone of aeration)라 한다. 통기대 내의 물은 토양물리학(soil physics)의 원리로 흐름이 설명되고, 주로 수목 및 농작물이 이용하게 된다. 반면에 포화대의 물은 수문학 및 수리학 분야의 주요 관심사이다.

지형의 단면도를 그림 3-16에서 보면 지하수는 포화대와 통기대가 접하는 지하수면(地下水

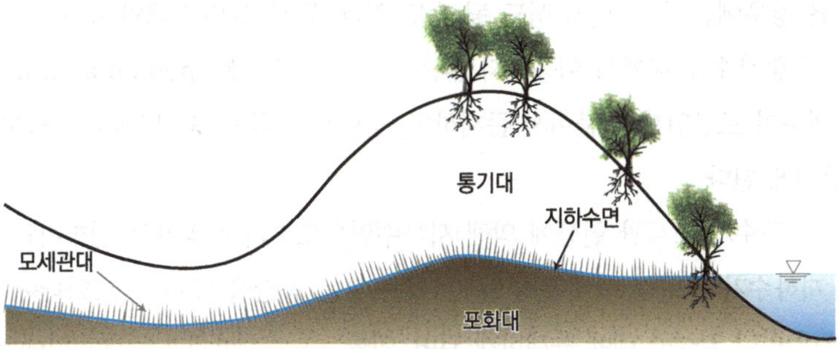

[그림 3-15] 지하수면의 위치

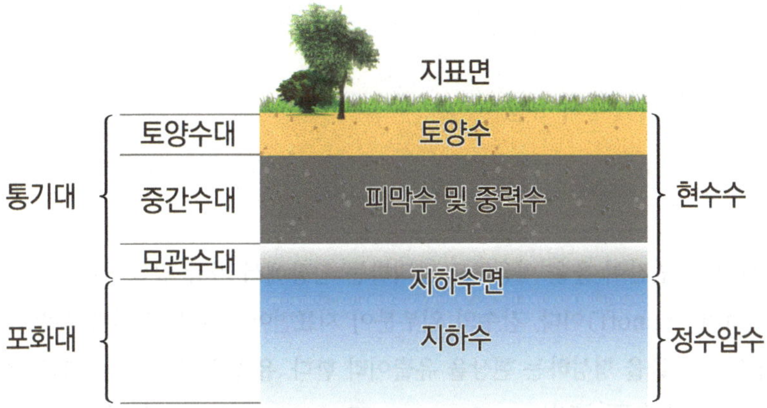

[그림 3-16] 지하수의 구성

面: ground water table)에 의하여 두 개의 구역으로 나누어져 있다.

포화대 내의 물을 지하수(地下水: ground water)라 하고, 통기대 내의 물은 현수수(懸垂水: suspended water)라 한다. 통기대는 다시 토양수대(土壤水帶: soil water zone), 중간수대(中間水帶: intermediate zone) 및 모관수대(毛管水帶: capillary zone)로 나눌 수 있다.

토양수대는 지표면으로부터 식물의 뿌리가 박혀 있는 면까지의 영역을 말하며, 보통 물은 포화상태로 있다. 범위는 토양이나 식물피복의 종류에 따라 약간 변화된다.

토양수대의 물은 토습수, 모관수 및 중력수 3가지로 나누어진다. 토습수(土濕水: hygroscopic water)는 토양입자 표면에 부착되어 얇은 막을 형성하고 있는 수분으로서 부착력이 너무 커기 때문에 식물이 이용할 수 없다. 흡습수(吸濕水) 또는 부착수(附着水: adhesion water)라고도 한다. 모관수(毛管水: capillary water)는 토양입자 주위에 존재하는 일련의 수막(水膜)을 말한다. 모관수는 표면장력에 의하여 토양입자에 붙어 있고, 모관력에 의해 이동하므로 식물이 직접 이용할 수 있다. 중력수(重力水: gravitational water)는 중력에 의하여 토양층을 통과하게 되는 토양수 잉여분을 말한다.

중간수대는 토양수대 최하단부부터 모관수대 상단까지를 말하며, 이 층의 범위는 지하수위에 따라 크게 변한다. 즉, 지하수위가 높으면 거의 영(零)에 가까워 질수도 있고, 반대로 지하수위가 아주 낮은 경우에는 수십 미터 정도 될 수도 있다. 특히, 토양수대와 모관수대를 연결하는 역할을 하며, 이 중간수대 내에서 이동하지 않는 피막수(皮膜水: pellicular water)는 흡습력과 모관력에 의하여 토양입자에 붙어서 존재하며, 남아도는 물은 중력수로서 중력에 의하여 아래층으로 이동하게 된다.

모관수대는 지하수가 모세관 현상에 의해 지하수면으로부터 올라가는 점까지의 영역을 말한다. 포화대는 지하수가 포화대 내에 존재할 수 있는 모든 공간을 말한다. 포화대에 포함된 물의 일부는 항상 토양이나 암석층 내에 존재하게 되며, 이를 보유수(保有水: retain water)라 한다.

3. 5 산림유역의 유출

3.5.1 유출수의 구성

물의 순환과정중 인간이 물을 이용하고 관리하는 입장에서 가장 밀접한 관계를 가지고 있는 과정이 유출(流出: runoff)이다. 강수의 일부분이 지표면이나 토층 속에서 각종 수로에 도달하여 계류나 하천의 물을 형성하는 현상을 유출이라 한다. 유출은 유수의 공간적인 흐름 상태에 따라 지표면 유출(地表面 流出: surface runoff), 지표하 유출(地表下 流出: subsurface runoff) 또는 중간유출(中間流出: interflow) 및 지하수 유출(地下水 流出: groundwater runoff)로 나눌 수 있다.

산림유역에서 침투능을 초과하는 강수가 계속되면 어느 정도의 초과수량은 지표면에 보유되거나 저류되지만, 그 이상이 되면 지대가 낮은 쪽으로 지표유하수(地表流下水: overland flow)가 되어 계류나 하천에 도달하기 전 지표면 위를 흐르는 유수를 지표면유출이라 하고, 이 양을 지표면유출량이라고 한다.

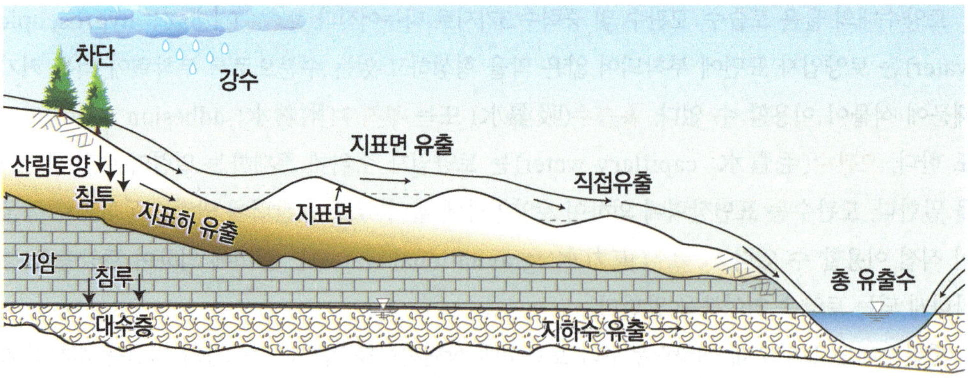

[그림 3-17] 산림지대에 있어서의 유출

지표하 유출은 지표를 침투한 물이 토양의 공극이 변화하고 있는 층을 따라 수분퍼텐셜이 작은 쪽으로 이동한 후 지표에 가까운 상부토층을 통해 다시 계류로 향하여 흐르며, 지하수위 보다는 높은 층에서 유출한다. 지표하 유출수는 토층의 깊이에 따라 얕은 지표하 유출과 비교적 깊은 지표하 유출로 구분된다. 그리고 침투한 물이 더 깊이 침루〔浸漏: percolation〕하여 지하수대까지 내려간 후에 장기간 동안 서서히 유출되는 것을 지하수유출(地下水流出)이라고 한다.

또한, 하천 또는 호수 등의 물 표면에 직접 내리는 수로상 강수〔水路上 降水: channel precipitation〕와 단기간에 계류로 흘러 들어가는 얕은 지표하 유출 및 지표면유출을 합하여 직접유출〔直接流出: direct runoff〕이라 하며, 강우 중이나 직후 또는 급격한 융설 시의 하천의 유량은 대부분이 이 직접유출량에 해당한다. 특히, 장기간 동안 서서히 계류로 흐르는 깊은 유출과 지하수유출을 합하여 기저유출〔基底流出: base flow〕이라고 하며, 비가 오기 전 평상시 계류의 유량을 말한다, 직접유출과 기저유출을 합하여 총 유출〔總 流出: total flow〕이라 한다.

물의 순환과정에서 수량의 배분(표 3-1, 일본 동경대학의 아이치(愛知)시험림의 자료)과 유출의 구성은 그림 3-18에서 보는 바와 같다. 유출현상을 일으키는 강수 기간 동안의 총 강수량은 초과강수량〔超過降水量: precipitation excess〕과 손실량〔損失量: losses or abstractions〕으로 구성된다고 할 수 있다. 초과강수량은 임내강우량으로서 지표면 유출수의 형성에 직접적으로 기여하며 총 강수량의 한 부분이다. 손실량은 수관차단량으로서 궁극적으로 지표면의 유출수가 되지 않는 총 강수량의 잔여 부분을 말한다. 직접유출수의 근원이 되는

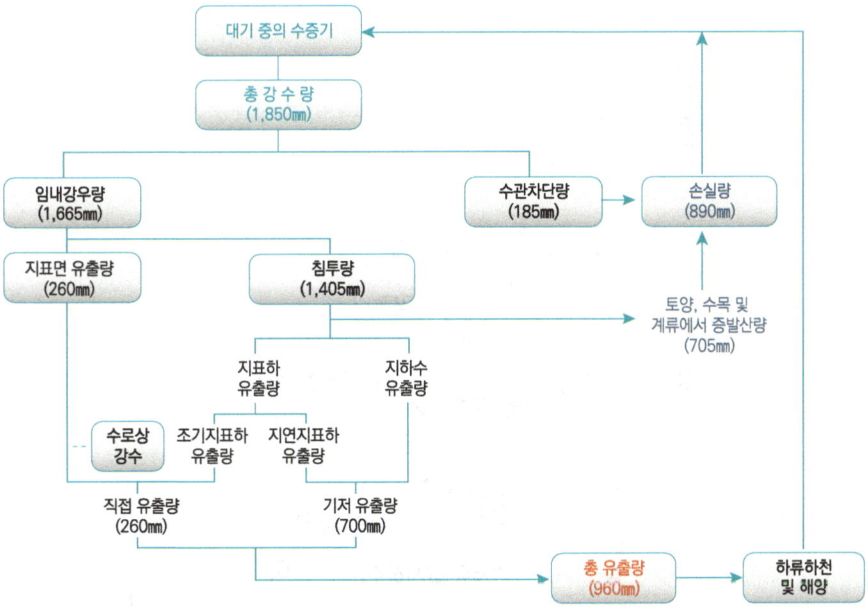

[그림 3-18] 물의 순환에 따른 수량의 배분과 유출의 구성

강수의 부분을 유효강수량〔有效降水量: effective precipitation〕이라 하며, 강수가 비인 경우를 유효우량〔有效雨量: effective rainfall〕이라 한다. 따라서, 유효강수량은 초과강수량과 단시간에 계류나 하천으로 유입하는 지표하 유출수의 합이 된다. 만약 지표하 유출수를 직접유출수에서 완전히 제외한다면 유효강수량은 곧 초과강수량을 의미하게 된다.

산림유역에서 계류 및 하천의 유출량은 강우 중이나 강우가 갠 뒤에도 시간적 및 공간적으로 그 양이 변화한다. 임의의 한 단면에서 유량 또는 수위의 시간적 변화를 표시한 곡선을 수문곡선〔水文曲線: hydrograph〕이라고 한다.

수문곡선은 그림 3-19에서 보는 바와 같이 여러 가지 요소로 구성된다.

- 손실곡선 : 강우가 시작되면 차단, 증발산 및 침투 등에 의하여 초기손실이 있게 되고 손실율이 점점 감퇴하면서 지표면 유출이 발생 된다.
- 유효우량 : 강우량에서 손실우량을 뺀 부분으로서 직접유출 되는 우량이다. 초기 손실이후 직접유출(direct runoff)은 점차적으로 상승부 곡선〔上昇部 曲線: rising limb〕을 그리면서 계속 증가하여 첨두 유량〔尖頭 流量: peak flow〕에 이르게 된다.
- 지체시간 : 유효우량주상도의 중심선으로부터 첨두유량이 발생하는 시간까지의 시간차를 지체시간〔遲滯時間: lag time〕이라 한다.
- 감수곡선 : 첨두 유량에 일단 도달하고 나면 다음 호우가 발생할 때 까지 유출은 감수곡선〔減水曲線: recession curve〕 또는 하강부곡선〔下降部曲線: falling limb〕

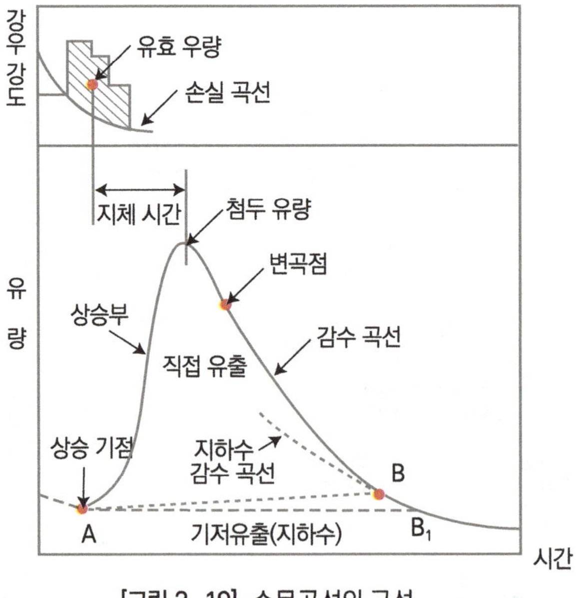

[그림 3-19] 수문곡선의 구성

을 따라 점차 감소하게 된다. 그 동안 침투와 침루는 계속되어 지하수위를 상승시킴으로서 하천유량을 증가시키게 되며, 시간이 지나면서 지하수 감수곡선〔地下水 減水曲線: groundwater depletion curve〕을 따라 더욱 감소하게 된다. 이 지하수 감수곡선은 수년간 연속적인 유량기록을 수문곡선으로 표시한 후 얻게 된다.

- **변곡점** : 수문곡선에서 상승부의 모양은 대체로 강우의 특성에 따라 변화하며, 하강 수문곡선상의 변곡점〔變曲點: inflection point〕은 하천에 유입되는 지표면 유출이 끝나는 시점으로 본다, 변곡점 이후의 유량변화를 나타내는 감수곡선은 유역내의 저류수(貯溜水)가 하천으로 유입되는 것으로 보며, 감수곡선의 모양은 강우특성과는 무관하고 오히려 지하 상층 또는 대수층의 특성에 따라 좌우된다.

직접유출과 기저유출을 정확하게 분리하기 위해서 유역의 정확한 범위, 지하대수층의 지질, 투수능, 통수능 등 유역의 지질수문학적 특성〔地質水文學的 特性: geohydrological characteristics〕을 고려하여 해석하려는 많은 노력을 하고 있다. 일반적으로 많이 사용하는 해석방법이 지하수 감수곡선법과 수평직선 분리법이다. 지하수 감수곡선법은 해당 관측점의 수년간 연속적인 유량기록을 수문곡선으로 표시한 후 지하수 감수곡선을 얻게 된다. 이와 같이 얻은 지하수 감수곡선을 연장하면 감수곡선 상에서 만나는 B점을 결정하게 된다. 직접유출과 기저유출은 상승부 기점 A와 B점을 직선으로 연결하여 AB에 의하여 분리하게 된다. 수평직선 분리법은 수문곡선의 상승부 기점 A로부터 수평선을 그어 감수곡선과 만나는 교점을 B_1이라 하고, 직선 AB_1에 의하여 분리하게 된다.

연간 직접유출량과 기저유출량의 총합계를 연유출량이라 한다. 하천의 수위는 수시로 변화되며, 하루 중에도 시간에 따라, 또한 계절에 따라 변화된다. 수위에 대응하여 유량도 끊임없이 변화하고 홍수 시에는 그 변화가 더욱 심하다. 하천의 수위 조사는 농번기 논에 물이 필요할 때 이용하거나, 높은 수위 때는 홍수 재해대책을 세우거나 또는 하천으로 배수하는 등 치수(治水)와 이수(利水)를 위해 매우 중요하다. 하천의 정상관측에 의한 수위의 종류를 보면 그림 3-20과 같다.

하천수위 조사에서 연간 95일, 185일, 275일 및 355일은 이 수위보다 더 낮은 기록이 없는 경우의 수위를 풍수위, 평수위, 저수위 및 갈수위라 하며, 이 때의 유량을 각각 풍수량, 평수량, 저수량 및 갈수량이라고 한다. 또한, 이들의 연유출량에 대한 백분율을 풍수율, 평수율, 저수율 및 갈수율이라 하며, 계류의 유황을 나타내는 지표로 사용한다.

한편, 매년 1~2회 발생할 때의 수위를 고수위〔高水位: high water level〕, 3~4년 만에 1회 정도 나타나는 홍수 시의 수위를 홍수위〔洪水位: flood water level〕라 한다.

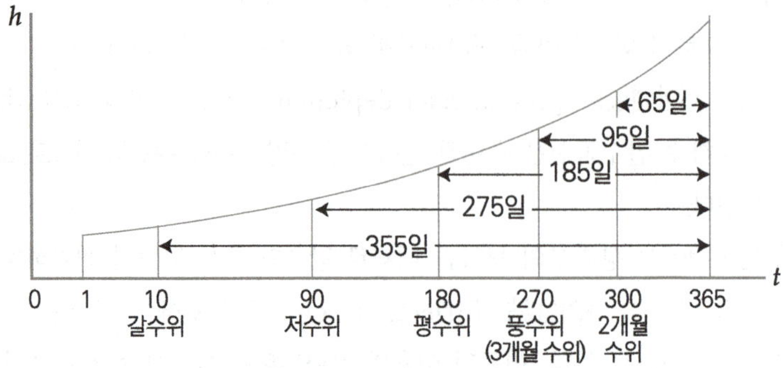

[그림 3-20] 각 수위의 명칭도

3.6 산지계류의 수류와 유속

3.6.1 수류와 임계유속

산지계류의 유출은 지표면유출, 지표하유출 및 지하수유출을 통하여 산정에서부터 시작하여 유로를 따라 중력(重力)에 의하여 하류로 물의 입자는 연속적으로 움직이게 되며, 이러한 물의 흐름을 수류(水流: flow)라고 한다. 상류에서 하류로 물의 흐름이 일어나는 기울기를 수면의 기울기(水面기울기: stream-surface gradient)라 하고, 유로바닥의 기울기를 수로기울기(水路기울기: stream-bed gradient)라 한다. 또한, 수류가 일어나는 두 지점 간의 높이의 차를 낙차(落差: drop fall)라 한다. 수면기울기는 다음과 같은 식으로 나타낸다.

$$I = h/L \qquad \cdots\cdots (3\text{-}11)$$

식에서, I : 수면기울기, h : 낙차, L : 낙차를 만드는 거리

수류는 시간을 기준으로 정류(定流: steady flow)와 부정류(不定流: unsteady flow)로 구분하고, 정류는 다시 공간을 기준으로 등류(等流: uniform flow)와 부등류(不等流: nonuniform flow)로 구분된다. 또한, 수류는 물 분자의 운동 상황에 따라 층류(層流: laminar flow)와 난류(亂流: turbulent flow)로 구분한다.

계류나 하천의 한 단면을 지나는 물이 시간에 따라 속도, 압력, 밀도 등 유동특성의 변화가 없는 흐름을 정류, 시간에 따라 변화하는 흐름을 부정류라 한다. 예를 들면, 평상시의 하천은 정류, 홍수시의 하천은 부정류라 할 수 있다. 정류 중에서도 수류의 어느 단면에서나 유적 · 유속

· 흐름의 방향 등이 같은 것을 등류라 하고, 유적 · 유속 · 흐름의 방향 등이 단면에 따라 변화하는 것을 부등류라 한다. 수로의 임의의 한 구간에서 단면의 경사가 일정하고, 일정한 유량이 흐르면 등류가 된다(그림 3-21).

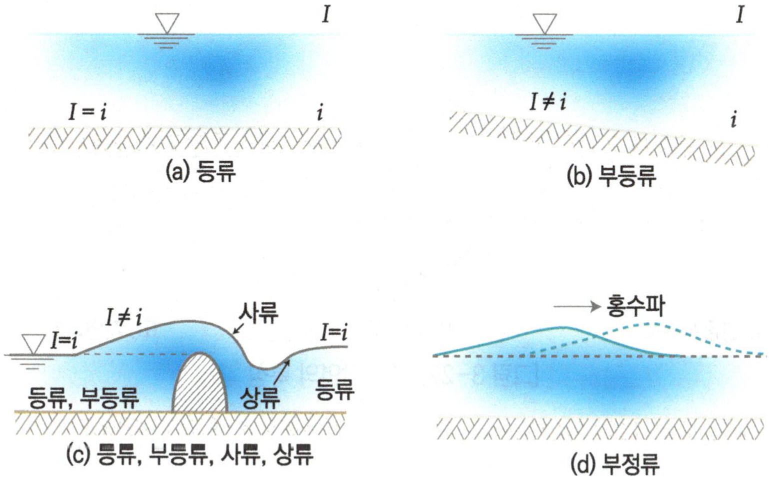

[그림 3-21] 수류의 종류

계류나 하천의 수로에서 흐르는 물의 유속은 어느 한계보다 작으면 물 입자는 나란히 층상(層狀)을 이루어 질서 있게 흐르는 흐름을 층류라 한다. 또한, 유속이 어느 한계보다 크면 물 입자는 상하 좌우로 불규칙하게 흩어지면서 흐르는 흐름을 난류라 한다. 이와 같이 층류에서 난류로 변화할 때의 유속을 임계유속〔臨界流速: critical velocity of flow〕이라 하고, 난류에서 층류로 변할 때의 유속을 하임계유속〔下臨界流速: lower critical velocity of flow〕이라 한다.

산지계류에서 어떤 유수가 있을 때, 그것이 층류에서 난류로 변할 경우에는 계상의 토사에 충격을 주면서 침식을 일으키게 된다. 이와 같이 임계유속은 계상의 침식을 일으키지 않는 경우의 최대유속이다.

3.6.2 통수단면적 및 윤변과 경심

흐르는 물의 속도는 수로의 수면기울기가 증가함에 따라 빨라지고, 그 흐름의 속도를 유속〔流速: velocity of flow〕이라 한다. 물이 흐르는 수로를 직각으로 자른 횡단면적을 통수단면적(通水斷面積), 유수단면적 또는 유적〔流積: cross scctional arca of flow〕이라 한다.

수로의 횡단면에 있어서 물과 접촉하는 수로 주변의 길이를 윤변〔潤邊: wetted perimeter〕

이라 하며, 유적(A)을 윤변(P)으로 나눈 것을 경심〔徑深, R: hydraulic mean radius〕 또는 동수(動水)반지름이라 하며, 수로단면의 특성을 나타낸다(그림 3-22).

자연하천과 같이 수심에 비하여 수면의 나비가 매우 넓을 경우에는 윤변과 수면의 나비(B)가 거의 같다고 보아 유적을 수면의 나비로 나눈 것($R = A/B$)을 경심으로 한다. 이때에는 경심이 수로의 평균수심과 같게 된다.

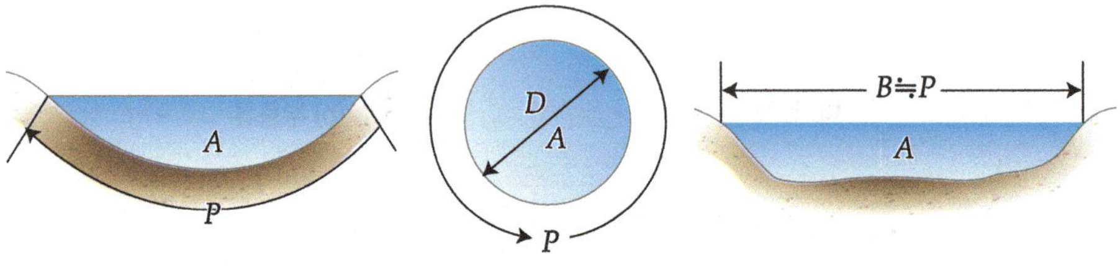

I. 인공개수로 II. 관수로 III. 자연하천

[그림 3-22] 수로단면의 특성

3.6.3 유속의 분포 및 측정

수로의 임의 횡단면 내에서도 물의 점성과 물이 접촉하는 수로 벽면과의 마찰에 의하여 각 위치별 유속의 분포는 다르다. 각 위치별 유속을 편의상 평균한 측정치를 많이 이용하며, 이것을 평균유속〔平均流速: mean velocity of flow〕 또는 유속〔流速: velocity of flow〕이라 한다.

특히, 유속은 수로 내 벽면의 마찰과 자유표면(自由表面)의 공기의 마찰 때문에 분포가 일정하지 않고 복잡한 모양을 보인다. 유속은 그림 3-23에서 보는 바와 같이 등유속곡선〔等流速曲線: isotacheen velocity curve〕 · 표면유속곡선〔表面流速曲線: surface velocity curve〕

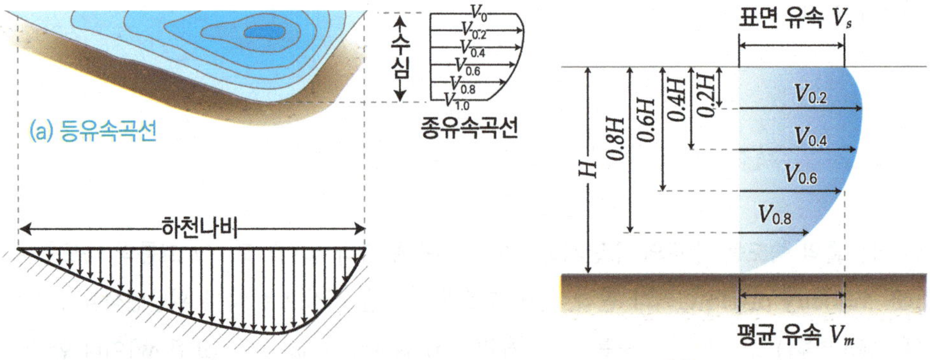

[그림 3-23] 유속곡선의 종류

및 종유속곡선〔縱流速曲線: longitudinal velocity curve〕으로 나타낼 수 있다.

수로의 횡단면 내에서 유속의 같은 점을 연결한 선을 등유속곡선, 수로의 횡단면 내에서 표면상으로 보아 깊이 별로 유속의 빠름을 나타내는 곡선을 표면유속곡선이라 하며 수심이 가장 깊은 지점이 유속이 제일 빠름을 알 수 있다. 수로 내 수심별 한 점을 지나는 연직선 상의 유속 분포를 나타내는 곡선을 종유속곡선이라 한다. 종유속곡선은 그림 3-23(c)에서 보는 바와 같이 2차 곡선 또는 대수곡선형으로 나타낸다.

수로의 횡단면 내에서 유속은 유량을 산정하기 위하여 필요하다. 유속의 측정방법은 역학적 원리를 이용한 계기〔計器: mechanical devices〕에 의한 방법과, 화학적 및 전기회로의 원리를 이용한 방법(chemical and electrical method) 등이 있지만 실제로는 계기에 의한 방법이 많이 이용된다.

계기에는 회전식계기〔回轉式 計器: rotating current meter〕· 동력식 계기〔動力式 計器: dynamometer〕 및 부표식 계기〔浮標式 計器: float-type current meter〕가 있다. 산지계류에서는 부표식 방법과 유속계〔流速計: current meter〕에 의한 방법이 많이 사용되고 있다.

특히, 부표식 방법은 홍수 시 계기계측이 어렵거나 유속계의 준비가 되지 않았거나 하천단면이 불규칙하여 단면설정이 불가능 할 경우에 주로 이용되며, 유속을 정확하게 측정할 수는 없지만 표면유속을 측정할 필요가 있을 때 실시하는 간편한 방법이다, 산지계류에서 간편하게 가장 많이 사용되는 부표식 방법에 대하여 설명한다.

산지계류의 유속 측정에 사용되는 부표(浮標) 또는 부자〔浮子: float〕에는 수면부표〔水面浮標: surface float〕· 이중부표〔二重浮標: twin float〕· 봉부표〔棒浮標: rod float〕 등이 있다. 수면부표는 수면유속을 측정하기 위하여 수로 내 한 단면의 일정 구간을 흐르게 하여 유속을 측정하며, 일반적으로 작은 깡통 · 스티로폼 조각, 코르크(cork)에 작은 기를 단 것 등 자중이 가벼운 것들이 사용된다. 이중부표는 수면부표와 수중부표〔水中浮標: submerged float〕의 2개의 부표로 되어 있어 줄로 서로 연결한다. 봉부표는 목재 또는 금속판을 지름 5㎝ 정도의 원통으로 만들어 그 하부에 추를 달고 수직으로 흐르게 한 것이다.

부표에 의한 유속측정은 그림 3-24에서 보는 바와 같이 부표를 횡단면 상에 투하하고 유속이 대략 일정하게 되는 단면부터 시작하여 하류에 2개 이상의 단면을 통과하는 시간까지를 스톱워치(stop watch)로 측정하여 부표의 표면유속(V_s)을 다음과 같은 식으로 계산한다.

$$V_s = \frac{l}{t} \quad \cdots\cdots (3\text{-}12)$$

식에서, V_s : 표면유속(m/sec), l : 측정구간의 거리(m), t : 부표가 흘러간 시간(sec)

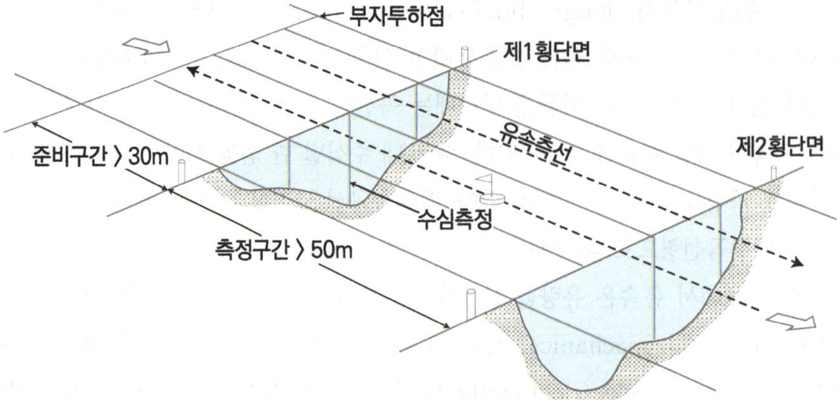

[그림 3-24] 부표측법에 의한 유속측정

산지계류에서 부표를 이용하여 유속의 측정은 수면 폭에 따라 측선수를 달리하고 있다. 일반적으로 수면 폭이 20m 이하일 때 유속 측선수는 평상시 5개, 홍수 시 2개를 기준으로 하고 있다. 또한, 유속 측선에 따라 수위관측을 정밀하게 하면서 제 1, 제 2단면의 횡단면의 측정도 동시에 실시해야 한다. 이와 같이 측정한 유속은 표면유속으로서 수심에 따른 종유속곡선에 얻은 평균유속보다 크기 때문에 식 (3-13)을 이용하여 표면유속으로 수정하여야 한다. 식 (3-13)에서 조정계수 값은 대하천의 경우 0.85~0.90, 소하천의 경우 0.75~0.80을 적용한다.

$$V_m = kV_s \quad \cdots\cdots (3\text{-}13)$$

식에서, V_m : 평균유속, k : 조정계수, V_s : 표면유속

3.6.4 평균유속의 산정

평균유속을 산정하는 공식은 여러 가지 있으나 사방사업에서 많이 사용하는 방법은 다음과 같다.

1. 수심 별 지점유속을 이용하는 방법

그림 3-23의 종유속곡선(c)의 지점유속을 이용하여 평균유속을 산정한다.

1) 표면법

물 표면의 표면유속(表面流速: surface velocity)을 측정하고, 이 표면유속의 80~90%를 평균유속으로 간주한다.

$$V_s = 0.85V_s \quad \cdots\cdots (3\text{-}14)$$

2) 1점법

종유속곡선의 수심 0.6*H* 되는 지점유속을 측정하여 구한다.

$$V_s = V_{0.6} \quad \cdots\cdots (3\text{-}15)$$

3) 2점법

종유속곡선의 수심 0.2*H*와 0.8*H*되는 지점유속을 측정하여 구한다.

$$V_s = \frac{1}{2}(V_{0.2} + V_{0.8}) \quad \cdots\cdots (3\text{-}16)$$

4) 3점법

종유속곡선의 수심 0.2*H*, 0.6*H* 및 0.8*H* 되는 지점유속을 측정하여 구한다.

$$V_s = \frac{1}{4}(V_{0.2} + V_{0.6} + V_{0.8}) \quad \cdots\cdots (3\text{-}17)$$

5) 4점법

종유속곡선의 수심 0.2*H*, 0.4*H*, 0.6*H* 및 0.8*H* 되는 지점유속을 측정하여 구한다.

$$V_s = \frac{1}{5}\left[(V_{0.2} + V_{0.4} + V_{0.6} + V_{0.8}) + \frac{1}{2}\left(V_{0.2} + \frac{V_{0.8}}{2}\right)\right] \quad \cdots\cdots (3\text{-}18)$$

2. 유속계수와 경심 및 수로경사를 이용하는 방법

1) 세지공식(Chezy's formula)

세지공식은 물의 흐름이 등류상태일 경우 수로 단면의 평균유속을 구하는 공식이며, 다음 식 (3-19)와 같다.

$$V = C\sqrt{RI} \quad \cdots\cdots (3\text{-}19)$$

식에서, V : 평균유속(m/s), C : 유속계수, R : 경심($R = A/P$), A : 유로의 통수단면적(m²),
P : 윤변(m), I : 수로기울기(수면물매 = 하상물매, %)

식 (3-19)에서 유속계수 C는 실제유속에 대한 이론유속의 비(比)에 해당하며, Manning의 조도계수 n과는 $C = R^{1/6}/n$의 관계가 있다. 또한 C는 차원을 가지고 있기 때문에 유속을 계산할 경우에는 단위에 주의할 필요가 있다. 일반적으로 m/s 단위를 사용한다. 수로기울기가 3%일 경우에는 $I = 0.03$이다.

2) Bazin 구공식(Bazin's old formula)

Bazin 구공식은 일반적으로 규모가 작은 계류의 평균유속을 측정할 때 적절한 방법이며, 유속계수(C)는 세지(Chezy) 공식에서 유속계수 $C = \sqrt{\dfrac{1}{\alpha + \beta/R}}$ 로 한 것과 같다.

$$V = \sqrt{\frac{1}{\alpha + \beta/R}} \cdot \sqrt{RI} \quad \cdots\cdots (3\text{-}20)$$

식 (3-20)에서, α와 β는 수로 내 윤변의 계상재료나 거칠기(粗度)에 따라 결정되는 조도계수(roughness coefficient)이며, 표 3-8에서 보는 바와 같이 보통 산지계류 야계사방에서는 $\alpha = 0.0004$, $\beta = 0.0007$을 사용한다.

[표 3-8] Bazin 구공식의 조도계수

수로의 성질	조도계수	
	α	β
대단히 매끄러운 수로(시멘트재, 잘 다듬어진 목재수로)	0.00015	0.0000045
매끄러운 수로(다듬은 돌, 기와나 판재수로)	0.00019	0.0000133
거친 수로(깬돌수로)	0.00024	0.00006
흙수로	0.00028	0.00035
석력이 포함된 산지계류	0.0004	0.0007

3) Bazin 신공식(Bazin's new formula)

Bazin 신공식은 대하천에서 평균유속을 계산할 때 적절한 방법이며, 다음 식 (3-21)과 같다. 황폐계류의 조도계수는 제 6종 수로의 $n = 1.75$를 적용한다.

$$V = \left\{ \frac{87}{1+\frac{n}{R^{1/2}}} \right\} \cdot \sqrt{RI} \quad \cdots\cdots (3\text{-}21)$$

식에서, V : 평균유속(m/s), n : 조도계수

R : 경심($R = A/P$), I : 수로기울기(수면물매 = 하상물매, %)

[표 3-9] Bazin 신공식의 조도계수 n의 값

종별	수로의 상태	조도계수
1	시멘트 수로 또는 가공 목재수로	0.06
2	통나무수로, 콘크리트수로 또는 벽돌수로	0.16
3	막돌수로 또는 야면석수로	0.46
4	돌붙임수로	0.85
5	일반흙수로	1.30
6	큰 자갈이나 수초가 많은 흙수로	1.75

식 (3-21)은 세지(Chezy) 공식에서 유속계수를 $C = \left\{ \frac{87}{1+\frac{n}{R^{1/2}}} \right\}$ 로 한 것과 같다.

4) Ganguillet-Kutter공식

Bazin 구공식은 유속계수(C)가 단순히 윤변의 조도계수만 고려하고 있지만 Ganguillet-Kutter공식은 윤변의 조도계수와 수로기울기(I)를 함께 고려한 공식이라고 할 수 있다.

$$V = \frac{\frac{1}{n} + 23 + \frac{0.00155}{I}}{1 + \left(23 + \frac{0.00155}{I}\right) \cdot \frac{n}{\sqrt{R}}} \cdot \sqrt{RI} \quad \cdots\cdots (3\text{-}22)$$

식에서, V : 평균유속(m/s), n : 쿠터의 조도계수,

I : 수로기울기(수면물매 = 하상물매, %), R : 경심($R = A/P$)

식 (3-22)는 과거에 오랫동안 사용되었지만 유속계수(C)에 해당하는 부분의 표현이 복잡하고, 또한 물리적 의미도 명확하지 않아 현재는 거의 사용되지 않고 있다.

5) 매닝공식

매닝공식(Manning's formula)은 지수공식형으로 조도계수(n)가 커질수록 유속이 감소된다. 매닝의 조도계수(Manning's coefficient of roughness)는 자연하천에서는 하상재료의 입경이나 하도 내의 식생의 밀도 등에 따라 제시되어 있으며, 또한 인공수로에서는 수로벽면의 구성 재료와 그 표면의 거칠기에 따라 경험적으로 제시되어 있다. 자갈과 수초가 있는 산지계류의 조도계수의 범위는 0.030~0.050 정도이다.

유속계산에서 어느 공식을 사용해도 좋으나 조도계수의 선정에 따라 계산된 유속의 값은 큰 차이가 있게 된다. 따라서 조도계수의 선정에 주의해야 하며, 많은 경험이 필요하다.

$$V = \frac{1}{n} \cdot R^{2/3} \cdot I^{1/2} \qquad \cdots\cdots (3\text{-}23)$$

식에서, V : 평균유속(m/s), n : 조도계수, R : 경심($R = P/A$), I : 수로기울기(%)

[표 3-10] 매닝공식의 조도계수(수로벽면 재료별)

구 분	조도계수(n)	구 분	조도계수(n)
목재	0.010~0.016	수심이 깊은 급류하천	
콘크리트	0.012~0.017	(모래의 평균체적)	
돌(쌓기), 시멘트블록(쌓기)	0.013~0.017	50㎤ 100㎤	0.018 0.021
균질의 흙수로	0.017~0.025	400㎤	0.030
일반 흙수로	0.025~0.033	1,000㎤	0.038
자갈바닥, 수초 계안	0.030~0.040	2,500㎤	0.060
수초가 무성한 곳	0.075~0.150	급류하천	0.060~0.080

[표 3-11] 매닝공식의 조도계수(계상 상황별)

구 분	계상의 상황	조도계수(n)	
		범 위	기준
자연하천	산지유로(자갈, 호박돌)	0.030~0.050	
	산지유로(호박돌, 큰 호박돌)	0.04 이상	
	대유로(점토, 사질토)	0.018~0.035	
	대유로(사력하상)	0.025~0.040	
인공수로	큰크리트인공수로	0.014~0.020	
	양안석력, 작은 수로(진흙바닥)		0.025
산지유로	바닥은 자갈, 호박돌 및 약간 큰 호박돌	0.03~0.05	0.04
	바닥은 큰 호박돌, 자갈이 섞인 호박돌	0.04~0.7	0.05

구 분	계상의 상황	조도계수(n)	
		범 위	기준
일반계류			0.07
산악계류	지름 0.5m 이상의 석력이 산재한 계상 지름 0.3~0.5m의 석력이 산재한 계상 하상이 비교적 정비된 상황의 계상 유수, 유사에 의하여 암반이 드러난 계상		0.08 0.07 0.06 0.05

[표 3-12] 매닝공식의 조도계수(수로 주변의 재료 또는 상태별)

수로 주변의 재료 또는 상태	조도계수(n)		
	양호	보통	불량
콘크리트수로	0.0120	0.0140~0.0160	0.018
가공 목재수로	0.0100	0.0120~0.0130	0.014
마름돌쌓기	0.0130	0.0140~0.0150	0.017
막깬돌쌓기	0.0170	0.0200~0.0250	0.030
인공 흙수로 직선 흙수로 준설 흙수로 측면은 흙, 바닥은 막깰돌수로 측면은 호박돌, 바닥은 흙수로	 0.017 0.025 0.028 0.028	 0.0200~0.0225 0.0275~0.0300 0.0300~0.0350 0.0350~0.0330	 0.025 0.033 0.040 0.035
자연하천 수심이 깊고 일정한 곳 사행하천으로 수심변화가 심한 곳 사행하천으로 사력하상이고, 수심 얕은 곳 사행하천으로 수심 변화가 심하고 수초가 많은 곳	 0.025 0.033 0.045 0.050	 0.2750~0.0300 0.0350~0.0400 0.0500~0.0550 0.0600~0.0700	 0.033 0.045 0.060 0.080

3.7 유량측정법

3.7.1 유속에 의한 방법

물이 흐르는 수로에서 단위시간에 통수단면적을 통과하는 물의 양을 유량(流量: discharge)이라 한다. 산지 계류의 어느 지점에서 유량을 산정하기 위해서는 그 지점의 유속과 통수단면적을 알아야 한다. 수로의 임의 횡단면 내에서 평균유속을 V, 유적은 A, 유량을 Q라 하면, Q와 A는 다음과 같은 식으로 나타내고, 이 식은 비교적 유량이 많은 하천에서 이용한다.

$$Q = A \cdot V \quad \cdots\cdots (3\text{-}24)$$

$$V = Q/A(\mathrm{m/sec}) \quad \cdots\cdots (3\text{-}25)$$

3.7.2 유량관측 시설에 의한 방법

산림유역 내 유량을 측정하기 위해서는 한 지점에서 오래 동안 정밀하게 조사하여야 한다. 유량의 관측을 위한 시설은 그림 3-25에서 보는 바와 같이 수로를 횡단하여 축류위어를 가진 유량관측소(측수탑: water house)를 계류 주변에 설치한다. 이 유량관측소 안에 자기수위계를 설치하고 도난 등을 방지하는 동시에 수위 측정을 위하여 바닥에 도수관을 연결하여 정수(靜水)를 측정하며, 낙엽의 집적, 수면동결 및 토사퇴석이 있을 경우를 대비하여 낙엽 방지망의 설치 및 침사지를 상류에 설치한다.

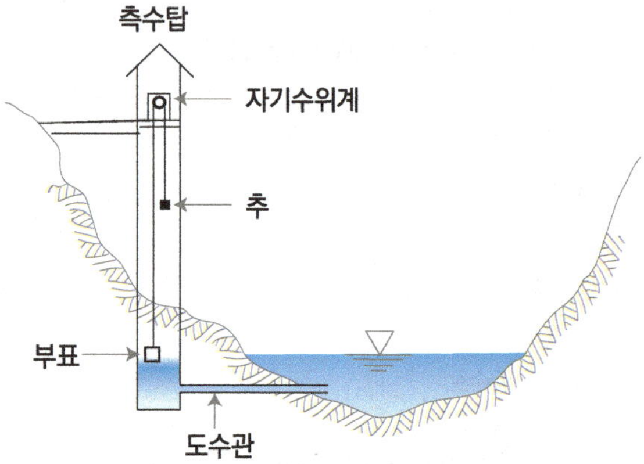

[그림 3-25] 유량관측 시설(측수탑)과 측정횡단면

자기수위계의 용지는 1일용 · 1주일용 · 3개월용 등 다양하며 장기간 기록이 될 수 있도록 되어 있다. 이와 같은 기록에 의한 시간적 변화를 나타낸 것을 수위곡선(time stage curve)이라 하며, 수위를 종축에. 시간은 횡축에 나타낸다(그림 3-26 참조). 특히, 홍수 시의 수위를 홍수위곡선(洪水位曲線)이라 하며, 매우 불규칙하게 변화하므로 부등류가 나타난다.

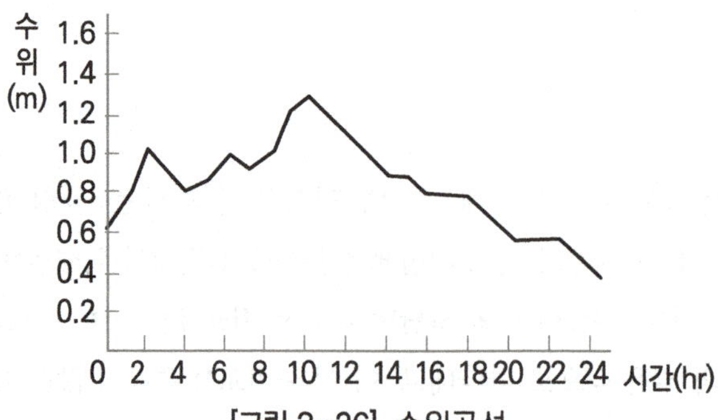

[그림 3-26] 수위곡선

유량측정을 위한 양수 위어(量水위어: stream gauging weir)는 위어의 윗면 두께가 칼날처럼 얇은 것을 칼날위어(sharp crested weir)라 하며, 그림 3-27에서 보는 바와 같이 칼날위어를 넘어가는 수류는 규칙적인 형상의 구멍을 갖춘 오리피스(orifice)의 시설처럼 단면적이 축소하게 된다. 양수 위어는 물이 흐르는 노치(notch)부분의 길이가 수로의 나비보다 적어 양측의 물이 수축되어 흐르는 것을 축류위어(縮流위어: contracted weir)라 하고, 한쪽만 측면수축이 있는 것을 편축류위어(片縮流위어: one-end contracted weir), 측면수축이 없는 것을 직류위어(直流위어: suppressed weir)라 한다.

또한, 위어를 월류하는 수맥의 수축은 위어 정상부의 날카로움 때문에 생기는 정수축(crest contraction)과 수면이 강화하면서 위치에너지가 운동에너지로 변화하면서 생기는 면수축(surface contraction)이 있으며, 정수축과 면수축은 연직방향으로 생기는 수축이므로 이 두 수축을 합하여 연직수축(vertical contraction)이라 한다.

특히, 위어는 단면형태에 따라 직사각형 위어(rectangular weir), 삼각형 위어(triangular weir), 사다리꼴 위어(trapezoidal weir) 등으로 구분된다. 이러한 위어에 의한 유량은 위어를 월류하는 월류수심(越流水深)을 측정하여 구한다.

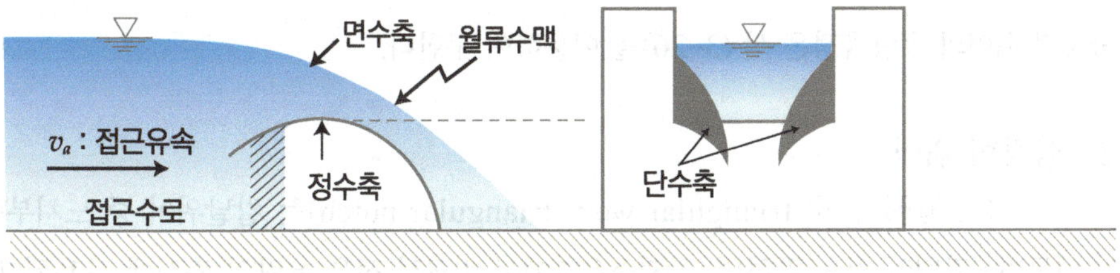

[그림 3-27] 직사각형 칼날위어와 월류하는 물의 수축

1. 직사각형 위어

직사각형 위어(rectangular notch, rectangular weir)는 칼날위어 중에서 노치부분의 형상이 직각모양인 것을 말하며, 주로 유량측정에 사용된다. 직사각형 위어의 유량산출 공식을 유도하면 다음과 같다(그림 3-28 참조).

임의의 수심 H위치에서 유속을 $V = c\sqrt{2gh}$, 미소면적 $dA = b \cdot dH$를 통해서 흐르는 유량을 dQ라 하면, 미소면적 dA에 대한 유량 dQ는 유량공식 $Q = V \cdot A$를 이용하면,

$$dQ = V \cdot dA,\ \text{여기서}\ dA = b \cdot dH\ \text{이므로}$$

$$dQ = V \cdot b\, dH$$

$$= c \cdot b\sqrt{2gh} \cdot dH$$

따라서 전체면적(전체 Weir)에 대한 유량 Q는 위어를 흐르는 수심 H에 대하여 적분하면 구할 수 있다.

$$\begin{aligned} Q &= c \cdot b\sqrt{2g}\int_0^H \sqrt{h}\,dH \\ &= c \cdot b\sqrt{2g}\int_0^H h^{1/2}dH \\ &= c \cdot b\sqrt{2g}\,[2/3H^{3/2}] \\ &= 2/3\,c \cdot b\sqrt{2g}\,H^{3/2} \end{aligned} \quad \cdots\cdots (3\text{-}26)$$

식에서, Q : 유량, c : 유량계수(0.60~0.66), b : 노치의 폭(m),

g : 중력가속도(9.8m/sec^2), H : 월류수심(m)

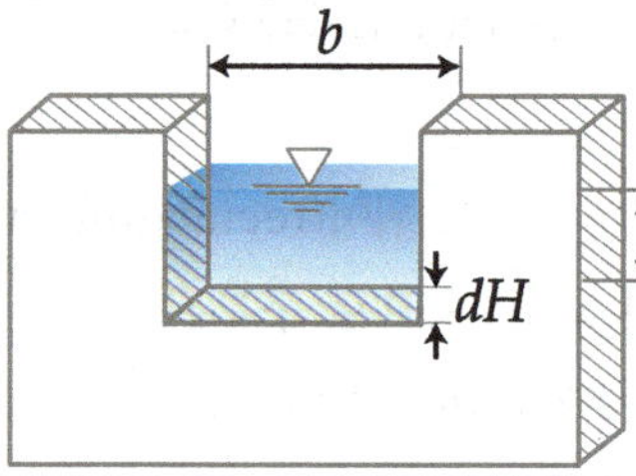

[그림 3-28] 직사각형 위어

직사각형 위어의 유량측정은 식 (3-26)을 이용하여 구한다.

2. 삼각형 위어

삼각형 위어(三角形 위어: triangular weir, triangular notch)는 칼날위어 중 노치부분의 형상이 이등변삼각형인 것을 말하며, 산지소유역에서 비교적 적은 유량의 측정에 사용된다. 삼각형 위어의 유량산출 공식을 유도하면 다음과 같다(그림 3-29 참조).

임의의 수심 h위치에 있어서 유속을 $V = c\sqrt{2gh}$, 미소면적 $dA = b' \cdot dH$ 를 통해서 흐르는 유량을 dQ라 하면,

$dQ = V \cdot dA$ 여기서, $dA = b' \cdot dH$이므로

$dQ = V \cdot b'dH$

$$dQ = c \cdot b' \cdot \sqrt{2gh}\,dH \quad \cdots\cdots (3\text{-}27)$$

닮은 삼각형 원리에 의하여

$$\frac{b'}{b} = \frac{H-h}{H}$$

$$\therefore b' = \frac{(H-h)b}{H} \quad \cdots\cdots (3\text{-}28)$$

$$dQ = cb\sqrt{2gh}\,(H-h)/HdH$$

월류수심 H에 대한 전 유량 Q는

$$\begin{aligned} Q &= \int_0^H cb\sqrt{2g}\,(H-h)/H\sqrt{h}\,dH \\ &= (cb\sqrt{2g})/H\int_0^H (H-h)(h)^{1/2}dH \\ &= (cb\sqrt{2g})/H\int_0^H H\cdot h^{1/2} - h^{3/2}dH \\ &= (cb\sqrt{2g})/H)(H\cdot 2/3H^{3/2} - 2/5H^{5/2}) \\ &= 4/15\ c\cdot b\sqrt{2g}\,H^{3/2} \quad \cdots\cdots (3\text{-}29) \end{aligned}$$

그림 3-29에서 $\tan\theta/2 = (b/2)/H$, $\quad \therefore b = 2H\tan\theta/2$ 이므로

$$\therefore Q = 8/15\cdot \mathrm{c}\tan\theta/2\sqrt{2g}\,H^{5/2} \quad \cdots\cdots (3\text{-}30)$$

식에서, Q : 유량, c : 유량계수(0.60~0.66), b : 수면의 폭(m),
g : 중력가속도(9.8m/sec^2), H : 월류수심(m)

삼각형 위어의 유량측정은 식 (3-30)을 이용하여 구한다.

단, 삼각형 위어 노치의 각 $\theta = 90°$ 일 때 c = 0.6(Thomson 식)을 적용하여 구하면 식 (3-31)과 같다.

$$Q = 8/15 \times 0.6 \times 4.43H^{5/2}$$
$$\therefore Q = 1.4H^{5/2} \quad \cdots\cdots (3\text{-}31)$$

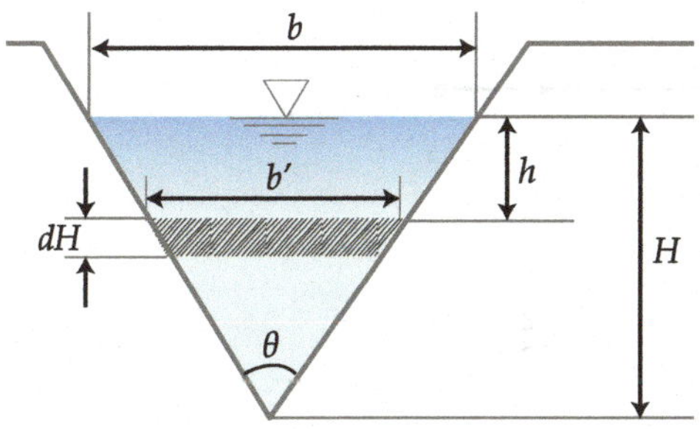

[그림 3-29] 삼각형 위어

[그림 3-30] 삼각형 위어의 유량측정

3. 사다리꼴 위어

사다리꼴 위어(梯形위어: trapezoidal weir)는 칼날위어 중에서 노치부분의 형상이 사다리꼴 모양인 것을 말하며, 제형위어를 월류하는 유량은 사다리꼴 하폭 b_1, 월류수심(수두) H인 직사각형 위어와 그 양쪽에 남은 2개를 모아 삼각형 위어의 유량으로 생각하면 된다. 유량산출 공식을 유도하면 다음과 같다(그림 3-31 참조).

유출량 = 직사각형위어 유출량(Q_1) + 삼각위어 유출량(Q_2)

$$Q = Q_1 + Q_2$$
$$Q_1 = 2/3C_1b_1\sqrt{2g}\,H^{3/2}$$
$$Q_2 = 8/15C_2\tan\theta/2\sqrt{2g}\,H^{5/2}$$
$$Q = 2/3C_1b_1\sqrt{2g}\,H^{3/2} + 8/15C_2\tan\theta/2\sqrt{2g}\,H^{5/2}$$

여기서, $C_1 = C_2$이므로

$$= [2/3b_1 + 8/15\ \tan\theta/2 \cdot H^1]C\sqrt{2g}\,H^{3/2}$$
$$= [10/15b_1 + 8/15\ \tan\theta/2 \cdot H^1]C\sqrt{2g}\,H^{3/2}$$
$$= 2/15C\sqrt{2g}\ [5b_1 + 4H\ \tan\theta/2]\sqrt{2g}\,H^{3/2}$$
$$= 2/15C\,[5b_1 + 4H\ \tan\theta/2]\sqrt{2g}\,H^{3/2}$$ 그림 3-31에서 $\tan\theta/2 = b_2/H$ 이므로
$$= 2/15C\sqrt{2g}\ [5b_1 + 4H \cdot (b_2/H)]H^{3/2}$$

$$\therefore Q = 2/15C\sqrt{2g}\ [5b_1 + 4b_2]H^{3/2} \quad \cdots\cdots (3\text{-}32)$$

식에서, Q : 유량, C : 유량계수(0.60~0.66), b_1 : 사다리꼴 하폭(m),
b_2 : 비탈면 밑면의 길이, g : 중력가속도(9.8m/sec^2), H : 월류수심(m)

사다리꼴 위어의 유량측정은 식 (3-32)를 이용하여 구한다.

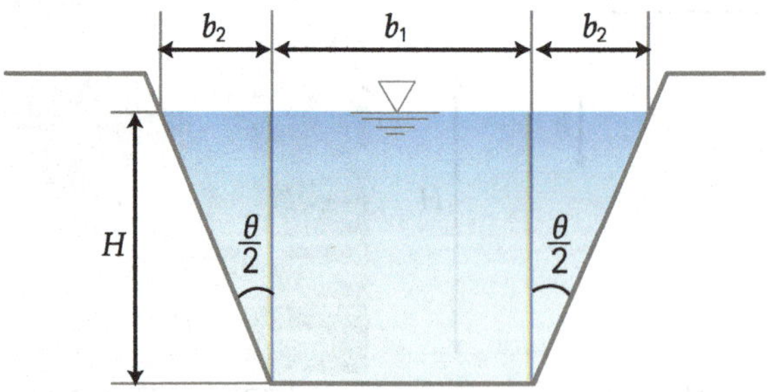

[그림 3-31] 사다리꼴 위어

예제 3-11

아래 직사각형 위어에서 월류하는 유량을 산출하라. (단, 유량계수 = 0.62)

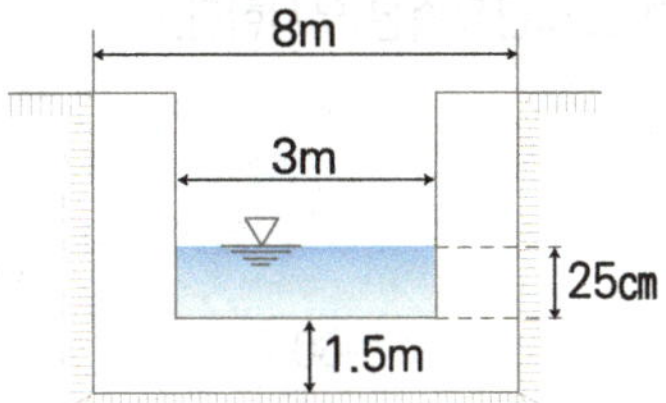

{풀이}

$$Q = 2/3\ c \cdot b\sqrt{2g}\ H^{3/2}$$
$$= 2/3 \times 0.62 \times 3 \times \sqrt{2 \times 9.8} \times 0.25^{3/2}$$
$$= 0.686㎥/sec$$

예제 3-12

수로폭이 10m인 하천에 위어 폭이 2m인 구형위어를 설치하여 월유량을 10㎥/sec로 하려고 한다. c = 0.62 일 때 월류수심은 얼마나 되겠는가?

{풀이}

$$Q = 2/3\ c \cdot b\sqrt{2g}\ H^{3/2}$$
$$H = \left(\frac{Q}{2/3\ c \cdot b\sqrt{2g}}\right)^{2/3}$$
$$= \left(\frac{10}{2/3 \times 0.62 \times 2 \times \sqrt{2 \times 9.8}}\right)^{2/3}$$
$$= 0.913m$$

예제 3-13

아래 삼각형 위어에서 월류하는 유량을 산출하라.

(단, c = 0.62이고 접근유속은 무시한다.)

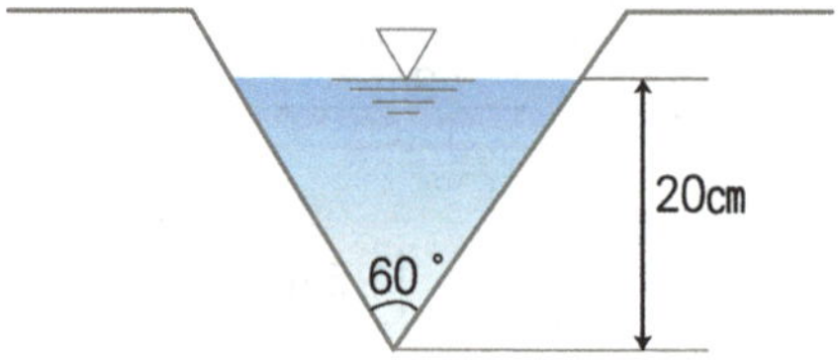

{풀이}

$$Q = 8/15 \cdot c \cdot \tan\theta/2 \cdot \sqrt{2g} \cdot H^{5/2}$$
$$= 8/15 \times 0.62 \times \tan 60/2 \cdot \sqrt{2 \times 9.8} \cdot 0.2^{5/2}$$
$$= 0.015(m^3/sec)$$

예제 3-14

삼각위어의 각이 90˚이고, 수위가 1m 일 때의 유량은?

{풀이}

$$Q = 1.4 \cdot H^{5/2}$$
$$= 1.4 \cdot 1^{5/2}$$
$$= 1.4(m^3/sec)$$

예제 3-15

아래 사다리꼴 위어의 유량을 구하여라. (단, c = 0.62)

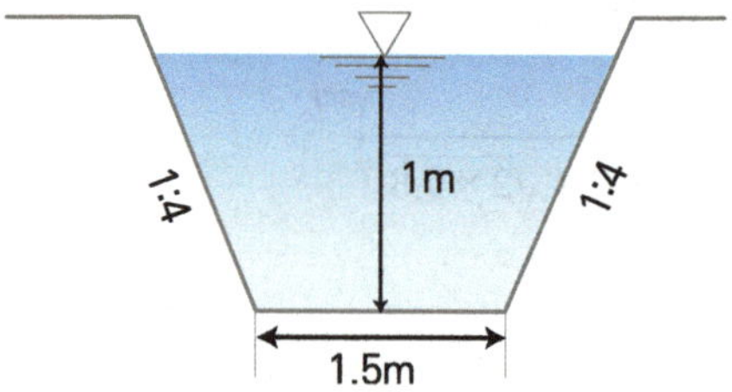

{풀이}

b_1 = 1.5m, b_2 = 4(b_2의 계산은 p.307의 그림 7-7 참조) 이므로

$$Q = 2/15 \cdot c \cdot \sqrt{2g} \cdot (5b_1 + 4b_2)H^{3/2}$$
$$= 2/15 \times 0.62 \times \sqrt{2 \times 9.8} \times (5 \times 1.5 + 4 \times 4) \times 1^{3/2}$$
$$= 8.6\ (m^3/sec)$$

3.7.3 최대홍수량의 산정법

야계사방 공사에서 유로의 단면적 또는 사방댐에서 방수로의 크기 등을 결정하려면 그 지점을 통과하는 최고수위 때의 최대홍수량(Peak rate of runoff)을 계산해야 한다. 또한 그밖에 하도계획이나 교량 및 산지소유역의 횡단구조물, 암거, 유입공, 측구 설계 등의 계획을 수립하는 데도 장차 발생할 가능성이 있는 홍수시의 첨두유량, 즉 최대홍수량의 추정이 우선적으로 요구된다. 이를 위한 방법으로는 시우량법, 합리식에 의한 방법, 비유량법, 홍수위 흔적법 등이 있다.

1. 시우량법

시우량법(時雨量法: Lauterberg 식)은 사방사업에서 널리 사용되고 있는 방법이다. 유역에서 가장 가까운 관측소에서 관측된 시우량(㎜/h)과 유역면적(m^2)에 의하여 1초당 유량(m^3/s)을 산정하는 방법으로 식 (3-33)과 같다. 이 식은 1시간 동안 내린 비가 1시간 후에 계획지점에서 최고 유량이 될 것이라 보고 만든 공식이며, 비교적 규모가 작은 유역에서 근사값을 나타낸다.

일반적으로 유출계수(流出係數: coefficient of runoff) 또는 유거계수는 임상이 좋은 산림유역은 0.35~0.45, 임상이 좋지 않은 산림유역은 0.45~0.65, 황폐유역에서는 0.65~0.85 정도이다. 특히, 우리나라에서 산림유역의 형상과 면적에 따른 유출계수는 표 3-13에서 보는 바와 같다. 최대시우량은 사방시설의 경제적 효과를 고려하여 100년 빈도 1시간 확률강우량을 사용하며, 일반적으로 100㎜/h를 적용하고 있다.

$$Q = K \cdot \frac{a \cdot \frac{m}{1{,}000}}{60 \cdot 60} = \frac{1}{3{,}600{,}000} \cdot K \cdot a \cdot m = 0.0000002778 \cdot K \cdot a \cdot m \quad \cdots\cdots\cdots (3\text{-}33)$$

식에서, Q : 최대홍수량(m^3/s), K : 유출계수(보통 황폐지는 0.8, 소면적에서는 1.0),
a : 유역면적(m^2), m : 최대시우량(㎜/h)

[표 3-13] 유역의 형상 및 면적별 유출계수

유역면적(ha)	유 출 계 수 (K)		
	장방형 유역(폭이 넓은 유역)	원형 유역	신장형 유역(폭이 좁은 유역)
10	1.00~0.75	1.00~0.70	1.00~0.65
10~30	0.75~0.70	0.70~0.60	0.65~0.55
30~50	0.70~0.60	0.60~0.55	0.55~0.45
50~100	0.60~0.55	0.55~0.46	0.50~0.43
100~500	0.55~0.46	0.46~0.40	0.43~0.33
500~1,200	0.46~0.45	0.40~0.39	0.33~0.30

[표 3-14] 자연상태의 유출계수

토질 및 지형	침투 불량 토양			침투 보통 토양			침투 양호 토양		
	급경	사면	평지	급경	사면	평지	급경	사면	평지
산림	0.65	0.55	0.45	0.55	0.45	0.35	0.45	0.45	0.25
농경지	0.75	0.65	0.55	0.65	0.55	0.45	0.55	0.45	0.35
초지	0.85	0.75	0.65	0.75	0.65	0.55	0.65	0.55	0.45
암석지	0.90	0.80	0.70	0.80	0.70	0.60	0.70	0.60	0.50

※ 대면적에 있어서는 각각의 점유 면적에 대한 비율로 계산함

2. 합리식

일반적으로 합리식은 유역면적 5㎢(50ha) 이하의 산지소유역에 사용해야 하며, 유역면적 25~250㎢(250~2500ha) 이상인 중규묘 유역에 사용하는 것은 지양해야 한다. 합리식은 산림유역에서 최대홍수량(peak discharge)을 추정하는 방법이며, 현재 사방댐의 설계에 가장 많이 적용되고 있다.

강우가 주유로(主流路: main channel)를 따라 산정에서부터 유역출구까지 도달하는 데에 걸리는 시간을 도달시간(travel time) 또는 집중시간(time of concentration, T_c), 유달시간이라 한다.

특히, 도달시간은 유역 내 가장 먼 산정에서부터 주유로의 시작점(본류의 종점, 제2장 그림 2-4 참조)까지 흐르는 표면류(overland flow)의 유입시간(流入時間: inlet time t_{of})과 주유로의 시작점에서 유역출구까지 흐르는 하도 내 흐름(channel flow)의 유하시간(流下時間: travel time, t_{cf})의 합으로 볼 수 있다.

도달시간(T_c) = 표면류 흐름 유입시간(T_{of}) + 하도 내 흐름 유하시간(T_{cf})

유역의 크기에 따른 유출특성을 보면 중규모 이상의 유역은 표면류 흐름과 하도내 흐름으로 구성되는 유역이며, 소규모 유역은 표면류 흐름이 지배적인 유역으로 정의된다. 중규모 이상의 하천유역의 경우는 전체 도달시간에서 표면류 흐름의 유입시간이 차지하는 비중이 적고, 주유로의 시작점이 지형도의 축척에 따라 달라지는 점을 고려하여 하도 내 흐름의 유하시간을 도달시간으로 산정하지만, 산지소유역은 표면류 흐름의 유입시간이 차지하는 비중이 무시할 수 없을 정도로 크기 때문에 별도로 산정하여 적용하여야 한다.

산림유역에서 발생하는 최대홍수량(혹은 첨두유량)은 주어진 홍수도달 시간 내의 강우강도와 유역면적의 곱으로 추정할 수 있다. 일반적으로 자연 상태의 유역에서는 침투 등에 의한 강

우손실이 발생하므로 감수계수(C)를 적용하며, 유역면적의 단위 변환에 따라 다음과 같이 나타낼 수 있다.

① 유역면적 ㎢ 일 때

$$Q = \frac{1}{3.6} C \cdot I \cdot A = 0.2778\ C \cdot I \cdot A \quad \cdots\cdots (3\text{-}34)$$

식에서 Q = 계획최대홍수량(㎥/sec), C = 유출계수(표 3-15 참조)

A = 유역면적(㎢), I : 홍수도달 시간 내의 평균 강우강도(㎜/hr)

② 유역면적 ha일 때

$$Q = \frac{1}{360} C \cdot I \cdot A = 0.002778\ C \cdot I \cdot A \quad \cdots\cdots (3\text{-}35)$$

③ 유역면적 ㎡일 때

$$Q = \frac{1}{3{,}600{,}000} C \cdot I \cdot A = 0.0000002778\ C \cdot I \cdot A \quad \cdots\cdots (3\text{-}36)$$

합리식을 이용하는데 있어서 홍수도달시간내의 평균강우강도(I)는 Monobe(物部)공식을 이용하여 구한다.

$$I = \frac{R_{24}}{24}\left(\frac{24}{t_c}\right)^{2/3} = r_0\left(\frac{24}{t_c}\right)^{2/3} \quad \cdots\cdots (3\text{-}37)$$

단, I : t 시간내의 평균 강우강도(㎜/hr), r_0 : 일우량의 평균시간우량(㎜/hr),

R_{24} : 24시간 최대강우량(㎜), t_c: 홍수도달시간(hr)

합리식의 유출계수(C)는 유역의 상태에 따라 달라지며, 일반적인 값은 다음과 같다.

[표 3-15] 합리식의 유출계수

유역 상태	평균 유출계수
급경사 산지	0.75~0.90
기복이 있는 토지와 수림	0.50~0.75
산지하천	0.75~0.85
평지 소하천	0.45~0.75
유역의 반 이상이 평지인 대하천	0.50~0.75

1) 홍수도달시간의 결정

합리식에서 홍수도달 시간 내의 강우강도(I)를 결정하기 위한 도달시간 t_c는 대상 유역의 유로연장 및 경사 등에 따라 개발된 경험적인 공식을 이용하여 구하며, 각 공식들에 사용된 매개변수 및 단위 등에 주의하여 사용하여야 한다.

일반적으로 우리나라 "하천시설기준"과 일본 "건설성 하천사방기준 · 해설(계획편, 일본하천협회)"에서 산지소유역의 유입시간은 완만한 경사지는 약 30분, 급경사 지역은 20분 정도로 하고 있다.

각 경험 공식들에 의한 도달시간은 유로연장, 하상경사 등 하도흐름의 매개변수로 산정되어 실측수문곡선에서 도출한 실측치에 비하여 매우 과소하게 나타나고 있다. 특히, 각 경험 공식별로 산정된 유하시간은 매우 차이가 크게 나타나므로 산정된 유하시간에서 유속을 계산하여 홍수 시 적정유속인 2.0~3,5m/sec의 범위에 포함되는지 여부를 비교 검토한다. 검토 후 각 경험 공식 중에서 하나를 채택하여 설계홍수량을 산정하면 결과의 신뢰성을 높일 수 있다.

(1) 표면류의 유입시간

① Kerby 공식

㉮ 지표면 흐름(표면류)이 지배적인 산지소유역에서 산정부터 하천시발점(분류의 종점)까지 유입시간을 산정한다.

$$T_{of} = 1.441\frac{(L_1 \cdot n)^{0.467}}{S^{0.2335}}(\text{min}) \qquad \cdots\cdots (3\text{-}38)$$

㉯ 하도길이가 0.4㎞, 유역면적이 0.04㎢, 하도의 경사가 1% 이하인 도시유역에서 지표면 유출과 하도내 흐름이 있는 복합유역에 대하여 유입시간을 산정한다.

$$T_{of} = 36.264\frac{(L_1 \cdot n)^{0.467}}{S^{0.2335}}(\text{min}) \qquad \cdots\cdots (3\text{-}39)$$

식에서 L_1 = 산정에서 본류의 종점(주유로)까지의 거리(m)

$S = \dfrac{H}{L_1}$: 지표면경사

n = 지체계수(조도계수) (표 3-16 참고)

H = 산정에서 본류의 종점과의 표고차(m)

[표 3-16] Kerby 공식의 지체계수(n)

지 표 상 태	n	지 표 상 태	n
불침투면(콘크리트)	0.02	산림지 (낙엽림)	0.60
잘 다져진 상태의 나지	0.10	산림지 (낙엽퇴적지)	0.80
보통조도의 나지	0.20	산림지 (침엽수), 초지	0.80
목초지 및 경지	0.20	일반적인 산간유역	0.70
목초지 및 보통의 초지	0.40		

(2) 하로내 흐름의 유하시간 산정

① Kirpich 공식 : 미국의 토양보전청(Soil Conserration Service)에서 하천경사 3~10% 되는 소하천뉴역에서 계측한 자료를 이용하여 개발하였다.

$$T_{cf} = 3.976 \frac{L^{0.77}}{S^{0.385}} (\text{min}) \quad \cdots\cdots (3-40)$$

식에서 L = 유역내 주유로의 하천연장(㎞)

$S = \frac{H}{L}$: 하천평균경사

H = 유역출구점에서 주유로의 종점까지의 표고차(m)

② Rziha 공식 : 산간지에서 평야부로 옮겨가는 하천평균경사 S≥1/200인 자연하천의 상류부에 사용하며, 매개변수들과 단위는 Kirpich 공식과 같다.

$$T_{cf} = 0.833 \frac{L}{S^{0.6}} (\text{min}) \quad \cdots\cdots (3-41)$$

③ Kraven(I) 공식 : 자연하천 중하류에서 하천 평균경사 S≥1/200인 자연하천의 상류부에 사용하며, 매개변수들과 단위는 Kirpich공식과 같다.

$$T_{cf} = 0.444 \frac{L}{S^{0.515}} (\text{min}) \quad \cdots\cdots (3-42)$$

④ Kraven(II) 공식 : 자연하천의 평야부에서 사용하며, 평균 경사별 평균유속을 표 3-17에서 선정하고 하천의 연장을 평균유속으로 나누어 유하시간을 산정한다.

$$T_{cf} = 16.667 \frac{L}{V} (\text{min}) \quad \cdots\cdots (3\text{-}43)$$

식에서 L = 유로연장(m), V = 홍수도달 속도(m/sec)

[표 3-17] 산지경사에 따른 홍수도달 속도

구배 / V	$\frac{1}{100}$ 이상	$\frac{1}{100}$ ~ $\frac{1}{200}$	$\frac{1}{200}$ 이하	비고
V	3.5	3.0	2.1	

3. 가지야마 공식

가지야마(Kaziyama formula) 최대홍수량 공식은 가지야마 공식과 수정 가지야마 공식이 있다.

1) 가지야마 식

가지야마 공식은 1922년 우리나라의 8개 대소 하천의 12개 지점에서 최대홍수량 자료를 이용하여 유역면적, 유로연장 및 최대일강우량 등의 인자를 대표하는 계수를 곱하여 유역의 최대홍수량을 구하기 위하여 제시한 경험공식이이며, 유역면적 500ha이상 일 경우에 적용한다.

$$Q = C \cdot A^{(0.877-0.04\log A)} \quad \cdots\cdots (3\text{-}44)$$

$$C = F(310 + R_{24}) \cdot \left(4 + \frac{A}{L^2}\right) \quad \cdots\cdots (3\text{-}45)$$

식에서 Q = 최대홍수량(㎥/sec)

C = 유출계수, L = 유로연장(㎞)

R_{24} = 계획 최대일강우량(㎜/일)

F = 유역의 경사 및 임야상황에 따른 계수(표 3-18 참고)

A = 유역면적(㎢)

[표 3-18] 유역의 경사 및 임야상황에 따른 F 계수

유 역 상 태	F값	비고
임야가 적고 유출이 많은 급경사 지역	0.0079	
비교적 유출이 많은 지역	0.0075	
유출이 보통인 지역	0.0071	
비교적 유출이 적은 지역	0.0067	

2) 수정 가지야마 식

가지야마 식이 제안 된 후 유역면적의 크기를 구분하고 기존의 공식을 수정하여 다음과 같이 제시하였다.

① 유역면적 : $A \leq 42.91\text{km}^2$ 일 때

$$Q = C \cdot A^{(1.016-0.1135\log A)} \quad \cdots\cdots (3\text{-}46)$$

$$C = F(310 + R_{24})\left(4 + \frac{A}{L^2}\right)$$

② 유역면적 : $A > 42.91\text{km}^2$ 일 때

$$Q = C \cdot A^{(0.6784-0.0101\log A)} \quad \cdots\cdots (3\text{-}47)$$

$$C = 1.886F(310 + R_{24})\left(4 + \frac{A}{L^2}\right)$$

[표 3-19] 유역의 경사 및 임야상황에 따른 수정 F 계수

유 역 상 태	F값	비고
경사가 급하고 임야가 적으며 유출이 많은 지역	0.0104	
비교적 유출이 많은 지역	0.0096	
유출이 보통인 지역	0.0088	
비교적 유출이 적은 지역	0.0080	
가장 유출이 적은 지역	0.0072	

4. 비유량(比流量)법

비유량법(specific discharge)은 유량의 관측자료가 적고, 첨두유량을 산정하기 어려운 경우와 규모가 작은 사방댐 설계에서 최대홍수량을 구할 때 편리하다. 이 비유량법은 합리식에서 유역면적을 ㎢로 할 때와 같다.

$$Q = q \cdot A \quad \cdots\cdots (3\text{-}48)$$

식에서, Q : 최대홍수량(㎥/s/㎢),

q : 비유량(유역 1㎢당 최대홍수량으로 합리식 $Q = 0.2778CIA$ 에서 $Q = 0.2778CI$ 값에 해당),

A : 유역면적(㎢)

[표 3-20] 황폐계류의 비유량

A (㎢)	1~10	11~20	21~40	41~60	61~80	81~100
q (㎥/s)	25	20	15	12	10	8

5. 홍수위흔적법(洪水痕跡法: flood mark method)

우선 홍수 직후 계안(溪岸)의 쓰레기가 걸려 있는 상태나 식피(植被)의 상처 등과 같은 홍수의 흔적에 의하여 홍수위를 추정하거나 최고수위 흔적표나 수위계를 이용하여 홍수위를 실측한다. 유로 횡단면을 측량하여 계상기울기(I)와 통수단면적(A)를 측정하고, 유속공식(Chezy, Bazin, Kutter 및 Manning)을 적용하여 그 통수단면에 있어서의 평균유속(V)을 구하여 단면적과 유속을 곱한 값을 구하면, 홍수량(Q)을 얻을 수 있다.

즉, $Q = A \cdot V$(㎥/s) 식에서 계류 기울기(I)를 알고 평균유속공식에 의하여 평균수심(경심) R 및 유속계수 C를 알면 평균유속 V를 산출할 수 있으므로 Q를 총유량, A를 단면적으로 하면 $Q = A \cdot V$ 로 된다.

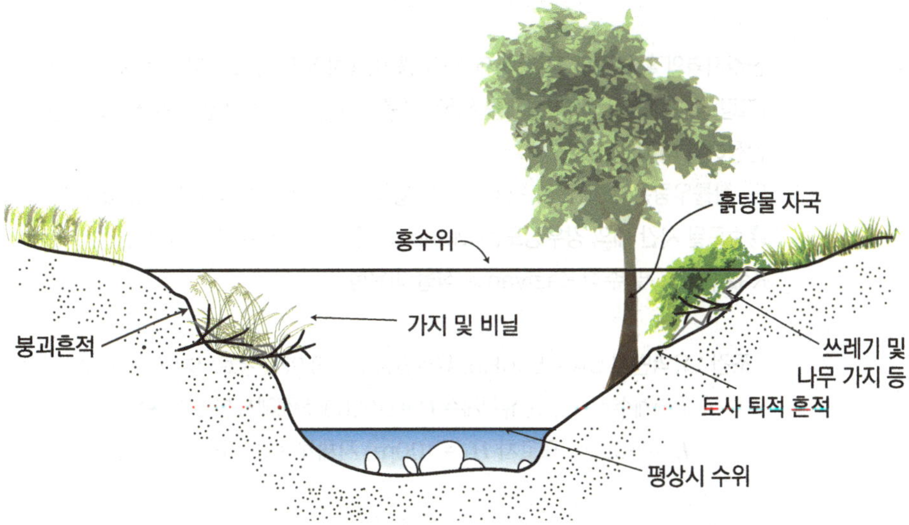

[그림 3-32] 홍수위 흔적

예제 3-16

진주지역의 확률강우 자료(예제 3-5)를 이용하여 다음 조건을 갖는 산지소유역(그림 참조)에서 사방댐 설계를 위한 30년, 50년 및 100년 빈도의 최대홍수량을 산정하여 비교하시오.
단, 확률우량은 Gumbel - chow 법, 홍수도달시간은 Kerby 및 Rziha 공식, 홍수도달 시간 내의 강우강도는 Monobe 공식, 최대홍수량은 합리식, Kaziyama 및 수정 Kaziyama 식을 이용함.

- 조건 : 유역면적 CA = 500Ha, 유로연장 L = 8.0㎞, 유로낙차 H = 100m, 유출계수 c = 0.75, 유역계수 F = 0.0088, 산정에서 본류의 종점까지의 거리 L_1 = 500m, 표고차 H_1 = 100m, 지체계수 0.70임.

{풀이}

① 확률우량 : [예제 3-5]에서 계산된 진주지역의 확률강우 자료를 이용

- 30년 빈도 : x_{30} = 271.90 ㎜/day
- 50년 빈도 : x_{50} = 294.92 ㎜/day
- 100년 빈도 : x_{100} = 325.93 ㎜/day

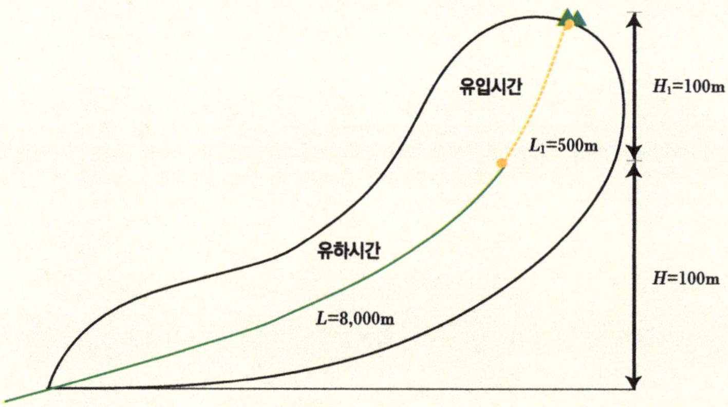

② 홍수 도달시간(Tc)의 계산

- 산정에서 본류의 종점까지의 시간(유입시간): Kerby 식

$$Tc_1 = 1.441\times \frac{(L_1\cdot n)^{0.467}}{S^{0.2335}}$$

$$= 1.441\times \frac{(500\times 0.7)^{0.467}}{(100/500)^{0.2335}} = \frac{22.22}{0.687} = 32.4(\text{min})$$

$$= 32.4(\text{min}) \fallingdotseq 0.54Hr$$

- 산간지에서 평야부로 옮겨가는 지점까지의 시간(유하시간) : Rziha 식

$$Tc_2 = 0.833\frac{L}{S^{0.6}} = 0.833\frac{8{,}000}{(100/8{,}000)^{0.6}} = \frac{6.664}{0.0721} = 92.43(\text{min}) = 1.54(Hr)$$

∴ 홍수도달시간 $Tc = Tc_1 + Tc_2 = 0.54 + 1.54 = 2.08\ Hr$

③ 홍수도달 시간 내의 강우강도(I) 계산

- Monobe 공식 적용

$$\therefore I = \frac{R_{24}}{24}\left(\frac{24}{Tc}\right)^{2/3} = \frac{R_{24}}{24}\left(\frac{24}{2.08}\right)^{2/3}$$

$$I_{30} = \frac{271.90}{24}\left(\frac{24}{2.08}\right)^{2/3} = 57.85\text{mm}/Hr$$

$$I_{50} = \frac{294.92}{24}\left(\frac{24}{2.08}\right)^{2/3} = 62.75\text{mm}/Hr$$

$$I_{100} = \frac{325.93}{24}\left(\frac{24}{2.08}\right)^{2/3} = 69.34\text{mm}/Hr$$

④ 계획홍수량(Q_p)의 계산

- 합리식

$$Q_p = \frac{1}{360}C\cdot I\cdot A = 0.002778\ C\cdot I\cdot A$$

- $Q_{30} = 0.002778\times 0.75\times 57.85\times 500 = 60.26\ \text{m}^3/\text{sec}$
- $Q_{50} = 0.002778\times 0.75\times 62.75\times 500 = 65.37\ \text{m}^3/\text{sec}$
- $Q_{100} = 0.002778\times 0.75\times 69.34\times 500 = 72.24\ \text{m}^3/\text{sec}$

• 가지야마(梶山)식

$$Q_p = CA^{(0.877-0.04\log\alpha)}$$

$$C = F(310+R_{24})\left(4+\frac{A}{L^2}\right) \qquad (F = 0.0071\text{을 적용})$$

$$C_{30} = 0.0071(310+271.90)\left(4+\frac{5.0}{8.0^2}\right) = 16.85$$

$$C_{50} = 0.0071(310+294.92)\left(4+\frac{5.0}{8.0^2}\right) = 17.52$$

$$C_{100} = 0.0071(310+325.93)\left(4+\frac{5.0}{8.0^2}\right) = 18.41$$

- $Q_{30} = 16.85 \times 5.0^{(0.877-0.04\log 5.0)} = 16.85 \times 3.92 = 66.05\ m^3/sec$
- $Q_{50} = 17.52 \times 5.0^{(0.877-0.04\log 5.0)} = 17.52 \times 3.92 = 68.68\ m^3/sec$
- $Q_{100} = 18.41 \times 5.0^{(0.877-0.04\log 5.0)} = 18.41 \times 3.92 = 72.17\ m^3/sec$

• 수정 가지야마(梶山)식

$$Q_p = CA^{(1.016-0.1135\log\alpha)}$$

$$C = F(310+R_{24})\left(4+\frac{A}{L^2}\right) \qquad (F = 0.0088\text{을 적용})$$

$$C_{30} = 0.0088(310+271.90)\left(4+\frac{5.0}{8.0^2}\right) = 20.88$$

$$C_{50} = 0.0088(310+294.92)\left(4+\frac{5.0}{8.0^2}\right) = 21.71$$

$$C_{100} = 0.0088(310+325.93)\left(4+\frac{5.0}{8.0^2}\right) = 22.82$$

- $Q_{30} = 20.88 \times 5.0^{(1.016-0.1135og\ 5.0)} = 94.25\ m^3/sec$
- $Q_{50} = 21.71 \times 5.0^{(1.016-0.1135og\ 5.0)} = 98.03\ m^3/sec$
- $Q_{100} = 22.82 \times 5.0^{(1.016-0.1135og\ 5.0)} = 103.04\ m^3/sec$

∴ 합리식과 가지야마 식에 의한 최대홍수량은 비교적 근사한 값을 보였으나, 수정 가지야마 식은 다소 큰 값을 나타내었다. 실제 사방사업의 최대홍수량 설계에 있어서는 이 3가지 공식을 이용하여 계산한 후, 이 3방법에서 구한 값을 평균하여 적용하여도 좋을 것 같다.

예제 3-17 유역면적 55ha, 최대시우량 100㎜, 계상비탈 2%의 야계에 있어서 사방댐 방수로 횡단면의 저폭 3m, 깊이 1m, 양측간 45˚인 사다리꼴일 때 이 방수로에 물의 범람이 있는가, 없는가를 검토하시오. (단, c = 0.8)

{풀이}

유수단면적과 윤변산출 공식(p.136~137)을 적용하면

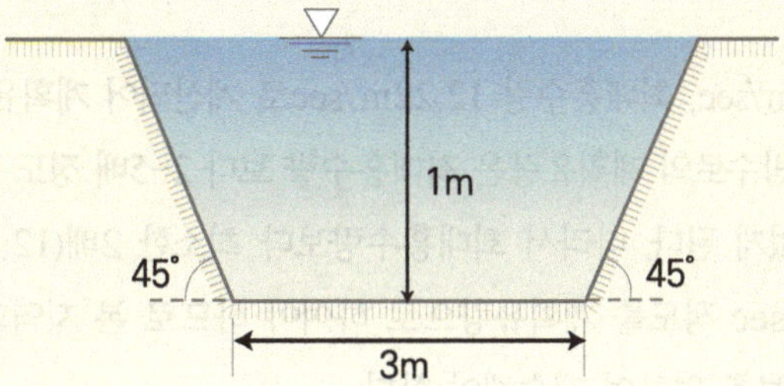

① 횡단면적(A) $= h\,(\,b + mh\,)$

$= 1\,(\,3 + 1 \times 1\,) = 4\text{m}^2$

② 윤주(P) $= b + 2 \cdot h\sqrt{1+m^2}$

$= 3 + 2 \times 1\sqrt{1+1^2}$

$= 3 + 2 \times 1.41$

$= 5.82\text{m}$

③ 경심(R) $= \dfrac{A}{P}$

$= 4 \div 5.82 = 0.69\text{m}$

④ 평균유속

$$V = \sqrt{\frac{1}{\alpha + \dfrac{\beta}{R}}} \times \sqrt{RI}$$

$$= \sqrt{\frac{1}{0.0004 + \dfrac{0.0007}{0.69}}} \times \sqrt{0.69 \times 0.02}$$

$$= \sqrt{706.96} \times \sqrt{0.0138}$$

$$= 26.59 \times 0.117$$

$$= 3.11\ \text{m/sec}$$

⑤ 계획유량

$$Q = V \cdot A$$
$$= 3.11 \times 4$$
$$= 12.44\ m^3/sec$$

⑥ 최대홍수량

$$Q = 0.2778 \times K \cdot a \cdot m$$
$$= 0.2778 \times 0.8 \times 100 \times (55 \times 0.01)$$
$$= 12.22\ m^3/sec$$

∴ 계획유량 12.44m^3/sec, 최대홍수량 12.22m^3/sec로 계산되어 계획유량이 약간 많게 산정되었으나 사방댐 방수로의 계획유량은 최대홍수량 보다 2~5배 정도 많게 설계하여야 홍수로 인한 범람이 없게 된다. 따라서 최대홍수량보다 최소한 2배(12.22 × 2 = 24.44)에 해당하는 24.44m^3/sec 정도를 계획유량으로 하여야 하므로 본 지역의 사다리꼴 수로는 적정한 횡단면적 확보를 위하여 개수해야 한다.

예제 3-18

예제 3-17에서 주어진 유역조건 및 자료를 이용하여 최대홍수량을 통과시킬 수 있는 계획 단면적과 수로 깊이를 구하시오.

{풀이}

예제 3-17에서 최대홍수량의 2배는 24.44m^3/sec이며, 평균유속은 3.11m/sec이다. 최대 홍수량과 평균유속을 앞의 방법으로 구한 후 최대홍수량을 통과시킬 계획단면적(횡단면적)을 구하려면 식 $Q = A \cdot V$에 대입하면 된다.

$$24.44 = 3.11A$$
$$A = \frac{24.44}{3.11} = 7.86$$

최소한 7.86m^2의 횡단면적을 가져야 되는 주어진 조건하에서의 수로 깊이는 얼마를 해야 하는가를 알기위하여 높이(h)를 기준으로 2차 방정식을 만들고, 근의 공식을 이용하여 풀어본다.

$$\left[\begin{array}{l} a^2 + bx + c = 0 \\ x = \dfrac{-b \pm \sqrt{b^2 - 4ac}}{2a} \end{array}\right]$$

$$A = h(b + mh)$$

$$7.86 = h \cdot (3 + 1 \cdot h)$$

$$7.86 = 3h + h^2$$

$$h^2 + 3h - 7.86 = 0$$

$$h = \frac{-3 \pm \sqrt{3^2 + 4 \times 1 \times 7.86}}{2 \cdot 1}$$

$$h = \frac{-3 \pm \sqrt{9 + 31.44}}{2}$$

$$h = \frac{-3 \pm 6.36}{2}$$

$$h = \frac{-9.36}{2} = -4.68\text{m (-) 값이므로 버리고}$$

$$h = \frac{3.36}{2} = 1.68\text{m를 취한다.}$$

∴ 따라서 주어진 조건에서 깊이가 1m인데 실제 최대홍수량을 통과시킬 수 없다. 수로의 높이를 증가하든가 수로폭을 증가시키는 개수작업을 해야 한다.

예제 3-19

예제 3-17의 유역조건에서 계획하고 있는 사방댐이 시공된다면 최대시우량은 어느 정도까지 안전하겠는가?

{풀이}

$$Q = \frac{1}{3,600,000} K \cdot a \cdot m \text{ 을 이용하면}$$

$$= \frac{1}{3,600,000} 0.8 \times \text{m} \times (55 \times 10,000) \leq 12.44$$

$$= 0.8 \cdot \text{m} \cdot 550,000 \leq 12.44 \times 3,600,000$$

$$\therefore \text{m} \leq \frac{44,784,000}{528,000} = 84.82\text{mm}$$

∴ 따라서 최대시우량이 84.82㎜이면 안전하지만 예제 3-17에서 최대시우량 100㎜는 계획하고 있는 사방댐의 방수로 크기에 비하여 너무 많다.

예제 3-20

수로의 저폭 5m, 양측비탈 3할 되는 사다리꼴 횡단면의 야계에 있어서 수위 1.4m에 유로 비탈 1/18될 때의 평균유속 및 유량을 구하라.

{풀이}

유수단면적과 윤변산출 공식을 적용하면

상폭 = 5m + 1.4m × 0.3 × 2 = 5.84m

유수단면적(A) = (5 + 5.84) × 1/2 × 1.4 = 7.59m²

$$윤주(P) = 5 + \sqrt{(1.4)^2 + (1.4 \times 0.3)^2} \times 2$$
$$= 5 + 1.46 \times 2$$
$$= 7.92m$$

$$경심(R) = A \div P$$
$$= 7.59 \div 7.92 = 0.96$$

$$유속계수(C) = \sqrt{\frac{1}{0.0004 + \frac{0.0007}{0.96}}}$$
$$= \sqrt{885.60} = 29.76$$

1) 유속은?

$$V = C\sqrt{RI}$$
$$= 29.76\sqrt{0.96 \times 1/18}$$
$$= 29.76\sqrt{0.96 \times 0.055}$$
$$= 29.76 \times 0.23$$
$$= 6.84 \text{ m/sec}$$

2) 유량은?

$$Q = A \cdot V$$
$$= 7.59 \times 6.84$$
$$= 51.92 \text{ m}^3/\text{sec}$$

예제 3-21

유역면적 10ha, 최대시우량 100㎜, 유출계수(K) 0.8인 산지에서 직경(D) 1000mm의 원형 흄관수로의 동수구배가 1/100, 조도계수 0.012일 때 관암거의 최대홍수량을 구하시오(단, Manning 공식을 이용하시오).

{풀이}

1) 최대홍수량 계산(배수로의 경우 최대홍수량의 1.2배로 계산)

$$Q = 0.002778 \times K \cdot a \cdot m$$
$$= 0.002778 \times 0.8 \times 100 \times 10 \times 1.2$$
$$= 2.667\ m^3/sec$$

2) 흄관의 홍수량 산정

$$\text{흄관의 단면적}: A = \frac{\pi D^2}{4} = \frac{3.14 \times 1^2}{4} = 0.785$$

$$\text{원형 흄관의 경우 경심}: R = \frac{A}{P} = \frac{\pi D^2/4}{\pi D} = \frac{\pi D^2}{4\pi D} = \frac{D}{4} = \frac{1}{4} = 0.446$$

$$\text{유속}: V = \frac{1}{n} R^{2/3} I^{1/2} = \frac{1}{0.012} \times 0.446^{2/3} \times \left(\frac{1}{100}\right)^{1/2} = 4.865$$

$$\text{유량}: Q = A \cdot V = 0.785 \times 4.865 = 3.819 m^3/sec$$

흄관의 통수량은 3.819 ㎥/sec 로서 배수로의 경우 1.2배로 계산된 유역 내의 최대홍수유출량 2.667 ㎥/sec 보다 크므로 안전하다.

예제 3-22

진주의 어느 산지소유역 A 및 B의 집중시간을 각각 구하고, 이 유역 전체의 집중시간을 계산하시오. 단, 유입시간은 Kerby 공식을 사용하고, 유하시간은 여러 가지 공식을 이용하여 비교 산정한 후 한 가지를 선택하여 합리식으로 최대홍수량을 구하라. 또한, 진주의 확률강우량을 이용하여 시우량식으로 최대홍수량을 구하고 비교해 보세요.

[표 3-21] 산지소유역의 유역특성 인자

유역 특성	소유역 A	소유역 B	비고
유역면적 A (㎢)	0.8	0.5	
표면류의 길이 L_1 (㎞)	0.2	0.1	
주유로의 길이 L (㎞)	2.0	1.7	
총 유역의 길이	2.2	1.8	
하천 평균경사 S	0.15(1/100이하)	0.08(1/100이하)	
조도계수 n	0.6	0.6	
유출계수 C	0.7	0.6	

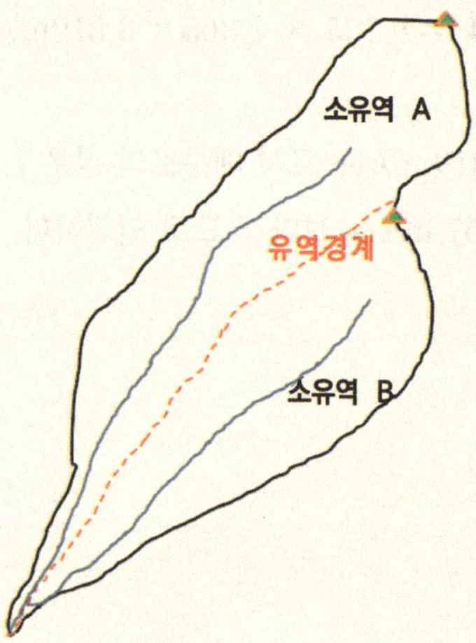

{풀이}

도달시간(T_c)=유입시간(T_{of})+ 유하시간(T_{cf})이므로 먼저 유입시간을 계산한다.

1) Kerby 공식을 이용한 유입시간 계산

A 소유역 표면류 길이(L_1) = 0.2, B 소유역 표면류 길이(L_1) = 0.1

A 소유역 하천 평균경사(S) = 0.15, B 소유역 하천 평균경사(S) = 0.08

A 및 B 소유역의 조도계수(n) = 0.6

$$\text{소유역}\ A\quad T_{of} = 36.264\ \frac{(L_1 \cdot n)^{0.467}}{S^{0.2335}} = 36.264\ \frac{(0.2\times0.6)^{0.467}}{0.15^{0.2335}} = 20.986(\text{min})$$

$$\text{소유역}\ B\quad T_{of} = 36.264\ \frac{(L_1 \cdot n)^{0.467}}{S^{0.2335}} = 36.264\ \frac{(0.1\times0.6)^{0.467}}{0.15^{0.2335}} = 17.579(\text{min})$$

2) 각 경험공식을 이용한 유하시간 계산

A 소유역 하천연장(L) = 0.2, B 소유역 하천연장(L) = 1.7

A 소유역 하천 평균경사(S) = 0.15, B 소유역 하천 평균경사(S) = 0.08

① Kirpich 공식 :

$$\text{소유역}\ A\quad T_{cf} = 3.976\ \frac{(L)^{0.77}}{S^{0.385}} = 3.976\ \frac{(2.0)^{0.77}}{0.15^{0.385}} = 14.075(\text{min})$$

$$\text{소유역}\ B\quad T_{cf} = 3.976\ \frac{(L)^{0.77}}{S^{0.385}} = 3.976\ \frac{(1.7)^{0.77}}{0.08^{0.385}} = 15.820(\text{min})$$

② Rziha 공식 :

$$\text{소유역}\ A\quad T_{cf} = 0.833\ \frac{L}{S^{0.6}} = 0.833\ \frac{2.0}{0.15^{0.6}} = 5.2(\text{min})$$

$$\text{소유역}\ B\quad T_{cf} = 0.833\ \frac{L}{S^{0.6}} = 0.833\ \frac{1.7}{0.08^{0.6}} = 6.445(\text{min})$$

③ Kraven(I) 공식 :

$$\text{소유역}\ A\quad T_{cf} = 0.444\ \frac{L}{S^{0.515}} = 0.444\ \frac{2.0}{0.15^{0.515}} = 2.359(\text{min})$$

$$\text{소유역}\ B\quad T_{cf} = 0.444\ \frac{L}{S^{0.515}} = 0.444\ \frac{1.7}{0.08^{0.515}} = 2.772(\text{min})$$

④ **Kraven(II) 공식 :**

$$소유역\ \ A\ \ T_{cf} = 16.667 \frac{L}{V} = Tc = 16.667 \frac{2.0}{3.5} = 9.524(\mathrm{min})$$

$$소유역\ \ B\ \ T_{cf} = 16.667 \frac{L}{V} = Tc = 16.667 \frac{1.7}{3.5} = 8.095(\mathrm{min})$$

[표 3-22] 소유역 A, B의 경험공식별 유입시간 및 유하시간에 따른 홍수도달시간

	유역 특성	Kirpich	Rziha	Kraven(I)	Kraven(II)
소유역 A	총 유역면적 (m)	**2200.000**			
	유입시간(min)	20.986			
	유하시간(m)	14.075	5.200	2.395	9.524
	홍수도달시간 (min)	20.986+14.075	20.986+5.2	20.986+2.359	20.986+9.524
		35.061	**26.186**	**23.345**	**30.510**
	평균유속 (m/sec)	2200/(35.061×60)	2200/(26.186×60)	2200/(23.345×60)	2200/(30.510×60)
		1.046	**1.400**	**1.571**	**1.202**
소유역 B	총 유역면적 (m)	**1800.000**			
	유입시간(min)	17.579			
	유하시간(m)	15.820	6.445	2.772	8.095
	홍수도달시간 (min)	17.579+15.820	17.579+6.445	17.579+2.772	17.579+8.095
		33.399	**24.024**	**20.351**	**25.674**
	평균유속 (m/sec)	1800/(33.399×60)	1800/(23.024×60)	1800/(20.3515×60)	1800/(25.674×60)
		0.898	**1.249**	**1.474**	**1.168**

소유역 A의 유입시간은 20.986분, 소유역 B의 유입시간은 17.579분으로 나타났다. 소유역 A 및 B지역의 유하시간도 경험공식별로 약간의 차이는 있으나, 유입시간과 유하시간을 합친 홍수도달시간은 소유역 A의 경우 23.345에서 35.061의 범위에 있고, 소유역 B의 경우도 20.351에서 33.399의 범위에 있는 것으로 나타났다.

일반적으로 산지소유역에서 완만한 경사지의 유입시간은 20분 정도 소요되는 시간과 유사하지만 평균유속은 홍수 시에 수용 가능한 평균유속 3.5m/sec보다 다소 적게 나타

났다. 특히, 소유역 A의 유입시간은 20.986분으로서 비교적 산지소유역의 소요시간과 유사하여 소유역 A를 대표 유역으로 한다.

따라서 소유역 A에서 평균유속 값을 보면 Kirpich 공식 1.046, Rziha 공식 1,400, Kraven(I) 공식 1.571, Kraven(iI) 공식 1.202로 나타나 홍수 시 평균유속 3.5m/sec에 가까운 Kraven(I) 공식을 선정하여 홍수도달시간으로 23.34분을 채택하게 된다.

3) 홍수도달 시간 내의 강우강도(I) 계산 : Monobe 공식 적용

채택된 A 산지소유역의 홍수도달시간은 Kraven(I) 공식에서 23.34분을 시간으로 바꾸면 0.389(23.34/60=0.389)가 됨. 100년 빈도 24시간 우량인 R_{24}는 진주지점 확률강우량표(표 3-5)에서 330임

$$\therefore\ I = \frac{R_{24}}{24}\left(\frac{24}{t_c}\right)^{\frac{2}{3}} = \frac{R_{24}}{24}\left(\frac{24}{0.389}\right)^{\frac{2}{3}}$$

$$\therefore\ I_{100} = \frac{330}{24}\left(\frac{24}{0.389}\right)^{\frac{2}{3}} = 214.689\text{mm}/hr$$

4) 최대홍수량(Q_p)의 계산(합리식)

$$\text{평균유출계수} = \frac{(0.7\times0.8)+(0.6\times0.5)}{(0.8+0.5)} = \frac{(0.56)+(0.3)}{(1.3)} = \frac{0.86}{1.3} = 0.66$$

$$Q_p = \frac{1}{3.6}C\cdot I\cdot A = 0.2778\ C\cdot I\cdot A$$

$$\therefore\ Q_{100} = 0.2778\times0.66\times214.689\times1.3 = 51.172\ \text{m}^3/\text{sec}$$

5) 최대홍수량(Q_p)의 계산(시우량식)

100년 빈도 1시간 확률강우량(m)은 확률강우량표에서 86.7임

$$Q_p = \frac{1}{3.6}K\cdot a\cdot m = 0.2778\ K\cdot a\cdot m$$

$$\therefore\ Q_{100} = 0.2778\times0.66\times86.7\times1.3 = 20.665\ \text{m}^3/\text{sec}$$

유수단면적과 윤변 산출공식

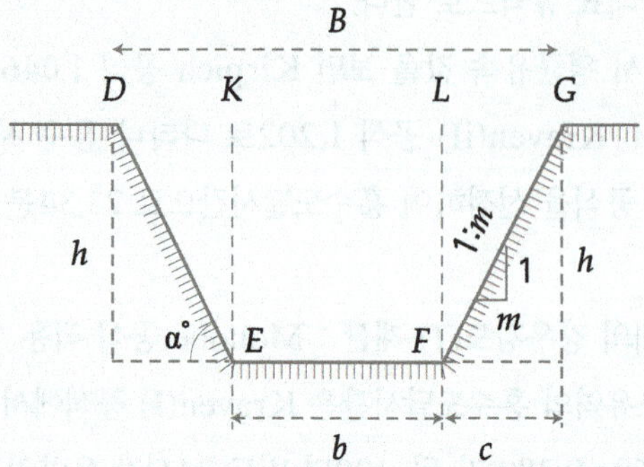

$$\sin \alpha = \frac{h}{FG}$$

$$\cos \alpha = \frac{c}{FG}$$

$$\tan \alpha = \frac{h}{c}, \cot \alpha = \frac{c}{h} = m = \frac{1}{\tan \alpha}$$ ※ $c = h \times \cot \alpha = h \times m$

1. 사다리꼴

1) 제형(사다리꼴) 비탈높이 :

$$DE = FG = \sqrt{h^2 + c^2} = \sqrt{h^2 + (h \cdot \cot \alpha)^2}$$

$$= h \cdot \sqrt{1 + (\cot \alpha)^2} = h \cdot \sqrt{1 + m^2}$$

$$\sin \alpha = \frac{h}{FG} \qquad \therefore FG = \frac{h}{\sin \alpha}$$

2) 사다리꼴의 횡단면적 :

$$A = \frac{1}{2} h(B + b) = h \cdot (b + c)$$

$$= h \cdot (b + h \cdot \cot \alpha) = h \cdot (b + m \cdot h)$$

3) 사다리꼴의 하폭 :

횡단면적 식 $A = h \cdot (b + h \cdot \cot \alpha)$를 전개 이항하면

$$A = h \cdot b + h^2 \cdot \cot \alpha$$

$$hb = A - h^2 \cdot \cot \alpha$$

$$\therefore b = \frac{A}{h} - h \cdot \cot \alpha = \frac{A}{h} - mh$$

$$EF = B - 2c$$

$$= B - 2 \cdot h \cdot \cot \alpha$$
$$= B - 2 \cdot mh$$

4) 사다리꼴의 상폭 :

$$DG = KL + LG + DK = EF + 2 \cdot LG \cdot (2DK)$$
$$= b + 2c$$
$$= b + 2 \cdot h \cdot \cot \alpha$$
$$= b + 2 \cdot m \cdot h$$

또한, 하폭(b) 공식 $b = \frac{A}{h} - h \cdot \cot \alpha$ 를 다음 공식에 대입하면,

$$B(\text{상폭}) = b + 2 \cdot h \cdot \cot \alpha$$
$$= \left(\frac{A}{h} - h \cdot \cot \alpha\right) + 2 \cdot h \cdot \cot \alpha$$
$$= \frac{A}{h} + h \cdot \cot \alpha = \frac{A}{h} + m \cdot h$$

5) 사다리꼴의 윤변 :

$$P = DE + EF + FG = EF + 2FG$$
$$= b + 2 \cdot h \cdot \sqrt{1 + (\cot \alpha)^2}$$
$$= b + 2 \cdot h \cdot \sqrt{1 + m^2}$$

또한, $FG = \frac{h}{\sin \alpha}$ 이므로, $P = b + \frac{2h}{\sin \alpha}$

2. 구형 (직사각형)

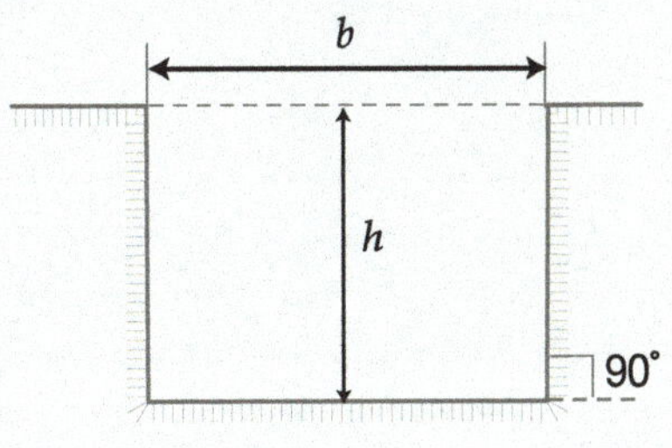

$$A\ (\text{횡단면적}) = b \times h$$
$$P\ (\text{윤주}) = b + 2h$$

3. 호형 (활꼴)

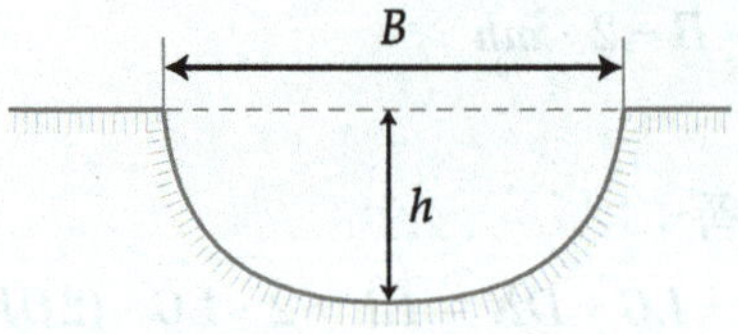

$$A\ (\text{횡단면적}) = \frac{2BH}{3} + \frac{2h^3}{3B}$$

$$P\ (\text{윤주}) = B + \frac{8h^2}{3B}$$

일반자연하천 $A = 2/3\ Bh$

$P = B\ (B > 10h)$

note

제4장

산림황폐 및 산지침식

제4장 산림황폐 및 산지침식

4.1 산림황폐의 원인

산림황폐의 원인은 크게 자연적 원인과 인위적인 원인으로 구분된다. 자연적 원인에는 지질·지형·토양·기상·병충해 및 산사태 등이 있고, 인위적인 원인에는 도벌·남벌, 낙엽과 근주의 채취, 화전 및 불법개간, 산불, 토석채취·채광 및 산지개발 행위 등이 있다.

4.1.1 자연적 원인

1. 지질 요인

산림의 황폐화는 지질 상태에 따라 큰 차이가 있다. 우리나라의 지질분포는 그림 4-1에서 보는 바와 같이 화강암과 화강편마암이 각각 28%이며, 이 두 모암이 56%로 가장 대표적으로 널리

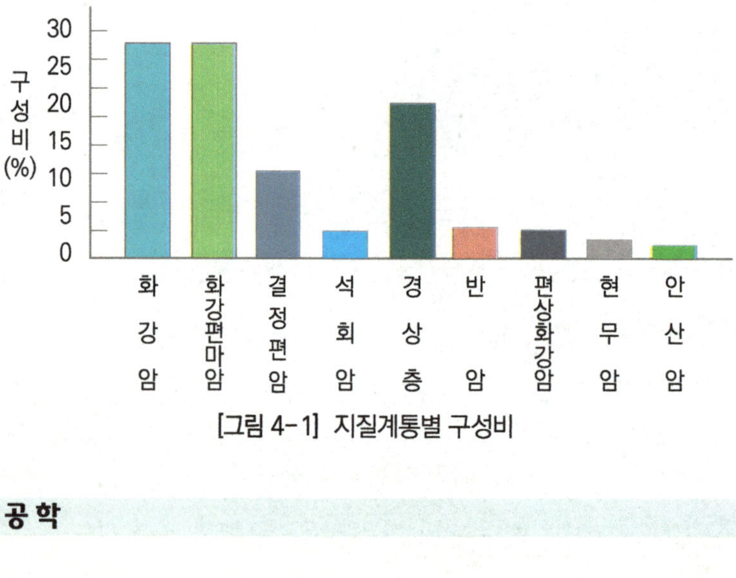

[그림 4-1] 지질계통별 구성비

분포되어 있다. 그 다음 경상층 20% 및 결정편암 11%의 순으로 분포하고 있다. 특히 강우 시 산지에서 토양의 응집력이 낮아 토사유출 및 산사태 등이 주로 화강암이나 화강편마암 계통에서 많이 발생하였다.

2. 지형 요인

산지의 요부(凹部)나 곡두부〔谷頭部: hollow〕는 강수가 집수되어 토양침식 및 산사태가 많이 발생하고 있다. 우리나라의 지형은 동고서저(東高西低)로서 산지사면은 급하고, 계곡은 짧아 계상에는 토사 및 토석의 유출로 퇴적되어 불안정한 계류가 비교적 많다.

산지의 경사도별 분포는 그림 4-2와 같다. 산지의 경사와 산사태 발생의 관계는 경사 30° 내외에서 가장 많이 발생하였고, 20°이하나 40°이상에서는 적게 발생한 것으로 나타나고 있다. 특히, 40°이상인 사면은 암반으로 구성된 지형이 많기 때문에 산사태 발생이 적은 것으로 판단된다.

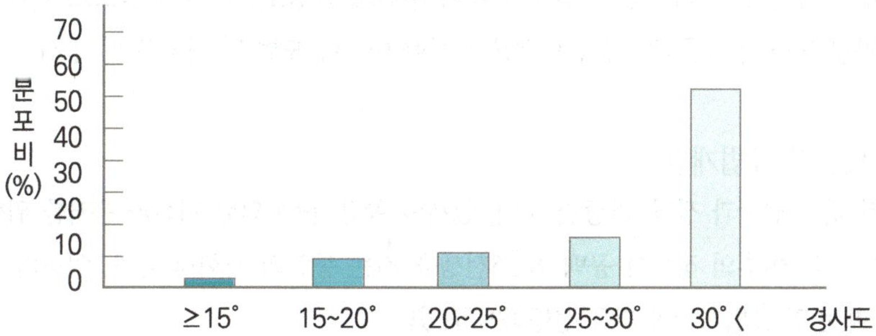

[그림 4-2] 산지 경사도별 분포

3. 기상 요인

산지의 황폐화나 산림을 훼손시키는 기상요인 중 가장 많은 영향을 미치는 것은 강우이다. 우리나라 연평균강수량은 약 1,400㎜로서 이중에서 약 2/3는 6~8월에 집중되어 각종 수해를 발생시킨다. 특히, 여름철 집중호우나 태풍은 산사태와 토석류 재해를 발생시키는 주요 원인이 되고 있다.

또한, 동해 · 서리해 · 가뭄 등도 수목의 생육을 저해하고 어린 묘목의 활착을 방해하거나 고사하게 함으로써 산지를 황폐화시키는 원인이 된다.

4. 병충해 요인

우리나라의 산림은 솔나방, 솔잎혹파리 및 재선충의 피해가 심하여 산림황폐의 원인이 되고 있다. 특히, 우리나라 산림은 비교적 단순림(單純林)으로 구성되어 있어 어느 특정한 해충이나 병균의 전파 및 번식이 용이하다. 따라서 최근 발생하고 있는 새로운 산림병해충의 유입과 돌발성 병해충의 확산으로 산림 건강성에 위협을 받고 있으므로 효과적인 방제대책이 필요하다.

4.1.2 인위적 요인

1. 도벌 및 남벌

도벌(盜伐)은 주인 몰래 나무를 벌채하는 행위이며, 남벌(濫伐)은 지나치게 나무를 많이 벌채해서 산림이 황폐화가 진행되는 것이다. 1951년에 산림보호임시조치법(법률 218호)이 공포되고, 이 법에 따라 전국의 리 · 동을 단위로 지역 주민과 산림소유자를 중심으로 계를 조직하고 산림계 규약을 만들어 자율적인 산림보호를 실시한 이후에 도벌 및 남벌은 많이 사라졌다.

2. 화전 및 불법개간

예전부터 잦은 전란과 정쟁, 과중한 부역, 일제의 학정 등에 의한 피신과 은거를 위한 생활수단이나 8·15광복 이후의 정치적 공백, 6·25전쟁을 겪는 동안의 사회적 혼란, 인구의 증가 등으로 산지의 화전 및 불법개간이 더욱 성행하게 되었다.

화전(火田)이란 불법으로 산림에 불을 질러 임목과 지피식물(地被植物)을 태운 후 밭을 개간하여 만든 토지에 경작하는 방법으로 원시적인 경작법이다. 일반적으로 화전은 몇 년이 지나면 지력(地力)이 약해지므로 다른 장소로 옮겨 화경(火耕)을 하게 된다. 화전이 있던 장소는 강우 시에 표토 침식 및 붕괴가 많이 발생하므로 산림의 훼손뿐 만 아니라 국토의 보전이라는 측면에서 사회적 문제로 대두하게 되었다.

따라서 1966년에 화전정리에 관한 법률을 제정, 공포하여 화전정리는 1979년도에 화전민에 대한 생활대책을 마련하면서 완전히 해결되었다.

3. 산불

우리나라의 산불발생은 통계기간에 따라 조금씩 다르지만 최근 10년(2009~2018) 평균 건수는 432건, 피해면적은 670ha에 이른다. 산불발생 원인은 입산자실화 및 논 · 밭두렁 소각에 의한 산불발생이 약 60%를 차지하여 대부분 사람에 의한 실수라고 볼 수 있다. 산불발생은 봄철이 가장 많으나 기후변화와 산림 내 연료물질 증가로 연중 발생하고 대형화되는 추세에 있다. 특히, 1996년 고성산불과 2000년, 2005년 및 2019년 동해안지역에서 대형 산불로 인하여 많은 산림이 소실되고 재산상의 피해가 발생하였다. 산불발생 지역의 토사유출 및 산사태 등 2차 피해가 발생할 위험이 있으므로 적극적인 산불예방과 체계적인 진화활동 및 복원기술의 개발이 필요하다.

4. 산지전용

산지를 다른 용도인 광산 · 도로 · 농지조성 · 초지 · 공장 · 택지 · 학교 · 종교시설 · 군사시설 등으로 전용하여 형질 변경한 현황을 보면 2006년까지 약 10,000ha 정도였다. 그러나 최근 5년간(2013~2017) 평균 농지조성 · 초지 등 농업용으로의 타용도 전용면적은 471ha였고, 공장 · 도로 · 골프장 · 스키장 등의 타용도 전용면적은 7,749ha, 총 전용면적 8,220ha로서 다소 줄어들고 있는 경향이다. 타용도 전용면적중 농업용에서 보전지역은 157ha(33.3%)와 준보전지역 314ha(66.7%)가 전용되었고, 비농업용은 보전지역 2,244ha(29%)와 준보전지역 5,595ha(71%)가 전용되었다. 최근 5년간 타용도 전용면적은 8,220ha로서 전 국토면적의 약 0.12%를 차지하므로 해마다 산림면적도 줄어들고 있다.

4.2 사방대상지

일반적으로 황폐산지(荒廢山地: denuded land 또는 devastated land) 또는 황폐지는 산지의 지피식생이 오랜 시간에 걸쳐 소멸 또는 파괴되고, 이에 따라 각종 토양침식이 발생하여 토사가 유출되기 쉬운 곳을 사방대상지 또는 요사방지(要砂防地)라고 한다. 황폐산지는 성인, 형상, 발생장소, 사방에 필요한 시공법의 정도 등에 따라 몇 가지로 구분하게 된다. 황폐지의 성인과 위치 등에 의한 사방대상지는 그림 4-3에서 보는 바와 같이 황폐지, 붕괴지, 지활지, 훼손지, 산화지, 황폐계류, 및 해안산지로 구분한다. 황폐산지는 사방사업의 대상지로 황폐지의 분류체제는 사방계획 및 실행상의 기본성격을 결정하는 요인이 된다.

특히, 사방사업법 제2조(정의)에서는 "황폐지라 함은 자연적 또는 인위적인 원인으로 인하여 산지가 붕괴되거나 토석 · 나무 등의 유출 또는 모래의 날림 등이 발생하는 지역으로서 국토의 보전, 재해의 방지, 경관의 조성 또는 수원의 함양을 위하여 복구공사가 필요한 지역을 말한다" 라고 하고 있다.

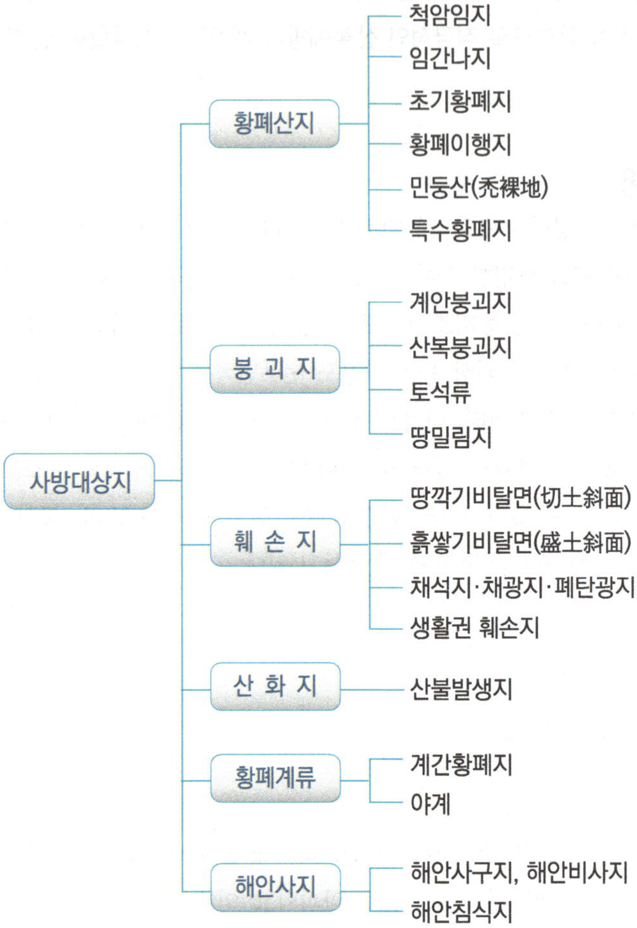

[그림 4-3] 사방대상지의 유형구분

4.2.1 황폐산지

황폐산지는 황폐의 진행 상태 및 정도 등에 따라 척악임지, 임간나지, 초기황폐지, 황폐이행지, 민둥산(독라지), 특수황폐지 등으로 구분된다.

① 척악임지(瘠惡林地: degraded forest land) : 산지비탈면이 오랫동안 표면침식과 토양유실이 진행되어 산림토양의 비옥도가 상당히 쇠퇴하여 척박한 상태의 산지로, 신속하게 임지비배(林地肥培)가 되어야 할 곳이다. 척악임지를 개량하기 위해서는 비료목 식재, 등고선구 설치, 비탈면 덮기 및 시비 등이 필요하다.

② 임간나지〔林間裸地: eroded land under trees〕 : 비교적 큰 수목들이 외견상 엉성한 숲을 이루고 있지만 표토에 유기물이 적고 지피상태가 불량하며, 부분적으로 누구(淚溝) 또는 구곡(溝谷) 침식이 진행되는 곳이다. 또한, 도시림의 등산로에서는 과도한 답압피해도 나타나고 있다. 임목이 벌채되거나 병해충의 피해를 입으면 초기황폐지나 황폐이행지로 진행된다. 처리방법은 척악임지의 경우와 유사하지만 지피식생이 쇠퇴된 곳은 내음성 초본류를 파식(播植)하고, 누구와 구곡에는 침식발달 저지용 토목시설물을 시공한다.

③ 초기황폐지〔初期荒廢地: initial stage eroded land〕 : 임지 내에서 침식이 진행되고 있는 곳으로, 황폐의 정도에 따라 국소적인 사방공사가 이루어져야 할 곳이다. 주로 산지비탈면에는 비료목이나 사방수종을 밀식하고, 나지에는 비탈면 씨 흩어뿌리기나 줄뿌리기를 실시한다.

④ 황폐이행지〔荒廢移行地: eroded forest land〕 : 황폐가 심하지는 않지만 지표침식이 더욱 진행되어 복구하지 않으면 머지않아 민둥산이 될 위험성이 있는 곳이다. 황폐이행지를 복구 및 녹화하기 위해서는 산지비탈면에 산복 선떼붙이기, 싸리 및 잡초 혼합파종공법 등의 집약적인 파식작업을 실시하고, 산복돌쌓기, 수로내기, 누구막이 및 구곡막이 등을 시공해야 한다.

⑤ 민둥산〔독나지(禿裸地): bare mountain, bare hill, bare land〕 : 황폐이행이 더욱 진행되어 임목이나 지표식생이 거의 없고, 누구 및 구곡침식이 현저하게 발달하여 산지전체로 보면 심한 침식지 또는 나지(裸地: bare land)의 면적이 비교적 넓은 산지를 민둥산이라 한다.
붕괴지처럼 일시에 다량의 토사가 유실되지는 않지만, 강우 때마다 토사가 유실되어 모래내〔천정천(天井川): elevated stream, bed-up stream〕를 형성하여 홍수범람을 가속시킨다. 주로 화강암 지대의 남서비탈면에서 많이 발생한다. 민둥산을 복구 및 녹화하기 위해서는 집약적으로 산복사방 및 계간 사방을 실시해야 하고, 비탈면에는 피복공법이나 밀식 파종을 한다.

⑥ 특수황폐지〔特殊荒廢地: peculiarly denuded land〕 : 각종 침식 및 황폐 단계가 복합적으로 발생하여 황폐 정도가 대단히 심한 곳으로, 암석산지나 공해공단지대 등에서 나타난다. 특수황폐지를 복원하기 위해서는 황폐의 특성을 고려한 사방공법을 채택해야 하며, 또한 주변 환경에 조회로운 새로운 사방기술도 개발하여 시공할 필요성이 있다.

4.2.2 붕괴지

붕괴지〔崩壞地: landslide area〕는 강우, 지진 및 화산 등에 의하여 산지 비탈면의 일부가 안정성을 잃고 토사가 집단적으로 일시에 또는 서서히 사면 아래로 이동된 지역이다. 산지의 급경사 지역에서 발생하기 쉽고, 이동속도가 매우 빠르기 때문에 토사재해의 발생 위험성이 높다.

사면붕괴는 발생되는 위치와 깊이, 규모 및 속도에 따라 다양하다.

① **산복붕괴지**〔山腹崩壞地: hillside landslide area〕: 산복의 사면에서 발생하는 붕괴로서 지형적으로 오목한 요형 및 볼록한 철형 지점에서 많이 발생한다.

② **계안붕괴지**〔溪岸崩壞地: streambank-collapsed area〕: 산지계류에서 흘러내리는 유수에 의하여 계안지역에서 붕괴가 발생하는 것이다.

③ **토석류**〔土石流: debris flow, mud and stone flow〕: 산사태로 발생한 토사가 계류로 흘러들어 물, 석력, 유목 등이 함께 집단적으로 이동된다.

④ **땅밀림지**〔지활지(地滑地): creeping land〕: 특정 지질, 지질구조를 갖고 있는 산지나 구릉지에 있어서 지하수 등에 기인하여 지괴(地塊)의 일부가 하층의 활동면(滑動面)을 경계로 하여 밀린 지역이다. 일반적으로 점성토가 활동면이 되어 계속성 · 재발성이 있으며 완만한 활동을 하는 경우가 많다.

특히, 산사태는 예방이 복구보다 더욱 중요하지만 언제, 어디서, 얼마의 규모로 발생할 것인가를 예측하기는 매우 어렵다. 따라서 산사태 재해로 인한 피해를 줄이기 위해서는 산사태 발생 우려가 있는 취약지구(vulnerable area)를 선정하여 사전에 예방을 할 필요성이 있다.

효과적인 예방을 위하여 산사태 발생 위험 지역의 구조물 대책은 겉도랑 · 속도랑의 집수정과 배수로를 계통적으로 배치하고, 옹벽과 말뚝박기 공사 등 붕괴방지용 흙막이공작물을 설치한다. 비구조물 대책은 산사태 주의보 및 경보가 발령되면 취약지 주변에게 문자, 전화, 안내방송을 하고 경계 피난체계에 따라 대피해야 한다. 산사태 발생지에 대한 복구공사는 배수로설치 · 산복돌쌓기 및 바자얽기와 같은 산복흙막이 시설, 돌이나 콘크리트구조와 같은 내구력이 있는 흙막이시설 등이 필요하게 된다. 땅밀림 지역을 방지하기 위한 시설은 억제공과 억지공이 있다. 억제공에는 지표수배제공 · 지하수배제공 · 배토공 · 다짐성토공 · 하천구조물 등이 있고, 억지공에는 말뚝공 · 샤프트공 · 앵커공이 있다.

또한, 산사태 발생 위험이 높은 지역을 붕괴위험지역(risk area)이라 하고, 산사태 발생에 따라 인명 및 재산상의 피해 위험이 높은 지역을 재해위험지역(hazard area)이라 한다. 산사태 예방 및 복구는 붕괴위험성과 재해 발생특성 등 우선순위를 고려하여 대책을 강구할 필요성이 있다.

4.2.3 훼손지

훼손지(毁損地: damaged land)는 토지의 형질을 인위적으로 변화시킨 지역인 땅깎기비탈면(절토사면) · 흙쌓기비탈면(성토사면) · 채석장 및 채광지와 사람들의 다양한 활동으로 발생한 생활권 훼손지도 포함된다. 토지의 형질 변경으로 발생한 훼손지는 산지관리법에 의하여 비탈면의 종류에 따라 일정한 물매를 주고 안정하게 사면을 조성하여야 한다.

① 땅깎기비탈면(절토사면(切土斜面): cutting slope) : 도로 · 철도 · 택지조성 등 큰 규모의 토목공사 시에 산지를 깎아낸 단면이다. 절취 후 나타나는 땅깎기비탈면은 구성하는 모재(母材)의 종류에 따라 암석비탈면 · 토석비탈면 · 토사비탈면 등으로 대별된다. 암석비탈면인 연암 및 경암은 1 : 0.5, 토석비탈면인 풍화암은 1 : 0.8, 토사비탈면은 1 : 1로 물매를 주어 안정하게 땅깎기비탈면을 조성시킨다.

② 흙쌓기비탈면(성토사면(盛土斜面): banking slope) : 비탈면 재료에 따라 암석쌓기비탈면 · 사력쌓기비탈면 · 흙쌓기비탈면 등으로 대별된다. 흙쌓기비탈면의 물매는 1 : 1.2로 물매를 주어 안정하게 흙쌓기비탈면을 조성시킨다. 일반적으로 땅깎기 비탈면이나 흙쌓기 비탈면의 안정과 녹화를 위하여 기초공사로서 비탈다듬기공사를 잘 시공해야 하며, 그 밖의 기초옹벽 · 심줄박기 · 콘크리트격자틀붙이기 · 돌쌓기 · 바자얽기 · 배수로설치 · 떼단쌓기 · 비탈면선떼붙이기 · 비탈면줄떼다지기 · 기타 식수공법 등이 많이 이용된다.

③ 채석장(採石場: quarry) : 채석장의 개발은 산지관리법에 따라 농경지와 경계지점인 산지하단부를 설정하고, 이 산지하단부에서 7/10의 능선부까지 개발하게 된다. 비탈면의 경사는 75°내에서 형성되고, 비탈면 길이 15m마다 5m 이상의 소단을 만들고, 60m마다 10m 이상의 소단을 만들며 지형 및 지세에 따라 전체 비탈면의 길이는 100m 이상 되는 곳도 적지 않다. 채석이 끝나고 나면 남아 있는 비탈면을 잔벽면 또는 암벽면이라 하며, 이 잔벽면과 소단을 식물을 이용하여 복구하여야 한다.
채석장의 잔벽면을 식물로 직접 녹화하기에는 곤란한 경우가 많으므로 주로 간접적 녹화공법을 많이 적용하였다. 잔벽면에는 제비집붙이기공법으로 관목류를 식재하거나 담쟁이덩굴로 피복 녹화하는 것이 효과적이며, 속성수로 차폐 식재하는 경우도 종종 있다. 특히,

최근에는 채석이 끝난 잔벽면 상부부터 하부까지 천공을 하여 식재 기반을 조성하고, 이 천공된 구멍에 흙, 종자 및 비료를 넣은 식생토(植生土)를 삽입시켜 녹화를 시키는 천공 녹화공법도 개발되어 있다.

또한, 소단에는 돌조공 등을 이용하여 1m정도 복토를 하고 수목과 담쟁이덩굴을 식재하여 피복 녹화하면 매우 효과적이다. 그림 4-4는 채석장 잔벽면 녹화 모형도이다.

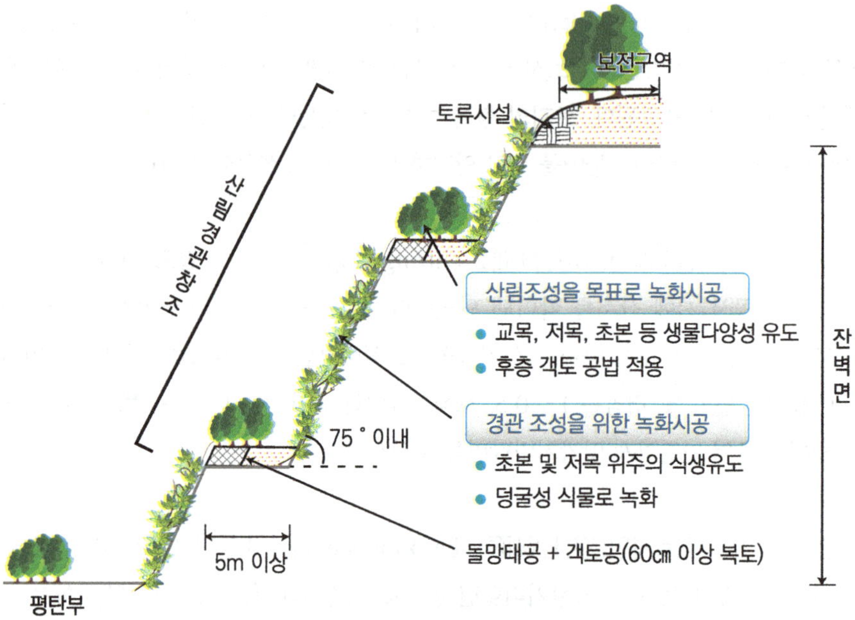

[그림 4-4] 채석장 잔벽면 녹화 모형도

④ 채광지(採鑛地: mining area) : 채광지로 인한 훼손지에는 폐광지, 휴광지, 광재(鑛滓) 또는 폐석 적재지, 운반도로 사면나지 등이 포함된다. 특히 우리나라에서 최근 광재 및 패석 적재지의 처리 및 회복에 많은 시험과 연구를 수행하고 있다.

채광지를 복구하기 위해서는 산비탈흙막이공사인 돌쌓기 · 산복돌쌓기 · 돌단쌓기 · 비탈면격자틀붙이기공법, 힘줄박기공법과 녹화사방공사인 돌조공법, 편책공법, 파종공법, 전면후층객토공법, 종자뿜어붙이기공법 및 상록대묘식재공법 등이 필요하게 된다.

⑤ 생활권 훼손지(damaged land of urban) : 등산로, 캠프장, 도시 주변 산림의 산책로, 체육시설, 폐군사시설지, 폐통신시설지 등 사람들의 다양한 활동으로 생겨난 생활권 훼손지역은 단순한 복구의 개념이 아닌 생태적 및 경관적 복원 개념을 도입하고 대상지에 따라 적정한 목표를 설정하여 사방사업을 실시해야 한다. 특히, 최근에 도시지역의 벽면, 옥상 등 뉴-그린 공간에 미세먼지 및 온열을 저감하여 환경개선과 도시미관을 증진할 수 있는

수직녹화(垂直綠化: vertical revegetation) 기술의 개발도 활발히 진행될 필요성이 있다.

4.2.4 산화지

산화지(forest fire area)는 산지에 자라고 있는 수목이 전소되거나 피해목이 발생하여 생장력의 쇠퇴로 재질이 손상되고, 병충해의 발생을 유발할 뿐 만 아니라 동물들의 피해도 많다. 특히, 토양 내 공극도 불량하게 되어 침투능이 저하되고 지표침식과 토사유출이 많이 발생하여 나지가 발생하므로 산지의 황폐화를 초래한다. 산지사방, 사방댐 및 계류보전 사업 등을 실시하여 토사유출 및 산사태 등의 2차 피해 방지와 산림 복원을 위한 다양한 복원기술의 개발도 필요하다. 그림 4-5는 동해안지역의 산불피해지(좌)와 사방사업으로 복구가 진행된 모습(우)이다.

[그림 4-5] 2000년 동해안 산불피해지(좌)와 산불피해지 복구광경(우)

4.2.5 황폐계류

황폐계류(荒廢溪流: denuded torrential stream)는 토석류 등에 의하여 계상 자체가 황폐되어 산지 내의 계곡이나 계간에 위치할 때에는 계간황폐지(溪間荒廢地) 또는 침식계류(浸蝕溪流)라 하고, 계곡 밖에서 농경지 등과 접속될 때에는 야계(野溪)라고 한다. 또한, 산지계류의 물매가 급하고 토석의 퇴적이 심한 계류 및 붕괴가 많은 계안을 황폐계류라고 하며, 그중에서도 양안이 급한 사면의 곡지형을 이루는 곳은 황폐계곡이라고 한다.

특히, 계류 내 산사태 발생의 우려가 있는 지역은 국민의 생명과 재산 및 산림자원을 보호하기 위하여 예방사방 대상지인 산사태취약지역으로 지정하여 사방사업을 할 수 있다.

4.2.6 해안사지

해안사지(海岸砂地: coastal sand dune)에서는 이동사구로 구성되는 모래언덕, 즉 해안사구지와 비사현상이 심한 해안비사지가 문제가 된다. 따라서, 해안사구지에서는 이동하는 모래언덕을 고정하기 위하여 퇴사공법(堆砂工法)과 해안비사지에서는 모래날림(비사(飛砂): drifting sand waste)을 안정시키기 위하여 정사공법(靜砂工法)이 적용된다.

4.3 산지침식

4.3.1 산지침식의 개념

토양침식(土壤浸蝕: soil erosion)이란 주로 물, 중력, 바람, 빙하(氷河) 또는 다른 요인에 의하여 토양입자가 분리, 분산되고 이동되는 현상을 말한다. 토양침식은 산림지역 뿐 만 아니라 농경지, 도로 비탈면, 하천 및 해안 등 여러 지역에서 발생할 수 있다.

지표면에서의 정상적인 풍화작용에 의한 토양침식작용은 일반적으로 미국에서 지표가 안정된 임지의 경우 300년에 깊이 25㎜, 불안정한 임지의 경우에는 30년에 깊이 25㎜를 기준으로 하며, 단위면적당 무게로 나타내면 12.5ton/ha/년이 된다. 또한, 우리나라의 산지에서는 여러 가지 요인을 고려할 때 이보다 더 많은 양, 즉 14~15ton/ha/년 정도를 기준으로 하기도 한다.

특히, 정상침식보다 가속침식은 산지로부터 토양입자가 유실될 뿐만 아니라 비옥한 토양도 유실되므로 산지를 황폐화시키고, 강우 시 산지로부터 붕괴된 토사와 토석은 토석류 등의 형태로 이동되어 인명 및 재산상의 피해와 생태계를 파괴하기도 한다.

4.3.2 산지침식의 구분

일반적으로 산지에서 토양침식의 구분은 침식을 일으키는 원인에 따라 크게 정상침식과 가속침식, 작용에 따라 기계적 침식과 화학적 침식, 그리고 가속침식은 영력(營力) 요인에 따라 물침식 · 중력침식 · 바람침식 및 침강침식으로 구분할 수 있다.

1. 원인에 따른 분류

1) 정상침식

정상침식(正常浸蝕: normal erosion)은 토양이나 식생(植生)이 특별히 변하지 않더라도 자연적인 지표의 풍화(風化)로 인하여 토양의 형성과 분포에 영향을 미치는 침식으로서 자연침식(自然浸蝕: natural erosion) 또는 지질학적 침식(地質學的 浸蝕)이라 한다. 일반적으로 식생의 상태가 양호한 지역은 진행이 느리지만, 식생이 불량한 반건조지역은 진행이 빠르다. 미국 콜로라도(Colorado)주의 대협곡(大峽谷: grand canyon)은 정상침식에 의한 전형적인 경관이다.

[그림 4-6] 미국 그랜드 캐니언(grand canyon)의 대협곡

그랜드 캐니언은 세계에서 가장 아름답고 시각적으로 압도하는 자연경관으로 널리 알려져 있으며, 구불구불한 형태에 깊이 1.5㎞, 너비가 500m에서 30㎞, 길이는 445.8㎞이다. 약 7,000만 ~ 3,000만 년 전 지각운동에 의해 땅이 융기하면서 평평한 콜로라도 고원이 형성되었다. 이후 약 600만 년 전 ~ 500만 년 전부터 콜로라도강의 빠른 유속과 풍부한 유량으로 차별침식(差別浸蝕: differential erosion) 작용으로 남쪽 벽은 거의 절벽이지만 북쪽 사면은 약간 넓은 모양의 협곡이 형성되었으며, 현재도 아주 서서히 협곡이 확장되고 있다. 그랜드 캐니언의 절벽은 특유의 줄무늬를 갖고 있는데, 이는 20억 년 된 화성암과 변성암 층위로 퇴적층이 쌓였기 때문이다. 1979년 10월 24일 유네스코 세계자연유산으로 등재되어 있다.

2) 가속침식

가속침식(加速浸蝕: accelerated erosion)은 식생이나 토양이 산불, 방목, 산림개발 등에 의하여 정상침식보다 빠르게 진행되는 침식이다, 주로 인위적으로 지피식생이 파괴되거나 물이나 바람 등의 작용에 의하여 이루어지므로 이상침식(異常浸蝕: abnormal erosion)이라고도 한다. 일반적으로 사방사업의 대상이 되는 침식형태이며, 이러한 침식지역은 사방사업으로 식생이나 토양이 복구되면 멈추게 된다. 가속침식의 형태는 그림 4-7과 같다.

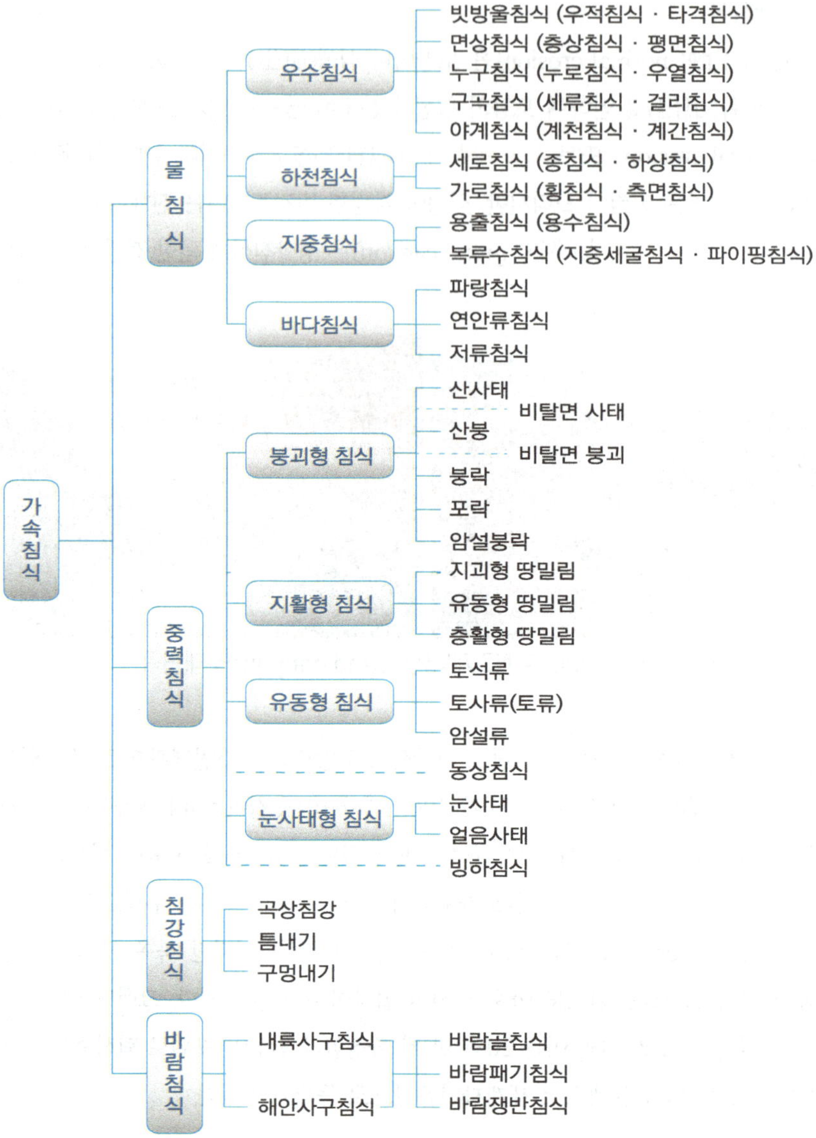

[그림 4-7] 가속침식 형태의 구분

2. 작용에 따른 분류

1) 기계적 침식

기계적 침식(機械的 浸蝕: mechanical erosion)은 물리적인 풍화작용에 의하여 암석의 파쇄현상이 발생하는 것이다. 팽창 정도가 다른 조암광물이 온도의 변화에 의하여 틈이 생기거나, 암석의 절리 또는 균열의 틈새에 침입한 물이 동결되면서 압력을 미치게 되어 발생되지만, 풍화 생성물의 성질에는 아무런 변화도 없다.

특히, 온도의 변화에 따라 파쇄현상을 받기 쉬운 암석은 화강암과 같이 조암광물의 결정이 조잡한 화성암류(火成岩類)이다. 또한, 물의 동결에 의하여 파괴되는 암석은 물의 투수성이 큰 수성암류(水成岩類)이며, 물리적 풍화작용은 건조지역이나 한랭지대에서 잘 발생한다.

2) 화학적 침식

화학적 침식〔化學的 浸蝕: chemical erosion〕은 암석이 물 · 산소 · 탄산 등의 작용에 의하여 화학변화를 일으켜 발생하고, 고온다습한 지역에서 잘 나타나는 현상이다.

일반적으로 칼슘이나 마그네슘이 많고 규산이 적은 현무암 · 감람암 등의 염기성 암석은 화강암 · 석영조면암 등의 산성 암석에 접하게 되면 화학적 변화를 받게 된다. 또한, 식물의 뿌리는 암석의 절리 등의 틈새에서 자라면서 희박한 산성 물질을 분비하여 간극 주변의 암석에 기계적 또는 화학적 풍화작용을 일으킨다.

4.3.3 물에 의한 침식

물침식〔수식(水蝕): water erosion, erosion by water〕은 물에 의하여 지표 또는 토양에서 발생되는 침식이다. 침식이 발생하는 기구 또는 장소에 따라 빗물침식 · 하천침식 · 지중침식 및 바다침식으로 구분된다. 물침식에 관련되는 인자는 강수량 · 강우강도 · 지형 · 지피물 · 토양투수성 등이 있다.

1. 빗물침식

빗물침식〔우수침식(雨水浸蝕): rainfall erosion〕은 강우로 인한 빗물이 지표면을 흐르면서 토양입자를 분산시키고 운반, 이동시키는 침식형태이며, 침식의 진행과정 및 침식작용의 형태 등에 따라 우적침식 · 면상침식 · 누구침식 · 구곡침식 등으로 구분한다. 이 밖에 야계침식을 빗물침식에 포함시키는 경우도 있고, 때로는 하천침식에서 다루기도 한다.

1) 우적침식

우적침식〔雨滴浸蝕: raindrop erosion〕은 지표면의 토양입자와 아주 얕은 수면을 빗방울이 직접 타격하여 흙의 입자를 분산 및 비산시키는 분산작용과 운반작용에 의하여 일어나는 침식현상의 초기과정으로, 빗방울침식 또는 우격침식〔雨擊浸蝕: raindrop erosion〕, 타격침식〔打擊浸蝕: splash erosion〕 및 토양입단파괴침식〔土壤粒團破壞浸蝕: puddle erosion, puddling〕이라고도 한다.

우적침식에 영향을 미치는 요인은 빗방울의 크기와 낙하속도이며, 유실률은 빗방울의 낙하속도에 비례한다. 이러한 빗방울의 침식작용은 평지에서는 중요하지 않지만, 산지에 임목이나 지피식생이 없는 황폐지에서 더욱 심하게 흙의 입자를 분산시키는 역할을 한다.

2) 면상침식

면상침식〔面狀浸蝕: sheet erosion〕은 빗방울의 튀김과 표면유출수에 의하여 비탈면의 표층이나 토양의 얇은 층이 유실되는 침식형태이며, 층상침식〔層狀浸蝕: sheet erosion〕, 표면침식〔表面浸蝕: surface erosion〕, 평면침식〔平面浸蝕: surface erosion〕, 표층침식〔表層浸蝕〕 또는 우세침식〔雨洗浸蝕: sheet washing〕이라 한다.

면상침식은 토양의 표면에 한정되지만 비교적 면적이 넓으므로 생산되는 토사량이 많고, 지표에서 가벼운 흙 입자와 유기물 및 양료(養料)가 함께 유실되기 때문에 토양의 비옥도와 임목의 생산력 손실을 가져 오기 때문에 국토보전상 가장 중요시해야 한다.

3) 누구침식

누구침식〔淚溝浸蝕: rill erosion, shoe-string erosion〕은 면상침식이 구곡침식으로 진행되는 과정에서 나타나는 침식단계로서 비탈면 상하방향의 작은 물길 또는 자연적인 비탈면 요부에 표면유출수가 모여 유하하는 힘이 점차 증대됨에 따라 하나의 분명한 작은 물길인 누구를 형성하면서 진행되는 침식형태이다. 누로침식〔淚路浸蝕: rill erosion〕, 우열침식〔雨裂浸蝕: rill washing〕, 우곡침식〔雨谷浸蝕: trickle erosion〕 또는 세류침식〔細流浸蝕: stream-let erosion, incipient erosion〕이라고도 한다.

누구침식은 표면유실이 심하게 발생하기 쉬운 지표면에 비교적 큰 빗방울이 강하게 충돌할 때 발생하고, 표면류가 작은 물길에 집중되면 수심과 유속이 증가하여 소류력이 커지므로 면상침식에 비하여 유송되는 토사량도 많다.

4) 구곡침식

구곡침식〔溝谷浸蝕: gully erosion, gullying〕은 누구침식이 점점 더 진행되어 그 규모가 커져서 보다 깊고 넓은 침식구인 구곡(溝谷)을 형성하는 침식형태이다. 비탈면이나 부근의 누구(淚溝)에서 모여드는 물이 점점 많아지면 소류력〔掃流力: tractive force〕이 커져 구곡의 바닥과 양 기슭을 침식하게 되며, 침식된 토사가 하류에 퇴적하게 되면 유로의 방향이 변경되어 새로운 침식작용이 시작되고 점차 확대된다. 구곡침식은 걸리침식(가리침식), 협곡침식 또는 계곡침식(계류침식)이라고도 한다.

구곡이 어느 정도 더 진행되어 그 폭이 넓어지고, 구곡바닥의 물매가 비교적 완만하게 된 것을 심곡〔深谷: ravine〕이라고 한다. Thompson의 의한 구곡의 진행을 나타내는 식은 식 (4-1)과 같다.

$$R = 0.15 \cdot A^{0.49} \cdot S^{0.14} \cdot P^{0.74} \cdot E^{1.00} \quad \cdots\cdots (4\text{-}1)$$

식에서, R : 구곡의 진행(ft.), A : 구곡의 곡두를 기준으로 한 집수면적(acre),
S : 구곡의 곡두 상부사면의 경사(%), P : 강우인자(in.), E : 토양인자(%)

5) 야계침식

야계는 황폐계류로서 침식성이 높은 산지계류이며, 야계사방의 대상이 된다. 야계침식〔野溪浸蝕: torrent erosion〕은 계천침식 또는 계간침식이라고도 하며, 구곡침식 또는 하천침식에 포함시키기도 한다.

2. 하천침식

하천침식〔河川浸蝕: stream erosion〕은 유수에 의하여 하천제방 또는 계천의 양안이 세굴〔洗掘: scour〕되는 가로침식과 하천의 바닥이 파이는 세로침식으로 구성되며, 토사의 유송을 동반하게 된다.

1) 가로침식

가로침식〔횡침식(横浸蝕): cross erosion〕은 하천의 침식작용 중에서 하상의 폭을 확대시키는 침식작용이며, 측각침식(側刻浸蝕) 또는 측방침식〔側方浸蝕: lateral erosion〕이라고도 한다. 하도(河道) 굴곡부의 바깥쪽은 유속이 빠르기 때문에 측방침식이 강하게 반복적으로 작용하여 계상이 변동되면서 사행하천(蛇行河川: meander river〕으로 발전하기도 한다.

2) 세로침식

세로침식〔종침식(縱浸蝕): longitudinal erosion〕은 하상을 낮아지게 하므로 하각침식(下刻浸蝕) 또는 하방침식〔下方浸蝕: fluvial erosion〕이라 한다. 지반의 융기, 하천수량의 증가, 토사량의 감소, 해수면 등의 기준면 저하에 의하여 하상이 낮아지거나 높아져 토사의 퇴적이 진행된다. 특히, 하상이 높아지지도 낮아지지도 않고 안정되어 있는 경우에는 하도가 가로방향으로 이동하고, 가로침식이 진행된다.

3. 지중침식

지중침식(地中浸蝕)은 지표면 아래에서 물이 땅속을 통과하게 될 경우 그 통로에 있는 흙을 침식하고 운반하는 것이며, 도목공사에서는 파이핑, 펌핑 또는 퀵샌드〔표사(漂砂): quicksand〕현상이라 한다. 지중침식현상은 산지사방 시설보다는 일반 토목구조물들이 많이 시공되고 있다.

1) 용출침식

용출침식〔湧出浸触: erupt erosion〕은 수위차이에 기인한 침투수압에 의하여 발생하는 침식이다. 흙입자 사이의 부착력이 없는 모래인 경우에는 침투수압에 의하여 고수위 측에서부터 저수위 측을 향하여 흙입자가 압류되어 하류 쪽의 지반이 압력을 받게 되거나 또는 하류 쪽의 지반에 물이 용출(湧出)하게 된다. 각종 사방댐이나 널판물막이시설 및 하천제방 등에서 용수 및 배수 시설을 할 때 수두(水頭) 차에 의하여 침투수가 나타난다.

2) 지중침식

지중침식〔地中浸蝕: piping by subsurface backward erosion〕은 주로 점성토 등의 투수가 잘 안되는 지반에서 생기는 것이다. 지반 내에서 강도가 약한 곳이나 모래성분이 많은 개소에 있어서 침투수에 의하여 토양입자가 유실되어 지반 내에 파이프 모양의 물길이 생겨 유동화하는 토사가 물과 함께 분출하는 현상이다. 파이핑이 발생한 개소는 동수물매가 커져 침투력이 증가하여 파이핑이 한층 진행된다. 제방이나 필댐에 파이핑이 생기면 파괴의 원인이 되고, 호우 시에 산복 사면에서 붕괴의 원인이 되는 경우도 상당히 많다.

4. 바다침식

바다침식(sea-side erosion)은 바닷물에 의하여 바다의 바닥이나 연안에서 일어나는 침식으로, 파랑침식 및 해빈류침식 등으로 구분된다.

1) 파랑침식

파랑침식〔波浪浸蝕: sea wave erosion〕은 바람에 의하여 발생하는 파도가 일으키는 침식으로, 풍속이 빠를수록, 풍역(風域)의 길이나 시간이 길수록 커진다. 파랑침식은 파고, 파장, 파도의 주기, 방향, 파형물매 및 재현시기 등의 영향을 받는다.

2) 해빈류 침식

해빈류침식〔海濱流浸触: wave-induced current erosion〕은 파동운동에 의하여 파도가 연안에 전파된 후 흩어지면서 공간적으로 불균일하게 일으키는 침식으로, 연안류에 의한 침식과 이안류에 의한 침식이 있다. 연안류침식〔沿岸流浸触: coastal irrent erosion〕은 정선(汀線)방향으로 거의 일정하게 파도를 치면서 일으키는 침식이고, 이안류침식〔離岸流浸蝕: rip current erosion〕은 파도가 정선에서 바다를 향해 파쇄대를 빠져나가 수심이 깊은 지역에 도달하는 과정에서 발생하는 침식이다. 이안류는 파랑의 불균일성이나 연안류의 전단 불안정으로 발생할 가능성이 높다고 한다.

4.3.4 중력침식

중력침식(重力浸蝕: gravity erosion, mass-wasting, mass erosion, mass movement of soil)은 유수나 바람과 같은 외력에 의한 것이 아니라 중력에 의하여 비탈면의 토사와 석력의 지괴가 이동하는 침식형태이다. 즉, 중력침식은 깊은 토층이 수분으로 포화되어 중력작용에 의하여 집단적으로 아래방향으로 밀려내리는 지괴침식(地塊浸蝕: mass movement of soil)이다.

일반적으로 중력침식의 발생원인은 유인(誘因)과 소인(素因)으로 구분할 수 있다. 유인은 중력침식을 유발하는 인자로서 강우, 지진 및 화산 등을 들 수 있고, 소인은 산지자체가 지니고 있는 산림환경인자로서 경사, 토심, 사면위치, 사면형태, 방위, 임상, 토성, 모암 및 석력함량 등을 들 수 있다.

1. 붕괴형 침식

붕괴형 침식(崩壞型 浸蝕: slip erosion, slippages)은 호우 등으로 인하여 어느 정도 깊이의 토층이 수분으로 포화된 비교적 급경사면에서 중력의 작용으로 응집력을 잃고 일시에 빠른 속도로 밀려 내리는 붕괴현상이며, 땅밀림인 지활형 침식과 다른 점은 붕괴속도가 대단히 빠른 점이라고 할 수 있다. 이와 같은 붕괴형 침식은 산지 사면에서 뿐만 아니라 절토 및 성토 비탈면에서도 자주 일어나며, 산사태 · 비탈면사태 · 산붕 · 비탈면붕괴 · 붕락 · 포락 및 암설붕락 등으로 구분할 수 있다.

1) 산사태

산사태(山沙汰: landslide)는 주로 여름철의 집중호우와 태풍 시에 우수의 침투 등에 의하여 산정 및 산복부의 지괴(地塊)가 융해, 팽창되어 일정 깊이로 토층이 균형을 잃어 일시에 붕괴되는 침식현상으로, 비교적 산지의 경사가 급한 지점이나, 토층 아래의 암반이 있는 지점에서는 암반을 경계로 하여 발생하기도 한다.

집중호우(heavy rainfall)는 1시간 우량이 30㎜ 이상이거나, 일강우량 80㎜ 이상 또는 연강우량의 10% 이상인 경우의 강우사상을 말한다.

[그림 4-8] 붕괴형 침식

(a) 산사태 피해지

(b) 산사태 복구지

[그림 4-9] 산사태 피해지(a) 및 복구지(b)

극한호우(extreme rainfall)는 1시간 누적강우량 50㎜ 이면서 동시에 3시간 누적강우량 90㎜가 관측된 경우이다. 단, 1시간 누적강우량이 72㎜를 넘을 때는 즉시 극한호우로 판단한다. 기상청에서 2023년 여름부터 상식과 경험을 뛰어넘는 극단적인 폭우가 특정지역에 집중적으로 발생할 때 피해를 줄이고자 "긴급 재난문자"를 발송하고 있다.

우리나라에서 최근 약 10년 동안 산사태 발생 일이 정확하게 확인된 1,520건의 자료를 이용하여 산사태 주의보 및 경보에 따른 산사태 발생률을 분석한 결과를 보면 표 4-1과 같다.

[표 4-1] 산사태 주의보 및 경보에 따른 산사태 발생률 비교

	1시간 강우강도		1일 강우량		2일 누적 강우량	
	주의보:20㎜	경보:30㎜	주의보:80㎜	경보:150㎜	주의보:100㎜	경보:200㎜
발생률	26/1,520 = 17.3%	316/1,520 = 20.1%	514/1,520 = 33.8%	842/1520 = 55.4%	298/1,520 = 19.6%	81/1,520 = 5.3%

표 4-1에서 산사태 발생률은 1시간 강우강도 20㎜에서 17.3%, 30㎜에서 20.1%를 보였고, 1일 강우량 80㎜에서 33.8%, 150㎜에서 55.4%보였다. 또한 2일 누적강우량 100㎜에서 19.6%, 200㎜에서 5.3% 발생률을 보였다. 특히, 1일 강우량 80㎜ 및 150㎜ 이상에서 산사태 발생률이 매우 높게 나타나 강우량 정보를 이용한 산사태 주의보 및 경보에 좋은 지표가 되어 왔다.

특히, 산림청에서는 2011년 서울 우면산 산사태 발생 이전에는 표 4-1의 기준으로 산사태 예·경보를 발령하였으나(1988~2011), 2012년부터 전국을 강우분포와 지질특성을 고려하여 11개의 권역으로 구분하고 새로운 기준으로 산사태 예측 정보를 제공하고 있다.

강우정보는 714개 관측소의 1987~2007년의 7~9월 평균 강우량의 분포를 이용하여 전국을 5km × 5km 격자단위로 나누고 4개 권역으로 구분하였고, 지질구분은 화성암류, 변성암류, 퇴적암류로 3개 권역으로 구분하였다. 이러한 기준으로 총 12개(4/강우분포*3/지질특성=12)권역으로 구분하였지만 지질특성이 유사한 권역은 통합하여 총 11개 권역으로 구분하였다.

※ 1권역 : 600~1,100㎜, 2권역 : 550~900㎜, 3권역 : 650~850㎜, 4권역 : 500~800㎜

※ 1권역 : 화성암류, 2권역 : 변성암류, 3권역 : 퇴적암류

지역별 권역은 과거 산사태 발생 이력분석 결과를 토대로 중부권역(1-1, 1-2, 1-3), 전라경남권역(2-1, 2-2, 2-3, 2-4), 충청권역(3-1, 3-2), 경북권역(4-1, 4-2)으로 구분하였으며, 표 4-2와 같이 권역별로 토양내 빗물의 양을 토양함수지수로 산정(탱크모델)하고, 그 지수에 따라 산사태 예·경보를 발령하게 된다.

※ 산사태 주의보 : 권역별 토양함수지수 80% 도달 시

※ 산사태 경　보 : 권역별 토양함수지수 100% 도달 시

[표 4-2] 권역별 토양함수지수(mm)

권역별	1-1	1-2	1-3	2-1	2-2	2-3	2-4	3-1	3-2	4-1	4-2
토양함수지수	105	92	62	62	59	67	113	67	89	130	87

※ 토양함수지수는 탱크모델을 이용하여 토양에 저류되어 있는 빗물을 산출한 지수로서 실제 빗물의 양과는 차이가 있음

최근 인공지능(artificial intelligence)기술과 정보기술(information technology)이 발달함에 따라 산사태 발생 위험이 높은 지역에 CCTV, 다양한 계측 센서(와이어 신축계, 지표면 경사계, 지중경사계, 강우계, 수위계, 메인로거, 산사태 감지 센서, 산사태 거동 센서, 함수비 측정 센서, Geophone, 웹카메라)를 설치한 실시간 유비쿼터스 기반 산사태 모니터링 시스템(ubiquitous-based landslide monitoring system)이 많이 이용될 것으로 기대된다.

그림 4-10에서 보는바와 같이 이 시스템은 산사태 발생 요인 중 가장 중요한 강우량 데이터를 통하여 함수비 센서에 의해 기준치를 넘으면 주의보 및 경보를 발령하거나, 토사나 석력의 이동으로 나무와 나무 사이에 설치한 산사태 감지 와이어 신축계가 절단이 되면 경보 발령을 하는 등 산사태 징후를 사전감지 하여 위험지역 주민에게 SMS문자 발송이나 경광등 및 사이렌을 울려 대피하게 하여 인명 및 재산 피해를 저감하는 기술이다.

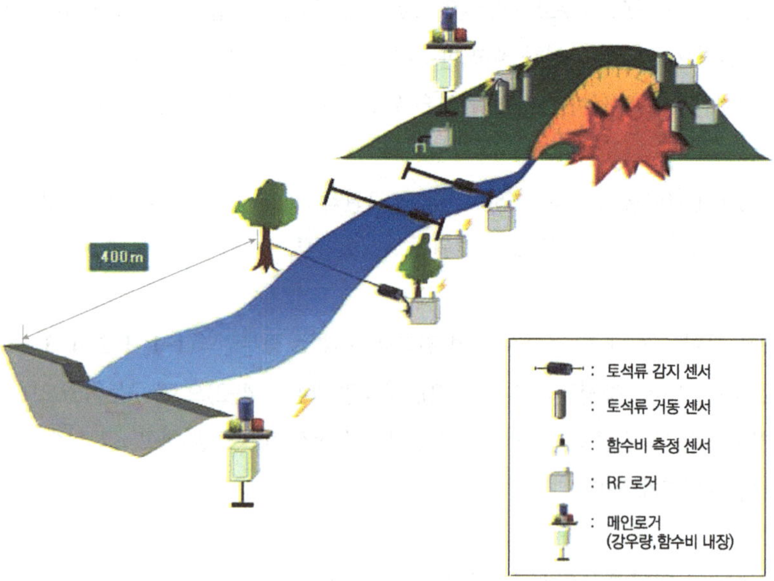

[그림 4-10] 유비쿼터스 기반 산사태 모니터링 시스템 개념도

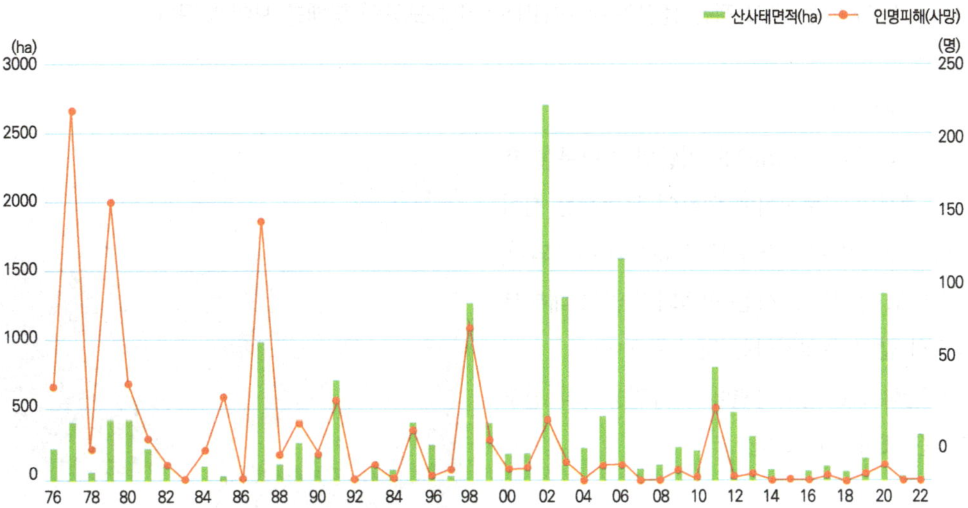

[그림 4-11] 년도별 산사태 발생면적과 인명피해 현황

또한, 우리나라 1976년 이후부터 산사태 발생면적과 인명피해 추이를 보면 그림 4-11과 같다. 그림 4-11에서 보면, 2002년도에 2,705ha의 많은 산사태로 국토가 훼손되고 귀중한 인명도 35명이 희생되었다. 특히 인명피해는 1977년도에 222명, 1979년도에 167명, 1987년도에 156명 이었다. 2000~2009년대에는 게릴라성 집중호우와 태풍 등 기상이변으로 산사태가 매우 많아 발생면적이 급격하게 증가하였으며, 2010년 이후로는 다소 줄어드는듯 하였으나 2020년에 다시 1,343ha로 증가하는 경향을 보이고 있다.

지난 47년간(1976~2022년) 총 산사태 발생면적은 18,042ha로서 매년 약 384ha의 국토가 훼손되었으며 산사태로 인한 인명피해는 총 1,198명으로 매년 약 25명이 사망하는 것으로 나타났다.

2) 산붕

산붕〔山崩: landslip〕의 발생 기구는 산사태와 유사하지만, 발생규모가 작아 소형 산사태(mini landslide)라고 한다. 산붕은 주로 산복의 하단부나 산록부(山麓部)에서 발생하며, 붕락 또는 포락의 형태와 연결되기도 한다. 우리나라에서는 산붕이나 붕락을 산지붕괴(山地崩壞)라고도 하고, 또한 단순히 산사태(山沙汰)라고도 한다.

3) 붕락

붕락〔崩落: slumping〕은 주로 집중호우 또는 눈이나 얼음이 녹은 융설수에 의하여 토층이 포화되이 비탈면의 지괴가 균형을 잃고 아래쪽으로 무너져 내리는 중력침식의 형태이다. 일반적으로 무너진 지괴는 그 비탈면 하단부나 산각부에 쌓여 있는 경우가 많고, 붕락된 지표층에 흔적으로 남아 있는 크고 적은 물길인 누구(rill)는 주름모양의 형태를 보이게 된다.

4) 포락

포락〔浦落: caving〕은 비탈면 하단부를 흐르는 계천의 가로침식에 의하여 무너지는 침식 현상이다. 발생부위가 반드시 유수와 관계되며, 포락으로 붕괴된 토사는 퇴적되지 않고 대부분 유수와 같이 유실된다는 것이 특징이다.

일반적으로 산지사면에서 사면붕괴의 전조현상은 표 4-3과 같다.

[그림 4-12] 포락에 의한 붕괴

[표 4-3] 사면붕괴의 전조현상

전조현상	설 명
사면에 균열이 생김	지하수위 상승으로 압력이 증가되고 흙의 응집력이 저하되어 사면의 약한 부분에 변이가 생기는 현상
사면에서 작은 돌이 떨어짐	지하수위 상승으로 압력이 증가되고 흙의 응집력이 저하되어 사면 표층부에서 낙석이 생기는 현상
사면에서 이상한 소리나 산울림, 땅울림이 남	지하수위 상승으로 압력이 증가되고 흙의 응집력이 저하되어 사면 전체가 암괴로 변이되어 이상한소리가 발생하는 현상
사면이 돌출됨	지하수위 상승으로 압력이 증가되고 흙의 응집력이 저하되어 사면에 변이가 생기는 현상
평소 맑았던 용수가 탁해지고, 용출이 나타남	지반 내부에 새로운 물길이 형성되거나 지하수량이 증가되어 침식량의 증대로 나타나는 현상
용수량이 급격히 변화함	지반 내부에 새로운 물길이 형성되거나 지하수량이 증가되어 침식량의 증대 때문에 나타나는 현상

5) 암설붕락

암설붕락〔岩屑崩落: debris slides〕은 산지 비탈면에서 중력의 작용에 의하여 너덜(scree, block field) 등 토석더미가 이동되는 침식현상이다. 너덜지대에 임도개설을 위하여 훼손하면 토석더미가 계속해서 아래로 이동되므로 특별한 주의가 필요하다.

[그림 4-13] 산지사면의 암설지대

2. 지활형 침식

지활형 침식(地滑型 浸蝕: creeping erosion)은 주로 토층이나 암설층(岩屑層)이 지하수 등에 의하여 땅속의 전단저항이나 점착력이 약한 부분을 따라 상층부의 지괴가 천천히 비탈면 아래로 향하여 중력작용으로 활동(滑動)하고, 포행(匍行) 및 이동하는 현상이다. 이는 산지의 급경사면에서 토층이 주로 호우 등에 의하여 급격히 붕괴되는 붕괴형 산사태와 구별된다.

지활형 침식의 전형적인 형태인 땅밀림 산사태는 속도가 매우 느려 이동을 인식하기 어려운 경우도 많다. 또한, 혈암, 이암 및 응회암 등으로 이루어진 지대에서 지하수에 의하여 불투수층이 있는 점성토를 미끄럼면(활동면(滑動面))으로 하여 발생하고, 계속성 · 재발성이 있으며 서서히 활동하는 경우가 많다.

땅밀림 산사태는 그 운동 형태에 따라 지괴형 땅밀림, 유동형 땅밀림, 암설형 땅밀림 등으로 구분하고, 활동속도에 따라 포행성 땅밀림과 붕락성 땅밀림으로 구분되기도 한다. 그 외에도 발생지대에 따라 제3기층 땅밀림, 파쇄대 땅밀림, 온천지 땅밀림 등으로 구분하기도 한다. 산사태와 땅밀림과의 차이점을 보면 표 4-4와 같고, 또한 땅밀림의 발생 전조현상은 표 4-5와 같다.

[표 4-4] 산사태와 땅밀림 산사태와의 차이점

구분	산 사 태	땅 밀 림
지질	특정한 지질과의 관련성은 적음	특정한 지질 또는 지질구조에서 많이 발생함
토질	사질토[마사 · 표토 · 시라스(白沙) 등] 에서 많이 발생함	주로 점성토를 미끄럼면으로 활동함
지형	20° 이상인 급경사지의 0차곡인 곡두부에서 많이 발생함	5~20°의 완경사지, 특히 상부가 대지(臺地)모양의 지형에서 많음
활동상황	돌발성이며, 시간 의존성이 작음	계속성, 재발성 임
이동상황	10㎜/일 이상으로 속도는 매우 빠름	0.01~10㎜/일 인 것이 많고, 일반적으로 속도는 느림
흙덩이	흙덩이는 교란됨	흙덩이의 교란은 적고, 원형을 유지하면서 이동하는 경우가 많음
유인	강우, 특히 강우강도의 영향을 받음	지하수에 의한 영향이 큼
규모	발생 면적이 적음	1~100ha정도로 규모가 큼
징후	징후의 발생이 적고, 돌발적으로 활락함	발생 전에 균열, 함몰, 융기, 지하수 변동 등이 발생함

[표 4-5] 땅밀림 산사태의 전조현상

전조현상	설 명
낙석이나 소규모 붕괴가 발생함	땅밀림으로 땅밀림 말단 부근의 비탈면이 급격하게 변동하기 때문에 낙석이나 소규모 붕괴가 발생하는 현상
지면 진동 및 땅이 울이고 집이 흔들리며 변형	땅밀림 블록의 급격한 이동에 의하여 지면 진동 및 땅울림이 발생하고 블록의 경계 부근 건물 등이 흔들리고 변형되는 현상
뿌리가 끊어지고 나뭇가지가 부딪치는 소리가 남	땅밀림 블록의 급격한 이동에 의하여 미끄럼면 주변이나 블록 경계 부근의 뿌리가 절단되고 나무들이 부딪치는 소리가 나는 현상
균열이나 단차가 발생하거나 확대됨	땅밀림 블록의 급격한 이동에 의하여 균열이나 단차가 발생하거나 확대되는 현상
지표면 요철 발생과 옹벽이 균열되거나 밀림	땅밀림 블록의 이동에 의하여 주변 지표면 요철 발생과 옹벽이 균열되거나 밀리는 현상
교량 및 포장도로나 터널이 균열됨	땅밀림 블록의 이동에 의하여 주변의 교량 및 도로나 터널에 균열이 발생하는 현상
전선이 늘어지거나 팽팽해짐	땅밀림 블록의 이동에 의하여 이동 블록과 외부 사이에 변이가 생겨 전선이 늘어지거나 팽팽해지는 현상
새로운 용수 발생 및 지하수의 급격한 변화	지반 내부에 새로운 물길이 형성되거나 지하수량이 증대되어 나타나는 현상으로 비탈면 내부의 공동이 확대되고 불안정해짐
용수 및 지하수가 탁해짐	땅밀림 블록 내부의 토사가 물과 함께 혼탁하여 발생

땅밀림에 의한 토사재해로부터 민가, 경지, 공공시설 등을 보호하기 위하여, 지하수 등을 배제하여 땅밀림운동을 억제하는 집수정공이나 땅밀림운동을 억지하는 앵커공 등의 정비를 추진하고 있다(그림 4-14). 또한 땅밀림 발생 전조현상인 균열의 모습은 그림 4-15와 같다.

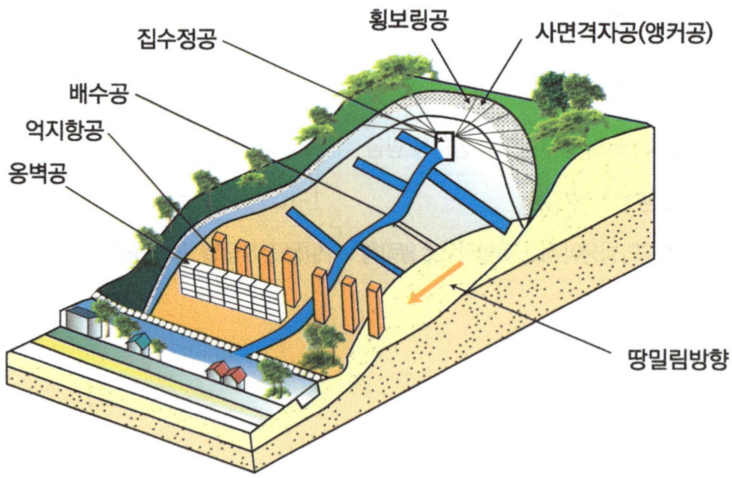

[그림 4-14] 땅밀림방지공사 시공사례

경남 합천군 가회면 땅밀림지(2012) 땅밀림지의 균열 모습

[그림 4-15] 땅밀림지 전조현상인 균열

3. 유동형 침식

유동형 침식(流動型 浸蝕: flowage type erosion)은 원래 단독으로 발생되는 것보다 붕괴형 침식이나 지활형 침식에 의한 침식작용으로 발생되는 것이며, 이에는 토석류 · 토사류 · 이류 · 암설류 등이 있다.

[그림 4-16] 유동형 침식

1) 토석류

토석류(土石流: debris flow, mud and stone flow)는 산붕이나 산사태 등과 같은 붕괴작용에 의하여 무너진 토사 또는 계상에 퇴적된 토사석력이 계천에 밀려내려 물과 섞여서 유동하는 형태이다. 수량보다도 고형물(암괴 · 토사 및 유목) 등의 양이 많고, 물이 고형물을 유하시키는 것이 아니라 고형물이 그 자중에 의하여 물을 활제(滑劑)로 하여 유하하는 것으로 집합운반(集合運搬: mass transportation)의 형태를 갖게 된다.

서울시 우면산의 토석류 발생(2011)

집중적인 산사태 및 토석류 발생

[그림 4-17] 토석류 발생지 모습

토석류는 산지계류 주변의 사면이 붕괴되어 토석, 물 및 유목 등의 고형물이 일체가 되어 계류로 들어와 계상 및 계안 침식을 발생시켜 새로운 계곡을 만들면서 유하한다. 토석류가 발생하여 유하하는 경우에는 계상에 토석이 존재하거나 토석을 공급하는 조건이 있어야 하며, 또한 계상물매, 수리조건 및 계상토사의 퇴적형태 등과 같은 조건에 만족해야 한다. 토석류의 속도는 토석과 물의 혼합비율이나 계상의 상태 등에 따라 다르지만, 1~2m/sec의 느린 것과 20~30m/sec로 빠른 것도 있어 한순간에 민가나 농경지 등에 피해를 준다.

[그림 4-18] 토석류 발생과 유목

[표 4-6] 토석류의 전조현상

전조현상	설 명
계류 부근의 사면붕괴나 낙석 등이 발생함	계류 주변의 사면이 붕괴되어 토석, 물 및 유목 등의 고형물이 일체가 되어 계류로 들어와 계상침식을 발생시키며 토석류로 발전할 가능성이 높음
입목의 부러지는 소리나 거력이 이동하는 소리가 들림	계류의 상류에서 토석류가 발생하기 때문에 거력이 부딪치는 소리나 입목이 부러지는 소리 등이 하류까지 들림
계류의 유수가 갑자기 탁해지거나 유목 등이 유출됨	계류 상류부에서 토석류가 발생하여 토사나 유목이 계류에 유입될 때 토석류가 발생할 가능성이 높음
강우가 계속되지만, 수위가 급격히 감소함	계류 상류에서 붕괴가 발생하여 유로가 막혀 천연댐이 형성되어 계류수가 정체되고, 계속되는 강우로 천연댐이 붕괴되면 토석류로 발생할 가능성이 높음
이상한 산울림 발생	지하수 상승으로 압력이 증가하여 사면에서 산울림이 생기면 붕괴가 발생하여 토석류로 발전할 가능성이 높음
흙냄새, 타는 냄새 및 나무냄새가 남	계류의 상류에서 붕괴가 이미 발생하여 거력끼리 부딪칠 때 나는 냄새, 붕괴토사에 의한 흙의 냄새 또는 유목의 냄새 등이 나면 토석류로 발전할 가능성이 높음

석력이 고농도 상태에서 이동하고 입자 사이의 고체마찰이나 충돌에 의하여 응력은 다르지만, 토석류는 역학적으로 층류로 취급하며 유하하는 양이나 토사농도 등이 일정한 상태에서 토사의 입경이 적은 이류는 난류상태로 이동되는 경우도 있다.

또한, 사면붕괴 등으로 유출되는 유목〔流木: coarse woody debris, large woody debris〕은 지름 10㎝, 길이 1.0m 이상의 통나무로서 교각 사이가 좁은 교량에 막혀 홍수나 토석류의 범람을 증대시킨다. 이와 같은 재해를 방지하기 위해 계류나 하천에 유목막이나 투과형 댐의 설치가 필요하다. 한편 계류에 퇴적하고 있는 유목은 하상의 형태를 다양하게 하여 어류의 생식장소를 제공하는 긍정적인 측면도 있다.

2) 토사류

토사류〔土砂流: earthflow〕는 상부 산지사면에서 붕괴된 토괴가 유수와 같이 유하하는 형태이다. 집합운반의 형태인 토석류와 각개운반의 형태인 소류사(掃流砂)의 중간적인 이동형태로서 소류상태의 집합유동이라고도 한다. 토석류의 유하구간(약 10°이상의 구배)보다 완만한 물매인 토석류가 퇴적되는 구간에서 나타난다.

3) 이류

이류〔泥流: mudflow〕는 실트 · 점토입자 등의 미세한 토사를 대량 함유하고 있는 유수로서 입자유체 및 입자사이의 전기화학적인 힘에 의존하는 유수에 비해 높은 점성계수나 항복응력 등을 갖는 것이 특징이며, 층류가 되는 것도 있다. 또한, 상대적으로 점성이 작거나 유수 규모가 크면 난류상태가 되므로 고농도 유수라고도 하며, 넓은 의미에서는 토석류와 같은 의미로 사용되는 경우도 있다.

4) 암설류

암설류〔岩屑流: debris flow〕는 지질적으로 암쇄토 및 너덜지대가 발달한 특수한 지역에서 많이 볼 수 있다. 쇄설층(碎屑層) 아래 지반인 토층이 물로 포화될 때 그 위의 층과 아래의 토층이 분리되면서 이동하고 유하하는 형태를 나타낸다.

4. 동상침식

동상침식〔凍上浸蝕: solifluction, solifluxion〕은 과습한 토양과 다른 포화된 입상물질이 토사 비탈면 하부로 천천히 포행(葡行)하는 침식현상이다. 산지사면의 나지비탈면이나 절토 · 성토 비탈면의 지표층이 얼었다 녹았다하는 동결융해작용(freezing and thawing)에 의하여 발생한다.

흙속에 있는 물은 온도가 빙점 이하로 내려가면 자연히 얼게 된다. 지반이 동결하는 것은 흙속의 물이 얼게 되는 것이며, 물이 얼면 흙의 체적은 약 9% 정도 증가한다. 기온이 내려가 지표에서 지반이 동결하는 깊이를 동결깊이라 하며, 기온의 시간적 변화, 일조 시간, 바람 등의 기상조건에 영향을 받는다. 흙의 동결에 의한 피해는 동상현상(frost heave)과 동결한 지반이 융해할 때 생기는 연화현상(frost softening)이 있다.

동상현상은 지반이 동결하여 지표가 상승하는 현상을 말하며, 지표부근이 얼기 시작하면 아랫부분과 주변의 물도 끌어당겨 함께 얼게 된다. 또한, 지하수의 모세관작용에 의해 물의 공급이 쉬우면 얼음 층이 잘 발달한다. 이 얼음 층은 얇은 렌즈모양으로 형성되는데, 이를 아이스 렌즈(ice lens)라 한다(그림 4-19). 이러한 아이스 렌즈의 영향으로 지표가 부풀어 오르며, 모세관작용에 의하여 투수계수가 적당하고 물의 공급이 쉬운 실트질 흙에서 많이 발생한다. 연화현상은 얼었던 지반의 흙이 녹고 나면 함수비가 매우 높아져 지반은 더욱 연약해지고 지지력도 약해지는 것을 말한다.

특히, 서리의 작용에 의하여 지표층이 영속적으로 얼어 토양입자와 돌 부스러기 등의 선택적 이동현상을 빙상동결융해침식(氷上凍結融解浸蝕: gelifluction)이라 하며, 이는 다양한 형태의 토양구조를 생성하기도 한다. 이러한 동상의 피해를 방지하기 위해서는 흙속의 물을 배제하고, 지표부근의 온도가 빙점 이하로 내려가지 않게 하거나 동결하지 않는 재료로 치환하여야 한다. 또는 나지비탈면은 지피식생 등으로 피복하면 침식의 방지를 할 수 있다.

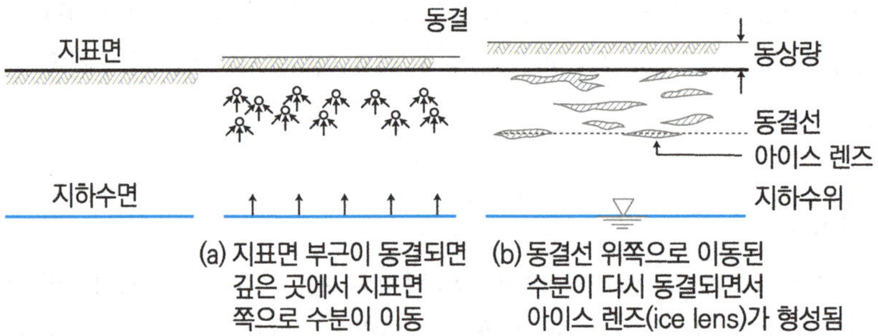

[그림 4-19] 동상현상

5. 눈사태형 침식

눈사태(Avalanche)는 산 사면에 쌓여있는 눈이 중력에 의해서 미끄러져 내리려고 하는 힘이 적설 밑면의 마찰 저항력이나 눈의 역학적 강도보다 클 때 발생한다. 눈이 덮여있는 산에서 갑자기 눈이 쏟아지는 현상으로 눈만 아니라 흙, 암석과 함께 떠밀려오는 경우도 많다. 주로 만년설이 있는 산악지형에서 발생하며, 외부충격으로 인해 발생한다.

특히, 유럽지방의 알프스 산맥의 최고봉인 몽블랑(4,807m), 인도, 중국 및 네팔 사이에 위치한 히말라야 산맥의 세계 최고봉인 에베레스트(8,848m)와 안나푸르나(8,091m) 등 14개의 8,000m이상의 고봉들과 캐나다 로키 산맥의 최고봉인 롭슨 봉(3,954m) 등 만년설이 있는 고산 지역에서 눈사태가 자주 발생하여 산악인 및 스키어들이 희생되는 경우도 많다. 고산지역에서 일어나는 눈사태는 오랜 기간 동안 굳어있던 눈이 내려오는 것이며, 정확히 말하면 눈이 아니라 수박크기에서 시내버스만한 크기의 얼음이 내려오는 얼음사태도 종종 있다.

눈사태의 종류와 원인은 다음과 같다.

1) 판 눈사태

판 눈사태(slab avalanche)는 눈이 쌓여 있는 경사면에 바람이 불면 눈은 다져지지만. 얇은 층의 판이 깨지게 되면 조각이 훨씬 빨리 이동하기 때문에 수백 미터까지 급격하게 퍼지며, 폭도 수 미터나 되면서 매우 강력하게 발생한다. 판 눈사태는 눈사태 중 90%나 된다.

2) 빙수 눈사태

빙수 눈사태(slush avalanche)는 눈 더미가 물에 젖으면서 일어나며, 작은 부분에서 시작되어 퍼진다.

[그림 4-20] 스위스 알프스의 눈사태

3) 눈사태의 원인

① 벼랑 끝 처마 모양으로 얼어붙은 눈 더미, 나뭇가지, 바위에서 떨어지는 조그마한 눈덩이가 원인이 되는 경우

② 기온이 낮을 때 이미 쌓여 있던 상당량의 적설 위에 수십 cm의 신설이 내린 경우

③ 쌓여 있는 적설 위에 갑자기 많은 양의 신설이 쌓이면 그 무게 때문에 전체 층이 눈사태를 일으키는 경우

④ 20~30cm 높이로 쌓인 신설 층이 맑은 날씨나 난기(暖氣)의 유입 등에 의해서 일어나는 경우

⑤ 경사면의 정상 가까이에 옆으로 갈라진 틈이 생겨 지면과 적설 하부 사이에 눈 녹은 물이 흘러 따뜻한 날이나 비 오는 날에 일어나는 경우 등이 있다.

우리나라의 눈사태는 만년설이 있는 산이 없기 때문에 발생할 확률은 높지 않지만 눈사태로 인해 발생한 사고는 설악산 죽음의 계곡 눈사태(발생일시: 1969년 2월17일, 피해: 10명 사망)와 설악산 공룡능선 눈사태(발생일시: 1976년 2월 16일, 피해: 3명 사망)가 기록되어 있다. 눈사태를 막기 위해서는 산지사면에 눈사태 방지책 시설을 한다(그림 4-21 참고).

[그림 4-21] 눈사태 방지책 시설

6. 빙하침식

빙하침식(氷河浸蝕: Glacial erosion) 빙하에 의한 침식작용인 빙식작용을 말한다. 빙식작용은 기반암에서 암편을 뜯어내는 굴식작용, 융빙수(融氷水)의 동결에 의해 행하여지는 파쇄작용 및 빙하의 유동에 따라 빙하 밑면에 부착된 암분과 모래에 암석들이 연마되는 연마작용으로 나뉜다. 오랜 시간에 걸쳐 단단하게 변한 빙하는 유수에 비하면 속도가 매우 느리다. 그러나 무거운 고체 상태라서 중력에 의해 아래쪽으로 이동하면서 지표를 긁어내리므로 침식력은 매우 크다. 이때 암석의 표면에 긴 줄무늬를 남기거나, 암석을 깊고 넓게 깎아 내면서 특징적인 빙식지형을 만든다.

빙하(氷河: Glacier)는 눈이 녹지 않고 쌓여 오랜 시간 동안에 단단한 얼음층을 형성하게 된 얼음 지형 자체를 뜻한다. 눈이 쌓이면 처음에야 얼기설기 엮인 가볍고 약한 눈 퇴적층이지만, 강설량이 융설량 보다 많은 지역에서 눈이 쌓이면 얼음결정으로 구성된 단단하고 치밀한 얼음층이 누적되면서 수백 미터에서 수 킬로미터의 만년설(萬年雪: firn)이 발달하게 된다. 온대지방에서 여름을 지낸 눈은 만년설로 간주한다.

빙하는 설선(雪線: snow line)위의 산지에서 형성되며, 설선은 여름에도 눈이 남아 있는 곳을 횡적으로 이은 선을 말한다. 설선은 기온을 반영하여 극지방에서 적도 쪽으로 갈수록 높아지며, 설선고도는 강설량, 바람, 일사량, 방향 등 여러 요인에 따라 결정된다. 최근 지구온난화로 설선은 더욱 낮아지고 있다.

캐나다 로키산맥 콜롬비아 빙원(columbia ice field)의 관광객(a)

스위스 알프스산맥 융프라우 봉의 관광객(b)

[그림 4-22] 캐나다 로키산맥 및 스위스 알프스산맥 융프라우 봉의 만년설과 관광객

특히, 빙하로 형성된 고도 4,000 m이상 고산지역의 만년설이 존재하는 지역은 물리적 접근이 어려운 지형적 특징을 가지고 있다. 빙하침식으로 생긴 뿔 모양의 뾰족한 산꼭대기를 의미하는 침봉군(針峰群: needle) 또는 혼(Horn)과 산림한계 위에 있는 고산초원, 호수들은 아름다운 고산 풍경을 이루기 때문에 스키 및 등산객 등 많은 관광객들이 모여든다(그림 4-22 참고).

1) 빙하 침식지형

빙하침식 작용을 받은 산사면의 설선 위에 나타나는 빙하 침식계곡인 권곡과 U자 모양의 골짜기인 빙식곡, 빙하의 이동과 함께 일어나는 마식(磨蝕: corrasion)과 굴식(掘蝕: plucking)으로 형성된 빙식평원 및 빙하호(氷河湖, glacial lake)와 기반암이 양의 등 모양으로 깎여진 양배암(羊背巖: sheepback rock) 등이 있다. 특히, 북유럽의 노르웨이, 서유럽의 프랑스, 스위스, 북미 캐나다 등지에서 빙하에 의하여 형성된 U자형의 현곡이 많이 발달되어 있다.

2) 빙하 퇴적지형

빙하는 산에서 흘러 내려오는 동안 지면을 깎아 암설(巖屑: debris)을 운반한다. 이렇게 운반되는 암설들은 빙하의 말단부 및 측부에 퇴적되게 되는데 이들을 모두 빙퇴석(氷堆石: moraine)이라고 한다(그림 4-23).

빙퇴석은 빙하가 골짜기를 깎으면서 운반해 온 암석, 자갈 및 토사 등이 퇴적되어 만들어진 지형이다. 빙하의 침식력은 워낙 강하므로 주택만한 바위부터 모래, 점토 및 실트까지 모두 운반하여 퇴적시키는 양상을 보인다.

[그림 4-23] 캐나다 로키산맥의 만년설과 빙하침식으로 퇴적된 암설(빙퇴석)

빙하가 녹으면서 후퇴하게 될 때 빙하 속에 있던 빙력토가 그 자리에 남아 퇴적되면서 형성된 넓은 평야가 빙력토 평원(氷礫土平原: till plain)이다. 하계망 발달이 미약해 호소와 늪이 많이 분포해 있으며, 내부에 분포하는 미지형으로는 케틀, 종퇴석, 에스커 및 드럼린 등이 있다.

빙하 퇴적지형의 대표적인 예로 미국 동부 뉴욕주 남부의 롱아일랜드가 있다. 두 번의 빙하기에 걸쳐 북극에서 밀고 내려온 거대한 빙하가 퇴적물을 밀어내 형성된 섬이다.

최근에는 지구 온난화로 알프스의 가장 큰 알레치 빙하의 콩코르디아 평원은 현재 얼음 두께가 약 800m에 달하지만 빙하의 혀(빙하에서 뻗어 나온 말단 부분)는 2000년 이후 1km 정도 후퇴하였다. 스위스 취리히 연방공대(ETH) 연구진은 2100년 스위스 기온이 기준 기간인 1960~1990년보다 4~8도 높다고 가정할 경우 알레치 빙하는 거의 다 녹고 얼음 조각 몇 개만 남을 것으로 예측하였다. 알레치 빙하는 길이 16.5km로서 알프스에서 가장 큰 빙하로서 지난 2001년 유네스코 세계문화유산 보호지역으로 지정되어 있다(그림 4-24 참고).

주빙하 기후지역은 기후가 매우 한랭하여 겨울철에는 땅이 얼고 여름철에는 녹는 주빙하 작용이 일어나 동결과 융해의 반복 현상으로 주빙하 지형이 발달된다. 주빙하 지형(周氷河 地形:

[그림 4-24] 스위스 알프스산맥의 알레치 빙하

[그림 4-25] 뱅크스 섬의 슬럼프로 인한 붕괴

periglacial landforms)은 부분적으로 땅이 녹는 토양층이 존재하는데 이를 활동층(active layer)이라 하며, 활동층 밑에는 1년 내내 얼어있는 영구동토층(永久凍土層: permafrost layer)이 있다. 주빙하지형은 기본적으로 영구동토층 위의 활동층이 작용하여 발달하며, 빙하가 없는 북극해 연안의 툰드라나 중위도 및 고위도의 고산지대에서도 널리 나타난다. 최근 지구 온난화의 영향으로 캐나다의 에스키모와 북극여우 등이 살아가는 북극지역인 뱅크스 섬에서 약 4,000여 곳의 해빙 슬럼프 및 산사태가 발생해 지형 변화나 퇴적된 토양으로 하천과 호수의 생태계가 많은 위협을 받고 있다(그림 4-25).

우리나라에서 현재 관찰되는 대표적인 주빙하지형은 애추(崖錐: talus, scree)와 구조토(構造土: patterned ground)이다. 애추는 가장 보편적인 주빙하지형으로서 기반암의 기계적 풍화 작용에 의해 단애면(斷崖面: cliff)으로부터 분리되어 떨어진 암괴나 암설이 사면 기저부에 쌓인 지형이다. 애추는 빙하기에 형성된 후 활동을 멈춰 만들어진 전형적인 화석지형이며, 이러한 애추는 표면에 이끼가 끼거나 암괴사이에 나무 등 식생이 자라기도 한다. 산지사면에서 가장 흔하게 볼 수 있는 돌무더기로서 우리말로는 너덜지대, 또는 너덜겅이라고 한다(그림 4-26 참고).

[그림 4-26] 경남 밀양 얼음골의 애추지대

구조토는 활동층에서 동결 · 융해의 반복으로 암설과 미립의 토양물질이 서로 분리되어 기하학적인 모양을 갖게 되는 지형을 말하며, 제주도의 한라산, 지리산, 대관령 등 고산지대에 많이 존재하는 것으로 알려져 있다.

특히, 주빙하 현상에 의하여 지형이 발달 해 있는 고산지역은 겨울철의 강풍 및 적설에 의한 설식작용(雪蝕作用: nivation action)이 많이 발생하며, 또한, 현저한 동결과 융해작용에 의한 토양의 포행 및 솔리플럭션 퇴적물의 이동도 관찰되므로 토양침식 방지를 위하여 서릿발 대책 등 많은 노력이 필요하다.

4.3.5 바람침식

바람침식〔풍식(風蝕): wind erosion, erosion by wind〕은 국지적으로 바람에 의하여 표토가 교란되는 것이다. 해안지역에서는 해풍에 의하여 해변의 모래가 내륙을 향하여 점차로 비사(飛砂)되어 이동될 수도 있고, 건조한 지역에서는 내륙에서 표토이동이 일어나기도 한다. 우리나라에서 바람침식은 주로 해변에서 사구지〔砂丘地: sand dune area〕의 모래날림 방지와 고정을 위한 해안사방사업이 주관심의 대상이 된다. 바람침식에 관여하는 주요 요소는 풍력, 토양의 입도, 수분 및 식생피복 상태 등이다.

1. 모래날림의 한계속도와 이동

모래날림의 한계속도는 풍속, 모래의 입경 및 이동 용이성 등의 영향을 받지만 표 4-7을 보면 해안의 풍속 5~7m/s 이면 모래의 직경 0.25㎜이하는 비산되기 시작하고, 또한 12m/s 이상의 바람이 불면 기상조건에 관계없이 모래날림이 발생한다고 한다. 바람에 의하여 모래 표면에 전단응력(剪斷應力)이 작용하게 되면 모래입자 사이에 전단응력이 발생하며, 이것이 한계를 초과하면 모래가 움직이기 시작한다.

바람에 의하여 모래입자가 움직이기 시작할 때의 마찰속도를 한계마찰 속도라고 하며, 높이의 풍속은 마찰속도에 비례한다. 지상 1m의 풍속과 마찰속도의 관계는 다음 식과 같다.

$$V_* = 0.053 \cdot V_{100} \quad \cdots\cdots (4\text{-}2)$$

식으로, V_* : 마찰속도(㎝/s), V_{100} : 지상 1m의 풍속(㎝/s)

[표 4-7] 모래날림의 시동속도

지표면 모래의 상태	시동속도(m/s)
강우강도	
강할 때	11.8(≒12.0)
약할 때	9.8(≒10.)
함수량	
강우 직후 다습할 때	8.5
강우 말기 습할 때	7.0
강우 말기 건조할 때	5.2(≒5.0)

바람에 의한 모래의 운동은 부유운동, 도약운동 및 전동운동(표면활동) 등으로 구분된다. 부유운동(浮游運動)은 주로 모래지름 0.1㎜ 이하의 세립사가 움직이는 운동으로 통상의 바람에 수 미터 높이까지 비산하며, 도약운동(跳躍運動)은 주로 모래지름 0.2~0.3㎜인 모래가 모래면을 도약하면서 바람의지로 이동하는 운동이며, 높이가 2~20㎝ 범위로 한정된다. 또한, 전동운동(轉動運動)은 비교적 큰 입자의 모래가 모래 면을 따라 이동하지 않고 표면을 활동하거나 전동하는 운동이다.

우리나라에 황사피해를 가져오는 중국 내몽고 자치구의 쿠부치 사막 및 고비 사막은 상당한 규모의 크기로 사구지가 형성되어 있어 바람에 의하여 비산된 모래먼지는 미국의 하와이 지역까지 날아간다고 한다. 특히, 쿠부치 사막의 면적은 약 16,199㎢에 이르러 중국에서 7번째, 세계에서 9번째로 큰 사막이다. 1950년대에도 양들이 풀을 뜯던 초원이었으나 바람에 이동하는 유동사구(流動砂丘: movement sand dune)가 61%나 되어 빠르게 사막화가 진행되었다. 2002년부터 2009년까지 산림청, 지지체 및 민간기업 등이 이 사막에 방풍림으로 녹지 446ha를 조성하였으며, 국제적으로 조성한 녹지도 총 9,200ha가 넘는다. 한국과 중국의 우호 증진을 위하여 중국의 쿠부치 사막에 설치된 녹화 기념비와 식재된 식생의 모습은 그림 4-27과 같다.

[그림 4-27] 쿠부치 사막의 녹화 기념비와 사구지 모습

4. 4 토사의 생산과 유출

4.4.1 유송토사의 형태

사방의 필요성은 산지의 황폐로 인하여 토사가 생산되고, 이의 이동을 방지하는데 목적이 있다. 토사의 생산과 이동이 없으면 사방사업의 필요성이 낮지만 우리나라는 여름철 집중호우 등으로 산지재해나 토사유출이 많이 있게 되므로 사방계획이 필요하게 된다.

산지사면에서 지표수가 발생하여 계류로 이동하는 원동력은 중력이므로 낙차 또는 물매가 크면 클수록 유속이 빠르고, 그 운동세력도 커진다. 유수의 운동에너지가 크면 파괴력이 크므로 계류 상류부에서는 계상의 세굴(洗掘: scour)과 계안의 침식이 발생한다. 산지계류에서 유수가 세굴과 침식으로 발생한 토사석력을 하류로 이동시키는 힘을 소류력(掃流力: tractive force)이 한다.

이동하는 유수는 계상의 하류 경사가 완만한 부근에 도달하면서 그 운동의 세력이 감소하므로 유송하는 토석류 중에서 무거운 것은 침전되고, 반면에 가벼운 것은 세굴과 침식작용을 하면서 하류로 운반된다. 계상에는 세굴과 침전의 두 작용이 번갈아 일어나서 유수의 유속과 계상의 구성 재료와의 사이에는 항상 평형을 유지하려고 한다.

따라서 상류수원지 산간부의 하상은 대개 암반 또는 전석으로 구성되어 있고, 상류지에서는 호박돌과 자갈 등으로 구성되어 있다. 일반적으로 중류부에서는 자갈로, 하류부에서는 사니(砂泥)로 구성되지만 우리나라의 급류하천 중에는 하구(河口) 부근까지 돌이나 자갈이 유송되는 일도 적지 않다.

유수의 작용으로 이동하는 토사는 계상 위 또는 부근을 활동(滑動) · 전동(轉動) 및 도동(跳動)하는 소류사〔掃流砂: bed load〕와, 유수의 교란성에 의하여 상향하는 속도성분으로 유로단면 중을 부유하면서 운반되는 부류사〔浮遊砂: suspended load〕로 구분한다. 소류사 중에서 계상에 접촉하면서 활동 · 전동하는 것은 전동사〔轉動砂: contact load〕라 하고, 도동하는 것은 도동사〔跳動砂: saltation load〕라 한다(그림 4-28).

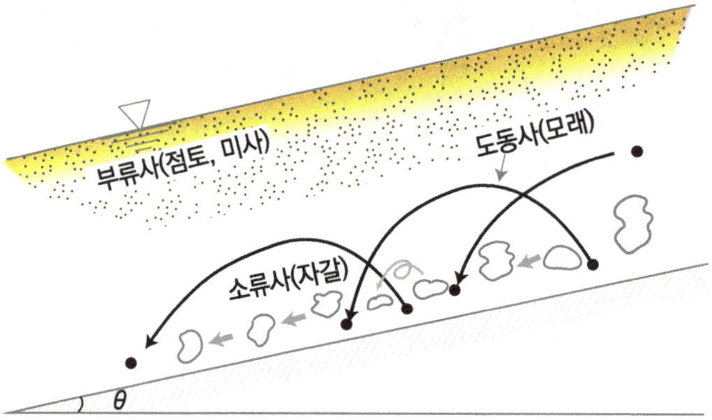

[그림 4-28] 소류사와 부류사의 이동상태

이와 같은 분류는 운반 기구에 의한 것이지만, 유사(流砂) 중에서 하상을 구성하는 토사보다 크고 거친 것을 하상구성 입자크기의 물질(bed materials)이라 하고, 가는 것을 세립부류토사(wash load)한다. 전자는 그 단면의 계상에서 운반력과 하상토사의 구성 상태로 운동이 규정되지만 후자는 상류로부터 공급되는 유수에 섞여 혼합된 부류상태로 그 단면을 통과하므로 양적으로 파악하기가 곤란하다.

특히, 사방공학의 연구는 토석류처럼 유수량에 비하여 대량의 토석이 단번에 유출되고 무게가 무거운 소류사가 많은 대상이 된다.

4.4.2 유수의 소류력

계상의 토사를 움직이게 하는 힘은 소류력이며, 이 소류력은 어떤 한계이상이 되면 토사는 이동하기 시작한다. 사방공학이나 하천공학에서는 임계유속보다 임계소류력〔臨界掃流力:

critical tractive force)이 더 문제가 된다. 임계소류력 또는 한계소류력은 유수의 소류작용으로 인하여 하상의 사력이 이동하기 시작할 때의 힘을 말한다.

Du Boys는 소류력 τ를 다음과 같은 식으로 나타내었다.

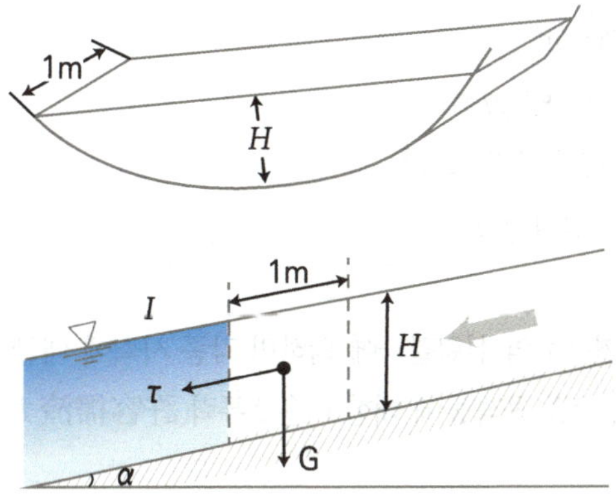

[그림 4-29] 계류의 소류력

$$\begin{aligned}\tau &= WH\sin\alpha \\ &= WHI \\ &= WH\cdot\frac{V^2}{C^2R} \\ &= 1{,}000\cdot H\cdot\frac{V^2}{C^2R} \\ &= 1{,}000\cdot\frac{V^2}{C^2} \qquad \cdots\cdots (4\text{-}3)\end{aligned}$$

Chzey의 평균유속 공식 $V = C\cdot\sqrt{RI}$를 이용하여 수면물매 I를 유도하여 대입한다.

$$V^2 = C^2RI,\ I = \frac{V^2}{C^2R}$$

τ : 유수의 소류력(kg/㎡), W : 유수의 단위중량(1,000kg/㎥), H : 수심(m)($H = R$),
I : 수면물매(sin α), C : chzey의 유속계수, V : 평균유속

Kreuter는 임계소류력에 대하여 다음과 같은 식을 제안하였다.

$$\tau_0' = (0.7 \sim 0.8)\,\tau_0 \qquad \cdots\cdots (4\text{-}4)$$

식에서 τ_0' : 하임계소유력(즉, 유수와 같이 이동하는 사력이 하상 위에 침전하기 시작할 때의 소류력)

τ_0 : 상임계소류력(즉, 하상 위에 정지한 사력이 이동하기 시작할 때의 소류력)

일본의 토목연구소에서는 임계소류력의 실험식으로 다음 식 4-5을 제안하였다.

$$\tau = 50(w - W)d \quad \cdots\cdots (4\text{-}5)$$

여기서, τ : 임계소류력(g/㎡)

w : 토석의 단위중량(g/㎤)

W : 물의 단위중량(1.0)(g/㎤)

d : 토석의 평균입경(㎜)

Bayern의 Nürnberg 연구소의 실험결과에 의하면 각종 사력에 대한 상임계소류력(τ_0)의 값을 보면 표 4-8과 같다. 또한, 각종 공작물에 대한 허용소류력(許容掃流力)을 보면 표 4-9와 같다.

[표 4-8] Bayern(독일)의 τ_0값 (단위 : kg/㎡)

구 분		값
모 래	(지름 : 0.2~0.4㎜)	0.18~0.20
	(지름 : 0.4~1.0㎜)	0.25~0.30
	(지름 : 2㎜까지)	0.4
자 갈	(지름 : 0.5~1.5㎝)	1.25
	(지름 : 4~5㎝)	4.8
점 토		0.10~0.12

[표 4-9] 각종 수로공작물에 대한 허용소류력 (단위 : kg/㎡) 〈Schoklitsch〉

구 분	τ_0값
평 떼[張芝水路]	2.0
바자얽기 안의 굵은 모래	1.0
바자얽기 안의 자갈	1.5
나무섶 바자얽기 (수류에 병행)	5.0
나무섶으로 된 기슭막이	7.0
돌붙이기(기울기 1 : 1, 두께 0.3m)	16.0
큰 막논돌[捨石] 붙이기	24.0
메쌓기	60.0
콘트리트 벽	60.0
돌 붙이기	150.0

4. 5 사력유하의 이론

4.5.1 유사의 이동

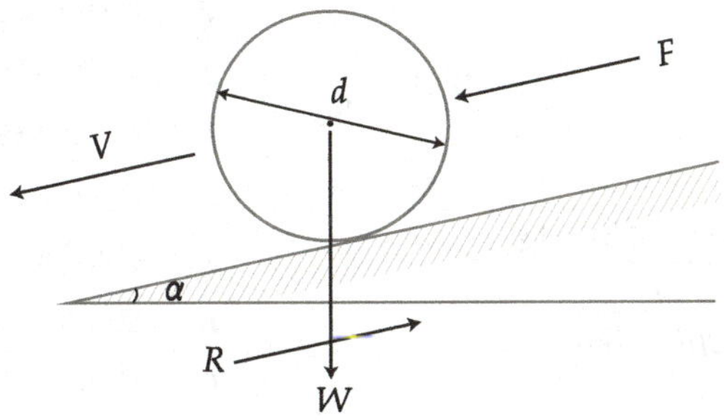

[그림 4-30] 유사의 이론

정지 상태에 있는 토석은 유수의 소류력에 의하여 활동을 시작하므로 유송되는 토석을 모래와 같이 구체(球體)로 가정하면, 다음과 같은 식으로 나타낼 수 있다.

토석에 작용하는 유수의 소류력(ton)과 저항력의 힘이 서로 균형이 되어 평형하면 토사는 이동되지 않기 때문에 식 (4-6)와 식 (4-7)에서 $F = R$이 되도록 두 식을 등치시켜 풀면 토석이 이동하기 시작되는 임계유속을 다음과 같이 구할 수 있다.

$$F = \zeta \frac{\pi d^2}{4} Wo \frac{V^2}{2g} \qquad \cdots\cdots (4\text{-}6)$$

$$R = fW = f \frac{\pi d^3}{6}(w - Wo) \qquad \cdots\cdots (4\text{-}7)$$

$$\zeta \frac{\pi d^2}{4} Wo \frac{V^2}{2g} = f \frac{\pi d^3}{6} (w - Wo)$$

$$\frac{\zeta \pi d^2 \cdot Wo V^2}{8g} = \frac{f \pi d^3 (w - Wo)}{6}$$

$$\zeta \pi d^2 \cdot Wo V^2 = \frac{f \pi d^3 (w - Wo)}{6} \cdot 8g$$

$$V^2 = \frac{\dfrac{f \pi d^3 (w - Wo) \cdot 4g}{3}}{\zeta \pi d^2 \cdot Wo}$$

$$V^2 = \frac{f \pi d^3 (w - Wo) \cdot 4g}{3 \zeta \pi d^2 \cdot Wo}$$

$$V^2 = \frac{4f(w - Wo) \cdot g \cdot d}{3(\zeta \cdot Wo)} \quad \cdots\cdots (4\text{-}8)$$

식에서

F : 토석에 작용하는 유수의 소류력(ton)

R : 저항력

ζ : 토석의 형상에 기인하는 계수

d : 토석의 입자지름(m)

Wo : 유수의 단위용적당 중량(ton/㎥)

V : 유속(m/sec)

g : 중력가속도(m/sec²)

R : 토석의 저항력(마찰력, ton)

f : 토석과 하상간의 마찰계수

W : 석력의 중량(ton)

w : 토석의 단위용적당 중량(ton/㎥)

$$\therefore V = \sqrt{\frac{4f(w - Wo) \cdot g}{3(\zeta \cdot Wo)}} \cdot \sqrt{d}$$

$$C = \sqrt{\frac{4f(w - Wo) \cdot g}{3(\zeta \cdot Wo)}}$$ 로 하면,

$$\therefore V = C\sqrt{d} \quad \cdots\cdots (4\text{-}9)$$

위의 식 (4-8)에서 보면 토석의 이동이 시작되는 토석입자의 지름은 유속의 제곱에 비례하는 힘에 의하여 움직이고, 그 용적 또는 중량은 유속의 6제곱에 비례하는 힘에 의하여 움직이는 것을 알 수 있다. 하상 위에 정지된 사력이 이동하기 시작할 때의 유속을 임계유속〔臨界流速: critical velocity of flow 또는 한계유속〕이라 하며, 계류의 사방공사에 매우 중요하다.

임계유속은 하상이 세굴되거나 또는 침전을 일으키는 한계를 결정하는 것이므로 하상을 구성하는 입자의 지름과 이 유속이 평형을 유지하는 경우에만 하상의 안정이 유지되는 것이다.

일반적으로 $\zeta = 0.8$, $f = 0.5$, $g = 9.8(\text{m/sec}^2)$, $w = 2.5$ (ton/m³), $W_0 = 1.0$ (ton/m³)이므로 이와 같은 값을 식 (4-9)에 대입하면 다음과 같은 식으로 나타낸다.

$$V = 3.5\sqrt{d} \quad \cdots\cdots (4\text{-}10)$$

식 (4-10)에서 d = 1㎝ (0.01m)이면 V = 0.35m/sec, d = 10㎝(0.1m)이면 V = 1.10m/sec가 된다. 식 (4-9)의 토석 형상 계수(ζ = 0.8)는 자유롭게 이동할 수 있는 원형의 사력에 대한 값이다. 일반적으로 하상의 사력은 실제로 완전한 구체가 아니므로 단결상태에 있는 하상을 세굴하기 위하여 임계유속은 이 값보다도 더 커야 한다. 하상재료와 임계유속과의 관계를 보면 표 4-10과 같다.

[표 4-10] 하상재료와 임계유속과의 관계 (단위 : m/sec) 〈Ettchevery〉

하 상 재 료	평균유속	하 상 재 료	평균유속
침전된 세사	0.15	단단한 양토 지반(점토 50%)	1.20
청정한 밑모래	0.30	자갈 혼합 단단한 점토 지반	1.75
가벼운 모래가 섞인 흙(점토 15%)	0.35	단단한 점토 지반	1.80
가벼운 모래가 섞인 흙(점토 40%)	0.55	역암토지반	2.00
굵은 모래	0.55	성층암	2.50
다져지지 않은 자갈이 섞인 흙	0.75	경암	4.00
보통의 양토	0.75	콘크리트	4.00
양토(점토 65%)	0.90		

4.5.2 석력의 이동

유송되는 석력을 원형체보다 6면체로 가정하여 유수의 소류력을 구하면 다음과 같은 식으로 나타낸다.

$$F = kA \cdot r_w \frac{V^2}{2g} = (k_1 + k_2) r_w \cdot A \frac{V^2}{2g} \quad \cdots\cdots (4\text{-}11)$$

F : 충돌력

R : 저항력 $R1$: 정(+) 압력계수 즉, 충돌에 관한 사석의 형상계수

$R2$: 부(-) 압력계수 즉, 유선이 사석을 넘어서 재차 합류할 때 F의 반대 측에 작용하는 형상계수

k의 값 › 주체 k = 1.5, 구체 k = 0.5, 타원형 k = 0.8, 사각형 k = 1.2

A : 유수의 충돌면적(a × c), b : 물 흐르는 방향의 석력의 길이

r_w : 물의 단위중량

W : 수중에 있어서의 석력의 중량,

f : 저항력을 마찰만으로 가정한 마찰계수

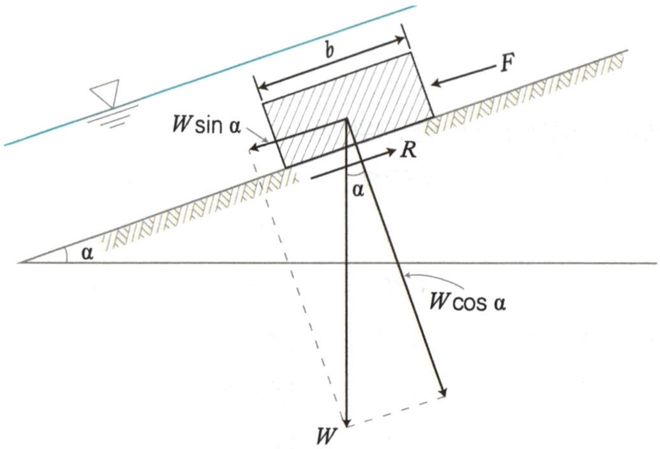

[그림 4-31] 석력이동의 이론

그림 4-31에서 보면 하상에서 석력이 이동하려는 힘은 $W_1 = W sin\alpha$이고, 저항하려는 힘은 $W_2 = W cos\alpha$이다. 여기서 하상의 바닥에서 저항력으로 마찰력만 있다고 가정하고, f를 마찰계수(摩擦係數: coefficient of friction)라 하면 다음과 같다.

$$R = fW cos\alpha$$

하상에서 세굴과 석력의 이동이 시작되려면 충돌력과 이동력이 저항력보다 커야 가능하므로 다음과 같은 식이 성립한다.

$F + W_1 > fW_2$ 되므로 F, W_1 및 W_2 에 해당하는 값을 대입하면 다음과 같다.

$$(k_1 + k_2)r_w \cdot A \frac{V^2}{2g} + W sin\alpha > fW cos\alpha$$

여기서 $W = Q\,(d - r_w)$ 단, Q : 돌의 용적, d : 석력의 단위중량, r_w : 물의 단위중량 임

$$(k_1 + k_2)r_w \cdot A \frac{V^2}{2g} + Q(d - r_w) \cdot sin\alpha > fQ(d - r_w)cos\alpha$$

$$(k_1 + k_2)r_w \cdot A\frac{V^2}{2g} > fQ(d - r_w) \cdot \cos\alpha - Q(d - r_w) \cdot \sin\alpha$$

$$(k_1 + k_2)r_w \cdot A\frac{V^2}{2g} > Q(d - r_w)(f\cos\alpha - \sin\alpha)$$

$$(k_1 + k_2)r_w \cdot AV^2 > 2g \cdot Q(d - r_w)(f\cos\alpha - \sin\alpha)$$

$$\therefore\ V > \left\{\frac{2g}{k_1 + k_2} \cdot \frac{Q}{A} \cdot \frac{d - r_w}{r_w} \cdot (f\cos\alpha - \sin\alpha)\right\}^{\frac{1}{2}}$$

여기서 $\frac{2g}{k_1 + k_2} = \beta$로 하면, $V > \left\{\beta \cdot \frac{Q}{A} \cdot \frac{d - r_w}{r_w} \cdot (f\cos\alpha - \sin\alpha)\right\}^{\frac{1}{2}}$

또 β, $\frac{Q}{A}$는 사석의 형태에 따라 변한다. 즉, 장방주체에서 $\frac{Q}{A} = \frac{abc}{ac} = b$이므로 사석을 움직이는 한계의 유속, 즉 임계유속은 다음과 같다.

$$V_g > \left\{\beta \cdot b \cdot \frac{d - r_w}{r_w} \cdot (f\cos\alpha - \sin\alpha)\right\}^{\frac{1}{2}}$$

$$V_g = \sqrt{\frac{\beta f b(d - r_w)\cos\alpha}{r_w}} \quad \cdots\cdots (4\text{-}12)$$

식 (4-12)을 보면 임계유속은 석력의 유수 방향의 길이(b)가 커짐에 따라 증가하므로 b의 값이 큰 석력일수록 이동하기 어려운 것이다. 또한, 임계유속은 $\cos\alpha$가 증대함에 따라 증가하는 것이므로 하상물매 α가 감소함에 따라 석력의 단위용적당 무게 d가 큰 것일수록 이동하기 어렵다.

4.6 계상기울기와 석력의 퇴적

4.6.1 계상의 안정 기울기

산지계류의 상류에는 일반적으로 큰 석력들이 많이 퇴적되어 있고, 그 대신에 적은 석력은 하류에 운반되어 하상재료의 배열이 잘 되어 있다. 산지계류에서 침식, 운반 및 퇴적이 반복적으로 일어나면서 석력의 교대는 있어도 세굴과 침전이 평형을 유지하여 종단형상에 변화를 일으키지 않는 계상의 기울기를 안정기울기(slope of compensation 또는 compensating gradient), 또는 평형기울기, 보정기울기 및 자연사도(自然斜度)라 한다.

산지계류에서 계상의 침식을 방지하기 위해서는 계상의 안정기울기를 정하는 것이 필요하다. 계상의 안정기울기는 유속을 세굴과 침식이 없는 상태인 임계유속으로 만들어 주면 되므로 평균유속 공식인 Chezy 식과 임계유속 식을 다음과 같이 등치시켜 구할 수 있다.

$$V = C\sqrt{RI}, \qquad V_g = \sqrt{\frac{\beta f b(d - r_w)\cos\alpha}{r_w}}$$

$$C\sqrt{RI} = \sqrt{\frac{\beta f b(d - r_w)\cos\alpha}{r_w}}$$

$$C^2RI = \frac{\beta f b(d - r_w)\cos\alpha}{r_w}$$

$$\sin\alpha = \frac{\beta f b(d - r_w)\cos\alpha}{r_w C^2 R}$$

$$\frac{\sin\alpha}{\cos\alpha} = \frac{\beta f b(d - r_w)}{r_w C^2 R}$$

$$\therefore \tan\alpha = \frac{\beta f b(d - r_w)}{r_w C^2 R}$$

$$\tan\alpha = \frac{\frac{1}{0.076}\cdot 0.76(d-1)b}{1\cdot C^2R}$$

$$= \frac{0.76(d-1)b}{0.076\cdot C^2R}$$

$$k = \frac{(d-1)}{0.1\cdot C^2} \text{ 하면,}$$

$$\therefore \tan\alpha = k\cdot\frac{b}{R} \qquad \cdots\cdots (4\text{–}13)$$

f : 계상의 석력마찰계수 (0.76)
d : 석력의 비중
r_w : 물의 비중
β : 물이 충돌하는 석력의 형상계수
기둥모양의 주체 : $\frac{1}{0.076}$
원형의 구체 : $\frac{1}{0.03}$
타원체 : $\frac{1}{0.04}$
사각형 : $\frac{1}{0.06}$
α : 계상물매
b : 석력의 유수방향의 길이(m)
R : 경심
I : 수면물매($\sin\alpha$)

식 (4-13)은 안정기울기를 나타내는 공식이며, 안정기울기는 석력의 치수 b에 정비례하고 수심 R에 반비례하므로 큰 석력이 있는 하상이나 수심이 얕은 하상에서도 안정기울기가 크다. 따라서 하천 하류부에서의 안정기울기는 석력의 치수가 크고 수심이 얕을 경우 급하며, 이와 반대일 경우 완만하다. 일반적으로 하천의 종단면에는 그림 4-32에서 보는 바와 같이 요면(凹面: concave curve)을 형성하는 것이 원칙이다. 이러한 것은 석력이 유수에 의하여 각각 운반되므로 각개운반(各個運搬: individual transportation)이라 한다.

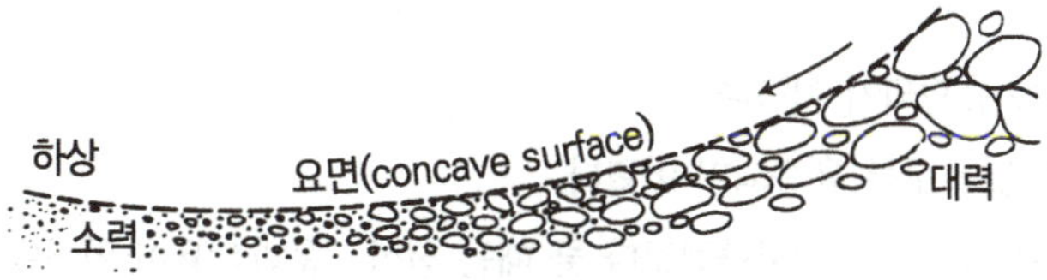

[그림 4-32] 석력의 각개운반

그러나 붕락, 포락 등 토사재해에 의하여 계상 위에 퇴적된 대량의 사력이 고형물이 되어 물과 함께 토석류를 발생시켜 석력이 집합상태로 운반하게 될 경우에는 이것을 집합운반(集合運搬: collective transportation 또는 mass transportation)이라 한다.

토석류의 운동은 그 진행 중에 있는 장애물과 부딪히지 않으면 놀랄만한 세력을 가지게 된다. 그 운동의 도중에 대력(大礫)은 운동량이 크므로 이동 속도가 빠르고 소력(小礫)은 운동량이 적으므로 이동이 느리게 되어서 사력의 분류가 일어난다. 따라서 대력은 전방으로 진행하며, 소력은 후방에 잔류하여 각개운반과는 반대로 하상의 종단면은 그림 4-33에서 보는 바와 같이 철면(凸面: convex curve)으로 되는 것이다.

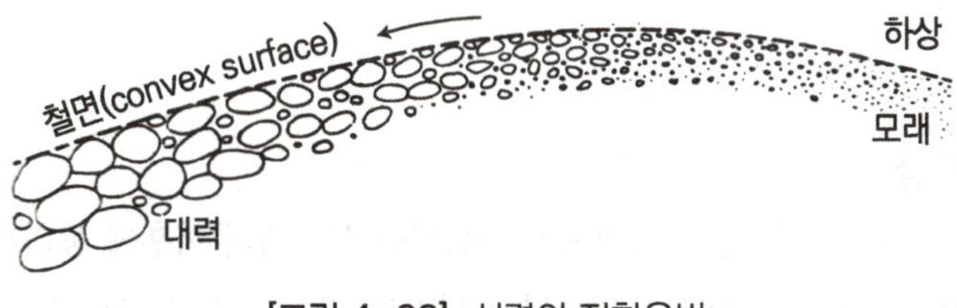

[그림 4-33] 석력의 집합운반

4.6.2 유수와 석력과의 관계

자연 계상에서는 형상, 크기 및 비중이 서로 다른 각종의 석력이 존재하므로 한계속도가 달라짐에 따라 유송되는 석력의 크기도 달라진다. 특히 야계공사 시 우리가 취할 수 있는 것은 계상기울기만 완화할 수밖에 없다. 따라서 계상의 평형기울기를 유지할 수 있도록 기울기를 완화하고 유속을 한계속도 이내로 줄여야 한다.

유수와 석력과의 관계를 보면 다음과 같다.

① 비중이 클수록 유송되기 어렵다.

② 계상기울기가 낮을수록 유송되기 어렵다.

③ 물의 충돌력이 계상의 마찰저항력보다 클 때는 침식 · 운반작용이 일어난다.

④ 석력의 최장축이 유수의 방향에 평행일 때는 그 단축이 유수의 방향에 평행될 때 보다 유송되기 어렵다.

⑤ 물의 단위중량이 클수록 큰 석력을 유송하며, 단위중량이 아주 커지면 유수는 토석류로 변한다.

⑥ 안정기울기(자연사도) 상태에서는 유수에 의한 계상침식은 없다.

⑦ 안정기울기는 석력의 크기(b)에 정비례하고, 수위(R)에 반비례한다. $tan\,\alpha = k \cdot \frac{b}{R}$

⑧ 황폐하천과 산악천의 k 값은 실험에 의하여 각각 0.035와 0.093이다.

4.7 침식토사량의 산정

4.7.1 침식토사량

1. 침식토사량

산지사면에서 침식토사량을 알기 위해서는 평상시와 산지재해 이후에 붕괴지의 조사를 실시하여야 한다. 평상시의 산지사면의 토사생산량은 다음과 같은 식으로 구한다.

1) Musgrave의 식

$$E = 0.00527 \cdot IRS^{1.35} \cdot L^{0.35} \cdot P_{30}^{1.75} \qquad \cdots\cdots (4\text{-}14)$$

식에서, E : 토사생산량(㎜/년), I : 토양침식 인자(㎜/년), R : 식생피복인자,
S : 사면경사(%), L : 사면의 수평길이(m), P_{30} : 최대 30분 간의 강우량(㎜)

2) RUSLE의 식

수정범용토양유실공식(revised universal soil loss equation)은 토지의 사용 용도가 토양침식에 미치는 영향을 예측한 식이며, 현재 우리나라 행정안전부에서 각종 개발계획 시 토사유출량을 산정하여 개발에 따른 토사유출량에 대한 저감대책을 유도하기 위하여 널리 사용하고 있는 식이다.

$$E = R \cdot K \cdot L \cdot S \cdot C \cdot P = R \cdot K \cdot L \cdot S \cdot VM \quad \cdots\cdots(4\text{-}15)$$

식에서, E : 연평균 토사생산량(ton/ha), R : 강우침식인자(10^7J/ha · ㎜/hr),
K : 토양침식인자(t/ha/R), L : 사면길이인자(m), S : 사면경사인자(%),
C : 작물관리인자(무차원), P : 토양보전인자(무차원),
VM : 토양침식 조절인자(무차원)

붕괴지역의 조사는 대상 유역을 답사하고 산붕, 산사태, 토석류 및 땅밀림 등의 위치, 규모, 특성 및 발생원인, 인근의 주택 및 농경지 등 주변여건, 사방사업의 필요성 여부, 토사의 침식상태, 산복과 계류의 황폐상황 등을 조사하고, 또한 장래 황폐될 위험성의 여부도 검토한다, 이러한 조사는 붕괴지 등이 누락되는 것을 방지하기 위하여 드론을 이용한 항공사진 및 위성사진 등을 이용하는 것이 좋다.

2. 붕괴 토사량의 예측

산지사면에서 산사태 발생원인은 매우 복합적이다. 붕괴 토사량을 예측하기 위해서는 유인과 소인 등 서로 복잡하게 관련되어 있는 현상을 해석해야 한다. 붕괴면적이나 붕괴토사량을 정확하게 예측하기 위하여 산사태 발생에 많은 영향을 미치는 산림환경인자, 즉 경사. 모암, 토심, 방위, 사면형태, 사면위치, 임상, 석력함량 등을 조사하여 목적에 따라 다양한 통계적 분석을 실시한다. 대표적으로 많이 활용하는 통계학적 방법에는 단순상관 분석과 다변량 분석이 있으며, 다변량 분석에는 중회귀분석, 단계별회귀분석, 로지스틱 분석 및 판별분석 등이 있으며, 또한, 토질공학적 방법 등도 응용되고 있다. 특히, 통계학적 방법에는 각 인자의 카테고리의 구분에 따라 점수가 변하고 강우와의 상관성이 기각되거나 역상관이 있는 경우도 있어 자료 처리에 많은 경험이 필요하다.

1) 통계학적 방법

(1) 단순상관에 의한 방법

붕괴면적이나 붕괴토사량을 종속변수로 하고, 개별 인자인 경사를 독립변수로 하여 단순상관 분석을 실시한다. 또한, 지질과 붕괴토사량(또는 붕괴면적)과의 관계를 단순상관 분석하거나 산사태 유발인자인 강우량과 붕괴면적과의 관계를 단순상관 분석하여 해석하는 방법이다. 단순한 평가 방법이며, 각 인자들 간에 단순상관의 이해에는 도움이 되지만, 다양한 요인들이 복합적으로 영향을 미치는 산사태 발생의 전체적인 해석은 할 수 없는 단점이 있다.

(2) 중회귀 분석에 의한 방법

붕괴면적이나 붕괴토사량을 종속변수로 하고, 개별 인자를 독립변수로 하여 분석을 실시한다. 독립변수인 산사태 발생에 많은 영향을 미치는 산림환경인자, 즉 경사. 모암, 토심, 방위, 사면형태, 사면위치, 임상, 석력함량 등을 조사하여 중회귀 분석을 실시한다. 각 독립변수인 8개의 산림환경인자 들을 모두 입력시켜 카테고리별 점수를 구하고, 카테고리별 점수의 폭을 인자별 영향력으로 한다. 이 방법은 8개 전체 인자를 중요하게 다루며, 산지사면의 붕괴 토사량이나 붕괴면적을 예측하는데 유효하게 사용하고 있다.

(3) 단계별 회귀분석에 의한 방법

붕괴면적이나 붕괴토사량을 종속변수로 하고, 개별 인자를 독립변수로 하여 분석을 실시한다. 독립변수인 산사태 발생에 많은 영향을 미치는 산림환경인자, 즉 경사. 모암, 토심, 방위, 사면형태, 사면위치, 임상, 석력함량 등을 조사하여 단계별 분석을 실시한다. 단계별 회귀분석은 각 독립변수인 8개의 산림환경인자 들을 모두 입력시키면 산사태 발생에 가장 많은 영향을 미치는 인자부터 도입되면서 수정결정 계수의 값이 증가가 일어나고, 어느 한계에 이르면 감소가 생긴다. 이 감소가 있기 전까지의 변수들만 선택하여 카테고리별 점수를 구하고, 카테고리별 점수의 폭을 인자별 영향력으로 한다. 이 방법은 8개 전체 인자 중 가장 영향을 미치는 인자들만 중요하게 다루며, 산지사면의 붕괴 토사량이나 붕괴면적을 예측하는데 유효하게 사용하고 있다.

(4) 수량화(로지스틱) 분석에 의한 방법

붕괴면적이나 붕괴토사량을 종속변수로 하고, 개별 인자를 독립변수로 하여 분석을 실시한다. 독립변수인 산사태 발생에 많은 영향을 미치는 산림환경인자, 즉 경사. 모암, 토심, 방위, 사면형태, 사면위치, 임상, 석력함량 등을 조사하여 로지스틱 분석을 실시한다. 로지스틱 분석은 붕괴를 일으키는 여러 인자 중 수치로 표현하기 어려운 정성적 인자를 포함하여 해석을 할 수 있어 편리하며, 또한 붕괴 발생에 영향을 미치는 다양한 인자를 도출하기 때문에 실제로 발생한 붕괴현상을 설명하는 경우에 매우 유효하다. 우리나라에서도 수량화 분석 또는 로지스틱 분석을 이용하여 산사태 위험도 판정표를 만들어 위험지역 선정에 많이 활용되고 있다.

(5) 판별분석에 의한 방법

산사태는 어느 한 지역에 동일한 강우가 내리더라도 어떤 장소는 붕괴를 하고 어느 지점은 붕괴를 하지 않고 있다. 붕괴한 지점과 붕괴를 하지 않은 지점에서 소인(素因)은 어떠한 차이가 있는지를 밝힐 필요가 있다. 이러한 붕괴 유무(有無)에 대한 차별성을 해석하기 위한 것이 판별분석이다. 판별분석은 붕괴 유무를 종속변수로 하고, 개별 인자를 독립변수로 하여 분석을 실시한다. 독립변수인 산사태 발생에 많은 영향을 미치는 산림환경인자, 즉 경사. 모암, 토심, 방위, 사면형태, 사면위치, 임상, 석력함량 등을 조사하여 판별분석을 실시한다. 판별분석도 붕괴를 일으키는 여러 인자 중 수치로 표현하기 어려운 정성적 인자를 포함하여 해석을 할 수 있어 편리하다. 특히, 붕괴한 그룹과 붕괴를 하지 않은 그룹에 대한 해석 자료를 이용하여 두 그룹의 경계 기준점인 판별 구분치를 산정하고, 붕괴 그룹 중 실제 붕괴를 한 비율과 비붕괴 그룹에서 실제붕괴를 하지 않은 비율이 얼마인지를 판별하여 적중률을 평가한다.

붕괴한 그룹과 붕괴를 하지 않은 그룹에 대한 판별분석을 통하여 두 그룹의 차별성이 도출되기 때문에 실제로 발생한 붕괴현상을 설명하는 경우에 매우 유효하다. 우리나라에서도 판별 분석을 이용하여 산사태 위험도 판정표를 만들어 위험지역 선정에 많이 활용될 수 있다.

2) 토질공학적 방법

토질공학적 방법은 산지사면의 표토 지질조사를 통하여 교란시료와 불교란 시료를 채취하여 실험실에서 시료분석을 실시하고 컴퓨터 프로그램에 의한 사면안정 해석을 하는 방법이다. 산지사면의 유효한 안정해석이 되려면 현장 조사장비의 정밀도 향상, 실외 및 실내 실험방법의 개선, 이론의 발전 등이 선행될 필요성이 있다.

3. 계상의 퇴적토사량

계상의 퇴적토사량은 계류에 불안정하게 퇴적되어 있는 토사량을 산정하면 어느 정도는 추정할 수 있다. 일반적으로 곡차수별로 계류의 구간을 구분하고, 현지조사나 공중사진의 판독에 의하여 구간별로 퇴적 토사량을 적산하여 측정한다. 그러나 실제 계류를 상세히 조사하여 퇴적지에 자라는 식생의 연륜을 분석하고 연대별 퇴적토사량을 예측하는 것도 유효한 방법이다.

4.7.2 유출 토사량

유출 토사량은 산지상류에서 생산된 토사가 유수의 소류력 등에 의하여 운반되어 계획기준점까지 유출되는 토사량이며, 기존의 토사유출 · 유역의 지형 · 식생상황 · 하도의 조정능력 등을 고려하여 평가해야 한다.

유출 토사량을 직접 측정할 때에는 소류토사 채취기와 부류토사 채취기가 사용된다. 그러나 이러한 방법은 유속이 비교적 느린 경우에는 효과가 있으나, 수심이 깊고 유속이 빠를 때에는 채취기구의 사용이 곤란하다. 계상에서 유송토사량을 직접 측정하는 것은 대단히 어렵고 측정치의 정확성도 떨어지므로 최근에 저수지나 사방댐의 퇴사량을 조사하여 다음 식 (4-16)에 의하여 추정하고 있다(그림 4-34).

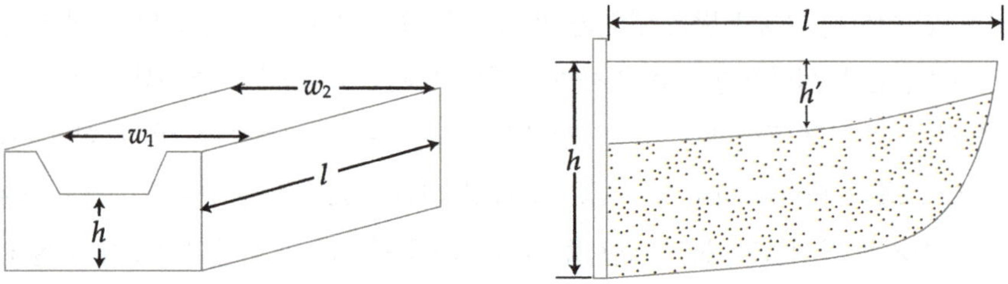

[그림 4-34] 사방댐의 퇴사량 조사

$$V(m^3) = \frac{w_1 + w_2}{2} \times (h - h') \times l \quad \cdots\cdots (4\text{-}16)$$

여기서, $V(m^3)$: 내용적, h : 사방댐 유효고, h' : 사방댐 평균 여유고

l : 저사거리, w_1 : 댐 주변 계상 폭, w_2 : 댐 상류 계상 폭

또한, 홍수로 인한 하상의 세굴 깊이를 조사하기 위해서는 하상 석력 중에 벽돌과 착색한 자갈을 매설해 놓고 홍수 후에 어느 깊이까지 세굴되고 이동하였는가를 조사하며, 하상 사력의 이동거리는 페인트칠이나 동위원소로 처리한 석력을 이용하여 측정하기도 한다.

예제 4-1

산지계류에서 수심 2m, 수면경사 1/300일 경우에 임계소류력은 얼마이며, 이 때 어느 정도 크기의 토석이 이동하겠는가? 단, w = 2.65이다.

{풀이}

소유력 : $\tau = WHI = 1{,}000 \times 2 \times 1/300 = 6.7\text{kg/m}^3 = 6{,}700\ \text{g/m}^3$

이동 가능한 토석의 크기:

$$\tau = 50(w-W)d$$

$$6{,}700 = 50(2.65-1.0)d$$

$$6{,}700 = 82.5d$$

$$d = \frac{6{,}700}{82.5}$$

$$= 81.21\text{mm}$$

$$= 8.1\text{cm}$$

따라서, 토석의 입경 8.1㎝(비중 2.65일 경우)의 사력까지 이동하게 된다.

예제 4-2

계상의 평균 수위 0.56m, 석력의 길이 0.05m 일 때의 황폐하천과 산악천의 평균비탈을 구하여라.

{풀이}

식 (4-13)을 이용하여 구한다.

$$\tan\alpha = k \cdot \frac{b}{R}$$

1) 황폐하천의 경우

$k = 0.035$

$$\tan\alpha = 0.035 \times \frac{0.05}{0.56} = 0.003125$$

퍼센트로 나나내면 $0.003125 \times 100 = 0.31\%$

분수로 나타내면 $1 \div 0.003125 = 320$

$= 1/320$

2) 산악천의 경우

$k = 0.093$

$$tan\,\alpha = 0.093 \times \frac{0.05}{0.56} = 0.008304$$

퍼센트로 나나내면 0.008304 × 100 = 0.83%

분수로 나타내면 1 ÷ 0.008304 = 120.424

= 1/120

note

제5장 토질과 사면안정

제5장 토질과 사면안정

5.1 개요

지각을 구성하고 있는 물질은 지질학에서 단단한 경암과 연암을 암석이라고 한다. 일반적으로 지각의 상층부는 모암에서 풍화되어 생성된 점토, 모래 및 자갈로 구성되어 있는 것을 표토라고 하여 기반암과 구별하고 있다.

흙은 모암에서 풍화된 여러 가지 물질이 혼합된 다공질의 생산물이므로 그 속에 수분의 함유량이나 또는 다지는 정도에 의하여 흙의 성질은 상당히 변화하게 된다. 토질공학에서는 구조물의 설치나 사면의 안정을 위하여 흙의 일정한 강도가 필요하며, 또한 흙의 강도를 어떻게 개선할 것인가가 중요하다. 흙은 강우, 기온, 받는 압력 등에 의하여 변하기 때문에 공학적 문제를 다루는 것은 쉬운 일이 아니다. 따라서 토질과 사면안정 해석을 위하여 흙의 물리학적 성질 및 역학적 성질 외에 흙의 거동에 대한 지식이 필요하다.

5.1.1 흙의 생성

지각을 구성하고 있는 암석 중에서 화성암은 고온용융의 상태에 있던 마그마(magma)가 점차 냉각되어서 만들어진 것이다. 이미 있던 암석이 대기나 물의 작용에 의하여 침식 및 운반되어 퇴적되거나 화산 분출물, 혹은 생물의 유체 등의 퇴적에 의하여 오랫동안 압밀 고화되어 암석으로 된 것을 퇴적암, 또는 수성암이라고 한다. 이 수성암 중에는 층리를 나타내는 것이 많다. 이와 같이 제 1차적으로 화성암이나 제 2차적으로 퇴적한 수성암이 새로이 강한 압력을 받거나, 또는 암석의 틈새에 고온의 마그마가 관입하면 암석의 조성이나 내용이 변질되어서 얻어지는 것이 변성암이다.

암석의 대부분은 화학적 및 물리적으로 다른 몇 개의 물질로서 되어 있다. 암석의 구성단위 중에 물리적으로나 화학적으로 균일한 천연 생성물을 광물이라고 한다. 일반적으로 암석은 여러 종류의 광물로 되어 있고, 이러한 광물을 조암광물〔造岩鑛物: rock forming mineral〕이라고 한다. 광물에는 결정형, 경도, 색채, 광택, 비중 등이 중요한 물리적 성질로 되어 있다.

조암광물 들은 기온의 변화, 물의 작용 등에 의하여 물리적 성질 등이 변화되고 점차 세분화되는 것을 물리적 분해작용 또는 붕괴작용이라고 하며, 수화작용, 산화, 탄산화, 탈규산 작용 또는 직접 물에 의한 용해작용 또는 이들 작용의 조합에 의한 풍화를 화학적 분해 작용이라고 한다.

공기 중에는 산소, 탄산가스가 항상 존재하며, 건조한 공기 중에서는 다른 원소와 잘 화합하지 않지만 습기가 있는 공기 중이나 흙속에서는 쉽게 다른 원소와 화합한다. 즉, 탄산가스는 물에 용해되어 탄산으로 되고, 철 · 마그네슘 · 칼슘 · 칼륨 · 나트륨 등을 포함하는 광물도 잘 분해된다. 대부분 화성암의 조암광물은 위와 같은 원소가 포함되어 있어 분해되기 쉬우며, 풍화 및 분해에 의하여 점차 흙으로 된다.

화성암을 구성하고 있는 조암광물의 성분은 주로 석영 12~20%, 장석류 50~60, 철, 칼슘, 마그네슘 및 규산염〔硅酸鹽: silicate〕 14~17%, 운모〔雲母: mica〕 3~4% 및 기타 7~8%로 구성되어 있다.

5.1.2 암석의 풍화

1. 화성암의 풍화

화성암〔火成岩: igneous rock〕 중에서 마그마가 지하 깊은 지점에서 서서히 냉각한 것을 심성암이라 하며, 지하의 얕은 곳에서 마그마가 냉각하여 암석으로 된 것을 반심성암, 지표에서 급속하게 냉각하여 된 암석을 화산암이라 한다. 화성암의 성분은 규산(SiO_2), alumina (AI_2O_3), 기타 산화금속류로 되어 있다. 그 중에서 규산이 65% 이상인 것을 산성암이라고 한다. 흰색을 띠고 규산이 65~52% 정도인 것을 중성암, 52% 이하의 것을 염기성암이라 한다. 염기성일수록 암석은 어두운 색을 나타낸다.

심성암의 대표적인 암석이 화강암이다. 화강암의 조암광물은 석영, 장석, 운모의 결정으로 되어 있으며, 마그마는 식는 속도가 느려 각 결정 입자의 크기는 거의 같은 입상조직〔粒狀組織: granular texture〕을 하고 있다. 또한, 화산암의 조직은 결정으로 된 조립질 성분의 반정〔斑晶: phenocryst〕과 유리질〔琉璃質: vitreous〕로서 작은 세립질로 구성되어 있어 반상조직〔斑狀組織: porphyritic tcxturc〕을 히고 있다.

① 화강암〔花崗岩: granite〕은 석영, 장석 및 운모로 만들어 져 각 광물의 팽창계수가 다르고 입상조직을 하고 있기 때문에 온도의 변화에 의하여 표면에서 물리적으로 붕괴한다. 그 중에서도 장석류 운모는 분해 작용을 받아서 점토화 되고, 석영만은 분해되지 않고 모래입자로 남는다.

② 화강암의 풍화토를 일명 마사토라 하며, 풍화 생성물 중의 철분은 점토와 모래를 적갈색으로 착색 한다. 일반적으로 화강암과 같은 심성암의 풍화 표층은 점토와 모래로 되어 있으나 땅속으로 내려 갈수록 풍화토층은 둥근 모양을 가진 큰 돌로 되어있고, 더 깊이 내려 갈수록 연암이나 신선한 모암으로 된 경암이 나타난다.

③ 섬록암〔閃綠岩: diorite〕은 심성암의 하나로 석영, 각섬석 및 사장석을 주성분으로 한다. 화강암에 흡사하나 약간 암녹색을 띠고 입상조직을 하며, 풍화 생성물은 화강암과 거의 같다. 다만 미립자 성분이 너무 많기 때문에 화강암의 풍화 생성물에 비하여 투수성은 낮다.

④ 유문암〔流紋岩: rhyolite〕은 화산암의 일종으로서 그 단면은 마그마가 급격히 냉각되어 생긴 유리질로서 작은 세립질의 반상조직을 하고 있다. 화강암보다 풍화되기 쉽고, 또 유리질과 같은 물질이 풍화되어 미립자가 되면서 풍화층은 치밀하고 투수성이 낮다. 일반적으로 화산암 풍화층의 지표는 점토 및 모래 등의 미세립자로 되어 있으나, 중간층에 있는 풍화토는 각상(角狀)을 하고 있다.

⑤ 안산암〔安山岩: andesite〕은 섬록암과 같은 성분을 가지고 있는 화산암이다. 마그마가 급격히 냉각되면서 형성된 비교적 큰 조립질의 조직인 반정을 형성하며, 반정으로는 사장석, 휘석, 각섬석 등의 광물들이 많다. 이들 광물도 풍화되기 쉽고, 유리질과 같은 세립질 물질의 풍화물과 같이 치밀하므로 투수성이 적은 토층을 만든다.

⑥ 현무암〔玄武岩: basalt〕은 사장석, 휘석, 감람석과 같이 유색광물과 석영을 주성분으로 하는 화산암이다. 석영을 제외한 광물들은 비교적 풍화되기 쉬우며, 철의 산화에 의하여 흙을 적갈색으로 착색한다. 이러한 현상은 현무암에서만 일어나는 것이 아니고 철이 있으면 흙을 모두 적갈색으로 착색을 하게 된다.

2. 퇴적암의 풍화

퇴적암〔堆積岩: sedimentary rock〕은 물속에 침적 응고한 것으로 조성입자의 대소에 의하여 혈암, 이암, 사암, 역암 등으로 구분한다. 혈암은 점토가 판상으로 고결된 것이고, 이암은 미사

(微砂: silt)질이 풍부한 것이다. 사암은 사립자가 결합한 것이며, 역암은 지름 2㎜ 이상의 입자가 점토, 기타의 고결제와 퇴적 고결한 것이다. 따라서 수성암이 풍화되면 원래의 모래와 점토로 되돌아가게 되는 것이다.

① 화산회(火山灰: volcanic ash)는 비교적 새롭게 형성된 화산분출물로 아직도 고결하지 않은 적갈색의 흙이다. 층리가 없고 대부분이 평야 주변의 구릉지 또는 대지를 만들고 있다. 자연 그대로 존재하면 투수성이고, 안산암의 풍화생성물과 흡사하다.

② 응회암(凝灰岩: tuff)은 화산회, 화산사, 화산력, 화산각력이 물속이나 땅위에서 퇴적 고결한 연질의 암석이다. 비교적 새롭게 만들어진 것은 풍화되기 쉽고 미사질의 흙으로 된다. 응회암이 극히 오래되면 휘록응회암(輝綠凝灰岩: schalstein)이 되며, 풍화되면 치밀하고 단단한 점토층으로 된다.

③ 혈암(頁岩: shale)은 암석의 풍화에 의하여 만들어진 점토가 물속에 운반 퇴적하여 고결된 것이다. 비교적 연질이며 풍화하면 원래의 조성성분인 점토로 된다. 일반적으로 물속에서 퇴적암의 풍화는 표층의 일부에 한하지만, 그 풍화층이 보호막을 형성하여 심부로의 풍화는 잘 진행되지 않는다.

④ 사암(砂岩: sandstone)은 암석풍화에서 분리된 석영입자가 물 밑바닥에 퇴적하여 점토의 석회분이 결합제로 되어 고결된 것이다. 새롭게 만들어진 것은 연질이나 오래된 것은 아주 견고하다.

사암은 모래 입자를 부착시키는 고결제의 강약에 의하여 풍화의 속도가 변한다. 즉 고결제가 석회암의 경우는 용해하여 붕괴하기 쉽고, 또 동결에 의하여 쉽게 풍화된다. 점토와 철분이 고결제이면 석회질보다는 다소 풍화가 늦다. 어느 것이나 사암의 풍화생성물은 사질이나 미세한 모래 및 점토를 포함한 미사질로 되는 것이 적지 않다. 일반적으로 사암의 풍화생성물은 극히 안정된 흙으로 되어 있다.

⑤ 석회암(石灰石: limestone)은 유기성 침전암으로 암질이 단단하고 물리적 분해 작용은 거의 받지 않는다. 주로 암석의 표면과 절리에 침입하는 물에 의하여 용해작용을 받는다. 석회암도 용해하여 풍화 유실되면 원래 다소의 점토와 모래를 포함하고 있으므로 미사질 토양이 된다.

3. 변성암의 풍화

변성암(變成岩: metamorphic rock)은 이미 있던 암석이 지각의 운동에 의하여 지하 깊은 곳에서 큰 압력이나 동시에 발생하는 고열 때문에 조암광물이 재결합을 하고 재생광물이 압력의 방향에 직각으로 평행병렬하거나 또는 대상병렬을 하고 암석 전체가 종이를 누른 것처럼 넓은 지역으로 변성된다. 암석이 종이를 누른 것과 같은 판상이 된 조직을 편리(片理: schistosity)라 하며, 이와 같은 변성작용을 광역변성작용(regional metamorphic rocks)이라고 한다.

광역변성과는 달리 기존의 암석이 고열, 압력, 가스 및 액체 등에 의하여 본래와 다른 암석으로 생성된다. 고열의 마그마와 접촉하여 마그마로부터 열 및 성분공급을 받아 그 주위의 암석은 새로운 광물질로 되어 조직이 변성하게 된다. 이것을 접촉변성작용(contact metamorphic rocks)이라고 한다.

일반적으로 변성작용은 위의 두 가지 조건이 조합하여 일어나고 수성암에서 많이 나타나며, 이렇게 하여 만들어진 암석을 변성암이라고 한다. 광역변성작용을 받은 암석은 천매암, 운모편암, 녹니편암 등이 있다. 또 접촉변성작용을 받은 암석에는 대리석과 대부분이 규산으로 되어 있는 규석, 편마암 등이 있다.

풍화의 초기에는 층리에 따라 붕괴하여 긴 세편으로 되고 오랫동안 풍화를 받아 미세한 입자로 된다.

① 점판암(粘板岩: clay slate)은 혈암이 광역변성작용을 받아서 얇은 층리를 가지고 있는 단단한 암석으로 된 것이다. 풍화생성에는 오랜 기간을 필요로 하지만, 그 성질은 혈암과 같다.

② 편암류(片岩類: schist)는 수성암, 화성암이 강한 압력에 의하여 광물이 다시 결정한 것이다. 편리가 잘 발달하고 그 광물성분은 석영, 운모, 각섬석, 방해석 등으로 되어있다. 편리를 따라 쉽게 세편으로 되지만 미립자로 풍화하는 데는 오랜 기간을 필요로 한다.

③ 편마암(片麻岩: gneiss)은 화강암이 주위에 있는 암석의 층리에 관입 접촉하여서 된 것이다. 화강암이 접촉하여 냉각되었기 때문에 조직은 무늬모양으로 되고, 광물성분과 풍화생성물은 화강암과 같다.

④ 규암(硅藻土: diatom earth)은 사암이 접촉 또는 광역변성작용을 받아 모래 입자가 석영으로 충분히 고결된 것이다. 암질이 아주 단단하고 유리와 같은 광택을 나타낸다. 풍화가 늦은 암석으로서 오랫동안의 풍화에 의하여 사질(砂質)의 흙으로 된다.

5.2 흙의 구성과 성질

흙은 여러 가지 크기의 토립자가 집합되어 있고, 토립자의 사이에 공기, 수증기 및 물로서 충만 되어 있다. 점토와 같이 토립자가 미세하고 간극량이 큰 흙은 수분을 함유하는 정도에 따라 그 성질이 많이 달라진다. 특히, 함수량 및 공극량에 따른 흙의 물리적 성질은 토질공학에 있어서 매우 중요하다. 성토사면을 조성할 경우 잘 다져서 견고하게 만드는 것은 간극에 있는 공기와 물을 제거하여 단위 체적당의 흙의 중량을 크게 하려는 것이다.

흙의 구성은 고체인 광물입자, 입자사이의 공간에 들어 있는 액체인 물과 기체인 빈 공간으로 이루어져 있다. 흙 속의 물은 지표에서 스며든 중력수와 모세관 작용으로 지하수에서 빨려 올라온 모세관수 및 점토입자 주위에 부착되어 있는 흡착수 등 3종류가 있다.

중력수는 중력의 작용에 의하여 토립자의 간극을 통해서 지하수면에 달하게 된다. 모세관수는 토립자간의 간극을 모세관작용에 의하여 지하수면으로부터 상승하여 지표면에 달하면 증발되고 또 식물에 이용된다.

흡착수는 점토 고질입자의 표면에 둘러싸인 아주 엷은 수막이며 보통의 물에 비하면 점성과 표면 장력은 현저히 크고 비등점은 높고 동결점은 낮다. 비등점이 높기 때문에 공기건조(air drying)로서는 제거하기 어렵지만, 노〔爐: furnace〕에서 110±5℃로 건조하면 제거된다. 또한, 흡착수의 양은 공기 건조한 시료를 노건조하여 구한다.

흡착수와 토립자의 간극 중에 있는 수분을 함수량(moisture content)이라고 하고, 흙은 물 외에 공기와 수증기를 함유하고 있는 흙덩어리로서 그림 5-1과 같이 토립자, 물 및 공기의 삼상〔三相: three phase〕으로 된 혼합물로 구성되어 있다.

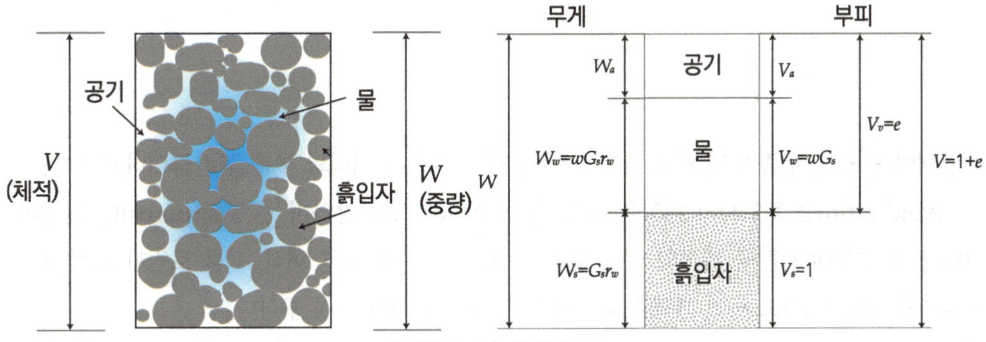

[그림 5-1] 흙의 구성

5.2.1 흙의 함수량

흙에 물이 스며들면 입자의 결합력이 약해지고 부피의 변화도 일어난다. 흙속에 물이 얼마나 있느냐에 따라 흙의 물리적 및 화학적 성질이 달라진다. 어느 일정 용적의 흙덩이에 함유되어 있는 토립자의 양, 수분의 양 및 간극의 양을 알기 쉽게 도시된 그림 5-1에서 V는 흙덩이의 용적, W는 흙덩이의 중량이다.

흙덩이에 포함되어 있는 물의 양을 표시하는 함수비(moisture content)는 토립자의 중량에 대한 물의 중량의 비를 말하며, 함수율(moisture ratio)은 물이나 공기를 포함한 흙덩이 전체의 중량에 대한 물의 중량의 비를 말한다. 함수비를 구하는 방법은 KS F 2306에 규정되어 있다.

여기서, W_s을 토입자의 중량이라고 하고, W_w을 물의 중량이라고 하면 함수비와 함수율은 다음 식에 의하여 구한다.

$$\text{함수비}(w) = \frac{W_w}{W_s} \times 100(\%) \qquad \cdots\cdots (5\text{-}1)$$

$$\text{함수율}(w') = \frac{W_w}{W} \times 100(\%) \qquad \cdots\cdots (5\text{-}2)$$

함수비와 함수율과의 사이에는 다음과 같은 관계가 성립한다.

$$w = \frac{w'}{100 - w'} \times 100(\%) \qquad \cdots\cdots (5\text{-}3)$$

5.2.2 흙의 간극량

흙덩이는 공기, 수증기 및 물로 충만 되어 있지만, 토립자 이외의 부분을 간극이라고 한다. 간극비(void ratio)는 토입자의 체적에 대한 간극 체적의 비를 말하며, 간극률(porosity)은 흙덩이의 전체적에 대한 간극 체적의 비를 말한다. 여기서, V_v을 간극 체적, V_s를 토립자 체적, V를 흙덩이의 전체적이라고 하면 간극비와 간극률은 다음 식에 의하여 구한다.

$$\text{간극비}(e) = \frac{V_v}{V_s} \qquad \cdots\cdots (5\text{-}4)$$

$$간극률(n) = \frac{V_v}{V} \times 100(\%) \quad \cdots\cdots (5\text{-}5)$$

또 (5-4)에서 간극비(e)와 간극률(n)과의 사이에는 다음과 같은 관계가 성립한다.

$$e = \frac{V_v}{V_s} = \frac{V_v/V}{V_s/V} = \frac{V_v/V}{\frac{V-V_v}{V}} = \frac{\frac{n}{100}}{1-\frac{n}{100}} = \frac{n}{100-n} \quad \cdots\cdots (5\text{-}6)$$

식 (5-5)에서

$$n = \frac{V_v}{V} \times 100 = \frac{V_v}{V_s+V_v} \times 100 = \frac{\frac{V_v}{V_s}}{1+\frac{V_v}{V_s}} \times 100 = \frac{e}{1+e} \times 100 \quad \cdots (5\text{-}7)$$

흙 입자의 체적을 "1"로 하면 간극의 체적은 "e"가 된다. 따라서 비값으로 표현하면 흙덩이 전체적은 "1 + e"가 된다. 이를 비체적(specific volume)이라 한다.

$$비체적(v) = 1 + e \quad \cdots\cdots (5\text{-}8)$$

5.2.3 흙의 비중, 밀도 및 포화도

1. 비중

비중(specific gravity)은 물의 밀도에 대한 어떤 물체의 밀도 비를 말하며, 일반적으로 흙의 비중은 토입자의 비중을 말한다. 절대비중 또는 참비중이라 하며, 일반적으로 비중이라고 하면 참비중을 의미한다. 또한, 시료 전 중량에 대한 것을 겉보기 비중 또는 밀도라고 하며, 다음과 같이 표시한다.

$$비중(G_s) = \frac{r_s(흙의\ 밀도)}{r_w(물의\ 밀도)} \quad \cdots\cdots (5\text{-}9)$$

$$흙\ 입자의\ 밀도(r_s) = \frac{W_s}{V_s} \quad \cdots\cdots (5\text{-}10)$$

$$비중(G_s) = \frac{r_s}{r_w} = \frac{W_s}{V_s} \cdot \frac{1}{r_w} \quad \cdots\cdots (5\text{-}11)$$

$$겉보기\ 비중(r) = \frac{W}{V} \quad \cdots\cdots (5\text{-}12)$$

여기서, r_w는 물의 단위중량으로서 온도 4℃에서 1(g/㎤)이나 흙의 비중을 구함에는 15℃를 표준으로 하고 있다. 단위중량(unit weight)은 밀도에 중력가속도(g)를 곱한 것이며, 물의 단위중량(r_w)은 1,000kgf/㎥ 이며, 중력가속도(g)는 9.81m/s^2이다.

2. 밀도

그림 5-1의 흙의 구성도를 보면 부피와 무게 중에서 어느 것을 사용하여 구하느냐에 따라 명칭과 크기가 다르게 된다.

1) 건조밀도

건조밀도(dry unit weight)는 완전히 건조된 흙덩이의 단위체적중량(밀도)을 말하며, 구하는 식은 다음과 같다.

$$건조밀도(r_d) = \frac{W_s}{V} = \frac{W_s}{V_s + V_v} = \frac{r_s}{1+e} = \frac{G_s}{1+e} r_w \quad \cdots\cdots (5\text{-}13)$$

여기서, W_s는 체적(g/㎤), V인 흙덩이 속에 포함된 토입자의 중량(g)

식 (5-13)에서 다음과 같이 표시할 수 있다.

$$간극비(e) = \frac{r_w}{r_d} G_s - 1 \quad \cdots\cdots (5\text{-}14)$$

2) 습윤밀도

습윤밀도(wet unit weight)는 자연 상태인 흙덩이의 단위체적중량을 말하며, 구하는 식은 다음과 같다.

$$습윤밀도(r_t) = \frac{W}{V} = \frac{W_s + W_w}{V}(g/㎤) \quad \cdots\cdots (5\text{-}15)$$

여기서, V 및 W는 자연상태 혹은 다진 상태의 흙의 체적(㎤)과 중량(g)이다.

3) 포화밀도

포화밀도(saturated unit weight)는 흙속의 간극에 물이 100% 차지하고 있는 상태의 단위체적중량을 말하며, 구하는 식은 다음과 같다.

$$포화밀도(r_{sat}) = \frac{G_s + e}{1 + e} r_w \quad \cdots\cdots (5\text{-}16)$$

4) 수중밀도

수중밀도(submerged unit weight)는 흙이 물속에 잠겨 있을 때의 단위체적중량을 말하며, 구하는 식은 다음과 같다.

$$수중밀도(r_{sub}) = \frac{G_s - 1}{1 + e} r_w \quad \cdots\cdots (5\text{-}17)$$

3. 포화도

포화도(degree of saturation)는 간극 속에 물이 차지하는 비율을 말하며, 구하는 식은 다음과 같다. S = 100%이면 간극 속에 물이 가득찬 것이고, S = 0%이면 흙 속에는 물이 전혀 없는 건조 상태를 의미한다.

$$포화도(S) = \frac{V_w}{V_v} \times 100(\%) = \frac{V_w/V_s}{V_v/V_s} \times 100(\%) = \frac{wG_s}{e} \quad \cdots\cdots (5\text{-}18)$$

예제 5-1

어느 산림지역에서 교란되지 않은 자연상태의 흙을 직경 50㎜, 길이 100㎜ 원통형 시료를 채취하여 무게를 측정하였더니 337g이었다. 이 시료를 실험실에서 24시간 노건조한 후의 중량은 304g일 때, 이 시료의 간극비, 간극률, 함수비, 포화도 및 포화단위중량을 구하라. 단, 시료의 비중은 2.67로 한다.

{풀이}

$$\text{시료의 부피 } V = \frac{\pi D^2}{4}h = \frac{3.14 \cdot 5^2}{4} \times 10 = 196.25㎤$$

$$\text{시료의 중량 } W = 337g$$

$$\text{시료의 단위체적중량 } r_t = \frac{W}{V} = \frac{337}{196.25} = 1.72g/㎤$$

$$\text{물의 단위중량 } r_w = 1g/㎤$$

$$\text{시료의 건조중량 } W_s = 304g$$

$$\text{물의 중량 } W_w = W - W_s = 337 - 304 = 33g$$

(1) 간극비

$$r_d = \frac{W_s}{V} = \frac{304}{196.25} = 1.55g/㎤$$

$r_d = \frac{G_s \cdot r_w}{1+e}$ 에서 e를 유도하면,

$$e = \frac{G_s \cdot r_w - r_d}{r_d} = \frac{2.67 \cdot 1 - 1.55}{1.55} = 0.72$$

(2) 함수비

$$w = \frac{W_w}{W_s} \times 100 = \frac{33}{304} \times 100 = 0.108 \times 100 = 10.8(\%)$$

(3) 간극률

$$e = \frac{e}{1+e} \times 100 = \frac{0.72}{1+0.72} \times 100 = 0.42 \times 100 = 42(\%)$$

(4) 포화도

$$S = \frac{G_s \cdot w}{e} \times 100 = \frac{2.67 \cdot 0.108}{0.72} = 0.401 \times 100 = 40.1(\%)$$

(5) 포화단위중량

$$r_{sat} = \frac{G_s + e}{1+e} r_w = \frac{2.67 + 0.72}{1+0.72} \times 1 = 1.97\ t/\text{m}^3$$

5.3 사면안정 해석

5.3.1 개요

사면은 자연적으로 지형을 형성하여 산지와 같은 자연사면인 무한사면과 인위적으로 형성된 성토사면과 절토사면으로 이루어진 유한사면이 있다. 특히, 사면들은 중력성분이 크게 작용할 때 활동에 의한 파괴로 사면재해가 발생하므로 사면의 안정을 도모하기 위하여 적절한 경사를 유지시키는 것이 매우 중요하다. 사면의 안정성은 강우, 경사, 토질, 식생 및 지하수의 영향을 크게 받는다.

일반적으로 사면을 공학적으로 보면 무한사면(無限斜面: infinite slope)은 활동면의 깊이가 사면의 길이나 높이에 비하여 작은 것을 말하며, 유한사면(有限斜面: finite slope)은 활동면의 깊이가 사면의 길이나 높이에 비하여 비교적 큰 것을 말한다. 사면의 활동형태는 그림 5-2와 같이 무한사면의 경우는 주로 직선 평면활동을 일으키고, 유한사면은 원호, 대수나선, 또는 복합나선 등의 모양을 이룬다.

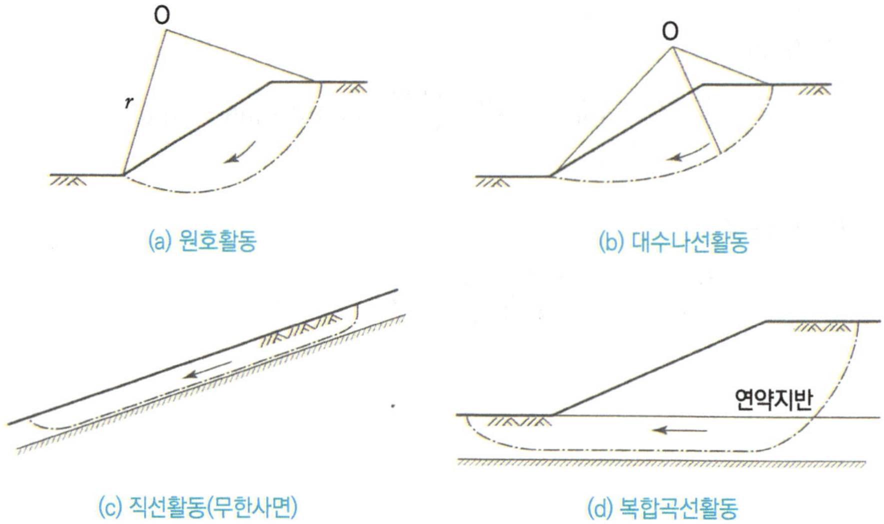

(a) 원호활동 (b) 대수나선활동 (c) 직선활동(무한사면) (d) 복합곡선활동

[그림 5-2] 사면의 활동형태

사면의 활동으로 인한 붕괴 원인을 정확하게 밝히기는 어렵지만 활동면에 작용하는 전단응력이 전단강도보다 커질 때 사면이 붕괴되기 쉽다. 사면의 안정은 흙속에서 최대전단응력이 작용하는 면의 위치와 크기를 정하고 이에 따른 전단저항력을 구하여야 한다. 사면이 붕괴할 가능성이 가장 큰 면을 임계면이라 하며, 그 면이 원형일 때는 임계원이라 한다.

흙의 모든 파괴는 전단형태(shearing mode)로 발생되며, 흙속에서 어느 평면을 따라 서로 활동(sliding)하려고 하는 힘이 작용할 때 이를 정지시키려고 하는 저항력도 생기며, 이를 전단저항(shearing resistance)이라 한다. 이 전단저항은 한계가 있으며 이를 전단강도(shearing strength)라고 한다.

전단강도는 흙이 저항할 수 있는 극한 또는 최대 전단응력으로 정의된다. 흙의 전단강도는 얕은 기초와 깊은 기초의 지지력, 사면안정, 옹벽설계 등 각종 토목구조물의 설계에 있어서 매우 중요한 성질 중의 하나이다.

5.3.2 사면의 안전율

사면의 안전율(safaty factor)은 활동하는 파괴면에 대한 안정성의 정도를 나타내는 기준이며, 주로 Coulomb의 법칙에 근거를 두고 활동 파괴면을 여러 가지로 변화시켜 구한 값 중 최소값으로 한다. 일반적으로 사면의 안전율은 활동면 전체에 걸쳐 일어나는 전단강도와 전단응력의 비로 표시할 수 있다.

$$F_s = \frac{s}{\tau} = \frac{c + \sigma \tan\phi}{\tau} \quad \cdots\cdots (5\text{-}19)$$

여기서, F_s : 안전율

s : 전단강도($= c + \sigma\tan\phi$)(kN/m^2)

τ : 전단응력(kN/m^2)

c : 흙의 점착력(kN/m^2)

ϕ : 흙의 내부마찰각(°)

σ : 가상파괴면의 평균전단응력

전단강도는 점착력과 내부마찰각으로 이루어지므로 점착력에 관한 안전율과 내부 마찰각에 관한 안전율은 각각 식 (5-20) 및 식 (5-21)과 같다.

$$F_c = \frac{c}{c_d} \quad \cdots\cdots (5\text{-}20)$$

$$F_\phi = \frac{\tan\phi}{\tan\phi_d} \quad \cdots\cdots (5\text{-}21)$$

여기서, c_d와 ϕ_d는 예상 파괴면을 따라 일어나는 점착력과 내부마찰각이다. F_c와 F_ϕ가 같게 될 때 강도에 관한 안전율은 식 (5-22)과 같으며,

$$\frac{c}{c_d} = \frac{\tan\phi}{\tan\phi_d} \quad \cdots\cdots (5\text{-}22)$$

결국, 안전율은 다음과 같이 된다.

$$F_s = F_c = F_\phi \quad \cdots\cdots (5\text{-}23)$$

따라서, 안전율은 파괴되는 토체의 원호의 중심에 관한 활동모멘트(Sliding moment)와 흙의 전단강도에 저항하는 저항모멘트(resistance monet)의 비로 계산한다.

$$F_s = \frac{M_r}{M_d} \quad \cdots\cdots (5\text{-}24)$$

여기서, M_r : 저항모멘트

M_d : 활동모멘트

식 (5-24)은 안전율을 해석적으로 결정할 때 주로 많이 사용한다. 설계에 필요한 안전율은 적용구조물과 각 기관에 따라 다르지만 일반적으로 1.2 이상의 값을 갖도록 한다. 표 5-1은 설계를 위한 안전율의 대표적인 값이다.

[표 5-1] 안전율의 대표적인 값

안전율	의 미
$F_s < 1.0$	불안정
$F_s = 1.0 \sim 1.2$	안정하지만 다소 불안
$F_s = 1.3 \sim 1.4$	절토사면 및 성토사면에는 안정, 흙댐에는 불안정
$F_s > 1.3$	흙댐에도 안정

5.3.3 사면의 안정해석

사면의 안정해석은 파괴에 대한 안전성을 안전율 계산을 통하여 검토하는 것을 말하며, 일반적으로 활동면을 여러 가지로 가정하고 활동토체에 작용하는 힘의 평형을 고려하여 안전율을 계산한다. 몇 번의 반복적인 해석을 통하여 안전율 중 최소치를 그 사면의 안전율로 정하며, 파괴면의 형태에 따른 사면안정 해석법의 종류는 표 5-2와 같이 다양하다.

사면안정 해석법의 선택은 다음과 같은 내용을 참고한다.

① 무한사면법은 활동면이 지표면과 평행하고 균일한 긴 사면에 적합하다.

② 절편법은 활동면의 깊이가 얕고 긴 평면이며 지표면과 평행하지 않은 사면에 적합하다.

③ 활동면이 2개 또는 3개의 평면일 경우, 예비 해석에서는 절편법을, 정확도를 높이기 위해서는 Janbu의 간편법, 보다 정확한 해석을 위해서는 흙쐐기 방법을 사용하는 것이 좋다.

④ 원호 활동면일 경우 예비 해석에서는 절편법, 보다 정확한 해석을 위해서는 Bishop의 간편법을 사용하는 것이 좋다.

⑤ 활동면이 임의의 형상일 때, 예비 해석에서는 Janbu의 간편법, 보다 정확한 해석을 위해서

는 Janbu법, Spencer법, Morgenstern법 및 Price법 등을 사용한다.

사면의 안정해석은 파괴면의 형태를 여러 가지로 가정한 계산법이며, 유용성과 신뢰성이 높은 한계평형해석법이 절토사면 및 성토사면의 설계에 널리 사용되고 있다. 일반적으로 사면의 안정계산법은 모두 활동면상의 점에서 동시에 활동을 시작하여 전반적인 전단파괴로 생각하지만, 실제로는 가장 약한 지점 또는 응력을 집중적으로 받는 지점에서 파괴되어 점차로 다른 부분으로 전파되는 진행성 파괴를 일으키는 경우로 취급한다.

[표 5-2] 파괴면의 형태에 따른 사면안정 해석법의 종류

파괴면의 형태	안정해석법	기본가정	적용 제한조건 및 용도	해법의 형식
직선	무한사면법	사면은 제한없이 일정하고, 절편사이의 힘은 사면에 평행함	활동길이가 깊이에 대하여 충분히 큰 사면에 적합하고, 비점착성 모래	해석적
	흙쐐기법	수평력이 있는 활동 블록으로 가정함	경사가 제한되어 있음	반도해적 해석적
원형	마찰원법	파괴원호에 작용하는 힘의 합력은 반경 $Rsin\phi_m$인 마찰원에 적합	균질사면에 적합하고, 비엄밀법이며 수계산으로 실용적인 해를 얻음	해석적 도해적
	절편법 (Sweden법, Fellenius법)	각 절편에 작용하는 수평력은 같음	모든 종류의 흙 및 비균질 사면에 적합, 엄밀법이며 컴퓨터 프로그램의 해가 가장 실용적임	반도해적 수치적
	Bishop법	각 절편측면에 작용하는 모든 힘을 고려함	모든 종류의 흙 및 비균질 사면에 적합, 엄밀법이며 컴퓨터 프로그램의 해가 가장 실용적임	해석적 수치적
	Bishop의 간편법	모든 힘을 단순화함	모든 종류의 흙 및 비균질 사면에 적합, 반엄밀법이며, 수계산이 실용적임	
원형 또는 비원형	Morgenstern과 Price법	Bishop법의 가정이 기초가 됨	모든 종류의 흙 및 비균질 사면에 적합, 반엄밀법이며, 수계산이 실용적임	
	Spencer법	절편 사이의 힘은 평행함	모든 종류의 흙 및 비균질 사면에 적합, 엄밀법이며, 컴퓨터가 필요함	
	Janbu법	절편 사이의 힘을 허용함	모든 종류의 흙 및 비균질 사면에 적합. 비원형사면에 널리 사용되고, 엄밀법으로는 컴퓨터가 좋으나 도표이용시 손계산으로 실용적인 해를 얻음	
대수 나선형	Log-Spiral법	가정은 없고, 정정(靜定)임	모든 종류의 흙 및 비균질 사면에 적합. 해석적, 컴퓨터 프로그램이 유용함	해석적

사면안정 해석 방법은 한계평형해석법, 유한요소법, 유한차분법 등의 수치해석법이 이용되고 있다. 여러 가지 사면안정 해석 방법을 이용할 때 가지는 의문에는 정확한 사면안정 해석법은 어느 것이며 부정확한 방법은 어느 것인가? 또한 어떠한 조건으로 사면안정 해석을 하여야 정확한 결과를 얻을 수 있느냐 하는 것이다. 현재 실용상 널리 사용되고 있는 사면안정 해석 방법 중 무한사면의 안정해석법과 한계평형법(Limit Equilibrium Method) 중 Fellenius 방법 및 Bishop법에 대하여 설명하기로 한다.

1. 무한사면의 안정해석법

무한사면의 안정해석 방법은 활동면이 비교적 얕고, 지표면에 평행하게 활동하는 것으로 가정한 계산법이며, 활동면의 길이가 활동면의 깊이에 비하여 충분히 큰 사면의 안정계산에 사용된다. 흙의 성질과 지하수위 조건은 전체 사면에 걸쳐 변하지 않는 것으로 가정하면 지표면까지 침투수가 있을 때 가장 위험하다.

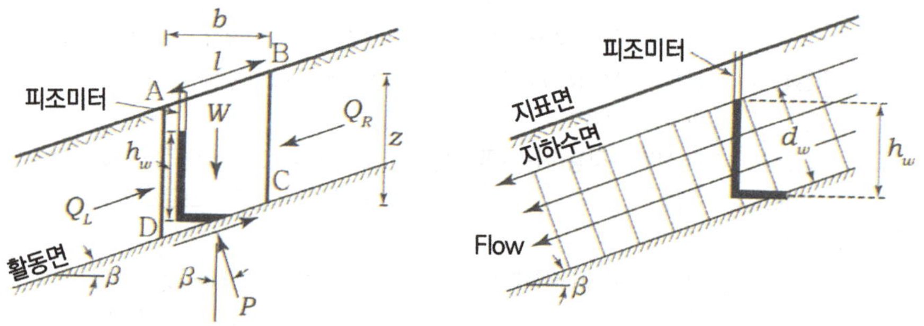

[그림 5-3] 무한사면의 안정해석

그림 5-3(a)에서 ABCD를 단위 폭의 흙덩이로 보고 사면의 경사각을 β, 흙의 점착력 c', 내부마찰각 ϕ', 흙의 단위 중량 r_t, 간극수압 u에 대응하는 깊이 H라 하면 요소의 중량 $W = r_t H b$, 공극수압 $u = r_w h_w$, 간극수의 단위중량은 $r_u = \dfrac{u}{r_t H}$ 이다. 단위 폭의 흙덩이에 작용하는 연직응력을 σ, 전단 응력을 τ라 하면 사면이 무한이므로 $Q_L = Q_R$이다.

활동면에 작용하는 힘의 연직성분은 $P = W\cos\beta = \sigma l$이며, $l = b/\cos\beta$이므로

$$\sigma = \frac{W}{b}\cos^2\beta = r_t H\cos^2\beta \quad \cdots\cdots (5\text{-}25)$$

활동면에 작용하는 힘의 수평성분은 $T = W\sin\beta = \tau l$이므로 다음과 같다.

$$\tau = \frac{W}{b} \sin\beta\cos\beta = r_t H\sin\beta\cos\beta \quad \cdots\cdots (5\text{-}26)$$

또한, 사면의 파괴기준이 되는 전단강도는 다음과 같고,

$$s = c' + (\sigma - u)\tan\varnothing' \quad \cdots\cdots (5\text{-}27)$$

안전율을 F_s라 하면

$$F_s = \frac{s}{\tau} \quad \cdots\cdots (5\text{-}28)$$

무한사면의 안전율은 다음과 같다.

$$F_s = \frac{s}{\tau} = \frac{c' + (\sigma - u)\tan\varnothing'}{r_t H\sin\beta\cos\beta} = \frac{c' + (r_t H\cos^2\beta - u)\tan\varnothing'}{r_t H\sin\beta\cos\beta}$$

$$= \frac{c'/r_t H + \left(\cos^2\beta - \dfrac{u}{r_t H}\right)\tan\varnothing'}{\sin\beta\cos\beta} \quad \cdots\cdots (5\text{-}29)$$

그림 5-3(b)와 같이 정상침투류가 사면에 평행하게 흐른다면 $h_w = d_w\cos^2\beta$이고, $c' = 0$, $d_w = H$라면, 이 경우의 안전율은

$$F_s = \left(1 - \frac{r_w}{r_t}\right)\frac{\tan\varnothing'}{\tan\beta} = \frac{r_{sub}}{r_{sat}}\frac{\tan\varnothing'}{\tan\beta} \quad \cdots\cdots (5\text{-}30)$$

여기서, r_{sub} : 수중단위중량, r_w : 물의 단위중량, r_t : 흙의 단위중량,

r_{sat} : 포화단위중량

만일 지표면과 활동면 사이의 흙이 전혀 포화되지 않는 경우, 즉 $c' = 0$, $d_w = 0$가 되어 안전율은 다음과 같다.

$$F_s = \frac{\tan\varnothing'}{\tan\beta} \quad \cdots\cdots (5\text{-}31)$$

예제 5-2

산림지역의 경사도(β) = 26˚인 무한사면이 있다. 이 사면의 지반조사 결과 흙의 단위중량 r = 1.82t/㎤, 내부마찰각 ø' = 32˚, 흙의 점착력 c' = 0이었다.

(1) 지하수위가 활동면 아래에 위치할 때 이 사면의 안전율은 얼마인가?

(2) 강우로 인하여 지표면과 지하수위가 일치하게 되어 사면과 나란한 방향으로 침투가 발생하였다면 안전율은 얼마로 떨어지겠는가? 단, 포화단위중량은 r_{sat} = 1.9t/m³, 수중단위중량은 r_{sub} = 0.9t/m³이다.

{풀이}

(1) c' = 0이고, 지하수위가 활동면 아래에 있으므로 안전율은 식 (5-31)에서,

$$F_s = \frac{\tan\text{Ø}'}{\tan\beta} = \frac{\tan 32^\circ}{\tan 26^\circ} = 1.28$$

(2) 지하수위가 지표면과 일치하고, c' = 0이므로 안전율은 식 (5-30)에서,

$$F_s = \frac{r_{sub}}{r_{sat}}\frac{\tan\text{Ø}'}{\tan\beta} = \frac{0.9\cdot\tan 32^\circ}{1.9\cdot\tan 26^\circ} = 0.61$$

예제 5-3

산지사면의 경사각이 25°, 사면의 깊이는 5.0m, 흙의 점착력 c' = 9.81t/m³, 흙의 내부마찰력 ø' = 38°, 흙의 단위중량 r_t = 16.68t/m³일 때 지하수위가 지표면과 같고 사면에 평행하게 침투하여 흐를 때의 안전율을 계산하여라.

{풀이}

① 식 (5-25)로부터

$$\sigma = r_t H\cos^2\beta = 16.68\times5.0\times\cos^2 25^\circ = 68.471$$

② 식 (5-26)로부터

$$\tau = r_t H\sin\beta\cos\beta = 16.68\times5.0\times\sin 25^\circ\cos 25^\circ = 31.944$$

③ 공극수압

$$u = r_w h_w = r_w H\cos^2\beta = 1\times5.0\times\cos^2 25^\circ = 4.11$$

④ 식 (5-27)로부터

$$s = c' + (\sigma - u)\tan\phi' = 9.81 + (68.471 - 4.11)\tan 38^\circ = 60.094$$

⑤ $F_s = \dfrac{s}{\tau} = \dfrac{60.094}{31.944} = 1.881$

예제 5-4

어느 산지에서 그림과 같이 경사각이 23°, 흙의 점착력 c′ = 2.5 t/㎡, 흙의 내부 마찰력 ø′ = 20°, 흙의 단위중량 r_t = 1.77t/㎥, r_{sat} = 1.84t/㎥인 사면이 있다. 이 사면의 활동면은 지표면으로부터 연직하향으로 5m 깊이에서 지표면과 평행하게 발생한다고 예상할 때 다음의 내용에 대하여 안전율을 계산하시오.

(1) 사면의 안전율을 무한사면 해석방법으로 구하시오.

(2) 강우가 있은 후 사면에 침투가 발생하여 지하수위면은 지표면 아래 연직방향으로 2m 깊이에 있고, 사면과 평행하게 물이 흐른다고 가정하면 안전율은 얼마인가를 계산하시오.

{풀이}

(1)

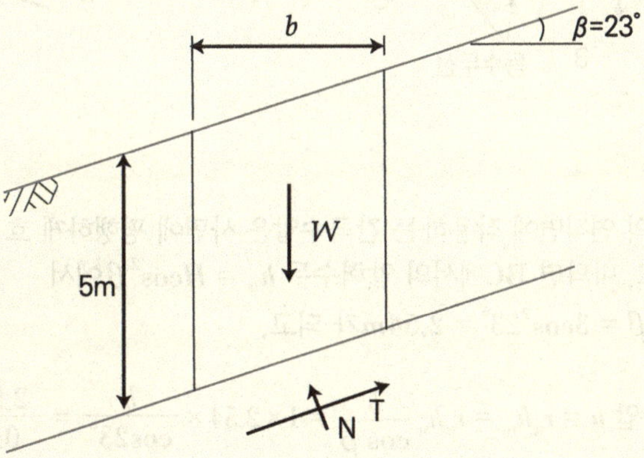

① 토체 ABCD의 무게 $W = r_t bH$

② 토체 ABCD의 활동력 $T = W\sin\beta$

③ 활동면에 작용하는 수직하중 $N = W\cos\beta$

④ 활동면에 작용하는 수직응력 $\sigma = \dfrac{N}{\dfrac{b}{\cos\beta}} = r_t H\cos^2\beta = 1.77\times5\cos^2 23° = 7.5t/㎠$

⑤ 활동면의 전단강도 $s = c' + \tan\varnothing' = c' + r_t H\cos^2\beta\tan\varnothing = 2.5 + 7.5\times\tan 20°$
$= 5.23t/㎠$

⑥ 활동면의 전단응력 $\tau = \dfrac{T}{\dfrac{b}{\cos\beta}} = r_t H\sin\beta\cos\beta = 1.77\times5\sin 23°\cos 23° = 3.18t/㎠$

⑦ 안전율 $F_s = \dfrac{s}{\tau} = \dfrac{5.23}{3.18} = 1.64$

(2)

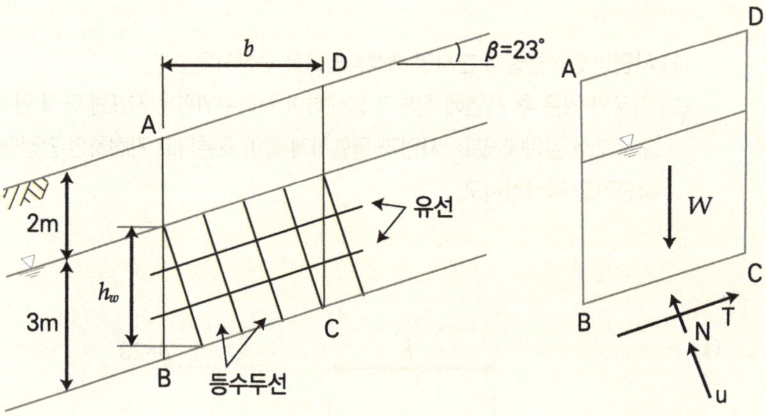

① 토체 ABCD의 연직면에 작용하는 간극수압은 사면에 평행하게 흐르므로 서로 상쇄되고, 바닥면 BC에서의 압력수두 $h_w = H\cos^2\beta$에서 $h_w = H\cos^2\beta = 3\cos^2 23° = 2.54m$가 되고,

② 따라서, 간극수압 $u = r_w h_w = r_w h_w \dfrac{b}{\cos\beta} = 1\times 2.54\times\dfrac{b}{\cos 23°} = \dfrac{2.54b}{0.92} = (2.76\times b)$

③ 토체의 무게 $W = r_t Hb + r_{sat}\times 3\times b = 1.77\cdot 2\cdot b + 1.84\cdot 3\cdot b = (9.06\times b)$

④ 물의 침투 후 활동면에 작용하는 수직하중
$N = W\cos\beta - u = (9.06b)(\cos 23°) - (2.76b) = (9.06b)0.92 - (2.76b) = 5.58b$

⑤ 활동면에 작용하는 수직응력 $\sigma = \frac{N}{\frac{b}{\cos\beta}} = \frac{5.58b}{\frac{b}{\cos23°}} = 5.58 \times \cos23° = 5.14t/m^2$

⑥ 토체 ABCD의 활동력 $T = W\sin\beta = (9.06 \times b)\sin23° = 3.54b$

⑦ 활동면의 전단응력 $\tau = \frac{T}{\frac{b}{\cos\beta}} = \frac{3.54b}{\frac{b}{\cos\beta}} = 3.54\cos23° = 3.26t/m^2$

⑧ 활동면의 전단강도 $s = c' + \sigma\tan\phi' = 2.5 + 5.14 \times \tan20° = 4.37t/m^2$

⑨ 안전율 $F_s = \frac{s}{\tau} = \frac{4.37}{3.26} = 1.34$

2. Fellenius 방법

Fellenius 방법은 고전적 절편법 또는 스웨덴법(Swedish method)이라고도 한다. 절편법은 비균질 토층의 사면안정 해석에 많이 사용되는 방법이며, 그림 5-4에서와 같이 활동파괴면의 중심이 0이고 반경이 R인 원호로 가정하고, 원호로 잘리는 흙덩이 ABCD를 폭이 b인 몇 개의 절편으로 수직 분할한다. 분할편의 밑면은 수평방향과 α만큼 경사지게 되는 직선으로 가정하고 분할편의 중심을 연직방향의 높이 h로 하면, 이 절편에 작용하는 힘들은 다음과 같다.

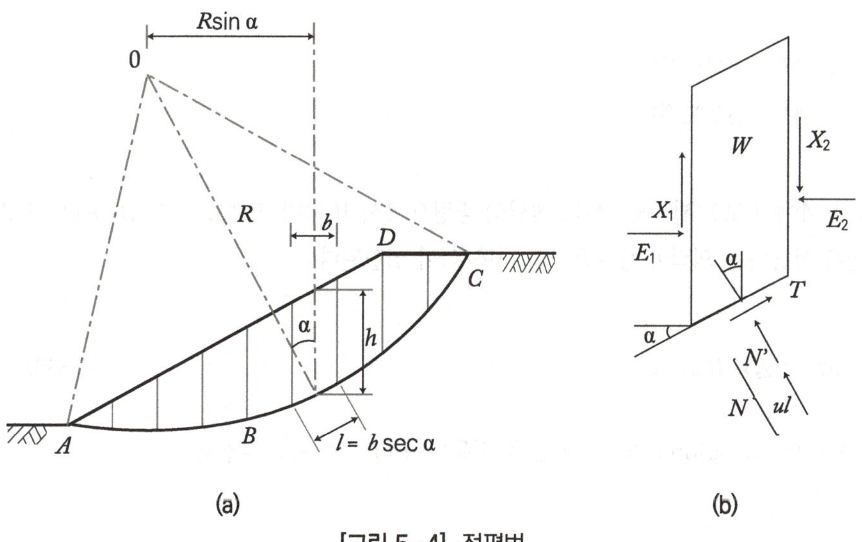

[그림 5-4] 절편법

① 절편의 중량 W = $r_t bh$

② 절편 밑면에 작용하는 수직력 N은 유효수직력 $N' = \sigma' l$과 공극수압 $U = ul$이다.
여기서 u는 단위공극수압, l은 절편 밑면의 길이이다.

③ 절편 밑면에 작용하는 전단력 $T = \tau l$

④ 절편 양측면에 작용하는 수직력 E_1, E_2

⑤ 절편 양측면에 작용하는 전단력 X_1, X_2

위의 힘들은 평형방정식의 수보다 미지수가 많아 정역학적으로 해석이 불가능하므로 정역학적 해석을 하기 위하여 부정정 차수만큼 E와 T에 대한 가정을 한다.

절편법에 의한 안정해석의 순서는 다음과 같다.

① 일반적으로 활동하는 토괴를 5~10개 정도의 연직의 절편으로 나눈다.

② 절편의 밑면에서 일어나는 전단력은 T이다.

③ 활동원의 중심에 대한 저항모멘트 M_r와 활동모멘트 M_d를 구한다.

④ 각 절편에 대한 저항모멘트의 합과 활동모멘트의 합과의 비를 계산하여 안전율로 하고
사면의 안정각을 검토한다.

활동원의 중심에 대한 모멘트의 평형을 고려한 안전율은 다음과 같다.

$$F_s = \frac{M_r}{M_d} \quad \cdots\cdots (5\text{-}32)$$

여기서, M_r : 저항모멘트
M_d : 활동모멘트

그림 5-4에서 보면 활동모멘트는 절편의 중량으로서 W이며, 모멘트 팔은 $R\sin\alpha$이므로 절편의 측면에 작용하는 외력이 상쇄된다면 다음 식이 성립된다.

$$M_d = \sum WR\sin\alpha \quad \cdots\cdots (5\text{-}33)$$

저항모멘트는 Coulomb의 파괴기준을 적용하여 다음 식으로 계산한다.

$$M_r = R\sum T = R\sum \tau l = R \cdot \sum (c' + \sigma' \tan\phi')\, l \quad \cdots\cdots (5\text{-}34)$$

식 (5-33)과 식 (5-34)를 식 (5-32)에 대입하여 안전율을 구하면 다음과 같다.

$$F_s = \frac{c'L_a + \sum N'\tan\phi'}{\sum W\sin\alpha} \quad \cdots\cdots (5\text{-}35)$$

식 (5-34)에서 N'를 정확히 계산하면 정확한 안전율을 얻을 수 있지만 가정이 있어야만 정역학적 조건을 만족시킬 수 있으므로 절편법으로 정확한 해를 찾는 것은 어려울 것이다.

따라서, Fellenius 방법은 그림 5-4와 같이 절편의 양측면에 작용하는 수직력과 전단력의 합을 0으로 가정하는 것이다. 즉,

$$X_1 - X_2 = 0, \quad E_1 - E_2 = 0$$

또한, 절편의 밑면에 수직으로 작용하는 수직력은 다음과 같다.

$$N' = W\cos\alpha - ul \quad \cdots\cdots (5\text{-}36)$$

식 (5-36)을 식 (5-35)에 대입하면 안전율은 다음 식과 같다.

$$F_s = \frac{c'L_a + \tan\phi' \sum(W\cos\alpha - ul)}{\sum W\sin\alpha} \quad \cdots\cdots (5\text{-}37)$$

특히, Fellenius 방법은 사면에 대한 최소 안전율을 얻기 위하여 여러 개의 활동원을 가정하고 반복계산을 하기 때문에 다소의 노력과 시간이 필요하다.

전응력법으로 해석하면 $u = 0$이고 강도정수는 c_u, ϕ_u 를 사용한다. 특히 $\phi_u = 0$이고 점착력이 같으면 식 (5-37)은 다음 식 (5-38)로 된다.

$$F_a = \frac{c_u L_a}{\sum W\sin\alpha} \quad \cdots\cdots (5\text{-}38)$$

여기서, L_a : 원호 ABC의 길이

3. Bishop의 간편법

Bishop 법은 각 절편에 작용하는 힘의 평형을 고려하므로 Fellenius 법보다 정밀한 안정계산법이다. 그림 5-4와 같이 절편의 양측면에서 연직으로 작용하는 힘의 합력을 0으로 가정하여 해석한다. 즉,

$$X_1 - X_2 = 0$$

절편의 밑면에 작용하는 전단력은 다음 식 (5-39)와 같다.

$$T = \frac{1}{F_s}(c'l + N'\tan\varnothing') \quad \cdots\cdots (5\text{-}39)$$

또한, 연직방향으로 작용하는 힘은 다음 식들과 같다.

$$\begin{aligned} W &= N'\cos\alpha + ul\cos\alpha + T\sin\alpha \\ &= N'\cos\alpha + ul\cos\alpha + \frac{c'l}{F_s}\sin\alpha + \frac{N'}{F_s}\tan\varnothing'\sin\alpha \quad \cdots\cdots (5\text{-}40) \end{aligned}$$

$$N' = \frac{W - c'l/F_s\sin\alpha + ul\cos\alpha}{\cos\alpha + (\tan\varnothing'\sin\alpha/F_s)} \quad \cdots\cdots (5\text{-}41)$$

여기서, $l = b\sec\alpha$이므로 이것을 식 (5-41)에 대입하고 식 (5-40)을 식 (5-35)에 대입하여 정리하면,

$$\begin{aligned} F_s &= \frac{1}{\sum W\sin\alpha}\sum[c'b + (W - ub)\tan\varnothing']\left[\frac{\sec\alpha}{1 + (\tan\alpha\tan\varnothing'/F_s)}\right] \\ &= \frac{1}{\sum W\sin\alpha}\sum[c'b + (W - ub)\tan\varnothing']\frac{1}{M(\alpha)} \quad \cdots\cdots (5\text{-}42) \end{aligned}$$

여기서, $M(\alpha) = \cos\alpha\left(1 + \dfrac{\tan\alpha\tan\varnothing'}{F_s}\right) \quad \cdots\cdots (5\text{-}43)$

식 (5-42)는 Felleninus 방법보다 더 복잡하고 F_s가 식의 양변에 있으므로 처음에 F_s의 값

을 임의로 가정하고 c', ø, u 및 α를 식 (5-42) 우변에 대입하여 F_s를 구한 후 가정한 값과 차이가 나면 다시 가정하여 반복 계산하는 시행착오법으로 F_s를 결정한다.

특히, Bishop방법도 가정조건 때문에 정확한 해를 구할 수는 없지만 거의 정확치에 가깝다. 사면의 기하학적 구조가 복잡하고 토성이 다르며 공극수압이 작용하는 경우에도 컴퓨터 프로그램을 이용하면 안전율을 쉽게 구할 수 있어 최근에 많이 사용되고 있다.

Bishop의 간편법에 의한 계산 순서는 다음과 같다.

① 가상활동면을 선정한다.
② 활동토체를 다수의 연직절편으로 분할한다. 이 때 각 절편의 저면이 단일토층 내에 있도록 분할하여야 한다. 손 계산을 위해서는 절편의 수는 8~12개이면 충분하고, 컴퓨터 사용을 위해서는 30개 정도의 절편을 만든다.
③ 각 절편의 무게를 계산한다. 절편이 단위중량이 상이한 2개 이상의 토층에 걸쳐 있으면 각 토층의 무게를 합하여, 절편의 총중량을 산정한다.
④ 각 절편에 대하여 절편의 너비 b, 저면의 경사각 α, 저면의 점착력 c, 저면의 내부마찰각 ø, 저면의 간극수압 u를 결정한다(단, 전응력해석에서는 $u = 0$로 둔다).
⑤ F_s의 값을 가정하고 각 절편의 m_α를 구한다.
⑥ 식 (5-42)로부터 안전율 F_s를 계산한다.
⑦ 만약, 계산된 안전율이 가정한 값과 상이하면 다른 안전율의 값을 가정한다.
⑧ 새로이 가정된 안전율로 ⑤, ⑥을 되풀이 한다.
⑨ 그림 5-5에서 보는 바와 같이 가정안전율과 계산된안전율 간의 관계를 그림을 그려 45°선과 교점을 찾아낸다.
⑩ 이 안전율을 가정치로 하여 동일한 안전율이 산정되는지 ⑤, ⑥을 반복하여 계산하고, 확인한다.
⑪ 만약, 오차가 충분히 적으면 이를 안전율로 하고, 그렇지 못하면 오차가 허용범위 내에 올 때 까지 시산(試算)을 계속한다.

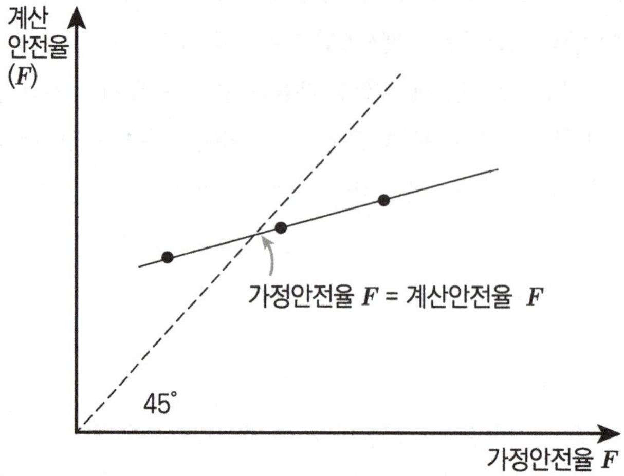

[그림 5-5] 가정안전율과 계산안전율 간의 관계

예제 5-5

다음 그림 상에 나타난 사면조건을 중심으로 Felleninus법과 Bishop의 간편법으로 안전율을 계산하여라. 단, $c' = 9.81 kN/m^2$, $\phi' = 50°$, $r_t = 17.66 kN/m^2$이고 각 절편에 작용하는 공극수압은 각 절편 밑에 기입되어 있다.

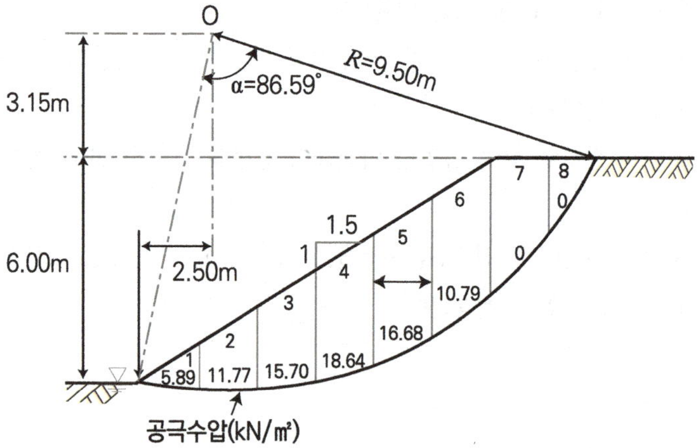

{풀이}

각 절편은 폭 1.5m로 나누고, 각 절편의 중량 $W = r_t A = r_t bh$로 계산한다.

여기서 A는 절편의 면적이며, 절편의 면적은 좌우의 중심에서 높이 h에 폭 b를 곱하여 구한다. 또한 절편의 밑면은 수평방향과 α만큼 경사지게 하는 직선으로 가정하고 내리막은 (–), 오르막은 (+)로 하여 높이(h)와 밑면의 길이(l)을 구하며, 높이는 분자, 밑면의 길이(l)를 분모로 하여 나누어서 구한다. 계산과정은 다음과 같다.

Slice	b = Width of Slice	A = Area of Slice(㎡)	α(˚) = Direction angle of slices
1	1.50	$\frac{1}{2}\times1.33\times1.50 = 0.98$	$\tan^{-1}\left(\frac{0.33}{1.68}\right) = -11.11°$
2	1.50	$\frac{1}{2}(1.33+2.33)\times1.50 = 2.72$	$\tan^{-1}\left(\frac{0.05}{1.85}\right) = -1.55°$
3	1.50	$\frac{1}{2}(2.33+3.15)\times1.50 = 4.11$	$\tan^{-1}\left(\frac{0.25}{1.75}\right) = 8.13°$
4	1.50	$\frac{1}{2}(3.15+3.66)\times1.50 = 5.11$	$\tan^{-1}\left(\frac{0.45}{1.45}\right) = 17.24°$
5	1.50	$\frac{1}{2}(3.66+3.92)\times1.50 = 5.69$	$\tan^{-1}\left(\frac{0.45}{0.80}\right) = 29.36°$
6	1.50	$\frac{1}{2}(2.92+3.70)\times1.50 = 5.72$	$\tan^{-1}\left(\frac{0.70}{0.90}\right) = 37.87°$
7	1.50	$\frac{1}{2}(3.70+2.00)\times1.50 = 4.23$	$\tan^{-1}\left(\frac{1.15}{0.95}\right) = 54.44°$
8	0.95	$\frac{1}{2}\times2.00\times0.95 = 0.95$	$\tan^{-1}\left(\frac{1.17}{0.60}\right) = 62.85°$
Total			

(1) Fellenius 방법

Slice	A (m²)	r_t (kN/m³)	$W = A\times r_t$ (kN/m)	α (˚)	sinα	Wsinα (kN/m)	cosα	Wcosα (kN/m)	u (kN/㎡)	l=bsecα (m)	ul (kN/m)
1	0.98	17.66	17.31	-11.11	-0.193	-3.341	0.981	16.981	5.89	1.529	8.999
2	2.72	17.66	48.04	-1.55	-0.027	-1.297	0.999	47.992	11.77	1.501	17.667
3	4.11	17.66	72.58	8.13	0.141	10.234	0.989	71.785	15.70	1.515	23.786

Slice	A (m^2)	r_t (kN/m^3)	$W=A\times r_t$ (kN/m)	α (°)	sin α	Wsina (kN/m)	cos α	Wcosa (kN/m)	u (kN/m^2)	l=bseca (m)	ul (kN/m)
4	5.11	17.66	90.24	17.24	0.296	26.712	0.955	86.182	18.64	1.571	29.283
5	5.69	17.66	100.49	29.36	0.490	49.238	0.872	87.623.	16.68	1.721	28.706
6	5.72	17.66	101.02	37.87	0.614	62.023	0.789	79.701	10.79	1.900	20.501
7	4.23	17.66	74.70	50.44	0.771	57.595	0.637	47.585	0.00	2.355	0.000
8	0.95	17.66	16.78	62.85	0.890	14.932	0.456	7.650	0.00	2.082	0.000
Total						216.096		445.499		14.174	128.942

$$L_a = 2\pi \times \frac{\theta}{360} \times r = 2 \times 3.14 \times \frac{86.00}{360} \times 9.5 = 14.25m$$

$$F_S = \frac{c'La + \tan\o' \sum (Wcosa - ul)}{\sum Wsina}$$

$$= \frac{9.81 \times 14.25 + \tan 30^\circ \times (445.499 - 128.942)}{216.096} = 1.493$$

(2) Bishop의 간편법

(1) Slice	(3) b (m)	(4) u (kN/m^2)	(5) ub (kN/m)	(6) W (kN/m)	(7) W-ub (kN/m)	(8)(7) x tanø' (kN/m)	(9)[c' × (3)] + (8)	(10) M_a			(11) (9)÷(10)		
								F_s = 1.50	F_s = 1.60	F_s = 1.70	F_s = 1.50	F_s = 1.60	F_s = 1.70
1	1.50	5.89	8.84	17.31	8.47	4.890	19.60	0.907	0.912	0.912	21.62	21.50	21.41
2	1.50	11.77	17.66	48.04	30.38	17.529	32.24	0.988	0.989	0.989	32.64	32.60	32.57
3	1.50	15.70	23.55	72.58	49.03	28.292	43.01	1.043	1.059	1.055	41.24	40.61	40.77
4	1.50	18.64	27.96	90.24	62.28	35.937	50.65	1.068	1.062	1.055	47.43	47.69	48.01
5	1.50	16.68	25.02	100.45	75.47	43.543	58.26	1.059	1.048	1.037	55.01	55.59	56.18
6	1.50	10.70	16.05	101.04	84.97	49.020	63.74	1.025	1.010	0.997	62.19	63.11	63.93
7	1.50	0.00	0.00	74.70	74.70	43.100	57.82	0.933	0.915	0.898	61.97	61.97	64.39
8	0.95	0.00	0.00	16.78	16.78	9.680	24.40	0.798	0.777	0.758	30.57	31.40	32.19
Total											352.670	354.470	360.446

▸ 위 표의 Column(10)과 Column(11)의 계산 방법

Slice	$M(a) = \cos a\left(1+\frac{\tan\alpha\tan\varnothing'}{F_s}\right)$
	$F_s = 1.50$
1	$\cos(-11.1)\left[1+\frac{\tan(-11.1)\times\tan30}{1.5}\right] = 0.981\left[1+\frac{-0.196\times0.577}{1.5}\right] = 0.907$
2	$\cos(-1.55)\left[1+\frac{\tan(-1.55)\times\tan30}{1.5}\right] = 0.999\left[1+\frac{-0.027\times0.577}{1.5}\right] = 0.988$
3	$\cos8.13\left[1+\frac{\tan8.13\times\tan30}{1.5}\right] = 0.989\left[1+\frac{0.143\times0.577}{1.5}\right] = 1.043$
4	$\cos17.24\left[1+\frac{\tan17.24\times\tan30}{1.5}\right] = 0.955\left[1+\frac{0.310\times0.577}{1.5}\right] = 1.068$
5	$\cos29.36\left[1+\frac{\tan29.36\times\tan30}{1.5}\right] = 0.871\left[1+\frac{0.562\times0.577}{1.5}\right] = 1.059$
6	$\cos37.87\left[1+\frac{\tan37.87\times\tan30}{1.5}\right] = 0.789\left[1+\frac{0.777\times0.577}{1.5}\right] = 1.025$
7	$\cos50.44\left[1+\frac{\tan50.44\times\tan30}{1.5}\right] = 0.637\left[1+\frac{1.210\times0.577}{1.5}\right] = 0.933$
8	$\cos62.85\left[1+\frac{\tan62.85\times\tan30}{1.5}\right] = 0.456\left[1+\frac{1.950\times0.577}{1.5}\right] = 0.798$

Slice	$M(a) = \cos a\left(1+\frac{\tan\alpha\tan\varnothing'}{F_s}\right)$
	$F_s = 1.60$
1	$\cos(-11.1)\left[1+\frac{\tan(-11.1)\times\tan30}{1.6}\right] = 0.981\left[1+\frac{-0.196\times0.577}{1.6}\right] = 0.912$
2	$\cos(-1.55)\left[1+\frac{\tan(-1.55)\times\tan30}{1.6}\right] = 0.999\left[1+\frac{-0.027\times0.577}{1.6}\right] = 0.989$
3	$\cos8.13\left[1+\frac{\tan8.13\times\tan30}{1.6}\right] = 0.989\left[1+\frac{0.143\times0.577}{1.6}\right] = 1.059$
4	$\cos17.24\left[1+\frac{\tan17.24\times\tan30}{1.6}\right] = 0.955\left[1+\frac{0.310\times0.577}{1.6}\right] = 1.062$

Slice	$M(a) = \cos a\left(1+\dfrac{\tan\alpha \tan\varnothing'}{F_s}\right)$
	$F_s = 1.60$
5	$\cos 29.36\left[1+\dfrac{\tan 29.36\times\tan 30}{1.6}\right] = 0.871\left[1+\dfrac{0.562\times 0.577}{1.6}\right] = 1.048$
6	$\cos 37.87\left[1+\dfrac{\tan 37.87\times\tan 30}{1.6}\right] = 0.789\left[1+\dfrac{0.777\times 0.577}{1.6}\right] = 1.010$
7	$\cos 50.44\left[1+\dfrac{\tan 50.44\times\tan 30}{1.6}\right] = 0.637\left[1+\dfrac{1.210\times 0.577}{1.6}\right] = 0.915$
8	$\cos 62.85\left[1+\dfrac{\tan 62.85\times\tan 30}{1.6}\right] = 0.456\left[1+\dfrac{1.950\times 0.577}{1.6}\right] = 0.777$

Slice	$M(a) = \cos a\left(1+\dfrac{\tan\alpha \tan\varnothing'}{F_s}\right)$
	$F_s = 1.70$
1	$\cos(-11.1)\left[1+\dfrac{\tan(-11.1)\times\tan 30}{1.7}\right] = 0.981\left[1+\dfrac{-0.196\times 0.577}{1.7}\right] = 0.916$
2	$\cos(-1.55)\left[1+\dfrac{\tan(-1.55)\times\tan 30}{1.7}\right] = 0.999\left[1+\dfrac{-0.027\times 0.577}{1.7}\right] = 0.990$
3	$\cos 8.13\left[1+\dfrac{\tan 8.13\times\tan 30}{1.7}\right] = 0.989\left[1+\dfrac{0.143\times 0.577}{1.7}\right] = 1.055$
4	$\cos 17.24\left[1+\dfrac{\tan 17.24\times\tan 30}{1.7}\right] = 0.955\left[1+\dfrac{0.310\times 0.577}{1.7}\right] = 1.055$
5	$\cos 29.36\left[1+\dfrac{\tan 29.36\times\tan 30}{1.7}\right] = 0.871\left[1+\dfrac{0.562\times 0.577}{1.7}\right] = 1.037$
6	$\cos 37.87\left[1+\dfrac{\tan 37.87\times\tan 30}{1.7}\right] = 0.789\left[1+\dfrac{0.777\times 0.577}{1.7}\right] = 0.997$
7	$\cos 50.44\left[1+\dfrac{\tan 50.44\times\tan 30}{1.7}\right] = 0.637\left[1+\dfrac{1.210\times 0.577}{1.7}\right] = 0.898$
8	$\cos 62.85\left[1+\dfrac{\tan 62.85\times\tan 30}{1.7}\right] = 0.456\left[1+\dfrac{1.950\times 0.577}{1.7}\right] = 0.758$

$$F_s = 1.50 \text{ 으로 가정했을 때 : } F_s = \frac{352.670}{216.096} = 1.632$$

$$F_s = 1.60 \text{ 으로 가정했을 때 : } F_s = \frac{354.470}{216.096} = 1.640$$

$$F_s = 1.70 \text{ 으로 가정했을 때 : } F_s = \frac{360.446}{216.096} = 1.668 \text{ 로 나타났다.}$$

$$\therefore \text{ 안전율은 } F_s = \frac{360.446}{216.096} = 1.668\text{로 결정한다.}$$

위와 같이 $F_s = 1.50$, $F_s = 1.60$ 및 $F_s = 1.70$ 세가지의 경우로 가정하고 반복계산하여 가정한 안전율과 비교하여 가장 가까운 안전율을 보인 $F_s = 1.70$ 을 선정하게 된다.

5.3.4 암반사면의 안정해석

일반적으로 토목공사에서 암반의 절취 시 토층, 암반의 불연속면의 발달상태 등을 고려하여 사면 경사를 결정하여야 한다. 안정을 유지하고 있는 지반은 도로, 철도, 댐, 터널, 단지조성 등과 같은 건설공사로 인하여 지반상태가 균열이 발생하고, 균열된 부분에 지표수나 지하수가 침투하면 사면붕괴 발생의 원인이 되고 있다.

특히 단층파쇄대와 습곡 등은 과거에 변형이 발생된 장소이므로 응력을 집중하여 대규모의 굴착을 하는 경우 기반암이 이완되어 사면붕괴와 활동을 유발시키게 된다. 암반사면(rock slope)은 조사, 설계 및 시공과정에서 발생되는 문제점과 대책을 잘 분석하고 보강대책을 강구하여 붕괴 위험성을 사전에 예방하여야 한다.

암반사면의 안정성 해석은 암반 내에 존재하는 단층 또는 절리와 같은 구조면을 얼마나 정확하게 조사하는가에 따라 결과가 달라진다. 일반적으로 토질은 비교적 균일한 특성을 지니지만, 암반사면은 암반 내에 불규칙하게 발달하고 있는 불연속면 때문에 암석덩어리는 크기와 모양이 다양하고 부분적으로 불안정한 특성이 있다. 암반사면의 안정성 해석은 암석의 강도 보다 불연속면의 발달상태(불연속면의 방향, 간격, 연속성, 거칠기, 강도, 틈새, 충진물질, 투수, 불연속면군의 수, 암괴의 크기 및 모양 등)가 중요한 요인이 된다.

암반사면의 안정성 해석은 현장에서 조사된 자료를 바탕으로 불연속면의 방향을 고려하여 1차적으로 평사투영법(예 : Dips 등)으로 개략적인 안정성을 평가한다. 1차 평가 후에 파괴 가능성 및 잠재적 파괴 가능성이 있는 시면은 한계평형해석 프로그램(예 : Swedge, RocPlane 등)을 이용하여 안전율을 계산한다. 특히, 한계평형해석의 단점을 보완하고, 최종적으로 사면의 역학적 거동과 안정성을 확인하기 위해 탄성요소, 경계요소, 개별요소 등 다양한 요소를 활용하여 최대한 현장 조건에 가까운 모델링으로 수치해석(예 : UDEC 등)을 수행한다. 또한, 필요에 따라 낙석 수치모형 해석을 통한 사면의 형태와 낙석의 상관성을 분석하는 통계처리 해석(예 : RocFall 등)도 한다.

1. 평사투영법

평사투영법(stereographic projection method)은 암반 내에 발달하고 있는 불연속면들의 방향 및 마찰각과 암반의 역학적 특성을 기하학적으로 분석하기 위하여 평사투영망을 이용하여 암반사면의 안정성을 평가한다. 불연속면이나 절개면의 주향과 경사와 같은 3차적인 형태를 2차적인 평면상에 투영된 평사투영망을 보면 원의 내부에서 불연속면은 한 개의 점, 절개면은 한 개의 곡선으로 각각 표시된다. 평사투영망에 불연속면의 마찰각과 위험조건들을 기하학적으로 도시하여 위험조건들에 따라 평면파괴, 쐐기파괴, 전도파괴로 구분한다.

암반사면의 붕괴형태는 사면에 발달하고 있는 불연속면의 상태에 따라 그림 5-6과 같이 결정되는데, 원형파괴(circular failure)는 불연속면이 불규칙하게 발달하여서 뚜렷한 구조적인 특징이 없으면 토층과 같은 형태로 발생한다.

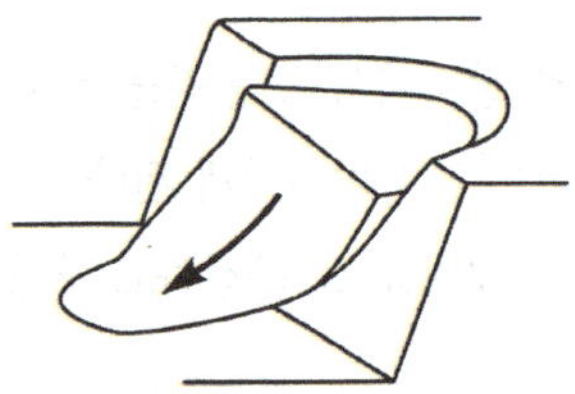

(a) 일정한 지질구조 형태를 보이지 않는 표토, 폐석, 심한 파쇄암반에서의 원호파괴

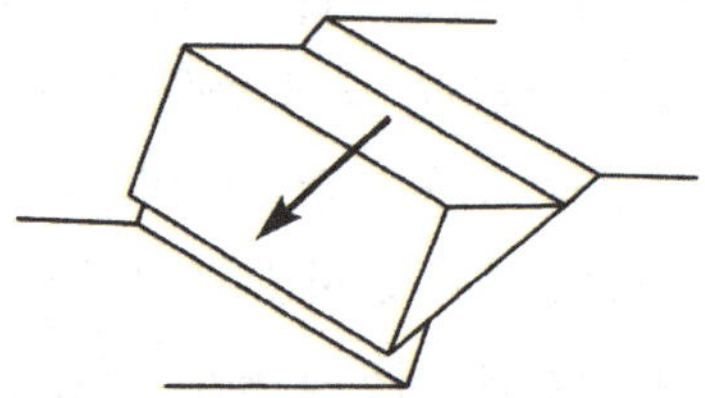

(b) 점판암같이 질서정연한 지질구조를 가지는 암반에서의 평면파괴

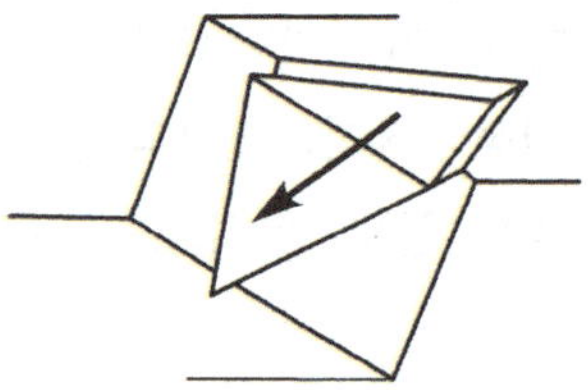

(c) 교차하는 두 불연속면 위에서의 쐐기파괴

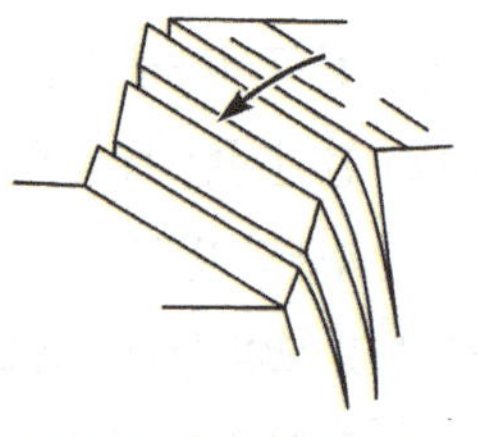

(d) 급경사 불연속면에 의해 분리된 주상(柱狀) 구조를 형성하고 있는 경암암반에서의 전도파괴

[그림 5-6] 암반의 파괴형태

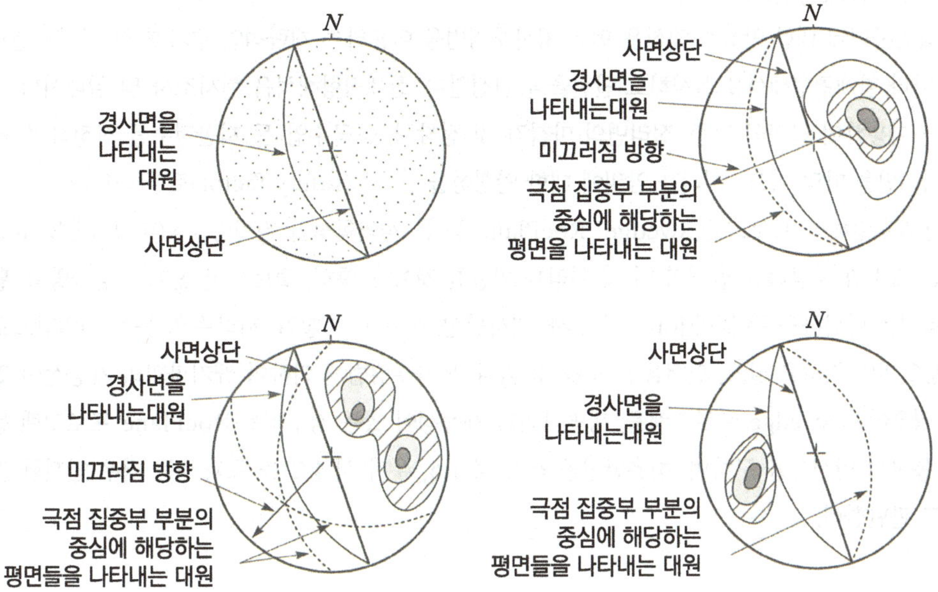

[그림 5-7] 평사투영법

평면파괴(plan failure)는 불연속면(절리면)의 주향과 비탈면의 주향이 20°이내이며, 거의 평행한 방향이고 절리면의 경사가 마찰각보다 클 경우 발생한다. 쐐기파괴(wedge failure)는 굴착방향으로 경사져 있는 두 불연속면 경사가 마찰각보다 크고 비탈면 경사보다 적을 경우 불연속면 상에 있는 쐐기형 암반이 교차하는 두 불연속면을 따라 아래로 미끄러질 때 발생한다. 전도파괴(topping failure)는 절개면과 절리면의 경사방향과 불연속면의 경사방향이 반대이거나 절리면의 주향과 절개면의 주향이 비슷한 경우에 발생한다.

암반사면에서 활동 파괴되는 위험지역을 해석할 때 주의할 점은 위험지역에 표시되는 불연속면의 극점이나 불연속면의 교차선의 극점은 항상 활동파괴 형상이라고 판단하면 안 된다. 암괴의 판상이나 주상형태를 보이면 활동파괴보다 오히려 전도파괴가 발생할 수도 있으므로 암괴의 모양을 다시 조사해야 한다.

특히, 절리면의 연속성이 짧은 경우에는 내부마찰각 뿐만 아니라 점착력도 고려하여야 하며, 불연속면의 틈새가 벌어지거나 지하수가 침투하여 있으면 마찰각을 충분히 적게 해야 한다. 절토면의 방향과 불연속면의 방향, 불연속면의 전단강도로서 암반사면 안정성을 평가하는 평사투영법은 암반사면의 안정 상태를 초기에 신속하고 간단하게 파악할 수 있는 장점이 있지만, 평사투영 해석법의 문제점을 충분히 파악하고 검토한 후 적용하여야 한다.

2. 한계평형해석

암반사면에 대한 안정성 해석은 먼저 평사투영법을 이용하여 개략적인 평가를 한 후, 그 결과에 따라 한계평형해석을 실시하고 안전율을 산정한다. 한계평형해석은 현지조사 및 실내시험 자료를 이용하여 암괴의 자중, 절리면의 마찰각 및 점착력, 공극수압 등 지반정수를 산정하며, 활동파괴면을 따라 미끄러지려는 암괴에 대한 안정성을 안전율(safety factor)로 나타낸다.

한계평형해석 프로그램(Swedge, RocPlane 등)은 정역학적인 평형방정식(미끄러짐을 유발하는 합력과 저항하는 합력의 비)의 원리를 이용한 것이다. 특히, 절토사면 높이와 경사방향, 활동암괴를 형성하는 주 절리(joint)의 경사, 경사방향, 점착력, 마찰각, 지하수위 등을 입력함으로 활동암괴의 형상을 알고, 안전율을 구할 수 있다. 평사투영법에 의하여 쐐기파괴의 가능성이 있는 경우에는 Swedge 프로그램을, 평면파괴의 가능성이 있는 경우에는 RocPlane 프로그램 등을 통하여 안전율을 구하며, 허용안전율(건기 시 1.5, 우기 시 1.2)을 초과하는 경우 안전한 것으로 판단한다.

5.3.5 프로그램에 의한 사면안정 해석

컴퓨터의 사용이 일반화 되어 사면안정 해석기법은 혁신적 변화가 일어났지만, 토질역학과 흙의 강도에 대한 이해, 사용하는 프로그램과 계산결과에 대한 검토능력이 필요하다. 프로그램을 이용한 사면안정 해석은 토사사면 및 암반사면에 따라 한계평형해석법, 유한요소법, 유한차분법 등의 수치해석법 등 다양한 방법들이 있다.

특히, 한계평형해석법은 절토 및 성토 사면의 안정해석에 널리 사용되고 있으며, 한계평형이론에 의한 사면안정 해석방법은 여러 가지가 있으나 그 정확성은 강도정수와 사면의 기하학적 조건의 정확도 및 각 해석방법 고유의 정밀도에 따라 좌우된다. 대부분의 경우에는 강도정수와 기하학적 조건이 각 해석방법의 차이보다 결과에 더 큰 영향을 미치게 되므로 강도정수를 정확히 선정하는 것이 가장 중요하다.

일반적으로 한계평형해석법을 이용한 프로그램인 SLOPE/W, SoilWorks, TALREN 등이 실무적으로 현장에서 많이 사용되고 있으며, 해석과정에 필요한 일반적인 절차는 다음과 같다.

① 해석방법의 결정 : Bishop 법, Janbu 법, Spencer 법, Morgenstern-Price 법 등을 결정한다.

② 지하수위 조건의 결정 : 강우를 고려한 지하수위를 고려한다.

③ 기하학적 형상을 생성한다.

④ 지반 물성치의 입력 : 단위중량, 내부마찰각, 점착력 등을 입력한다.

⑤ 경계조건의 결정 : 파괴면 탐색, 원호 및 비원호 해석, 공극수압, 집중하중, 등분포하중, 보강재의 특성, 지진하중 등을 입력한다.

⑥ 상부 및 하부사면에서 안정율과 예상 파괴면은 그래프를 통하여 확인
: 성토의 경우 기준안전율(Fs)은 건기시 > 1.5, 우기시 > 1.3, 지진시 > 1.1, 단기 > 1.1 이고, 절토사면의 경우 기준안전율(Fs)은 건기시 > 1.5, 우기시 > 1.2(지하수위 명확한 경우) 또는 1.3(지하수위 불명확), 지진시 > 1.1, 단기 > 1.1 이다. 연약지반 성토의 경우 기준안전율(Fs)는 건기시 > 1.3, 우기시 > 1.2, 지진시 > 1.1, 단기 > 1.1으로 적용한다.

사면안정 해석 프로그램들은 여러 프로그램으로 구성되어 있고 서로 연계해서 해석할 수 있다. 특히, SLOPE/W 프로그램은 사면안정해석을 수행하고, 이 결과를 불러와서 공극수압을 고려한 침투해석을 SEEP/W 프로그램으로 연계 해석할 수 있어 매우 편리하고 유용하게 사용할 수 있다.

5.4 사면안정 공법의 선정

5.4.1 개요

일반적으로 사면안정 공법의 선정은 토층 및 암반사면의 개략설계, 상세설계 및 시공시점에서 구체적인 검토가 필요하며, 동일한 사면 내에서도 지반상태, 용수상태가 다르기 때문에 시공조건과 경제성 등을 고려하여 적합한 방법을 선정하여야 한다, 또한, 사면절토 시 충분한 안정성을 고려하여도 예상치 못한 불연속면이나 연약한 층이 발생하여 안정성에 문제가 되는 경우도 있다.

사면안정을 확보하기 위한 보강공법에는 여러 종류가 있으나, 사면의 상태에 따라 여러 가지 공법이 복합적으로 시공되기도 한다. 사면안정 공법은 그림 5-8과 같이 크게 억제공과 억지공으로 대별된다. 억제공은 지형, 지하수 등의 자연조건을 개량하여 사면의 안전율을 유지시켜 사면의 활동을 방지하는 공법으로 장기간 안정에 효과적이다. 억지공은 인공구조물에 의해 활동력에 대항하려고 하는 공법으로 만일 억지공이 파괴된 경우에는 급격한 활동이 되기 때문에 높은 안전율이 요구되며, 대책공법으로는 억지공과 억제공의 병용이 바람직하다.

[그림 5-8] 사면안정 공법

5.4.2 억제공

억제공(抑制工: control works)은 사면의 안전율을 유지하는 방법으로 일명 안전율유지법이라 하며, 대표적인 공법으로는 배수공, 블록공, 피복공 및 표층안정공 등이 있다.

1. 배수공

강우 시 사면에 물을 함유하고 있으면 사면붕괴가 발생할 가능성이 높으므로 암반사면이나 주변에 원활한 배수가 이루어지도록 배수시설을 설치하여야 한다. 사면내부의 불연속면에 작용하는 수압을 낮추고 사면의 안정성을 높여 보강효과를 얻을 수 있도록 먼저 지표수가 인장균열이나 절리 등의 틈새를 통하여 사면내부로 들어오지 못하도록 하여야 한다. 지표수 배제공은 산마루 측구, 소단배수로, 배수터널, 수평배수 boring 공법, 강제배수공법, 외부배수로 설치 등을 들 수 있으며, 지하수 배제공은 횡보링공, 집수정공 및 배수터널을 들 수 있다(7장 산복사방 참조).

배수공으로는 지하에 물이 침투하지 않도록 하는 지표수 배제공과 사면에 침투한 물을 지하로부터 효율적으로 배제하는 지하수 배제공 등 두 가지가 있다.

지표수 배제공은 비탈면에 내린 지표수를 빨리 모아 배제시키기 위하여 그림 5-9와 같이 지표수 배수로망을 시공한다. 합류점이나 굴곡부, 기울기가 변화하는 지점에 집수로를 설치하여 집수로에 모여든 물은 간선 배수로를 통하여 비탈면 밖으로 배제한다. 배수로의 어깨는 물이 유입되기 쉽도록 하고, 다수의 수로받이를 시설하여 유수의 재침투를 막기 위하여 콘크리트나 돌수로를 시공한다.

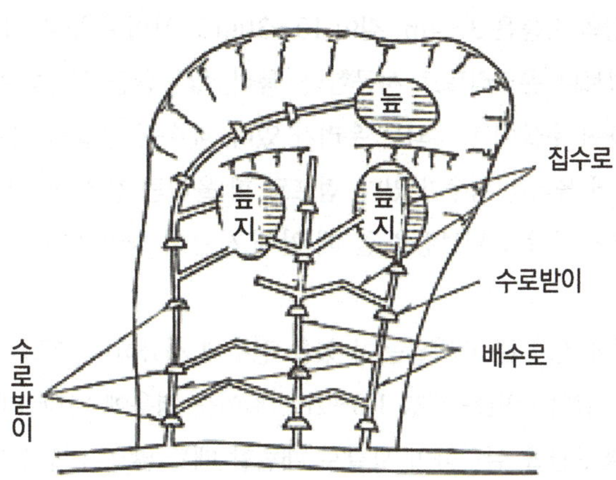

[그림 5-9] 지표 배수로망

지하수배제공 중에서 횡(가로)보링공은 얕은층 또는 깊은층의 지하수를 배제하기 위하여 횡보링을 하는 것이다. 일반적으로 횡보링공의 굴착지름은 ø 66㎜ 정도, 굴착길이는 50~60m로 하고, 굴착방향은 수평에서 상향으로 약 5~10°정도로 하며 활동면을 관통하여 기반암에 5~10m 깊이로 넣는다. 굴착 후 이물질 등의 유입을 방지하는 장치인 스트레이너(strainer)가 있는 경질염화비닐파이프나 가스관을 유공관으로 삽입한다. 스트레이너의 직경은 ø 2~5㎜ 가 많으며, 시공 후 오랜 시간이 흐르면 틈막힘이 생겨 집수효과가 떨어지므로 유공관의 세척이 필요하다. 때로는 물이 유공관을 통과하지 않고 공벽의 틈사이를 흐르는 일이 있고, 입구 부근에서 붕괴를 일으키는 일도 있으므로 입구 부근을 잘 관리 할 필요가 있다.

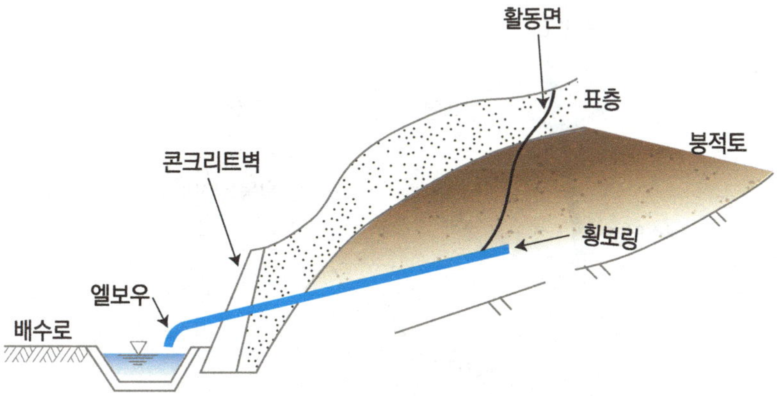

[그림 5-10] 횡보링공 입구의 보호

집수정공은 그림 5-11과 같이 우물을 파서 주변의 여러 가지 깊이의 지하수를 우물로 모아 지하수를 배제하는 공법이다. 우물내부에서 방사상의 짧거나 긴 횡보링을 하여 넓은 범위의 배수를 유도하고, 집수정의 지름은 3~4m, 깊이 10~30m로 하며 우물에 괴인 물이 다른 곳에 침투하지 않도록 아스팔트나 콘크리트로 시공한다. 특히, 활동층을 관통하여 기반암까지 굴착하면 지반활동력에 의하여 우물이 파괴되는 우려가 있다. 배수는 우물의 저부 부근에 배수용보링을 할 경우와 펌프로 퍼 올리는 경우가 있다. 펌프로 퍼 올리는 경우는 비용이 많이 소요되는 단점이 있다. 또한, 우물의 굴착과 횡보링을 할 때 안에 사람이 들어가야 하므로 충분히 안전관리를 하여야 한다.

배수터널은 활동면이 깊고 큰 지반활동이 있을 경우에 시공하며, 터널은 활동면보다 밑의 안정지반에 설치한다. 터널의 단면은 직경 1.8~2m, 길이는 경우에 따라 1,000m에 이르는 것도 있다. 터널바닥부는 배수관을 설치하여 자갈로 매립할 때도 많으며, 집수효과를 높이기 위하여 터널내에서 측방 또는 위쪽을 향하여 집수보링을 한다.

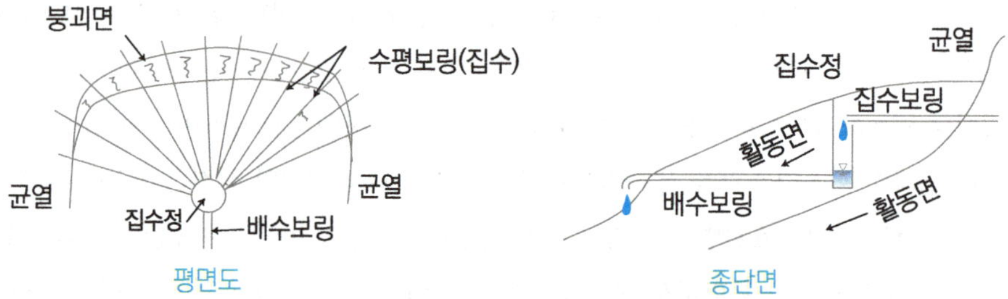

[그림 5-11] 집수정

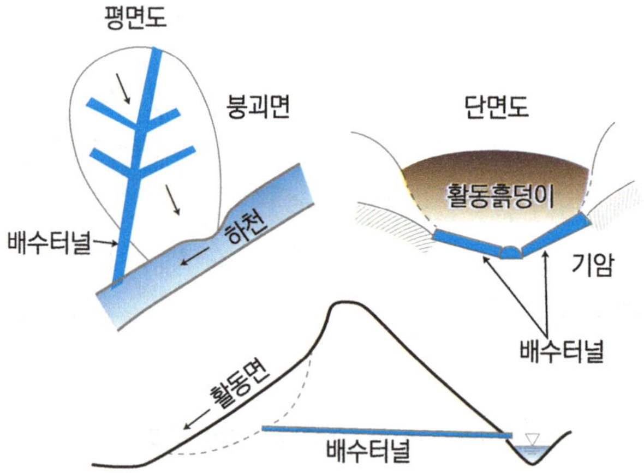

[그림 5-12] 배수터널의 계획

2. 격자구조물공

격자구조물공법은 우수에 의한 침식이나 풍화가 많은 지반 등에 침식을 방지하고 식생이 잘 저라지 못하는 사면을 격자블록이나 격자모양의 구조물 등으로 덮어서 사면안정을 도모하는 공법이며, 또는 격자블럭공법이라 한다. 사면의 지표면을 공기 중에 노출된 상태로 방치하면, 강우나 지하수 등에 의하여 붕괴의 위험성이 높다. 격자구조물공법에는 프리케스트 콘크리트 블록(precast concrete block), 현장타설 콘크리트 격자구조물이나 블록석 이외에 동일한 목적으로 설치되는 연속콘크리트보와 같은 것도 포함된다.

1) 콘크리트블록 및 현장타설 콘크리트 격자틀붙이기

콘크리트블록 및 현장타설 콘크리트 격자틀붙이기는 녹화공사만으로 침식을 방지하기 어려운 급경사지에서 무거운 격자틀을 이용하여 비탈면의 안정을 위하여 시공한다. 전체 비탈면의 수직 높이는 원칙적으로 5m 이하로 하며, 길이는 안 채움 공사의 물리적 안정을 유지하기 위해 1.0m를 표준으로 한다. 폭이나 두께는 성토비탈면 10㎝ 이상, 절토비탈면 15㎝ 이상을 표준으로 한다. 격자틀 한 개의 무게는 약 27~30㎏ 정도가 적당하며, 기울기는 원칙적으로 1 : 1보다는 완만하게 설계해야 하지만, 토질에 따라 1 : 0.8 까지 설계하기도 한다.

격자블록은 주로 프리캐스트 제품이 사용되며, 시공 시 격자블록의 교차부분은 미끄럼방지용 말뚝 또는 앵커철근으로 고정한다. 그러나 현장타설 콘크리트 격자구조물은 격자의 교점이 일체화되어있기 때문에 말뚝이나 앵커를 하지 않아도 표층붕괴에 어느 정도 억지력을 기대할 수 있다. 격자구조물의 내부는 식생(떼)으로 채우는 것이 가장 바람직하지만, 식생이 생육하기 어려울 경우에는 조약돌이나 콘크리트 등으로 적절히 채운다. 또한, 격자구조물의 내부를 콘크리트붙이기, 돌박기, 콘크리트블록붙이기 및 돌찰붙이기 등으로 충전할 경우는 반드시 물빼기구멍을 설치하여 격자틀의 배면수(背面水)를 배출시켜야 한다. 물빼기구멍은 원칙적으로 비탈면적 2~3㎡에 1개소를 설치하며, 구멍의 지름은 30~50㎜ 정도의 것을 사용한다. 특히 용출수가 다량으로 유출되는 곳은 속도랑을 설치하여야 한다.

2) 경질염화비닐제 블록격자틀붙이기

경질염화비닐제 블록격자틀붙이기는 PE, PY 및 FRP격자블록 등을 이용하여 절토비탈면과 성토비탈면의 물리적 안정이나 녹화를 위하여 사용한다. 경질염화비닐제 블록격자틀은 콘크리트블록격자틀에 비하여 무게가 가벼워 시공이 용이하다는 장점이 있으나, 시공 후 지표 토층의 침하로 형틀이 쉽게 변형되거나 파손되기 쉬우므로 시공 시에 주의가 필요하다. 또한, 무거운 격자블록으로 비탈면을 지지해야 하는 장소는 부적합하다.

[그림 5-13] 콘크리트격자구조물 붙이기

[그림 5-14] 합성제 블록격자틀붙이기

3. 식생공

[그림 5-15] seed spray 공법

식생공은 비탈면을 식물, 인조섬유 등으로 피복하여 강우에 의한 침식을 방지하고 보호하는 공법이다. 비탈면의 보호공은 일반적으로 식생공이 비교적 경제적이고 경사면 보호효과가 높기 때문에 가장 많이 사용되고 있다. 식물성장에 적합한 특성을 지닌 coir mesh 등을 이용하여 식물을 자라게 하여 사면유실이나 붕괴를 방지하기 위한 공법으로 비교적 시공이 간단하고 시공비가 저렴한 장점을 가지고 있다. 이 공법으로는 Seed spary, Texsol 및 녹생토 공법이 많이 사용되고 있다.

[그림 5-16] 녹생토 공법

4. Shotcrete

숏크리트공법은 시멘트, 모래 및 물이 혼합된 모르타르를 현장 타설하여 비탈면 표층부에 피복하는 공법이며, 사면에 전체적으로 용출수가 없고 풍화를 받기 쉬운 암질, 풍화하여 붕괴할 위험이 있는 암질, 균일한 절리가 많아 낙석의 위험성이 있는 암질 및 식생이 부적합한 지역 등에 시공한다.

[그림 5-17] 숏크리트 공법

5. 표층안정공

표층안정공법은 주입재를 주입하여 불안정한 토질의 안정도를 향상시키고 지하수나 침투수의 유입을 막아 사면의 지반이 불안정하게 되는 것을 막아주는 공법이다. 이 방법 중에는 주입공법만이 아니라 어느 정도의 강도나 강성을 가지는 재료를 병용하여 강도를 보강시키는 공법도 있다.

주입공법에 사용되는 주입재에는 많은 종류가 있으나 시멘트계(입자 그라우트), 시멘트 약액계(입자용액 그라우트), 약액계(용액 그라우트)로 크게 나눌 수 있다. 시멘트 그라우트가 가장 사용하기 쉽고 신뢰성이 높고 경제적이다. 주입은 통상 보링공을 통하여 지반내에 압입하지만, 재료는 지반에 따라 주입 가능한 것을 선택하지 않으면 안 된다. 또한 주입한 재료가 피압수나 지하수, 침투수 등에 의하여 흘러가지 않도록 해야 한다.

특히, 주입압이 지나쳐서 지반을 파괴하거나 전단강도를 저하시키지 않도록 주의하여야 한다. 따라서, 효과적인 주입을 실시하기 위하여는 그라우트의 종류, 주입압, 그라우트의 크기와 양, 목적, 경제성 등을 신중히 고려하여야 한다.

이 방법을 보다 적극적으로 사용할 경우 안전율 증가법으로 분류될 수 있으나, 주입액의 효과가 아직 불명확하므로 보조적인 수법으로 사용하는 것이 안전하다.

5.4.3 억지공

억지공(抑止工: restraining works)은 불안정한 사면에 대하여 다양한 조사를 통하여 안전율을 증가시킬 수 있는 방안을 강구하고 억지공은 사면안전율 증가법이라 하며, 이에는 두 가지 종류의 방법이 이용되고 있다. 하나는 사면의 활동을 지항시기기 위하여 저항력을 증가시켜 주는 방법이고, 다른 하나는 사면이 안전하도록 사면의 활동력을 감소시켜 주는 방법이다. 우선

저항력 증가공법으로는 말뚝, 앵커, 옹벽, 흙 등을 사용하여 전단, 휨, 인장, 압축 등의 역학적 저항을 높이는 물리적 방법과 지반안정 약액을 사용하여 직접 지반의 강도를 증가시켜 사면활동에 저항하도록 하는 화학적 방법을 들 수 있다. 또한, 사면의 활동력 감소 방법은 사면상부의 흙을 제거시키는 절토공과 사면의 경사를 보다 완화시키는 방법이 있다.

1. 말뚝공법

말뚝공법은 사면의 활동토괴를 관통시켜 견고한 지반까지 말뚝을 일렬로 설치하여 사면의 활동하중을 말뚝의 수평저항으로 견고한 지반에 전달시키는 공법이다. 이러한 억지말뚝은 수동말뚝(Passive pile)의 대표적인 사례 중의 하나이며, 활동토괴에 대하여 역학적으로 저항하는 공법으로서 사면안전율 증가 효과가 크므로 많이 사용하고 있다.

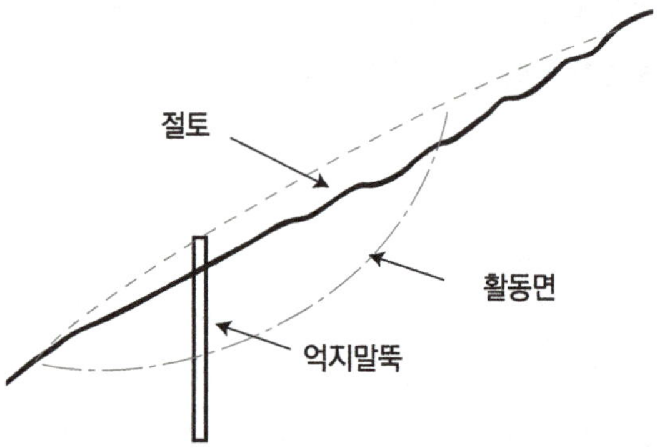

[그림 5-18] 절토공과 억지말뚝공

말뚝의 거동은 말뚝과 주변지반의 상호작용에 의하여 결정된다. 말뚝의 사면안정 효과를 얻기 위하여 말뚝의 설치위치, 간격, 직경, 강성, 근입 깊이 등을 결정하여야만 한다. 억지말뚝을 일렬로 설치하여 사면안정을 도모한 경우의 개략도는 그림 5-18과 같다.

2. 앵커공법

앵커공법은 고강도 강재를 앵커재로 하여 보링공 내에 삽입하여 그라우트를 주입하면 앵커재가 지반에 정착되고, 앵커재 두부에 작용한 하중이 정착지반에 전달되어 사면이 안정화되는 공법이다. 이 공법은 구미 각국에서 오래전부터 많이 사용되어져 왔다.

앵커공법은 고강도의 강재를 사용하여 프리스트레스를 가하는 점에 공법의 특징이 있다. 이 프리스트레스를 가하는 장점은 정착된 구조물에 하중이 작용하는 경우 구조물의 변위를 아주 적게 할 수 있는 점이다. 일반적으로 많이 시공하는 앵커공법들은 다음과 같다.

1) Rock anchor 및 earth anchor 공법

현장타설 말뚝(CIP공법, SWC공법), 엄지말뚝 및 토류판, 지중연속벽, sheet pile 등으로 지중에 벽체를 먼저 설치 후 굴착해 내려가면서 anchor를 설치하여 토압을 지지시키는 공법이다. 사면절취 시 앵커를 시공하면서 굴착면을 shotcrete, 콘크리트판 등으로 보호하여 사면을 안정시키는 방법이며, 암반 비탈면에는 록앵커(rock anchor), 토사 비탈면에는 어스앵커(earth anchor)를 적용한다.

이 공법은 비탈면 경사가 급한 경우에도 시공이 가능하며, 시공 위치를 다소 자유롭게 선택하거나 구간별로 시공할 수도 있고 비교적 깊은 붕괴가 예상되는 지역에 적용한다.

[그림 5-19] 앵커공법을 위한 천공작업(a)과 어스앵커(b) 시공 관경

2) Rock bolt 공법

암반과 보호공과의 일체화 또는 불연속면을 경계로 암반이 일체화 되도록 보강하는 공법이다. 록 볼트의 작용효과는 부재의 전단강도나 원지반과의 인발저항에 의한 직접적인 보강뿐 만 아니라 간접적으로 원지반의 물성을 강화하는 효과도 있어 보강토공법과 유사한 부분도 있다. 그러나 록 볼트는 부식하기 쉬운 강산성 토양지반이나 변전소 부근에서의 사용은 피해야한다.

3) Soil nailing 공법

절토지반에 강봉을 삽입하여 그라우팅을 실시하고, 표면처리는 shotcrete 또는 texsol 등으로 처리하는 공법으로 높이와 폭의 비는 0.5 ~ 0.7 이며, 간격은 0.5 ~ 1.5m² 당 1개씩으로 한다. 급경사의 절토 비탈면에 적용이 가능한 보강 공법이며, 지하수위가 높은 지역에는 부적절하다.

최근에는 철근이나 철봉을 그림 5-20과 같이 가상파괴면 보다 깊이 사면 내에 삽입시켜 사면을 안정시키는 Soil nailing 공법도 많이 사용되고 있다.

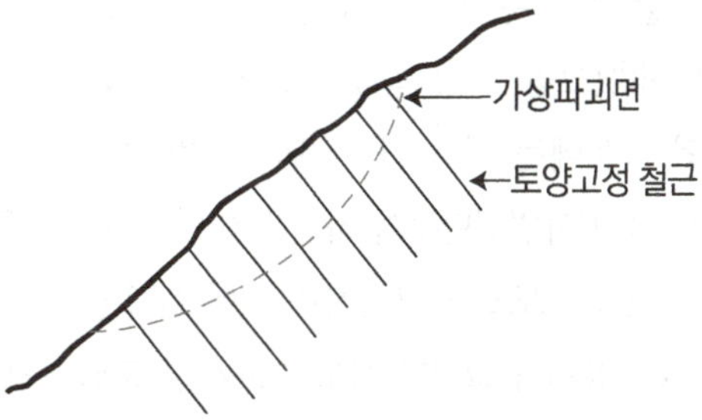

[그림 5-20] 쏘일 네일공

3. 옹벽공

옹벽은 주로 자연사면의 선단부에 도로 및 주택단지를 조성할 경우 많이 시공하지만, 옹벽 자체로는 배면 자연사면의 안정을 기대할 수 없다. 이러한 경우는 반드시 배면사면의 안정성을 검토한 후 불인정 한 것으로 판단되면 말뚝공이나 엥커공 등으로 배면 사면의 안징을 도모한 후에 옹벽을 설치하여야 한다.

1) 의자식 옹벽 공법

원지반에 기댄 콘크리트 구조물의 자중에 의해 활동면에 저항하는 공법이며, 소규모로 이완된 암괴구간에 콘크리트 벽체를 설치하여 이완된 암석을 고정시킨다. 비탈면에 기댄 형상으로 자중에 의하여 비탈면 하부 지지력을 확보하고 앵커와 병행 시공 시 높은 안정성을 가지기 때문에 구간별로 소규모 시공으로 공사비를 절감할 수 있다.

2) 계단식 옹벽 공법

비탈면의 활동이 예상되는 구간, 파쇄대 구간, 함몰 공간 등에 계단 형식의 콘크리트 벽체를 설치하여 지지력을 증대하여 안정성 확보하는 공법이다. 비탈면 하부 세굴 및 지지력 상실 구간에 적용함으로서 효율성이 높고 계단 부분에 화단을 조성하여 식생에 의한 친환경적 공법이다.

4. 절토공

절토공은 활동하려는 토사를 제거하여 활동하중을 경감시켜 사면안정을 도모하는 공법이다. 활동토괴를 제거함으로서 안정성을 증가시켜 주지만 대규모 산사태의 경우 굴착토량이 막대하고, 경제성, 시공성의 면에서 다소 어려운 점도 있다. 그러나 중소규모의 산사태의 경우는 효과적으로 사용할 수 있을 것이다.

5. 압성토공

압성토 공법은 산사태가 우려되는 자연사면의 선단부에 토사를 성토하여 활동에 저항할 수 있는 저항력을 증가시켜 주는 공법이다(그림 5-21 참조). 그러나, 이 공법의 사용에는 여러 가지 제약을 받는다. 예를 들어 사면선단부가 하천에 연하여 있거나 민가나 도로에 근접하여 있어 성토할 수 있는 용지가 없거나 성토용 토사를 조달하기가 곤란할 경우 등이다. 이 공법의 문제점은 압성토에 의하여 사면선단부의 투수성이 나빠져서 수위가 상승하는 경우가 많다. 이 경우 사면파괴에 대한 저항력을 감소시키는 경우도 발생하게 된다. 따라서, 집수정이나 수평보링에 의하여 지중수를 배제할 필요가 있다.

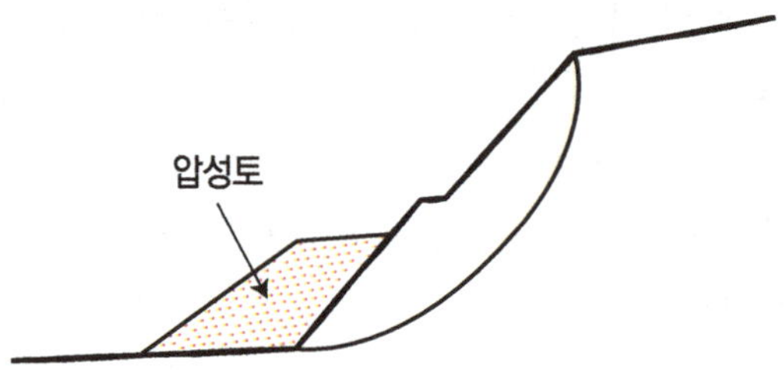

[그림 5-21] 압성토공

6. 버트리스 공법

콘크리트 등을 이용하여 절토 비탈면의 아래 부분이 지지력이 상실되어 공간이 발생되었을 때 채워 넣어 지지력을 확보하는 공법이다. 특히, 비탈면 하부 발파에 의한 이완된 암석을 보강하고, 안정된 상부 비탈면이 있을 경우에 비탈면 하부를 대상으로 적용하는 소규모 공법이다.

7. 낙석방지대책(rockfall protection)공법

절토사면 및 자연사면에서 풍화진행, 지진, 호우 등에 의해 상부 비탈면에서 이완된 암석을 낙석방지망이나 낙석방지책 등으로 낙석 시 도로유입 차단과 이격거리 내로 유도하는 공법이다. 낙석방지 대책공의 선정은 사면의 지형, 지질 및 식생상황 등의 조사결과에 따라 기능, 내구성, 시공성, 유지관리, 경제성 등을 충분히 검토하여 현지조건에 가장 적합하도록 하여야 한다.

[그림 5-22] 합성수지제품의 낙석방지망

[그림 5-23] 낙석방지책과 낙석방지망

8. 피암터널(rock shed) 공법

강재나 철근 콘크리트 등으로 도로에 터널을 설치하여 낙석 발생피해를 예방하는 공법이다. 특히, 도로의 여유 폭이 없고, 낙석 발생의 가능성이 있는 1 : 0.3 이내의 급경사 비탈면 중에서 높이가 30m 이상, 또는 낙석의 발생량이 많아 비탈면 보호 및 보강공법의 적용이 어려운 장소에 시공한다.

[그림 5-24] 피암터널

5.4.4 절토비탈면의 목적별 안정공법

절토 비탈면에 대한 사면의 목적별 안정 대책공법을 보면 표 5-3과 같다. 현 상태에서는 사면의 허용 안전율을 확보하고 있으나, 향후 우수나 풍화진행 등으로 안전율이 감소되는 것을 방지하기 위한 대표적인 공법은 낙석방지망, 낙석방지울타리, 낙석방지옹벽, 식생공, 배수공 등이 있다. 또한, 비탈면의 활동에 대한 저항력을 증가시키거나 활동력을 감소시켜 일정 기준의 허용 안전율을 확보하기 위한 대표적인 공법으로는 흙깎기, 앵커, 계단식(화단)옹벽 등이 있다.

[표 5-3] 절토비탈면의 목적별 안정대책 공법

목적	대책공법
활동하중 경감	흙깎기 / 상부흙깎기 / 사면정리 / 이완암제거 / 뜬돌제거 / 라운딩
활동 억제	록앵커 / 어스앵커 / 록볼트 / 쏘일네일링 / 말뚝공 버트리스 / 의자식옹벽 / 의자식 식생옹벽 계단식 옹벽 / 계단식 화단옹벽
낙석 제어	낙석방지망 / 포켓식 낙석방지망 / 기능형 낙성방지망 / 낙석방지울타리 돌망태옹벽/ 낙석방지옹벽 / 고강도특수방지울타리 / 낙석방호울타리
표면 보호	산지사방 / 식생공 / 격자구조물 / 격자블록+고정핀 / 숏크리트
수리 제어	산마루측구 / 전단면배수로 / 소단배수로 / 전단면소단배수로 도수로 / 수평배수공 / L, U, J형 측구 / 암거
기타	사방댐 / 피암터널 / 도로확폭 / 그라우팅 / 모르타르 상시계측시스템 / 암파쇄 방호시설

사면의 목적별 안정대책 공법의 선정시 유의점은 다음과 같다.

① 활동토괴의 두께가 5~10m인 비교적 얕은 경우에는 강우량이 밀도와 관련되기 때문에 지표수 배제공과 지하수 배제공을 병용하는 것이 효과적이다.

② 지하수에는 천층지하수와 심층지하수가 있기 때문에 각각에 적합한 배수공법을 선택한다.

③ 장기간의 강우와 융설이 사면활동에 관련되는 경우에는 심층지하수 배제공이 적합하다.

④ 이동량이 1㎜/일을 초과하는 경우에는 응급대책공과 억제공을 먼저 시행하여 움직임을 경감시킨 후에 억지공을 한다. 억지공은 소규모 활동과 정지상태의 대규모 활동에 적합하다.

⑤ 하부 융기부는 굴착하면 안정도가 현저히 저하되기 때문에 융기부의 사면을 보호하고 압성토를 실시하면 효과적이다.

⑥ 활동암괴가 하나인 경우, 상단부에서는 배수공, 하단부에서는 압성토공과 심층지하수 배제공이 효과적이다.

⑦ 활동토괴가 사면의 경사방향으로 몇 개의 블록으로 나뉘어져 있는 경우 하단부는 압성토공과 지하수배제공이 효과적이다.

따라서 실제 현장에서는 위의 유의점을 고려하여 현장특성과 사면규모에 맞추어 한 개 이상의 공법을 복합적으로 선정하여 사용하는 것이 바람직하다.

note

제6장

사방공사용 재료

제6장 사방공사용 재료

6.1 사방용 재료의 종류

사방사업을 수행하기 위해서는 사방용 재료에 대한 충분한 지식으로 재료를 선택하고 적절한 공법을 통하여 시공하여야 한다. 일반적으로 사방공사용 재료는 구조적으로 충분한 지지력이 있고, 내구성 · 내수성 및 마모에 잘 견뎌야 할 뿐 만 아니라 외력이나 열, 습기에 따른 변형이나 비틀림도 적어야 한다. 또한, 구하기가 쉬우며 경제적이고 취급도 간단해야 한다.

사방용 재료는 녹화공사에 사용되는 녹화재료와 기초안정공사에 사용되는 토목재료로 구분할 수 있다. 주요 녹화용 재료에는 식생재료(초본류 · 목본류 · 떼), 피복자재(식생반 · 식생자루 · 식생대 · 식생매트 · 식생망), 녹화기반재(배양토 · 토양개량재 · 비료 · 배수자재 · 보수재), 녹화보조재(토양안정제 · 피복재) 등이 있고, 토목공사용 재료에는 목재 · 흙 · 점토제품 · 합성수지제품 · 골재 · 석재 · 시멘트 · 콘크리트 · 돌망태 · 철강재 등이 있다.

6.2 녹화용 재료

녹화용 재료는 사방 대상지의 환경조건에 적합한 식물을 선정하고 복구 및 녹화하기 위하여 생육기반을 조성하여 파종이나 식재한 식물의 사후관리가 중요하다. 최근에 사방사업의 대상지가 다양화 되고 생육기반의 조성과 녹화용 식물의 식재 및 관리가 중요하여 여러 가지 녹화기반재와 녹화보조재들이 많이 개발되고 있다.

6.2.1 녹화용 식물재료

1. 초본류

1) 재래 초본류

재래 초본류는 우리나라에서 자연군락을 이루어 생육하는 자생초본으로 자연도태를 거쳐 환경에 적응한 초본류이다. 표토의 침식방지 및 녹화를 위하여 예전부터 많이 사용되고 있는 재래 초본류는 새 · 솔새 · 개솔새 · 억새 · 김의털 · 비수리 · 까치수영 · 왕까치수영 · 쑥 · 산쑥 · 제비쑥 · 수크령 · 그늘사초 · 실새풀 · 차풀 · 매듭풀 · 잔디 등이 있다.

[표 6-1] 시방용 주요 재래 초본류의 종류와 특성

식물명	특성
새(솔새 · 개솔새 · 억새)	지상부와 근계가 발달하여 피복이 양호하지만 발아가 늦다. 건조지나 사력지에도 자란다.
김의털	척악지에서 잘 자라며, 근계의 발달이 좋고 분얼 번식한다.
비수리	척악지 및 경질토에 적합하며, 건조에도 비교적 강하다. 비료목으로 사용되기도 한다.
까치수영(왕까치수영)	척악지 및 건조지에서 잘 자라며, 지상부의 생장이 좋지만 발육이 일정하지 않고 겨울철에 고사하여 나지가 된다.
쑥(산쑥 · 제비쑥)	지상부 · 지하부가 잘 발달하며, 근계번식을 한다. 습기와 추위에 강하지만 겨울철에 지상부가 고사하여 나지가 된다.

2) 도입 초본류

사방사업지에서 주로 조기녹화를 위하여 외국에서 도입된 초본류이며, 겨이삭(bent grass), 능수귀염풀(weeping lovegrass), 다년생 호밀풀(perennial ryegrass), 왕포아풀(Kentucky bluegrass), 이태리호밀풀(Italian ryegrass), 켄터키(목장)개미털(Kentucky 31 fescue), 우산잔디(Bermuda grass), 큰조아재비(timothy), 오리새(orchard grass), 붉은겨이삭, 지팽이풀, 참새피, 눈붉은개미털 등이 있다.

[표 6-2] 사방용 주요 외래 초본류의 종류와 특성

식물명	특성
겨이삭	습윤한 토양에서 잘 자라며, 내음성으로 비탈면의 녹화에는 별로 사용되지 않고, 주로 평지의 공원녹지에 사용된다.
능수귀염풀	모래땅에서도 자라며, 더위와 건조에 강하지만 그늘과 추위에 약하고, 겨울철에 고사한다. 양지의 비탈면에 적당하다.
다년생 호밀풀	내한성 및 내음성으로 비옥한 점질토나 습윤토에서 잘 자란다. 재생력이 강하며, 혼파에 적합하다. 건조와 더위에 약하다.

식물명	특성
왕포아풀	토양에 대한 적응성이 좋고 추위에 강하지만, 건조에는 약간 약하다. 다년생이지만, 수분이 불충분하면 갈색으로 변한다.
아태리호밀풀	일조가 좋은 약산성의 양토 및 식양토에 적합하다. 더위에 약하고 추위에 강하며, 1년생이므로 부분적인 응급녹화에 사용된다.
캔터키(목장)개미털	토양에 관계없이 수분과 질소분이 있으면 겨울철에도 자라며, 내한성 및 내음성이다. 혼파에 적합하다.
우산잔디	산성토양과 배수상태가 양호한 곳에서 잘 자라지만, 추위와 그 늘에 약하고, 혼파가 불가능하다.
큰조아재비	비옥한 토양을 좋아한다. 음지에는 부적당하지만 추위와 물기에는 강하고 더위에는 약간 약하다.
오리새	토양에 대한 적응성이 좋지만 건조에는 약간 약하다. 내음성 및 내한성으로 한랭지는 혼파하면 좋다.

2. 목본류

1) 교목 및 관목류

예전부터 녹화 및 환경 적응성이 강하여 많이 사용한 교목 및 관목류의 사방용 수종은 물(산)오리나무(*Alnus hirsuta*), 아까시나무(*Robinia pseudoacacia*), 곰솔(해송: *Pinus thunbergii*), 리기다소나무(*Pinus rigida*), 참나무류〔상수리나무(*Quercus acutissima*), 갈참나무, 졸참나무〕, 눈향나무, 물갬나무, 사방오리나무, 왕사방오리나무, 좀사방오리나무, 싸리류〔싸리(*Lespedeza bicolor*), 참싸리, 조록싸리, 쪽제비싸리〕 등이 있다.

[표 6-3] 사방녹화용 주요 목본류의 종류와 특성

식물명	특성
물(산)오리나무	척박지에서 잘 자라며, 토양의 긴박력도 우수하지만 초본류와의 혼파가 어렵다. 근류균에 의한 질소고정 능력이 좋다.
아까시나무	비교적 척박한 건조지역에서 잘 자라며, 맹아갱신이 잘 되고 근계발달도 양호하다.
곰솔(해송)	척박한 건조지 및 해풍에도 잘 견디며, 모래 고정 능력이 커서 해안 사구지 녹화용으로 많이 사용되고 있다.
리기다소나무	건조한 척박지에서 잘 자라고 내환경성이며, 이전에는 연료림을 조성하기 위해 많이 식재되었다.
상수리나무 · 갈참나무 · 졸참나무	비교적 토심이 깊고 비옥한 곳에서 잘 자라며, 심근성 수종이다. 산사태 위험지에 예방용으로 식재한다.
싸리 · 참싸리 · 조록싸리	근계발달이 양호하고 초본류와 혼파도 가능하며, 주로 도로 주변이나 성토지대에 도입된다.

2) 덩굴식물

도로비탈면이나 채석장 등 개발지역의 녹화 및 차폐용으로 많이 사용되는 주요 덩굴식물에는 담쟁이덩굴(*Parthenocissus tricuspidata*), 등(*Wisteria Floribunda*), 칡(*Pueraria thunbergiana*), 모람, 댕댕이덩굴, 등수국, 송악, 줄사철나무, 마삭줄, 인동덩굴 등이 있다.

[표 6-4] 사방녹화용 주요 덩굴식물의 종류와 특성

식물명	특성
담쟁이덩굴	특별한 보조시설이 없어도 벽면에 잘 부착하고, 강풍에도 잘 견딘다. 고속도로 암반비탈이나 채석장 잔벽녹화에 효과적이다.
등	대기오염에 강하고 척박한 토양에서 잘 자라며, 질감이 좋아 받침망을 설치하면 도시녹화 · 도로공원 등에 사용할 수 있다.
칡	생장속도가 빠르고 환경에 잘 적응하므로 절개지 녹화에 사용되지만 질감이 거칠고 주변 수목을 피압하여 생장을 방해한다.

3. 떼

떼〔지(芝): sod〕는 산복사면의 안정과 녹화를 위하여 널리 사용되는 녹화자재이다. 과거에는 주로 산이나 들에서 자생하고 있던 들떼〔야지(野芝)나 산떼〔산지(山芝)〕를 채취하여 사용하였지만, 최근에는 떼밭을 조성하고 재배하여 이용하고 있다. 떼는 산복사방 공사의 선떼붙이기 · 줄떼붙이기 · 떼단쌓기 · 평떼붙이기 · 떼수로 공사 및 야계사방 공사에 많이 활용이 되며, 이외에도 떼 공사가 필요한 다양한 지역에도 널리 사용되고 있다.

일반적으로 토공에 사용되는 떼는 뜬떼〔절지(切芝)〕로 크기에 따라 대형떼(길이 40㎝ × 폭 25㎝ × 두께 3~5㎝ 이상, 4kg/매)와 소형떼 (33㎝ × 20㎝ × 3~5㎝ 이상, 2.7kg/매)로 구분하지만, 시중에서는 보통떼(30㎝ × 30㎝ × 3~5㎝ 이상)를 많이 사용한다.

떼를 뜬 후에 흙을 턴 것을 턴떼〔진지(振芝)〕하고, 흙이 붙어 있는 떼를 흙떼라고 한다. 또한, 뜬떼를 온떼〔전지(全芝)〕라 하고, 이것을 길이방향으로 둘로 자른 것을 반떼〔반지(半芝)〕라고 한다. 비탈면의 떼붙이기공법에 사용될 때에는 붙인떼 또는 평떼〔장지(張芝)〕라고 하며, 이때에는 주로 온떼를 사용한다. 평탄한 정원을 조성할 때는 반떼를 이용하여 줄떼심기〔선지공(線芝工)〕 또는 평떼심기〔장지공(張芝工)〕를 한다.

6.2.2 녹화용 피복자재

자연생 떼의 부족을 대체하고 뗏일의 시공을 단기에 완결하기 위하여 여러 가지 피복자재를 제조하여 사용하고 있다. 이러한 떼의 대용으로 많이 사용하는 피복자재들은 식생반 · 식생자루 · 식생대 · 식생매트 · 식생망 · 식생로프 · 식생포트 등이 있고, 이 밖에 천연토목섬유로 된 코이어네트 · 쥬트네트 등과 합성수지로 된 론생볏짚 · 론생백 · 론생네트 · 다기능부직포필터 등이 있다.

1. 식생반

식생반(植生盤: vegetation block, pressed soil block)은 점성토에 유기물, 비료 및 물 등을 섞어 반죽한 후 틀에 채우고 압력을 가해 제작한 반상(盤狀)의 제품이며, 표면에 초본 또는 목본의 종자를 파종하여 사용한다. 식생반은 현장에서 흙을 채취할 수 있으면 현지 제작이 가능하고, 적당한 수분이 있으면 발아 및 생육이 좋다.

일반적으로 식생반은 밑판 · 종자 · 표면덮개 등으로 구성되어 있으며, 밑판은 길이 25㎝ × 폭 20㎝ × 두께 3㎝의 직사각형 원반에 지름 2㎝의 밑판 고정용 구멍 5개와 깊이 5㎜의 종자구멍 120개가 있으며, 1개의 무게는 500~700g이다.

특히, 식생반은 유기질과 비료양분을 함유하고 있으므로 보수성과 통기성이 양호하여 녹화가 빠르고, 종자가 유출되지 않을 뿐만 아니라 근계의 발육도 양호하여 토양의 유실과 동상침식(凍上浸蝕)에도 강하다.

2. 식생자루

식생자루〔식생대(植生袋): vegetation sacks〕는 합성섬유네트 · 부직포 등으로 제작한 자루에 종자 · 비료 · 토양 등의 식생기반재를 넣은 것이다. 식생기반재가 자루 안에 있으므로 호우에 의한 종자의 유실이 적고, 소형의 자루이기 때문에 유연성 · 밀착성 및 운반성이 뛰어나다. 또한, 토양개량제를 사용하여 보수력이 증가되어 여름철 건조에 대한 적응성도 높고, 비교적 급한 사면에도 시공이 가능하다.

[그림 6-1] 식생자루의 시공

다양한 식생자루가 많은 상품명으로 시용되고 있으며, 규격은 제품에 따라 다르지만 길이 33㎝, 폭 16㎝, 두께 4㎝인 것을 10m당 30개를 사용하며, 토양은 가능하면 비옥토를 0.08㎥ 충전한다. 고정 핀은 길이 15~30㎝, 지름 0.8~2.5㎝인 것을 하나의 식생자루에 2개씩 총 60개를 고정하며, 화학비료 10g과 다수의 종자를 혼합한다.

3. 식생대

식생대(植生帶: vegetation belts)는 종자 및 비료가 장착된 피복자재로서 비교적 가볍고 취급이 용이하나 침식이 발생하기 쉽다. 토양이 풍부하고 완만한 사면에 제한적으로 적용하지만 급경사지의 경질토 및 사력지에는 부적합하다.

[그림 6-2] 식생대의 시공

종자 띠는 종자 · 비료 · 보수재 · 토양개량재가 띠모양의 부직포에 장착된 것으로 절토사면에 등고선 방향으로 폭 10㎝ 정도의 소단 및 도랑을 축조한 후에 설치한다. 종자 및 비료가 부착된 식생대는 통상 길이 50㎝, 폭 10㎝인 것을 10m당 20매를 사용하며, 고정 핀은 길이 15㎝인 것을 하나의 식생대에 2개씩 총 40개를 고정한다.

4. 식생매트

식생매트(植生매트: vegetation mats)는 종자 · 비료 · 보수재 · 토양개량재 · 비료주머니 또는 인공객토가 장착된 매트모양의 피복자재로서 사면 전면에 앵커 등으로 고정한다. 식생매트는 종자 · 비료 등이 원 지반에 밀착되도록 하고, 비탈어깨에는 20㎝ 정도의 여유를 두어 시공한다. 일반적으로 성토사면이나 토양경도가 30㎜ 이하의 절토사면에 적용하고, 식생매트는 길이 10m, 폭 1m인 것을 100㎡당 120㎡를 사용하며, 앵커는 지름 9~50㎜, 길이 200~1,300㎜인 것을 100㎡당 150~180개 정도 타설한다.

[그림 6-3] 식생매트 공법 및 시공

5. 식생망

식생망〔植生網: vegetation seats〕은 시트모양의 피복자재(식생시트)에 종자 · 비료 등을 장착한 것이며, 시트의 자재는 짚 · 거적 · 부직포 · 수용성 종이 등을 사용한다. 주로 성토사면에 적용되지만, 절토사면에는 토양경도 25㎜ 이하의 양질토로 한정하여 사용한다. 특히, 종자 · 비료 등이 원 지반에 밀착되도록 설치하며, 사면의 상부에는 20㎝ 정도의 여유분을 감아 탈락되는 것을 방지하고 식생망은 폭 5~10㎝ 정도를 중복되도록 한다. 식생망의 규격은 길이 10m, 폭 1m인 것을 100㎡당 120㎡를 사용하며, 고정핀은 길이 150㎜인 것을 100㎡당 500개를 타설한다.

1) 코이어네트

코이어네트(coir net)는 코코넛 열매를 물속에 약 3개월 정도 담아 둔 후 끄집어 내어 원심분리기로 섬유질을 채취한 것으로서 황금빛 유기질(52%)과 목질(48%)을 함유한 천연섬유이다. 인장강도가 매우 높고, 방충, 보온 및 보습이 좋아 가뭄과 냉해로부터 식물의 발아 및 생장을 보호해 준다.

[그림 6-4] 코이어네트 시공

규격은 두께 5㎜/폭, 폭과 길이는 2m × 20m의 롤로 되어 있고, 고정핀은 14㎝(소), 20㎝(중) 및 26㎝(대) 등이 있다. 시공 후 7~8년이 지나면 자연 부식되어 유기질비료가 되므로 친환경적 소재라고 할 수 있다. 시공이 간편하고 단기간에 많은 면적을 피복할 수 있어 일반토사 및 풍화암 사면에 주로 사용되지만, 경질암 비탈면에는 녹화 기능이 떨어지고, 가격은 비싼 단점이 있다.

2) 쥬트네트

쥬트네트(jute net)는 황마를 주원료로 한 천연섬유로 보온성 및 보습성이 있고, 가뭄과 냉해로부터 식물의 발아 및 생장을 보호해 준다. 코이어네트와 성질이 유사하며, 강우 시에는 절토 및 성토 비탈면의 세굴 및 침식을 막아준다.

[그림 6-5] 쥬트네트

규격은 두께 0.5㎜ × 1㎜, 폭과 길이는 1m × 5m이며, 2m × 150m의 롤 등이 있다. 시공 후 2~3년 경과되면 자연 부식되어 섬유질은 비료 역할을 하므로 친환경적 소재이다. 최근에는 종자 부착 제품도 개발되어 있으며, 시공이 간단할 뿐만 아니라 단기간에 대면적도 피복할 수 있기 때문에 일반토사 및 풍화암 비탈면에 사용되고 있으나, 경질암 비탈면에 시공할 경우에는 기능이 떨어진다.

3) 론생볏짚

론생볏짚(lonseng straw)은 절토 및 성토의 토사비탈면에 볏짚을 이용하여 여름 장마철 토양의 유실방지, 가뭄 시의 보습효과, 겨울에 한랭을 방지하여 식생의 발아 및 발육 촉진 효과를 증진하는 피복재료이다. 특히, 론생볏짚 시공지 주변에 생육하고 있는 2차 식생인 자생종 및 향토종의 자연적 침입을 용이하게 하여 주변 환경과 조화를 이룰 수 있게 한다.

[그림 6-6] 론생볏짚

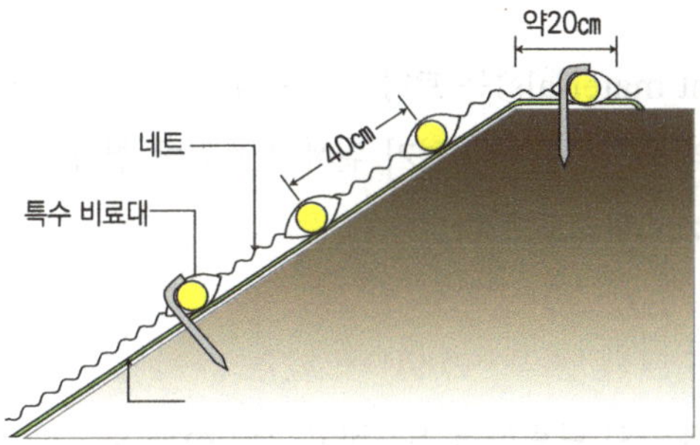

[그림 6-7] 론생볏짚 공법 및 시공

4) 다기능 부직포필터

다기능 부직포필터는 97~98%의 공극률을 갖고 있는 부드러운 필터구조로 부직포를 이용하여 제작되었다. 섬유조직에 의한 멀칭효과를 통하여 물침식에 의한 토양유실을 방지하고, 바람 · 동결 등 다양한 환경압을 완화하여 토양이나 식생환경을 보전할 수 있는 장점이 있다. 특히, 시공이 간단하여 다양한 배양자재와 조합하여 설치하면 초본류로부터 목본류까지 자연형의 안정된 식생을 다양하게 유도할 수 있다.

[그림 6-8] 다기능 부직포필터

6.2.3 녹화기반재

식물의 생육공간에 녹화를 유도하고 생육을 활성화하기 위하여 사용되는 재료이며, 배양토 · 토양개량재 · 비료 · 배수자재 · 보수재 등을 녹화기반재(綠化基盤材)라고 한다.

1. 배양토

인공지반은 다양한 종류의 토양개량재를 조합한 인공배양토로 조성이 된다. 최근에는 배수와 관수 장치가 일체화된 녹화기반과 식물이 식재되어 시공을 용이하도록 만든 자재들도 개발되고 있다. 또한, 시설원예에서 사용되고 있는 상토 등을 녹화기반재로 활용하기도 한다.

배양토〔培養土: ridging〕 중에서 시판되고 있는 상품명은 녹생토 · 녹화토 · 생명토 · 생명정 · 싱싱토 · 금비토 · 천연부엽토 · 월드퇴비 · 월드부엽토 · 바이오부엽토 · 부숙톱밥 · 지생토 · 녹양토 · Hi-Green soil · Recultex · SF 녹화토양 등 다양하지만, 각 제품의 효능은 아직 검증되지 않아 신중히 검토한 후에 필요에 맞게 사용해야 한다.

2. 토양개량재

토양개량재〔土良改良材: soil amendment materials〕는 토양의 통기성 · 보수성 · 통수성 등의 물리성을 개량하고, 보비성(保巴性) 등의 화학성을 개선하기 위하여 토양에 첨가하는 자재로서 토양안정제〔土壤安定劑: soil stabilizer)라고도 한다.

1) 고분자화합물계 토양개량재

고분자화합물계 토양개량재(합성수지계)는 토양의 단립화를 유도하고, 통기성과 투수성이 양호하여 팽윤한 토양을 만든다. 특히, 최근에는 자중의 수백 배 이상의 수분을 흡수할 수 있는 고분자 흡수제가 개발되어 건조지의 녹화 등에 활용되고 있다.

2) 유기질계 토양개량재

유기질계 토양개량재인 수피 · 왕겨 · 이탄 · 피트모스 등은 토양의 단립구조를 만들고, 보수성과 배수성을 회복시키며. 부식질이 있어 비료효과도 있다.

3) 무기질계 토양개량재

무기질계 토양개량재는 토양산성의 완화와 보비력 증가 뿐만 아니라 보수성 · 통기성 · 배수성을 회복시킨다. 암석 · 광물계통의 무기질계 토양개량재는 주로 진주암 · 흑요석 · 응회암 · 규석 등을 고온에서 처리하여 만든 펄라이트 · 버미큘라이트 · 제라이트 · 밴토나이트 · 세라소일 등이 있으며, 다공질의 경량재 제품이다.

일반적으로 토양개량재는 목적에 따라 두 세 종류를 조합하여 사용하는 경우가 많고, 토양 용적비의 10~20% 정도를 혼합하여 사용한다. 특히, 유기질계 토양개량재와 무기질계 토양개량재를 적절하게 혼합하여 만들고, 자연토양을 대체하여 초경량의 인공지반 녹화용 배양토 또는 실내녹화용 배양토로 사용한다.

3. 비료

비료는 파종 및 식재공사에서 식물의 생육을 위해 사용하며, 도입식물의 특성을 고려하여 유안 · 초안 · 요소 · 과석 · 중과석 · 산림용 고형복합비료 등을 사용한다. 토양 속에 양분함량이 적으면 도입식물의 특성을 고려하여 비료(肥料: fertilizer) 3요소인 질소 · 인 및 칼륨과 식물의 반응이 나타나기 쉬운 2차 요소인 칼슘 · 마그네슘 · 황 등을 사용한다.

질소(窒素: nitrogen)는 식물섬유의 주성분으로 줄기와 잎의 생육에 효과가 있다. 과용하면 신장은 좋아지는 반면에 병충해를 초래할 뿐만 아니라 내한성도 저하된다. 부족하면 지엽의 생육이 약해지고, 잎의 색깔이 담황색을 띠게 된다.

인(燐: phosphorous)은 식물의 세포핵을 구성하는 물질로서 부족하면 뿌리의 발육과 지상부의 생장이 나빠진다. 특히, 목본류는 과인산석회와 같은 수용성 인산보다 알칼리성의 인산비료가 더 효과적이다.

칼륨(potassium)은 탄수화물의 합성과 동화생산물의 이동에 관여하여 동화작용을 촉진하고, 일조량을 보충하는 생리작용도 있다. 특히, 줄기와 잎을 강하게 하고, 병충해에 대한 저항성을 크게 하며, 한해(寒害)와 가뭄해의 경감에도 유익하다.

칼슘(calcium)은 탄수화물의 이동과 유기산류의 중화 등에 관계한다. 식물의 직접적인 영양소로서 중요할 뿐만 아니라 산성의 중화, 토양구조의 개선, 토양유기물의 분해와 비효의 증진 등과 같은 간접적인 효과도 크다.

비료는 식물생장이 활발한 여름 이전에 시비하는 것이 좋으며, 가을에 시비할 경우에는 인산과 칼리를 사용하지만 질소의 시비는 피하는 것이 좋다.

4. 배수자재

녹화기반은 수분의 유지 뿐 만 아니라 배수체계를 정비하는 것도 중요하다. 녹화기반의 배수자재(排水資材: drainage materials)로는 주로 가벼운 펄라이트를 사용하여 배수가 불량하여 뿌리가 썩는 것을 방지하고 경화된 토양을 개량하는 목적으로 활용되었다. 최근에는 내하중 능력이 뛰어나고 합성수지로 된 FRP파형관(유공관)이 많이 사용되고 있으며, 특히 석축이나 옹벽 등의 배수구에는 PVC관이 사용되고, 암거배수공사에는 자갈 깔기와 콘크리트 등근관 · 유공파형관 등이 사용되고 있다.

5. 보수재

보수재〔保水材: water holding substance〕는 토양과 뿜어붙이기 재료를 적당히 섞어서 보수성을 높이는 물질이다. 종자가 발아할 때와 떼 및 수목을 이식할 때 보수성이 불량한 지반이나 건조지를 녹화하기 위해 사용한다.

6.2.4 녹화보조재

녹화보조재(綠化補助材)는 도입식물의 피복 및 녹화를 충분하게 발휘할 수 있도록 보조하는 자재로, 토양안정제와 피복제로 구분되며, 토양안정제에는 양성제와 혼화재료가 있다.

1. 토양안정제

1) 양생제

양생제〔養生劑: curing agents〕는 줄기감기 · 지주 · 멀칭 · 종자살포 · 객토뿜어붙이기 등에 쓰이는 재료가 유실되는 것을 방지하고, 지표 건조를 방지하기 위해 쓰이는 약제이다. 또한, 토양침식방지제〔土壤浸蝕防止劑: anti-erosion reagent〕는 비탈면 식생공사 직후에 토양의 표면이나 뿜어붙이기 재료가 침식되는 것을 방지할 목적으로 사용하는 약제이다. 특히, 아스팔트유제와 합성고분자계의 풀 종류로부터 셀룰로스 풀과 같은 천연물에 이르기까지 다양하다. 토양양생제로서 종자의 발아와 생육에 생리적 약해를 주는 것은 사용하지 말고, 농도가 높으면 종자 · 줄기 등에 피막이 형성되어 생육이 저해되므로 주의해야 한다.

2) 혼화재료

혼화재료(admixture)는 콘크리트를 만들 때 시멘트 · 물 및 골재 이외의 재료를 필요에 따라 첨가하는 재료이며, 시멘트를 절약하고 공사 시 콘크리트의 결점과 성질을 개선하기 위하여 사용한다.

혼화재(admixture materials)는 관용적으로 비교적 사용량이 많아 그 자체의 부피가 콘크리트 배합계산에 포함되는 재료이며, 일반적으로 시멘트 중량의 5%정도 사용되는 것이며, 이중에는 포졸란(pozzolan) 및 플라이 애시(fly ash) 등이 있다.

또한, 혼화제(chemical admixture)는 시맨트 · 물 · 골재 이외의 재료를 적당히 혼화하여 작업능률을 향상시킨다. 사용량이 적어 그 자체의 부피가 배합계산에 무시되고, 시멘트 중량의 1% 정도 이하로 사용되며 단위수량을 줄이기 위해 사용되는 재료로는 AE제(air entraining agent), 감수제, 경화촉진제(accelerator), 지연재 및 방수재(retarder) 등이 있다.

2. 피복제

피복제(被覆劑: covering chemicals)는 화학적 재료를 이용하는 피복용 재료이다. 아스팔트 유제는 아스팔트 유화제의 분자가 아스팔트 입자의 표면에 부착하게 되면 그 작용으로 인해 입자가 안정된다. 아스팔트 유제는 유동성이 좋아 도로 포장용 이외에 비탈면보호와 비사방지의 피복제로도 사용된다.

아스팔트 유제는 입자의 대전(帶電)이 ⊖ 및 ⊕에 따라 음이온계와 양이온계로 나눌 수 있으며, 음이온계 유제는 수분이 증발되지 않을 뿐 만 아니라 응고도 되질 않지만, 양이온계 유제는 흙 입자에 접촉해서 응고가 빨리되므로 비탈면녹화공법에 많이 사용한다.

6.3 토목 재료

6.3.1 목재

일반적으로 사방공사에서는 다른 토목공사에 비하여 비교적 목재(木材: wood)의 사용량이 적지만, 주로 제재하지 않은 통나무가 이용된다. 통나무(log)는 주로 사방댐, 골막이, 바닥막이, 기슭막이 공사 등에 사용되고, 그 밖에 바자얽기 공사 및 각종 말뚝용으로 사용된다.

말뚝용으로는 소나무, 밤나무, 참나무류 등의 줄기가 좋으며, 그 밖에 우죽은 바자얽기 공사에 말목과 함께 사용되는 주요한 섶재용 재료이다. 비탈면 덮기 공법 및 해안의 모래 덮기 공법 등에도 많이 사용된다. 최근 환경에 대한 관심이 높아지면서 목재를 이용한 친환경 사방에 대한 수요도 증가하고 있다.

목재는 생태계나 환경의 유지에 필요한 생물재료일 뿐 만 아니라 썩으면 자연에 환원되기 때문에 생태계에 미치는 영향도 적다. 목재는 가벼워서 취급이나 운반이 용이하고, 가공 · 재이용 · 폐기가 용이하여 공작설비가 간편하다. 또한, 비중이 작은 데 비해 강도가 크며, 소리나 진동, 충격에 대하여 흡수성이 높다. 특히, 외관이 아름답고 주위의 경관과 환경에 조화롭지만 썩기 쉽고, 재질과 강도가 균일하지 않으며 함수량의 변화에 의한 수축과 팽창으로 변형이 크고 내구성과 내화성이 약하다는 단점이 있다.

6.3.2 석재

1. 석재의 특징

석재(石材: stone)는 채석장에서 암석을 토목공사에 사용하기 위해 가공한 것이며, 내화성

· 내구성 · 내마모성이 우수하고 압축강도가 크며, 외관이 이름다워 토목 · 건축 등의 구조 및 외장 재료로 널리 사용되고 있다. 자연적으로 산지나 계류 내에 있는 돌이라 해도 돌쌓기 공사에 사용되면 석재라고 한다.

석재는 주로 사방댐, 골막이, 바닥막이, 기슭막이, 수제 등과 같은 야계사방 공사와 산비탈 땅속 흙막이, 산비탈수로, 산비탈 흙막이, 누구막이 등과 같은 산복사방 공사에도 널리 사용되고 있다. 암석은 생성원인, 즉 성인(成因)에 따라 화성암〔火成岩: igneous rock〕, 퇴적암〔堆積岩: sedimentary rock〕 및 변성암〔變成岩: metamorphic rock〕으로 분류된다.

화성암에는 화강암 · 섬록암 · 현무암 · 안산암 등이 있고, 퇴적암에는 응회암 · 사암 · 혈암 · 점판암 · 석회석 · 규조토 · 화산재 등이 있으며, 변성암에는 편마암 · 천매암 · 대리석 등이 있다.

2. 석재의 종류

석재는 형태에 따라 각석 · 판석 · 견치석 및 사고석의 4종으로 분류하고, 사방공사용 주요 석재에는 원석 · 각석 · 판석 · 마름돌 · 막마름돌 · 견치돌 · 막깬돌 · 야면석 · 전석 · 호박돌 · 잡석 · 뒷채움돌 · 굄돌 · 조약돌 · 굵은자갈 · 자갈 · 력 · 굵은모래 · 잔모래 · 돌가루 · 고로슬래그 부순돌 등으로 구분하고 있다.

석재의 비중(比重)은 조암광물의 성질 · 비율 · 공극 정도 등에 따라 달라지지만, 일반적으로 석재의 비중이라고 하면 겉보기 비중으로 보통 2.65 정도이다. 또한, 암석의 흡수율은 공극을 채우고 있는 물 중량의 시료중량에 대한 백분율로, 암석에 따라 다양하다.

1) 원석, 각석 및 판석

원석〔原石: raw rock〕은 모암에서 1차 파쇄한 암석이다. 각석〔角石: square stone〕은 폭이 두께의 3배 이하이며 폭보다 길이가 긴 직육면체형의 석재로서 구조물용으로 사용된다. 판석〔板石: flagstone〕은 두께가 1.5㎝ 이하이며 폭이 두께의 3배 이상인 판 모양의 석재로서 궤도용으로 사용된다.

2) 마름돌

마름돌(cut stone, ashlar)은 채석장에서 원석을 소요 치수에 따라 직사각형의 육면체가 되도록 일정한 규격으로 다듬은 석재이며, 모돌, 방석(方石), 절석(切石), 주석(柱石) 또는 다듬돌이라고도 한다. 견고한 사방댐의 표면처리나 미관을 필요로 하는 메쌓기 또는 찰쌓기 공법과 같은 돌쌓기공사에 사용된다. 석재 1개의 크기는 용도에 따라 다르지만, 대체로 가로 30㎝ × 세로 30㎝ × 길이 50~60㎝ 정도이다.

또한, 막마름돌〔황절석(荒切石)〕은 마름돌의 규격치수에 가공을 위하여 필요한 치수를 더하여 만든 돌이며, 건축이나 포장 등에 주로 사용되고 막다듬돌〔황면석(荒面石)〕이라고도 한다.

3) 견치돌

견치돌〔견치석(犬齒石), 간지석(間知石), 사각석(四角石): kenchi-stone〕은 견고한 돌쌓기공사에 사용될 수 있도록 특별한 규격으로 다듬은 석재로서 단단하고 치밀한 돌을 사용한다. 견치돌을 다듬을 때에는 앞면의 크기보다 길이는 1.5배 이상, 접촉부(이맞춤) 폭은 1/5 이상, 꼬리면〔미면(尾面)〕은 1/3 정도, 허리치기의 평균 깊이는 1/10 정도로 해야 한다. 견치돌은 마름돌과 같이 고가이므로 중요한 사방댐이나 옹벽 등에 주로 사용되며, 1개의 무게는 보통 70~100㎏이다. 견치돌은 형상 면에서 자체가 자립할 수 없기 때문에 뒤쪽으로 비스듬히 밀려지려는 힘과 뒷면에서 돌쌓기 한 돌에 작용하는 토압이 역학적으로 평형을 이룰 수 있도록 해야 한다.

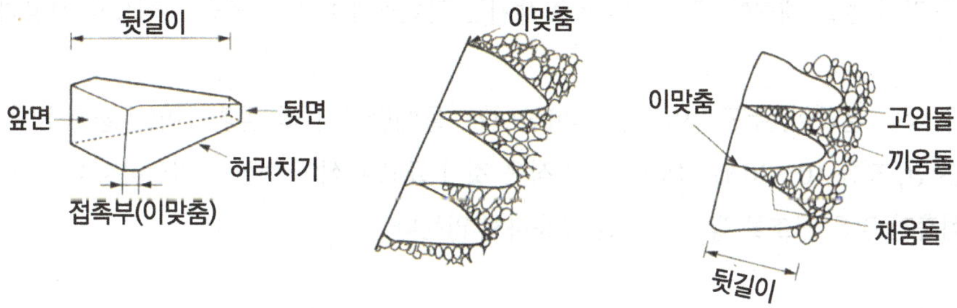

[그림 6-9] 견치돌의 모양

4) 막깬돌 및 깬돌

막깬돌(rubble stone)은 견치돌과 같이 이맞춤 · 허리치기 · 꼬리면 등의 규격을 일정하게 만들지는 않지만, 일반적으로 앞면은 30㎝ × 30㎝의 정사각형이며, 길이는 앞면의 1.5배 이상으로 하며, 옆면의 모습은 삼각형에 가깝다. 돌 1개의 무게는 60㎏ 정도로 마름돌이나 견치돌에 비해 가격이 저렴하기 때문에 메쌓기 및 찰쌓기 공법에 많이 사용된다.

깬돌〔할석(割石)〕은 일반적으로 견치돌보다 치수가 불규칙하고 뒷면이 없는 돌이므로 이맞춤 면의 폭과 길이도 매우 적은 편이다.

5) 야면석

야면석〔野面石: rolling stone〕은 계상에 분포하고 있는 무게 100㎏ 정도의 표면을 가공하지 않은 전석〔轉石: boulder〕으로 비교적 큰 돌이다. 주로 돌쌓기공사의 현장 부근에서 채취하여 메쌓기와 찰쌓기공법, 그리고 콘크리트 포석용으로 쓰인다. 최근에는 자연친화적 야계사방 공사용으로 많이 쓰이고 있으며, 무게가 무거워 체인 브레이크(chain brake) 또는 굴착기(excavator) 등을 이용하여 작업을 실시한다.

6) 호박돌

호박돌〔옥석(玉石): boulder stone〕은 호박모양의 지름 30㎝ 이상인 둥글고 긴 자연석이다. 기초 · 잡석쌓기기초바닥용 콘크리트기초바닥용 등으로 쓰이며, 시공지 주변의 산복이나 계곡에서 채취하여 시용한다. 강도가 요구되지 않는 비탈면의 안정을 위한 낮은 돌쌓기 또는 도로변 조경공사 등에도 사용되지만, 구조물의 안정성이 낮아 붕괴될 위험성이 높다. 돌쌓기공사 시에는 작은 면을 표면에 오도록 하고, 특히 굄돌을 잘 사용해야 한다.

7) 잡 석

잡석〔雜石: rubble stone, broken stone〕은 산복이나 계곡에 산재해 있는 모양과 크기가 일정하지 않은 작은 전석으로서 크기는 막깬돌이나 호박돌보다 작다. 채석장에서 마름돌이나 견치돌 등 규격의 돌을 채취할 때 부수적으로 생기는 막깬돌과 비슷한 돌을 잡석으로 사용하기도 한다.

규모가 작은 골막이, 누구막이, 밑돌선떼붙이기, 돌떼단쌓기 및 돌흙막이(산돌쌓기)에 사용할 수 있지만, 지름 10~30㎝ 정도의 크고 작은 것이 골고루 섞여 형상이 일정하지 않으므로 옹벽이나 석축과 같은 구조물 쌓기에는 잘 사용하지 않는다.

8) 뒷채움돌 및 굄돌

뒷채움돌(back-filling stone)은 주로 메쌓기 공사에서 돌쌓기의 뒷부분을 채우기 위하여 사용되며, 산복이나 계곡에 산재해 있는 작은 돌이나 채석 시에 생기는 작은 깬돌 등을 사용한다.

굄돌〔사석(飼石): chair stone〕은 돌쌓기 시공 시에 석재가 좌우 또는 상하로 움직이지 못하도록 괴어주는 작은 돌로서 고임돌이라고 한다. 굄돌은 계천에 있는 작은 돌이나 잡석이 많이 사용되며, 중앙부에 괴는 돌을 배굄돌, 뒤 끝에 괴는 돌을 끝굄돌이라고 한다. 석질이 단단한 것을 사용하지 않으면 시공 이후에 분해되거나 파손되어 쌓은 돌에 영향을 미치므로 주의를 요한다.

9) 조약돌 · 굵은자갈 · 자갈 및 력

조약돌〔율석(栗石): pebblestone〕은 자연석으로 산복이나 계곡에 산재해 있는 지름 10~20㎝ 정도인 계란형의 돌이며, 굵은자갈〔대사리(大砂利): cobblestone〕은 자연석으로 지름 7.5~20㎝정도의 돌이다. 또한, 자갈〔사리(砂利): gravelstone〕은 자연석으로 굵은 자갈보다 크기가 작은 지름 0.5~7.5㎝ 정도의 둥근 돌이고, 력〔礫: gravel〕은 자연적인 굵은 자갈과 자갈이 골고루 섞여 있는 상태를 말한다.

10) 굵은모래 · 잔모래 · 돌가루 및 고로슬래그부순돌

굵은모래〔조사(粗砂)〕는 자연산으로 지름 0.25~2.00㎜이고, 잔모래〔세사(細砂)〕는 자연산으로 지름 0.05~0.25㎜이다. 돌가루〔석분(石粉)〕는 돌을 부수어 가루로 만든 것이고, 고로(高爐)슬래그부순돌(blast-furnace slag)은 제철소의 선철 제조과정에서 용광로에 생기는 광재(鑛滓)를 냉각시켜 생산된 고로슬래그를 40㎜ 이하로 파쇄 가공한 것이다.

6.3.3 골재

골재〔骨材: aggregate〕는 모르타르나 콘크리트를 만들기 위해 시멘트 및 물과 함께 혼합하는 모래 · 자갈 · 부순자갈 · 부순모래 · 슬래그 및 기타 재료들이다. 콘크리트는 부피의 65~80%를 골재가 차지하고 있으므로 골재의 품질은 콘크리트의 품질에 크게 영향을 미친다. 골재는 길거나 편평한 것보다 둥근 것이 좋다. 골재는 깨끗하고 먼지 및 염분 등의 유해물질이 포함되어 있지 않으며, 물리 · 화학적으로 안정하고 내구성이 커야 한다. 또한, 딱딱하고 단단하며, 밀도가 적당하고 마모에 대한 저항성도 커야 한다.

1. 분 류

1) 입경의 크기에 의한 분류

골재는 입경의 크기에 따라 잔골재〔세골재(細骨材): fine aggregate〕와 굵은골재〔조골재(粗骨材): coarse aggregate)로 구분된다. 콘크리트 시방서에 의하면 잔골재란 10㎜ 체를 100% 통과하고, 5㎜ 체에 중량비로 85% 이상 통과한 골재를 말한다. 굵은 골재란 10㎜ 체를 100% 전부 통과하고, 5㎜ 체에 중량비로 85% 이상 남는 골재를 말한다.

2) 채취장소와 제조방법에 의한 분류

골재는 채취장소 또는 생산방법에 따라 천연골재와 인공골재로 구분된다. 천연골재는 강모래 · 강자갈 · 산모래 · 산자갈 · 바다모래 · 바다자갈 · 천연경량골재 등이 있고, 인공골재에는 부순모래 · 부순돌 · 인공경량골재 · 자철광 · 철편 · 슬래그 등이 있다.

(1) 천연골재

천연골재는 채취한 장소에 따라 하천골재 · 육상골재 · 바다모래 등으로 구분되며, 둥근 형상의 여러 암석으로 구성되는 것이 특징이다. 천연골재를 채취할 때에는 주위의 자연환경보전 및 공해 등을 신중히 검토해야 한다.

① 하천골재

산지에서 침식작용을 받아 하천으로 유하하는 석력은 운반과정에서 배열하게 되므로 상류에는 큰 자갈이 쌓이고, 하류에는 가는 모래가 퇴적된다. 하천골재는 내구적이고, 이동거리가 길수록 둥근 형태가 많으며, 현장에서 조사, 채취, 운반, 입도구분 및 세척의 공정을 거쳐 사용하게 된다.

② 육상골재

육상골재는 과거 하천이나 범람지역에 있는 논 · 밭 등의 농지에 부존되어 있는 골재로, 미립분이나 유기 불순물이 포함되기 쉬우므로 주의해서 사용해야 한다. 육상골재도 하천골재와 마찬가지로 현장에서 조사, 채취, 운반, 입도구분 및 세척의 공정을 거쳐 제품으로 사용된다.

③ 바다골재

바다골재는 산지에서 운반된 모래와 자갈 및 해안 경사면의 붕괴나 파도 침식에 의하여 세립화 되어 퇴적된 것이다. 최근에는 양질의 강모래가 부족하여 사용량이 많이 증가하고 있지만 조개껍질 · 산호 등이 섞이기 쉽고 너무 미세하여 입도적인 면에서 문제가 되고 있다.

또한, 염분이 0.08~0.9% 범위로서 허용한도를 초과할 때에는 제염 콘크리트를 부배합으로 하여 수밀성을 높이고, 철근을 아연도금 하거나 또는 물을 뿌려서 염분을 제거한 후에 사용해야 한다.

(2) 인공골재

① 부순골재

부순돌〔쇄석(碎石): crushed stone〕은 호박돌이나 채석장에서 암석을 파쇄하여 체로 쳐서 분류한 골재를 말한다. 부순돌을 사용한 콘크리트는 동일한 워커빌리티의 보통 콘크리트보다 단위수량이 일반적으로 약 10% 정도 많이 요구된다. 그러나 시멘트 부착이 좋기 때문에 강자갈을 사용한 콘크리트와 비슷한 강도를 나타내지만 수밀성 및 내구성 등은 약간 저하한다. 따라서 이것을 개선하기 위해서는 AE제 및 감수제 등을 적당하게 사용하는 것이 좋다.

② 재생골재

재생골재〔再生骨材: recycled aggregate for concrete〕 또는 순환골재는 폐콘크리트의 파쇄 및 처리를 통하여 생산된 골재 중 국토교통부장관이 정한 콘크리트용 품질 기준을 만족시키는 골재이다. 일반골재에 비하여 부착모르타르의 다공성 때문에 흡수율이 높고, 비중은 낮다. 건설폐기물의 약 1/3이 폐콘크리트가 차지하는 것으로 추산되며, 주로 도로 노반재나 뒷채움재로 사용되어 왔다.

특히, 재생 굵은골재 30% 정도 대체하고 잔골재로서 천연모래를 사용한 콘크리트는 보통 굵은골재나 천연모래만을 사용한 콘크리트와 큰 차이가 없다. 그러나 재생골재만을 사용한 콘크리트는 단위수량이 크고, 보통콘크리트에 비해 강도나 탄성계수가 작을 뿐만 아니라 수축이 크고 동결융해에 대한 저항성도 적기 때문에 제한적으로 사용해야 한다.

3) 비중 및 용도에 의한 분류

비중에 따라 경량골재(輕量骨材: light weight aggregate)는 2.5 이하, 보통골재(普通骨材: general aggregate)는 2.50~2.65, 중량골재(重景骨材: heavy weight aggregate)는 2.70 이상으로 구분한다.

일반적으로 골재는 비중이 클수록 치밀하고 흡수량이 적으며, 내구성이 크다. 콘트리트 공사용 골재의 비중은 2.60 이상을 표준으로 하고, 골재의 무게는 1,500~1,800kg/m²이다. 용도에 따라서는 모르타르용 골재 · 콘크리트용 골재 · 포장콘크리트용 골재 · 경량 콘크리트 골재 · 철도선로용 골재 등으로 구분한다.

6.3.4 시멘트

시멘트(cement)란 넓은 의미에서는 물질과 물질을 접합시키는 성질을 지니고 있는 모든 재료를 말하고, 좁은 의미에서는 무기질 접착제(inorganic cementing materials)를 말한다.

1. 시멘트의 종류

시멘트는 공기 중에서 경화하는 기경성 시멘트(氣硬性 시멘트: non-hydraulic cement)와 수분에 의하여 경화하는 수경성 시멘트(水硬性 시멘트: hydraulic cement)로 분류하고 있다. 그러나 시멘트는 조성화합물의 결합상태와 함유량에 따라 경화상태가 달라지고, 그 성질과 용도에 따라 다양하다. 특히, 최근에 새로운 계통의 시멘트가 만들어 지고 있으나 우리나라에서 생신되는 시멘트는 보통포틀랜드시멘트가 대부분이다. 따라서 단순히 시멘트라 하면 보통포틀랜드시멘트를 의미하며, 현재 우리나라 산업규격(KS 5201, 5204)에서 시멘트는 다음과 같은 종류가 있다.

1) 포틀랜드시멘트

포틀랜드시멘트(Portland cement)는 보통포틀랜드시멘트, 중용열포틀랜드시멘트, 조강포틀랜드시멘트, 저열포틀랜드시멘트 및 내황산염포틀랜드시멘트 그 외에도 백색포틀랜드시멘트 등이 있다.

2) 혼합시멘트

혼합시멘트(blended cement)는 포틀랜드시멘트에 적당한 포졸란 재료를 조합하여 분쇄한 것으로서 포틀랜드시멘트의 결점을 보강하고 특유의 성질을 부여한 것이며, 고로시멘트, 실리카 시멘트 및 플라이애시시멘트 등이 있다.

3) 특수시멘트

특수시멘트(special cement)는 포틀랜드시멘트와 제조방법 및 화학조성 등이 매우 다르고 특수한 목적을 위하여 사용된다. 알루미나시멘트, 초속경시멘트 및 팽창시멘트 등이 있다.

2. 시멘트의 원료 및 제조

포틀랜드시멘트 제조의 주원료는 석회석 · 점토 · 규석 · 슬래그 및 석고이다. 석회질 원료와 점토질 원료를 4 : 1의 비율로 섞어 원료 약 1.5ton에 중유 100L, 전력 120kWh로 소성(燒成)하면 탄산가스 · 수분 · 유기물 등이 분해되어 없어지고, 약 1 ton의 시멘트가 얻어진다.

[표 6-5] 포틀랜드시멘트의 주원료 및 시멘트 1 ton을 생산하는데 필요한 양

원료	소요량 (kg)	비 고
석회석	1,130	일반적으로 $CaCO_3$로 95% 이상의 양질의 것이 사용
점토	240	점토 · 혈암 · 이암 · 점판암 등
규석	50	점토 중 SiO_2가 부족할 때 첨가(연질규석 · 가용성 백토 등)
슬래그	35	점토 중의 Fe_2O_3를 보충하기 위해 구리에서 얻음(펄라이트 신더 등)
석고	33	응결시간을 조절할 목적으로 첨가하는 것(화학석고 · 천연석고 등)

제조방법은 건식법, 습식법 및 반습식법이 있다. 건식법(乾式法: dry process)은 석회석 · 점토 · 슬래그 등을 건조한 후에 적당한 비율로 조합하여 분쇄기로 미분쇄하고, 회전로에 투입하여 소성하는 방법이다. 석회석과 점토원료를 따로 분쇄, 조합하여 소성하므로 효율과 품질이 좋으나 습식법에 비해 원료의 미분말화(微粉末化)가 쉽지 않고, 먼지가 많이 난다.

습식법(濕式法: wet process)은 원료를 건조시키지 않고 적당한 비율로 조합하여 분쇄기에 약 40%의 물을 넣은 후에 반죽상태로 만들고, 분쇄기 내에서 분쇄, 혼합, 균질화하여 회전로에 넣어 소성하는 방법이다. 원료의 미분말화가 쉽고 먼지가 적게 나지만, 많은 물이 포함된 원료를 소성하므로 열량의 손실이 많다.

반습식법(半濕式法: semi wet process)은 반죽의 수분을 여과장치에서 약 절반으로 줄인 후 회전로에 넣어 소성하는 방법이다. 습식법의 단점을 보완하여 열량손실이 적다.

3. 시멘트의 성질

1) 수화 및 수화열

수화(水和: hydration)는 시멘트가 물과 접하면 시멘트의 수경성 화합물이 물과 화학반응을 일으키는 것으로서 수화반응이라고도 한다. 수화반응은 시멘트의 분말도, 수량, 온도, 혼화재료의 사용 유무 등에 따라 많은 영향을 받으며, 그 반응과정은 매우 복잡하다.

수화열(水和熱: heat of hydration)은 시멘트가 물과 혼합되어 수화반응을 일으킬 때 발생하는 열이다. 수화열은 시멘트가 응결 및 경화하는 과정에서 발열하며, 시멘트의 종류, 화학조성, 물-시멘트비, 분말도, 양생조건 등에 따라 다르지만 구성화합물이 가장 중요하다. 이 수화열은 콘크리트의 내부온도를 상승시키므로 한중콘크리트 공사에서는 유효하지만 댐과 같이 단면이 큰 콘크리트는 내부와 외부의 온도차에 의하여 균열 발생의 원인이 된다.

2) 응결과 경화

응결(凝結: setting)이란 시멘트풀이 시간이 경과함에 따라 수화에 의하여 유동성과 점성을 상실하고 굳어지는 현상이다. 우리나라 산업규격에서 초결(初結: initial set)은 1시간 이후, 종결(終結: final set)은 10시간 이내로 규정하고 있다. 시멘트의 화학성분, 분말도, 석고의 첨가량, 풍화의 정도, 물-시멘트비, 온도, 습도 등에 따라 다르다.

경화(硬化: hardening)는 응결이 끝난 시멘트가 시간이 경과할수록 겔(gel)의 생성이 증대되어 시멘트 입자 간의 조직이 치밀하게 채워지면서 단단해 지는 것이다.

3) 풍화

풍화(風化: aeration)는 시멘트가 저장 중에 공기와 접촉하게 되면 공기 중의 수분과 이산화탄소를 흡수하면서 가벼운 수화반응을 일으키는 것이다. 시멘트가 풍화되면 입상, 괴상으로 굳어지고, 이상응결을 일으키게 된다. 풍화는 고온 다습하면 급속히 진행되므로 저장할 때는 방습 및 공기의 유통방지가 필요하다. 풍화된 시멘트는 비중이 떨어지고 응결이 지연되며, 강도도 저하된다.

4) 수축

수축(收縮: shrinkage)은 경화된 시멘트풀이 건조되면서 시멘트 겔 주위에 있는 미세한 모세관 속의 수분이 증발되어 모세관 표면장력이 커지게 되는 것이다. 반대로 습도가 커지면 모세관이 물을 흡수하여 표면장력이 작아져 팽창하게 된다. 일반적으로 저열시멘트는 수축이 작고, 조강시멘트는 크다.

5) 비중

시멘트의 비중(比重: specific gravity)은 시멘트의 품질이 나빠질 경우 작아지며, 일반적으로 시멘트의 종류에 따라 다르다. 보통 포틀랜드시멘트 3.15 정도, 조강포틀랜드시멘트 3.12 정도 및 중용열포틀랜드시멘트 3.20 정도이다. 비중은 시멘트의 성질을 판정하는데 중요한 역할을 하며, 또한 콘크리트 배합 및 단위중량의 계산 등에 필요하다.

6) 분말도

분말도(粉末度: fineness)는 시멘트 입자의 크기 정도를 나타내는 것이며, 입자가 미세할수록 분말도가 크다. 분말도가 높을수록 물과 혼합 시 접촉 표면적이 커져 수화반응이 빨라지고 비중도 가벼워진다. 또한, 풍화되기 쉽고 수축으로 인해 균열이 발생한다.

7) 안정성

안정성(安定性: soundness)은 시멘트가 경화 중에 체적이 팽창하여 팽창균열이나 휨 등이 생기는 정도를 말한다. 최근에 시멘트 제조 기술의 진보에 따라 안정성이 불량한 경우는 드물다. 특히, 마그네슘의 함유량을 5% 이내로 제한하여 안정성을 높이고 있다.

8) 강도

시멘트의 강도(强度: strength)는 시멘트의 조성, 물-시멘트 비, 재령 및 양생조건 등에 따라 다르다. 시멘트를 결합재로 사용하였을 때 결합력의 정도를 알면 그 시멘트를 사용한 콘크리트 강도의 정도를 추정할 수 있다. 우리나라 시멘트의 압축강도 규정 값은 표 6-6과 같다.

[표 6-6] 시멘트의 압축강도에 관한 규정값(MPa)

시멘트의 종류	압축강도(MPa)			
	1일	3일	7일	28일
보통포틀랜드시멘트	-	13.0 이상	20.0 이상	29.0 이상
중용열포틀랜드시멘트	-	11.0 이상	18.0 이상	28.5 이상
조강포틀랜드시멘트	13.0 이상	25.0 이상	28.0 이상	31.0 이상
저열포틀랜드시멘트	-	-	7.5 이상	18.0 이상
내황산염포틀랜드시멘트	-	9.0 이상	16.0 이상	21.0 이상
백색포틀랜드시멘트	-	13.0 이상	20.0 이상	29.0 이상

4. 시멘트의 저장 및 수송

시멘트를 저장할 때 공기와 접하면 공기 속의 수분을 흡수하여 가벼운 수화작용을 일으키며, 동시에 공기 속의 탄산가스를 흡수하여 시멘트가 풍화하기 때문에 주의가 필요하다. 포대시멘트는 지상에서 30㎝ 이상 되는 마루 위에 쌓아올려 검사나 반출에 편리하도록 저장하고, 13포대 이상 쌓아 올려서는 안 된다. 저장 중에 조금이라도 굳은 시멘트는 공사에 사용해서는 안 되며, 오래 저장한 시멘트는 사용하기 전에 시험을 통하여 품질을 확인해야 한다.

6.3.5 콘크리트

콘크리트(concrete)는 시멘트 · 물 · 잔골재 · 굵은골재 및 필요에 따라 혼화재료 등을 혼합하여 만든 것이다. 시멘트와 물을 혼합한 것을 결합재 또는 시멘트 풀(cement paste)이라 하고, 시멘트 · 잔골재 · 물을 혼합한 것을 모르타르(mortar)라고 한다.

1. 콘크리트의 특징

일반적으로 콘크리트의 재료는 용적으로 약 70%가 골재이고, 30%는 결합재이며, 그 구성 비율은 그림 6-10과 같다. 콘크리트는 토목용 재료로서 다음과 같은 장 · 단점이 있다. 크기, 모양에 제한을 받지 않고 부재나 구조물을 만들 수 있다. 재료의 확보 및 운반이 용이하다. 내구성, 내화성 및 내진성이 좋다. 시공 시 특별한 숙련공이 필요 없고, 유지비가 거의 들지 않아 경제적이다. 반면에 압축강도에 비하여 인장강도와 휨강도가 작다. 건조, 수축 등에 의하여 균열이 생기기 쉽다. 경화하는데 시간이 걸려 시공 일수가 길다.

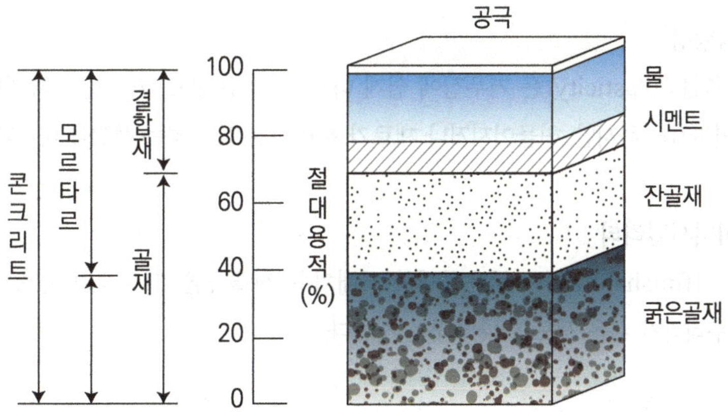

[그림 6-10] 콘크리트 재료의 용적 비율

균질의 좋은 콘크리트를 제조하기 위해서는 강도 · 내구성 및 시공성의 3가지 조건을 만족하여야 한다. 특히, 설계서 및 시방서에 표시된 품질의 콘크리트를 경제적으로 제조하기 위하여 공사의 전 단계에 걸쳐 품질관리(品質管理: quality control)를 잘 하여야 한다. 이러한 좋은 콘크리트를 제조하기 위해서는 재료를 잘 선정하고 적절한 배합을 통하여 비빔 · 운반 · 타설 · 다짐 · 양생 등 시공과 전 공정을 잘 마무리 하여야 한다.

2. 굳지 않은 콘크리트의 성질

콘크리트는 비빈 직후부터 시간이 경과함에 따라 유동성을 상실되지만, 응결과정을 거쳐 어느 정도의 강도를 나타낼 때까지의 콘크리트를 굳지 않은 콘크리트(fresh concrete)라 한다. 굳지 않은 콘크리트에 요구되는 성질은 ① 거푸집 구석구석 또는 철근 사이에 잘 채워질 수 있도록 묽은 반죽질기 상태로 운반 · 타설 · 다짐 · 마무리가 용이할 것 ② 시공 중 및 전후에 재료의 분리가 적을 것 ③ 콘크리트를 거푸집에 부어 넣은 후에 물이 분리 상승되어 표면에 떠오르는 재료분리(bleeding) 현상이 발생하지 않을 것 등이다.

1) 반죽질기

반죽질기(consistency)는 주로 단위수량의 다소에 상관없이 굳지 않은 콘크리트의 유동성을 의미하며. 변형 또는 유통에 대한 저항성의 정도를 나타낸다.

2) 워커빌리티

워커빌리티(workability)는 반죽질기에 따른 작업의 난이도 및 재료의 분리에 대한 저항을 나타내는 성질이며, 시멘트의 성질과 양, 골재의 입도와 모양, 혼화재료의 종류와 양, 물-시멘트비, 공기량, 콘크리트의 온도 등의 영향을 받는다.

3) 성형성

성형성(成形性: plasticity)은 거푸집에 쉽게 다져 넣을 수 있고, 거푸집을 제거하였을 때 형상이 천천히 변하기는 하지만, 허물어지거나 재료가 분리되는 일이 없는 성질을 나타내는 것이다.

4) 피니셔빌리티

피니셔빌리티(finishability)는 굵은골재의 최대치수, 잔골재율, 잔골재의 입도, 반죽질기 등에 의하여 마무리하기 쉬운 정도를 나타내는 것이다.

3. 경화 콘크리트의 성질

1) 중 량

콘크리트의 중량〔重量: weight〕은 골재의 종류, 굵은골재의 최대치수, 콘크리트의 배합, 건습의 정도에 따라 다르다. 콘크리트의 중량은 단위중량(kg/m³) 또는 공기 중 건조비중(기건비중)으로 나타내며, 철근콘크리트의 계산에 이용하는 단위중량은 일반적으로 2,400kg/m³으로 한다.

[표 6-7] 각종 콘크리트의 중량

콘크리트의 종류	잔골재	굵은골재	기건비중
중량 콘크리트	중정석	중정석	3.40~3.62
	적철광	적철광	3.03~3.86
	자철광	자철광	3.40~4.04
	자철광	철편	3.80~5.12
보통 콘크리트	하천모래	하천자갈	2.20~2.40
경량 콘크리트	하천모래	팽창혈암	1.70~2.00
	팽창혈암	팽창혈암	1.40~1.70
	화산암	화산암	1.20~1.60
기포 콘크리트	-	-	0.55~1.20

2) 압축강도

일반적으로 콘크리트의 강도라 하면 보통 압축강도〔壓縮强度: compressive strength〕를 말한다. 특히, 철근콘크리트 부재를 설계할 때 압축강도만을 활용하며, 압축강도를 활용하여 다른 강도와 콘크리트의 품질도 추정할 수 있기 때문이다.

콘크리트의 강도는 표준 양생한 재령 28일의 압축강도를 기준으로 하지만, 댐콘크리트는 재령 91일의 압축강도를, 포장콘크리트는 재령 28일의 휨강도를 기준으로 한다.

(1) 인장강도

인장강도〔引張强度: tensile strength〕는 압축강도의 1/13~1/10 정도이며, 압축강도가 클수록 취성계수〔脆性係數: coefficient of brittleness〕는 커진다. 인장강도는 콘크리트를 건조시키면 습윤한 콘크리트보다 저하된다. 일반적으로 철근콘크리트 부재의 설계 시 인장강도는 무시하지만 보의 응력, 슬래브 및 수조의 설계 시에서는 직접 영향을 미치므로 중요하다.

(2) 휨강도

콘크리트의 휨강도(flexural strength, modulus of rupture)는 파괴계수(破壞係數)라고

도 하며, 압축강도의 1/8~1/5 정도이다. 도로 · 공항 등의 콘크리트 포장의 설계기준강도, 품질 결정 및 관리 등에 시용된다.

[표 6-8] 콘크리트의 압축강도 · 인장강도 및 휨강도와 강도비

강 도			강 도 비(%)		
압축 f_c	휨 f_b	인장 f_t	f_c/f_t	f_b/f_t	f_c/f_b
10.0	2.05	1.04	9.6	1.97	4.9
20.0	3.29	1.85	10.8	1.78	6.1
30.0	4.26	2.50	12.0	1.70	7.0
40.0	5.18	3.10	12.9	1.67	7.7
50.0	6.07	3.70	13.5	1.64	8.2
60.0	6.84	4.20	14.3	1.63	8.8

(3) 전단강도, 부착강도, 지압강도 및 피로강도

전단강도(剪斷强度: shear strength)는 파괴 시에 파괴면 위에 작용하는 전단응력이며, 콘크리트 · 석재 · 주철과 같은 취성재료는 인장강도가 매우 작기 때문에 직접전단시험에 의하여 구한다.

부착강도(附着强度: bond strength)는 철근과 콘크리트가 서로 부착하여 항상 일체가 되어 하중을 지탱하는 데 필요한 강도이며, 철근과 시멘트 풀의 순부착력, 철근과 콘크리트 사이의 마찰력 및 철근 표면의 요철에 의한 기계적 저항력 등에 따라 다르다.

지압강도(支壓强度: bearing strength)는 교각의 지지부나 프리스트레스콘크리트의 긴장재 정착부 등의 일부분만이 국부적인 하중을 받는 경우의 압축강도이다.

피로강도(疲勞强度: fatigue strength)는 콘크리트가 반복하중을 받거나 일정한 하중을 지속적으로 받게 되면 피로 때문에 정적파괴하중보다 작은 하중에도 파괴되는 것을 말한다.

또한, 콘크리트에 일정한 하중이 지속적으로 재하(載荷)될 경우에 응력은 변화하지 않아도 시간에 따라 변형되는 크리프(creep)가 생기고, 동결융해 작용에 의한 내구성과 시공불량으로 수밀성도 영향을 받는다. 온도에 따른 체적변화와 1,000℃ 정도의 고온에서는 강도 및 탄성계수가 저하되고, 철근과 콘크리트와의 부착력도 저하되어 내화성이 떨어진다.

(4) 균 열

균열(龜裂: crack)은 구조물의 내력 · 내구성 · 방수성 및 미관 등에 악영향을 미치기 때문에 콘크리트 구조물을 건설할 때 가장 중요하다. 균열의 주요 원인은 시공불량, 건조수축, 온도응

력, 화학반응, 이상하중, 설계상의 오류, 설계 시 구조세목의 불량 등이다.

4. 콘크리트의 배합

콘크리트의 배합(mixture proportion)이란 콘크리트를 만들기 위한 각 재료의 비율 또는 사용량을 말하며, 배합설계란 물 · 시멘트 · 잔골재 · 굵은골재 및 혼화재료를 가장 경제적으로 이용하여 소요강도, 내구성, 수밀성 및 작업에 적합한 워커빌리티(workability)를 얻을 수 있도록 혼합비율을 선정하는 것이다.

1) 배합의 종류

배합의 종류에는 용적배합, 중량배합 및 복식배합이 있다. 용적배합〔容積配合: mixing by volume〕은 시멘트, 잔골재 및 굵은골재를 각각 용적으로 계량하여 1 : 2 : 4 또는 1 : 3 : 6과 같이 배합비로 표시하는 것이다. 중량배합〔重量配合: mixing by weight〕은 시멘트 · 물 · 잔골재 · 굵은골재 등의 재료를 이용하여 콘크리트 1㎥를 만드는데 필요한 재료의 양을 단위중량(kg/㎥)으로 표시하는 것이며, 복식배합(複式配合)은 프랑스 및 벨기에에서 시행하는 방법으로 모든 경우에 잔골재 400L, 굵은골재 800L를 기준으로 하고 이에 대한 시멘트량, 수량 등을 중량(kg)으로 표시하는 것이다.

2) 배합 표시법

배합의 표시에는 시방배합과 현장배합이 있으며, 시방배합〔示方配合: specified mix〕은 배합을 설계하기 전에 구조물의 크기, 모양, 강도 및 노출상태를 알고서 시방서 또는 책임기술자가 지시하는 배합으로 1㎥를 단위량으로 표시하며, 시용되는 골재의 함수상태는 표면건조 내부포화상태이어야 한다. 현장배합〔現場配合: job mix〕은 시방배합을 골재 및 시공조건 등 현장상태를 고려하여 적절하게 보정한 배합을 말하며, 현장에서 굳지 않은 콘크리트를 생산하는 배치 플랜트(batch plant)를 이용하므로 단위량은 1회 배치로 표시하고 사용 골재의 함수상태는 기건 상태 또는 습윤 상태이어야 한다.

3) 배합의 결정

콘크리트의 강도, 내구성 및 수밀성 등에 가장 큰 관계가 있는 것은 콘크리트의 물-시멘트비 및 단위수량이다. 즉, 콘크리트의 품질은 단위수량과 단위시멘트량에 의하여 지배된다. 콘크리트 부재를 설계할 때 기준이 되는 압축강도를 설계기준강도라고 하고, 콘크리트의 배합을 정할 때 목표로 하는 압축강도를 배합강도라 한다. 일반적으로 콘크리트의 압축강도는 설계기준강도보다 낮지 않게 하기 위하여 현장에서 품질을 점검하고 배합강도를 충분히 크도록 하고 있다.

콘크리트의 물-시멘트비는 소요강도와 내구성을 고려해서 결정해야 하며, 수밀(水密)을 요하는 구조물에서는 수밀성에 대해서도 고려해야 한다. 콘크리트의 수밀성을 고려한 물-시멘트비는 얇은단면 콘크리트 45%, 큰 구조물 콘크리트 53%, 무근 콘크리트 55%이하로 하고 있다.

단위시멘트량은 물-시멘트비와 단위수량에 의하여 정하지만, 대체로 철근콘크리트에서는 300kg/m³이상, 포장콘크리트에서는 260~320kg/m³, 댐 콘크리트 내부는 150kg/m³이상, 댐 콘크리트 외부는 230kg/m³을 표준으로 한다. 또한, 최대단위수량은 포장콘크리트에서 150kg/m³, 댐 콘크리트에서 120kg/m³ 이하를 표준으로 하고 있다.

특히, 워커빌리티는 직접 측정할 수 없으므로 슬럼프 시험을 통하여 판단한다. 슬럼프 최대치는 일반적으로 포장콘크리트는 2.5㎝이하, 댐 콘크리트 3~5㎝, 아주 큰 교각, 큰 기초 및 두터운 슬래브는 5㎝, 무근 콘크리트 2.5~8㎝, 어느 정도 큰 교각, 두터운 벽 및 기초 아치는 8㎝ 정도로 하고 있다.

5. 특수콘크리트

1) AE콘크리트

AE콘크리트(airentrained concrete)는 콘크리트 속에 미세한 기포를 발생시키기 위하여 혼화제인 AE제를 사용하여 워커빌리티를 개선하고, 동결과 융해에 대한 내구성, 화학작용에 대한 저항성 및 수밀성을 증대시키는 특성을 가지고 있다. 그러나 콘크리트 속에 미세한 기포를 다량 혼입하여 콘크리트의 성질을 대폭 개선할 경우 콘크리트의 강도가 저하되고, 단위중량이 작아지는 문제가 발생한다. 물-시멘트가 일정하고 공기량이 증가하면 공기량 1% 증가에 따라 압축강도는 4~6% 정도 감소하게 된다. AE콘크리트 속의 적당한 공기량의 범위는 4~7% 정도가 이상적이다.

2) 레디믹스트 콘크리트

레디믹스트 콘크리트(ready mixed concrete)는 구입자가 요구하는 품질의 콘크리트를 소정 시간에 희망수량을 공장에서 현장까지 특수운반차를 이용하여 공급하는 굳지 않은 콘크리트를 말하며, 레미콘(remicon)이라고도 한다. 운반 즉시 타설하고 충분히 다져야 하며, 비비기에서 타설할 때까지의 시간은 고온 · 건조 시에 1.5시간, 저온 · 습윤 시에 2시간 이내로 한다.

3) 한중콘크리트

한중(寒中)콘크리트(cold weather concrete)는 포틀랜드시멘트를 사용하는 것을 표준으로 한다. 일반적인 콘크리트의 동결온도는 혼화재료의 종류와 재료에 따라 다르지만 약 -2.0~-0.5℃ 사이라고 한다. 한중콘크리트의 시공도 기온, 구조물의 종류 및 크기에 따라 다르지만 일평균 기온이 4℃ 이상의 기온에서 일반적인 방법으로 시공해도 좋지만 0~4℃ 에서는 간단한 주의와 보온을 하여 시공하며, -3℃ 이하에서 본격적으로 시공해야 한다. 특히, 한중콘크리트는 응결, 경화의 초기단계에서 동결되지 않도록 적어도 24시간 정도 충분히 보호해야 하며, 완성된 구조물은 필요로 하는 강도 · 내구성 · 수밀성 등을 얻기 위하여 양생온도를 5℃ 이상 유지하고, 특히 2일 동안은 0℃ 이상 유지해야 한다.

4) 서중콘크리트

서중(暑中)콘크리트(hot weather concrete)는 일평균 기온이 25℃가 넘어 콘크리트의 슬럼프 저하, 수분의 급격한 증발 등의 염려가 있을 경우에 시공되는 콘크리트를 말한다. 콘크리트를 타설할 경우 지반 및 거푸집 등은 충분한 습윤 상태에 있어야 하며, 기온이 높아 건조할 경우에는 살수하거나 덮개를 하여 콘크리트가 급격히 응결하여 품질에 영향이 없도록 하여야 한다. 서중콘크리트는 비빈 후 1시간 이내에 타설하는 것이 바람직하며, 일반적인 대책을 강구한 경우에도 1.5시간 이내에 타설해야 한다.

5) 수중콘크리트

콘크리트는 공기 중에서 시공하는 것이 원칙이다. 콘크리트를 수중(水中)에서 시공할 경우에는 품질의 균일성, 시공이음의 신뢰성, 철근과의 부착 등에 문제가 발생하기 때문에 배합강도를 크게 하거나 설계기준 강도를 낮추어야 한다. 콘크리트는 재료가 분리되지 않도록 정수중에 시공하는 것이 원칙이지만 완전히 물막이를 할 수 없는 경우에 유속은 0.05m/sec 이하로 해야 한다.

6) 프리플레이스트 콘크리트

프리플레이스트 콘크리트(preplaced concrete)는 특정한 입도의 굵은골재를 거푸집 내에 채워 넣고, 그 공극 속에 특수한 모르타르를 적당한 압력으로 주입하여 만든 것이다. 특수한 모르타르는 유동성이 크고, 재료의 분리가 적고 적당한 팽창성을 가진 것으로서 포틀랜드시멘트와 모래 이외에 플라이애시나 고로슬래그 분말, 감수제 및 팽창재 등을 혼합한 것이다. 이 공법은 특수 콘크리트 공법으로서 항만공사나 심해 수중에 축조하는 수중구조물, 방사선 차폐용, 고밀도콘크리트, 기존노후 구조물의 보수 · 보강 등에 사용된다.

7) 뿜어붙이기 콘크리트

뿜어붙이기 콘크리트(숏크리트: shotcrete)는 압축공기로 콘크리트나 모르타르를 시공면에 뿜어 붙이는 특수한 공법이다. 각종 재료의 표면과 형상 등에 관계없이 쉽게 시공할 수 있고, 시공면에 잘 부착하며, 강한 강도와 수밀성을 기대할 수 있으므로 터널 등의 라이닝, 굴착비탈면 보호, 구조물 보강 등에 널리 적용되고 있다. 또한, 뿜어붙이기 로봇 등의 기기류를 포함한 뿜어붙이기 시스템 및 혼화재료의 개발과 품질의 신뢰성, 시공성, 경제성 및 안전성이 있어 많이 사용되지만 용출수가 있는 지점에는 부착이 곤란한 단점도 있다.

8) 경량골재콘크리트

경량골재(輕量骨材)콘크리트(light-weight concrete)는 자중을 경감하기 위해 경량골재를 이용해서 만든 단위용적중량 2.0ton/㎥ 이하, 또는 건조비중이 2.0이하인 것이다. 일반적으로 천연경량골재는 입자의 모양이 좋지 않고 흡수율이 크기 때문에 구조용 콘크리트용 재료로는 인공경량골재가 토목구조물용으로 널리 사용된다.

9) 중량콘크리트

중량(重量)콘크리트(heavy weight concrete)는 비중이 큰 골재를 시용하여 만든 단위용적중량 3~5ton/㎥ 정도의 콘크리트이다. 주로 X선이나 γ(감마)선 및 중성자선의 방사선차폐용으로 특수한 목적에 유효하여 원자력발전용 압력용기 및 생체차폐(biological shielding)용으로 많이 사용된다.

6.3.6 금속재료

금속재료〔金屬材料: metallic material〕는 금속광택이 있고, 빛에 투명하며, 전기 · 열 전도율이 클 뿐만 아니라 전성(展性) · 연성(延性)도 풍부하고, 상온에서 결정고체로 가공하기 쉽다. 금속재료는 일반적으로 철금속과 비철금속으로 나누며 종류도 다양하다.

1. 철금속

철금속〔鐵金屬: ferrous metal〕은 자철강, 적철강, 갈철강 등의 철광석을 용제인 석회석과 환원제인 코크스와 함께 용광로(blast furnace)에 투입한 후 열풍을 보내어 코크스를 연소시켜 광석을 녹여서 환원 분리하여 얻어지는 선철을 원료로 하여 제조한다. 광석중의 불순물은 로(爐)의 상층에 뜨고 슬래그(slag)로 추출된다. 이 슬래그를 자연 상태로 식혀서 파쇄한 것을 광재 부스러기(ballast)라 하며 골재 대신으로 사용한다. 탄소함유량이 1.7% 이상인 철은 약 1,150℃에서 녹으므로 주물제조에 사용할 수 있다.

철금속의 종류로는 선철〔銑鐵: pig iron〕, 주철〔鑄鐵: cast iron〕, 강〔鋼: steel〕 및 주강〔鑄鋼: steel casting〕 등이 있다.

2. 비철금속

구조용으로 사용되는 비금속재료서는 알루미늄 및 알루미늄합금, 강 및 강합금 이외에 티타늄, 아연, 니켈 등이 있다. 이러한 재료들의 개발과 성능개선이 활발하게 이루어 져 사용 범위도 많이 확대되고 있으나 알루미늄 및 알루미늄합금 이외는 아직 부진한 실정이다.

3. 철강제품

토목재료에 사용되는 철강제품의 종류는 구조재료용 및 토목공사용 가설재에 이르기까지 매우 광범위하다.

(1) 철 근

철근(鐵筋: steel reinforcement)은 봉강이라고 하며, 봉강에는 단면이 원형인 원형철근과 이형인 이형철근이 있다. 이형철근은 부착강도를 높이기 위해 표면에 요철(凹凸)을 붙여 만든다. 원형철근은 지름이 6.9㎜ 및 12㎜이고, 이형철근은 지름 10㎜, 13㎜, 16㎜, 19㎜, 22㎜, 25㎜, 29㎜, 32㎜, 36㎜, 38㎜에 길이 9m를 표준으로 한다.

[그림 6-11] 이형철근의 형상

(2) PS강선, 강연선 및 PS강봉

프리스트레스트콘크리트(PSC)에 이용하는 PS강선과 PS강에 의하여 제조된 강선은 한국산업규격(KS규격)에 적합한 것으로 페이턴팅(patenting)한 후 상온에서 신장한 것이다. 이형강선 중에는 부착강도를 높이기 위해 요철을 준 인덴티드 강선(indented wire), 최근에는 릴렉세이션(relaxation)이 작은 강선도 시판되고 있다.

프리스트레스트콘크리트에서 이용하는 PS강봉(steel bar)은 제조방법에 따라 인발강봉 · 압연강봉 · 열처리강봉으로 구분하고, 그 종류는 원형봉강과 이형봉강이 있다. PS강봉의 신장률은 5% 이상, 릴렉세이션은 1.5% 이하로 규정되어 있다.

(3) 와이어로프

와이어로프(강삭(鋼索): wire rope)는 마닐라삼으로 만든 로프나 그 밖의 섬유를 심으로 하고, 그 주위에 1~3㎜의 스트랜드 6개를 꼬아 만든 것이다. 소선(素線)은 1% 정도의 탄소를 함유한 양질의 고탄소강선으로, 0.9~1.0 탄소의 강선은 냉간가공(冷間加工)과 페이턴팅(patenting)이라는 열처리의 조합에 의하여 만들며, 인장강도가 1㎟당 300㎏이 넘는다.

(4) 철 선

철선(鐵線: wire)은 철사리고도 하며, 연강선을 아연도금 한 것이다. 주로 철망 · 가설재 · 못 등의 재료로 쓰인다. 철선의 지름은 ㎜단위 또는 번수의 표준에 따라 표시하며, 철선의 지름과 번수와의 관계는 아래와 같다.

#1(7.62㎜), #5(5.50㎜), #8(4.19㎜), #10(3.40㎜), #16(1.65㎜), #18(1.24㎜), #22(0.71㎜).

(5) 형강 및 강철말뚝

형강〔形鋼: section shape steel〕은 특수단면으로 압연된 강재이다. 용강(鎔鋼)을 각주모양의 형에 주입하여 강괴를 만든다. 불순물을 제거하고 치밀한 공정을 거친 다음 가열로에서 재가열하여 압연기에서 10여 단계를 통해 각종 단면형상으로 다듬질한다. 단면형상에 따라 I형강·H형강·T형강·C형강·ㄱ형강·ㄷ형강 등으로 구분되며, 주로 철골 구조용으로 사용한다.

강철말뚝(steel pile)은 강관·I형강·H형강 등과 같이 강으로 만들어진 말뚝이다. 연약지반의 흙파기 공사에서 지반이 붕괴되는 것을 방지하기 위한 기초공사용으로 사용되며, 또한, 특수단면의 접촉부를 연결하는 강철널말뚝으로도 사용된다.

[그림 6-12] H형강

[그림 6-13] I형강

(6) 파형관

파형관〔波形管: corrugated steel pipe〕은 얇은 강판에 파형을 붙여 제조한 파이프로서 각종 배수로 공사에 널리 사용된다.

[그림 6-14] 아연도금 파형관과 합성수지 파형관

(7) 철선돌망태 및 철제품

[그림 6-15] 돌망태 옹벽

철선돌망태(사롱(蛇籠): wire gabion)는 철사로 얽어 만든 망태로, 굵은 자갈이나 잡석을 충전하여 야계사방, 계류의 호안공사, 용출수 지대의 옹벽 등에 사용된다. 일반적으로 돌망태는 아연도금철선 또는 합성수지피복 철선재 8~10번 선을 사용하여 망 눈의 크기 8~15㎝의 마름모꼴로 엮어 만든다. 돌망태는 표면의 조도가 크고 굴요성이 좋아 작업 및 시공이 비교적 쉽지만, 일반적으로 내구성이 10~15년 정도로 길지 않아서 산사태지 복구공사 · 계안 붕괴지 · 비탈면붕괴지 등의 응급복구공사와 가설공사 및 도로비탈안정용 옹벽공사에 제한적으로 사용된다.

철제품에는 철망 · 철주 · 척쇠 · 볼트 · 못 등이 있으며, 철망은 급경사지 파쇄암 절개면의 낙석방지용 피복망으로 널리 쓰이고, 종비토뿜어붙이기 공사 시에는 암벽면의 피복에도 사용된다.

6.3.7 고분자재료

고분자는 적은 분자가 많이 결합되어 생성되기 때문에 고중합체(high polymer)라 하고, 보통은 중합체(polymer)라 한다. 특히, 분자량이 10,000 이상인 화합물을 고분자화합물(高分子化合物: high molecular compound)이라 하며, 토목재료로 사용되는 고분자재료는 대부분 유기고분자화합물 중의 합성수지(合成樹脂)를 말한다.

1. 합성수지의 특징

합성수지는 목재보다는 무겁지만 강이나 콘크리트보다 훨씬 가볍고 강하다. 성형이 자유롭고 크기가 정확하며, 가공성이 양호하여 대량생산이 가능하다. 내수성 · 내습성 · 내식성이 양호하여 구조물의 방수재료로 널리 이용되며, 약품류에 대한 저항성이 커서 화학공업용 장치에 적합하다. 내절연성과 전기적 특성이 우수하고, 색을 자유롭게 착색할 수 있으며, 투광성이 우수하다. 반면에 강화플라스틱 외에는 압축강도가 매우 작고, 탄성계수도 작다. 변형이 크고 내열성과 내후성이 약하다. 열에 의한 체적변화가 크고, 열팽창계수가 온도 변화의 영향을 크게 받는다. 플라스틱보다 경도가 큰 재료에 의하여 마모되기 쉽고, 열을 가했을 때 마모가 더욱 촉진된다.

플라스틱을 구조재료로 사용할 경우 유리섬유 · 석면 · 합성섬유 등으로 보강한 강화플라스틱(fiberglass reinforced plastic: FRP) 이 사용된다.

[표 6-9] 강화플라스틱과 구조재료의 기계적 성질

재료		강도(MPa)				영계수 (MPa)	샤르피충격치 (MPa)	비중	용도
		인장	압축	휨	전단				
금속재료	구조용강	420	-	-	-	210,000	15,000	7.8	구조재
	알루미늄합금 24S-T	470	-	-	280	70,000	2,000~2,900	2.8	
	알루미늄합금 52S-O	190	-	-	127	70,000	8,300	2.8	
강화플라스틱	고급유리가소제포	330	280	500	80~100	20,000	1,300	1.8	부구조재
	르빙포	273	167	235	163	20,000	-	1.8	
	중급유리포	200	243	260	80~100	16,000	1,000	1.7	
	유리매트	100	230~270	140~180	80~100	10,000	1,000	1.6	
플라스틱	불포화폴리에스테르	41	158	115	66	3,800	31	1.12	구조부속부분
	경화염화비닐	60	100	100	40	3,000	80	1.4	
	아크릴수지	72	100	100	44	2,800	30	1.4	

2. 합성수지의 종류

1) 열가소성 수지

열가소성 수지(熱可塑性 樹脂: thermoplastic)는 가열하면 유연해지고 소성을 나타내지만, 성형된 후 상온이 되면 딱딱하게 되어 소성이 없어지는 것이며, 성형이 자유롭고 투광성이 좋지만, 강도와 연화점이 낮다는 결점이 있어 구조재로 사용하기에는 적당하지 않다. 열가소성 수지의 종류와 특성 및 용도는 표 6-10과 같다.

[표 6-10] 열가소성 수지의 종류, 특징 및 용도

종류	특징	용도
페놀수지	강도, 전기절연성, 내산성, 내열성, 내수성 모두 양호하나 내알칼리성이 약함.	벽, 덕트, 파이프, 발포보온관, 접착제, 배전판
요소수지	페놀수지의 성질과 유사하지만 무색으로 착색이 자유롭고 내수성이 약간 약함.	마감재, 조작재, 가구재, 도료, 접착제
멜라민수지	요소수지와 유사하지만 경도가 크고 내수성은 약함.	마감재, 조작재, 가구재, 전기부품
알키드수지	접착성과 내후성이 이 좋다. 성형도 가능하며, 전기적 성능이 우수함.	도료, 접착제
불포화 폴리에스텔수지	전기절연성, 내열성, 내약품성이 좋고 제압성형이 가능함, 유리섬유를 보강재로 한 것은 대단히 강인함.	커튼월, 창틀, 덕트, 파이프, 도료, 욕조, 대성형품, 접착제
실리콘수지	열절연성이 크고 내약품성, 내후성이 좋으며 전기적 성능이 우수함.	방수피막, 발포보온판, 도료, 접착제

종 류	특 징	용 도
에폭시수지	금속의 접착성이 좋고 내약품성도 양호하다. 내열성이 우수하지만. 다소 고가임.	금속도료 및 접착제, 보온보냉제, 내수피막
우레탄수지	열절연성이 크고 내약품성이 있으며 내열성이 우수함.	보온보냉제, 접착제, 내수피막, 도료
규소수지	내열성, 전기절연성 및 발수성이 양호, 다소 고가임.	전기부품, 기름 발수제
푸란수지	내약품성, 접착성이 양호, 흑색임.	금속도료, 금속접착제

2) 열경화성 수지

열경화성 수지(熱硬化性 樹脂: thermosetting plastic)는 가열하면 연화되고 성형이 가능하지만, 계속 가열하면 화학적 반응에 의하여 경화되고, 한번 경화된 것은 다시 가열해도 연화되지 않는다. 강도나 열경화점이 높고, 유리섬유 등과 같이 사용하면 구조적 소질과 내후성이 우수하지만, 가격이나 성형 등에 결점이 있다. 열경화성 수지의 종류와 특성 및 용도는 표 6-11과 같다.

[표 6-11] 열경화성 수지의 종류 및 특성

종 류	특 징	용 도
아크릴수지	투광성이 크고 내후성이 양호하며 착색이 자유롭다.	채광판, 유리대용품
염화비닐수지	강도, 전기절연성, 내약품성이 양호하고 가소제에 의하여 유연고무와 같은 품질이 되며, 고온과 저온에 약함.	바닥용 타일, 시트 조인트 재료, 파이프, 접착제, 도료
초산비닐수지	무색투명, 접착성이 양호, 각종 용제에 가용, 내열성이 부족.	도료, 접착제, 비닐론원료
비닐아세탈수지	무색투명이며 밀착성이 양호.	안전유리 중간막, 접착제, 도료
메틸메타크릴 수지	무색투명, 강인하고 내약품성이 상당히 크다.	방품유리, 광조장식, 조명기구
스티롤수지 (폴리스티렌)	무색투명, 전기절연성, 내수성, 내약품성이 크다.	방풍유리, 광조장식, 조명기구
폴리에틸렌 수지	물보다 가볍고, 유연, 내열성이 결핍된 것도 있다. 내약품성, 전기절연성, 내수성이 대단히 양호함	건축용 성형품, 방수필름, 벽재, 발포보온판
폴리아미드수지 (나일론)	강인하고 잘 미끄러지며, 내마모성이 큼	건축물 장식용품
셀룰로이드	투명, 가소성, 가공성이 양호하나 내열성이 없다.	대용유리, 수통, 파이프

3. 첨가재료

1) 가소제

가소제(可塑劑: plasticizer)는 고분자사이의 간극을 채워 가소성을 증대시키고, 수지분자 사이의 힘을 약화시켜 플라스틱의 성형을 쉽게 할 뿐만 아니라 제품의 균열방지 및 도료 · 도막의 탄성을 개선할 목적으로 첨가하는 약품이다. 대표적인 가소제로는 인산에스테르 · 프탈산 에스테르 · 지방산 에스테르 등이 있다.

2) 충전재

충전재(充塡材: filler)는 품질이 균일하고, 비중과 흡수율이 낮으며, 금속을 침식하지 않아야 할 뿐만 아니라 내열성을 향상시키고, 가격도 저렴해야 한다. 제품의 품질을 저하시키지 않은 범위에서 기계적 성질을 보강하고 내구성을 증대시키며, 제품의 가격을 낮추기 위해 최종 제품에 20~50%의 충전재를 사용한다.

3) 수지안정제

수지안정제(樹脂安定劑: resin stabilizer)는 압출성형 · 롤 가공 · 사출성형 등의 공정 중에 압력이나 마찰열에 의하여 수지가 분해되지 않도록 첨가하는 것이다. 스테아린산염 · 라우릴산염 · 나프텐산염 등이 이용된다. 또한, 플라스틱 성형품이 자외선에 의하여 분해되거나 산화되는 것을 방지하기 위해 산화방지제인 알킬페놀계 · 아민계 · 퀴논계 및 자외선 흡수제인 실리실산 에스테르 · 벤젠산 에스테르 등을 사용한다.

4. 토목재료로 사용되는 고분자재료

고분자재료는 구조용 재료, 상하 수도관, 차수(遮水)공사, 도로 및 교량공사, 도료, 접착제, 구조물의 보수 · 보강 · 각종방수 및 방식 피복 등에 광범위하게 쓰이고 있다(표 6-12).

[표 6-12] 고분자 재료의 토목재료 적용 예

수 도	관, 콘크리트관의 joint cocking, 관의 접착용 고무링, 관 및 저수지의 누수방지, PC관의 단말서형 및 단말방청도장, 라이닝
항 만	방조제 줄눈, 부잔교 및 철제 브이 도장, 방현(防弦)롤러, 준설용 장치, 세립침전제
하 천	사방댐, 콘크리트 구조물의 줄눈, 수로의 누수방지
도 로	블록식 콘크리트 교량의 줄눈, slip 방지, 도로 · 교량의 신축줄눈, 교량방수층 터널의 방수공, 철강부재의 접착, 페인트 표지, 교량지지 패드(pad)
철도, 지하철	블록식 콘크리트 교량의 줄눈, 연결부의 줄눈, 내 · 외 방수, 누수방지, 세그먼트의 시일(seal) 및 콤파운드(compound), 교량지지용 패드(pad), 레일 패드
콘크리트	양생제, 거푸집, 혼화제, 균열주입보강용

아스팔트	보강메쉬, 미분말 혼화재, 유제용 혼화제
지 반	지반주입용 그라우트, 방수막
도 료	도로용 페인트 강재도장용 페인트

1) 경질염화비닐관

경질염화비닐관(硬質鹽化비닐管: rigid polyvinyl chloride pipe)은 송수관 · 급수관 · 배수관 · 전선관 · 케이싱관 · 유공관(有孔管) · 케이블관 · 해저송수관 및 옹벽의 배수용 파이프용과 종래의 토관(土管)에 이르기까지 광범위하게 사용되고 있다.

[그림 6-16] 경질염화비닐관

관의 내면이 매우 매끄럽기 때문에 유수마찰이 작을 뿐만 아니라 내식성이 좋고, 관내의 유량도 커서 경제적이다. 이음이 용이하며, 가격도 저렴하다. 또한, 가볍고 휘는 성질 때문에 시공이 간단하다.

관의 크기는 공칭지름이 10~500㎜까지 규격화되어 있지만 800㎜까지 생산되고 있고, 특히, 수도관은 공칭지름이 10~50㎜이지만 75~150㎜까지 생산되고 있으며 급수관으로 아주 많이 사용되고 있다.

2) 차수막과 방사막

암석 및 토사의 공극에 물이 침투하여 침하 및 활동과 세굴이 되는 것을 방지하기 위해 매립지의 주위, 저수댐, 용수로의 저면, 흙 댐의 사면 등에 깔아 사용하는 플라스틱 막을 차수막(遮水膜)이라 한다. 또한 해안선이나 매립지의 호안의 뒷채움 토사가 유실되는 것을 방지하기 위해 해안선 및 호안의 배면지와 토사 사이에 사용하는 플라스틱 막을 방사막(防砂膜)이라고 한다.

[그림 6-17] 차수막 설치된 비탈면의 붕괴

일반적으로 플라스틱 막의 두께는 0.5~3.0㎜ 정도이며, 차수막에는 0.5~1.0㎜ 정도, 방사막에는 1.0~2.0㎜ 정도가 주로 사용되지만, 사용 장소에 따라 0.1~0.3㎜ 정도의 얇은 것이나 4~6㎜ 정도의 두꺼운 것도 사용되기도 한다.

차수막 및 방사막에 요구되는 조건은 인장강도나 인열강도가 크고, 예리한 돌 기물에 의하여 파괴되지 않아야 하며, 내구성 · 내해수성 · 내토양성 등이 좋아야 한다. 또한, 토사나 수중에 매몰되어도 부패되지 않고 불투수성으로서 막과 막 사이의 접착이 용이하고 보수가 간단하고 가볍고 가격이 저렴해야 한다.

3) 차수판 및 방수시트

차수판〔遮水板: water-stop〕은 하천이나 간척지의 제방 등에서 차수(遮水)코아에 의하여 침윤선을 저하시켜 투수계수를 낮출 목적으로 사용되는 플라스틱의 시트(sheet) 종류를 말한다. 연질폴리염화비닐시트는 두께 1.0~3.0㎜ 정도가 사용되며, 과거의 점토코아를 넣는 방법에 비하여 시공이 간단하고 값이 저렴하며 내구성도 우수하다.

[그림 6-18] 이동식 차수판 현장 시험

방수시트〔防水시트: waterproof seat〕는 터널공사에 있어서 용수처리 및 지하구조물의 콘크리트 방수 등에 주로 사용된다. 특히, 터널공사에는 불투수성으로 가격이 저렴한 연질폴리염화비닐이나 폴리에틸렌의 시트류인 두께 0.8~2.0㎜ 정도의 부틸고무 · 클로로프렌고무 · 에틸렌 · 프로필렌 · 폴리머고무 · 폴리이소부틸랜 · 폴리염화비닐 등이 사용된다.

4) 봉함제 또는 양생제

타설한 콘크리트의 소요강도 및 내구성을 유지하기 위하여 7일 정도는 습윤상태로 유지하고 콘크리트 표면에 봉함제〔封緘劑: sealing compound〕를 도포하거나 양생제〔養生劑: curing agent〕로 뿜어붙이기를 하면서 양생해야 한다. 봉함제로는 역청질 혼합물이나 유지계 · 수지계의 재료를 사용한다.

5) 방식재

방식재(防蝕材)는 코팅(coating) 또는 라이닝(lining)이라고도 한다. 일반적으로 코팅은 두께가 0.3~0.5㎜ 정도로 피복층이 얇고, 라이닝은 두께가 0.5~3.0㎜정도로 피복층이 두껍다.

방식재는 방수, 내수성 및 내식성이 우수하여 상하수도 관로내부, 산업용 폐수처리장 내부, 수질복원시설 및 강교 · 강관말뚝 등의 방청 · 방식 처리와 콘크리트 구조물 · 흄관과 같은 콘크리트 2차 제품의 내식처리 등에 사용된다.

6) 지수판

지수판(止水板: cut off plate)은 콘크리트 구조물의 이음부분에 누수방지나 지수효과를 위해 삽입되는 판 모양의 재료이다. 콘크리트에 대한 밀착성이 좋고, 판막작용을 하며 굴곡된 투수경로를 형성해야 한다. 지수판에는 강판 · 연판 · 천연고무 · 합성고무 등이 사용되었지만, 현재는 연질폴리비닐제품이 널리 사용되고 있다. 지수판은 수력발전용 댐, 도수암거, 취수로, 배수로, 철도, 도로, 터널, 고가교, 지하철, 수로교, 매립지의 옹벽, 상하수도의 정화조, 항만, 하천의 방조제, 사방댐 등의 다양한 토목공사에서 이음부나 신축이음 등에 쓰이고 있다.

[그림 6-19] 폴리염화비닐 지수판

7) 이음판, 가스켓 및 주입이음재

이음판(joint bar)은 온도 등의 변화에 따라 콘크리트 포장도로가 변형되기 때문에 응력을 받아도 콘크리트가 파괴되지 않도록 소정의 위치에 이음이 설치되며, 그 중에서 팽창방지를 위해 사용되는 이음재가 이음판이다. 일반적으로 이음 폭은 15~25㎜ 정도이다. 이음판은 주로 아스팔트계 재료가 사용되어 왔지만, 압축력을 받으면 포장면에 불거져 나오는 것을 개선하기 위하여 폴리염화비닐 · 폴리에틸렌 · 폴리스티렌 · 폴리우레탄 등의 플라스틱을 이용한 이음판이 사용되고 있다.

가스켓(gasket)은 클로로프렌(chloroprene)고무나 폴리염화비닐 등을 특수한 단면모양으로 만든 끈 모양 이음재이다. 폴리부텐부틸고무와 아스팔트 폴리우레탄폼 등을 끈 · 테이프 · 튜브 · 리본모양으로 성형한 것이다. 이음의 치수정도가 비교적 높고, 상하 수도관, 케이블관 등의 관로의 접합, 연약지반을 위한 쉴드(shield)공법의 세그먼트(segment)의 이음, 프리캐스트콘크리트 슬래브의 접합 등에 이용된다.

주입이음재(joint sealing compound)는 대부분의 건설공사에서 현장타설 또는 프리캐스트 콘크리트 판의 이음에 사용되는 것이며, 상온 또는 가열 상태에서 이음부에 주입하여 사용한다. 지금까지 주입이음재로 아스팔트기 가격이 저렴하여 널리 사용되었으나, 현재는 성능면에서 우수한 탄성이음제를 사용하고 있다. 탄성이음제는 고속도로, 공황 등의 콘크리트 포장판의 이음부 및 프리캐스트콘크리트교 슬래브 등의 토목공사에 사용되고 있다.

8) 접착제

토목공사용 접착제(接着劑: adhesive agent)로 사용되어 온 아스팔트와 시멘트 모르타르 등은 접착강도 · 성능 · 내구성 등이 좋지 않기 때문에 최근에 고분자재료를 쓰고 있다. 일반적으로 접착을 위해서는 고체면을 촉촉하게 하고, 접착제는 적당한 유동성과 고화 시 체적수축 등에 의한 내부변형을 일으키지 않아야 한다. 또한, 내수성 · 내알칼리성 · 내산성 · 내열성 · 내후성이 있으며, 접착강도가 크고 취급이 용이해야 한다.

9) 그라우트재

콘크리트 구조물의 균열부분에 주입, 충전하여 강도를 증가시키고, 수밀성을 향상시키기 위해 사용되는 액상의 폴리머 재료를 그라우트재라고 한다.

그라우트재는 균열 폭의 크기에 따라 점도를 적당히 선택할 수 있고, 세부까지 주입이 가능하며, 시공이 용이해야 한다. 또한, 콘크리트의 건습에 관계없이 접착강도가 크고, 경화 후에는 콘크리트보다 큰 강도를 발현하여 내수성 · 내알칼리성 · 내후성 등이 좋으며 가격도 저렴해야 한다.

[그림 6-20] 그라우트 주입

10) 수지콘크리트

수지콘크리트(resin concrete)는 합성수지를 소재로 하여 골재와 결합시킨 콘크리트이며, 포틀랜드시멘트를 전혀 사용하지 않는다. 수지콘크리트용 재료는 불포화 폴리에스테르 · 에폭시 · 푸란 · 폴리우레탄 등의 액상수지, 탄산칼슘 · 실리카 등의 충전제, 자갈 · 모래 · 부순돌 등의 골재이다.

수지콘크리트는 경화속도를 억제할 수 있으므로 용도에 따라 광범위하게 선택할 수 있고, 조기에 고강도의 발현이 가능하므로 한랭지 또는 겨울철의 시공에 유리하며, 고강도를 얻을 수 있어 부재의 단면도 작게 할 수 있다. 또한, 수밀성이 매우 좋고, 동결융해에 대한 저항성이 양호하며, 수지의 종류에 따라 시멘트 콘크리트 · 석재 · 금속 등의 각종 재료에 잘 접착하고, 내약품성

· 내마모성 · 충격성 · 전기절연성 등이 양호하다

수지콘크리트의 강도는 어느 정도까지는 수지의 함유율에 비례하지만, 한계를 초과하면 오히려 수축균열이 발생하게 된다. 현재까지 통신용 · 가스용 · 전력용 등 블록 맨홀, FRP보강 화이버쉴드 공법용 세그먼트, FRP보강판넬, U자구, 고강도 파일, 프리캐스트 제품과 댐 배수로 및 사방댐 등에서 사용되고 있다.

6.3.8 화약

화약(火薬)은 채석 및 계간공작물의 바닥, 임도 및 터널공사 등의 암반을 굴착하거나 폭파하기 위해 사용하며, 일반적으로 흑색화약으로 충분하지만, 용수부의 바닥파기 및 심부의 균열을 방지하기 위한 채석에는 TNT를 사용한다.

화약류는 조성, 성능, 용도, 법규 등에 따라 여러 가지로 분류되고 있으나 일반적으로 화약〔火薬: low explosives〕과 폭약〔爆薬: high explosives〕으로 크게 나눌 수 있다. 화약은 폭파속도가 340m/s 이하로 연소하는 것이며, 폭약은 뇌관 등을 사용하여 그 기폭에 의하여 폭발시키는 것으로서 폭파속도는 2,000~8,000m/s 이다.

폭파공사(爆破工事: demolition works)는 일반발파, 진동제어발파, 정밀진동제어발파 및 암발파 파쇄공법(암발파 굴착공법)으로 구분한다. 발파는 지질, 암의 경도 등에 따라 천공장(穿孔場), 천공간격, 화약의 종류 및 장약량 등 발파패턴의 기준을 정하고 시험발파를 통하여 암반비탈면의 손상을 최소화할 수 있도록 공사를 진행한다.

시공 장소는 비탈면 위에 돌출 부위가 있거나 낙석의 위험이 높고 폭파에 의한 피해 발생이 적은 지역, 땅깎기 작업 중에 암이 발생한 지역, 불도저에 장착한 유압식 리퍼로 깍기가 어려운 암반 지역들을 대상으로 한다.

팽창성 파쇄공사는 제거하려는 암괴에 천공을 실시하고, 팽창제를 주입하여 파쇄한 후에 제거하는 공법이다. 시공 장소는 폭파공사를 실시할 경우 피해가 우려되는 암반비탈면을 대상으로 한다.

화약은 장기간 보관 시에는 온도나 습도에 의하여 변질되지 않도록 하고, 수분을 흡수하여 동결하지 않도록 해야 한다. 또한, 화약 취급자를 수시로 교육 · 지도 · 감독하여 안전관리에 만전을 기해야 한다.

제7장

산지사방

제7장 산지사방

7.1 개요

산지사방〔山地砂防: hillside erosion control works〕은 황폐한 산지나 황폐가 예상되는 산지에서 식생을 복구 및 보전하여 산림황폐로 인한 재해를 미연에 방지하기 위해 시행하는 사방공사이다.

산지사방 공사의 목적은 토목적 방법 및 식생적 방법을 이용하여 호우 등에 의한 산복의 붕괴나 황폐를 미리 방지하고, 하류 계류에 유입되는 토사를 방지하거나 토석류에 의한 재해의 방지 및 경감을 도모하는데 있다.

특히, 우리나라는 고도화된 토지이용으로 산지의 상류 지역까지 개발이 진행되고 있어 재해에 대한 위험성이 매우 높으므로 재해 예방적인 측면에서 산지사방은 대단히 중요하다.

7.1.1 산지사방 공사의 목표

1. 시공 대상지

요사방지(要砂防地) 중에서 황폐지(척암임지 · 임간나지 · 초기황폐지 · 황폐이행지 · 민둥산 · 특수황폐지 등), 붕괴지(산복붕괴지 · 계안붕괴지 · 땅밀림지 등), 훼손지(절토사면 · 성토사면 · 채석지 · 채광지 등) 및 산화지 등이 시공 대상지에 해당된다.

2. 시공방침

황폐지 등에 산복기초공사와 산복녹화공사를 실시하여 표토의 풍화, 침식, 붕괴가 확대되는 것을 방지하는 사업이다. 특히. 토목구조물과 식물을 주체로 하여 산복에서 토사의 이동을 경감하고, 식생 천이와 녹화를 통하여 환경성 · 경관성이 뛰어난 산복으로 회복되는 것을 목표로 시공한다.

1) 표토침식의 방지

산지 비탈면의 침식은 비탈면에 유하하는 유량과 비탈면 경사에 많은 영향을 받는다. 이러한 침식을 약화시키는 방법은 ① 비탈면의 경사를 완만하게 하고 ② 유출수를 분산 유하시키며 ③ 지표면을 피복시키거나 유하하는 유량을 유로(流路)에 집수시켜 감소시켜야 한다.

특히, 경사가 급한 비탈면은 계단상으로 단차(段差)를 두어 유출수의 수세를 경감시키고, 집중을 방지하기 위해 비탈면을 가급적 평탄하게 정지하거나 초본류 또는 피복자재로 피복한다. 또한, 지표면의 유출수가 황폐지 표면에 유입되지 않도록 돌림배수로를 설치하거나 집수로 및 배수로를 설치하여 신속하게 배출하도록 한다.

2) 붕괴 확대방지

일반적으로 불안정한 산복은 붕괴된 후에 안정되지만, 급경사인 붕괴면의 상부는 노출되어 급속히 풍화가 진행되므로 다시 불안정하게 되어 호우 시에 무너지는 경우가 많이 있다. 또한, 붕괴지 주변의 불안정한 토괴가 남아 있는 위험한 부분은 절취하여 경사를 완화시키거나 흙막이 또는 배수시설을 시공하여 붕괴가 확대되는 것을 방지하도록 해야 한다.

3) 산사태 위험지의 대책 수립

최근에 산사태 취약지구를 선정하여 예방사방을 많이 시행하고 있다. 산사태 위험지의 토층을 안정시키기 위해서는 지하수의 배수시설과 흙막이를 시공해야 하며, 산지계류의 토석류 위험이 있는 곳은 골막이나 사방댐을 시공한다. 또한, 도로 · 철로 · 주택지 등과 같은 보전대상물의 상부에 낙석위험지가 있는 곳에는 위험부분을 제거하고, 낙석방지망이나 낙석저지책 등을 설치해야 한다.

특히, 산복녹화공사를 실시할 때에는 시공지역의 비탈면 특성을 고려하여 근계가 발달하는 심근성 수종을 식재하여 장령림의 수림대를 조성하고, 산사태 위험성은 높으나 예방사방이 어려운 취약지구는 주민 이주대책도 검토할 필요가 있다.

7.2 산지사방 공사의 조사 및 측량

7.2.1 현지조사

산지사방 사업을 계획하거나 설계할 때에는 사업의 목적과 내용 등에 적응할 수 있도록 현지조사는 크게 3가지 ① 시공 여부의 검토 ② 공법 및 공작물의 검토 ③ 적산조건(자재 · 노동력 · 기계 · 운반관계 등) 등으로 구분하여 조사한다.

특히, 현지답사를 통하여 시공할 필요성이 있는지 없는지는 원칙적으로 하류의 보전대상의 유무 및 상태에 따라 좌우된다. 산지사방 사업은 유역보전에 중점을 두는 것이므로 토사유출의 원인이 되는 황폐지나 붕괴지를 복구하는 것이 원칙이다. 그러나, 개개의 지형, 지질 및 주위의 상황 등으로 보아 자연회복이 가능하겠는가, 또는 많은 경비를 이용하여 복구할 필요가 있는지 등에 대하여 조사 및 검토한다.

일반적으로 산지사방을 계획 및 설계할 때 여러 가지 필요한 조사항목과 조사순서 등은 사업의 목적에 따라 선택하며, 조사는 예비조사, 현지조사 순으로 실시한다. 예비조사는 현지조사를 하기 전에 기존의 다양한 문헌 자료를 수집하여 대상 지역의 황폐화 및 재해 상황을 대략 파악하며, 예비조사 자료의 분석 및 검토 결과에 따라 현지조사를 실시한다. 현지조사는 지형조사, 토질 및 지질 조사, 토양조사, 기상조사, 임황 및 식생 조사, 수문조사, 황폐현황조사, 황폐위험지조사, 환경조사, 사회적 특성 조사 등이며, 예비조사 및 현지조사 순으로 정리한다.

또한, 현지조사의 결과 시공 필요성이 있는 지역은 측량을 실시하여 계획 및 시공 시에 필요한 지형조건 등의 기초자료로 활용하며, 공법 및 공작물에 대한 선정과 설계 계산상의 조건 등도 조사한다.

1. 지형조사

조사대상 산림유역의 복구 계획 및 설계에 필요한 기초자료를 얻기 위하여 경사 · 사면형상 · 방위 · 고도 · 기복량 · 곡밀도 · 하천차수 · 수계모양 등의 지형특성 분석과 지형계측을 실시한다(제2장 산림유역과 사방 참조).

지형계측은 지형도를 사용하여 산복사방의 기초자료로 사용하기 위해 측정하며, 조사대상 지역의 목적에 따라 대지형 · 중지형 · 소지형 · 미지형으로 구분하여 실시한다. 경사는 지형도(1/25,000) 상에서 대상지를 중심으로 구획하여 경사도를 측정한다. 산복의 사면형상은 상승사면 · 평형사면 · 하강사면 · 복합사면으로 구분하고, 지질과 침식의 정도, 토양의 퇴적양식 등을 조사한다.

방위는 8방위로 구분하여 사면의 방위를 조사하고, 토양 · 식생 · 일조 · 적설 · 풍향 · 기온 등 비탈면의 환경조건을 유추한다. 고도는 지형의 생성과정, 구조선(構造線)의 판정, 붕괴와 침식을 보다 명확하게 예측하기 위해 조사한다. 또한 면적고도곡선(面積高度曲線: hypsometric curve)을 이용하여 노년기, 장년기 및 유년기 등 지형의 발달과 침식상태 등을 추정한다.

기복량은 유역 내의 최고점과 최저점의 고도차를 계측하여 조사대상 산지의 경사를 어느 정도를 추정하기 위해 실시하며, 미기복량은 축적 1/25,000~1/5,000의 지형도를 사용하여 계급별로 구분한다.

$$R = \frac{H}{L} \qquad \cdots\cdots (7\text{-}1)$$

식에서, R : 기복량비, H : 유역 내의 최고점과 최저점의 고도차 (m),
L : 최고점까지의 유역길이 또는 유로연장(m)

곡밀도는 지형도(소지형은 소축척 1/50,000 이용, 중지형은 중축척 1/25,000 이용, 대지형은 대축척 1/5,000 이용)의 등고선을 이용하여 계류를 하천차수 별로 구분한 후에 수계도를 작성하여 수계의 형태를 파악한다.

곡밀도는 단위면적의 계류 및 계곡의 수를 계측하여 단위지형면의 분포와 연속성 등을 조사하며, 황폐계류는 평상 시 거의 유수가 없어 침식이 적지만, 호우 시에는 침식에 의하여 토사유출이 많아지고, 곡밀도가 높으면 유수의 양도 하류에 빠르게 집중하게 된다.

2. 토질 및 지질 조사

기초지반에 대한 지표지질 조사는 산지황폐의 중요한 소인인 토질과 지질의 특성을 파악하여 복구계획 및 설계 등의 기초자료를 얻기 위하여 실시하며, 또한 토질 자료를 이용하여 사면안정 해석을 위하여 실시하기도 한다(제5장 토질과 사면안정 참조).

지질도 · 항공사진 · 재해기록 등의 자료를 참고하여 현지조사 시 대상지의 계획 및 설계에 필요한 지반의 토질 · 암질 · 지질구조 · 용출수 등의 상황을 조사한다. 특히, 지표지질 조사를 위한 정밀조사는 지형계측 등의 결과를 참고하고, 시공목적 · 공종 · 규모 및 중요도 등을 고려하여 필요에 따라 물리탐사 · 보링 조사 · 사운딩조사 · 토질 및 암석 시험 등을 실시하여 물리적 및 역학적 특성을 조사한다. 조사방법은 조사목적과 조사장소의 지질 및 토질 조건에 따라 결정한다. 토질 및 지질조사를 위한 현장조사의 종류 및 내용은 표 7-1과 같다.

[표 7-1] 현장조사의 종류 및 내용

구 분	내 용	비 고
지표지질조사	• 암반의 풍화상태, 절리의 방향성, 연속성, 간격 및 거칠기 등 • 충진물의 종류 및 두께 • 단층선 등의 구조대 발달 여부	
시 추 조 사	• 지층 분포상태(보링 및 시굴조사) • 절리면의 발달상태 (절리간격 및 경사각) • 암석코아의 강도 및 RQD(rock quality designation) • 파쇄구간의 존재여부	
탄성파 탐사	• 탄성파속도의 분포에 의해 지하지질구조 및 파쇄대의 존재여부 파악	
사운딩 조사	• 표준관입시험 • 콘 관입시험 • 베인 시험	
동 태 관 측	• 연직변위 측정 • 수평변위 측정(변위말뚝, 신축 지반활동계, 지중변위계) • 전단변위계 • 경사계	
실 내 시 험	• 토성시험 : 함수비, 비중, 입도 및 액성, 소성한계 등 • 암석시험 : 일축, 삼축압축강도, 절리면 직접전단강도 등	
성 과 분 석	• 주절리군의 방향성 • 암반의 공학적 특성 : 강도정수 산출 • 암반사면의 구배결정 : 예상파괴 형태 및 구간별 안정성 검토 • 대책공법 선정	

물리탐사는 지반의 표토 및 지층의 깊이 등 물리적 성질을 조사하기 위해 탄성파탐사 또는 전기탐사를 실시하며, 보링조사는 지질답사나 물리탐사 등의 결과를 고려하여 정확한 조사가 필요할 경우에 보링의 위치, 개수 및 심도를 결정하고 실시한다. 보링 측선은 대상사면 또는 붕괴지의 중심 부근 및 그 양쪽으로 배치하며, 일반적으로 최대경사방향 또는 붕괴방향으로 측선을 배치한다. 보링조사 지점의 배치는 그림 7-1과 같다. 보링의 배치는 주 측선을 따라 20~50m 간격으로 3개 이상 및 상부 지점에 1개 이상 설치하고 합계 4개 이상 설치하는 것이 바람직하다. 산사태 폭이 100m 이상 대규모인 경우에는 주 측선 양쪽에 50m 간격으로 부 측선을 설치하는 것이 보통이다. 산사태 깊이에 따른 보링의 심도 및 측선 간의 간격은 표 7-2와 같다.

특히, 보링(boring) 조사는 지표면에서 땅속으로 구멍을 뚫어 교란(攪亂) 및 불교란시료(不攪亂試料)를 채취하고 지층구조(암종 · 경도 · 풍화 · 변질 정도 및 토층의 두께 등)와 지하수위를 관측한다. 또한, 사운딩조사는 모래나 자갈 등 점착력이 없는 지반에 표준관입시험(standard penetration test)을 하며, 실트 및 점질토의 연약지반에는 콘(cone) 관입시험, 베인시험(vane test) 등을 통하여 토층의 관입 · 회전 · 인발 등의 저항치를 이용하여 흙의 강도나 지반의 지지력을 조사하기 위해 실시한다. 동태관측은 지반활동이나 사면붕괴 활동을 예측하기 위하여 연직변위 측정, 수평변위 측정(변위말뚝, 신축 지반활동계, 지중변위계), 전단변위계 및 경사계 등을 설치한다.

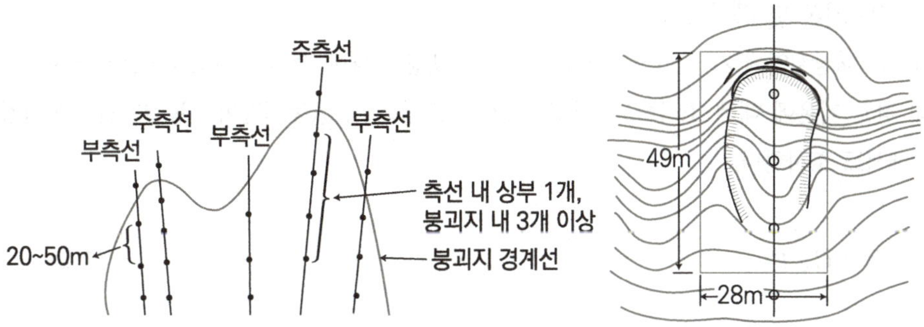

(a) 대규모 붕괴지 (b) 붕괴지

[그림 7-1] 대규모 붕괴지(a) 및 붕괴지(b) 측선에 따른 보링의 배치

[표 7-2] 산사태 깊이에 따른 보링의 심도 및 간격

산사태 깊이	보링 심도	주 측선상 보링 간격	부 측선상 보링 간격
15m 이하	20m 이상	20m 이내	40m 이내
15~20m	25m 이상	30m 이내	60m 이내
25m	30m 이상	50m 이내	100m 이내

3. 토양조사

토양조사는 토양도 · 토양자료 · 문헌 등을 이용하여 토양분포 · 토양형 · 퇴적양식 · 토양 침식상태 등을 조사하고 정리한다. 특히, 사방사업의 목적 · 내용 · 규모 · 종류 · 기능 · 중요도 등을 감안하여 조사지역의 대표적인 위치에서 토양의 층위와 단면 및 침투성 · 보수성 등을 조사하고, 필요에 따라 물리성 및 화학성 등도 조사한다.

특히, 토양의 이화학적 성질 등은 산복녹화공사의 식생 도입방법 등을 검토하기 위한 기초자료로 활용한다. 현지조사 결과는 토양도 · 토양단면도 · 토양분석 결과표 등에 정리하고, 설명서를 첨부한다.

4. 기상조사

사방사업의 대상지역이나 주변의 기상(강수량 · 기온 · 강설량 등)을 파악하여 계획 및 설계에 필요한 기초자료를 제공하기 위해 실시한다.

1) 강수량조사

대상지역에 가장 인접한 기상관측소나 대상지 내에 설치한 관측시설로부터 연강수량 · 최대일강우량 · 최대시우량 · 연속강우량 · 강설량 등에 대하여 조사한다.

2) 기온 및 바람조사

기온은 대상지역에 가장 인접한 기상관측소나 대상지 내에 설치한 관측시설로부터 최고 · 최저 및 평균 기온에 대해 조사하고, 한랭지에서는 토양의 동결(동결깊이 · 동결기간 · 동상깊이)에 대해서도 조사한다.

$$Z = C\sqrt{F} \quad \cdots\cdots (7\text{-}2)$$

식에서, Z : 최대동결깊이(㎝), C : 상수 3~5(그늘이 지고 바람이 강하게 부는 곳은 5),
F : 동결지수(0℃ 이하의 기온이 계속되는 기간)

바람조사는 계절적인 풍향과 최대풍속을 조사하고, 방풍시설과 한해(寒害), 풍해(風害) 및 조해(潮害)의 방지시설과 방풍림대의 계획 자료로 활용한다.

3) 현지 기상조사

기존의 관측 자료가 없거나 특정 기상요소(강우량 · 기온 · 적설량 · 바람 등)를 파악할 필요가 있을 경우에 필요에 따라 현지에서 조사한다. 또한, 기상자료를 보완하거나 수정할 필요가 있을 경우에는 통계적 처리가 가능한 범위에서 가장 적절한 방법으로 보정한다.

5. 임황 및 식생 조사

식생조사는 주로 사방사업 대상지역의 식생상태를 파악하여 주변 환경과 조화되는 초본과 목본 등 수종의 선택 등을 위해 실시한다. 임상도 · 산림조사부 · 항공사진 등에 의하여 산림면적, 축적, 임종, 수종, 영급, 임관소밀도, 벌채, 조림계획, 식생의 종류 및 특징 등을 필요에 따라 조사한다. 또한, 대상지역 및 주변지역의 식생조사는 피도 · 빈도 · 밀도 · 개체수 등을 조사하고, 산림의 군락구조 및 식생의 생육환경 등에 대해서도 조사한다.

대상지역 및 주변의 임황과 식생조사는 사방사업의 계획 및 설계의 기초자료를 제공하기 위해 실시한다.

6. 수문량의 조사

산지사방사업 대상지의 수문량(水文量)의 기본이 되는 강우량은 시간적 · 공간적 분포와 변화 등 수문특성을 조사하여 계획 및 설계의 기초자료로 사용한다(제3장 설계홍수량 참조).

수문해석의 기본이 되는 강우자료는 목적 및 방법 등을 고려하여 선정하며, 수집된 자료에 대해서는 관측이나 기록의 오차를 조사하고, 결측된 자료나 오차가 있으면 필요에 따라 보정하여 이용한다.

유량은 사방사업 대상유역 내 통수단면적과 유속을 측정하여 산정하고, 설계홍수량은 100년 빈도 확률강우량 자료를 이용하여 시우량법 또는 합리식 등의 공식으로 최대홍수량을 산정하여 사용한다.

7. 황폐현황 조사

지형도 · 항공사진 등을 사용하여 산지황폐의 원인을 유인과 소인으로 구분하여 조사목적에 따라 정리하고, 산복사방 대상지의 황폐의 특성과 내용을 충분히 검토한 후에 현지조사 한다.

조사대상지가 산사태지 일 경우 붕괴의 분포와 특성을 파악하기 위해 필요에 따라 붕괴지의 분포, 밀도, 면적, 위치, 발생요인, 동태, 형태, 식생, 토사량 등을 조사한다. 특히, 붕괴지 발생 원인은 소인과 유인으로 구분하여 조사하고, 동태조사는 산복비탈면의 토층이 이미 활동하고 있거나 활동할 위험이 있는 경우에 지표 또는 토층의 변위량을 파악하기 위해 실시한다. 또한, 붕괴 형태조사는 붕괴지의 형상 등을 조사하기 위해 실시하고, 식생조사는 붕괴지 및 붕괴지 주변의 임상과 식생에 대해 종류 · 출현빈도 · 생육 상황 등을 파악하기 위해 실시하며, 토사량 조사는 붕괴토사량 · 불안정 토사량 및 붕괴확대 예상량으로 구분하여 실시한다.

8. 환경조사

산지사방 대상지 및 주변의 환경을 파악하여 사방사업에 의한 환경적 영향을 분석하기 위하여 실시한다.

1) 자연환경조사

식물과 동물조사는 문헌 및 청취 조사를 실시하고, 식물조사의 대상은 육상식물과 수생식물이고, 동물조사의 대상은 포유류 · 조류 · 양서류 · 어류 · 곤충류 등이다. 특히, 사방사업에 의한 식물의 생육과 동물의 서식처에 미치는 영향을 조사한다.

2) 수질영향조사

산지사방에 의하여 산지훼손과 형질변경으로 토사유출에 의한 탁수 발생, 비료 등의 용해물질 유출, 하류지역의 물이용 상황 등에 따라 수질영향을 조사한다.

3) 경관조사

사방사업 대상지 주변에 위치하는 주요 경관지(국립공원 · 자연휴양림 · 문화재보호구역 · 천연기념물보호구역 등)의 분포상황, 주요 전망지점(전망대 · 고속도로 등)으로부터의 조망상황 및 자연환경보전상 특별히 유의해야 할 내용을 조사한다.

9. 사회적 특성 조사

사방사업 대상지 내 보전대상물 및 지역개발 계획 등을 조사한다, 특히, 보전대상물인 주택 · 공공시설 · 농경지 · 어업시설 등이 토사유출로 인하여 영향을 받는 구역을 확인한다.

사업대상지 및 주변은 타 법령에 의한 지역개발 계획 및 특정 목적의 지정 상황 등에 대하여 조사한다. 즉, 국토이용관리법 · 도시계획법 · 환경법 · 문화재관리법 · 하천법 · 산림보호법 · 수산자원보호법 등의 지정 상황을 파악하고, 산지사방 사업은 타 법령 등에 따라 조정될 수도 있다.

10. 기타

산지사방 사업을 위하여 필요한 토지권리관계(소유자), 공사용 자재 및 노무관계(공사재료의 유무, 채취장소, 채취가능량, 공사용 자재의 시장가격, 운반시설의 가부, 부대공사 및 가설공사의 여부, 노무의 공급상황, 임금의 실태, 기계임대), 시공공종 〔공종 및 공법의 적부, 수량의 개략적인 견적, 공종배치의 견취도(見取圖) 작성, 경비의 개략적인 견적 및 시공기간의 견적〕 등에 대해서도 조사한다.

7.2.2 측량

1. 측량의 범위

산지사방 공사의 측량은 설계의 대상지 및 그 주변을 포함하여 충분한 범위까지 실시한다. 특히, 붕괴지의 측량은 시공지의 면적, 토사량 산출, 공작물의 수량산출, 위치의 결정 등을 위하여 실시한다.

2. 측량의 종류

1) 평면측량

평면측량〔平面測量: plane surveying〕은 사업대상지나 붕괴지 등의 형상, 면적, 지형의 기복, 식재를 위한 토지구분 및 주변의 지형조건 등을 파악하고, 측량의 결과는 평면도와 공종배치도를 작성한다.

평면측량의 측점은 대상지역 및 붕괴지 등의 형상, 지형의 기복, 식재를 위한 토지구분 및 주변의 지형조건 등을 파악할 수 있도록 선정하고, 기준점은 지형도 상에 있는 지점 및 지물에 설치하지만, 수준점 또는 삼각점이 근처에 있는 경우에는 이를 기준점으로 한다.

평면도에는 산복사방 대상지의 방위 · 축척 · 표고 · 등고선 등 설계에 필요한 것을 기입하고, 공종배치도에는 측점 · 시점 · 방위 · 축척 · 신규 공종 · 기설공작물의 제원 등 설계에 필요한 것을 기입한다. 특히, 공작물의 설계가 결정되었을 때에는 그 제원을 기입하지만, 평면도에 상세한 사항을 기입할 수 없는 경우에는 공종배치도를 겸할 수 있도록 한다.

평면도와 공종배치도의 축척은 그 목적과 범위에 따라 다르지만, 일반적으로 평면도는 1/2,000~1/500, 공종배치도는 1/500~1/200로 한다.

2) 종단측량

종단측량〔縱斷測量: profile leveling〕은 사업대상지 및 붕괴지 등의 주요한 종단면의 지형을 고저측량 하여 공종 배치, 규모 및 비탈다듬기 공사의 토사량 산정 등을 결정하고, 측량의 결과에 따라 종단면도를 작성한다. 종단측량은 선정된 측선에 대하여 지반고를 측정하며, 측선 20m 마다 측점을 정하지만 지형의 변곡점 및 토지구분의 변화 등을 고려하여 선정할 필요가 있다.

종단면도에는 측점 · 수평거리 · 수평누가거리 · 지반고 · 산복물매 · 계획고 · 절토고 · 성토고 등 설계에 필요한 것을 기입한다. 종단측량에 의한 종단면도는 산복사방 공사에 많은 영향을 미치므로 정확성이 중요하다. 특히, 각종 공종의 위치 및 높이의 결정, 수로공사, 속도랑공사 및 토사량 산정을 결정하는데 기준이 되는 측량이다.

횡단면도의 축척은 수평과 수직 모두 공종배치도의 축척과 같게 하지만, 비탈면의 절취토량을 산정하기 위한 종단면도는 횡단면도의 축척과 같게 한다. 또한, 공작물의 설계가 결정되었을 때에는 그 제원도 기입한다.

3) 횡단측량

횡단측량〔橫斷測量: cross leveling〕은 각 측점별로 종단방향에 직각이 되는 횡단방향에 대하여 높이차 및 수평거리를 측정하여 공작물의 형상과 규모 등을 결정하기 위해 실시하며, 측량 결과에 따라 횡단면도를 작성한다.

횡단측량은 평면측량 및 종단측량에 의하여 각종 공작물의 위치와 높이가 결정된 지점을 대상으로 횡단방향의 높이차 및 수평거리를 측정한다. 특히, 횡단측량은 흙막이 구조, 기초터파기의 깊이의 결정 및 비탈면 절취 등 토사량 산출의 기초가 될 뿐만 아니라 구조물의 안정성에 영향을 미치기 때문에 측선의 방향에 직각이 되도록 주의해야 한다.

횡단면도의 축척은 목적과 범위에 따라 다르지민, 일반적으로 1/100이 많이 사용되며, 필요에 따라 1/50~1/10 또는 1/200이 사용되기도 한다.

7.2.3 토사량의 산출

산지사방 공사의 토사량(土砂量) 산정을 위한 방법에는 크게 가늘고 긴 지역의 산정법과 넓은 지역의 산정법이 있다. 가늘고 긴 지역의 산정법에는 각주공식, 양단면 평균법 및 중앙단면법 등이 있고, 넓은 지역의 산정법에는 점고법(點高法: spot levels method), 단면법(斷面法: cross sections method) 및 등고선법(等高線法: contour line method) 등이 있다.

특히, 비탈면다듬기공사 등의 정지작업을 위한 토공량의 산정에 비교적 간편하고 많이 사용하는 각주공식, 중앙단면법, 양단면 평균법, 점고법 및 등고선법에 대하여 설명한다.

1. 가늘고 긴 지역의 토사량 산정 기본공식

1) 각주공식

각주공식(角柱公式: prismoidal formula)은 그림 7-2와 같이 다각형 양끝의 단면이 서로 평행을 이루고, 동시에 측면이 모두 평면으로 구성된 주상체(각기둥)인 대상물에 한하여 적용하며, 공식은 다음과 같다.

$$V = \frac{h}{6}(A_1 + 4A_m + A_2) \qquad \cdots\cdots (7\text{-}3)$$

식에서, A_1, A_2 : 양단면의 면적,

A_m : 높이 h의 중앙단면적

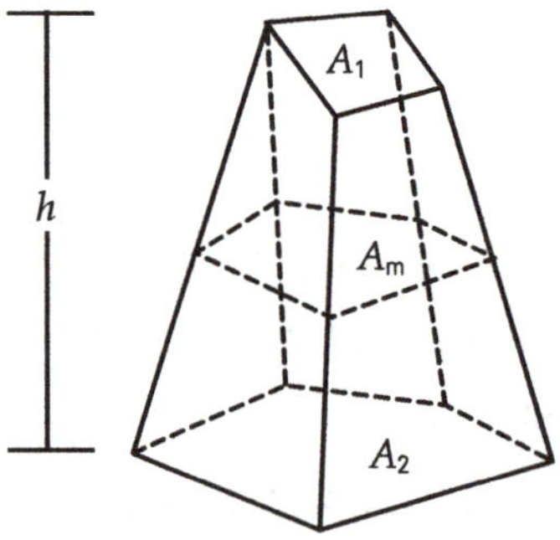

[그림 7-2] 주상체에 의한 토공량 산정

2) 중앙단면법

중앙단면법(中央斷面法: middle area formula)은 각주공식에 있어서 중앙단면 A_m을 A_1과 A_2의 중앙에 위치한 단면으로 가정하고 산정하며, 공식은 다음과 같다.

$$V = A_m \cdot h \quad \cdots\cdots (7\text{-}4)$$

중앙단면법은 각주공식보다 약간 작은 값이 나오지만, 매우 간단하기 때문에 실용상 많이 쓰인다. 토공량의 산정값의 크기는 양단면평균법, 각주공식, 중앙단면법의 순으로 나타난다.

3) 양단면평균법

양단면평균법(兩斷面平均法: end area formula)은 대상물체의 양끝 단면적을 계산하고, 이의 평균값을 토사량으로 산정하며, 공식은 다음과 같다.

$$V = \frac{h}{2}(A_1 + A_2) \quad \cdots\cdots (7\text{-}5)$$

양단면평균법은 각주공식보다 약간 큰 값이 나오지만, 간단하여 토사량 산정에 널리 이용되고 있다.

4) 종 · 횡단면도를 이용하는 방법

종단면도에서 지반고, 계획고를 중심으로 성토고 및 절토고를 구하고, 횡단면도에 시공단면을 기입해서 절토단면적과 성토단면적을 구한다.

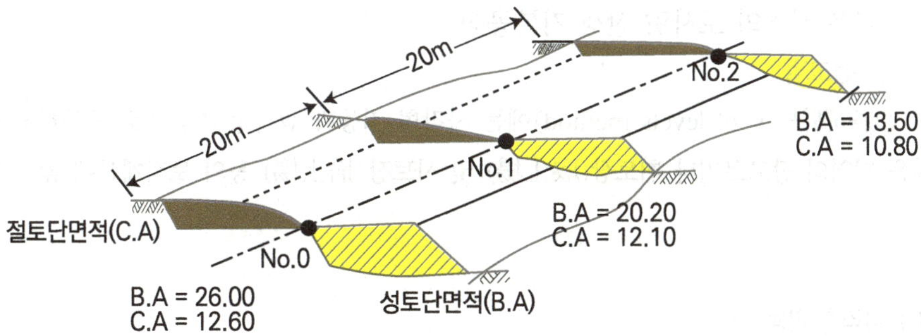

[그림 7-3] 종 · 횡단면도

그림 7-3과 같은 종 · 횡단면도의 결과를 이용하여 토사량을 산정 한다. 토사량(체적)은 서로 이웃이 되는 두 측점의 단면적을 평균하고, 두 측점간의 거리를 곱해서 구한다. 절토면과 성토면의 체적을 각각 계산하면 다음과 같다.

[표 7-3] 체적계산표

측점	거리	단면적 (m^2)		체적 V (m^3)		비고
		절토	성토	절토	성토	
NO. 0	20.00	12.60	26.00	ⓐ 247.0	ⓑ 462.0	
NO. 1		12.10	20.20			
NO. 2	20.00	10.80	13.50	ⓒ 229.0	ⓓ 337.0	

ⓐ의 (No. 0~No. 1)의 절토량 계산

$$V = \frac{12.60 + 12.10}{2} \times 20.00 = 247.0\text{m}^3$$

ⓑ의 (No. 0~No. 1)의 성토량 계산

$$V = \frac{26.00 + 20.20}{2} \times 20.00 = 462.0\text{m}^3$$

ⓒ의 (No. 1~No. 2)의 절토량 계산

$$V = \frac{12.10 + 10.80}{2} \times 20.00 = 229.0\text{m}^3$$

ⓓ의 (No. 1~No. 2)의 성토량 계산

$$V = \frac{20.20 + 13.5}{2} \times 20.00 = 337.0\text{m}^3$$

2. 넓은 지역의 토사량 산정 기본공식

1) 점고법

점고법(點高法: spot levels method)에는 사각형 기둥과 삼각형 기둥으로 구분하고 있으며, 넓은 지역의 땅고르기나 취토장(取土場) 및 사토장(捨土場) 등의 토적계산에 많이 적용한다.

(1) 사각형 기둥

사각형 기둥 방법은 사업대상지를 그림 7-4에서 보는바와 같이 사각형 1변의 길이는 20m 이하로 하고, 일정한 면적의 직사각형 또는 정사각형으로 구분하여 각 모서리의 점에 말뚝을 박아 고저측량을 실시하여 지반고를 구한다. 토공량의 산정은 모서리의 수가 같은 지점의 지반고를 합계하고, 1개 사각형 면적을 곱하여 구한다(식 7-6). 특히, 절토와 성토에 따른 시공 기준면인 계획고는 구하여진 토공량을 사각형의 수와 1개 사각형 면적의 곱한 값으로 나누어 정한다(식 7-7).

$$V = \frac{A}{4}(\sum h_1 + 2\sum h_2 + 3\sum h_3 + 4\sum h_4) \quad \cdots\cdots (7\text{-}6)$$

식에서, V : 전토지의 용적, A : 사각형 1개의 면적이며,

$\sum h_1$: 모서리의 수가 "1"개인 지점의 높이의 합,

$\sum h_2$: 모서리의 수가 "2"개인 지점의 높이의 합,

$\sum h_3$: 모서리의 수가 "3"개인 지점의 높이의 합,

$\sum h_4$: 모서리의 수가 "4"개인 지점의 높이의 합

$$\therefore \text{계획고}(h) = \frac{V}{n \cdot A} \quad \cdots\cdots (7\text{-}7)$$

여기서 h : 계획고, V : 전토지의 용적, A : 1개 사각형의 면적, n : 사각형의 수

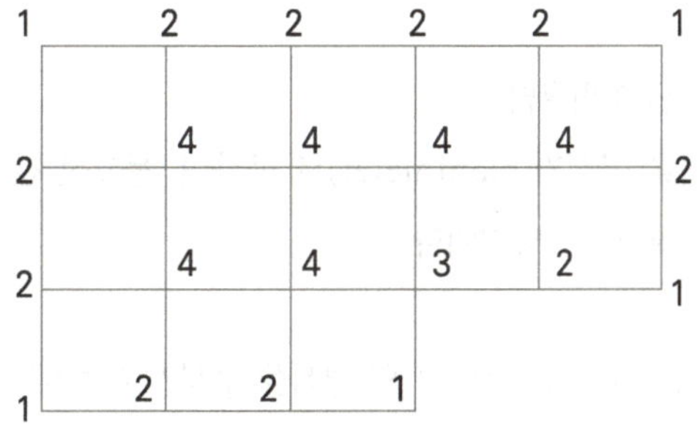

[그림 7-4] 사각기둥 점고법

(2) 삼각형 기둥

사업대상지를 일정한 면적의 삼각형으로 구분하고 각 모서리의 점에 말뚝을 박고 고저측량을 실시하여, 사각형 기둥처럼 토공량을 계산하는 방법이다. 사각형으로 구분한 경우보다 정밀을 요할 때에는 삼각형으로 나누어 삼각주상체의 공식을 적용한다(식 7-8). 또한, 절토와 성토에 따른 시공 기준면인 계획고는 구하여진 토공량을 삼각형의 수와 1개 삼각형 면적의 곱한 값으로 나누어 정한다(식 7-9).

$$V = \frac{A}{3}(\sum h_1 + 2\sum h_2 + \cdots + 7\sum h_7 + 8\sum h_8) \quad \cdots\cdots (7\text{-}8)$$

식에서, A : 삼각형 1개의 면적, $\sum h_1 \sim \sum h_8$: "1 ~ 8"이라고 된 모서리 점의 높이의 합

$$\therefore \text{계획고}(h) = \frac{V}{n \cdot A} \quad \cdots\cdots (7-9)$$

여기서 h : 계획고, V : 전토지의 용적, A : 1개 삼각형의 면적, n : 삼각형의 수

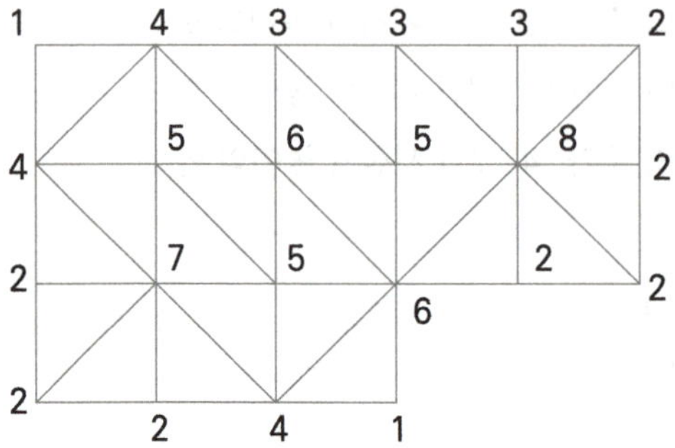

[그림 7-5] 삼각기둥 점고법

2) 등고선법

(1) 등고선을 이용한 양단면 평균법

등고선에 둘러싸인 면적을 구적기(planimeter)로 구하며, 등고선 간격을 거리로 하고 양단면 평균법에 의하여 체적 계산을 하는 방법이다.

① 등고선에 따라 A_0, A_1, A_2, A_3, A_4, A_5의 면적을 구적기로 측정한다.

② 식 (7-5) 양단면 평균법을 이용하여 체적을 구한다.

$$V_1 = \frac{A_0 + A_1}{2} \cdot h$$

$$V_2 = \frac{A_1 + A_2}{2} \cdot h$$

$$V_3 = \frac{A_2 + A_3}{2} \cdot h$$

$$V_4 = \frac{A_3 + A_4}{2} \cdot h$$

$$V_5 = \frac{A_5}{2} \cdot h$$

V_5는 무시하는 경우도 있다. 구하는 전체적 $V = V_1 + V_2 + V_3 + V_4 + V_5$이다.

(2) 등고선을 이용한 체적계산(심프슨 제1법칙)

넓은 부지, 사방댐 및 저수지의 토사량과 저수용량을 계산할 때 많이 사용된다.

$$V = \frac{h}{3}\left[A_0 + A_n + 4(A_1 + A_3 + A_5 + \cdots + A_{n-1}) + 2(A_2 + A_4 + A_6 + \cdots + A_{n-2})\right] \quad \cdots\cdots (7\text{-}9)$$

여기서 V : 토사량, $A_0 \sim A_n$: 각 단면의 면적, h : 등고선 간격

* 단 n은 짝수되는 곳까지 적용하고, 나머지는 양단면 평균법에 의하여 구하여 더한다.

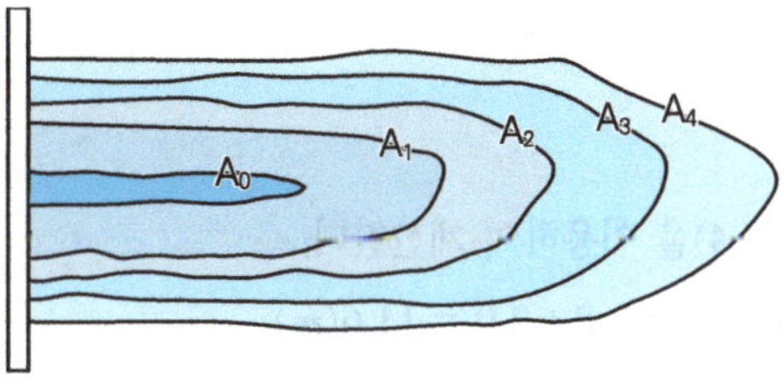

[그림 7-6] 등고선 간격

3. 기울기(물매, 비탈 및 경사)

단면평균법을 사용함에 있어 가장 중요한 것은 단면적을 구하는 일이다. 도로나 하천, 제방의 단면적을 구하는 경우 기울기의 의미를 이해할 필요가 있다. 일반적으로 기울기는 높이 1m에 대한 바닥면의 길이의 비율로 나타낸다. 표시방법은 그림 7-7과 같다. 즉, 높이 1m에 바닥면의 길이 1m 일 때 비율은 1 : 1로 표시한다. 또한, 높이 1m에 바닥면의 길이 0.8m 일 때 비율은 1 : 0.8로 표시한다.

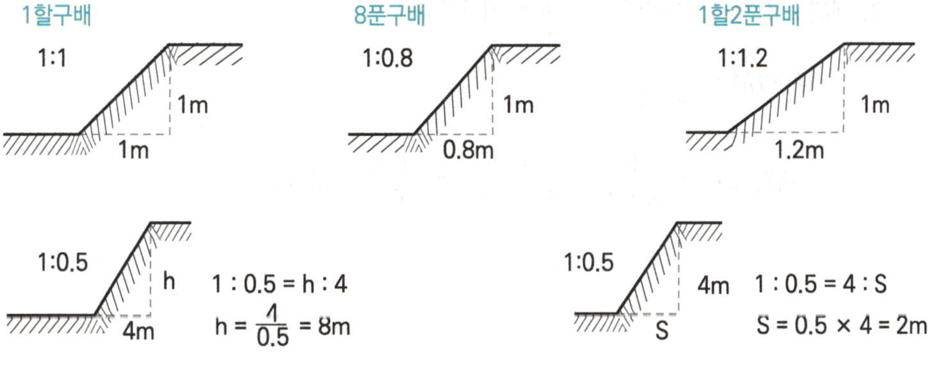

[그림 7-7] 기울기의 표시방법

예제 7-1

산림지역의 정지작업을 위하여 측량을 하였더니 그림 7-8과 같다. 이 산림지역의 전체 토공량은 얼마인가? 또한 절토와 성토의 균형을 이루기 위해서는 시공 기준면의 계획고는 얼마인가?

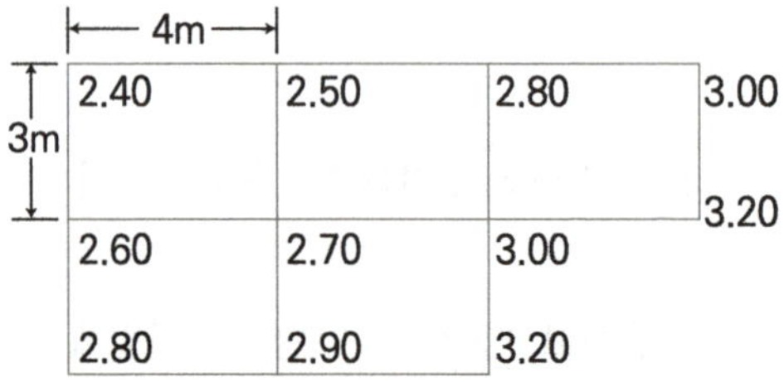

[그림 7-8] 산지지역의 정지작업 측량 결과

{풀이}

1) 토공량 산정 식 (7-4)을 이용하여 계산한다.

$$h_1 = 2.4 + 2.8 + 3.2 + 3.2 + 3.0 = 14.6(m)$$

$$h_2 = 2.6 + 2.9 + 2.8 + 2.5 = 10.8(m)$$

$$h_3 = 3.0(m)$$

$$h_4 = 2.7(m)$$

$$V = \frac{A}{4}(\sum h_1 + 2\sum h_2 + 3\sum h_3 + 4\sum h_4)$$

$$V = \frac{3 \times 4}{4}(14.6 + (2 \times 10.8) + (3 \times 3.0) + (4 \times 2.7))$$

$$\therefore V = 168(m^3)$$

2) 계획고 산정 식 (7-7)을 이용하여 계산한다.

$$\text{계획고}(h) = \frac{V}{n \cdot A}$$

$$\therefore \text{계획고}(h) = \frac{V}{n \cdot A} = \frac{168}{5 \times (3 \cdot 4)} = \frac{168}{60} = 2.8(m)$$

예제 7-2

어느 지역의 낮은 산지가 개발대상이 되어 지형도(1/25,000) 상에서 각 등고선 간의 면적을 플래미니터로 측정하고(A_0 = 5,490㎡, A_1 = 4,250㎡, A_2 = 2,020㎡, A_3 = 820㎡, A_4 = 320㎡), 등고선 간격이 h = 20m(h' = 12m) 일 때, 그림 7-9와 같은 산의 체적을 양단면 평균법으로 구하세요.

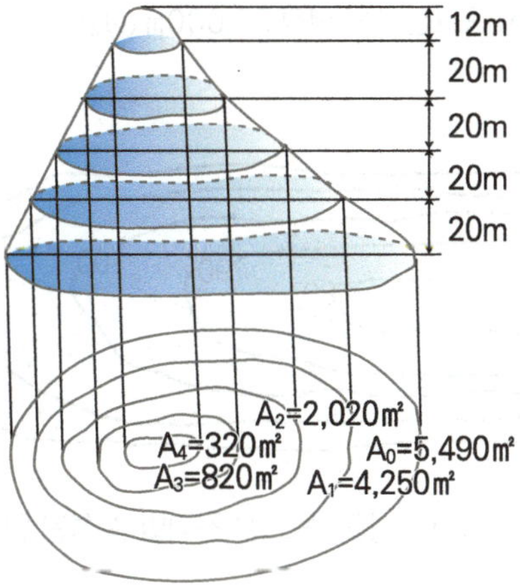

[그림 7-9] 등고선 간격별 측정된 면적

{풀이}

$$V = \frac{A_1 + A_2}{2} \cdot h \text{ 이므로}$$

$$V_1 = \frac{5{,}490 + 4{,}250}{2} \times 20 = 97{,}400$$

$$V_2 = \frac{4{,}250 + 2{,}020}{2} \times 20 = 62{,}700$$

$$V_3 = \frac{2{,}020 + 820}{2} \times 20 = 28{,}400$$

$$V_4 = \frac{820 + 320}{2} \times 20 = 11{,}400$$

$$V_5 = \frac{320}{2} \times 12 = 1{,}920$$

전체의 체적 $V = V_1 + V_2 + V_3 + V_4 + V_5$

$$V = 97{,}400 + 62{,}700 + 28{,}400 + 11{,}400 + 1{,}920$$

∴ 체적 $V = 201{,}820\text{m}^3$

예제 7-3

어느 산림지역에서 그림 7-10과 같이 댐의 저수면의 높이가 120m일 경우 이 댐의 저수량은 얼마인가?

단, 댐 내 80m 등고선의 면적 1,000㎡(A_0), 90m 등고선 내의 면적 10,000㎡(A_1), 100m 등고선 내의 면적 17,000㎡(A_2), 110m 등고선 내의 면적 25,000㎡(A_3), 120m 등고선 내의 면적 38,000㎡(A_4)

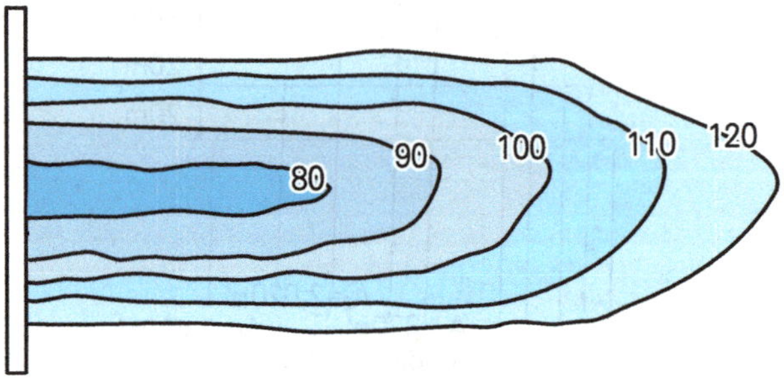

[그림 7-10] 등고선 간격별 측정된 면적

{풀이}

식 (7-9)의 심프슨 제1법칙을 이용하여 계산한다.

$$V = \frac{h}{3}[A_0 + A_n + 4(A_1 + A_3 + A_5 + \cdot + A_{n-1}) + 2(A_2 + A_4 + A_6 + \cdot + A_{n-2})]$$

$$V = \frac{10}{3}[1{,}000 + 38{,}000 + 4(10{,}000 + 25{,}000) + 2(17{,}000)]$$

$$V = \frac{10}{3}(1{,}000 + 38{,}000 + 140{,}000 + 34{,}000)$$

$$V = \frac{10}{3}(213{,}000) = 710{,}000\text{m}^3$$

7.3 산지사방의 계획 및 공종

7.3.1 계획

산지사방은 황폐지, 붕괴지 및 훼손지 등의 복구 및 붕괴예방을 목적으로 실시한다. 산지사방을 계획할 때에는 다양한 황폐지 등의 지형 · 지질 · 토양 · 기상 · 식생 등의 조사를 통하여 보전대상물 등과의 관련성을 검토하고 현지에 가장 적합한 공종(工種) 및 공법(工法)을 선정해야 한다.

1. 사업대상지의 복구

산지사방 대상지의 복구공사는 산복비탈면이나 누구 등 침식에 의하여 나지가 형성된 장소를 대상으로 침식의 확대방지 및 표면침식 등의 방지를 위해 지반을 안정시키고, 식생을 신속히 도입하여 생태적으로 건전한 산림을 조성하기 위한 사업이다. 사업대상지는 지형조건 등에 따라 다양하고, 복구의 난이도나 시공과 깊은 관련성이 있으므로 복구계획 시에는 지형적 및 지질적 특성을 정확히 조사하여 적절한 공종 및 공법을 선정해야 한다.

2. 침식 및 붕괴예방

산복의 침식 및 붕괴예방 공사는 아직 나지 또는 붕괴가 발생되지는 않았지만 방치하면 붕괴나 나지가 될 위험이 있는 지역을 사전에 예방하며, 산사태취약지구를 우선적으로 실시한다. 또한, 산사태 발생으로 인명이나 재산상의 피해가 예상되는 지역은 적절한 공종 및 공법을 선정하여 피해를 예방하여야 한다.

특히, 산지사방 공사를 시공하는 순서는 먼저 산복공사를 선행하는 경우와 계류공사를 선행하는 경우, 그리고 양자를 병행하여 시공하는 경우가 있다. 계류의 양안이나 곡두부에 발생한 붕괴지역을 복구할 때에는 계간공사(溪間工事)와 일체가 되도록 계획해야 한다.

3. 산복기초공사 및 산복녹화공사

산복 녹화를 통한 식생의 도입 및 산림의 조성은 식물의 생육 환경조건에 따라 크게 좌우되므로 토양 및 기상조건을 고려하여 가장 적합한 산복녹화기초공사나 산복녹화공사를 선정해야 한다.

산복기초공사는 비탈다듬기와 같은 정지공사를 한 뒤에는 지반에 많은 변화가 있으므로 가장 안정된 형태로 복구되도록 해야 한다. 산복녹화공사는 식생에 의하여 산복을 피복하고 녹화하는 것이므로 식생의 생육조건에 가장 적합한 공종 및 공법을 선정하고 계획하도록 하여야 한다.

4. 구조물의 선정

산지계류의 하류부에 주택이나 공공시설 등이 위치한 곳에서 붕괴가 발생하면, 인명피해가 발생할 위험이 매우 높다. 구조물의 선정 및 배치의 기본은 재료 구득의 난이성, 현지의 적합성 및 경제성 등을 고려하여 선정하며, 또한 구조물의 안정성 및 내구성 등을 충분히 검토하고 계획하여야 한다.

7.3.2 공종의 분류

산복기초공사(山腹基礎工事)는 산복 비탈면을 안정시키고 침식을 억제하기 위하여 실시하는 토목적 방법이며, 산복녹화공사(山腹綠化工事)는 초본 및 목본식물을 이용하여 산복을 피복하고 녹화하여 토양침식을 방지하는 식생적 방법이다. 또한, 산복녹화공사는 식생의 생육기반을 조성하고 개선하는 녹화기초공사와 식생을 도입하는 식생공사로 분류된다.

- 산지사방 공사
  - 산복기초공사
    - 비탈다듬기
    - 단끊기
    - 땅속흙막이 : 돌·바자·흙·돌망태·블록·콘크리트·앵글크리브 등
    - 산복흙막이 : 콘크리트·철근콘크리트·돌(쌓기)·돌망태·통나무 등
    - 돌쌓기 : 찰쌓기·메쌓기·골쌓기 등
    - 누구막이 : 돌·떼·콘크리트블록·돌망태·통나무 등
    - 산복수로 : 떼붙임·돌붙임·콘크리트·콘크리트블록·흙자루 등
    - 속도랑배수구 : 자갈·돌망태·콘크리트관 등
  - 산복녹화공사
    - 녹화기초공사
      - 산복바자얽기 : 바자·통나무·콘크리트판 등
      - 산복울짱얽기 : 목책·합성수지·콘크리트판 등
      - 단쌓기 : 떼단쌓기·돌떼단쌓기
      - 선떼붙이기 : 1~9급 선떼붙이기·대석(밑돌)
      - 줄떼다지기 : 줄떼다지기·줄떼붙이기·줄떼심기
      - 평떼붙이기 : 평떼붙이기·평떼심기·띠떼심기
      - 새심기 : 새풀심기·떼심기
      - 조공 : 떼·돌·새·짚·통나무·섶·콘크리트판 등
      - 등고선구공법
      - 비탈덮기 : 짚·섶·거적·합성재 등
    - 식생공사
      - 씨뿌리기 : 조공식·사면혼파·분사식·항공파종 등
      - 나무심기 : 유묘심기·대묘심기·용기묘심기 등
      - 식생관리 : 추비·보식·제초·하예·덩굴치기 등

[그림 7-11] 산지사방 공사의 공종에 따른 분류

산복공사(山腹工事)는 황폐지, 붕괴지 및 훼손지 등의 지형적 특성에 따라 산복기초공사와 산복녹화공사의 각 공종과 규모 및 배치를 효과적으로 계획하고, 서로 유기적 및 보완적인 기능이 발휘될 수 있도록 하여야 한다.

7.4 산복기초공사

7.4.1 개요

산복기초공사란 비탈면의 침식이 확대되거나 붕괴되는 것을 방지하기 위해 구조물을 도입하여 녹화기초공사나 식생공사가 안전하게 시공되도록 하는 공사이다.

7.4.2 지반의 정지공사

1. 비탈다듬기

1) 목적

비탈다듬기〔법절공(法切工), 정도공(整度工): hillside slope grading, slope grading works〕는 불안정한 토층을 완화하여 안정된 비탈면으로 정지〔整地: grading〕하고 조성하기 위하여 실시한다. 또한, 붕괴위험이 있는 비탈면을 안정 비탈면으로 조성하거나 산복 비탈면이 침식과 붕괴 등으로 요철이 많아 불안정한 상태로 남아 있는 토사를 땅깍기 및 메우기 공사를 통하여 침식이나 붕괴가 확대되는 것을 방지하기 위하여 실시한다. 비탈다듬기는 사방공작물이라기 보다 다른 산복공사를 시행하기 위한 기초 지반의 정리 작업이다.

2) 시공요령

비탈다듬기의 기울기는 대상지의 토질에 알맞은 자연기울기로 하는 것이 바람직하지만, 일반적으로 지표면의 경사를 구성하는 흙의 안식각〔安息角: angle of repose〕을 한계점으로 하는 것이 안전하다. 특히, 비탈면의 하부에 보전대상물이 있으면 안전을 위하여 가능하면 안정물매까지 절취하는 것이 바람직하다.

또한, 지형이 험준하여 경사가 급하거나 비탈면의 길이가 길어 비탈다듬기를 실시하기 곤란하거나 또는 불가능한 경우에는 토질 등이 유사한 주변의 안정지형을 참고로 하여 기울기를 결정한다. 주변의 지형은 지질 및 환경 조건 등 다양한 정보를 얻을 수 있어 비탈다듬기의 기울기를 결정하는 데 중요한 자료가 될 수 있다.

[표 7-4] 흙의 종류별 상태에 따른 안식각 및 마찰계수

흙의 종류	상태	안식각(°)	마찰계수
점토	건조상태	20~37	0.36~0.75
	함수량 적음	40~45	0.84~1.00
	함수량 많음	14~20	0.25~0.36
모래	건조상태	27~40	0.51~0.84
	함수량 적음	35~45	0.58~1.00
	함수량 많음	20~30	0.35~0.58
자갈	건조상태	30~45	0.58~1.00
	함수량 적음	27~40	0.51~0.84
	함수량 많음	25~30	0.47~0.58
보통 흙	건조상태	20~40	0.36~0.84
	함수량 적음	30~45	0.58~1.00
	함수량 많음	14~27	0.25~0.51
작은 돌		35~48	0.70~1.11

3) 설계 및 시공 상의 유의점

(1) 설계 시 유의해야 할 점

① 수정기울기는 종단면도를 작성하여 결정하지만, 지질, 면적 및 공법에 따라 다를 수도 있다. 일반적으로 수정물매는 최대 35° 전후로 한다.

② 퇴적층의 두께가 3m 이상일 때에는 땅속흙막이를 시공하고, 물매가 급한 곳은 선떼붙이기와 산복돌쌓기로 조정한다.

③ 붕괴지일 경우 붕괴면의 주변 상부는 충분히 끊어낸다.

[그림 7-12] 비탈다듬기 작업

(2) 시공 시 유의해야 할 점

① 비옥한 표토는 산복면에 남겨 두며, 공사는 상부에서 하부를 향해 실시한다.

② 부토(浮土)가 많은 지역의 속도랑 및 땅속흙막이는 비탈다듬기 공사 전에 실시한다.

③ 침식으로 끝이 솟아 오른 정단부(頂端部)는 단순히 굴착하여 버리지 말고, 오목한 곳에

투입한다.

④ 비탈다듬기 공사 전에 잡목이나 그루터기가 매몰되지 않도록 정리하고, 공사 후에는 부토가 안정될 때까지 강우를 1~2회 정도 맞게 한 후 다른 공종을 시공하는 것이 좋다.

2. 단끊기

1) 목적

단끊기(단절공(段切工), 계단공(階段工): terracing)는 비탈다듬기 공사를 실시한 비탈면에 식생을 도입할 목적으로 초본 및 목본류를 파식하기 위해 수평 계단을 만드는 기초공사이다. 단끊기는 비탈면의 길이를 줄이고 경사를 완만하게 하여 유수의 분산과 토사유출을 방지하고, 수평 계단은 식생 도입을 위한 기반으로 조성된다. 일반적으로 단끊기를 실시한 후에는 선떼붙이기, 조공, 흙막이 및 파종공사 등을 병행한다.

2) 시공요령

일반적으로 계단의 폭은 0.5~0.7m로 하지만, 비탈면의 기울기가 급할 때에는 계단 폭을 좁혀서 상부와 하부의 계단 간에 기울기를 완만하게 한다. 또한, 계단의 간격은 지형이나 공종에 따라 알맞게 결정하며, 수직높이는 비탈면의 기울기에 따라 조정한다. 비탈다듬기 후 강우를 1~2회 정도 맞게 한 후 단끊기 공사를 하며, 작업방향은 상부에서 하부를 향해 실시한다.

[그림 7-13] 단끊기 공사와 소단

7.4.3 땅속흙막이

1. 목적

땅속흙막이(묻히기 · 매설공(埋設工): underground-laying structures)는 비탈다듬기와 단끊기 등에 의하여 생산된 퇴적토사의 전단저항과 마찰저항을 높여 토사층의 활동(滑動)을 방지하기 위하여 땅속에 매설하는 공작물이다. 구조물의 외관보다는 강도가 필요하므로 재료의 선택과 시공에 충분한 주의를 요하며, 토사유실의 방지 및 산각(山脚)을 고정시킬 목적으로 계획한다.

2. 시공요령

[그림 7-14] 돌땅속흙막이

땅속흙막이의 시공 대상지는 비탈다듬기 공사로 인하여 토사가 깊이 퇴적된 지역 중 기초가 단단한 지역이어야 한다.

땅속흙막이의 종류는 절취토사의 퇴적깊이, 흙막이의 배치 등을 고려하여 선정하며, 사용재료에 따라 돌땅속흙막이 · 바자땅속흙막이 · 흙땅속흙막이 · 돌망태땅속흙막이 · 블록땅속흙막이 · 콘크리트땅속흙막이 · 앵글크리브망땅속흙막이 등이 있다.

상부의 토압에 충분히 견딜 수 있도록 안정된 기반 위에 설치하고 바닥파기를 충분히 실시하며, 높이의 2/3 이상이 묻히도록 한다. 퇴적토사가 진흙일 때에는 돌땅속흙막이 · 콘크리트땅속흙막이 · 블록땅속흙막이를 시공하고, 퇴적토사가 사질 또는 건조할 때에는 돌땅속흙막이, 기타 자재취득이 곤란한 경우에는 심벽(心壁)을 넣은 흙땅속막이를 시공한다. 시공방향은 상류를 향해 직각이 되도록 축설하며, 돌쌓기의 물매는 1 : 0.3, 흙땅속흙막이의 물매는 1 : 1.0~1.3 으로 한다.

7.4.4 산복흙막이

1. 산복흙막이의 목적과 시공

1) 목적

산복흙막이(유토공(留土工): soil arresting structures on slope)는 비탈면 경사의 완화, 붕괴의 위험성이 있는 비탈면의 안정유지, 표면유하수의 분산, 매토층의 하단부 지지, 공작물의 기초와 수로의 지지 등을 목적으로 시공한다.

2) 공작물의 배치원칙

산복흙막이는 비탈면 공사의 골격이므로 공작물의 배치와 구조의 적부가 많은 영향을 미치게 된다. 공작물의 배치원칙에는 ① 비탈면의 평형을 유지하도록 하여 지표의 침식 및 붕괴, 땅밀림 산사태 등이 발생하지 않도록 고정시킨다. ② 비탈면의 경사가 안식각보다 큰 곳은 계단차를 두고 흙막이공작물을 설치하여 뒷면의 토사와 석력에 의한 토압을 지지하도록 한다. ③ 비탈다듬기를 시공할 때에는 매토부분에도 흙막이를 설치하여 비탈면을 안정시킨다. ④ 흙막이의 하부가 땅밀림 등에 밀리지 않도록 본바닥에 기초를 두고 축조하여야 한다.

3) 위치, 높이 및 단면

흙막이의 위치는 시공목적, 지형 및 지질 조건 등 지반의 안전성을 고려하여 결정하며, 높이는 흙막이의 마루〔천단(天端)〕을 연결하는 종단물매가 산각부터 산정까지 자연스러운 선형이 되도록 한다. 흙막이의 방향은 절취토사의 억제용량을 최대한으로 확보하고, 흙막이에 작용하는 토압에 대한 안정도를 높이기 위해 원칙적으로 산복비탈면에 직각으로 계획한다.

일반적으로 흙막이는 경사가 급하고, 하부에 외력을 많이 받으면 위험하므로 높이가 4m를 초과하지 않는 것이 바람직하다. 또한, 배면의 토압이 큰 경우에는 공작물의 마루두께를 30㎝ 이상으로 하고, 앞면기울기는 1 : 0.3, 뒷면기울기는 수직으로 하거나 토압에 대응하여 결정한다. 흙막이의 마루는 수평이 되도록 하며, 간격은 비탈면의 기울기가 35° 미만에서는 20m를 표준으로 하고, 35° 이상에서는 15m를 표준으로 한다.

4) 물빼기구멍 및 뒷채움 돌

흙막이는 배면의 침투수를 배제하기 위해 물빼기구멍(weep hole)을 설치해야 한다. 특히, 콘크리트흙막이나 찰쌓기흙막이 등은 불투수성으로 배면의 침투수를 배제하지 않으면 간극수에 의한 수압이 작용하여 불안정해지며, 이를 방지하기 위해 물빼기구멍을 설치하고 흙막이의 안정을 유지하도록 한다.

물빼기구멍은 흙막이의 배면에서 전면을 향해 약간의 역물매가 되도록 설치하며, 지름 50~100㎜ 정도인 것을 사용하여 약 2~3㎡당 1개 이상 설치한다. 물빼기구멍은 토사 등으로 막히기 쉽기 때문에 그 주변을 모래나 자갈로 보호해야 한다.

또한, 흙막이의 뒷채움 돌은 배면의 침투수를 물빼기구멍으로 신속히 유도하여 배제하고, 흙막이의 배면 마찰각을 크게 하여 토압의 감소와 균등화를 위해 실시한다. 일반적으로 뒷채움의 재료는 조약돌 · 부순돌 등이 사용되지만, 고분자재료 등을 사용한 2차 제품이 사용되기도 한다. 자갈(礫) 등을 사용할 경우의 뒷채움 두께는 경제성이나 시공성을 고려하여 30㎝를 표준으로 한다.

5) 신축줄눈

콘크리트흙막이 또는 찰쌓기흙막이 공작물은 온도변화 등에 의한 균열 등을 방지하기 위해 신축줄눈을 설치해야 한다. 길이가 긴 구조물에는 배면토압이나 기초지반의 강도가 일정하지 않아 국소적으로 부동침하나 비정상적인 토압이 작용하여 구조물이 파괴되는 경우가 있다.

특히, 신축줄눈은 구조물의 수평이 변화하는 곳이나 기초 지반의 지지력이 차이가 있는 벽의 경계 등에 설치하는 것이 효과적이다. 신축줄눈의 간격은 얇은 벽에는 6~9m, 두꺼운 벽에는 15~18m마다 1개소 설치하며, 원칙적으로 연장이 20m를 초과하는 경우에는 10~15m 마다 1개소 정도 설치한다.

6) 안정성 검토

흙막이의 안정계산에 사용하는 하중은 원칙적으로 자중(自重)과 토압(土壓)이며, 토압에 영향을 주는 중요한 요소는 수압이지만 뒤채움 흙의 배수를 충분히 한다면 보통 수압은 고려하지 않는다. 뒤채움 위의 지표면에 성토나 구조물에 의한 상재하중의 영향을 고려하고, 토압의 산정은 주로 콜롬(Coulomb)의 공식을 사용하여 흙막이의 안정성을 검토한다.

특히, 흙막이의 기초는 토층이 연약한 잔적토(殘積土)나 붕적토 및 절취 비탈면일 때에는 흙막이 배면의 성토를 안정시켜야 하고, 안정된 원 지반 토층이 흙막이의 배면에 접근해 있을 때에는 흙막이를 원 지반에 접근시켜 시공한다.

콘크리트흙막이나 철근콘크리트흙막이는 중요 보전대상물에 근접한 장소나 다량의 절취토사를 고정해야 할 곳, 기타 공작물의 기초가 되는 곳 등에 시공하기 때문에 안정성에 대해 충분히 검토해야 한다. 그러나 돌망태흙막이 또는 통나무흙막이가 장기간 내구성이나 안정성을 요하지 않는 장소에 비교적 소규모의 시설로 설치될 경우에 높이나 구조 등은 경험에 의하여 시공되므로 일반적으로 안정계산을 생략하고 있다.

흙막이는 설계단면이나 지반의 지지력이 부족하면 전도, 활동 및 침하 등의 현상이 발생하고, 뒤채움 흙의 압력에 의하여 붕괴하게 된다. 또한, 흙막이가 활동이나 지반의 지지력에 대하여 안정해도 지반 내에 연약층이 있으면 흙막이 뿐만 아니라 광범위하게 침하나 활동으로 파괴가 일어날 수 있다.

흙막이의 안정성은 흙막이에 작용하는 하중, 합력의 크기와 작용점 및 지반의 반력을 이용하여 검토하며, 안전율은 1.5 이상으로 하지만, 지진 시의 하중을 고려할 경우에는 1.2 이상으로 한다.

(1) 전도에 대한 안정성 검토

흙막이는 수평토압 등에 의하여 앞굽을 축으로 하여 전도(轉倒)하려고 하는 회전모멘트와 벽체의 자중이나 수직토압 등에 의한 저항모멘트가 작용한다. 만약 흙막이의 기초에 작용하는 작용점이 밑면의 중앙 1/3(middle third) 이내에 있으면 전도에 대하여 안전하므로 전도에 대한 검토는 생략한다.

전도에 대한 안전율 F_s는 식 (7–10)에 의하여 구할 수 있다.

$$F_s = \frac{M_r(\text{저항모멘트})}{M_o(\text{전도모멘트})} = \frac{W \cdot a + P_V \cdot b}{P_H \cdot h} \geq 1.5 \quad \cdots\cdots (7\text{–}10)$$

식에서, F : 안전율 1.5 이상, M_r : 저항모멘트, M_o : 회전모멘트,

W : 연직하중(자중 및 상재하중 (kN/m)),

a : 흙막이 밑면에서 W의 작용점까지의 수평거리(moment, m),

P_V : 토압합력의 수직분력(kN/m),

b : 흙막이 밑면의 앞굽에서 P_V의 작용점까지의 수평거리(moment, m),

P_H : 토압합력의 수평분력(kN/m),

h : 흙막이 밑면에서 P_H의 작용점까지의 수직거리(moment, m)

(2) 활동에 대한 안정성 검토

흙막이의 밑면을 따라 미끄러지는 활동(滑動)을 하게 하는 힘은 수평토압(水平土壓)이고, 이에 저항하는 힘은 흙막이의 밑면과 지지 지반 사이에 생기는 전단저항력이다.

활동에 대한 안전율 F_s는 다음과 같은 식에 의하여 구할 수 있다.

$$F_s = \frac{\text{활동에 대한 저항력}}{\text{활동력} = (\text{토압의 수평분력})} = \frac{(W+P_V)\tan\delta_B + c\cdot B}{P_H} \geq 1.5 \quad \cdots(7\text{-}11)$$

식에서, W : 연직하중(자중 및 재하중(kN/m)), P_V : 토압합력의 수직분력(kN/m),

$\tan\delta_B$: 흙막이 밑면과 기초지반 사이의 마찰계수(0.035~0.7),

c : 흙막이 밑면과 기초지반의 점착력으로 포화 시에는 "0"되므로 보통 무시함(kN/m²),

B : 흙막이의 밑면 폭 (m)

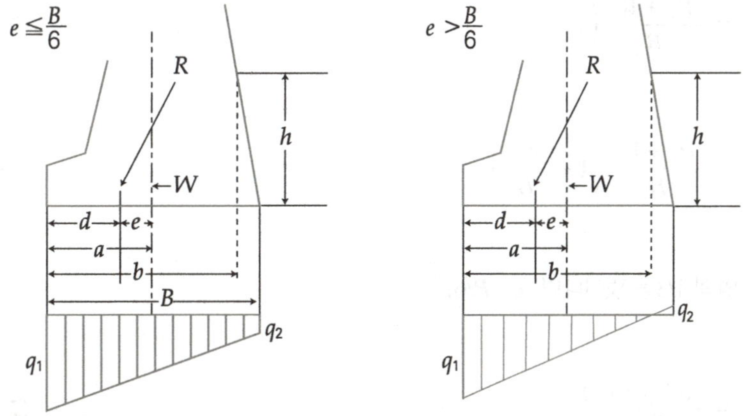

[그림 7-15] 흙막이에 작용하는 외력의 작용점과 크기 및 지반 반력의 분포도

(3) 기초지반의 지지력에 대한 안정성 검토

흙막이의 밑면에는 흙막이의 자중, 상재하중 및 토압 등의 하중이 작용한다. 밑면에 발생하는 지반반력은 이들 하중의 합력과 밑면에 작용하는 작용점의 편심거리에 따라 다르다.

그림 7-15에서 흙막이 밑면의 앞굽에서 합력 R의 작용점까지의 거리 d는 식 (7-12)로 구한다.

$$d = \frac{W \cdot a + P_V \cdot b - P_H \cdot b}{W + P_V} \quad \cdots\cdots (7\text{-}12)$$

식에서, d : 흙막이 앞면의 압굽에서 합력 R의 작용점까지의 거리

W : 연직하중(자중 및 재하중(kN/m)),

a : 흙막이 밑면에서 W의 작용점까지의 수평거리(m),

P_V : 토압합력의 수직분력(kN/m),

b : 흙막이 밑면의 앞굽에서 P_V의 작용점까지의 수평거리(m),

P_H : 토압합력의 수평분력(kN/m),

h : 흙막이 밑면에서 P_H의 작용점까지의 수직거리(m)

흙막이 밑면 중앙으로부터 합력의 작용점까지의 편심거리를 e라고 하면 $e = \frac{B}{2} - d$ 가 되며, 지반의 지지력에 대한 검토는 통상의 지반인 경우에는 우선 앞의 식에서 구한 e가 $e \le \frac{B}{6}$ 를 만족해야 전도에 대하여 안전하다.

① e가 중앙의 1/3 내에 있으면 ($e \le B/6$)

$$q_{max} = \frac{P_V + W}{B}\left(1 + \frac{6e}{B}\right) \quad \cdots\cdots (7\text{-}13)$$

$$q_{min} = \frac{P_V + W}{B}\left(1 - \frac{6e}{B}\right) \quad \cdots\cdots (7\text{-}14)$$

② e가 중앙의 1/3을 벗어나면 ($e > B/6$)

$$q_{max} = \frac{4(P_V + W)}{3(B - 2e)} \quad \cdots\cdots (7\text{-}15)$$

따라서, 허용지지력은 식 (7-13) 및 (7-14)으로 구한 값보다 커야 한다.

$$q_a = \frac{q_{ult}}{F_b} > q_{max} \quad \cdots\cdots (7\text{-}16)$$

여기서, q_a : 지반의 허용지지력(kN/m²), q_{ult} : 지반의 극한지지력(kN/m²),

q_b : 극한지지력에 대한 안전율(q_b = 3), q_{max} : 지반의 최대 반력(kN/m²)

식 (7-13)과 식 (7-15)에 있어서 q_{max}는 최대지반반력, q_a를 지반의 허용지지력(연직방향)이라 하면 최대지반반력이 허용지지력 보다 적으면 안정하다. 즉, $q_{max} < q_a$ 이면 안정하다.

예제 7-4

아래 그림과 같은 조건에서 높이가 5m인 콘크리트흙막이(중력식 옹벽)의 안정도를 검토하라.

(1) 뒤채움 흙 : ø = 35˚, c = 0 tonf/㎡, r = 2.0 tonf/㎥

(2) 상재하중 : q = 1.0 tonf/㎡

(3) 콘크리트의 단위중량 : r_c = 2.35tonf/㎥

(4) 벽 마찰력 : tan δ_B = 0.5

(5) 지반의 허용 지지력 : q_a = 20 tonf/㎡

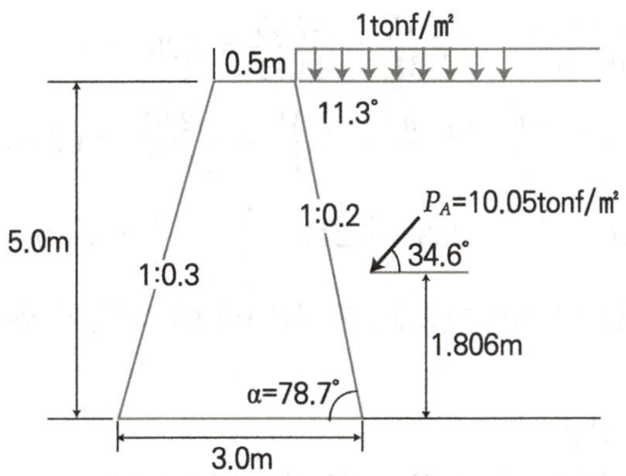

[그림 7-16] 옹벽의 기본단면과 토압압력

{풀이}

1. 중력식 옹벽의 안정도 검토

(가) 자중, 중심 위치 및 Moment의 계산(그림 7-17 참조)

① W_1, W_2 및 W_3의 자중을 계산한 후, 모멘트 팔을 곱하여 모멘트를 구한다.

[표 7-5] 모멘트 계산에 의한 안정성 검토

자중(tonf/㎡)	모멘트팔(m)	모멘트(tonf · m/m)	
$W_1 = 1/2 \times 1.5 \times 5.0 \times 2.35 = 8.81$	1.000	8.81	저항 모멘트 $\Sigma M_r = 47.85$
$W_2 = 0.5 \times 5.0 \times 2.35 = 5.875$	1.750	10.28	
$W_3 = 1/2 \times 1.0 \times 5.0 \times 2.35 = 5.875$	2.330	13.69	
$P_V = P_A \sin 34.6 = 5.71$	2.640	15.07	
$P_H = P_A \sin 34.6 = 8.27$	1.806	14.94	전도 모멘트 $\Sigma M_0 = 14.94$

전도 모멘트 $\Sigma M_0 = 14.94$ (tonf · m/m)

저항 모멘트 $\Sigma M_r = 47.85$ (tonf · m/m)

전체 모멘트 $\Sigma M = \Sigma M_r - \Sigma M_0 = 47.85 - 14.94 = 32.91$

수평력의 합 $\Sigma H = P_H = 8.27$ tonf/㎡

연직력의 합 $\Sigma V = P_V + W = 5.71 + 20.56 = 26.27$ tonf/㎡

(나) 안정도 계산

① 전도에 대한 안정

$$F_s = \frac{W \cdot a + P_V \cdot b}{P_H \cdot h} = \frac{\Sigma M_r}{\Sigma M_0} = \frac{47.85}{14.94} = 3.20 > 2.0 \qquad \therefore \text{ 안정}$$

$$d = \frac{W \cdot a + P_V \cdot b - P_H \cdot h}{W + P_V} = \frac{\Sigma M}{\Sigma V} = \frac{32.91}{26.27} = 1.253(m)$$

$$e = \frac{B}{2} - d = \frac{3}{2} - 1.253 = 0.247 < \frac{B}{6} = \frac{3}{6} = 0.5(m)$$

∴ 합력의 작용점이 옹벽의 기초 3등분 점인 1m 보다 내측에 있어 안정하다.

② 활동에 관한 안정

$$F_s = \frac{(W + P_V)\tan\delta_B + cB}{P_H} = \frac{26.27 \times 0.5 + 0 \times 3}{8.27} = 1.59 > 1.5 \qquad \therefore \text{ 안정}$$

만약, 안전율을 2.0으로 볼 경우는 활동에 대하여 불안하므로 옹벽의 기초 밑에 key를 설치하여 활동에 대한 안정도를 높이는 것이 일반적이다.

③ 지지력에 대한 안정

$$q_{max} = \frac{P_V + W}{B}\left(1 + \frac{6e}{B}\right) = \frac{26.27}{3.0}\left(1 + \frac{6 \times 0.247}{3.0}\right)$$

$$= 13.08(\text{tonf/m}^2) < 20(\text{tonf/m}^2)$$

$$q_{max} = \frac{P_V + W}{B}\left(1 - \frac{6e}{B}\right) = \frac{26.27}{3.0}\left(1 - \frac{6 \times 0.247}{3.0}\right)$$

$$= 4.43(\text{tonf/m}^2) < 20(\text{tonf/m}^2)$$

∴ 안정

기초 지반에 작용하는 최대응력(13.08tonf/㎡)이 지반의 허용지지력(20tonf/㎡)보다 작으므로 안정하다.

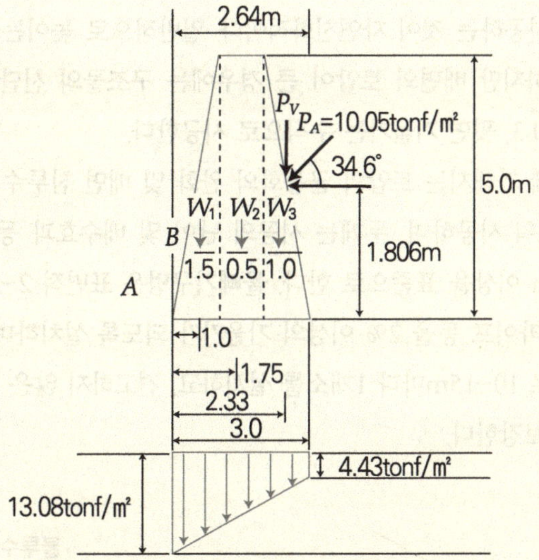

[그림 7-17] 외력의 작용 및 지지반력 분포도

2. 산복흙막이의 종류 및 특징

산복흙막이는 성토 또는 절토사면을 안식각 이상의 급한 경사로 유지하고, 붕괴를 방지할 목적으로 시공하며, 시공지역의 자연적 · 사회적 조건을 검토한 후에 안정성, 내구성, 시공성, 경제성, 주변 환경과의 조화 등을 고려하여 적절한 종류를 선정해야 한다.

산복흙막이는 시공재료에 따라 콘크리트흙막이 · 철근콘크리트흙막이 · 콘크리트블록흙막이 · 콘크리트판흙막이 · 콘크리트기둥틀흙막이 · 돌(쌓기)흙막이 · 돌망태흙막이 · 통나무흙막이 · 마대흙막이 · 바자흙막이 등이 있다.

1) 콘크리트흙막이

콘크리트흙막이(concrete soil arresting structures)는 충분한 안정성을 필요로 하는 경우, 배면 토압이 현저하게 커서 메쌓기흙막이나 다른 흙막이 공작물로는 안정을 기대할 수 없는 경우, 또한, 보전대상물에 근접되어 장기간에 걸쳐 강도가 필요할 경우 등에 계획하며, 구조는 원칙적으로 중력식으로 한다.

높이는 경사가 급하고, 하부에 외력을 많이 받으면 위험하므로 산복기초로 시공할 때에는 4.0m 이하, 산복비탈면에 시공할 때에는 2.0m 내외 정도가 좋다. 높은 구조물보다는 다소 낮은 구조물을 유기적으로 시공하는 것이 자연친화적이다. 일반적으로 높이는 배면의 토압에 대하여 안전한 단면으로 시공하지만 배면의 토압이 큰 경우에는 구조물의 천단(마루) 두께를 30㎝이상, 앞면 기울기는 1 : 0.3, 뒷면 기울기는 수직으로 시공한다.

뒷채움돌은 구조물에 가해지는 토압의 균등화와 완화 및 배면 침투수의 신속한 배제를 위해 조약돌 등 잡석으로 채워 시공하며, 두께는 시공의 난이 및 배수효과 등을 고려하여 구조물의 상부와 하부 모두 30㎝ 이상을 표준으로 한다. 물빼기구멍은 표면적 2~3㎡마다 지름 3~10㎝ 정도의 경질 염화비닐 파이프 등을 2% 이상의 기울기가 되도록 설치하며, 신축줄눈은 20m 초과할 경우에 원칙적으로 10~15m마다 1개소를 설치하고, 견고하지 않은 지반에 시공할 때는 반드시 말뚝기초 등으로 보강한다.

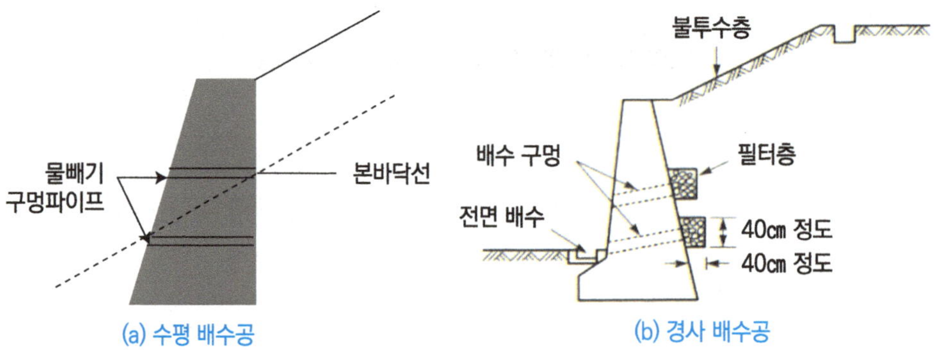

[그림 7-18] 콘크리트흙막이

2) 철근콘크리트흙막이

철근콘크리트흙막이(reinforced concrete soil arresting structures)는 지형조건에 비하여 높이가 상당히 높을 경우에 계획하며, 원칙적으로 구조는 외팔보(cantilever beam) 형식으로 한다.

흙막이는 높이가 높을수록 벽면에 작용하는 토압이 커지고, 중력식 콘크리트구조인 경우에는 단면이 더욱 커지므로 높이가 현저하게 높은 경우에는 안정성 · 시공성 · 경제성 등을 고려하여 철근콘크리트흙막이를 시공한다.

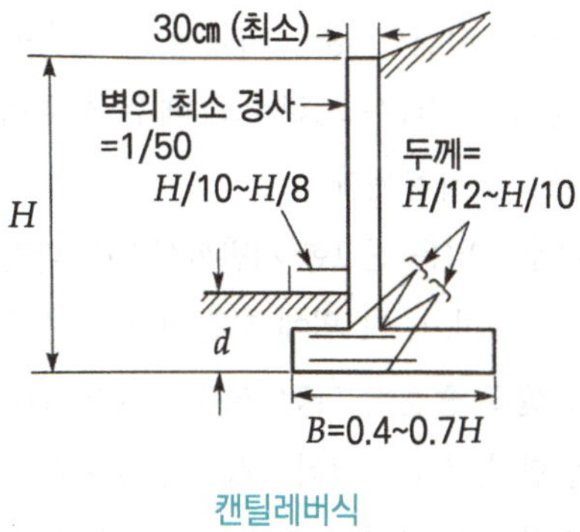

[그림 7-19] 철근콘크리트흙막이

외팔보식 철근콘크리트흙막이는 세로벽과 밑판으로 구성되며, 자중 및 밑판 뒷굽 위의 흙의 중량과 부재의 전단저항력으로 외력으로부터 구조물을 안정시킨다. 밑판의 앞굽에 작용하는 외력은 상향 지반 반력과 밑판 앞굽의 자중을 고려하며, 세로벽은 밑판과 접합부의 고정단인 외팔보가 토압의 수평분력에 의한 등변분포하중(等邊分布荷重: distributed load equilateral)을 받는 것으로 간주하여 설계한다. 특히, 철근콘크리트흙막이는 벽체가 얇아 낙석 등에 의하여 천단이 파손되기 쉬우므로 보강대책도 필요하다.

3) 콘크리트블록흙막이

콘크리트블록흙막이(concrete block soil arresting structures)는 시공지 주변에서 석재를 구득하기 곤란한 장소나 도시 주변에서 경관보전을 위하여 시공한다. 콘크리트블록은 견치블록과 같이 뒷길이가 충분히 길고, 견고한 쌓기용 블록을 사용해야 한다.

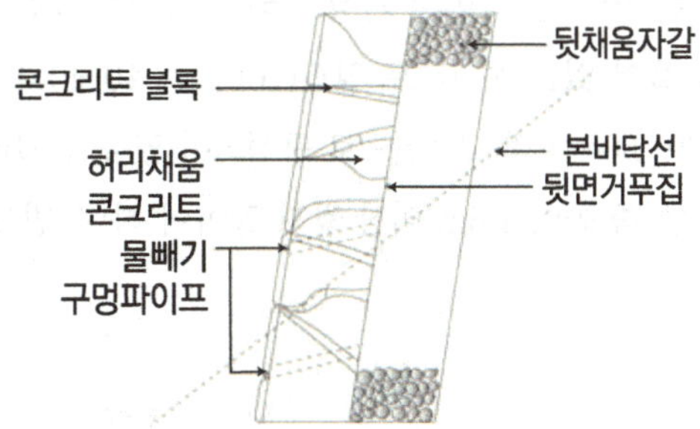

[그림 7-20] 콘크리트블록흙막이 개념도

특히, 최근에 자연친화적 공사용으로 제품화되어 규격화된 블록들이 많이 있어 구하기 쉬우며, 시공이 어렵지 않으므로 도로 주변의 비탈면흙막이로 널리 활용되고 있다.

4) 콘크리트기둥틀흙막이

콘크리트기둥틀흙막이는 자재를 철제로 간단히 연결한 것이며, 가동성이 있고 지반의 변동에 대응하기 쉬우므로 연약지반 지대나 불규칙한 토압을 받는 지대 또는 틀 속에 채우는 호박돌이나 자갈이 많은 지대에 효과적이다. 특히, 땅밀림 지대는 지하수의 배수 및 투수성이 좋아 많이 사용된다.

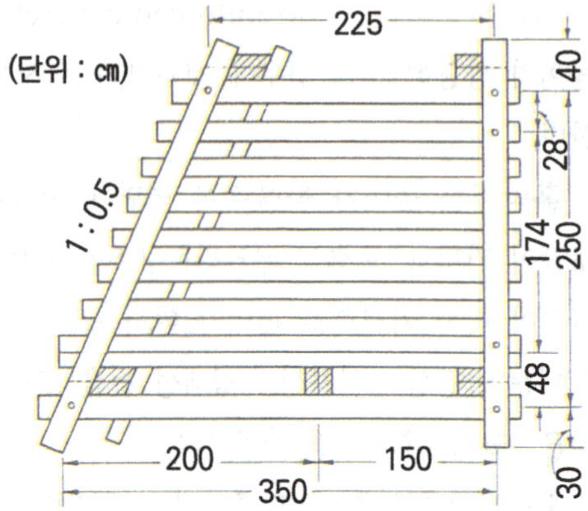

[그림 7-21] 콘크리트기둥틀흙막이 구조도

시공 방법은 견고한 지반까지 바닥파기를 충분히 실시하고, 그 위에 자갈이나 호박돌을 평평히 깔고 충분히 다진 후에 기초콘크리트 치기를 한다. 철근콘크리트기둥은 정사각형, 사다리꼴, 삼각형 등의 다양한 형상으로 조립용 볼트로 조립하고, 그 속에 호박돌과 자갈로 채워 시공한다.

5) 콘크리트판흙막이

콘크리트판흙막이(concrete plate soil arresting structures)는 다른 흙막이 공작물에 비하여 토압에 대한 저항력이 적게 필요한 장소나 석재의 구득이 곤란한 곳에 시공이 간단하여 많이 이용되고 있다. 높이를 높게 쌓을 경우에는 뒷채움 자갈을 사용하며, 경우에 따라 흙시멘트(soil cement)를 채우기도 한다. 이 공법의 특징은 비교적 판이 가벼워 운반 및 취급이 간편하므로 지형이나 토압 등의 조건에 무리가 없는 경우에 널리 사용될 수 있다.

콘크리트판 중에서 가장 널리 사용되는 것은 PNC(pipe net concrete)이다. PNC판은 철망이 들어 있는 콘크리트 앞판(100㎝ × 40㎝)과 뒤판(25㎝ × 20㎝), 그리고 염화비닐제 연결대(길이 50㎝) 및 고정핀으로 구성되어 있다. 콘크리트판흙막이를 시공할 경우에는 원칙적으로 4매 이상, 즉 높이 1.6m 이상 쌓지 말아야 하며, 반드시 뒷채움 자갈을 사용하여 시공한다.

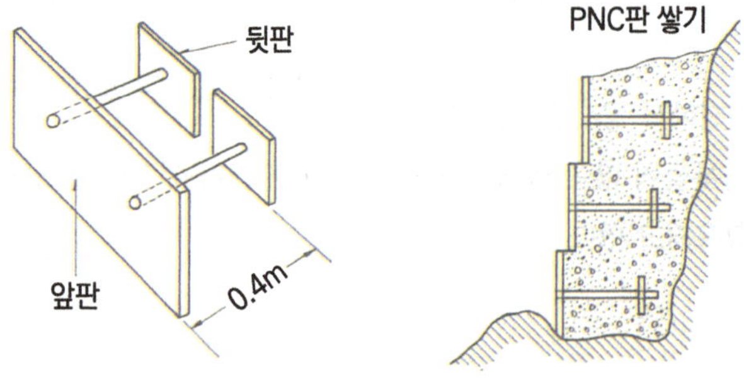

[그림 7-22] 콘크리트판 및 측면도

6) 돌(쌓기)흙막이

돌(쌓기)흙막이〔축석토류공(築石土留工): stone soil arresting structures〕는 축조방법에 따라 찰쌓기흙막이〔연적토류공(練積土留工): wet masonry soil arresting structures〕와 메쌓기흙막이〔공적토류공(空積土留工): dry masnry soil arresting structures〕로 구분된다. 돌(쌓기)흙막이는 예로부터 많이 사용되어 왔으며 사용재료에는 석재와 콘크리트블록이 있지만, 최근에는 친환경 기술의 개발로 다양한 재료의 경제적인 콘크리트블록이 많이 사용되고 있다.

찰쌓기흙막이는 벽 배면에 작용하는 토압이 비교적 낮고 높이가 낮은 경우에 계획하고, 메쌓기흙막이는 찰쌓기보다 높이가 더욱 낮고 배면의 토압이 현저하게 작은 경우 등에 계획한다. 특히, 지반 지지력이 약한 곳이나 산사태지 등과 같이 구조물 전체가 변형될 위험이 있는 곳에는 이형블록의 메쌓기흙막이가 시공되는 경우도 있다. 예전부터 많이 사용하여 왔던 산복돌쌓기 및 산돌쌓기는 현장 가까운 곳에서 질 좋은 석재를 구할 수 있는 경우에 시행되며, 견치돌쌓기 · 막깬돌쌓기 · 잡석쌓기 · 야면석쌓기 등이 있다.

콘크리트블록쌓기는 돌쌓기용 석재를 구하기 힘들고, 석재를 사용할 경우 시공경비가 많이 소요되는 지역에서 시공한다. 벽면의 안정을 위하여 1㎡당 중량은 300~400㎏의 것이 널리 사용되고, 블록의 뒷길이는 30㎝ 이상 충분하게 하여 벽면으로부터 잘 빠져 나오지 않도록 하여야 한다.

찰쌓기흙막이 구조물의 높이는 3.0m 이하, 메쌓기흙막이 구조물의 높이는 2.0m 이하가 되도록 한다. 돌쌓기 시공지의 지형조건상 돌단을 높여야 할 경우에는 발디딤을 설치하여 2단이나 3단으로 쌓아 안전성을 높이고, 돌쌓기의 물매는 1 : 0.3이 되도록 한다.

[그림 7-23] 돌(쌓기)흙막이 시공

뒷채움 자갈은 콘크리트벽흙막이에 준하지만, 허리채움 자갈은 돌쌓기와 블록 등을 안정시키기 위해 뒷꼬리면까지 완전히 채운다. 막깬돌과 잡석으로 채우는 양은 뒷길이의 1/2, 야면석은 뒷길이의 1/3을 돌쌓기 표면적에 곱하여 산출한다. 또한, 기초는 콘크리트흙막이에 비하여 주변 지반에 지배되어 균열이 발생하기 쉽다. 균열의 발생 원인은 ① 기초의 부등침하 ② 돌쌓기와 되메우기 시공의 불량으로 인한 토압의 국부적 확대 ③ 벽체 모서리 부분의 토압에 의한 인장 발생 등이 있다.

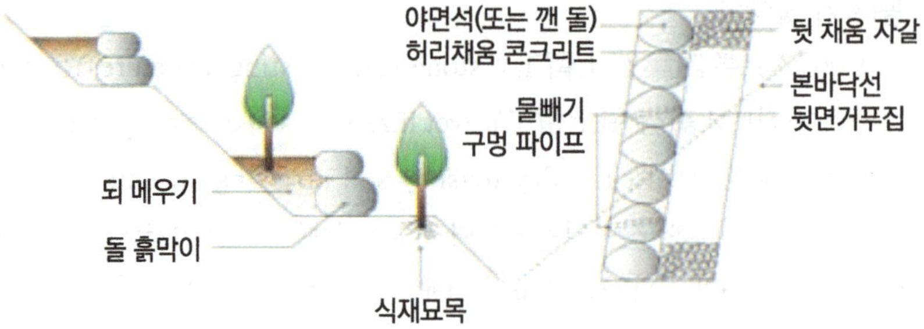

[그림 7-24] 돌(쌓기)흙막이 (사진: 사방기술교본, 산림청)

7) 돌망태흙막이

돌망태흙막이(gabion soil arresting structures)는 유연성을 이용하여 지반이 연약한 장소나 응급 공사를 시공할 필요가 있는 지점, 높이가 낮고 뒷면의 토압이 적어 기초지반의 지지력 요구도가 작은 지점, 용수가 있는 곳 및 산복비탈면이나 근처의 계류로부터 호박돌과 자갈을 구하기 쉬운 장소에 시공한다. 철선 돌망태흙막이는 콘크리트에 비해 철선이 부식되어 내구성 및 강도가 떨어지므로 경사가 급한 비탈면의 배면에 큰 힘이 걸리는 경우에는 높이를 낮게 할 필요성이 있다.

[그림 7-25] 돌망태흙막이 시공

돌망태의 종류에는 둥근돌망태 · 방석돌망태 · 마름모꼴 방석돌망태 · 변형돌망태 등이 있다. 돌망태는 속에 돌을 채워 비탈면 상에 설치하고, 돌망태 뒷부분은 주변의 토사를 채운 후 초본류 및 목본류를 파종과 식재를 통하여 주변경관과 조화를 이룰 수 있도록 한다. 속채움 돌의 규격은 지름 15~30㎝, 높이 2.0m 정도가 좋으며, 돌망태흙막이의 구조는 가로쌓기와 세로쌓기 두 종류가 있으나 지형 및 퇴적토사의 질과 양에 따라 적절하게 선정한다.

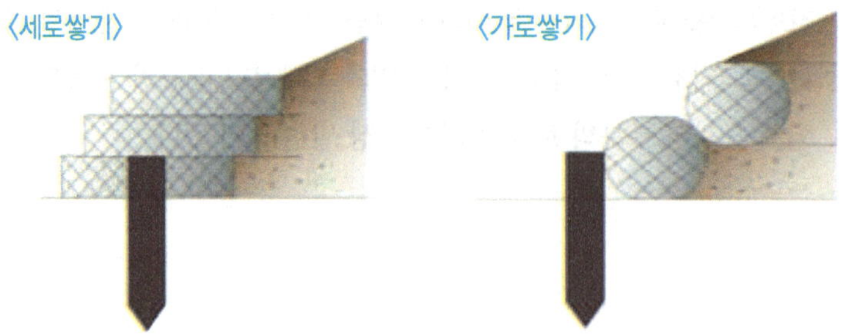

[그림 7-26] 돌망태흙막이

8) 통나무흙막이

통나무흙막이〔목재유토공(木材留土工): timber soil arresting structures〕는 돌흙막이와 콘크리트흙막이 등에 비하여 강도를 필요로 하지 않고, 석재가 부족한 장소에 시공한다. 특히, 간벌재 등을 사용하는 간단한 흙막이이므로 환경과의 적응성이 높고, 현지 자재의 활용도 가능하다. 또한, 기초 지반에 대한 적응성이 높으며, 기초 터파기, 절취토량 및 1개소 당 연장이 짧기 때문에 시공이 용이하다.

[그림 7-27] 통나무흙막이 시공

(사진: 사방기술교본, 산림청)

일반적으로 목재는 부후되는 결점이 있지만, 부후되기 전에 신속히 식생에 의하여 토사를 고정하면 양서류 및 파충류 등 생물 서식처 제공의 효과도 기대할 수 있는 자연 친화적인 공법이다.

통나무흙막이의 높이는 1.5m 이하로 하며, 기초바닥파기를 충분히 실시하고 그 위에 1.0m 정도의 말뚝을 약 1.0m 간격으로 박고, 횡목(橫木)을 놓은 후에 0.7~1.0m의 종목(縱木)을 0.5~1.0m 간격으로 설치하여 횡목에 고정시킨다. 횡목과 종목 사이에는 토사와 자갈 등으로 속채움을 하고 충분히 다지기를 실시하며, 일정한 높이까지 횡목과 종목을 교대로 쌓아 시공하게 된다. 또한, 종목에 의하여 만들어 지는 틈새 부분은 새심기나 잡초심기 등으로 식생을 도입하여 조기에 착생시켜 매토의 고정과 토사의 유출을 방지한다.

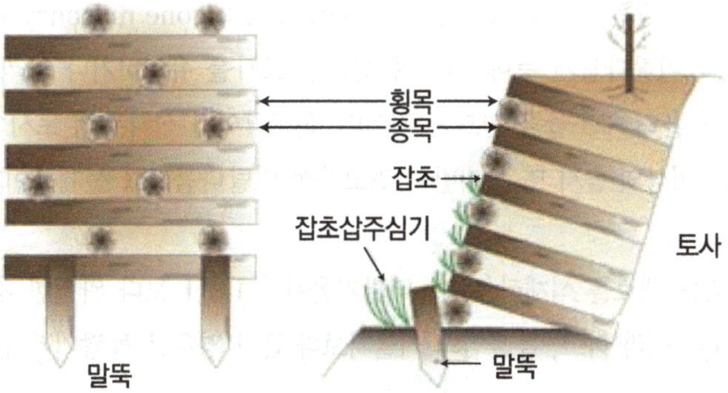

[그림 7-28] 통나무흙막이

9) 흙자루흙막이

흙자루흙막이(soil arresting structures by soil-sacks)는 각종 합성섬유네트 및 부직포 등으로 제작한 자루에 토사, 종자 및 비료 등을 담은 흙자루를 비탈면에 쌓는 것이며, 일시적인 응급 흙막이 공사와 유입수 방지공사 등을 위하여 사용된다.

[그림 7-29] 메쌓기 돌쌓기 상부의 흙자루흙막이

흙자루 제품에는 자루에 미리 종자를 부착하여 흙을 담아 시공하면 녹화되는 론생백이나 식생자루와 같은 녹화용 흙자루가 있다. 흙자루는 재료에 따라 포대흙막이 또는 마대흙막이라고 하며, 지방에 따라 쌓기용으로 포대 · 마대 외에 황마마대 · 야자마대 · 비닐자루 등도 사용한다.

식생자루를 이용하여 분자식 씨뿌리기공법과 함께 식생을 도입할 때에는 흙자루에 부착된 종자가 발아되어 있으므로 뿌리의 발달이 지장을 받지 않도록 해야 한다. 녹화용 흙자루는 비탈흙막이 · 비탈수로 · 비탈선떼붙이기 공사에서 떼 대체공사 및 떼조공의 대체 공사 등으로 다양하게 이용되고 있다.

7.4.5 돌쌓기

산지사방에서 돌쌓기〔축석공(築石工), 적석공(積石工): stone masonry works〕는 예로부터 많이 사용되었고 비탈다듬기 등에 의하여 생산된 토사를 유치하거나 붕괴토사를 고정하기 위하여 석재를 쌓아 올려 구조물을 만드는 것이다. 산비탈이나 산각부에 토사의 퇴적과 붕괴토사가 많은 경사 45° 이상의 습지 또는 지반이 견고하여 비탈다듬기나 선떼붙이기를 시공하기 곤란한 장소에 시공한다.

돌쌓기에 사용되는 재료를 석재라 하며, 비탈기울기가 1 : 1 보다 완만한 경우를 돌붙임〔張石: stone pitching〕이라 하고, 돌붙임의 기울기보다 급한 경우를 돌쌓기라 한다.

1. 돌쌓기 형식의 종류

돌쌓기 형식의 종류는 축조방법에서는 켜쌓기, 골쌓기 및 난층쌓기로 구분하고, 모르타르의 사용 여부에 따라 메쌓기(dry masonry)와 찰쌓기(wet masonry)로 구분한다.

켜쌓기(바른층쌓기: coursed masonry)는 마름돌이나 견치돌을 이용하여 돌의 면의 높이를 같게 하여 가로 줄눈이 일직선이 되도록 쌓는 형식이며, 가공이 잘 되어 있어 돌쌓기가 쉽고 외관은 좋으나 돌의 크기가 일정해야 하므로 공사비가 비싸고 강도가 약하므로 높은 돌쌓기에는 부적당하다. 주로 건축공사에 사용되며 토목공사에는 교대, 교각, 아치교 등에 많이 사용되고 있다.

골쌓기〔부정층(不整層)쌓기: uncoursed masonry〕는 가로 줄눈이 일직선이 아니고 골이나 파상형으로 쌓는 형식으로 표면은 마름모 또는 거북등의 모양으로 되어 있으며, 켜쌓기에 비하여 외관은 좋지 않으나 공사비가 저렴하고 견고하여 안정하므로 견치돌쌓기(축댓돌)에 사용되고, 막쌓기라고 한다.

난층쌓기〔난층(亂層)쌓기: random masonry〕는 가로줄눈이 불규칙하여 외관이 좋지 않으나 돌의 크기가 균일하지 않아도 되므로 공사비가 저렴하여 깬돌, 호박돌, 자연석쌓기 등에 이용된다.

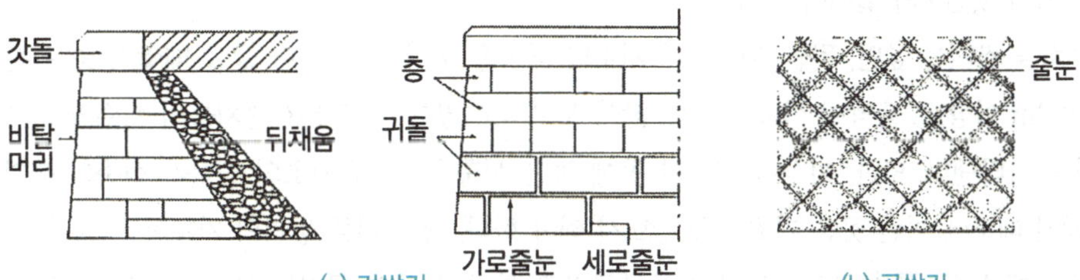

(a) 켜쌓기 (b) 골쌓기

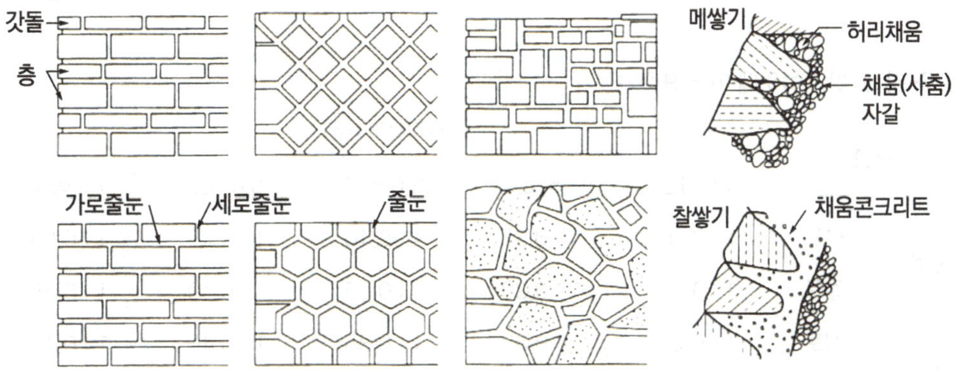

(a) 켜쌓기 (b) 골쌓기 (c) 난층쌓기 (d) 메쌓기와 찰쌓기

[그림 7-30] 돌쌓기의 형식과 종류

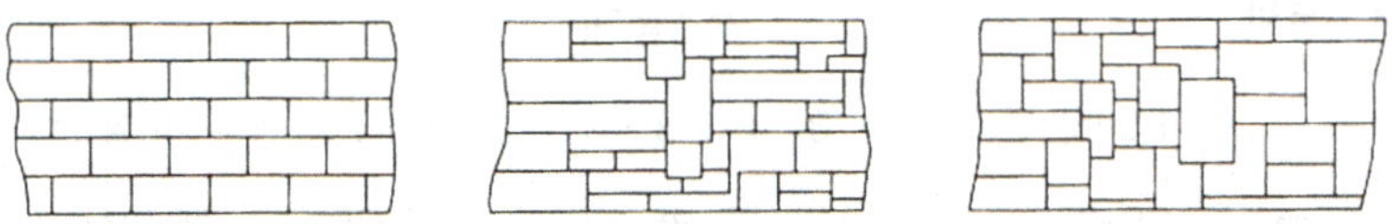

(a) 바른층쌓기 (b) 무성층쌓기 (c) 난층쌓기

[그림 7-31] 마름돌 쌓기 형식

2. 돌쌓기의 시공요령

기초는 동결깊이 이하로 깊게 파고 단단히 다져 큰 돌부터 먼저 차례로 쌓아가면서 튀어나오거나 들어가지 않도록 면과 접촉부를 맞도록 하며, 귀(모서리)돌이나 갓(머리)돌은 규격에 맞는 것으로 한다. 돌쌓기의 세로줄눈이 일직선이 되는 통줄눈(through joint)을 피하고, 파선줄눈(break joint)이 되도록 쌓으며, 줄눈의 두께는 9~12㎜로 하여 줄눈메꿈의 모르타르는 ㎡당 0.009m^3를 표준으로 하여 충분히 메운다. 모르타르(mortar)의 배합비는 1 : 2~1 : 3으로 하며, 석축의 길이 9m마다 10㎜ 두께의 신축이음 줄눈을 설치한다. 특히, 뒷면의 물빼기에 주의해야 하고, 돌과 돌 사이에는 채움돌과 자갈 등으로 채우며, 뒷 채움에는 허리채움, 꼬리채움 및 옆채움 등이 있다.

돌쌓기 높이에 따른 표준기울기는 표 7-6과 같이 높이가 높을수록 완만하게 하며 찰쌓기보다 메쌓기를, 절토면보다 성토면의 기울기를 완만하게 한다. 그리고 석축이 높을수록 표 7-7과 같이 돌의 뒷길이가 길어야 한다.

견치돌 쌓기는 앞면, 뒷면, 뒷길이에 치수의 재한을 두어 마름질 한 돌을 메쌓기 또는 찰쌓기(높이 2m 이상)로 흙막이 석축 공사에 많이 사용되고 있다. 표 7-8은 견치돌의 치수와 ㎡ 당 소요량을 나타낸다. 또한, 지반이 연약한 곳에 높은 석축을 할 때 기초의 침하가 석축의 붕괴원인이 되기 때문에 이런 곳은 기초공을 반드시 해야 한다. 즉 견치돌 쌓기의 기초공은 그림 7-32와 같이 베개 동목(胴木) 또는 사다리 동목구조로 한다. 동목의 굵기는 10~15㎝의 생 통나무를 사용하고, 지반이 견고한 곳은 조약돌만 깔아도 무방하다. 이 때 맨 처음에 두는 돌을 밑돌 또는

[표 7-6] 돌쌓기 높이에 따른 표준기울기

구분		수직높이 (m)				
		1.5 미만	1.5~3.0	3.0~5.0	5.0~7.0	7.0 이상
메쌓기	성토	1 : 0.30	1 : 0.35	1 : 0.40	1 : 0.45	1 : 0.50
	절토	1 : 0.25	1 : 0.30	1 : 0.35	1 : 0.40	1 : 0.45
찰쌓기	성토	1 : 0.25	1 : 0.30	1 : 0.35	1 : 0.40	1 : 0.45
	절토	1 : 0.20	1 : 0.25	1 : 0.30	1 : 0.35	1 : 0.40

[표 7-7] 돌쌓기의 높이별 표준뒷길이

공종별 \ 단위	높이	석축높이(m)					돌붙이기
		1.5미만	1.5 ~ 3	3 ~ 5	5 ~ 7	7이상	
메 쌓 기	㎝	25~35	36~45	36~60	45~75	75 이상	25~60
찰 쌓 기	㎝	25~35	30~35	35~45	35~55	45~60	20~40

[표 7-8] 견치돌 치수와 m²당 소요량

앞면치수(cm)	뒷길이(cm)	무게(kg/개)	개수(m²)
17×17	25	192	32
20×20	30	368	23
25×25	35	400	16
30×30	45	627	11
35×35	55	752	8
40×40	60	822	6
50×50	70	1,028	4

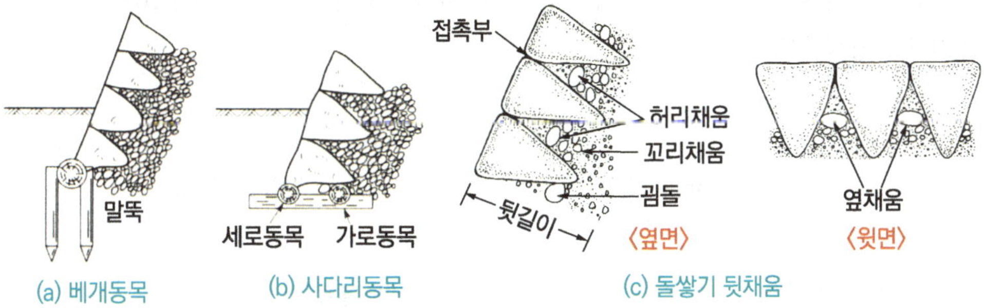

[그림 7-32] 연약지반의 돌쌓기 기초 및 뒷채움

뿌리돌이라 하여 되도록 큰 돌을 사용한다. 또한, 위와 아래의 두 돌 사이에서 윗돌의 수평높이 등을 조정하기 위하여 윗돌의 밑을 고이는 돌을 고임돌 또는 굄돌(Chair stone)이라고 한다.

1) 찰쌓기공사

찰쌓기는 줄눈에 모르타르를 사용하고 뒤채움에 콘크리트를 채워 석재와 뒤채움이 일체가 되도록 쌓는 형식으로 뒷면의 물을 배수시키기 위하여 배수공을 설치하며, 찰쌓기는 메쌓기 보다 높이가 높은 경우에 사용된다.

콘크리트의 사용량은 장소에 따라 m²당 0.2~0.5m³로 시공하고, 뒷채움자갈의 사용량은 m²당 0.2~0.3m³로 한다. 막깬돌은 골쌓기를 원칙으로 하고, 밑돌은 큰돌을 사용하여 5각형으로 다듬어 인접한 돌에 밀착하도록 놓아야 한다. 또한, 찰쌓기의 석재 및 블록은 흙이나 오염물을 제거하고 깨끗한 상태에서 쌓으며, 뒷채움조약돌의 두께는 수직높이에 따라 그기를 정한다.

[표 7-9] 성토사면의 뒷채움 조약돌의 두께

구분	수직높이(m)			
	1.5 미만	1.5~3.0	3.0~5.0	5.0~7.0
상부의 두께(㎝)	20~40	20~40	20~40	20~40
하부의 두께(㎝)	30~60	45~75	60~100	80~140

※ 절토의 경우(다져진 상태) 뒷채움조약돌의 두께는 상, 하부의 두께를 30~40㎝로 함.

특히, 견치돌의 찰쌓기 시공은 앞면 접합부의 이를 맞추고, 뒷부분은 허리고임돌로 고정시켜 돌 사이에는 채움콘크리트로 앞면 돌의 접합부까지 충분히 채우고 다져야 한다. 1일 시공량은 1.2m를 넘지 않아야 하며, 물빼기구멍은 어긋나게 배치하고 간격은 2~3㎡마다 1개소를 표준으로 직경 3~5㎝ 정도의 염화비닐관 등으로 시공한다. 앞면의 줄눈모르타르 시공 시 줄눈부분을 물로 충분히 적신 후에 시공하며, 표면은 시공 직후 가마니 등을 덮고 살수하여 10시간 이상 습윤 상태에서 양생한다.

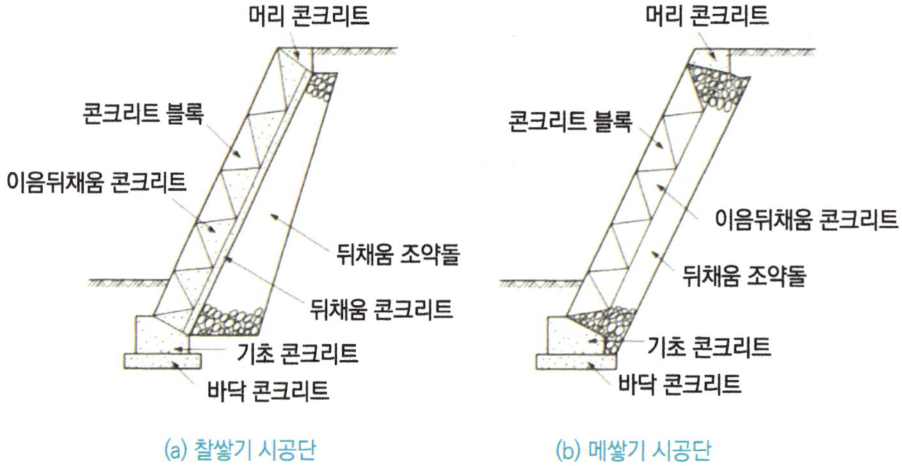

[그림 7-33] 블록을 이용한 찰쌓기와 메쌓기 형식

2) 메쌓기공사

마찰을 크게 하여 외력에 견디도록 쌓는 형식이며, 석재의 접촉부를 잘 접촉시켜 뒤쪽에 굄돌, 끼움돌로 받치고 그 틈새는 자갈을 채우는 순서로 시공한다. 이 형식은 벽 뒷면에서 배수가 잘 되어 토압이 작고 공사비가 저렴하나, 쌓는 높이를 2m 이하로 하는 것이 안전상 유리하며 높게 쌓을수록 하층의 돌은 큰 것을 사용해야 한다.

메쌓기는 규격이 일정한 석재로 줄쌓기를 원칙으로 한다. 접촉부는 견치돌이 폭 5~10㎝, 막깬돌이 폭 3~6㎝가 되도록 돌메로 다듬어서 맞추고, 허리고임돌 및 뒷고임돌을 사용하여 괴어야 하며, 돌쌓기와 뒷채움돌을 같이 작업한다.

3) 골쌓기공사

견치돌은 잘 접촉되게 다듬어야 하고, 허리고임 · 옆고임 · 뒷고임은 잡석으로 고이며, 메쌓기 시공 시에는 고임돌의 틈새에 채움자갈을 충분히 다져 넣는다. 밑돌〔기석(基石)〕과 머리돌〔천단석(天端石)〕의 앞면은 두 모서리를 따내서 5각형으로 다듬고, 좌우의 밑돌과 밀착되게 놓아야 한다. 막깬돌 및 깬잡석은 3각형 또는 4각형으로 천단을 하기도 한다.

[그림 7-34] 막깬돌쌓기

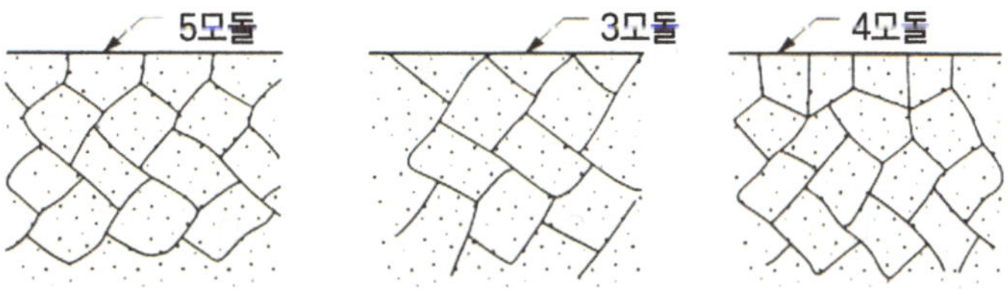

[그림 7-35] 깬돌쌓기

4) 기타

막깬돌 쌓기는 채석장에서 운반한 돌을 견치돌 쌓기와 같은 방법으로 쌓는데 이 돌은 뒤 길이가 제한되어 있고, 앞면은 4각형이며 한 변의 길이는 뒷길이의 2/3정도 된다. 깬돌쌓기는 공사비가 저렴하여 호안공, 간단한 석축공사에 사용된다.

호박돌 쌓기는 하천에서 자연적으로 생긴 길이 20㎝ 정도의 모양이 둥글고 긴 돌을 호박돌이라 하며, 돌쌓기는 견치돌 쌓기와 같으나 모양이 달라 쌓기가 힘들어 높이가 1m 이상이 되면 찰쌓기로 한다. 큰 돌은 바닥이나 가장자리에 쌓으며 주로 하천 상류부의 호안이나 간단한 석축공사에 사용된다.

호박돌 및 잡석 쌓기공사는 쇠메로 다듬어서 앞면을 맞추며, 좁은 면이 비탈면에 나오도록 마구리쌓기 · 골쌓기로 한다. 뒷채움 재료로는 조약돌이나 부순돌을 사용하며, 최대지름 15㎝인 돌이 적당한 입도로 혼합된 것이어야 한다. 뒷채움 시공의 되메우기 재료와 뒷채움 재료가 혼합되지 않도록 하고, 작업 중에는 기계의 주행 또는 편심하중에 의하여 구조물에 손상을 받지 않도록 주의해야 한다.

특히, 돌의 배치에 특히 주의하여 다섯에움 이상 일곱에움 이하가 되도록 하며, 보통은 여섯에움으로 한다. 돌쌓기 방법에 어긋나게 되면 돌의 접촉부가 맞지 않거나 힘을 받지 못하여 불안정한 돌이 나타나는데, 이것을 금기돌(禁忌石: avoidable masonry)이라 한다.

금기돌에는 넷붙임, 셋붙임, 넷에움, 뜬돌, 거울돌, 떨어진돌, 꼬치쌓기, 선돌, 누운돌, 이마대기, 포갠돌, 뾰족돌, 새입붙이기 등 여러 가지가 있다.

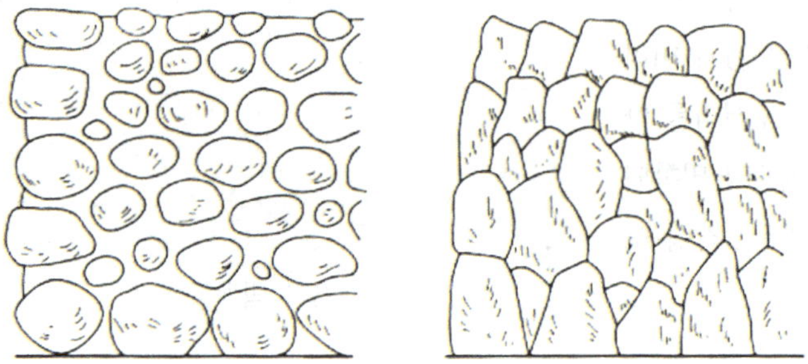

(a) 호박돌 쌓기

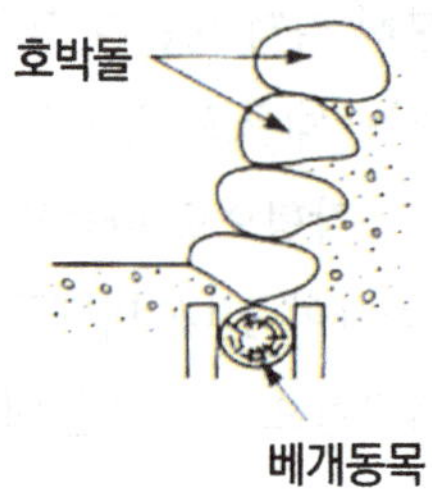

(b) 호박돌 쌓기 기초

[그림 7-36] 호박돌쌓기와 기초

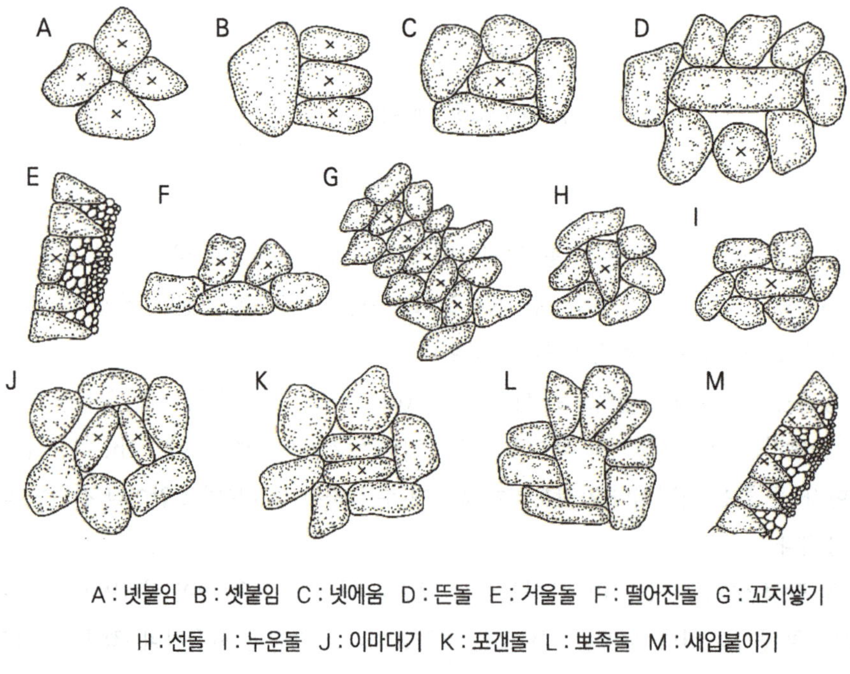

A : 넷붙임 B : 셋붙임 C : 넷에움 D : 뜬돌 E : 거울돌 F : 떨어진돌 G : 꼬치쌓기
H : 선돌 I : 누운돌 J : 이마대기 K : 포갠돌 L : 뾰족돌 M : 새입붙이기

[그림 7-37] 잘못된 돌쌓기

7.4.6 누구막이

1. 목적

누구막이(누구방지공(涙溝防止工): rill control structures, small check dam)는 비탈면에서 강수에 의한 비탈침식의 진행으로 발생되는 누구(涙溝: rill)침식을 방지하기 위해 시공하는 구조물로서 산복배수로와 떼단쌓기의 기초공사나 토사를 유치(留置)할 목적으로 시공된다.

누구막이는 경사가 급해 누구침식이 발달된 장소나 비탈다듬기 및 단끊기로 발생한 토사가 퇴적된 장소, 부토가 1m 이상인 퇴적지를 대상으로 한다.

2. 종류 및 시공

누구막이는 구곡막이나 땅속흙막이보다 규모가 작으며, 사용재료에 따라 돌누구막이 · 콘크리트누구막이 · 콘크리트블록누구막이 · 떼누구막이 · 돌망태누구막이 · 바자누구막이 · 통나무누구막이 · 흙포대누구막이 등으로 구분된다.

1) 돌누구막이

산복이나 계류에 산재하는 잡석이나 야면석을 이용하며, 시공은 땅속흙막이나 구곡막이에 준하지만, 터파기를 실시한 후에 폭 40㎝의 뒷채움을 하고, 돌누구막이의 기울기는 1 : 0.3으로 하고, 높이는 계간이나 수로 상의 부토처리를 감안하여 대략 60㎝ 내외로 한다.

[그림 7-38] 돌누구막이

2) 떼누구막이

용출수가 없고 토양구조가 양호한 곳에서 산복떼수로와 함께 시공한다. 떼누구막이의 시공은 땅속흙막이나 구곡막이에 준하지만 2㎡로서 규모가 적고, 비탈면 기울기와 높이는 돌누구막이와 같다.

[그림 7-39] 떼누구막이 (사진: 사방기술교본, 산림청)

7.4.7 산복수로

1. 목적

산복수로〔山腹水路: hillside channel〕는 ① 강우로 인한 지표수 또는 용수 등을 배수하여 사면침식의 방지 ② 붕괴비탈면에 자유롭게 유하하는 물을 집수하거나, 속도랑에 의하여 집수된 물을 지표에 도출하여 안전하게 배수 ③ 침투에 의한 흙의 강도 저하나 간극수압의 증대 방지를 목적으로 시공한다.

산복수로의 위치는 시공지의 형상과 형태에 따라 다르지만, 일반적으로 비탈면에 유하하는 물을 가장 잘 집수할 수 있는 요부(凹部)에 시공한다. 또한, 시공지역 및 주변의 지표수와 용수를 신속하게 배출할 수 있도록 배수계통을 충분히 검토해야 한다.

2. 통수단면 및 기울기

산복수로의 단면은 집수되는 최대유량을 안전하게 통과시킬 수 있도록 하고, 하부로 갈수록 크게 한다. 붕괴지의 형상이나 그 확대방식에 따라 간선수로에 집수되는 지선수로가 필요한 경우는 각 수로의 집수구역을 구분하여 알맞은 크기의 단면을 결정한다.

유출량은 시우량법으로 구하지만, 도달시간이 매우 빠르고, 지피상태에 따라 유출량의 차이가 있으므로 반드시 적절하다고 할 수는 없다. 특히, 침식에 의하여 형성된 작은 유로의 형성과정 · 분포 · 형상을 충분히 조사한 후에 기술적 · 경험적 판단에 의하여 결정한다.

산복수로의 기울기는 가능한 상부에서 하부까지 일정한 기울기가 되도록 하고, 극단적인 굴곡은 피하고, 전체적으로 무리가 없는 직선선형을 유지하도록 계획해야 한다. 수로의 기울기를 극단적으로 변화시키면 그 부분에 토사가 퇴적하거나 도수〔跳水: hydraulic jump〕 등이 발생하여 수로가 파괴되는 원인이 되므로 주의해야 한다. 또한, 물매를 변경할 때에는 흙막이 등을 시공하여 변경하도록 한다.

3. 수로의 구간길이 및 수로받이

수로의 구간길이는 지형조건 등을 고려하여 결정하며, 구간길이가 길어지면 낮은바닥막이 등을 설치하여 수로의 활동 및 침하 등을 방지해야 한다.

일반적으로 붕괴지는 급경사로 기초지반의 상태도 불량한 경우가 많아 수로의 구간길이를 크게 잡으면 수로 자체의 중량에 의하여 부동침하나 활동이 발생하여 파괴된다. 특히, 수로의 파괴가 예상되면 흙막이 등으로 수로의 구간길이를 적절하게 조정할 필요가 있으며, 일반적으로 20m정도를 표준으로 한다.

수로받이〔수로수구(水路受口): water receiving〕는 수로물매의 변곡점 · 굴곡부 · 합류지점에 흙막이 등의 시공으로 낙차가 있을 때 그 하부에 설치하는 받침구조물이다. 수로받이는 일반적으로 기울기가 급한 경우가 많으므로 수로의 합류점이나 방향의 변환점에서 일수〔溢水: overflow〕 및 도수 등에 의한 수로의 파괴를 방지해야 한다.

수로받이의 크기는 낙차의 유효높이와 수로기울기 등을 고려하여 결정하며, 수로받이 내의 유하수는 주변으로 비산되지 않을 정도로 한다.

수로받이의 길이는 다음 식으로 구한다.

$$l = V\sqrt{\frac{2(h+h')}{9.8}} - nh \qquad \cdots\cdots (7\text{-}17)$$

$$l = 1.5 \sim 2.0\,(2\,(h+h') \qquad \cdots\cdots (7\text{-}18)$$

식에서, l : 수로받이의 길이(m), V : 유수의 표면유속(m/s), h : 쌓기공작물의 높이(m)
h' : 수로의 깊이(m), n : 반수면의 물매

수로받이의 폭은 상부 수로의 마루바닥에서 수선을 내려서 바깥쪽으로 45° 각도로 직선을 긋고, 이 선이 지반과 만나는 교점의 폭보다 조금 더 넓게하여 계획한다.

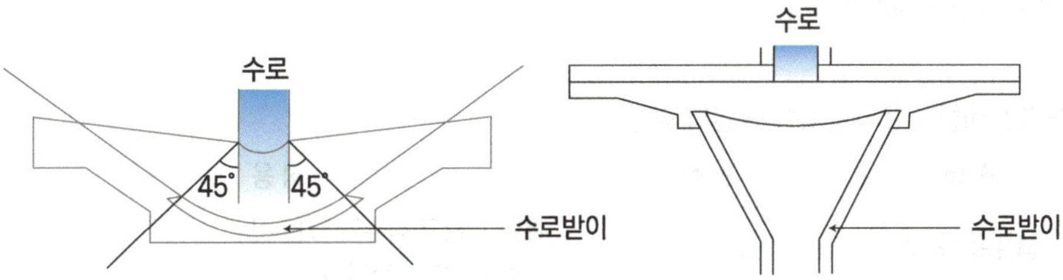

[그림 7-40] 산복수로의 수로받이

4. 산복수로의 종류

산복수로의 종류는 지형, 토질, 위치, 집수량, 사용재료의 내구성 · 시공성 및 주위 환경과의 조화 등을 충분히 고려하여 결정한다. 산복수로의 종류를 선정할 때의 유의사항은 ① 기초지반에 잘 접착되고 필요한 통수단면을 확보할 것 ② 필요한 강도나 내구성이 있을 것 ③ 시공성이 우수하고, 경제적일 것 등이다.

1) 돌붙임수로

돌붙임수로〔장석수로(張石水路): stone pitching channel〕는 속도랑에서 배수나 용수가 발생하여 항상 물이 있는 경우, 경사가 급하고 토사의 유출이 많아 침식이 현저한 경우, 붕괴비탈면을 유하하는 물이 항상 있어 자연유로를 고정하기 위해 시공한다. 사다리꼴이나 활꼴 단면이 많으며, 시공단가가 높으므로 특별한 경우에만 사용된다.

메붙임돌수로는 잡석 · 호박돌 및 막깬돌 등을 붙여서 축설하는 것이며, 유량이 비교적 적고 기울기가 약간 급한 산복에 사용한다. 시공은 돌의 긴 면을 유수의 방향에 직각이 되도록 하고, 뒷채움 자갈을 잘 다져서 붙임돌이 빠져나오지 않도록 한다. 특히, 줄눈에 유수가 침투하면 수로의 바닥이 침식되기 때문에 주의해야 한다.

찰붙임돌수로는 돌붙임을 할 때 뒷부분의 공극에 콘크리트를 채우고 축설하는 것이며, 메붙임돌수로의 시공으로 위험할 경우에 실시한다. 특히, 수로에 집수되는 유량이 많고, 유하하는 토석의 충격으로 돌붙임에 사용된 돌이 빠져나오거나 침투수에 의하여 수로바닥이 침식될 위험이 있는 경우에 시공한다.

막돌수로〔사석수로(捨石水路)〕는 계간이나 산복 등에 산재해 있는 외면이 크고 길이가 짧은 잡석을 활꼴로 수로에 붙이는 것이며, 집수구역이 좁고 경사가 완만한 곳에 설치한다. 수로의 반경은 0.6~1.0m 정도, 깊이는 윤변(潤邊)의 1/10~1/5 정도로 한다. 불규칙한 석재를 사용하기 때문에 공간이 생기기 쉬우므로 자갈로 충분히 틈메우기를 하거나, 새류 또는 떼를 틈새에 심어준다(그림 7-42 참조).

[표 7-10] 비탈 수로의 종류별 단면의 형상

종 별	형 상	적 용
콘크리트수로	사다리꼴	• 유량이 많고 상수가 있는 곳 • 유량이 많은 간선수로
돌(찰붙임)수로	사다리꼴 반 원 형	• 유량이 많은 간선수로 • 자연유로를 고정하는 곳
돌(메붙임)수로	반원형	• 상수가 없고 경사가 급한 곳 • 지반이 견고하고 집수량이 적은 곳
떼(붙임)수로	반원형	• 경사가 완만하고 상수가 없으며 유량이 적고 토사의 유송이 없는 곳 • 떼의 생육에 적당한 토질인 곳
콘크리트블록, 콘크리트플륨관, 파형관수로	U형, 원형, 반원형, 반원형 원형	• 집수량이 많은 간선수로, 비탈어깨 돌림수로
콘크리트관수로	원형	• 집수량이 적은 간선수로
플라스틱수로 FRP관수로	사다리꼴, 원형	• 비탈에서 소규모 수로 • 비탈어깨 돌림수로

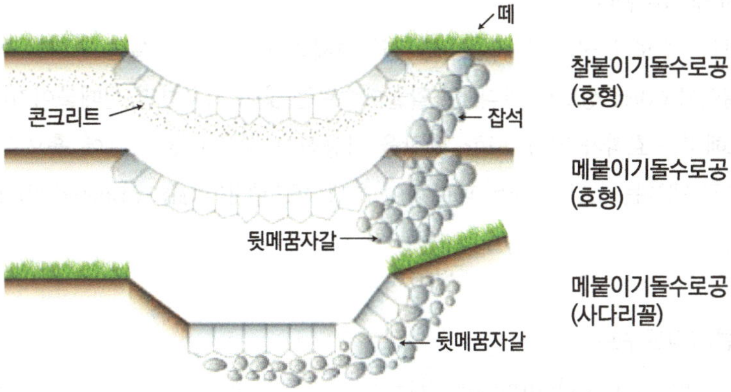

[그림 7-41] 찰붙임 및 메붙임 돌수로 개념도

[그림 7-42] 막돌(메붙임)수로 개념도 및 시공사례

2) 떼(붙임)수로

[그림 7-43] 상부 떼수로와 하부 돌붙임수로의 계통적 시공

떼(붙임)수로〔장지수로(張芝水路): sod-pitching channel〕는 기울기가 완만하고, 유량과 토사유송이 적은 곳에 시공하는 것이며, 소규모 붕괴지의 수로, 대규모 붕괴지의 지선수로, 민둥산지대의 수로로 많이 이용된다. 시공지의 토질 등 환경조건이 떼의 생육에 적합하고 떼를 구하기 쉬운 장소에 적용하며, 최근에는 자연생 떼의 채취가 곤란하여 인위적으로 떼밭을 조성하거나 또는 다른 인공자재로 대체 시공을 많이 한다. 특히, 떼수로는 횡단면 모양에 따라 사다리꼴떼수로와 활꼴떼수로 등으로 구분한다.

사다리꼴떼수로는 집수구역 0.5ha 정도의 구역에서 토사의 퇴적과 침식 방지를 목적으로 비탈기울기 12~24°, 윤주(潤周)길이 80~100㎝ 까지 시공하며, 수로 좌우 양면의 부토처리는 줄떼다지기공사를 실시한다.

활꼴떼수로는 주로 누구의 침식발달 방지와 선떼붙이기 등의 유실을 방지할 목적으로 시공하며, 윤주길이가 60㎝ 정도로 한다. 이 활꼴떼수로는 많이 시공하면 선떼붙이기나 씨뿌리기공작물이 견고해지는 효과가 있다. 또한, 뗏장을 사용하는 대신 비탈 요부에 흙으로 흙수로를 시공하고, 흙수로 내부는 초류 종자를 파종하여 초생수로〔草生水路: grassed channel〕를 조성하기도 한다.

3) 콘크리트수로

콘크리트수로(concrete channel)는 찰붙임돌수로에 의해 비해 유속이 빠르고, 사류(射流)와 도류(跳流)가 발생하는 구간에 시공한다. 시공 장소는 찰붙임돌수로에 준하며, 현장조건에 따라 형상과 크기를 자유롭게 조절할 수 있는 장점이 있다. 토압 등에 대해 가장 안전 하지만, 급경사지에서는 시공이 곤란하고, 단면도 커져 비경제적이므로 소규모 붕괴지의 수로로는 적합하지 않다. 또한, 재료운반이 어려운 경우에는 콘크리트블록을 이용한다.

[그림 7-44] 콘크리트돌림수로

수로의 단면은 보통 사다리꼴로 하며, 측벽의 앞쪽 기울기는 1 : 0.3 ~ 0.5, 뒤쪽 기울기는 수직이나 1 : 0.1의 역기울기로 한다. 수로의 밑두께는 20~30㎝, 측벽의 두께는 벽마루〔천단〕에서 20㎝가 되도록 한다.

4) 콘크리트블록수로

콘크리트블록수로(concrete block channel)는 일정한 규격으로 제품화된 수로용 콘크리트블록을 사용하여 시공하는 것이며, 단면은 주로 U자형이지만, 반원관, 원형관, 철근콘크리트관, 흄관(hume concrete pipe) 및 파형강관(corrugated steel sheet) 등도 많이 사용된다.

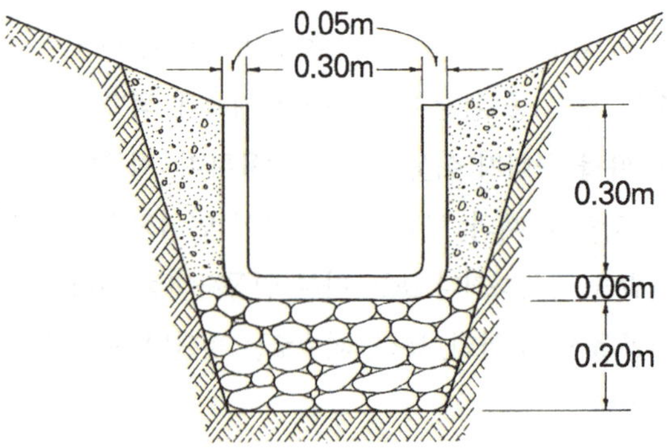

[그림 7-45] 콘크리트 U형관수로 시공구조

제품화된 콘크리트블록을 이용하면 콘크리트 현장타설공사에 비하여 시공이 간편하지만, 뒷자갈채우기 공사와 연결부 접속공사, 또한, 수로관의 시공 상태가 불량하면 유수의 침투로 침식이 발생되어 파손이나 훼손되기 쉬우므로 주의해야 한다.

일반적으로 관의 규격은 배수유량에 따라 결정되지만, 보통 깊이와 폭을 30~50㎝ 정도로 한다.

[그림 7-46] 콘크리트 U형 및 플라스틱 수로

5) 기타수로

합성섬유네트 · 부직포 등으로 제품화된 식생자루 수로는 최근에 다양하게 개발되어 많이 사용되고 있다. 다양하게 개발된 식생자루는 수로의 물리적 안정뿐만 아니라 생태 면에서도 복구용으로 많이 활용되고 있으나 피복되기 전 광선에 노출되면 빨리 부후되는 단점도 있다.

[그림 7-47] 식생자루 수로

목제수로(木製水路: timber channel)는 유연성이 풍부하여 시행지에 순응할 수 있다는 장점이 있으나 많이 사용되지는 않는다.

7.4.8 속도랑배수구

1. 목적

속도랑배수구(암거공(暗渠工): culvert, closed conduit, underdrain works)는 산복사면에서 지하수 및 침투수를 신속히 배제하여 토층의 활동을 방지하고, 또는 지하수가 지표면에 분출되거나 용출수의 발생으로 붕괴를 예방하기 위해 설치하는 배수구조물이다.

속도랑배수구는 지하수나 침투수를 효율적으로 집수할 수 있고, 지표수를 원활하게 산복수로로 배제할 수 있는 위치에 배치한다.

2. 위치 및 구조

속도랑배수구의 기울기는 원칙적으로 불투수층 또는 원 지반의 종단물매와 일치시켜 구간 내에서는 일정한 기울기를 유지하도록 한다. 비탈다듬기 공사에 앞서 충분한 바닥파기를 하고 깊게 시공하는 것이 효과적이다.

속도랑배수구의 구조 및 재료는 충분한 배수능력 · 내구성 · 시공성이 있고, 상부의 하중 · 토압 등에 대해 강도가 충분해야 하며, 배수해야 할 침투수의 양, 사면의 토질, 흙의 침투능 등을 충분히 검토하여 결정해야 한다.

속도랑배수구의 길이는 산복수로의 길이에 준하며, 일반적으로 20m 정도 하지만 그 이상의 길이가 필요할 때는 약 20m마다 흙막이 등을 설치해야 한다. 특히, 1개의 장대구간을 만들어 집수하기보다 적당하게 공사구간을 구획하여 배제하거나, 또는 속도랑배수구를 연결한 W형이나 Y형으로 배치하여 최단거리로 배수할 수 있도록 계획한다. 속도랑배수구에 의하여 집수된 물은 재침투 되지 않도록 가능하면 신속하게 표면수로 배수해야 한다. 표면수로 유도할 때에는 일반적으로 흙막이 등의 낙차를 이용하도록 한다.

속도랑배수관의 집수정에 토사가 쌓여서 막히게 되면 속도랑배수구의 배수능력 및 내구성이 떨어진다. 배수관의 막힘 방지를 위해서는 유입토사가 집수구까지 유출되지 않도록 막힘 방지재를 사용한다. 막힘 방지재는 적당한 투수성을 지닌 모래와 자갈을 사용하는 것이 경제적이지만, 조건에 맞는 재료를 구하기 어려울 때에는 2차 제품인 매트종류를 사용한다.

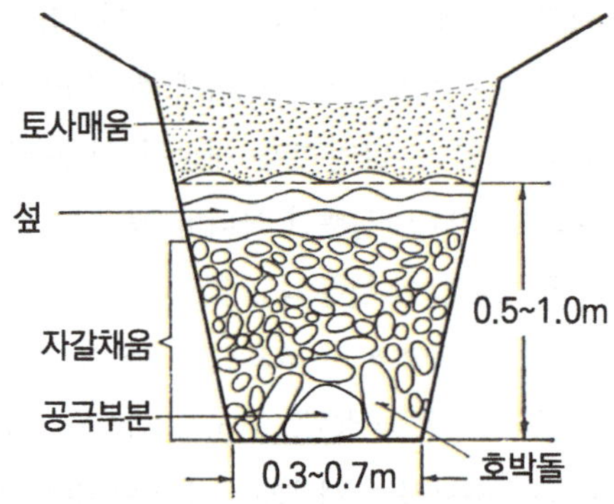

[그림 7-48] 자갈속도랑배수구의 시공구조

[그림 7-49] 집수정의 배열 및 내부 (사진: 사방기술교본, 산림청)

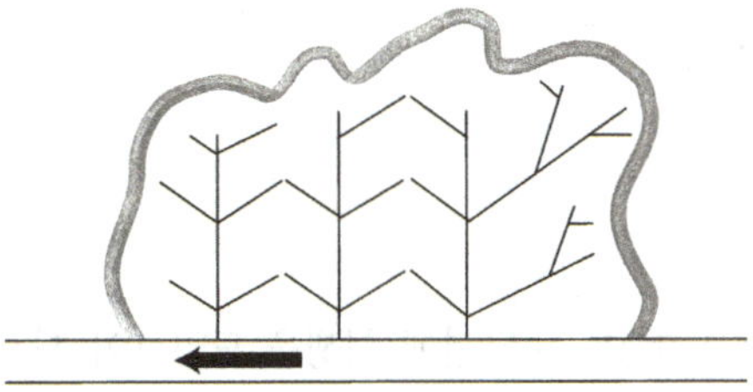

[그림 7-50] 자갈속도랑배수구의 계통도

3. 속도랑배수구의 종류

1) 자갈속도랑배수구

자갈속도랑배수구〔역암거배수구(礫暗渠排水構)〕는 자갈이 비교적 풍부하고 지하수 용수량(湧水量)이 많은 장소에 적용한다. 자갈속도랑배수구의 단면은 지하수, 용출수의 양, 표토의 상황 및 속도랑의 밀도에 따라 결정한다. 일반적으로 깊이 0.5~1.0m, 밑나비 0.3~0.7m로 한다.

시공은 집수된 지하수가 다시 침투되는 것을 방지하기 위해 비닐 등의 불투수성 피복재를 깔고, 돌로 메운다. 돌을 메울 때는 하부에는 큰 자갈 또는 호박돌을 넣고, 그 위층은 작은 자갈을 깔며, 속도랑의 막힘을 방지하기 위해 섶 또는 우죽 등으로 피복하여 마지막으로 토사로 되메움을 한다.

2) 돌망태속도랑배수구

돌망태속도랑배수구〔사롱암거배수구(蛇籠暗渠排水構)〕는 지반이 불안정한 땅밀림지대와 급경사지 등에 이용되며, 구조는 자갈속도랑배수구와 같지만 자갈만으로 시공할 경우 불안정하고 외력에 대한 저항력이 약하여 허물어지기 쉽다. 따라서 돌망태를 이용하여 고정하면 지층이 변동되어도 자갈의 연속성과 형태유지를 할 수 있는 장점이 있다.

3) 콘크리트관속도랑배수구

콘크리트관에 집수용 구멍을 뚫어 땅속에 묻어 사용하는 콘크리트관속도랑배수구〔유공관암거배수구(有孔管暗渠排水構)〕가 있다. 이 외에도 섶도랑배수구〔조타암거배수구(粗朶暗渠排水構)〕 등이 있지만 내구성이 짧아 시공하지 않고 있다.

4) 터널속도랑배수구

비교적 규모가 큰 땅밀림 산사태의 방지와 집수정(集水井) 공사만으로 배제할 수 없는 심층의 지하수를 배제하기 위하여 시공한다. 자연배수가 가능하도록 터널의 기울기는 1~2%로 하며, 사용하는 재료는 라이너 플레이트(liner plate), 코루게이트 피이프(corrugate pipe) 및 나무틀 등이 있다.

7.5 산복녹화공사

7.5.1 개요

산복녹화공사(山腹綠化工事)는 비탈면에 식생을 도입하여 지표를 피복하고, 근계의 긴박효과로 비탈면을 안정시키기 위해 실시하며, 이는 식생의 생육기반을 조성 및 개선하는 녹화기초공사(綠化基礎工事)와 식생공사(植生工事)로 분류된다.

7.5.2 녹화기초공사

1. 목적

녹화기초공사는 식생의 생육기반을 정비하기 위하여 산복바자얽기 · 산복울짱얽기 · 단쌓기 · 선떼붙이기 · 줄떼붙이기 · 평떼붙이기 · 새심기 · 조공 · 등고선구공법 · 비탈덮기 등을 시공한다.

녹화기초공사는 등고선 방향으로 지표 유하수를 분산시키는 방법과 면적(面的)으로 피복하여 표면침식을 방지하는 방법으로 구분하지만, 두 공사 모두 침식방지를 목적으로 식생을 도입하는 공종이다. 또한, 초기에는 초본류 중심으로 식생을 도입하지만, 궁극적으로는 목본류를 도입할 수 있는 식생공사를 실시한다.

2. 산복바자얽기

1) 목적

산복바자얽기〔산복편책공(山腹編柵工): hillside wicker structures〕는 산지 비탈면이나 계단위에 토사의 퇴적이나 붕괴를 방지하기 위하여 바자〔책(柵), 편책(編柵)〕를 설치하고, 뒤쪽에 흙을 채워 식생을 조성하는 구조물이다. 떼를 채취하기 어려운 지역이나 떼붙임 효과가 없는 지역, 비교적 토압이 적고 식생의 도입과 토양조건이 양호한 지역에 적합한 공법이다.

[그림 7-51] 산복바자얽기

2) 시공 및 종류

간벌재 등을 이용하여 0.5~1.0m 간격으로 말구직경(末口直徑) 8~10㎝, 길이 1.0~1.5m인 말뚝을 길이의 1/2 정도를 땅에 박고, 초두목이나 가지로 높이 50㎝ 정도의 바자를 얽어맨다. 말뚝은 비탈면에 직각 또는 수직선과의 이등분선이 되도록 박아 시공하는 것이 원칙이지만, 경사가 완만할 때에는 수직으로 박아도 된다.

바자용 나뭇가지는 밑부분의 지름이 3㎝ 이하, 1m당 0.3~0.5속(1속 25본)씩 묶어서 이용하며, 굴요성이 많고 최상부는 서로 꼬이도록 엮어 가지가 빠지지 않도록 한다. 특히, 나뭇가지는 2~3년이 지나면 썩게 되므로 바자 앞면에 버드나무류 등의 삽수를 땅속에 꽂아 발근시켜 토양을 고정하는 생물응용기술(生物應用技術)을 도입한다.

산복바자얽기의 사용재료에는 통나무 · 판자류 · 콘크리트판 · 초두목 · 가지 등이 있다.

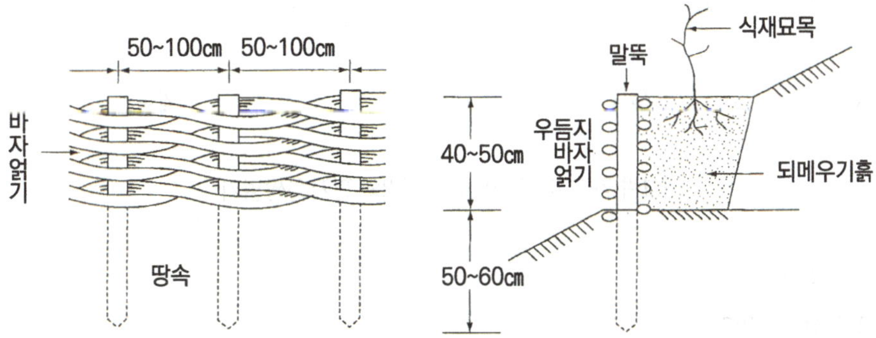

[그림 7-52] 산복바자얽기

3. 산복울짱얽기

1) 목적

산복울짱얽기〔산복책공(山腹柵工): plank-board barrier works〕는 산복바자얽기와 비슷하지만 산복비탈면 또는 계단 위에 표토의 유실을 방지하기 위하여 울짱〔책(柵)〕을 설치하고, 울짱 뒷면은 되메우기를 하여 식재한 묘목의 생육환경을 조성하기 위한 구조물이다. 떼를 채취하기 어렵고 떼붙임으로 효과가 없는 지역, 토압이 적고 식생의 도입과 토양조건이 양호한 지역이나 흙막이 및 붕괴지역의 임시적인 공사에 적합한 공법이다.

[그림 7-53] 통나무울짱얽기

2) 시공

간벌재 등을 이용하여 비탈면에 0.5~1.0m 수평간격으로 말뚝을 박고, 말뚝 사이를 각종 재료로 엮어 시공한다. 울짱〔책(柵)〕의 높이는 0.5~0.5m 정도, 말뚝의 길이는 울짱높이의 1.5~2.0배로 한다. 울짱에 사용하는 말뚝과 뒷면 벽재에 사용하는 재료는 부후되기 쉬워 뒷면의 되메우기 흙을 넣어 식물을 도입하고, 계단 위와 벽재 사이는 새류와 잡초 포기를 식재하거나 파종한다. 일반적으로 말뚝을 박는 각도는 산복바자얽기와 비슷하게 시공한다.

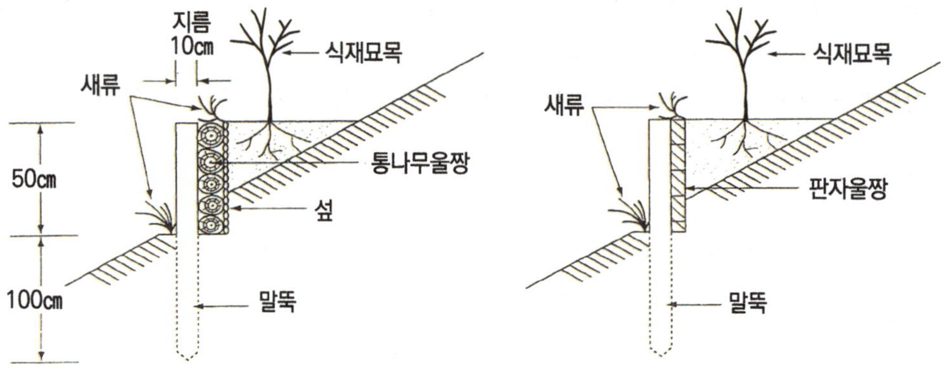

[그림 7-54] 통나무울짱얽기와 판자울짱얽기

3) 종류

(1) 목책울짱얽기

목책울짱얽기〔목책공(木柵工): timber barrier works〕는 울짱의 뒷면 벽재로 판자 또는 통나무를 사용하여 벽재에 가해지는 토압을 말뚝으로 지지하기 위하여 시공한다. 일반적으로 1m 간격으로 말구직경 10㎝, 길이 1.0~1.5m의 말뚝을 박고, 그 안쪽에 두께 3㎝ 정도의 판자 또는 지름 10㎝ 정도, 길이 2.0m 정도의 통나무를 높이 50㎝ 정도로 나란히 설치한 후에 토사가 유출되지 않도록 섶을 깔고 되메우기 흙을 넣어 식물을 도입한다.

(2) 합성수지울짱얽기

합성수지울짱얽기〔합성수지책공(合成樹脂柵工): synthetic resin barrier works〕는 합성수지계의 2차 제품을 사용하여 울짱얽기를 하는 것이며, 제품을 선정할 때에는 지형과 토질조건 등을 고려해야 한다.

일반적으로 구조는 바자얽기와 유사하지만, 나무말뚝 대신 철재 파이프와 경질 염화비닐계 파이프를 사용하며, 나무의 초두목이나 가지 대신 강판과 익스팬더 메탈 또는 섬유판계의 투수성 매트와 철망 등을 사용한다. 또한, 녹화를 촉진하기 위해 벽재에 종자와 소량의 비료를 부착하기도 한다.

(3) 기타

콘크리트판울짱얽기〔콘크리트판책공(콘크리트板柵工): concrete-plate barrier works〕는 두께가 5~6㎝인 콘크리트판(블록)으로 울짱얽기를 하는 것이며, 강철울짱얽기〔강철책공(鋼鐵柵工): steel barrier works〕는 눈사태와 낙석을 저지하기 위해 H형강 등의 철강재를 이용하여 울짱얽기를 한다.

4. 단쌓기

1) 목적

단쌓기〔단적공(段積工): stepped mini-terrace works〕는 계단 앞부분이나 산복비탈면에 생육환경을 정비하여 식생을 조기에 도입하고 지표수를 분산시켜 침식을 방지하기 위한 구조물이다.

2) 종류

단쌓기는 지형 · 토양 · 기후조건 · 설치위치 · 배면하중 · 시공성 및 주위 환경과의 조화 등을 고려하여 적절한 종류를 선정해야 한다. 단쌓기의 종류에는 떼단쌓기 · 돌단쌓기 · 돌떼(혼합)단쌓기 · 짚단쌓기 · 섶단쌓기 · 통나무단쌓기 · 2차 제품을 이용한 단쌓기 등이 있다.

특히, 2차 제품의 자재에는 객토효과를 기대하는 것과 파종의 생력화와 균일화를 기대하는 것이 있으며, 토양조건이 불량한 장소는 객토효과를 기대할 수 있는 것을 선정해야 한다.

(1) 떼단쌓기

떼단쌓기〔단적입지공(段積立芝工): stepped mini-terrace sodding works〕는 계단 위에 떼붙이기를 연속적으로 몇 단 쌓는 것이며, 비탈다듬기나 단끊기 공사에 의하여 발생한 비탈면을 피복하기 위해 시공한다. 주로 부토가 많은 비탈면이나 도로 개설로 인한 훼손지의 절토 및 성토 비탈면에 시공하며, 떼단의 높이는 30㎝ 정도로 하고 떼붙이기는 7급 선떼붙이기의 경우와 같다.

일반적으로 떼단쌓기는 동일 비탈면에 연속적으로 시공할 때 5단을 넘지 않도록 설계한다. 특히, 5단을 넘을 경우에는 5단을 쌓은 후에 돌쌓기와 같은 견고한 흙막이 공작물 등을 시공하고, 떼단의 폭보다 더 넓은 작은 소단(小段)을 배치한 후에 떼단쌓기를 계속한다. 또한, 구조물의 강도를 증대시킬 수 있도록 떼단을 쌓을 때에는 앞모서리 부분을 연결한 선이 직선이 되도록 시공한다.

떼붙이기 공사는 흙이 잘 붙어 있는 보통떼를 사용하여 흙과 떼가 완전히 밀착되도록 시공하며, 떼단쌓기의 기초부분은 이끼시나무 및 싸리 등의 시방수종의 묘목을 식재하고 도로변에 시공할 때에는 꽃나무나 소형 관목을 식재하여 도로녹화 및 경관 증진을 도모하도록 시공한다.

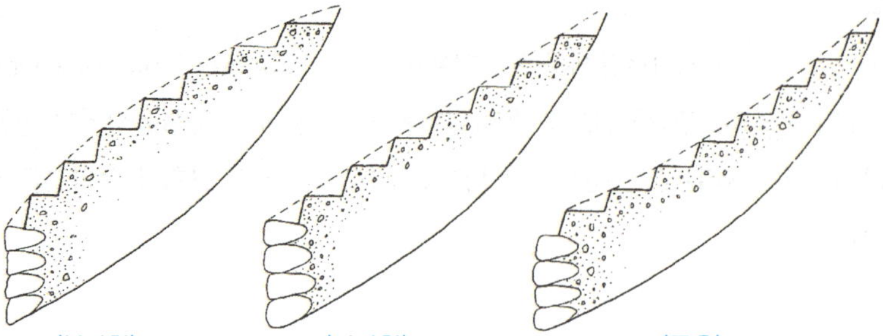

[그림 7-55] 떼단쌓기의 시공적부

(2) 돌단쌓기

돌단쌓기〔단적석공(段積石工): stepped mini-terrace masonry works〕는 떼를 구하기는 어렵지만 돌(잡석)은 쉽게 구할 수 있는 지역과 용수 및 지중수가 자주 용출되는 곳에 적당하다.

돌단쌓기는 잡석으로 돌단을 쌓으면 안정도가 약하고, 녹화도 잘 되지 않기 때문에 돌 사이에 교착제(膠着劑)로서 흙떼를 끼워 넣는 돌떼단쌓기 공법으로 시공하면 효과적이고 경제적이다. 또한, 돌단은 크기가 일정한 잡석을 사용하며, 호박돌의 경우에는 3단 이상 쌓지 않도록 해야 한다.

(3) 기타

돌떼(혼합)단쌓기〔석지혼합단적공(石芝混合段積工): stepped mini-terrace stone-sodding works〕는 돌 사이에 떼를 넣어 돌과 떼가 일체가 되도록 시공하는 방법으로, 경제적이지만 견고하지 못하다.

또한, 볏짚단쌓기(stepped mini-terrace straw works)는 떼를 구하기 어려운 고산지대에서 떼 대신 질이 좋은 볏짚을 위 아래로 구부려 넣고, 단 위에는 묘목을 심고 종자를 파종하는 구조물이다. 계단의 폭은 발디딤을 설치할 경우 60㎝ 정도, 발디딤이 없을 경우 50㎝ 정도로 하며, 볏짚단의 높이는 30㎝ 정도로 한다.

[그림 7-56] 떼단쌓기와 돌떼(혼합)단쌓기

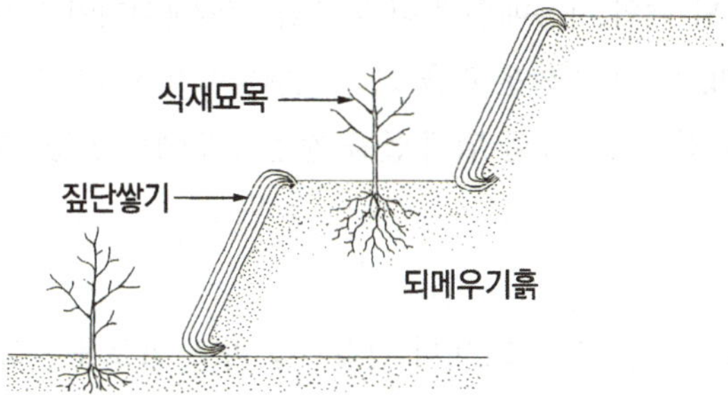

[그림 7-57] 볏집쌓기의 측면구조

5. 선떼붙이기

1) 목적

선떼붙이기〔입지공(立芝工), 적묘공(積苗工): terrace-sodding structures〕는 비탈다듬기 공사에서 부토를 제거하여 수평계단을 설치하고, 계단 앞면에 뜬떼를 세워 붙이며, 그 뒷면의 매토부분에 묘목을 식재하는 구조물이다. 산복계단상의 매토부분에 선떼(retaining sod)를 세워 붙이는 공사라는 점에서 공종명이 정해진 것이며, 기술적으로 중요한 것은 선떼를 붙이는 것이다.

선떼붙이기의 목적은 떼의 뒷부분에 있는 매토를 유지하여 묘목의 생육을 도모하며, 비탈면에 흘러내리는 유수의 속도를 감소시켜 누구침식을 방지하고 식물이 수분의 이용을 유용하게 하는데 있다. 주로 강수량이 많고 경사가 비교적 급하며, 화강암류의 풍화에 의한 점착성이 적은 척박한 지역과 토질이 단단한 지역에 적합한 공법이다.

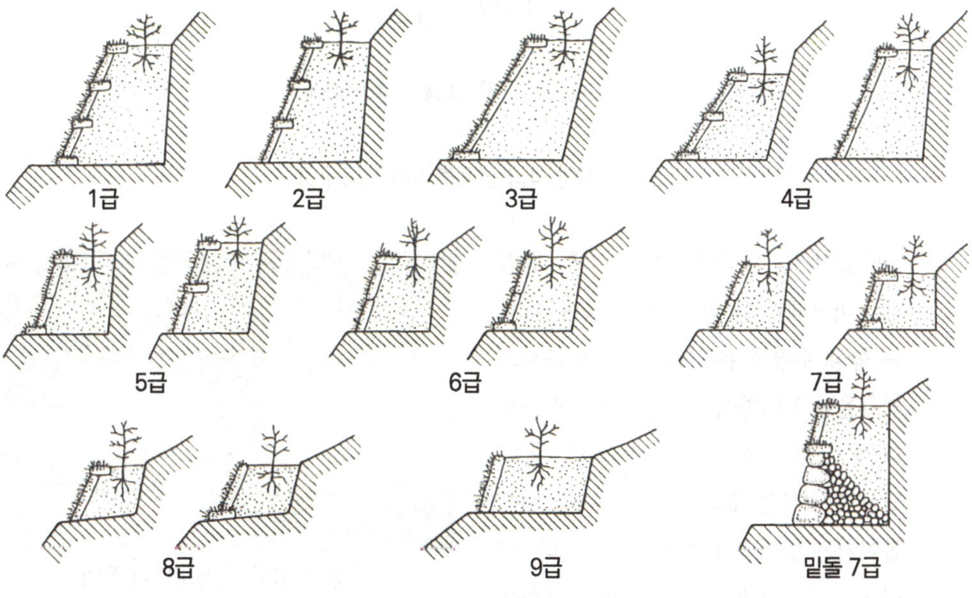

[그림 7-58] 선떼붙이기의 급별 시공기준

수평계단 길이 1m 당 떼의 사용매수에 따라 고급 선떼붙이기인 1급부터 저급 선떼붙이기인 9급까지로 구분하며, 1급에 가까운 것을 고급 선떼붙이기, 9급에 가까운 것을 저급 선떼붙이기라 한다. 또한, 선떼붙이기 구조물 밑에 돌을 쌓는 경우에는 밑돌선떼붙이기라 한다.

2) 시공

① 등고선 방향으로 수직높이 1~2m마다 단끊기를 하고, 표토를 재활용하기 위해 상부에서 하부로 한 계단씩 차례로 실시한다. 단끊기의 계단폭은 50~70㎝, 산복비탈면의 경사도가 비교적 완만하고 토질이 부드러운 곳은 70㎝ 정도로, 경사가 급하고 토질이 단단한 곳은 50㎝ 정도로 시공한다. 발디딤〔踏路: berm〕 폭은 10~20㎝, 천단폭(마루폭)은 40㎝를 기준으로 하며, 떼붙이기의 기울기는 1 : 0.2~0.3으로 한다.

② 발디딤은 지반이 단단하거나 부토이거나 관련 없이 선떼붙이기의 바닥떼 앞면부에 설치하며, 부토가 깊은 곳은 돌흙막이를 시공한 후에 밑돌선떼붙이기를 시공한다. 발디딤은 선떼의 밑 부분 붕괴방지 및 활착촉진, 작업로로서의 활용, 선떼의 밑부분과 바닥떼의 활착을 위해 설치한다(그림 7-59).

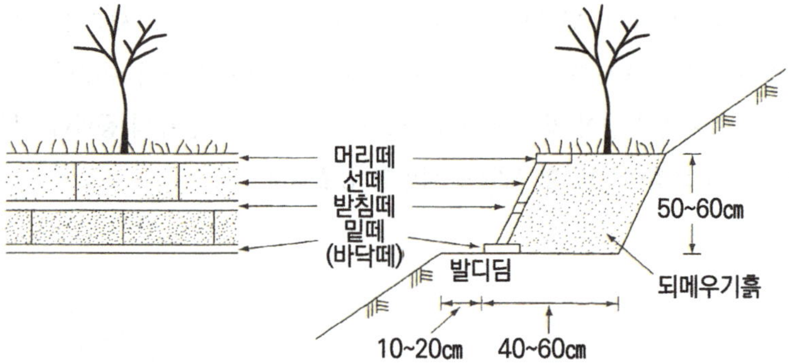

[그림 7-59] 4급 선떼붙이기 시공구조

③ 선떼붙이기는 머리떼(갓떼) · 선떼 · 받침떼 · 바닥떼가 잘 밀착되도록 하며, 마루는 항상 수평을 유지하도록 하되 토사의 침하율을 고려하여 두께 5~10㎝ 정도를 더 쌓기 하는 것이 좋다. 바닥떼는 발디딤을 보호하는 효과가 있으나 8급 선떼붙이기는 발디딤이 필요하지 않는다. 머리떼는 마루에 놓여 있는 토사의 유출을

[그림 7-60] 선떼붙이기 작업
(사진: 사방기술교본, 산림청)

방지하며, 선떼의 견고도를 증가시키는 효과가 있으므로 급경사지는 고급 선떼붙이기가 필요하다. 선떼는 뒤의 매토부분과 완전히 밀착되도록 달구판 등으로 잘 두드리면서 시공한다(그림 7-60).

④ 선떼붙이기의 높이는 경사와 입지조건에 따라 다르지만, 저급으로 시공하는 것이 효과적이며, 일반적으로 6~7급이 많이 시공된다. 표토의 이동방지와 강수의 차단을 주목적으로 할 때에는 5급 이상으로 하고, 사방지 식재 및 파종을 목적으로 할 때에는 6급 이하로 시공한다.

⑤ 선떼붙이기에는 흙이 떨어지지 않은 흙떼를 사용하며, 머리떼 · 받침떼 · 바닥떼로는 반떼(20㎝ × 25㎝ × 5㎝)가, 또한 선떼에는 온떼(40㎝ × 25㎝ × 5㎝)가 각각 사용된다.

⑥ 떼는 도입 후 5~6년이 경과하면 자생초류의 착생으로 인해 고사하고, 계단 상하에 식재한 리기다소나무와 물오리나무와 같은 사방수종의 묘목이 성장하여 자연비탈면과 같이 변화하게 된다.

⑦ 선떼붙이기 구조물의 간격은 수직거리, 수평거리 및 사거리 등으로 나타낸다. 현장에서 사거리로 계산하는 것이 편리하지만 설계상의 표준은 수평거리로 표시하며, 시공면적을 수평거리로 나누면 소요의 연장은 식 7-19로 계산된다. 각종 비탈면에 대한 급별 공법 및 시공간격과 1 ha 당 시공연장은 지형과 토질 등에 따라 차이가 있으나 일반적인 시공표준은 표 7-11과 같다.

$$L = \frac{A \cdot \tan\alpha}{H} \quad \cdots\cdots (7\text{-}19)$$

여기서, L : 계단연장(시공연장), A : 평면적(ha), $\tan\alpha$: 산복경사도, H : 계단간격

[표 7-11] 선떼붙이기 구조물의 시공표준

구분	비탈 (°)	떼 매수 (매/1m)	수직높이 (m)	수평거리 (m)	사면거리 (m)	시공연장 (m/ha)
1급	35~45	12.5	2.80~4.00	4.00	4.94~5.90	2,500
3급	35~45	10.0	2.80~4.00	4.00	4.94~5.90	2,500
5급	25~35	7.5	1.55~2.33	3.33	3.70~4.11	3,000
6급	25~35	6.25	1.55~2.33	3.33	3.70~4.11	3,000
8급	15~25	3.75	0.75~1.30	2.79	2.90~3.10	3,500

예제 7-5

어느 비탈면에서 등고선방향으로 시공연장을 계획하려고 한다.
비탈면의 경사가 45°이고, 계단간격을 수직높이 4m로 한다면 평면적 1ha 당 시공연장은 얼마인가?

{풀이}

$L = \frac{A \cdot \tan\alpha}{H}$ 식에서 $L = \frac{10{,}000 \cdot \tan 45^\circ}{4}$

1ha = 10,000㎡ $L = \frac{10{,}000}{4}$

H = 4m

L = 2,500 m/ha

6. 줄떼공

1) 목적

줄떼공〔선지공(線芝工), 근지공(筋芝工): strip-sod works〕은 성토비탈면을 일정한 기울기로 유지 및 녹화하기 위하여 수직높이 20~30㎝ 간격으로 반떼를 수평이 되게 식재하고, 달구판으로 다지는 공법이다. 계단의 사거리가 길고 경사가 급한 성토비탈면에는 줄떼다지기를, 절토비탈면에는 줄떼붙이기, 평탄지에는 줄떼심기를 각각 실시한다.

2) 시공

(1) 줄떼다지기

줄떼다지기〔線芝工: strip-sod tamping worsk〕는 성토비탈면을 보호 및 녹화하기 위하여 폭 10~15㎝의 흙이 붙은 반떼, 새 또는 잡초 등을 일렬로 수평으로 놓고, 그 위에 덮은 후에 잘 다진다.

[그림 7-61] 줄떼다지기

비탈면의 기울기는 1 : 1~1.5로 하며, 한 층의 높이가 20~30㎝ 될 때마다 줄떼를 넣는 작업을 반복하여 소정의 높이가 될 때까지 줄떼다지기를 계속한다. 시공 후 2~3년이 경과하면 줄떼가 서로 연결되어 완전히 피복되며, 또한 자생 초본류의 종자도 침입하여 녹화되면서 안정하게 된다.

(2) 줄떼붙이기

줄떼붙이기〔선지장공(線芝張工): strip-sod pitching works〕는 주로 절토비탈면에 흙이 붙어 있는 반떼를 수평방향으로 붙여 활착시켜 녹화하는 것이며, 줄떼는 상부에서 하부를 향해 20~30㎝ 간격으로 시공하면서 떼꽂이로 고정한다. 일반적으로 절토비탈면에서는 평떼붙이기를 실시하므로 줄떼붙이기는 거의 하지 않으며, 시공방법은 띠떼심기와 유사하다.

[그림 7-62] 줄떼붙이기

(3) 줄떼심기

줄떼심기(strip-sod planting works)는 평탄지에 20~30㎝ 간격으로 줄띄기를 하고, 골을 판 후에 줄떼를 놓고, 흙을 덮어 고루 밟아 준다. 흙이 다소 털어진 떼도 이용되지만, 떼의 활착을 높이기 위하여 뿌리가 마르거나 노출되지 않도록 해야 한다.

[그림 7-63] 줄떼심기

7. 평떼붙이기

1) 목적

평떼붙이기〔장지공(張芝工): block-sod pitching works〕는 전체 절토비탈면에 흙이 붙은 평떼를 붙여 일시에 녹화하는 것이며, 경사가 완만하고 비교적 토양이 좋은 지역은 시공 직후부터 효과가 나타난다.

2) 시공

떼붙이기를 실시하기 전에 돌이나 초목 등을 제거하여 지표면을 정지한 후에 모래나 부드러운 흙으로 10㎝ 정도 깔고, 평떼(40㎝ × 25㎝ × 3㎝)를 일정한 간격으로 붙인다. 떼를 붙임면에는 다시 모래나 흙으로 얇게 덮고 고루 두들겨 주며, 길이 20㎝ 이상의 떼꽂이로 흘러내리지 않도록 고정한 후에 시비와 관수도 한다.

(1) 평떼심기

평떼심기(block-sod planting works)는 평탄지에 평떼를 심는 것으로, 15~30㎝ 이상의 규격 떼를 사용한다. 자갈이나 초목 등을 제거한 후에 모래나 부드러운 흙을 10㎝ 정도 깔며, 땅고르기를 한 후에 수평이 되도록 심고 잘 밟아 다진다.

[그림 7-64] 평떼붙이기

(2) 띠떼심기

띠떼심기〔대지공(帶芝工): belt sod planting works〕는 경질토의 절토비탈면에서 수평으로 가늘고 긴 골을 파고, 흙이 붙어 있는 반떼, 띠떼〔대지(帶芝): belt sod: 길이 20~30㎝, 폭 10~15㎝, 두께 5㎝ 정도〕를 심는다. 채석지 잔벽면 녹화나 절토비탈면의 기울기가 1 : 0.7 이상의 급한 비탈면 지역에 효과적이다.

8. 새심기

1) 목적

새심기〔초식공(草植工), 훤주이식공(萱株移植工): grass planting works〕는 녹화공사를 보완하기 위해 새류(새 · 솔새 · 개솔새 · 억새 등)의 풀포기를 식재하는 것이며, 산불발생지 · 석력지 · 절토 및 성토비탈면 등 소규모 녹화가 필요한 장소에 시공한다.

2) 시공

새류를 심는 방법에는 점심기 · 줄심기 · 흩어심기 등이 있다. 점심기는 주간(株間) 간격, 줄심기는 줄 간격, 흩어심기의 배식은 각각 20~30㎝로 하되 서로 어긋나게 심는다. 새 포기는 3~5본을 한 주로 심고, 봄에는 마른 줄기를 잘라 근계부분만 이식하고, 생장기에는 지상부 및 지하부의 근계를 모두 이식한다. 이식 후에는 잘 밟아 밀착시키고 관수와 시비를 충분히 하여 활착과 생육을 도모한다.

9. 조공

1) 목적

조공(條工: strip-terracing works)은 비교적 경사가 완만한 산복비탈면에 수직높이 1.0~1.5m, 폭 50~60㎝의 수평계단(소단)을 만들고, 앞면에는 침식을 방지하기 위해 떼 · 돌(잡석) · 풀포기 등으로 계단을 보호하고, 뒷면에는 되메우기를 하여 사방수종의 묘목을 식재하고 식생을 조기에 도입함으로서 지표침식의 방지와 생육환경을 정비하는 것을 목적으로 한다.

2) 시공 및 종류

(1) 천연자재 조공

① 떼조공

떼조공(지조공(芝條工): sod strip-terracing works)은 앞면에 반떼(가로 40㎝, 세로 12㎝, 두께 5㎝)를 붙이고, 뒷면에는 묘목을 식재한다. 떼꽂이는 맹아력이 큰 버드나무류 · 싸리 · 족제비싸리 등으로 만들어 떼를 눌러 고정하며, 비교적 경사가 완만하고 떼를 쉽게 구할 수 있는 장소나 절토 및 성토 비탈면에 시공한다. 최근에는 떼를 구하기 어려우므로 떼를 대체하는 식생반 · 식생자루 · 식생대 · 그린벨트 등과 같은 대용 자재가 사용되고 있다.

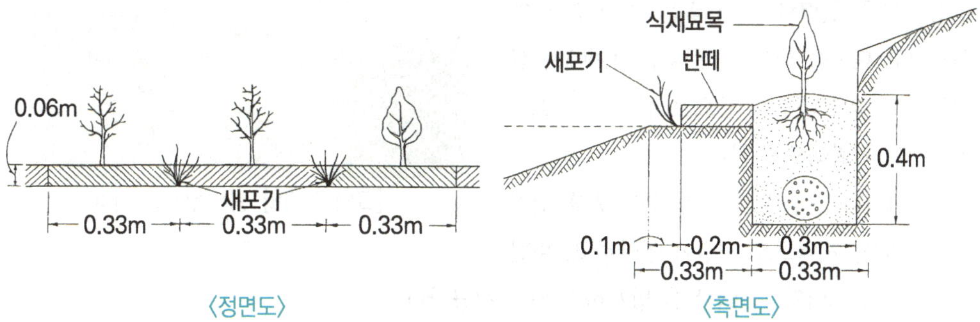

[그림 7-65] 떼조공 시공단면도

② 돌조공

돌조공(석조공(石條工): stone strip-terracing works)은 산복비탈면이나 절토 및 성토 비탈면에 토석이 많거나 용출수가 있는 곳에 시공하며, 돌쌓기보다 규모가 작은 구조물이다. 돌쌓기의 기울기는 1 : 0.2~0.3, 계단 폭과 높이는 50㎝로 하고, 계단 위에는 집석이나 호박돌로 가로골쌓기를 하며, 돌 구조물

[그림 7-66] 돌조공 사례

상하에는 반드시 새 · 솔새 · 개솔새 · 억새 등을 심어 서릿발 및 빗물침식을 방지하도록 한다.

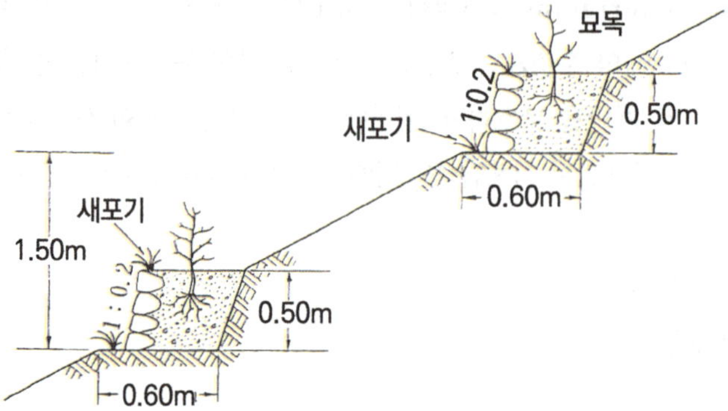

[그림 7-67] 돌조공 시공단면도

③ 통나무조공

통나무조공(목조공(木條工): timber strip-terracing works)은 말구직경이 10㎝ 정도인 말뚝을 0.7~1.0m 간격으로 박고, 그 안쪽에 통나무를 일렬로 포개 쌓은 후 배면에 매토를 하고 묘목을 심는다. 통나무 사이에는 잡초를 심고, 버드나무류 등으로 삽목하여 조기에 식생이 녹화되도록 한다.

[그림 7-68] 통나무조공 사례

산사태지나 산불피해지 등 통나무를 쉽게 구할 수 있는 지역으로 지질이 연약하고, 비탈다듬기 공사 지역의 지표침식을 방지하기 위해 시공한다.

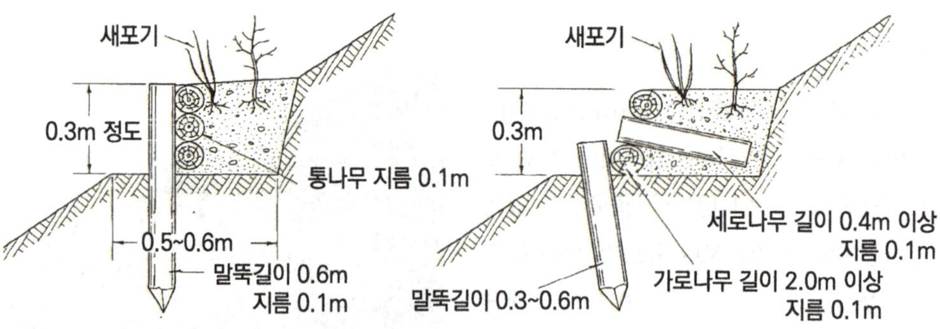

[그림 7-69] 통나무조공 시공단면도

④ 새조공

새조공(훤조공(萱條工): grass strip-terracing works)은 새포기의 채취가 쉽고 경사 30°이하의 연약지대나 산복 하부의 퇴적지대 등에 적합한 공법이다. 새조공의 소단 높이는 1.0~1.2m, 설치하지 않을 때에는 0.5m로 하며, 소단위에 새류를 나란히 놓은 후 흙으로 덮고 충분히 다져 주고 새류의 줄기 길이는 30㎝ 정도로 한다.

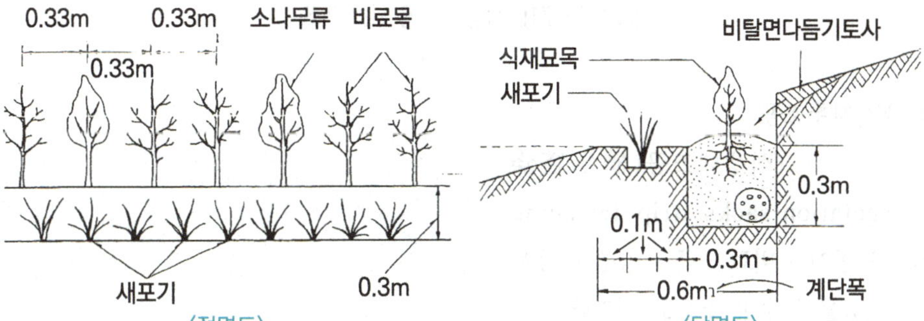

[그림 7-70] 새조공 시공단면도

⑤ 섶조공

섶조공(조타조공(組朶條工): fascine strip-terracing works)은 섶과 되메우기 흙을 구하기 쉽고, 지형이 비교적 완만한 장소에 선떼붙이기공법 및 돌조공법과 같은 방법으로 시공한다. 시공은 우선 섶의 길이를 40㎝ 정도로 절단한 후에 10㎝ 정도의 다발로 묶어 소단위에 일렬로 부설하고, 그 위에 흙을 10㎝를 덮고 다진 다음에 다시 1~2단을 포개어 쌓으며, 흙덮기(복토)부분에는 새류나 잡초 등을 이식한다.

(2) 인공자재 조공

① 식생반조공

식생반조공(植生盤條工: vegetation block strip-terracing works)은 비료를 혼합한 흙을 반상으로 성형(길이 25㎝, 폭 20㎝, 두께 3㎝)하여 그 표면에 종자를 고정시킨 식생반을 비탈면에 50~60㎝ 간격으로 수평골을 파고 부설하는 공법이다. 시공은 비탈면 상부부터 하부로 50~60㎝ 간격의 수평구를 배열하고, 지반과 간격이 벌어지면 건조해 등이 발생하므로 부드러운 흙으로 충분히 채워 밀착시킨다. 1m당 식생반 3매를 사용하면 수평구 간격 60㎝에서 1㎡ 당 6.67매, 50㎝라면 1㎡ 당 8매가 소요된다. 발아 전에 호우나 한발이 지속되면 종자의 유실과 건조의 해를 막기 위하여 침식방지제나 건조방지제를 식생반에 발라준다.

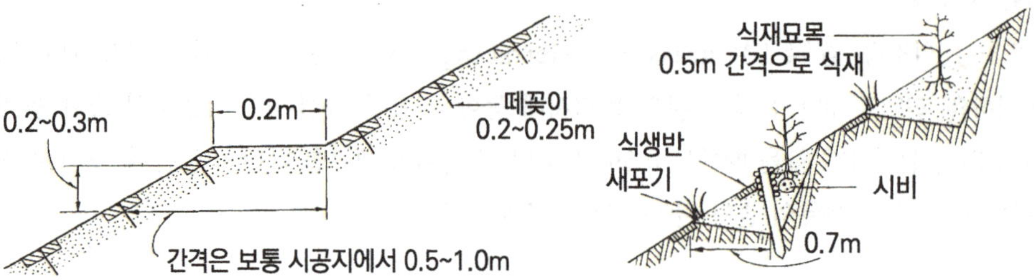

[그림 7-71] 식생반조공 시공구조

② 식생자루조공

식생자루조공〔식생대조공(植生袋條工): vegetation sacks strip-terracing works〕은 종자 · 비료 · 흙 · 양생재 등을 혼합한 재료를 특수한 소재로 제조한 망이나 자루(길이 30㎝, 폭 12㎝, 두께 12㎝)에 채워 넣어서 그 자루를 비탈면에 일정한 간격으로 파 놓은 수평도랑에 묻는 공법이다. 현장에서 식생자루에 넣는 것과 공장에서 제조된 기성제품을 사용하는 방법이 있다. 식생자루의 종류에는 론생백(lonseng bag), 베지타이(vegitai) 및 녹화대(green belt)등이 있으며, 이들은 녹화효과가 양호하지만 시공단가가 높다.

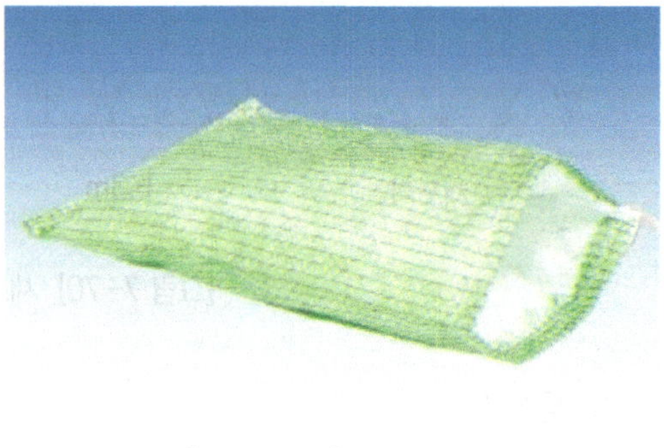

[그림 7-72] 식생자루

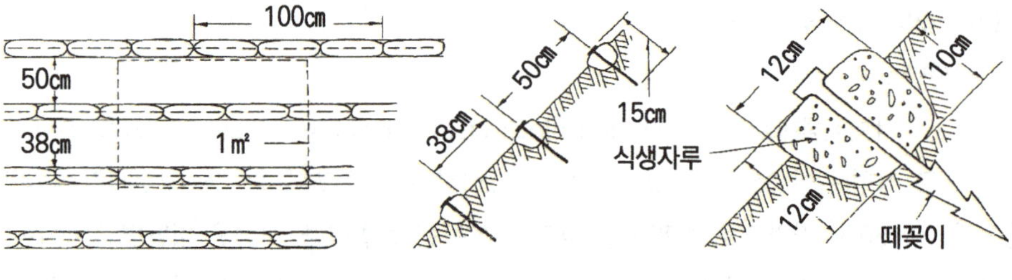

[그림 7-73] 식생자루조공 시공구조 및 단면도

③ 식생대조공

식생대조공(植生帶條工: vegetation belt strip-terracing works)은 떼 대신 종자 · 종이 · 짚 · 합성망 등을 조합한 재료와 종자와 비료 등을 부착한 띠 모양의 식생대를 비탈면에 일정 간격으로 수평이 되게 시공한다. 줄떼 재료에는 기지에 풀로 종자를 붙인 것, 끈 모양의 천에 종자를 넣고 기지에 붙인 것, 종자가 비료피해를 받지 않도록 별도로 부착시킨 것 등이 있다.

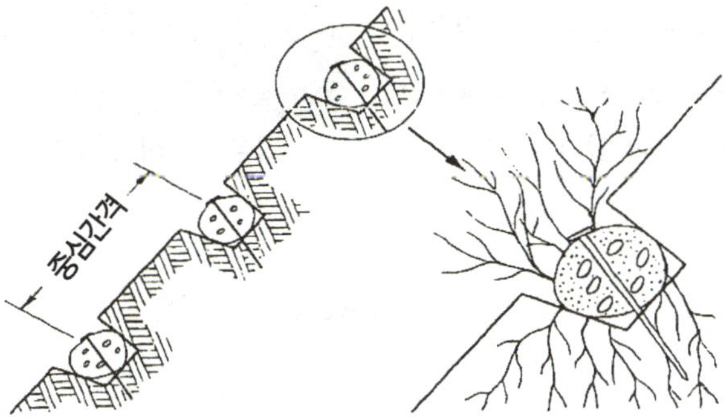

[그림 7-74] 식생대조공 단면도

④ 식생구멍조공

식생구멍조공(식생혈(植生穴), 종자혈조공(種子穴條工): vegetation hole strip-terracing works)은 비탈면에 직각으로 일정한 간격의 구멍을 파고 종자 · 비료 · 토양을 충전한다. 식생구멍은 지름 6~10㎝, 깊이 15㎝, 가로간격 20~25㎝, 세로간격 25~35㎝인 것을 1㎡당 15~20개씩 원형이나 정방형으로 배치한다. 식물을 도입하기 곤란한 단단한 점토질이나 경질 화산회토와 같은 균일한 절취비탈면, 동상피해가 예상되는 비탈면 등에 시공한다.

10. 등고선구공법

1) 목적

등고선구공법(等高線溝工法: contour-trench measures)은 산복비탈면에 등고선 방향으로 수평구(水平溝: contour trench)를 설치하여 표면유출에 따른 물의 손실을 줄이고, 토양침식과 토사이동을 저지하여 식물의 생육에 필요한 수분을 공급하기 위해 실시한다.

2) 시공

경사도 30° 이하의 산복에 등고선 방향으로 길이 8~10m, 간격 6~10m, 상하부 구와 구간의 수평거리는 10~15m를 기준으로 수평도랑을 설치하고, 짧은 것은 상하구가 어긋나게 배치한다. 수평구(水平溝)는 수로에 가까운 쪽의 옆면을 둑의 높이보다 10㎝ 정도 낮게 칸막이를 만들어 구에 물이 만수가 되면 수로로 흘러가도록 설치하며, 도랑의 규격은 밑너비 0.3m, 윗

나비 1.1m, 깊이 0.36m, 양쪽 물매 1 : 1.2로 시공한다. 도랑의 앞면에는 파낸 흙으로 둑을 쌓고, 구와 구 사이에는 씨뿌리기 및 나무를 심어 녹화를 도모한다.

등고선구공법과 유사한 공법에는 확수구공법〔擴水溝工法: trenching for water spreading〕, 보수구공법〔保水溝工法: trenching for water storage〕, 계단식 집수구공법〔階段式 集水溝工法: stepped water harvesting measures〕 등이 있다.

[그림 7-75] 등고선 구공법 시공 사례

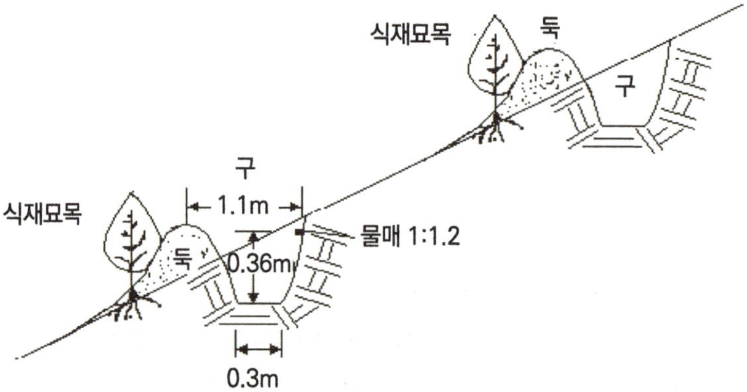

[그림 7-76] 등고선 구공법 시공단면도

11. 비탈덮기

1) 목적

비탈덮기〔사면피복공(斜面被覆工): slope mulching works〕는 소단과 소단 사이의 비탈면과 기울기가 급한 비탈면을 피복하여 강우 및 동상 등에 의하여 발생하는 표토침식과 붕락의 방지와 종자의 유실을 방지하고, 토양수분을 보전하여 파식한 식물의 발아와 활착을 도와 식생의 생육환경을 개선하기 위하여 시공한다. 비탈면을 덮는 사용재료에 따라 짚덮기, 섶덮기, 합성수지망덮기 및 거적덮기 등이 있다.

2) 시공 및 종류

(1) 짚덮기

짚덮기〔고복공(藁覆工): straw mulching works〕는 산복비탈면의 완만한 건조지나 토양이 부드러운 장소에서 짚을 사용하여 비탈면의 수분증발과 종자유실을 방지하기 위해 시공한다.

시공은 비탈면에 고랑(폭 50㎝, 깊이 2~3㎝)을 파고, 고랑에 짚 0.4kg/m을 깔고, 15㎝ 정도를 묻은 후에 새끼줄로 짚을 엮고 대꽂이로 눌러 고정한다.

조공 및 선떼붙이기와 병행할 때에는 엮은 짚의 선단을 계단 끝에 묻고, 나머지부분은 비탈면 하부로 내리고 새끼줄 등으로 고정한다. 소단을 설치하지 않을 때에는 비탈면에 가로방향으로 볏짚을 깔고, 양끝과 중앙을 새끼줄로 고정한다. 볏짚의 두께는 붕괴비탈면의 흙이 보이지 않을 정도로 덮어야 한다.

[그림 7-77] 짚덮기 공법

(2) 섶덮기

섶덮기〔조타복공(組朶覆工): fascine mulching works〕는 동상과 서릿발이 발생하기 쉬운 한랭지대 및 토사나 사력이 섞인 30° 미만의 비탈면에 적합하며, 섶을 덮기 전에 씨뿌리기를 하는 것이 효과적이다. 누구침식을 방지하기 위해 섶을 좌우로 엇갈리도록 가로방향으로 놓고, 상하에 길이 0.5m 정도의 고정말뚝을 1m 간격으로 박은 후 철사로 단단히 묶는다.

(3) 거적덮기

거적덮기〔연장공(筵張工): straw-mat mulching works〕는 비탈면에 종자를 흩어뿌리기 또는 줄뿌리기 하고, 그 위에 길이 1.8m, 폭 1m 정도 크기의 거적을 덮거나 비탈다듬기 공사를 한 후 토층에 밀착되도록 거적을 깔고 거적 위에 종자, 비료 및 토양 등을 썩은 혼합물을 뿜어 붙이고 대꽂이로 눌러 고정한다.

(4) 합성수지망덮기

합성수지망덮기〔합성수지망복공(合成樹脂網覆工): synthesized materials mulching works〕는 섶 · 짚 · 거적 대신 화학섬유, 목질 화이버, 각종 침식방지망(coir net, jute 망, 황마망)을 사용하는 것이며, 한랭지대와 급경사지에서는 동토 · 서릿발 · 강우에 의하여 식생이 붕락하는 것을 방지하는 데 효과적이다. 최근에는 다양한 형태의 합성수지망에 초본 및 목본 종자와 비료를 부착시켜 파종효과와 피복효과를 높인 2차 제품이 개발되어 사용되고 있다. 그러나 합성수지망은 가볍고 취급이 용이하며, 종자 및 비료가 부착되어 씨뿌리기와 동시에 시공할 수 있지만, 보온과 보습 효과가 작다는 것에 유의해야 한다.

7.5.3 식생공사

1. 목적

식생공사(植生工事)는 산복기초공사 및 녹화기초공사로 비탈면을 안정시킨 후 초본류와 목본류 등 식생을 도입하는 것을 목적으로 한다. 특히, 토사유출 및 붕괴가 발생한 비탈면에 식생을 도입하여 근계의 긴박효과(緊縛效果)를 통하여 비탈면을 안정시키기 위하여 실시한다.

2. 씨뿌리기

1) 목적

씨뿌리기〔파종공(播種工): direct seeding works〕는 초본류와 목본류의 종자를 산복비탈면에 직접 파종하여 사면안정과 녹화를 도모하는 것이며, 묘목의 운반이나 식재 등으로 운반비나 노력이 들지 않고, 단시간에 넓은 면적을 시공할 수 있는 장점이 있다. 특히, 목본식물은 파종종자가 발아하여 성장하였을 때 묘목을 식재한 것 보다 근계가 잘 발달하므로 토양의 긴박효과가 높은 장점도 있다.

2) 식생의 선택 및 조합

씨뿌리기에 사용하는 종자의 선택 및 조합할 때에는 각 식물의 특징을 충분히 파악하여 가장 적절한 조합이 되도록 해야 한다. 또한, 원칙적으로 주변지역과 조화를 위하여 시공지의 자생식물이나 향토종을 사용해야 하지만, 현지 채종이나 종자의 구득이 어렵고 고가이며 발아율도 떨어지므로 주로 외래종을 많이 구입하여 사용하고 있다.

(1) 초본종자만을 파종할 경우

초기생장이 빠른 외래 초본식물을 이용하여 조기에 녹화 및 비탈면 침식을 방지하는 것이 주목적인 경우에 외래 초본류를 주체로 선택하며, 재래 초본류도 첨가한다.

(2) 목본과 초본 종자를 혼파할 경우

목본류는 발아가 비교적 늦고 초기성장도 느리므로 목본류 만으로 초기의 침식방지는 미미하다. 또한, 발아해도 초본류에 피압되어 고사하는 경우가 많아 초기성장이 빠르고 피압에 견딜 수 있는 목본류를 선정하여 혼파하는 것이 중요하다.

따라서, 초본의 크기나 엽량 등이 목본의 생육을 방해하지 않도록 외래 초본류 2~3종과 재래 초본류 1~2종에 목본류 1~2종을 혼파하는 것을 표준으로 한다.

(3) 목본종자만을 파종할 경우

묘목을 식재하기 곤란한 경우에 대체수단으로 사용되지만, 목본은 발아 후의 초기생장이 늦어서 경사가 급하거나 표면침식이 심한 곳에서는 유실될 위험성도 있다.

씨뿌리기에 사용되는 목본에는 리기다소나무 · 해송 · 낙엽송 · 산오리나무 · 사방오리나무(남부지방) · 물갬나무 · 참나무류(상수리나무 · 굴참나무 · 졸참나무 · 갈참나무 · 떡갈나무) · 버드나무 · 아까시나무 · 싸리 · 쪽제비싸리 · 칡 등이 있고, 재래초본에는 새 · 솔새 · 개솔새 · 비수리 · 김의털 · 산거울 · 매듭풀 · 차풀 등이 있다. 도입 초본 종에는 인디안풀 · 능수귀염풀 · 다년생 호밀풀 · 보통 호밀풀 · 켄터키개미털 · 오리새 등이 있다.

일반적으로 사용식생(초본류 및 목본류)의 구비조건은 다음과 같다.

① 척악지나 환경조건에 대한 적응성이나 저항성이 클 것
② 생육 초기 및 생육 이후 피복 효과가 클 것
③ 생장이 빠르고 잘 번무하며, 엽량이 많을 것
④ 근계가 잘 발달하여 토양의 긴박효과가 있을 것
⑤ 생육의 연속성이 있는 다년생으로 번식력이 왕성할 것
⑥ 토양의 개량효과와 비옥화를 기대할 수 있을 것
⑦ 병충해 · 풍해 기타 재해에 강한 것

3) 파종량 및 파종시기

(1) 파종량

씨뿌리기의 파종량은 발생기대본수에 따라 결정되며, 발생기대본수는 목표로 하는 식물군락을 성립시키는 데 필요한 발생본수이다. 파종 후 1년이 경과한 시점에서 발아하는 총발아수이며, 도입형태 · 시공형태 · 환경조건에 따라 결정된다.

파종량은 중량으로 표시하며, 종자는 종류에 따라 단위면적당 입수가 다르고 순도나 발아율도 크게 차이가 난다. 파종량은 발생기대본수를 표준으로 식에 의하여 산정하며, 시공시기에 따른 발아율의 저하나 시공 시의 손실 등은 별도로 계산한다(식 7-20).

$$W = \frac{G}{S \times P \times B} \quad \cdots\cdots (7\text{-}20)$$

식에서 W : 파종중량(g/m²), G : 발생기대본수(본/m²), S : 평균입수(입/g),
P : 순량률(%), B : 발아율(%)

일반적으로 전면파종은 4,000~6,000본/m²을 표준으로 하지만 도입형태와 시공형태가 다르면 적정하게 보정을 한다. 특히, 파종을 통한 녹화 목적은 시공초기에 전면 피복되어 성립본수가 많아야 하지만, 너무 많으면 밀생에 의한 개체 간의 경쟁으로 고사되기 쉽다. 목본 및 초본을 혼파할 경우에는 초본 4,000~5,000본/m², 목본 1,000~2,000본/m²으로 하며, 한 종류의 발생기대본수는 총발생기대본수의 5% 이하가 되지 않도록 한다.

(2) 파종시기

원칙적으로 파종의 시기는 봄철이 좋지만, 도입식생의 발아에 필요한 온도와 수분을 얻을 수 있는 범위에서 가능한 한 빠른 시기를 선정하여 시공하는 것이 효과적이다. 봄철 이외의 시기에 시공할 때는 동상 및 건조 등의 기상재해에 대한 대책과 식생의 발아 및 생육을 보호할 수 있는 방법도 함께 고려하여야 한다.

특히 겨울철에는 한해(寒害)를 입기 쉬우므로 늦어도 4월 하순 이전에 파종하며, 능수귀염풀 및 솔새는 6월 중순까지 파종이 가능하고, 다년생 호밀풀 · 우산잔디 · 지팽이풀 · 참사리 · 안고초 · 솔새 · 참억새 등은 12~2월에도 파종이 가능하다.

4) 시공 및 종류

(1) 줄(씨)뿌리기

줄(씨)뿌리기〔사면조파공(斜面條播工): strip seeding measures〕는 비교적 경사가 완만 하고 토양조건이 좋은 곳이나 강우에 의한 종자의 유실이 적고 발아조건이 좋은 소단위에 시공한다. 시공은 비탈면에 수직높이 30~50㎝마다 폭 15~20㎝의 수평소단을 설치하고, 소단 안에 크기 10㎝, 깊이 2~3㎝ 정도의 파종구를 판 후, 구덩이에 시비와 객토를 하고 그 위에 파종한다. 비옥한 토양과 비료, 종자 등을 혼합하여 종비토(種肥土)를 만든 후 1,000m당 330L씩 넣는다. 비료는 지효성보다 속효성 비료인 요소 · 황산가리 · 중과인산석회 등이 유효하며, 파종 후에는 잘 밟아주고, 흙으로 약간 덮은 후에 짚이나 초본으로 피복한다.

[그림 7-78] 줄뿌리기

(2) 흩어뿌리기

흩어뿌리기〔사면산파공(斜面散播工), 사면혼파공(斜面混播工): broadcast seeding measures〕는 경사가 완만한 비탈면이나 토양조건이 양호한 절토 및 성토 비탈면에 시공한다. 비탈다듬기를 실시하여 반드시 견지반(堅地盤)을 노출시키고, 부토(浮土)는 하부에 각종 흙막이로 완전히 처리한다. 비탈면에 수직높이 60㎝, 폭 20~30㎝의 수평소단을 만들고, 뾰족한 괭이로 작은 구멍과 수평으로 작은 골을 파서 종자유실을 방지한다. 도입종자는 양지 또는 음지 식물의 목본 및 초본류를 발아 촉진처리 하고, 사전에 혼합 제작한 종자 · 비료 · 토양의 종비토를 비탈면에 골고루 흩어 뿌리고, 짚으로 얇게 덮은 후에 새끼줄로 고정한다.

(3) 점(씨)뿌리기

[그림 7-79] 점(씨)뿌리기
(사진: 사방기술교본, 산림청)

점(씨)뿌리기〔사면점파공(斜面點播工): spot seeding measures〕는 경사가 비교적 급하거나 완경사지라도 자갈이나 석벽(石壁)으로 인해 줄(씨)뿌리기가 곤란한 지역에 시공한다. 비탈면에 수평으로 파종구덩이를 파서 평면의 파종상을 만들어 비교적 굵은 종자를 파종한다.

파종상의 크기 · 배치간격 · 구조 등은 현지의 입지조건에 따라 적절히 조절하며, 파종구덩이는 경사면에 수평방향으로 40,000개/ha의 내외로 조성한다. 파종종자의 발아 및 생육 면에서 가장 확실한 방법이지만, 노동력과 경비가 많이 소요된다.

(4) 조공식 씨뿌리기

조공식(條工式) 씨뿌리기〔실파공(實播工): direct seeding works for slope revegetation〕는 붕괴지역에서 비탈다듬기 공사를 시행하여 경사가 비교적 완만하고, 토양조건이 양호한 장소 또는 소단이 강우 등에 의하여 유실되거나 비산될 위험이 적고 발아조건이 양호한 지점에 계획한다. 시공은 비탈면에 수직높이 30~50㎝마다 폭 20㎝의 수평소단을 만들고, 수평소단에 10㎝ 정도의 파종구를 판 후에 종자 · 비료 · 토양을 넣고, 가볍게 밟아 준다. 특히, 목본 및 초본류를 잘 혼파하여 목본류가 피압되지 않도록 적정 비율로 종자를 파종해야 한다.

(5) 분사식 씨뿌리기

분사식 씨뿌리기〔분사식 파종녹화공법(噴射式 播種綠化工法): hydroseeding measures〕는 종자 · 비료 · 첨가기재 등을 물에 섞어 모르타르 또는 수용액 상태로 만든 다음 압축공기나 펌프로 압송하고, 재료로 호스의 뿜기용 노즐로 공기압에 의하여 비탈면이나 평지에 뿜어 고착시키는 파종공법이다. 수압분사식 파종기(hydro-seeder)를 사용할 때는 물, 종자, 비료, 화이버(fiber) 및 혼합양생제의 순서로 투입하고 10분 이상 잘 혼합하여 시공지에 골고루 살포한다. 토양조건이 불량한 급경사지나 종자나 비료가 정착하기 곤란한 장소에 계획하며, 시공 후의 발아

생립 본수는 초본 2,000본/㎡과 목본 100본/㎡을 표준으로 하여 모두 2,100본/㎡을 표준으로 한다. 특히, 수압분사식 파종기를 이용하므로 생력화(省力化)할 수 있고, 토양조건이 불량하더라도 식생의 생육에 필요한 다양의 비옥토를 뿜어 붙일 수 있으며, 객토와 씨뿌리기를 동시에 실시할 수 있는 특징이 있다.

[그림 7-80] 분사식 씨뿌리기

(6) 항공씨뿌리기

항공씨뿌리기〔항공파종녹화공법(航空播種綠化工法): aerial seeding measures〕는 분사파종공법이 어려운 산간부에서 헬리콥터와 같은 특수목적 항공기를 사용하여 식물의 종자와 식생기재가 땅속에 잘 박히도록 끝 부분을 뾰족하게 만들어 폭탄(bomb cone)을 투하하듯 살포하는 방법이다. 붕괴가 산발적으로 발생한 지역을 응급 또는 긴급 녹화할 필요가 있거나 자재 운반이 원활하지 못하거나 원거리에 위치한 광대한 면적의 황폐지나 산불피해지 또는 사막화 지역의 녹화공사에 활용된다. 살포 자재로는 종자 · 비료 · 침식방지제 · 토양개량재 · 식생기재 · 동물기피제 · 착색제 등을 넣으며, 식생의 정착을 촉진하기 위해 가능하면 산복기초공사나 녹화기초공사 등도 함께 실시해야 한다.

3. 나무심기

1) 목적

나무심기〔식재공(植栽工): tree planting works〕는 비탈면이나 소단에 직접 묘목 또는 수목을 식재하여 황폐지에 식생과 숲을 조상함으로써 붕괴방지기능을 높이는 공종이며, 식재지의 토양 및 환경 조건에 가장 적절한 수종 및 식재 본수를 결정하여 계획 및 시공한다.

2) 식재계획

대상지의 토질 · 토양 조건을 조사하여 시공평면도에 구획하고, 각 구획에 대해 가장 적절한 수종 · 식재본수 · 혼효비율 · 식재방법 등을 선정하여 작성한다. 식재대상지는 붕괴지의 원 지반 노출지 등과 같이 토층이나 토양조건이 나쁜 곳이 많기 때문에 묘목이 충분히 뿌리를 뻗을 수 있도록 깊이와 지름을 20㎝ 이상 되도록 구덩이를 파고, 비옥한 표토 등으로 객토한 후에 식재한다.

혼식할 경우의 수종 배열 및 간격은 비료목 등이 쇠퇴하였을 때를 예상하여 주 임목을 중심으로 결정하며, 묘목대가 비싸고 운반비가 많이 소요되지만 양묘장에서 생산된 1-0 또는 1-1 묘 등의 실생묘(實生苗: bare root stock)보다는 분묘 또는 용기묘를 식재하는 것이 활착률이 높다.

식재 간격은 소나무류의 경우 1.0~1.5m, 오리나무류의 경우에는 1.5~2.0m로 하여 리기다소나무 2본에 오리나무류 1본을 배열하는 것이 생장에 유리하며, 소단사이의 비탈면에는 수간거리가 약 3m 간격으로 오리나무류를 식재한다.

식재 시기는 묘목의 활착 및 생장에 필요한 온도와 수분을 확보할 수 있는 시기를 선택해야 한다. 특히, 남부지방은 2월 하순~3월 하순이 적합하고, 중부지방은 3월 중순~4월 상순이 적합하며, 가을에 묘목을 식재하면 한해와 동상해 등을 받기 쉬우므로 주의해야 한다.

3) 식재수종과 시비

황폐지는 토양의 이화학적 성질이 매우 불량하므로 식재될 수종은 환경조건에 적합하고 방재기능이 높은 종류를 선정해야 한다.

산복사방 식재용 수종으로 요구되는 조건은 다음과 같다.

① 생장이 왕성하여 잘 번무할 것
② 뿌리의 발달이 좋고, 토양의 긴박력(緊縛力)이 클 것
③ 척악지 · 건조 · 한해 · 병충해 등에 대해 적응성과 저항성이 클 것
④ 토양개량 효과를 기대할 수 있을 것
⑤ 묘목의 생산비가 적게 들고, 대량생산이 가능할 것
⑥ 갱신이 용이하고, 가능하면 경제적 가치가 높을 것
⑦ 피음(被陰)에 강할 것

그리고 건조 · 한해 · 병충해 등을 방지하고, 수목의 생육을 양호하게 하기 위해서는 다음과 같은 성질을 지닌 것을 혼식(混植)하면 효과적이다.

① 천근성과 심근성
② 비료목과 기타수종
③ 침엽수와 활엽수

우리나라에서 치산녹화용으로 식재되고 있는 수종으로는 리기다소나무 · 곰솔 · 아까시나무 · 물(산)오리나무 · 사방오리나무 · 물갬나무 · 싸리 · 참싸리 등이 있으며, 이중에서 사방오리나무는 내한성이 약해 남부지방에 적합하고, 곰솔은 해안지방에 적합한 수종이다.

그 밖에 산지사방용으로 식재할 수 있는 수종으로는 상수리나무 · 졸참나무 · 쪽제비싸리 등이 있고, 남부 해안사지용으로는 보리장나무 등이 있다. 그리고 암석산지나 암벽녹화용으로는 병꽃나무 · 노간주나무 · 눈향나무 · 개나리 · 회양목 · 붉나무 등이 있고, 덩굴식물로는 담쟁이덩굴 · 마삭줄 · 댕댕이덩굴 · 모람 · 등수국 · 칡 · 등 · 줄사철나무 · 송악 · 영국송악 · 인동덩굴 · 능소화 · 노박덩굴 등이 있다.

산복사방의 식재는 원칙적으로 토양조건이 나쁜 곳에는 밀식하여 산복 시공지가 울폐되도록 계획해야 한다. 식재 본수는 일반 조림지보다 입지조건이 복잡하고 생육조건도 열악하기 때문에 4,000~6,000본/ha을 표준으로 하며, 토양조건이 나쁜 곳은 주로 비료목(肥料木)을 중심으로 8,000~12,000본/ha 정도를 식재한다. 또한, 토양침식으로 지반이 노출된 곳은 토양의 양료가 부족하기 때문에 식재목의 생육에 적합하지 않으므로 토양개량을 고려한 식재계획을 우선 수립해야 한다.

특히, 시비는 토양 양료의 공급과 토양개량을 위하여 식재지의 입지상태 및 식재수종 등에 따라 종류와 시비량을 결정하며, 원칙적으로 지효성의 것을 선택하고, 시비효과가 지속되는 곳에 실시한다. 일반적으로 붕괴지 등은 수목의 생육에 필요한 양분이 결핍되어 있어 비료에 의한 양분의 공급이 필요하다. 사방용 묘목에 사용하는 비료는 다음과 같은 조건을 구비해야 한다.

① 시비효과가 장시간 지속될 것
② 유실되지 않을 것
③ 다른 성분과 잘 결합하지 않을 것
④ 사용이 편리할 것

비료는 미리 심을 구덩이의 밑에 흙과 잘 혼합된 식혈시비(植穴施肥)가 이상적이지만, 구덩이가 작거나 낮은 경우에는 뿌리가 직접 비료에 접촉되어 고사하는 경우도 있으므로 주의해야 한다. 또한. 묘목을 식재한 후 1주일이 경과하였을 때 묘목의 주위에 반지름 15㎝, 깊이 4~5㎝의 시비구(施肥溝)를 원형으로 조성하고, 시비한 다음 복토(覆土)하기도 한다.

식재묘목 1본에 시비하는 양은 토양 및 수종 등에 따라 다르지만, 종래에는 소나무류에 요소 20g, 오리나무류에 중과인산석회 50g, 아까시나무에 중과인산석회 30g 또는 복합비료 40g을 기준으로 시비하기도 하였으며, 최근에는 산림사업용 고형복합비료를 시비한다.

4. 식생관리

1) 목적

식생관리(植生管理)는 산복녹화공사(山腹綠化工事)의 목표에 따라 도입한 식물을 육성하여 재해에 강하고 경관조성 등이 뛰어난 군락(群落)으로 유도하는 작업이다. 산복녹화공사의 효과는 시공 이후 식생의 관리가 매우 중요하다. 식생의 관리는 식물군락에 요구되는 기능을 충분히 이해하고, 식물의 생육 상황 및 식생의 천이방향을 확인하여 목표하는 군락이 조성될 수 있도록 하여야 한다.

특히, 산복녹화공사의 식생관리에는 식생의 초기단계에 실시하는 것, 목표로 하는 군락이 조성되는 과정에 실시하는 것, 목표로 하는 군락이 조성된 이후에 실시하는 것이 있다.

① 초기단계에 실시하는 주요 식생관리 작업 : 추비 · 추파 · 보식 · 제초 · 하예(下刈) 등

② 목표로 하는 군락을 위하여 실시하는 주요 관리작업 : 보식 · 제벌 · 하예 · 덩굴치기 · 도목처리 등

③ 목표로 하는 군락조성 이후에 실시하는 주요 관리작업 : 하예 · 덩굴치기 · 도목처리 · 수목 전정 · 벌채 등

또한, 이러한 식생 관리를 위하여 평상시에는 평상점검, 재해 시는 긴급점검을 실시하여 식생의 생육 상황이나 생육기반의 상황을 점검한다.

제8장

야계사방

제8장 야계사방

8.1 개요

야계사방(野溪砂防: torrent erosion control works)은 황폐한 계류구간에서 유수에 의하여 사력의 침식, 운반, 퇴적 및 재 이동되는 과정에서 발생하는 토사재해를 경감하거나 방지하기 위해 시행하는 사방공사이다. 야계사방의 목적은 계상(溪床)과 계안(溪岸)의 종 · 횡침식을 방지하며, 산각(山脚)과 계간을 고정하고 유송하는 토사를 억제하여 산지의 보전을 도모하는데 있으며, 계간사방(溪間砂防: valley erosion control works)이라고도 한다.

특히, 산지의 상류 유역은 집중호우 시 토사유출 및 산사태 등 토사재해 발생이 대단히 높으므로 재해 예방적인 측면에서 야계사방은 대단히 중요하다.

8.1.1 야계사방 공사의 목표

1. 시공 대상지

사방대상지 중에서 붕괴지의 계안붕괴지와 계간황폐지 · 황폐계류 등이 해당된다. 야계사방의 대상지인 황폐계류(荒廢溪流)는 산지에서 생산된 토사가 공급되어 계상변동이 빈번하게 발생하는 계류로 ① 유로의 길이가 비교적 짧고 ② 계상기울기가 급하고 불규칙적이며 ③ 유량은 강우나 융설(融雪) 등에 의하여 급격히 증가하거나 감소한다 ④ 유수에 의하여 계상과 계안이 침식되고, 사력의 생산과 이동이 심해 홍수범람과 토석류 등이 빈번히 발생한다.

계류 중에서 토사의 이동으로 계상변동이 활발한 계류를 활동성 계류(活動性 溪流)라 하고, 반대로 계상변동이 오랫동안 유지되는 계류를 비활동성 계류(非活動性 溪流) 또는 휴면성 계류(休眠性 溪流)라고 한다.

2. 시공방침

야계사방은 계류보전사업, 사방댐 설치사업 및 수질관리시설로 구분하며, 각 사업을 위하여 해당 유역의 특성을 충분히 파악하고 토사재해에 대한 안정성의 확보, 자연환경의 보전 및 새로운 경관도 창조할 수 있도록 시공한다.

3. 황폐계류의 유역구분

황폐계류의 유역은 그림 8-1에서 보는 바와 같이 토사생산구역, 토사유과구역 및 토사퇴적구역 등 3구역으로 구분할 수 있다.

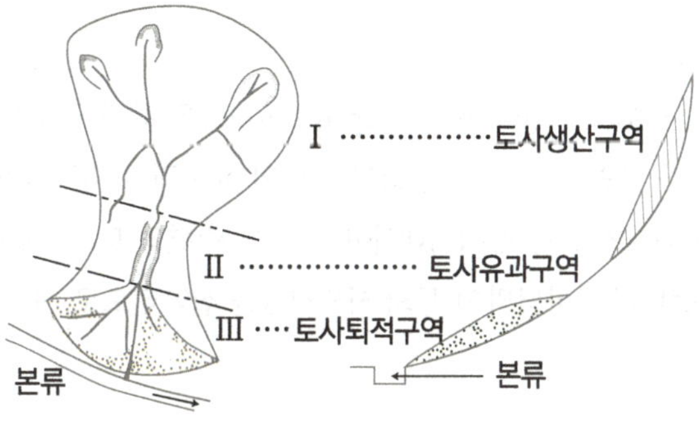

(a) 황폐계류의 유역구분

(b) 유역구분에 따른 공종 배치

[그림 8-1] 황폐계류의 유역구분(a)과 공종 배치(b)

1) 토사생산구역

토사생산구역(土砂生産區域: sediment production zone)은 황폐계류의 최상류부로서 붕괴 및 계상과 계안의 침식작용이 가장 활발히 진행되고 있는 구역이며, 사력생산구역, 침식구역 또는 채집구역이라고도 한다. 이 구간에서 생산된 토사 및 석력은 토사유과구역으로 유출되므로 생산된 토사를 억지 및 조절하기 위하여 횡공작물 위주의 공사를 실시한다.

2) 토사유과구역

토사유과구역(土砂流過區域: gorge)은 침식과 퇴적이 거의 발생하지 않고 상류에서 생산된 토사가 통과하는 구역이며, 토사유하구역, 중립지대 또는 무작용지대라고도 한다. 계상형태는 협착부로 사력을 하류로 운반하는 수로에 해당하며, 종공작물을 중심으로 시공하지만 횡공작물을 병용하기도 한다.

3) 토사퇴적구역

토사퇴적구역(土砂堆積區域: sediment deposit zone)은 유과구역에 접속된 황폐계류의 최 하류부로 계상기울기가 완만하고, 계폭이 넓어 유수의 유송력이 저하되어 토사 및 석력이 퇴적하는 구역이며, 사력퇴적지역 또는 침적지대라고도 한다. 주변의 토지이용도를 높이기 위해 감세공법 · 모래막이 · 수로내기 · 바닥막이 등의 사방시설을 집약적으로 시공한다.

8.2 야계사방 공사의 조사 및 측량

8.2.1 현지 조사

야계사방 사업을 계획하거나 설계할 때에는 사업의 목적과 내용 등에 따라 현지조사는 크게 3가지 ① 시공 여부의 검토 ② 공법 및 공작물의 검토 ③ 적산조건(자재 · 노동력 · 기계 · 운반관계 등) 등으로 구분하여 조사한다.

특히, 현지답사를 통하여 시공할 필요성이 있는지 없는지는 원칙적으로 계류의 황폐정도에 따라 좌우된다. 야계사방 사업을 위한 황폐계류의 조사는 계류 안의 황폐지나 퇴적지 분포 및 토사유출 특성 등을 파악하기 위해 필요에 따라 퇴적토사량, 식생, 유목, 토석류 유하거리, 계폭, 석력의 크기 등 토석류 동태 등을 조사한다.

황폐계류의 조사는 조사대상 유역의 황폐계류 및 계류 안의 황폐지와 퇴적지 위치를 파악하기 위해 실시하고, 토사유출 조사는 상류에서 유출되는 토사공급원과 계류의 계상 및 구성 재료의 변위량을 파악하여 토사량을 파악하기 위해 실시한다. 야계사방 공사를 위한 조사는 대상

유역의 안전성과 환경에도 조화롭게 실시해야 하며, 황폐계류에서는 토사이동의 규모와 유출수의 동태 등 계류 주변의 환경실태에 대하여 충분하게 조사를 하여야 한다.

특히, 산지계류의 자연환경을 파악할 때에는 시공 장소에 한정하지 말고, 유역 전체에 대해 조사해야 한다. 조사방법은 문헌이나 청문조사 등에 의하여 식물 · 어류 · 야생동물 · 조류 · 양서류 · 파충류 · 포유류 · 육상곤충의 서식처에 대해 조사한다. 또한, 천연기념물 등 귀중한 동 · 식물이 서식하고 있으면 보다 상세히 조사한다. 야계사방 공사 실시 후에는 계류의 동 · 식물 서식처 변화와 토사이동에 따른 환경에 미치는 영향을 모니터링 한다. 산사태 취약지구로 선정되어 야계사방 공사를 할 경우에 산주의 동의가 안 되어 사업 추진이 원활하지 못한 경우도 있다. 주민에게 토석류 등 산지재해에 대하여 사방시설물의 효과를 잘 이해시켜 생명과 재산을 보호하여 안전과 환경이 공생할 수 있도록 배려해야 한다.

현지조사의 결과 시공 필요성이 있는 지역은 측량을 실시하여 계획 및 시공 시에 필요한 지형조건 등의 기초자료로 활용하며, 공법 및 공작물에 대한 선정과 설계 계산상의 조건 등도 조사한다.

8.2.2 측량

1. 측량의 범위

야계사방 사업에서 측량의 범위는 야계 공작물을 종합적으로 배치하는 데 필요한 시공 장소의 상류, 하류 및 계안을 대상으로 하며, 상류는 공작물의 종류에 따라 사력의 퇴적상황, 침식가능성, 산각고정구역의 범위, 구조물 완공 후의 영향 등을 충분히 파악할 수 있는 범위까지 측량한다. 또한, 하류는 공작물이 미치는 영향, 홍수류에 의하여 영향을 받는 양안과 계상저하 등을 파악할 수 있는 범위까지로 한다. 계안은 구조물의 종류에 따라 계획할 구조물 및 붕괴지를 포함할 수 있는 충분한 범위까지 측량한다.

2. 측량의 종류

1) 평면측량

평면측량(平面測量: plane surveying)은 계안 및 산복 붕괴지 등의 형상 · 면적 · 지황 · 주변의 지형조건 등을 파악하여 계간 구조물의 배치장소 및 수량 등을 결정하기 위해 실시하며, 측량 결과에 따라 평면도를 작성한다. 측량의 기준점은 지형도 상에 명시되어 있는 지점이나 지물에 설치하지만, 수준점 또는 삼각점이 근처에 있을 때에는 이를 기준점으로 한다.

평면도의 경우 계류의 폭과 길이는 야계공사의 설계에 필요한 범위를 기준으로 하며, 평면도에는 측점번호 · B.M. · 방위 · 축척 · 표고 · 등고선 · 계획 및 기설 구조물의 시공년도 등 주요 제원과 기타 설계에 필요한 것을 기입한다. 또한, 평면도의 축척은 그 목적과 범위에 따라 다르지만, 일반적으로 1/1,000로 하고, 공종배치도는 1/500~1/200로 한다.

2) 종단측량

종단측량〔縱斷測量: profile leveling〕은 계류의 종단지형을 측정하여 구조물의 배치규모 등을 결정하는 데 필요한 자료를 제공하기 위해 실시하며, 측량 결과에 따라 종단면도를 작성한다. 종단측량은 계상물매의 변이점, 노출된 계상암반 · 거석 · 계상석력의 퇴적상황, B.M.의 표고(標高), 공작물의 퇴사 및 세굴상황 등을 정확하게 파악하기 위하여 실시한다. 종단측량의 기준점은 측량의 기점 및 구조물 계획 장소 인근의 부동점에 설치하도록 한다.

종단면도에는 측점번호 · 수평거리 · 수평누적거리 · 수직거리 · 수직누적거리 · 계상물매 · B.M. · 계획 및 기설 공작물의 시공년도 등 주요 제원을 기입한다. 또한, 공작물의 설계가 완료되었을 때에는 그 제원을 기입한다.

종단면의 수평축척은 평면도와 같게 하고, 수직축척은 계상물매가 1/10 미만인 경우에는 수평축척의 5배로, 1/10 이상인 경우에는 2배로 한다. 계상물매가 급할 때에는 종단면도의 수직축척은 수평축척과 동일하게 하고, 완만한 경우에는 수평축척의 10배로 하여 종단의 고저를 알기 쉽게 한다. 또한, 계간유로 · 기슭막이를 설계하기 위한 종단면도는 일반적으로 수평축척과 동일하게 한다. 종단면도의 범위는 평면도의 경우와 동일하게 한다.

종단물매는 물매의 변이점(노출 암반 · 사력의 퇴적상황 · 유량 · 붕괴지 등의 물매 형성에 영향을 미치는 인자의 변이점)을 구간별로 일괄하여 산정한다.

3) 횡단측량

횡단측량〔橫斷測量: cross leveling〕은 계류의 횡단지형을 측정하여 구조물의 배치규모 등을 결정하는 데 필요한 자료를 제공하기 위해 실시하며, 측량 결과에 따라 횡단면도를 작성한다.

횡단측량은 구조물 시공 장소의 횡단측선 상의 지반 변이점 · 노출된 암반 · 토석구분 · 추정암반 및 기설 구조물 등 필요한 범위까지 측량한다. 측점은 평면측량 또는 종단측량의 측점을 기준으로 하며, 필요에 따라 보조측점을 설치하도록 한다.

황단면도의 축척은 목적과 필요한 범위에 따라 적절하게 선택을 하며, 일반적으로 1/100을 많이 사용하지만 필요에 따라 1/50~1/10 또는 1/200을 사용하기도 한다.

8.3 야계사방의 계획 및 공종

8.3.1 계획

야계사방은 상류유역인 토사생산구역에서 발생되는 토사 및 석력을 하류로의 이동을 경감하고 방지하여 계류가 황폐화되는 것을 예방하고, 토석류 등 토사재해로 인한 위험한 계류의 안정성을 높여 생태적 및 경관적으로 뛰어난 계류로 복구 및 복원하기 위해 실시하는 사업이다.

따라서, 야계사방은 ① 계상의 종 · 횡 침식 방지 ② 유송토사의 조절 ③ 토석류의 발생억제 등을 위하여 시공하므로 목적에 따라 적절한 공법을 계획하고 시공하여야 한다.

1. 종침식방지공사

종침식의 발생은 유수의 소류력이나 충돌력이 계상의 저항력보다 클 때 생기기 때문에 계상의 평형상태가 유지되어야 한다. 종침식방지공사(縱浸蝕防止工事: longitudinal erosion control works)는 ① 유수의 소류력이나 충돌력을 약화시키는 방법 ② 계상의 저항력을 증강시키는 방법 ③ ①과 ②를 동시에 실현하는 방법 중에서 최소한 한 가지 방법을 선택하여 공사를 실시해야 한다.

종침식방지공사는 유수의 소류력이나 충돌력을 약화시키기 위하여 퇴사에 의하여 계상을 안정시키는 사방댐 · 골막이 등의 횡공작물(横工作物: coross work)을 시공하며, 계상물매를 완화하고 계폭을 넓혀 토사 및 토석 등 유하물질을 분산시킨다. 또한 계상의 침식방지를 주목적으로 하는 바닥막이 등을 시공하여 계상의 저항력을 높여야 한다.

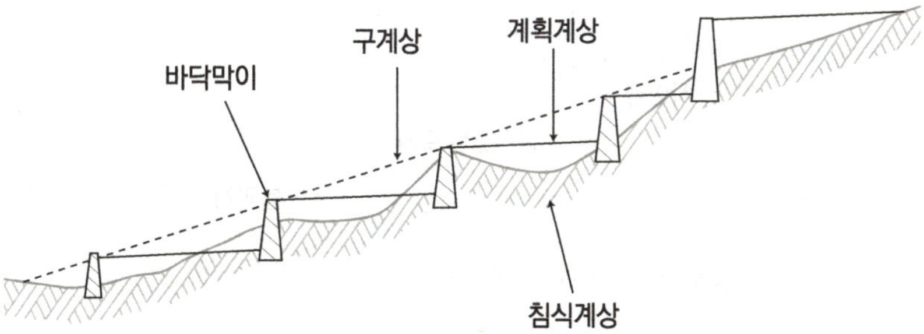

[그림 8-2] 현 계상 유지를 위한 계단상 바닥막이의 계획

2. 횡침식방지공사

횡침식은 유수에 의하여 공격을 받는 공격사면 쪽에서 많이 발생하고 있다. 이러한 계안붕괴를 방지하기 위한 횡침식방지공사〔橫浸蝕防止工事: lateral erosion control works〕는 유로의 방향과 나란히 시공하는 기슭막이 등과 같은 종공작물(縱工作物)을 설치하고, 유심에 직각 또는 상향 및 하향 방향으로 돌출되게 수제(水制)도 설치하며, 급류구간은 종공작물의 기초부가 쉽게 침식되기 때문에 바닥막이 등을 시공해야 한다. 특히, 유송 토사와 석력을 억지 또는 저류하기 위해 골막이 · 사방댐 · 바닥막이 등을 시공하여 계상에 퇴적해 있는 토사 및 석력의 재이동을 방지한다.

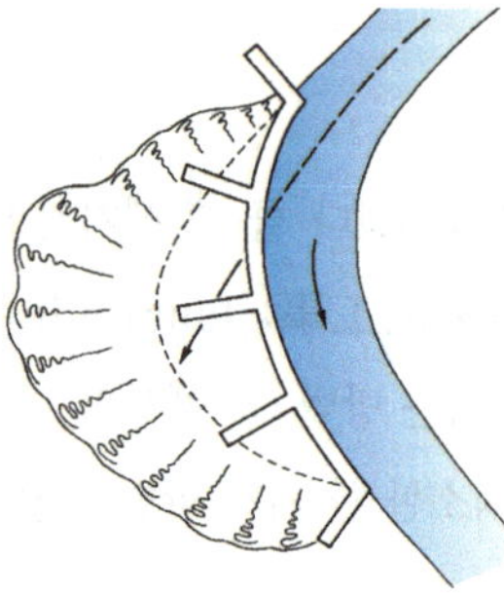

[그림 8-3] 기슭막이에 의한 횡침식 방지

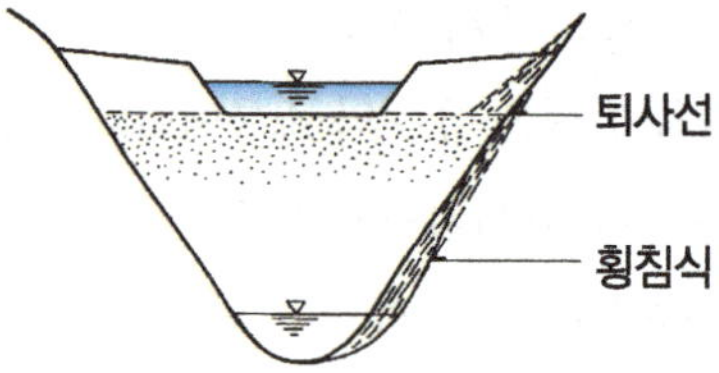

[그림 8-4] 사방댐의 퇴사에 의한 횡침식방지

3. 유송토사의 저사조절공사

상류유역에서 생산된 토사 및 석력의 이동을 방지하기 위하여 적절한 지점에 유출토사를 저사하고, 조절하기 위하여 사방댐을 시공한다.

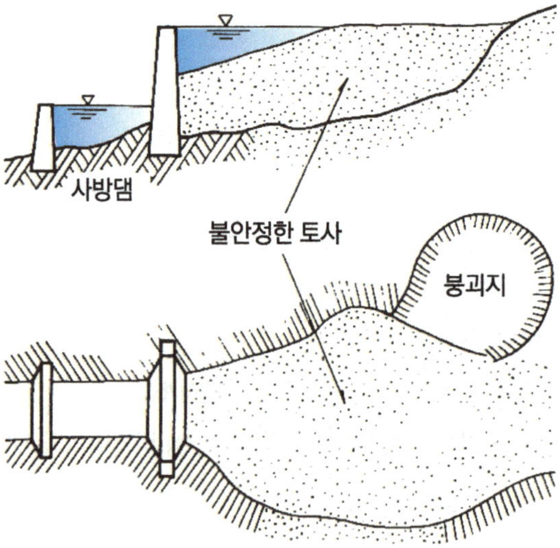

[그림 8-5] 계상기울기의 완화 및 유송토사의 억지를 위한 사방댐

4. 토석류조절공사

토석류조절공사(土石流調節工事: debris flow control works)는 산복 및 계류에서 토석류 발생으로 토사 및 석력의 이동을 억지하거나 저감시키기 위한 방법이다. 특히 토석류를 안전하게 저류(貯留) 또는 퇴적시킬 수 있는 비교적 큰 규모의 사방댐이나 모래막이 등을 시공한다.

5. 홍수조절을 겸한 공사

유역면적이 비교적 넓은 지역에서 유출수량이 많을 경우에 사방댐의 물빼기구멍(수발공(水拔工))을 크고, 적게 다양한 형태로 만들어 적정하게 물을 흐르게 하여 홍수조절을 겸하도록 설계하여 시공한다(그림 8-51 참조).

6. 난류조절공사

난류조절공사(亂流調節工事: turbulent flow control works)는 황폐계류의 하류부 계폭이 넓은 퇴적구역에는 사주(砂洲: bar, sand bar, barrier)가 비정상적으로 발달하여 난류가 발생한다. 이러한 난류에 의하여 발생하는 국소침식, 제방결괴, 제방 주위의 세굴 등을 방지하며, 상류로부터 유송되는 토사 및 석력이 감소될 때에는 홍수유량을 안전하게 유하시키고, 홍수시의 종・횡 침식으로부터 하류부의 수로를 안정시킬 수 있도록 수제 및 바닥막이 등을 시공한다.

7. 유목대책공사

유목대책공사(流木對策工事: prevention works against driftwood)는 산지의 붕괴로 토사의 생산과 함께 동반되어 발생하는 유목의 이동대책 공사이며, 유목발생억지공사와 유목포착공사로 나눌 수 있다. 유목발생억지공사는 산복・계안・계상 등을 보호하여 토사와 함께 유하하는 유목의 발생을 억지 또는 경감하기 위한 유목의 발생원 대책공사이며, 유목포착공사는 도목이 퇴적해 있는 산복이나 유목이 유하하는 계류에서 유목포착을 위해 버트리스 및 슬릿 등 투과형 사방댐을 시공한다.

8. 사방환경정비공사

사방환경정비공사(砂防環境整備工事: designated projects for environmental improvement by erosion control works)는 사방시설 및 주변을 정비하여 토사재해 방지기능을 향상시키며, 주변 환경과의 조화 및 수변녹지(水邊綠地) 등의 자연공간을 확보하여 레크리에이션 기능도 높이고자 하는 사업이다.

특히, 자연석 등의 현지자재를 활용하거나 공학적 방법 뿐만 아니라 수림대 등과 같은 식물학적 방법도 활용할 필요가 있다.

8.3.2 공종의 분류

야계사방 공사는 황폐계류 및 계안붕괴지 등의 상태나 특성에 따라 횡공작물과 종공작물을 서로 유기적 및 보완적이 되도록 배치하여 효과적인 기능이 발휘될 수 있도록 하는 사업이다.

횡공작물(橫工作物)은 계류의 가로방향으로 배치하여 종침식을 방지하는 구조물이며, 종공작물(縱工作物)은 계류의 세로방향으로 배치하여 횡침식을 방지하는 구조물이다. 또한, 계간수로(溪間水路) 및 모래막이 등은 복합적인 작용을 하는 구조물이다.

야계사방은 황폐계류를 복구 및 복원하고, 황폐될 위험이 있는 계류 등의 재해를 예방할 목적으로 실시하므로 계류 및 산지의 황폐상황 · 지형 · 지질조건 등을 고려하고, 현지에 적합한 공종 및 공법을 선정해야 한다. 또한, 유역이나 계류의 상태 및 특성 등에 따라 선정된 공종은 서로 유기적인 효과가 발휘될 수 있도록 그 규모와 배치를 적절하게 하여야 한다.

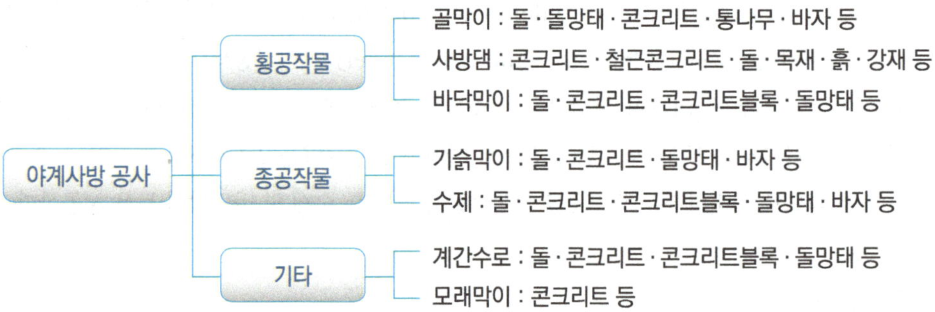

[그림 8-6] 야계사방 공사의 공종에 따른 분류

8.4 사방댐

8.4.1 개요

사방댐(砂防댐: debris control dam, erosion control dam)은 황폐계류에서 돌, 자갈, 모래, 흙 및 그 밖의 침식된 유송물질을 억제하기 위하여 계류를 횡단하여 시공하는 댐이다. 사방댐은 산사태 · 토석류 등을 저지하여 하류지역의 주택 및 농경지 등을 재해로부터 안전하게 보호하는 데에 중요한 목적이 있다.

사방댐은 계상기울기 완화에 의한 안정물매를 유도하며, 종 · 횡 침식의 방지 및 산각의 고정과 붕괴를 방지하고 계상퇴적물(토사 · 토석류 · 유목)의 유출을 조절하여 난류구역의 유로 정비 및 계류생태계의 보전 등을 목적으로 황폐계류를 횡단하여 설치하는 구조물이다. 이러한 사방댐의 다양한 기능들이 잘 발휘되도록 하고, 유지관리도 장기간 지속하여야 한다.

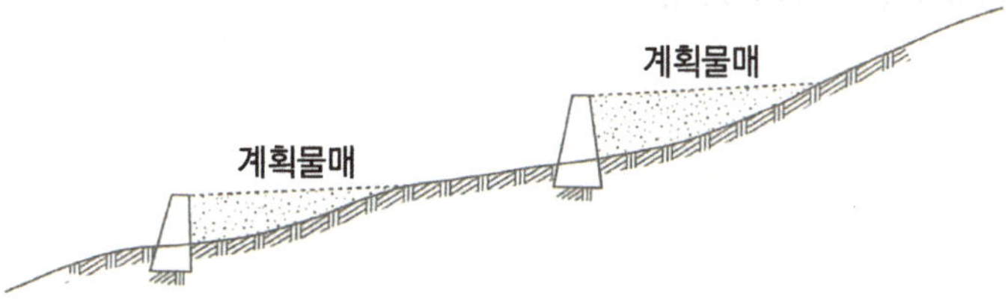

[그림 8-7] 계상물매의 완화를 위한 사방댐

8.4.2 시공목적

1. 계안 및 계상의 침식방지

황폐계류에 설치된 사방댐에 의하여 상류부에 퇴사지역이 형성되면 원 계상에 비하여 기울기가 완화되고 계폭이 확대되어 유수에 의한 계상의 소류력은 약해지며, 사방댐의 방수로 중앙부에 유심이 고정되어 난류가 억제된다.

2. 유송토사의 조절

불투과형 사방댐은 홍수 시와 평상시의 퇴사기울기가 다르므로 유송되는 토사량이 조절된다. 또한, 투과형 사방댐은 홍수 시에는 계상이 상승하여 유속이 일시적으로 감소되므로 소류력도 저감되며, 토석보다 유출수가 많으면 퇴사지역의 유출토사도 조절된다.

[그림 8-8] 사방댐 대수면의 전석포착

3. 토석류의 포착 및 감세

사방댐에 의하여 퇴적공간이 조성되면 토석류가 포착되고 종단물매가 완화될 뿐 아니라 토석과 유수도 분리되기 때문에 토석류는 감세(減勢)하게 된다. 특히, 투과형 사방댐은 평상시에 퇴사용량이 증가되기 때문에 홍수 시에는 포착기능이 크게 증가한다.

4. 유목의 포착

불투과형 사방댐은 종단기울기의 완화, 계폭의 확대 등으로 수심이 낮아지면 유로가 고정되고 퇴사 지점에 유목이 포착되므로 1개의 사방댐보다는 몇 개의 저댐군을 계단상으로 설치하여 기능이 잘 발휘되도록 할 필요가 있다.

8.4.3 사방댐의 종류

사방댐의 종류는 형식 · 구조 · 구축재료 · 기능에 따라 구분된다. 사방댐은 최근 자연친화

[표 8-1] 사방댐의 분류 〈池谷 等, 2001〉

형식 (평수시의 낙차)	토사제어의 주안 (기구)	구 조	주재료	사방댐의 명칭사례 (통칭)
불투과형 (낙차:대)	퇴사·구배완화 (1년 단위의 토사유출)	중력식 [단단면식(單斷面式)]	콘크리트 배합콘크리트	• 중력식 콘크리트 사방댐
			강제 (안채우기는 토사)	• 불투과형 강제사방댐
			돌쌓기	• 돌쌓기 사방댐 (전통적 사방댐)
			콘크리트블록	• 블록쌓기 사방댐
			돌망태	• 돌망태 사방댐
		아치식(암반)	콘크리트	• 아치식 사방댐
투과형 (낙차:소)	월류형 (홍수)	슬릿식	콘크리트	• 월류형 슬릿사방댐
		슈퍼암거식	철근콘크리트	• 슈퍼암거 사방댐
		대암거식	콘크리트	• 월류형 슬릿사방댐 (대암거 사방댐)
		게이트부착 (암반, 인공암반필요)	콘크리트 (게이트부착 강제)	• 게이트부착 사방댐
	폐기형 (토석류)	슬릿식	콘크리트	• 폐기형 슬릿식 콘크리트 사방댐
			강제(어깨부분만 콘크리트)	• 강제 슬릿사방댐
			강제 (안채우기는 토사)	• 슬릿식강제사방댐 (셀댐 등)
		격자식	강제(어깨부분만 콘크리트)	• 격자식 강제사방댐 (격자형사방댐)
		대암거식	콘크리트	• 폐기형 대암거 사방댐 (대암거사방댐)

적인 시공에 따라 다양한 소재의 개발과 사업의 효율화를 위해 형식 · 구조 · 재료적인 측면에서 다양하게 개발이 되고 있다. 여러 종류의 사방댐은 지형 · 지질 · 황폐상황 · 시공조건 · 경제성 · 보전대상 등을 충분히 검토하여 시공목적에 따라 적절한 위치에 시공한다.

사방댐의 형식을 외력에 대한 댐체의 저항력을 기준으로 구분하면 직선중력댐(gravity dam), 아치댐(arch dam), 3차원응력해석댐(3-dimensional dam), 부벽댐(扶壁댐, buttress dam) 등으로 구분된다.

구축재료에 따라 사방댐은 콘크리트댐(concrete dam), 철근콘크리트댐(reinforced concrete dam), 돌댐(stone dam), 혼합쌓기댐(mixed masonry dam), 돌망태댐(gabion dam), 콘크리트블록댐(concrete block dam), 통나무댐(timber dam), 강제(鋼製)댐(steel dam), 흙댐(earth dam) 등이 있다. 돌댐은 콘크리트나 모르타르와 같은 교접제의 사용 여부에 따라 메쌓기댐(dry masonry dam)과 찰쌓기댐(wet masonry dam)으로 구분되며, 큰돌(轉石)로 축조하였을 경우에는 큰돌댐(구 전석댐)이라고 한다.

또한, 토석과 물을 투과시키는 여부와 형식과 기능을 복합적으로 고려하여 불투과형댐, 투과형댐, 복합형댐으로 구분하기도 한다.

1. 외력에 대한 저항력에 의한 분류

1) 중력댐

중력댐(重力댐: gravicty dam)은 제체(堤體)의 중량에 의하여 수압 · 토압 등의 외력에 저항하여 안정을 유지하는 형식의 댐이다. 제체의 단면이 비교적 커서 시공 후 몇 년이 지나 구축재료가 노후화되고 품질이 저하되어도 안전에 큰 영향이 없으므로 제체의 여러 변동조건에 폭넓게 대응할 수 있다.

2) 아치댐

아치댐(arch dam)은 댐에 작용하는 외력을 아치형의 곡면을 따라 댐 하부기초와 양안(兩岸)의 지반에 전달하는 수평아치식의 댐이다. 댐자리가 견고한 암반이거나 댐 높이에 비하여 계폭(溪幅)이 좁은 곳에 축조하며, 축조 이후의 여러 변동조건에 대한 안정성은 중력식과 같지만 시공재료가 절감되고, 댐의 외형이 아름다운 특징이 있다.

[그림 8-9] 아치형 사방댐
(사진: 사방기술교본, 산림청)

3) 3차원응력해석댐

3차원응력해석댐(三次元應力解釋댐: three dimension analysis dam)은 댐 자리에 양질의 암반이 존재하고 지지력을 확보하여 제체를 대들보로 간주할 수 있도록 설계된 댐이다.

2. 구축재료에 의한 분류

1) 콘크리트댐

콘크리트댐(concrete dam)은 제체를 콘크리트로 축조한 댐이며, 재료의 확보가 쉬워 품질을 균일하게 관리할 수 있고 작업의 표준화도 가능하여 가장 많이 도입되고 있다. 그러나 환경에 대한 관심도가 증가되어 콘크리트에 대한 비판적인 시각이 있으며, 방수로와 반수면의 파손이 쉬우므로 적절한 보호가 필요하다.

2) 철근콘크리트댐

철근콘트리트댐(reinforced concrete dam)은 제체의 내부에 철근을 배치하고 콘크리트를 채워 축조하고, 밀판과 벽체 등에 의하여 외력에 저항하는 것이므로 콘크리트댐에 비해 단면이 작아도 된다. 시공 시는 계산상으로 산출한 철근량에 비하여 가능하면 굵은 철근을 사용하여 철근 간격을 넓히는 것이 효과적이다.

3) 돌댐

돌댐(masonry dam)은 댐의 제체를 큰돌(전석)로 쌓고 돌 사이에 콘크리트 또는 모르타르를 사용하여 시공한다. 최근에는 댐의 중심부는 콘크리트로 시공하고 반수면 한쪽 또는 반수면과 대수면 양쪽 모두에 큰돌을 붙여(쌓아) 시공하는 방법이 널리 이용된다.

돌댐은 콘크리트나 모르타르와 같은 교접제의 사용 여부에 따라 메쌓기댐(dry masonry dam)과 찰쌓기댐(wet masonry dam)으로 구분하기도 한다.

(1) 찰쌓기댐

찰쌓기댐은 댐의 외부는 깬돌 · 야면석(野面石) 등으로 쌓고, 내부는 호박돌콘크리트로 채우고, 모르타르(mortar)를 사용하여 시공한다.

(2) 메쌓기댐

메쌓기댐은 제체 전체를 야면석 · 막깬돌 등으로 쌓고, 콘크리트나 모르타르를 사용하지 않은 것이다. 메쌓기댐의 높이는 4m를 최대로 하며, 둑마루나비(천단폭)는 댐 높이의 1/2 정도로 하고, 대수면과 반수면의 돌쌓기 기울기는 1 : 0.3~0.5로 한다.

4) 혼합쌓기댐

혼합쌓기댐(mixed masonry dam)의 석축은 메쌓기로 하고, 둑마루 및 반수면의 방수로 부분은 누수방지를 위하여 찰쌓기로 한다. 댐 높이는 5m 전후로 하고 댐마루 나비는 0.5~3.0m, 기울기는 1 : 0.3~0.5로 한다.

5) 콘크리트 블록댐

콘크리트 블록댐(concrete block dam)은 주로 콘크리트블록을 조합하여 축조한 댐으로, 기초지반에 대한 요구도가 작을 뿐만 아니라 단기간에 시공도 가능하기 때문에 산사태지 등과 같이 응급복구를 필요로 하는 장소에 사용되는 경우가 많다.

6) 통나무댐

통나무댐(timber dam)은 산사태나 급격한 붕괴가 발생할 위험구역을 긴급하게 저지할 목적으로 댐 높이를 4m이하로 하고, 통나무나 목재를 사용하여 축조한 댐이며, 목재댐이라고도 한다. 계상물매가 비교적 완만한 계류나 유로가 확대되기 쉬운 소하천 등 친환경적 시공이 필요한 경우에는 시공하지만 안정도가 낮고 목재는 부패하기 쉬워 특별한 곳을 제외하고는 별로 시공하지 않는다.

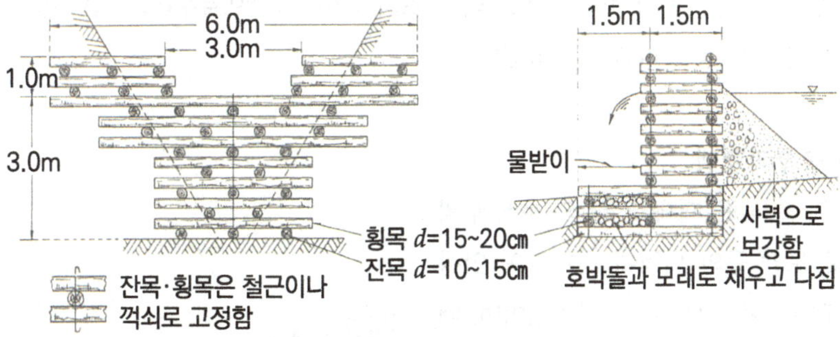

[그림 8-10] 통나무댐

7) 돌망태댐

돌망태댐(사롱댐(蛇籠댐): gabion dam)은 철선 돌망태의 유연성을 이용하여 돌망태를 조립하고 시공하는 댐이며, 땅밀림 산사태지 등의 응급복구사방 공사에 적합하다.

터파기는 깊이 1m 정도로 하고 말뚝으로 제체를 유지해야 하며, 높이는 3m 이하로 한다. 철선은 부식되기 쉬워 내구성이 낮으므로 지반이 안정되면 콘크리트로 피복하는 것이 좋다.

8) 강제댐

강제댐〔鋼製댐: steel dam〕은 제체를 탄성이 큰 강재(鋼材)를 이용하여 조립하는 댐이다. 최근에 강제댐에는 일정한 크기의 석력은 통과시키고, 전석(轉石) 등 거석은 포착하는 다양한 형태의 투과형 댐이 개발되고 있다.

버트리스 댐〔부벽(扶壁): buttress〕은 주 구조로서 H형강을 이용하여 약 2m 간격으로 조립하여 부벽〔扶壁: buttress〕을 만들고, 그 앞면에 H형강을 스크린(screen)상으로 부착하고 벽을 형성하여 만든 댐으로 스크린댐이라고도 한다. 철근 콘크리트 또는 원통형 철강재 기둥을 빗살 모양으로 세워 홍수 시에 토사석력이나 유목을 저지하고, 평상시에는 토사를 서서히 유하시키는 슬릿댐(slit dam)과 강재(鋼材)로 틀을 만들고 내부는 석력으로 충전하는 틀댐(steel crib dam) 등이 있다.

9) 기 타

이 밖에도 흙댐(earth dam), 바자댐〔편책댐(編柵댐): wicker dam〕 등이 있다.

3. 형식과 투과기능에 따른 분류

불투과형 중력식 사방댐은 계류의 연속성을 단절시키고, 어류, 양서류 및 파충류 등 생물서식처의 환경을 물리적으로 변화시키므로 최근에 투과형 사방댐의 개발이 많이 진행되고 있다. 따라서 사방댐의 개방성, 즉 하천바닥으로부터 기초의 높이, 양안으로부터의 횡단면의 개방 정도 및 토석의 투과 여부 등에 따라 구분하였다.

1) 불투과형댐

불투과형 사방댐은 제체(堤體)의 무게에 의해 수압 및 토압 등의 외력에 저항하여 안정을 유지하도록 설계 · 시공하는 사방댐이며, 대수면 상류구간에 모든 토석을 퇴적시키는 것을 주 기능으로 하고, 부분적으로는 물을 가두기도 하는 형식으로 중력댐과 아치댐 등이 있다. 주 기능에 따라 방재댐(erosion control dam), 치산댐(soil conservation dam), 토사조절댐(sediment control dam), 저사댐(貯砂댐), 저수댐(貯水댐), 저사저수(貯砂貯水) 겸용의 다목적 댐(산불진화용 취수용수, 농업용수, 산촌상수원수 등의 공급원 등)으로 활용할 수 있도록 설치하는 경우도 있다.

[그림 8-11] 산불진화용 저수댐 (경남 산청군)

특히, 불투과형 사방댐은 원칙적으로 사방댐의 설치목적에는 맞지 않지만 상류계류의 안정성

유지를 위한 사방댐 기능 증진과 신설 댐 설치로 인한 경비절감 등 사방댐 자원을 효율적으로 활용하기 위하여 만사(滿砂)되면 준설사업을 하기도 한다.

2) 투과형댐

투과형 사방댐은 철근 콘크리트 또는 원통형 철강제 기둥을 빗살 모양으로 세워 홍수시에는

스크린댐 / 슬릿댐

테트라블록댐 / 버트리스사방댐

와이어넷 / 에코필라댐

와이어넷 / 도징댐

[그림 8-12] 투과형 사방댐의 다양한 모형

유목이나 토사석력을 저지하고, 평상시에는 토사를 서서히 유하시킨다. 투과형댐은 비교적 큰 석력과 유목의 유치를 주 기능으로 하고 작은 토석과 물을 통과시키는 형식으로 슬릿댐(slit dam), 스크린댐(screen dam), 도징댐(dosing dam), 테트라블록댐(tetra block dam), 에코필라댐(eco-pillar dam) 및 와이어 넷(wire net) 등 다양한 모형의 새로운 댐들이 많이 개발되고 있다.

3) 부분투과형 댐

부분투과형 사방댐은 제체의 하부는 불투과형으로 시공하고, 그 상부인 방수로 부분은 투과형 구조물을 설치하는 형식이며, 불투과형과 투과형이 혼합된 형태의 복합형 사방댐이다. 계상에 퇴적된 토사의 이동을 방지하고, 유목이나 석력 등을 차단하기 위하여 시공한다.

[그림 8-13] wire - rope 복합형 사방댐

8.4.4 사방댐의 설계

1. 설계 및 시공 순서

사방댐을 설계할 때에는 시공목적과 기능이 충분히 발휘되고, 외력에 대하여 안정성이 있어 기능이 장기적으로 유지되도록 설계해야 한다. 사방댐의 설계순서는 댐형식 선정, 방수로 설계, 본체설계, 기초설계, 댐둑어깨 설계, 앞댐, 측벽 설계, 물받침 등 전정보호공 설계와 부속물 설계, 기타 시설 설계 순으로 진행한다(그림 8-14 참조).

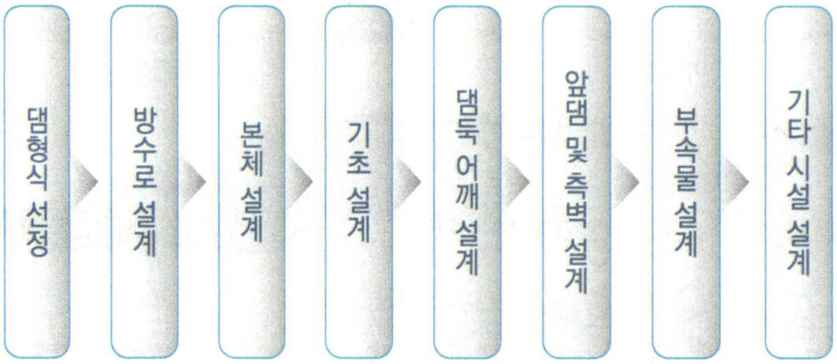

[그림 8-14] 사방댐의 설계순서

또한, 시공은 줄뜨기공사, 물막이 및 돌림배수로 설치, 토사터파기, 암반터파기, 기초공사(기초부 철근 및 지수벽 시공), 댐쌓기공사 등의 순서로 진행한다(그림 8-15 참조).

(a) 터파기 공사

(b) 기초부 철근 및 지수벽 시공

(c) 철근배근 및 거푸집 작업

(d) 콘크리트 타설

[그림 8-15] 사방댐의 시공순서

2. 각부 명칭

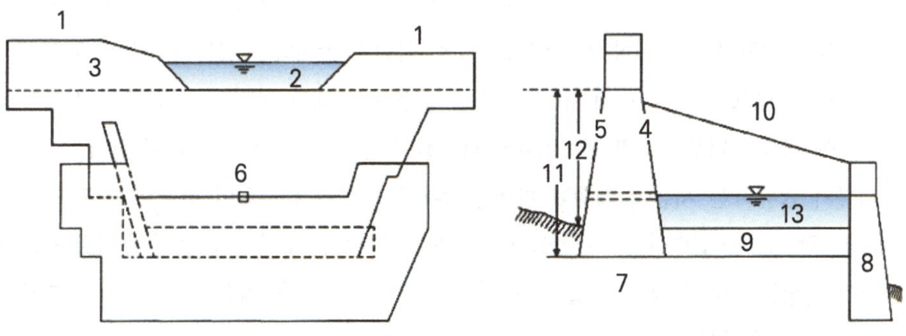

1. 댐둑마루 2. 방수로 3. 댐둑어깨 4. 반수면 5. 대수면 6. 물빼기구멍 7. 댐둑밑
8. 앞댐 9. 물받침 10. 측벽 11. 댐높이 12. 댐유효높이 13. 물방석(water cushion)

[그림 8-16] 사방댐의 각부명칭

사방댐의 각 부위별 명칭은 그림 8-16과 같고, 사방댐의 본댐과 앞댐의 시공사례는 그림 8-17과 같다.

[그림 8-17] 사방댐의 본댐과 앞댐의 시공사례

8.4.5 사방댐의 위치

1. 위치 선정의 기본원칙

사방댐의 위치는 시공목적 · 지형 · 지질 등에 따라 가장 효율적이며 경제적인 장소를 선택해야 한다.

① 지반의 지지력이 약한 경우에는 댐의 침하, 월류수에 의한 세굴, 계안침식 등에 의한 댐의 파괴를 방지하기 위해 계상 및 양안에 견고한 암반이 존재하는 것을 원칙으로 한다.

② 상류부가 넓고 댐자리(dam site)가 좁은 곳을 선정해야 하지만, 사력층의 기초가 되는 지점에 계폭이 너무 좁으면 댐둑어깨가 파괴될 위험이 있으므로 주의해야 한다.

③ 지류가 합류하는 지점에 계획할 때에는 원칙적으로 합류지점의 하류에 계획해야 한다. 특히, 각 지류는 집수면적 · 계상물매 · 유량 · 불안정한 토사의 상황 등이 다르므로 양 지류가 안정을 이룰 수 있도록 합류지점의 하류부에 사방댐을 계획한다. 또한, 두 지류 중에서 어느 한 쪽만이 황폐되었을 때는 황폐된 계류에 계획한다.

④ 황폐계류에서 종 · 횡 침식이 심하게 발생하는 구역이나 구역이 긴 경우에는 저댐군(低댐群)을 계단상으로 계획해야 하며, 저댐군의 최하류 댐은 원칙적으로 견고한 지반에 설치를 한다. 또한, 하류의 기점이 되는 댐으로부터 상류를 향해 계획물매선(현 계상물매의 1/2)과

구 계상이 만나는 지점을 댐자리로 하고 순차적으로 저댐군을 설치한다. 댐자리가 불안정할 때에는 앞댐 · 물받이 등을 설치하여 계상을 보호해야 한다.

⑤ 현 계상을 고정시키기 위한 사방댐은 종침식에 의하여 계상이 저하될 위험성이 있는 지점에 계획한다.

⑥ 굴곡부의 하류나 계폭이 넓은 장소는 난류가 발생하여 산각이 침식될 위험이 높으므로 유로를 고정할 수 있는 댐을 계획한다.

⑦ 유출토사를 억제하기 위한 댐은 계상물매가 완만하고 계폭이 넓은 곳에 배치하며, 특히 토석류 등 토사재해가 발생하여 형성된 계상퇴적지는 2차 이동이 없는 지점에 계획한다.

2. 위치선정 시의 유의점

사방댐의 위치 선정을 위하여 현지답사 시 유의할 사항은 다음과 같다.

① 한쪽 계안에 암반이 노출되어 있지만 반대쪽에 암반이 발견되지 않는 곳은 암반지대가 아닌 경우가 많다

② 같은 계안 내에서 암석의 종류가 다를 때에는 단층인 경우가 많고, 계폭이 급격히 좁은 지점은 암반의 위치가 깊은 경우가 많다.

③ 계안을 굴착할 때 비탈면붕괴나 산사태 등이 발생할 수 있으므로 양안의 지질상태 등을 충분히 조사해야 한다.

특히, 유량이 비교적 많은 지점은 계상에 암반이 노출되어 있더라도 암반의 깊이를 추정할 때 숙련된 기술자도 착오를 일으키는 경우가 많기 때문에 보링을 통하여 조사하는 것이 바람직하다.

8.4.6 방향

사방댐은 계획지점 상류의 불안정한 토사의 퇴적과 산각의 고정 등을 목적으로 시공하므로 댐 축조 후에는 유수에 의한 상류의 산각이나 계안이 침식을 받지 않게 된다.

일반적으로 직선유로에서 사방댐의 방향은 방수로(放水路) 중심점이 유심선(流心線)에 직각이 되도록 설정하고, 곡선유로에서는 하류를 향해 방수로 중심점이 유심선의 절선과 직각이 되도록 설정하여 댐둑어깨 부위를 보호하여야 한다. 특히, 유수의 충격에 의하여 한쪽 계안이 침식을 받을 위험이 있는 곳은 댐의 방향 또는 방수로의 위치를 변경하거나 기슭막이를 시공하여 계안을 안정시켜야 한다.

또한, 저댐군(低댐群)의 방향도 각 댐의 방수로 중심선(방수로 댐둑마루의 하류 끝)이 하류

를 향해 유심선에 직각이 되도록 배치하며, 각 방수로의 중심점은 직상류 댐의 방수로 중심점의 유심선에 일치하도록 한다.

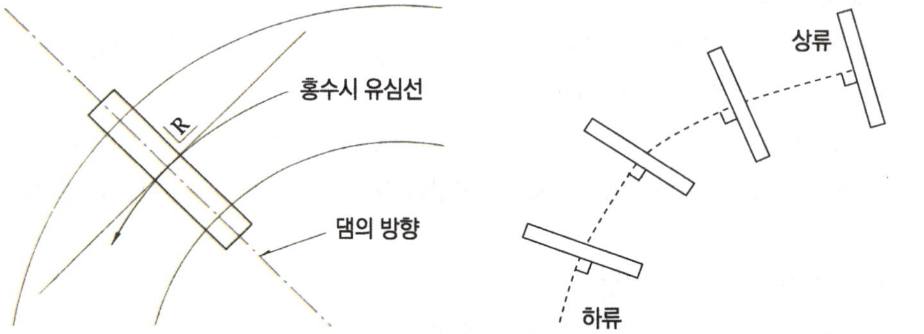

[그림 8-18] 곡선부의 단일 댐과 댐군 배치방향

8.4.7 높이

1. 일반적인 결정기준

사방댐의 높이는 제저에서 방수로(또는 댐마루 · 천단)까지이고, 유효높이는 시공 전 계상의 지표면으로부터 방수로까지를 말한다. 댐의 높이는 시공목적 · 지반의 상황 · 계획기울기 · 시공지점의 상태 등을 고려하여 결정하지만 일반적으로 다음과 같이 결정한다.

① 비교적 짧은 구간의 침식을 방지할 목적으로 할 때에는 그림 8-19와 같이 1개의 높은 사방댐으로 충분하다. 토석류 발생지역에서는 충분한 여유고를 두고 배치하며, V자형으로 깊게 세굴된 계류는 기초지반이 견고하면 계상물매를 완화하고 산각의 침식방지 및 저사를 위하여 가급적 높게 한다. 높은 사방댐에 의한 새로운 기울기 x%는 AB구간 전체를 지배

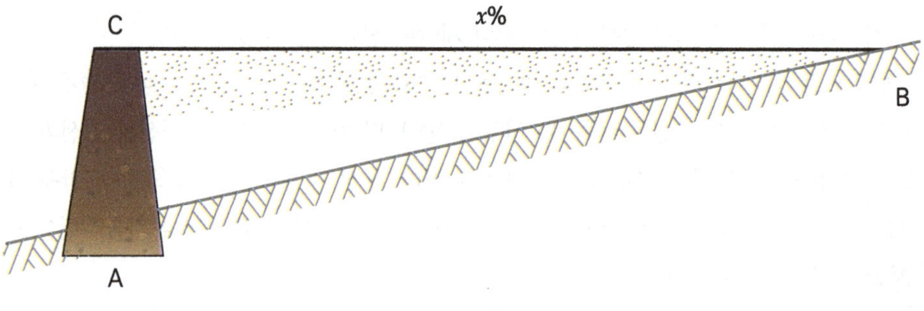

[그림 8-19] 짧은 구간의 침식방지 사방댐

하므로 안정기울기가 되어야 하지만 이론적으로 구하기 어려워 사방댐 시공 전 계상기울기의 1/2로 한다.

② 대규모의 붕괴지나 종침식 구간이 대단히 긴 구간의 침식을 방지할 목적으로 할 때에는 비교적 높은 사방댐 1개를 설치하거나, 또는 낮은 댐을 계단상으로 배치하지만 현지의 상황을 적절히 고려하여 결정한다(그림 8-20 참조).

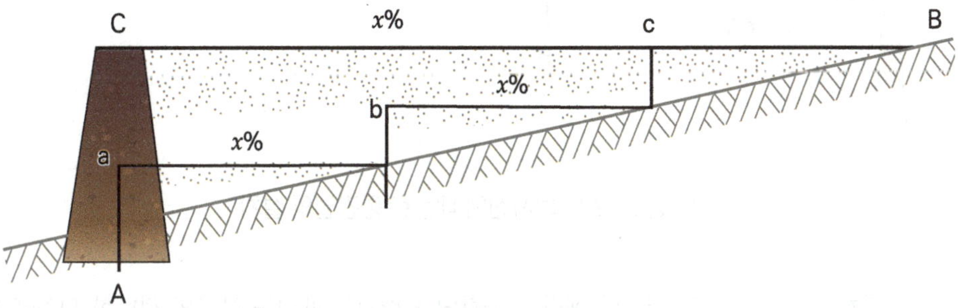

[그림 8-20] 종침식 구간이 긴 경우의 침식방지 사방댐

③ 종침식 구간이 대단히 긴 경우에는 1개의 사방댐으로 전체 구간을 지배할 수 없게 된다. 특히, 계안붕괴지의 산각(山脚) 또는 붕괴위험이 있는 비탈면의 산각의 침식을 방지할 목적으로 할 경우는 2~3개의 저댐을 군적(群的)으로 설치하는 것이 유리하다. 낮은 사방댐은 높은 댐에 비하여 단면적이 작아서 경제적이다(그림 8-21 참조).

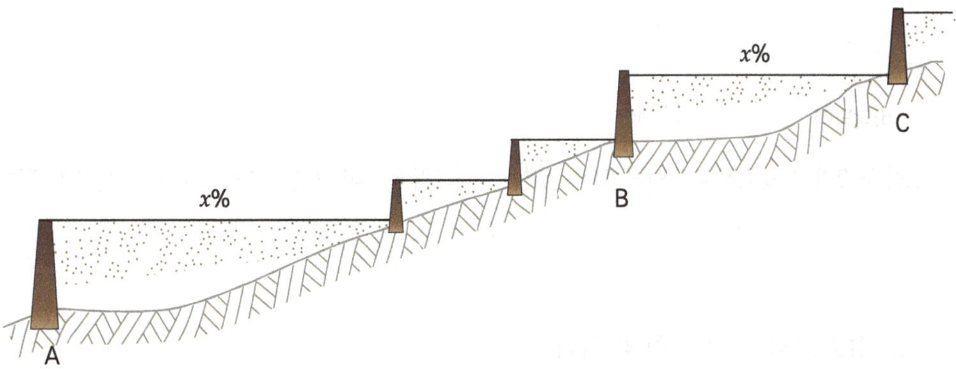

[그림 8-21] 높은 사방댐과 낮은 사방댐의 혼용

④ 사방댐 계획 시에 퇴사선을 CB로 가정하여 AC, BD와 같이 설치하였지만, 실제 퇴사선이 x'%로 되기 때문에 CB'와 같이 퇴사하여 BB' 구간은 종침식을 갖게 된다. 이러한 경우에

는 B'지점에 중간댐을 설치하여 BB' 구간의 종침식을 방지하도록 하고, 또한 퇴사선은 상류의 사방댐 BD까지 영향을 받도록 계획해야 한다.

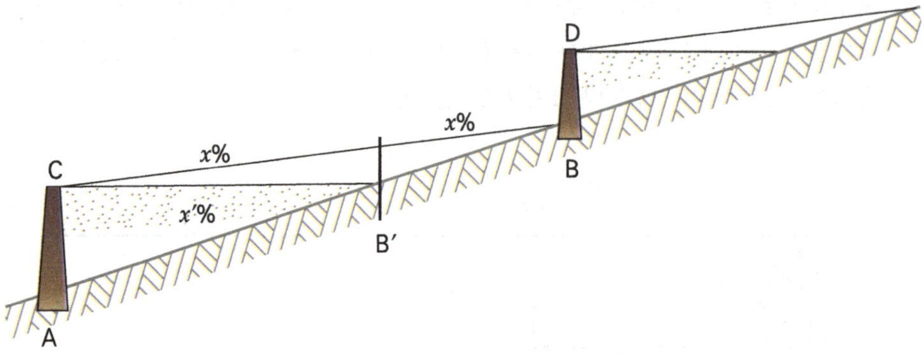

[그림 8-22] 퇴사선에 대응한 중간댐의 설치

⑤ 적당한 댐자리가 없는 경우나 예방용 사방댐을 배치할 때에는 하류의 적당한 위치에 다소 높은 댐을 계획한다. 사력퇴적지의 난류방지 및 계상고정을 목적할 경우에는 바닥막이 구조물을 계단상으로 배열하여 유로를 고정하고, 또한 기슭막이 및 수제 구조물로 난류를 방지한다.

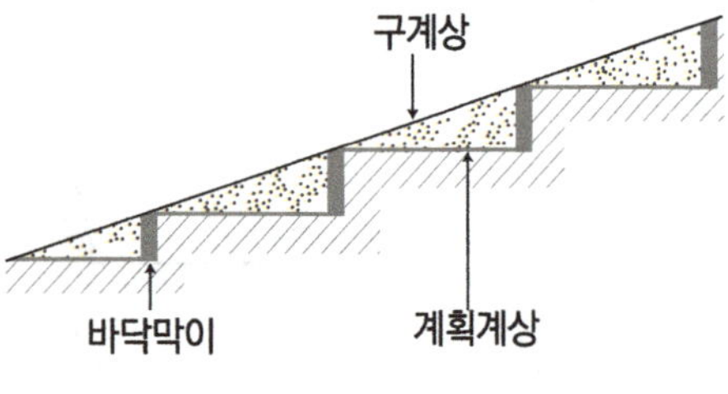

[그림 8-23] 사력퇴적지의 난류방지를 위한 사방댐

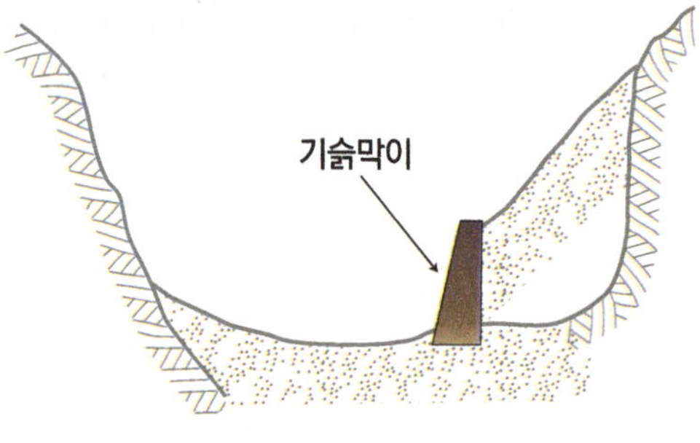

[그림 8-24] 기슭막이공사에 의한 산각의 고정

2. 유효고와 사방댐 간의 거리

사방댐의 유효고(有效高)는 방수로 바닥에서 계상 또는 물받이까지의 수직거리를 말하며, 사방댐의 개소 수는 유효고 공식에 의하여 총유효고를 산정하거나 사방댐 간의 거리를 산정하여 면밀한 검토를 거쳐 시공할 사방댐의 개소 수를 결정한다.

① 사방댐을 1개소만 설치하여 계상의 기울기를 교정하고자 할 때는 사방댐 유효고를 계산된 총유효고(h)로 결정하면 된다.

② 다수의 사방댐을 설치할 때는 사방댐 간의 거리(l_1, l_2, l_3, l_4…)를 측정하여 유효고 공식에 대입하여 각개 사방댐의 유효고(h_1, h_2, h_3, h_4…)를 확정하여 사방댐의 총 개소수를 산출한다.

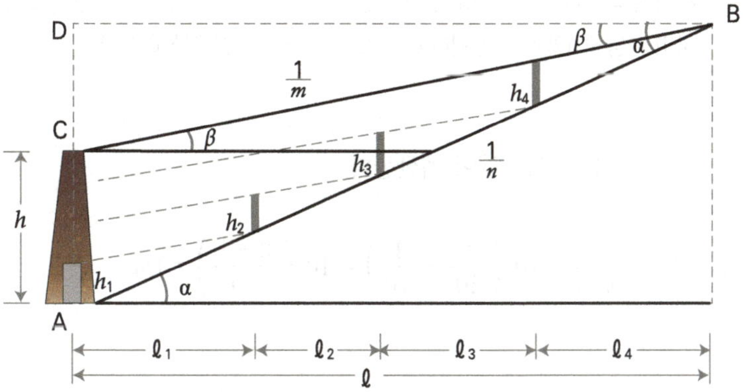

[그림 8-25] 사방댐의 유효고와 댐 간의 거리

그림 8-25에서 사방댐 계획지점 A에서 계획기울기의 끝 지점을 B로 하고, 이 B점을 수평으로 계획지점 A까지 연장한 점을 D로 하여 비례식으로 풀어 사방댐의 유효고(h)를 유도하면 사방댐의 유효고와 댐 상호간의 거리는 식 8-1 및 8-2와 같이 구할 수 있다.

$\mathrm{AD} : l = 1 : n,\ \mathrm{AD}\cdot \mathrm{n} = l,\ \mathrm{AD} = \dfrac{l}{n}$ 이 되며,

$\mathrm{CD} : l = 1 : m,\ \mathrm{CD}\cdot \mathrm{n} = l,\ \mathrm{CD} = \dfrac{l}{m}$ 이 된다.

$$h = \mathrm{AD} - \mathrm{CD}$$

$$h = \left(\frac{l}{n} - \frac{l}{m}\right)$$

$$\therefore\ h = l\left(\frac{1}{n} - \frac{1}{m}\right) = l(\tan\alpha - \tan\beta) \quad \cdots\cdots (8\text{-}1)$$

$$\therefore\ l = \frac{h}{\frac{1}{n} - \frac{1}{m}} = \frac{h}{\frac{m-n}{m\cdot n}} = \frac{mnh}{m-n} = \frac{h}{\tan\alpha - \tan\beta} \quad \cdots\cdots (8\text{-}2)$$

여기서, h : 총유효고($h = h_1 + h_2 + h_3 + h_4$), $\frac{1}{n}$: 현계상기울기($\tan\alpha$),

$\frac{1}{m}$: 계획기울기($\tan\beta$), l : 수평거리($l = l_1 + l_2 + l_3 + l_4$)

예제 8-1 사방댐의 구간거리를 40m, 현 계상기울기는 1/20이며, 계획기울기를 1/40로 하여 사방댐 1개소만 설치하고자 할 때 그 유효고를 계산하시오.

{풀이} 식 (8-1)을 이용하여 계산한다.

$$h = l\left(\frac{1}{n} - \frac{1}{m}\right) = 40\left(\frac{1}{20} - \frac{1}{40}\right) = 40\left(\frac{2-1}{40}\right) = 1m$$

예제 8-2 현 계상기울기는 1/20이고, 계획기울기를 1/40, 유효고를 1m로 하면, 사방댐 간의 거리는 얼마인가 ?

{풀이} 식 (8-2)를 이용하여 계산한다.

$$l = \frac{h}{\frac{1}{n} - \frac{1}{m}} = \frac{1}{\frac{1}{20} - \frac{1}{40}} = \frac{1}{\frac{2-1}{40}} = \frac{40}{2-1} = 40m$$

3. 사방댐 높이에 따른 계획저사량

사방댐의 높이에 의한 계획저사량의 산정은 그림 8-25를 이용하여 식 (8-3)과 같이 구할 수 있다.

$$\therefore Q = \frac{1}{2}\left(\frac{mn}{m-n}\right)bh^2 = \frac{1}{2}\left(\frac{bh^2}{\tan\alpha - \tan\beta}\right) = \frac{1}{2}(h \cdot l \cdot b) \quad \cdots\cdots (8\text{-}3)$$

여기서, Q : 계획저사량, $\frac{1}{n}$: 현계상기울기($\tan\alpha$), $\frac{1}{m}$: 계획퇴사선의 기울기($\tan\beta$),

l : 수평거리$\left(\frac{mnh}{m-n}\right) = \frac{h}{\tan\alpha - \tan\beta} = AB \cdot \cos\alpha$,

b : 퇴사구역의 평균폭(m)

예제 8-3

어느 산림지역의 사방댐 예정지에서 현계상기울기는 1/40 이고, 계획퇴사선의 기울기 1/80, 사방댐의 유효고 3m, 퇴사구역의 평균폭을 7.5m로 계획하려고 하면 이 사방댐의 저사예정량은 얼마인가 ?

{풀이} 식 (8-3)을 이용하여 계산한다.

① $Q = \frac{1}{2}\left(\frac{mn}{m-n}\right)bh^2$

$= \frac{1}{2}\left(\frac{80 \cdot 40}{80-40}\right) 7.5 \cdot 3^2 = 40 \cdot 7.5 \cdot 9 = 2{,}700\text{m}^3$

② $Q = \frac{1}{2}(h \cdot l \cdot b)$

$l = \frac{mnh}{m-n} = \frac{80 \cdot 40 \cdot 3}{80-40} = 240\text{m}$

$= \frac{1}{2}(3 \cdot 240 \cdot 7.5) = 2{,}700\text{m}^3$

8.4.8 계획기울기(물매)의 결정

일반적으로 계상의 사력은 모양과 비중이 다르며, 크고 적은 것들이 혼합되어 있으므로 각 사력에 대한 임계유속도 달라 용적이 크거나 비중이 큰 돌은 남고 작은 돌은 하류로 운반된다. 사방댐의 상류에서 토사의 유송이 많은 경우 퇴사가 완료된 후는 퇴사기울기가 급하게 되며, 그 후 대소규모의 강우로 인한 홍수로 퇴적 토사는 점차 유출되어 다시 완만하게 되기도 하므로 퇴사의 기울기는 항상 변화한다. 특히, 상류의 야계사방 사업으로 토사의 유송이 감소되면 퇴사기울기는 다시 안정되어 정수(靜水)상태의 안정기울기가 형성된다.

이와 같이 사력의 교대는 일어나지만 계류 종단면의 형상에는 변화가 없는 경우의 기울기를 **안정기울기**라 하며, **평균기울기** 또는 **보정기울기**라 한다. 또한, 유수가 사력을 포함하지 않은 경우의 계상기울기는 가장 완만하며, 이것을 **평형(平衡)기울기**라 하고, 홍수 시 다량의 사력을 함유할 경우에 가장 급하게 되는 기울기는 **홍수기울기**라 한다. 사방댐이 시공되어 퇴사가 있으면 퇴사기울기는 홍수 시에는 홍수기울기가 되었다가 점차 평형기울기로 변화한다. 이러한 홍수기울기와 평형기울기와의 사이의 토사량을 댐의 **토사조절량**이라 한다.

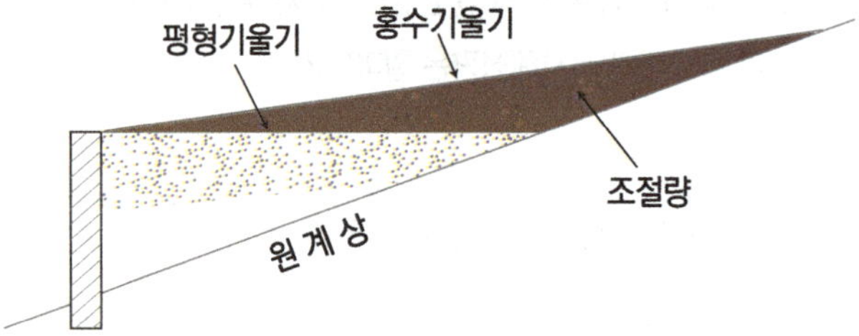

[그림 8-26] 사방댐의 토사조절 작용

사방댐에서 퇴사가 완료된 경우의 계획기울기는 계상을 구성하는 사력의 형상과 입경, 유량 등을 고려하여 댐 시공전의 계상, 즉 현 계상물매의 1/2~2/3를 표준으로 한다. 기존 댐군의 실측치와 경험치에 의하면 계획기울기는 2~3%에서 5~6%까지 계획하기도 한다.

사방댐의 계획기울기는 계상에 분포하는 사력의 교대는 발생하지만, 계상에 침식이 발생하지 않는 임계유속 상태에서 안정물매가 유지되어야 하며, 경험식으로 주로 Valentini, Steiger 이론 등이 이용된다. 계상에 침식을 일으키지 않는 경우의 최대유속을 임계유속이라 하며, 다음과 같이 나타낸다(제4장 4.6 계상기울기와 석력의 퇴적 참조).

$$V_g = \sqrt{\frac{\beta f b(d - r_w)\cos\alpha}{r_w}} \quad \cdots\cdots (8\text{-}4)$$

식에서, V_g : 임계유속(m/s),

β : 유수가 충돌하는 물체의 형상계수[주체(柱體) 1/0.076, 구체(球體) 1/0.04, 타원체 : 1/0.06], f : 계상 석력의 마찰계수, b : 석력의 유수방향에 대한 길이(m), d : 석력의 비중(2.2~3.0, ≒2.6), r_w : 물의 비중, α : 계상기울기

여기서, β : 1/0.076, f : 0.76, d : 2.6, r_w : 1.0, cos α≒1.0으로 대입하면 다음과 같은 식이 되며, 일반적으로 사방공사에서 많이 사용한다.

$$V_g = K \cdot \sqrt{b} = 4.0\sqrt{b} \quad \cdots\cdots (8\text{-}5)$$

식에서, K : 계수로 3.7~5.3(평균 4.5)

1. 일반식

안정기울기는 임계유속 V_g에 비례하고, 경심 R에 반비례하며, 계상의 입경이 커지거나 경심이 작아질수록 급해지므로 상류로 갈수록 안정기울기도 급해진다(제4장 계상의 안정기울기 참조).

$$\tan\alpha = \frac{\beta f b(d - r_w)}{r_w c^2 R} \quad \cdots\cdots (8\text{-}6)$$

식에서, $\tan\alpha$: 안정기울기, c : 유속계수(= 0.6), R : 경심

2. 실용식

1) Valentini식

$$\tan\alpha = \frac{(d-1)b}{0.1c^2 R} = \frac{(d-1)b}{0.1c^2 H} \quad \cdots\cdots (8\text{-}7)$$

$$k = \frac{(d-1)}{0.1c^2} \text{ 하면}$$

$$\therefore \tan\alpha = k \cdot \frac{b}{R} \quad \cdots\cdots (8\text{-}8)$$

$$\therefore \tan\alpha = 0.035 \cdot \frac{b}{R} \quad \cdots\cdots (8\text{-}9)$$

식에서, k : 황폐하천(0.035), 산악천(0.093), H : 유수의 깊이

2) Steiger식

$$\therefore \tan\alpha(=I) = a \cdot \frac{b}{t} \quad \cdots\cdots (8\text{-}10)$$

식에서, a : 경험치(0.4~0.6, 평균 0.5), t : 수심

8.4.9 방수로

1. 위치

방수로(放水路: outlet)의 크기 · 위치 · 어깨의 구조 등은 댐의 유지측면에서 대단히 중요하다. 사방댐의 파괴원인 중의 하나는 월류에 의한 방수로 어깨의 파괴에 있으므로 설계 시에 주의하여야 한다. 방수로의 위치는 원칙적으로는 현 계상의 중앙에 위치하도록 하지만, 댐 반수면의 끝부분, 물받이의 부위와 댐자리의 지형과 지질, 계안의 상태, 유수의 방향 등을 고려하여 다음과 같이 결정한다.

① 댐자리의 한쪽 계안이 암반으로 견고하고 반대쪽이 사력층인 경우에는 견고한 지반 쪽에 방수로의 위치를 설치한다(A).

② 양안에 암반이 없고 사력층일 경우에는 계류의 중심부에 방수로의 위치를 설치한다(B).

③ 댐자리 상류부의 양안 또는 한쪽 계안에 붕괴지가 위치할 경우에는 가능하면 유수가 영향을 미치지 않도록 반대쪽에 방수로의 위치를 멀리 설치한다(C).

④ 하류부의 계류 양안에 주택 또는 기설 구조물 등 중요한 보전대상이 있는 경우에도 유심 및 방수로의 방향을 고려하여 선정한다(D).

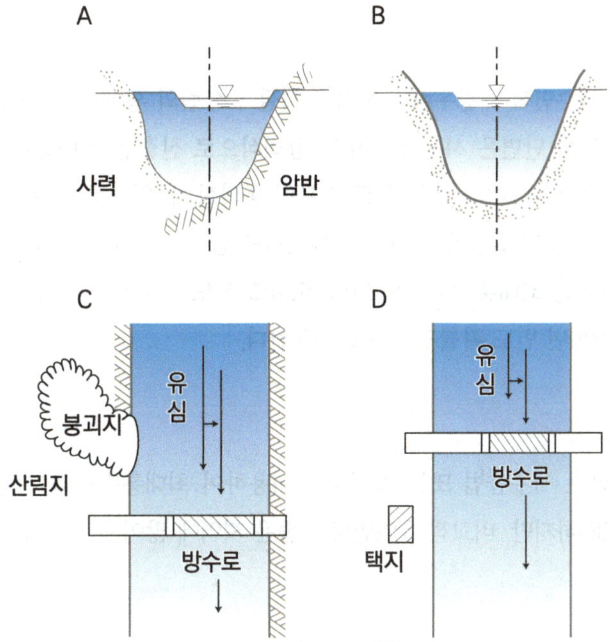

[그림 8-27] 방수로의 위치

2. 형상

방수로의 단면형상은 사다리꼴(trapezoidal section) · 활꼴(parabolic section) · 직사각형(rectangular section) 등이 있지만, 일반적으로 사다리꼴을 많이 이용하며, 방수로의 양쪽 물매는 1 : 1, 즉 45°를 표준으로 한다. 사다리꼴 방수로는 단면이 넓어서 유수를 분산시킴으로써 월류수심을 감소시키고 낙하속도를 줄여서 댐 하류의 세굴(洗掘)을 경감시킨다.

특히, 계류의 폭이 넓은 장소에서는 방수로의 길이를 길게 하면 방수로 바닥에 사력의 퇴적량도 많아지게 된다. 이때에는 방수로를 깊게 하여 복단면 사다리꼴로 하면 효과적이다.

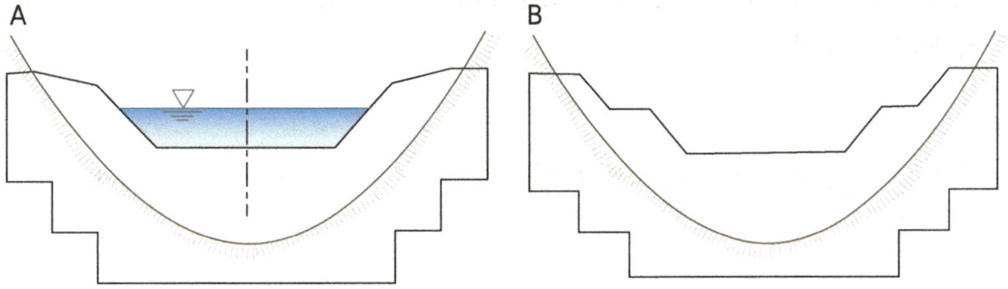

[그림 8-28] 사다리꼴방수로(A)와 복단면 사다리꼴방수로(B)

3. 단면

1) 크기

방수로의 크기는 집수면적 · 강우량 · 지형 · 지질 · 산림의 황폐상태 등에 따라 다르게 된다. 일반적으로 방수로의 단면은 시우량법 또는 합리식으로 산출된 최대홍수량에 의하여 결정하지만, 재해 시 토석뿐 만 아니라 유목 등도 충분히 통과할 수 있도록 크게 할 필요가 있다. 단면을 크게 하면 유수의 중앙 집중을 막아 낙하에너지를 감소하는 효과가 있다.

특히, 방수로의 크기는 최대홍수유량의 200~500% 정도로 충분히 여유를 갖도록 설계하며, 최대홍수량 산정은 100년 빈도 확률강우량을 이용한다.

2) 단면적

방수로의 단면계산은 시우량법 또는 합리식을 이용하여 최대홍수량을 산정(제3장 3.8.3 최대홍수량 산정법 참조)하지만, 비교적 유역면적이 좁은 지역에 많이 적용한다.

$$\therefore Q = \frac{1}{360} C \cdot I \cdot A = 0.002778\ C \cdot I \cdot A \quad \cdots\cdots (8\text{-}11)$$

식에서, Q : 계획최대홍수유량(m³/s), C : 유출계수,
I : 홍수도달시간 내의 우량강도(mm/h), A : 유역면적(ha)

3) 단면설계

방수로의 단면은 원칙적으로 사다리꼴 축류웨어(縮流 weir)이며, 댐 상류 쪽의 계상이 방수로의 댐둑마루 보다 낮을 때 설계한다.

(1) 축류웨어의 설계

① 유량산정

㉮ 축류웨어에서 유량의 산출은 접근속도를 무시하며, 유량은 다음 식으로 계산한다(제3장 사다리꼴 위어 참조).

$$\therefore Q = \frac{2}{15} C \cdot \sqrt{2g}\,(5b_1 + 4b_2) H^{3/2} \quad \cdots\cdots (8\text{-}12)$$

식에서, Q : 유량(m³/s), C : 유량계수(통상 0.6), g : 중력가속도(9.8m/s^2),
b_1 : 방수로 하폭(m), b_2 : 비탈면 밑면의 폭(m), H : 월류수심(m)

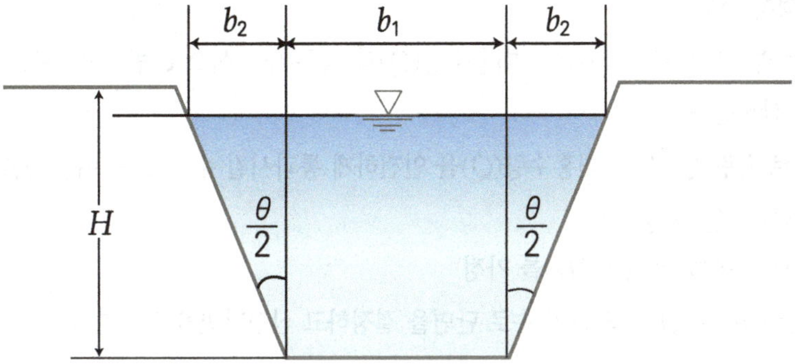

[그림 8-29] 사다리꼴 방수로의 단면

㉯ 식 (8-12)에서 C = 0.6, g = 9.8(m/s²), 방수로의 양쪽 기울기를 1 : 1로 하면 다음과 같은 식이 성립한다.

$$Q = \frac{2}{15} \cdot 0.6 \cdot \sqrt{2 \cdot 9.8}(5b_1 + 4b_2)H^{3/2}$$

$$Q = 0.354(5b_1 + 4b_2)H^{3/2}$$

$$Q = (1.77b_1 + 1.42b_2)H^{3/2} \qquad \therefore b_2 = H\tan\theta/2$$

$$Q = (1.77b_1 + 1.42H\tan\theta)H^{3/2}$$

$$Q = (1.77b_1 + 1.42H\tan45°)H^{3/2}$$

$$Q = (1.77b_1 + 1.42H)H^{3/2} \quad \cdots\cdots (8\text{-}13)$$

㉰ 양쪽 기울기를 1 : 0.5로 할 경우,

$$Q = (1.77b_1 + 1.42H\tan\theta)H^{3/2}$$

$$Q = (1.77b_1 + 1.42H \cdot 0.5)H^{3/2}$$

$$Q = (1.77b_1 + 0.71H)H^{3/2} \quad \cdots\cdots (8\text{-}14)$$

㉱ 방수로 단면이 직사각형 일 때는 직사각형 유량공식으로 계산(식 3-26 참조),

$$Q = \frac{2}{3} \cdot C \cdot \sqrt{2g}\ bH^{3/2}$$

$$Q = \frac{2}{3} \cdot 0.6 \cdot \sqrt{2 \cdot 9.8}\ bH^{3/2}$$

$$Q = 1.77b \cdot H^{3/2} \quad \cdots\cdots (8\text{-}15)$$

② 단면결정 순서

㉮ 시우량법 또는 합리식으로 최대홍수량(Q)과 축류웨어 식으로 방수로 유량(Q_1)을 각각 산정한다.

㉯ 방수로 유량(Q_1)은 최대홍수량(Q)을 안전하게 통과시킬 수 있도록 여유 α를 주고 산정한다($Q_1 = Q \cdot \alpha$).

㉰ 방수로 하폭(b_1)과 높이(H)를 가정

㉱ $Q_1(Q \cdot \alpha) \geq Q$ 가 되는 방수로 단면을 결정하고 산정단면을 검토한다.

8.4.10 댐둑어깨

1. 댐둑어깨의 설계

사방댐의 방수로는 계획홍수량을 충분히 통과시킬 수 있도록 설계되어야 하며, 댐둑어깨도 월류되지 않는 것을 원칙으로 하므로 계획홍수위보다 안전하게 높이를 높인다. 댐둑어깨의 월류를 방지하기 위해서는 댐둑마루의 물매와 유심의 바깥쪽을 높여야 한다. 굴곡부의 요안(凹岸)은 철안(凸岸)보다 수위가 높으므로 댐둑어깨도 높게 시공해야 한다.

댐둑어깨를 양안에 넣을 때 일반적으로 암반인 경우 1.0m정도, 연암 또는 균열이 많은 암반인 경우 1.5m 정도, 단단한 지반인 경우 2.0m정도, 연약한 지반 또는 퇴적토사인 경우에는 3.0m 정도를 표준으로 한다.

또한, 토석류에 의한 충격력이 예상되는 경우나 댐둑어깨의 양안 원 지반 접착부위가 풍화작용이나 홍수류에 의하여 포락이나 붕락되어 댐 파괴의 위험이 있는 경우에는 사이채우기, 댐둑어깨 덮기를 충분히 하여 구조적으로 안정하도록 해야 한다.

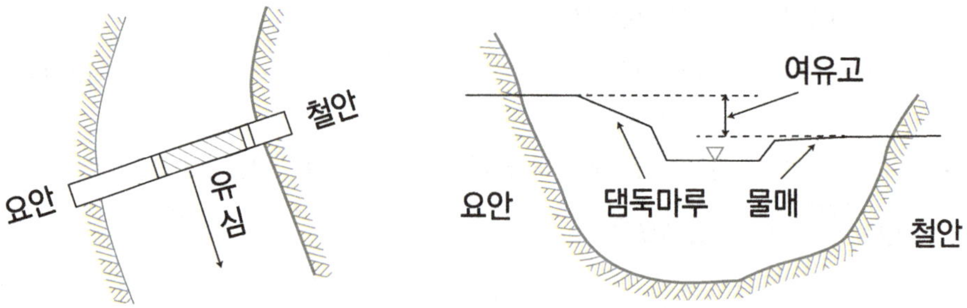

[그림 8-30] 굴곡부의 댐둑어깨 높이

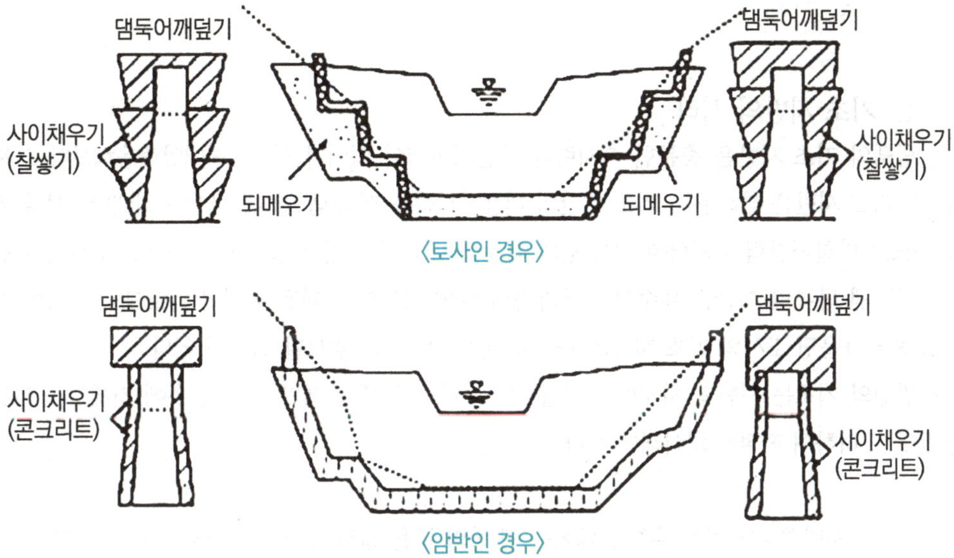

[그림 8-31] 사이채움 및 댐둑어깨 덮기

2. 댐둑마루의 기울기 및 형상

사방댐의 댐둑마루는 양안을 향하여 계획계상기울기 이상으로 약 1/20 ~ 1/10(5 ~ 10%)로 하지만, 우리나라의 경우 대부분 수평으로 시공하고 있다. 댐둑마루의 폭은 방수로의 댐둑마루의 폭보다 좁아야 하며, 댐에 작용하는 외력에 대한 안정성과 관리적인 측면에서도 지장이 없을 정도의 폭으로 해야 한다.

댐둑마루의 형상은 여러 가지가 있지만 그림 8-32에서 보는 바와 같이 일반적으로 수평으로 한다(A). B형상은 댐둑마루(천단)의 마모를 방지할 수 있지만 하류의 모서리각(隅角)이 손상되기 쉬운 결점이 있다. C형상은 하류의 비탈면을 보호하기는 좋으나 큰 전석이 유송하는 경우에는 돌출부가 손상되기도 한다. D형상은 상류 수로와 접속한 경우에 유리하다.

특히, 방수로 바닥과 댐둑마루는 유송토석이 많은 계류에서 마모되거나 파손되는 경우가 있기 때문에 견고하게 돌붙이기, 부배합 콘크리트 및 인조화강암콘크리트를 이용하여 두께 10 ~ 20㎝ 정도로 시공한다.

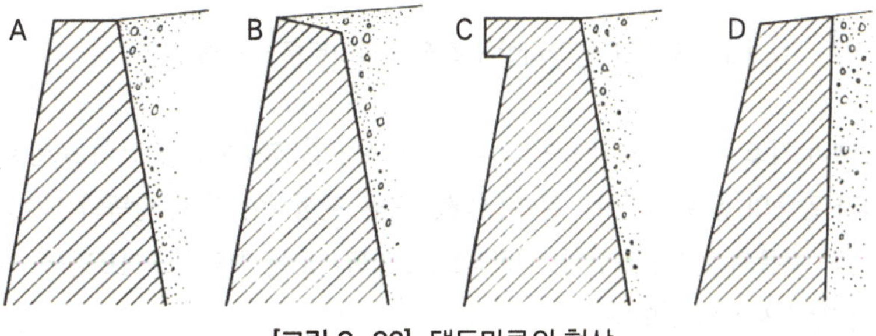

[그림 8-32] 댐둑마루의 형상

8.4.11 기초

1. 기초 지반의 처리

사방댐의 기초 지반은 충분한 지지력과 마찰저항력이 있어야 하며, 최대압축응력보다 크지 않으면 기초 지반은 침하된다. 기초 지반의 허용지지력은 제저(댐 밑)에 생기는 최대반력보다 커야 하므로 마찰저항력이 외력에 의한 댐의 활동에 대해 충분한 저항력이 있는가를 검토해야 한다. 또한, 댐 하류의 지반은 유수의 세굴과 침투수에 의하여 파괴될 위험이 있으므로 필요에 따라 보링 · 사운딩 조사와 기초 지반의 파괴에 대한 안전성도 검토할 필요가 있다.

사방댐의 기초는 지반의 지지력 · 마찰저항 · 차수 등에 문제가 있는 경우에 경제성 · 시공성 등을 고려하여 적절히 처리해야 한다.

① 기초 지반의 지지력이 부족할 때에는 댐 밑의 폭을 넓혀 응력을 분산시키거나 기초말뚝[나무말뚝 · 강(鋼)말뚝 · 콘크리트말뚝 등] 등을 타설하는 처리이외에도 지반개량 등에 의하여 보강해야 한다.

② 댐의 안정상 기초 지반이 퀵샌드 · 파이핑 등에 의하여 차수에 문제가 발생할 경우에는 지수벽 · 주입공법 · 물받이 등으로 처리한다.

③ 점토층처럼 지반이 연약한 층은 직접 콘크리트를 타설할 수 없으므로 소요 강도를 얻을 수 있는 두께까지 석력 등으로 보강한다.

④ 연약 지반층에서 말뚝 타설 등으로 지지력을 확보하였을 때에는 직접 콘크리트를 타설하지 않고, 사력 등을 60% 정도 채운 후에 콘크리트를 타설한다.

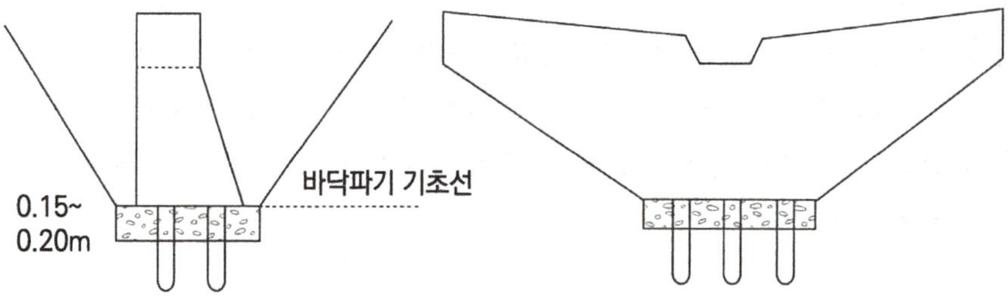

[그림 8-33] 연약지반에 직접 콘크리트를 타설할 경우

특히, 사방댐의 기초 지반이 연약하여 말뚝기초를 시공할 경우에는 지반의 토질상태 및 깊이에 따라 공법과 말뚝의 종류 · 길이 · 본수(本數) 등을 결정해야 하며, 말뚝의 최소타설 간격은 원칙적으로 말뚝 지름의 2.5배로 한다. 일반적으로 말뚝기초는 철근콘크리트말뚝 · 콘크리트말뚝 · 강말뚝이 많이 사용되고 있다.

말뚝은 제작방법 · 형상 · 공법 등에 따라 표 8-2와 같이 분류한다.

[표 8-2] 말뚝의 분류

종류	제작방법 및 공법	적 요
나무말뚝	통나무를 많이 이용함	방충, 방부 처리를 하는 경우도 있음
콘크리트말뚝 (기성품)	RC말뚝 진동기를 사용한 보통타설 성형방식 원심력을 이용한 성형방식	 속이 빈 것과 찬 것이 있음 거의 속이 빈 단면임
	PC말뚝 프리텐션방식 포스트텐션방식	 거의 속이 빈 단면임 용접제품, 압연제품이 있음
강말뚝	H형강말뚝 강관말뚝	거의 속이 빈 단면임 용접제품, 압연제품이 있음

2. 바닥넣기

기초 지반이 사력층(砂礫層) 등과 같이 균일하지 못하거나 장기간의 풍화작용에 의하여 불안전하게 되면 홍수 시에는 하류가 세굴되거나 댐 파괴의 원인이 되므로 설계 시에는 세굴 방지 공사 등을 고려하여 바닥넣기의 깊이를 결정하며, 바닥넣기는 하류 쪽에서 진행한다.

사방댐의 바닥넣기 깊이는 댐의 높이 및 월류수심 등 현지조건에 따라 다르지만, 단독 댐인 경우에는 다음을 표준으로 한다.

① 암반인 경우 : 경암은 0.5m 정도, 보통 암은 1.0m 정도,
연암(풍화암 또는 균열이 많은 암반)인 경우에는 1.5m 정도

② 사력층의 경우 : 2.0~3.0m 정도로 하며, 반수면기울기 끝부분을 보호하기 위하여 물받이 공사나 앞댐이 필요하다.

③ 제저의 형상 : 사방댐의 기초저부는 수평한 면을 표준으로 하며, 제저의 형상은 그림 8-34와 같다.

A는 제저가 수평인 표준형, B는 쇄기형으로 활동에 대하여 안전하며, C는 반수면측의 일부에 약간 깊게 지수벽을 설치하여 연암이나 사력층에 효과적임, D는 경암지반에서 수평으로 불필요한 굴착작업을 피한 것이며, E는 하류를 향하여 급경사진 경암지반의 기초이며, 상류를 향하여 계단을 깍고 바닥넣기를 하여 자주 활용된다. F는 암반선 이하로 굴착하여 댐 저면을 수평으로 히고 직시각형으로 설치하며, 암빈 굴착과 제체의 체적이 절감된다.

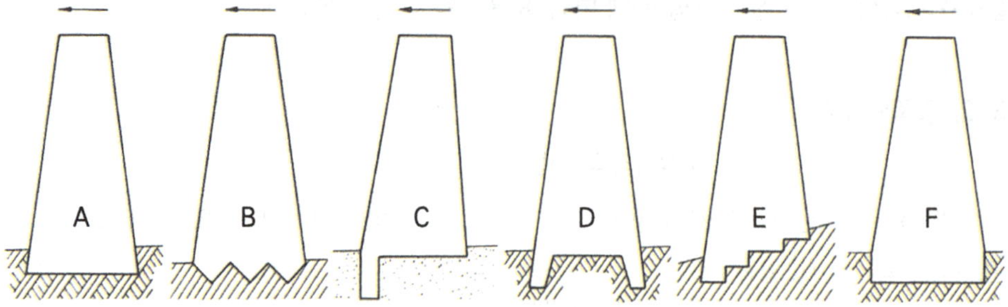

[그림 8-34] 제저의 형상

8.4.12 사방댐의 단면

1. 중력식 사방댐의 단면결정

중력식 사방댐의 단면결정은 반수면기울기와 댐둑마루의 두께를 결정하고, 다시 안정조건을 만족하는 안정단면을 계산하여 대수면기울기를 정하는 방법을 많이 사용한다.

중력식 사방댐의 단면결정에는 집수면적 · 상류의 황폐상황 · 홍수흔적 등을 근거로 하여 홍수 시의 출수 및 평수(平水) 시의 유출상황, 토사와 석력의 유송상황, 기초지반 등을 충분히 검토해야 한다.

1) 반수면기울기

중력식 사방댐의 반수면(反水面)기울기는 댐을 월류하여 낙하하는 석력이나 유목 등에 의하여 반수면이 손상되지 않도록 해야 하므로 급한 기울기로 설계하는 것이 특징이다.

일반적으로 댐의 반수면기울기는 완만하게 하는 것이 경제적인 단면이 되지만, 댐 높이가 6.0m 이상인 경우에는 1 : 0.2를 표준으로 하며, 댐 높이가 6.0m 미만인 경우에는 1 : 0.3을 표준으로 한다. 또한, 저댐인 경우에 대수면(對水面)의 물매는 수직으로 하고, 반수면의 물매를 1 : 0.3 이하로 계획하며. 마사토 지대는 토사의 입경이 적고 유출량도 적을 경우에 댐 높이가 6.0m 이상이라도 반수면의 물매를 1 : 0.2 이상으로 계획하기도 한다.

2) 댐둑마루의 나비

중력식 사방댐의 댐둑마루는 유송 석력 및 유목에 의하여 마모되거나 전석(轉石) 등의 충격에 의하여 파손되기도 하므로 댐둑마루의 나비는 유송석력의 크기, 월류수심, 상류 쪽의 기울기 등을 고려하여 결정해야 한다. 일반적으로 콘크리트댐은 1.5m를 표준으로 한다. 댐둑마루의 나비는 댐의 내구성에 많은 영향을 미친다.

특히, 홍수에 의하여 큰 전석이 유하될 위험이 있는 경우에는 2.0m, 대규모 토석류가 발생할 위험이 있거나 산사태 등에 의하여 측압을 받을 위험이 있는 경우에는 2.0~4.0m, 마사토 지대와 같이 유송토사의 입경이 작은 계류는 0.8~1.0m로 한다. 또한, 전석 · 토석류에 의한 충격의 위험이 있는 장소에서 댐둑마루의 나비가 4.0m를 초과할 경우에는 충격재료를 함께 사용하고, 4.0m 이하가 되게 해야 한다.

사방댐의 댐둑마루의 나비를 결정하는 공식은 다음과 같다.

① Thiery 공식

$$b' > \frac{r_w \cdot h'}{f_0 \cdot r_m} \quad \cdots\cdots (8\text{-}16)$$

식에서, b' : 댐둑마루 나비, r_w : 유수의 단위중량, h' : 월류수심, f_0 : 전단마찰계수, r_m : 댐의 단위중량

② 가끼 공식

$$b' > (0.8 - 0.6m)h' \quad \cdots\cdots (8\text{-}17)$$

식에서, m : 댐의 대수면기울기

예제 8-4

유수의 단위중량(r_w) = 1.2ton/m2, 댐의 단위중량(r_m) = 2.4ton/㎥, 대수면기울기(m) = 0.3, 반수면기울기(n) = 0.2, 전단마찰계수(f_0) = 1.0, 월류수심(h') = 1.0, h = 1.0일 경우 댐둑마루의 나비를 계산하시오.

{풀이}

① Thiery 공식에 의한 계산

$$b' = \frac{r_w \cdot h'}{f_0 \cdot r_m} = \frac{1.2 \cdot 1.0}{1.0 \cdot 2.4} = 0.5\text{m}$$

② 가끼 공식에 의한 계산

$$b' = (0.8 - 0.6m)h' = (0.8 - 0.6 \times 0.3)\ 1.0 = 0.62\text{m}$$

3) 대수면기울기

사방댐의 단면은 대수면기울기를 결정하여야만 최종적으로 결정된다. 댐의 단면은 중력댐의 안정조건을 만족시켜야 하며, 단면결정에는 다음과 같은 점을 주의하여야 한다.

① 댐둑마루 나비는 내구성을 고려하여 결정한다.
② 반수면은 완만하게 하여 경제적이 되도록 하여야 한다.
③ 대수면이나 제저나비는 지반의 지지력, 터파기 단면적, 작업의 난이도 등을 고려하여 결정한다.

2. 아치식 사방댐의 단면결정

아치식 사방댐의 단면 설계는 제체에 작용하는 외력을 수평인 아치작용과 연직의 자립작용으로 측면방향과 하래방향의 암반에 효과적으로 전달되게 한다. 아치댐의 응력계산은 댐의 형상이나 지반의 구속조건에 미치는 영향을 고려하여 댐의 응력상태를 계산하며, 하중분할법(탄성이론에 의한 방법), 수평아치법(실린더이론에 의한 방법), 경사아치법, 셸이론에 의한 방법, 삼차원해석법(유한요소법 등) 등이 있다.

일반적으로 응력계산은 하중분할방법(반경방향변위조정법 · 완전조정법)을 사용하며, 수평아치법과 경사아치법은 예비조사와 간이설계 등에서 사용된다. 또한, 셸이론에 의한 방법과 삼차원해석법은 하중분할법의 결점을 보완하는데 매우 유효하지만, 사방설계에서는 사용하지 않는다.

3. 버트리스식 사방댐의 단면결정

버트리스〔부벽(扶壁): buttress〕식 사방댐은 주벽(柱壁) · 부벽(扶壁) · 기초판으로 구성되며, 이 3부재가 일체화 되어 안정되도록 단면을 결정한다. 사방댐에서는 구성부재인 주벽 및 부벽을 강재로 조합하고, 기초판을 무근이나 철근콘크리트로 하는 경우가 많다. 강재(鋼材)는 선적부재(線的部材)이고, 철근콘크리트는 주요 구성부위의 면적부재(面的部材)이므로 각 부재의 응력부담과 단면치수 등은 재질과 구축형태에 따라 많이 다르다.

① 버트리스식 사방댐에서 각 부재가 일체화된 단면의 안정은 중력식 사방댐과 동일하다고 간주한다.
② 버트리스식 사방댐의 단면형상은 부벽 및 기초판이 주벽의 댐둑마루에서 유하하는 사력에 직접 접촉되지 않도록 한다. 또한, 단면 각 부분의 재하중량의 구성은 중력식 댐과는 크게 다르고, 외력은 주벽에서 부벽과 기초판으로 전달되기 때문에 효율적인 안정단면을 결정하기 위하여 부벽의 간격을 충분히 검토해야 한다. 기초판은 기초지반의 상황 및 하류의 세굴에 대해 안정되도록 단면을 결정해야 한다.

③ 구성부재로 철근콘크리트를 사용할 때 주벽은 댐 축방향의 부벽을 지지점으로 기초판의 단위 폭으로 하고, 부벽은 주벽의 지지점 반력을 받는 기둥(부벽의 단위 폭)으로 하여 각각의 소요단면을 결정한다. 또한, 기초판은 댐의 단면방향에서 부벽의 최대응력을 전달받는 것으로 보고 댐의 축방향에서 부벽간격을 검토하여 집중하중에 대한 소요단면을 결정한다.

④ 구성부재로 강판을 사용할 때 주요 부재는 사주(斜柱 또는 주벽)와 지주(支柱 또는 부벽)로 구성한다. 사주와 지주는 강(剛)으로 결합된 단일체이며, 댐 축방향의 배치간격에 대하여 1기당의 하중부담을 계산하고, 각부의 하중분포를 구한 후에 강재단면의 치수를 결정한다.

4. 슬릿댐의 단면결정

1) 투과부 단면의 위치

슬릿 사방댐 투과부 단면의 밑면은 계류의 연속성을 확보할 수 있도록 원 계상과 같은 높이로 하며, 사방댐 직하류의 국소세굴을 방지하기 위해 과거 수년 간의 최고 계상고에 투과부 밑면을 설정한다. 또한, 계상의 안정을 위하여 직선부는 중앙에 위치하게 하고, 굴곡부는 평상시에 파형이 바깥쪽에 형성되므로 투과부의 단면을 안쪽에 위치시키는 것이 유리하다. 그러나, 토석류가 굴곡부의 바깥쪽을 유하하는 경우에는 안전성을 검토해야 한다.

2) 투과부 단면의 크기

(1) 투과부의 단면 폭

투과부의 단면 폭은 계획지점의 상 · 하류 각 200m 사이에 있는 거력 200개 이상의 95% 입경을 조사하여 그 입경의 1.5배 이하로 한다. 또한, 유목이 발생되는 계류에서는 유역의 표준목의 수고와 비교하여 1/3보다 작은 쪽을 투과부의 단면 폭으로 한다.

(2) 투과부 단면의 높이(슬릿의 높이)

투과부 단면의 높이는 토석류의 피크유량으로 수위가 상승하면 토석류의 유입과 동시에 월류가 발생하기 때문에 사전에 유량이 안전하게 유하할 수 있도록 해야 한다. 또한, 방수로 단면은 토석류에 의해 투과부가 막힐 경우에 대비하여 토석류의 피크유량을 안전하게 유하시킬 수 있는 높이도 확보되어야 한다.

(3) 투과부의 두께

투과부의 두께는 단면계산에 의하여 결정되지만, 콘크리트댐의 경우 최소 2m 정도로 해야 하며, 강제댐인 경우에는 외력과의 관계에 의하여 결정하고, 필요에 따라 철근콘크리트를 사용하기도 한다.

(4) 슬릿의 간격

슬릿의 간격(b)은 계상의 이동물질의 크기(d_1, d_2)와 다음 식과 같은 관계가 있으며, d_1, d_2는 현지조사를 실시하여 결정한다.

$$b > 3d_1 \text{ 또는 } b \leq 1.5d_2 \qquad \cdots\cdots (8\text{–}18)$$

식에서, d_1 : 확률규모 1/10~1/5의 유출수에 의하여 이동하는 사력의 최대입경(m),

d_2 : 확률규모 1/100~1/50의 유출수에 의하여 이동하는 사력의 최대입경(m) 또는 토석류에 의하여 유하하는 사력의 최대입경(m)

(5) 슬릿의 개수

슬릿의 개수는 대상지의 최대홍수량(Q)이 안전하게 유하할 수 있도록 투과부를 설계해야 한다.

$$Q = n \cdot h \cdot b \cdot v \qquad \cdots\cdots (8\text{–}19)$$

식에서, n : 슬릿(slit)의 개수, h : 슬릿의 높이,

b : 슬릿의 폭[b는 식 (8–18)에 의하여 h(일반적으로 5m 이하)를 적당한 값을 주어 기본개수 n을 정함],

v : 평균 유속

5. 투과형 사방댐의 사력 및 유목 포착

토석류가 발생할 가능성이 높은 토사생산구역에서는 토사를 효과적으로 포착하기 위하여 투과형 사방댐을 많이 시공한다. 투과형 사방댐은 토석류나 홍수에 포함되는 사력이나 유목을 직접 포착하는 폐색(閉塞)형과 이동물질이 차단되어 역류하는 현상에 의해 댐 상류지역에 토사를 일시적으로 저류시키는 역류(逆流)형이 있다(그림 8–35).

폐색형인 투과형 사방댐은 댐 상류가 담수되지 않도록 개구(開口)의 폭을 넓게 잡고, 그곳에 격자모양으로 조합시킨 강관구조로 된 부재로 투과벽을 구축하여 시공한다. 집합운반 하는 토석류 앞부분의 거석들은 강관부재 사이에 채워져 포착되고, 거대한 세력들도 감쇄하게 된다. 역류형의 투과형 사방댐은 개구 폭을 좁게 하여 축류에 의한 역류현상을 일으켜 댐 상류지역에 역류배수를 만드는 구조이며, 대표적으로 콘크리트 슬릿 사방댐이 있다. 좁은 개구에 유입된 토사는 일시적으로 저류되어 유수 및 유출토사의 피크를 차단할 수 있어 토사조절을 주목적으로

토사유과구역에 많이 설치한다. 또한, 저류된 토사는 감수기에 급격하게 슬릿으로부터 유출되기 때문에 댐 하류의 지형에 적당한 유사지를 설치하거나 댐으로부터 낙하하는 유수와 사력에 의한 기초 지반의 충돌, 세굴 및 계상저하를 방지하기 위하여 앞 댐, 물받이 및 측벽 등의 전정보호공 시설과 조합하여 안전을 고려한 시공이 필요하다.

투과형 사방댐의 토사 및 유목 포착량은 그림 8-36와 같다. 강관부재로 구성된 투과부와 밑판콘트리트로 이루어지며, 투과부는 평상시나 중 · 소규모의 유량으로 토사를 댐 하류로 유출시키므로 토사포착 용량을 확보하기 쉽다. 그러나 밑판콘크리트는 불투과형 사방댐과 마찬가지로 토사의 이동을 억제한다. 이러한 투과형 사방댐의 토사포착량(X)은 댐 천단부 평상시 퇴적물매와 계획토사물매 까지의 조절량, 밑판콘크리트 천단부터 댐 천단부까지의 포착량을 합한 것이 된다. 부분투과형 사방댐과 같이 밑판콘크티트가 두꺼우면 밑판콘크리트 천단까지 평상시에 토사가 퇴적하는 공간이 되기 때문에 포착량으로 평가하지 않는다. 다만, 준설을 하여 저사공간(Y)을 확보하는 경우에는 포착량으로 간주하기도 한다. 발생(유출)억제량(Z)은 불투과형 사방댐과 마찬가지로 사방댐의 천단을 통과하는 계획퇴사물매까지 간주할 수 있다.

부분투과형 사방댐의 토사 및 유목포착 상태는 그림 8-37과 같다. 부분투과형 사방댐에 사력형의 토석류가 도달하면 불투과부에는 거력을 포함한 선단부가 포착되고, 불투과부 상부에 설치된 강제투과부에는 거력이 포함되지 않은 후속류 만이 도달할 가능성이 있다. 또한, 불투과부가 만사되면 상류의 퇴사물매는 완만해지므로 토석류는 퇴사구역의 물매변화에 따라 토사류(土砂流) 또는 소류(掃流)로 변화되기도 한다. 특히, 부분투과형 사방댐으로 토석 및 유목을 포착기능을 높이기 위해 토석의 이동형태나 개구부의 설정 등을 충분히 고려하여 시설하도록 해야 할 것이다.

토석류를 포착하기 위한 투과형 사방댐(폐색형) (a)

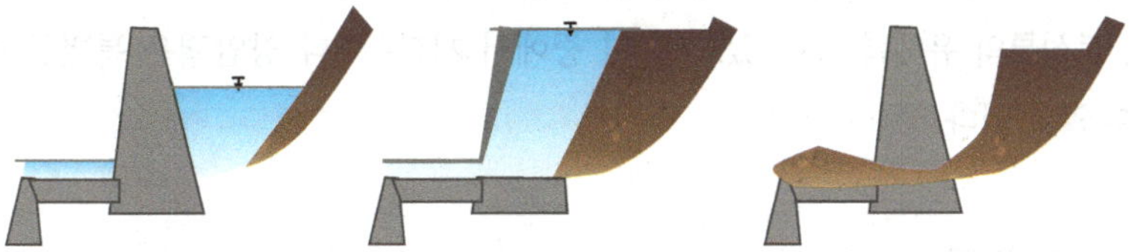

토사를 조절하기 위한 투과형 사방댐(역류형) (b)

[그림 8-35] 강제투과형 사방댐(a)과 콘크리트 슬릿댐(b)의 기능

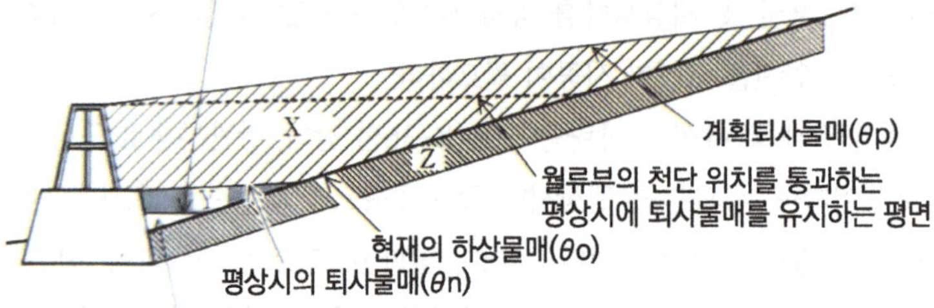

[그림 8-36] 투과형 사방댐의 토사 및 유목 포착량

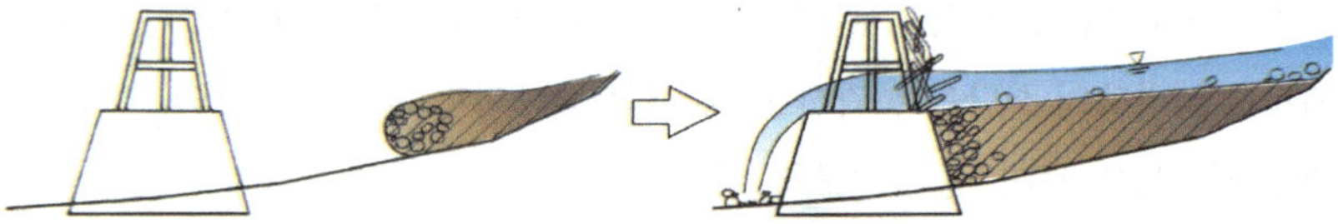

▲ 토석류의 선단부가 포착되고, 거력이 포함되지 않는 후속류가 도달한 경우

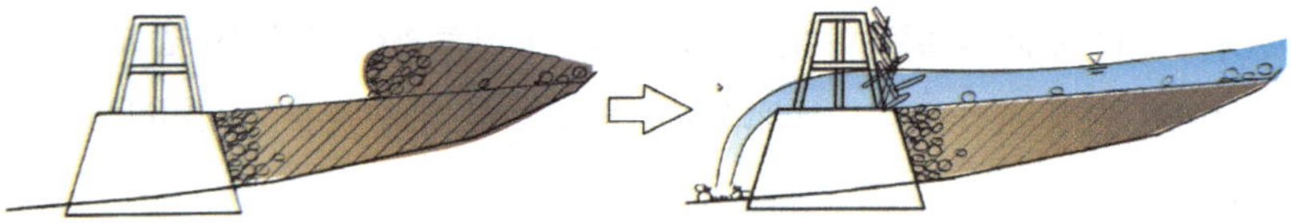

▲ 평상시의 퇴사물매가 현계상 물매에 비해 크게 변화한 경우

[그림 8-37] 부분투과형 사방댐의 토사 및 유목포착

8.4.13 사방댐에 작용하는 외력

사방댐에 작용하는 외력에는 제체의 중량, 토압, 수압, 지진력(seismic force), 양압력(uplift pressure), 토석류의 유체력 등이 있으나, 이 중에서 지진력이나 양압력은 특별한 경우 이외에는 적용하지 않고 있다.

1. 제체의 중량

제체의 중량은 제체를 구성하는 모든 재료의 단위부피에 대한 중량을 산출하여 얻는다. 사용하는 재료에 따른 제체의 단위중량은 표 8-3과 같다.

[표 8-3] 제체의 단위중량

재 료 별	단 위 중 량
콘크리트	2.35 t/㎥
철근 콘크리트	2.4 〃
시멘트 모르타르	2.1 〃
찰쌓기(ℓ_3 0.35 기준)	2.4 〃
메쌓기(ℓ_3 0.35 기준)	1.7 〃
막돌 콘크리트	2.35 〃

※ 재료시험에 의할 경우에는 시험결과에 따른다.

2. 토압 및 퇴사압

1) 지표면에 하중이 없고 대수면이 수직인 사면

지표면에 하중이 없고 대수면이 수직인 사면의 경우 토압의 방향은 지표면에 평행하지만, 지표면이 하향경사인 경우에는 토압의 방향을 수평으로 한다. 토압의 작용점은 바닥면으로부터 $h/3$의 점에 작용한다.

2) 지표면에 하중이 있고 대수면이 경사진 경우

그림 8-38에서 연직면 BF에 작용하는 토압 E는 높이 y의 1/3지점인 M점을 통과하고 지표면 DI에 평행한다. 이것을 연장한 BDF의 동선(G는 3각형 BDF의 중심)과 N에서 만난다. BDF의 단위폭의 중량 W와 E_1의 합력 E는 BD면에 작용하는 토압이고, 작용점 N은 바닥면에서 $h/3$의 점이다.

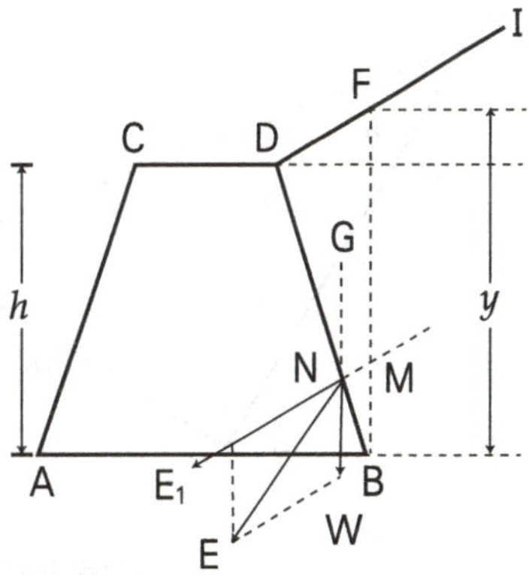

[그림 8-38] 토압의 작용모형

특히, 사방댐의 대수면이 담수되고 퇴사된 경우에는 제체에 수압과 퇴사압의 두 압력이 작용하지만, 보통 퇴적토는 물이 빠짐에 따라 단단해 져 토압은 정수압보다 작아지므로 사방댐에서는 퇴사압을 고려하지 않는 경우가 많다.

3. 수압

일반적으로 제체에 가해지는 수압은 정수압이며, 물이 흐르거나 토석류일 경우에는 제체에 충격을 가하게 되므로 유수의 단위중량을 정수보다 크게 취하는 것이 좋다. 유수의 단위중량은 1.0~1.2 t/m³으로 하며, 물을 함유하지 않은 퇴사(토사)의 중량은 1.8 t/m³으로 한다.

[표 8-4] 사력의 혼합량과 유수의 단위중량

사력의 혼합량(용적, %)	0	10	13	20	25	38
물의 단위중량 (t/㎥)	1.00	1.16	1.20	1.32	1.40	1.60

월류수심 h'의 대수면에 있어서 수평수압의 강도는 단위면적의 바닥면을 가진 월류수심 h'의 중량과 같다. 즉 물의 비중을 r로 하면 rh'가 된다. 특히, h'는 임의의 깊이이므로 대수면상의 각 점에서 수평수압의 강도는 월류하는 수면의 깊이에 정비례한다.

따라서, 제체에 가해지는 수압은 대수면의 기울기뿐만 아니라 월류하는 수심의 유무에 따라 다르게 된다. 이러한 압력분포 상태를 그림 8-39에서 보면 대수면 AB, 밑변 rh의 삼각형을 얻게 된다. 이 삼각형의 면적이 총수압의 크기가 된다.

총수압 $P = \frac{1}{2} rh \times AB$, 대수면이 수직인 경우에는 $P = \frac{1}{2} rh^2$가 된다.

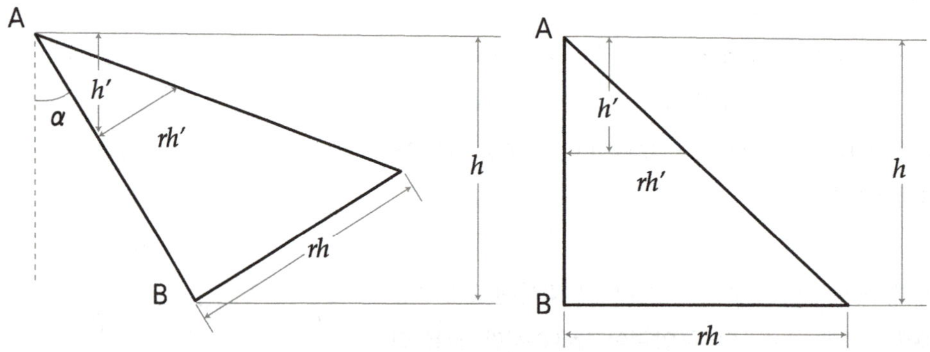

[그림 8-39] 대수면 및 월류수심에 따른 수압

1) 수압이 수직인 대수면 AB에 작용하는 경우

(1) 월류수심이 없는 경우

물의 단위중량을 r, 수면(A점)에서 h의 깊이에 있는 점(B점)에서의 수압 P_2와 총수압(전수압) P는 아래와 같고, B점으로부터 P의 작용점까지의 거리(y)는 y= h/3로 나타낸다.

- B점의 수압 : $P_2 = rh^2$
- 총수압 : $P = \frac{1}{2} rh^2$

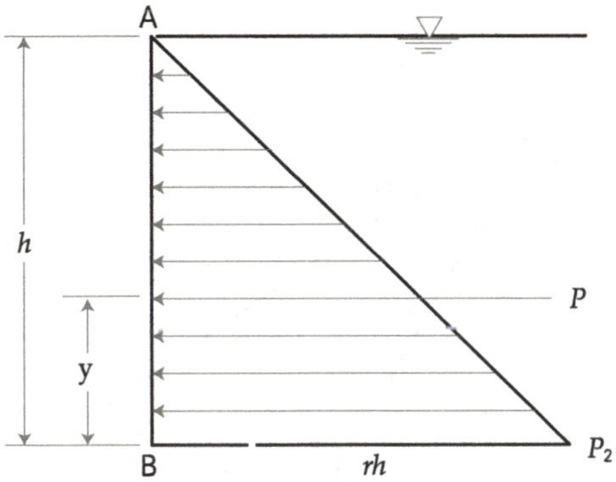

[그림 8-40] 월류수심이 없는 경우의 수압

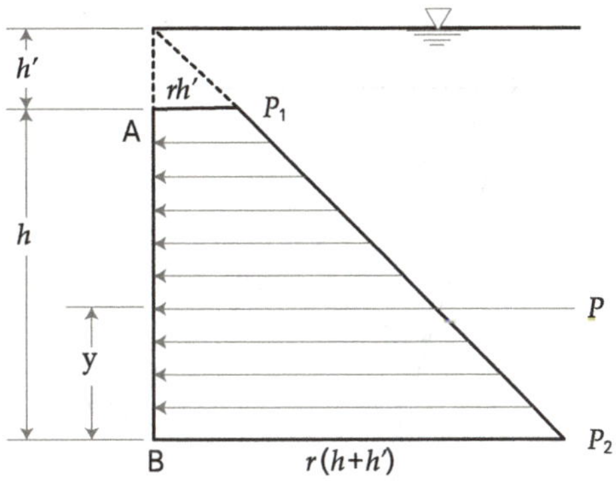

[그림 8-41] 월류수심이 있는 경우의 수압

(2) 월류수심이 있는 경우

- A점의 수압 : $P_1 = rh'$
- B점의 수압 : $P_2 = r(h + h')$
- 총수압 : $P = (1/2)[rh' + r(h + h')]h = (1/2)rh(h + 2h')$
- B점에서 의 작용점까지의 거리는 다음과 같이 나타낸다.

$$y = \frac{h}{3}\left(\frac{h + 3h'}{h + 2h'}\right)$$

식에서, y = B점에서 P의 작용점까지의 거리이고, h' = 월류수심이다.

2) 수압이 경사진 대수면 AB에 작용하는 경우(대수면 경사 1 : m)

(1) 월류수심이 없는 경우

- B점의 수압 : $P_2 = rh$
- 총수압 $P = \frac{1}{2} rh \cdot AB$에서
- $AB = \frac{h}{\cos\alpha} = h\sqrt{1+\tan^2\alpha} = h\sqrt{1+m^2}$이 되어(제3장 유수단면적과 윤변 산출공식 참조)
- 총수압 $P = (1/2)rh^2\sqrt{1+m^2}$ 가 된다.
- 작용점 높이 : $y = \left(\frac{h}{3}\right)h$

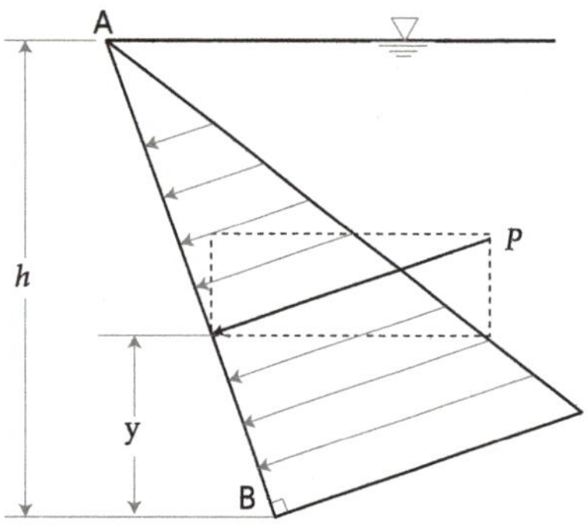

[그림 8-42] 월류수심이 없는 경우의 수압

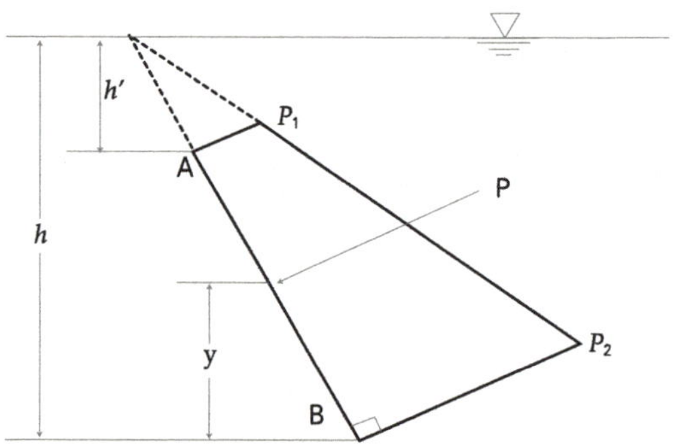

[그림 8-43] 월류수심이 있는 경우의 수압

(2) 월류수심이 있는 경우

- A점의 수압 : $P_1 = rh'$
- B점의 수압 : $P_2 = r(h+h')$
- 총수압 : $P = (1/2)rh(h+2h')\sqrt{1+m^2}$
- 작용점높이 : $y = \frac{h}{3}\left(\frac{h+3h'}{h+2h'}\right)$

(3) 수중에 퇴사가 있는 경우

수중에 퇴사가 있는 경우에는 수압 P_1에 퇴사압 P_2를 더하면 총수압이 된다.

- 수압 : $P_1 = \frac{1}{2} rh^2$
- 퇴사압 : $P_2 = \frac{1}{2}(w-r)h_0^2\frac{1-\sin\phi}{1+\sin\phi}$
- 총수압 : $P = P_1 + P_2 = \frac{1}{2} rh^2 + \frac{1}{2}(w-r)h_0^2\frac{1-\sin\phi}{1+\sin\phi}$

식에서, w는 물을 함유하지 않은 경우 퇴사의 단위중량, r는 물의 단위중량,

ø는 수중에서 퇴사의 안식각이다.

ø값은 큰 자갈(3~7㎝) 30~40°, 작은 자갈(2~3㎝) 25~30°, 모래 20~25°, 점토 5~10°, 진흙(泥土) 5° 이하이다.

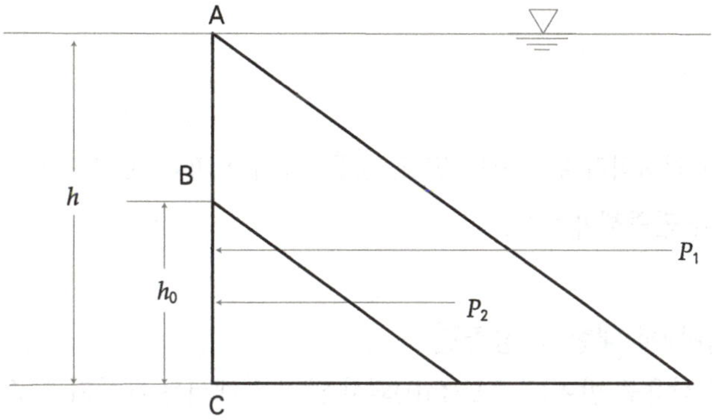

[그림 8-44] 수중에 퇴사가 있는 경우의 수압

4. 양압력

암반기초의 경우에는 균열된 곳에서 분출하는 압력수의 변화와 또는 사력기초의 경우에는 퇴사 후 토중수압이 변화하여 제체를 위쪽으로 들어 올리려 한다. 이것을 양압력(uplift pressure)이라 하며, 사방댐에서는 보통 양압력을 고려하지 않는다.

양압력은 댐 밑바닥의 정수압 강도에 양압력계수(μ)를 곱하여 구한다. 양압력계수의 값은 0.25~0.60을 사용하지만, 좋은 암반에서는 0.25~0.40, 좋지 않은 암반이나 또는 사력층에서는 0.40~0.60으로 한다.

5. 토석류의 유체력

사방댐에 미치는 토석류의 유체력(流體力)은 토석류의 유속 · 수심 · 단위체적중량 등을 이용하여 식 (8-20)으로 추정한다.

$$F = K_h \cdot \frac{r_d}{g} \cdot D_d \cdot V^2 \qquad \cdots\cdots(8\text{-}20)$$

식에서, F : 단위면적당 토석류의 유체력(kN/m), K_h : 계수(1.0으로 함),

r_d : 토석류의 단위체적중량(kN/m³), g : 중력가속도(9.8m/sec²),

D_d : 토석류의 수심(m), V : 토석류의 속도(m/sec)

6. 사력 및 유목의 충격력

사력 및 유목의 충격에 대하여 제체가 받는 충격력은 제체의 재료와 특성에 따라 변화되므로 설계 외력으로서 사력 및 유목의 충격력을 고려하여야 하지만 일반적으로 사방댐의 안정성 검토만으로 생략하고 있다.

8.4.14 사방댐의 안정조건

중력식 사방댐이 안정되기 위해서는 전도, 활동, 제체의 파괴 및 기초지반의 지지력에 대한 안정의 4가지 조건을 만족해야 한다.

1. 전도(轉倒)에 대한 안정조건

사방댐이 외력의 작용을 받아도 전도(fall)되지 않기 위해서는 제체의 자중(G), 모든 외력(P) 및 합력(R)에 대한 작용선이 제저(AB)내에 있어야 한다. 그림 8-45에서 대수면 BD의 높이를 h, 대수면 기울기를 m, 댐 마루 폭(CD의 길이)을 b', 댐 바닥 폭(AB의 길이)을 b, 물의 비중을 r, 사방댐의 단위중량을 w로 하면, BD면에 작용하는 수압은 $P = \frac{1}{2} rh^2 \sqrt{1+m^2}$이며, 사방댐 중점($g$)에서 제체 중량 G는 $G = \frac{1}{2} w(b+b')h$이다.

또한, 중력식 사방댐은 제체를 전도시키려는 전도모멘트(fall moment)와 이에 저항하는 저항모멘트(resistance monet)가 서로 대응하고 있다. 모멘트(moment)는 어떤 점을 중심으로 회전시키려고 하는 힘의 크기를 표시하는 단위이다. 즉, 어느 정점에 대한 모멘트는 작용힘(P)과 정점부터 힘의 작용선까지의 수직(최단) 거리의 곱으로 나타내며, 이때 수직거리(u 및 l)를 암(arm)이라고 한다. 그림 8-45에서 전도모멘트는 $P \times u$, 저항모멘트는 $G \times l$이며, 저항하려는 수직분력($\sum V$)과 전도시키려는 수평분력($\sum H$)를 이용하여 저항모멘트와 전도모멘트를 계산하는 식은 표 8-12 및 표 8-13과 같다.

특히, 수압의 작용점은 D로부터 BD/3의 지점에 작용하며, 이때 사방댐의 중량 G와 외력 P의 합력을 R이라 하고, 이 합력(R)이 제저 AB내를 통과하면 안전하므로 전도되지 않는다. 그러나 합력작용선이 댐 바닥 폭의 중앙 1/3보다 하류 측을 통과하면 제체의 상류 측(B)에 장력이 생기므로 합력의 작용선이 제저의 중앙 1/3 내를 통과하도록 하여야 한다. 제저 AB의 각 3등분점을 핵점〔核点: kernel point〕이라 하며, 제저 AB의 1/3인 중앙 지점을 핵심〔核心: middle-third, core〕이라 한다.

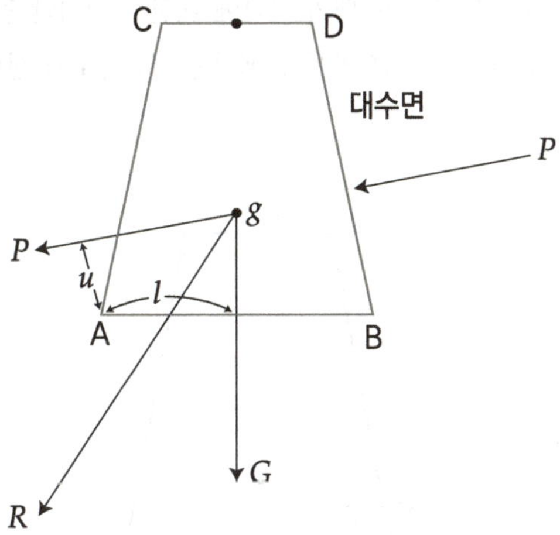

[그림 8-45] 댐의 전도에 대한 안정조건

2. 활동(滑動)에 대한 안정조건

사방댐이 수평외력을 받아 활동(sliding)함에 대한 저항력은 응집력과 마찰력에 있으나, 일반적으로 활동에 대한 안정계산에 응집력은 무시한다. 사방댐의 대수면에 작용하는 수압은 사방댐을 전방으로 이동시키려 하므로 이에 저항할 수 있도록 해야 한다.

그림 8-46에서 합력 R을 수평분력($\sum H$)과 수직분력($\sum V$)로 나누어 보면 사방댐을 수평방향으로 활동시키려는 수평분력은 $\sum H = P\cos\alpha$이며, 저항하려는 수직분력은 $\sum V = G + P\sin\alpha$이다. 여기서 α는 수압 P가 수평분력과의 사이에 만들어지는 각이다.

사방댐의 활동에 대한 안정은 댐 저면과 기초지반의 접촉면에서 생기는 마찰력(F)이다. 마찰계수를 f로 하면 마찰력은 $F = f \times \sum V = f(G + P\sin\alpha)$로 되며, 사방댐이 활동에 대하여 안정되기 위해서는 다음과 같은 조건식이 필요하다.

$$(G + P\sin\alpha) > P\cos\alpha$$

$$f \geq \frac{\sum H}{\sum V} = \frac{P\cos\alpha}{G + P\sin\alpha} \quad \cdots\cdots (8\text{-}21)$$

식에서, $\sum H$ = 수평분력, $\sum V$ = 수직분력

만약 대수면이 수직이면 수압 P의 수평분력 각은 $\alpha = 0$이므로 $f > \frac{P}{G}$로 되어 합력 R의 수평분력과 수직분력과의 비가 제저(堤底: 댐 바닥)와 기초지반 사이의 마찰계수보다 작으면

안정하므로 활동하지 않는다. 이 조건은 댐의 바닥에 대한 것이지만 임의의 수평단면에서도 이 조건은 만족되어야 한다. 그러나 콘크리트공사 등에서는 전단강도가 상당히 크므로 보통의 경우에는 고려할 필요가 없다.

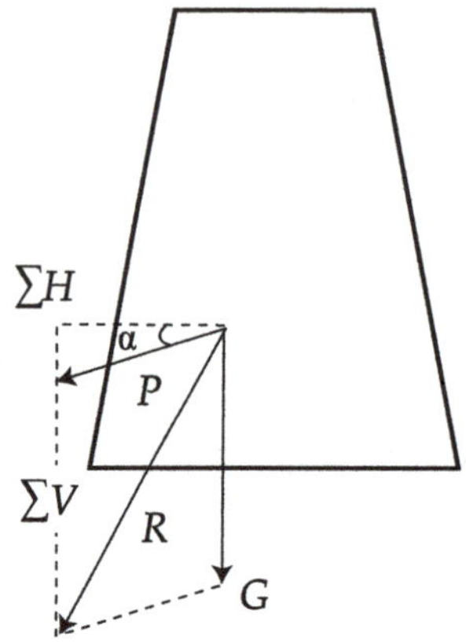

[그림 8-46] 활동에 대한 안정조건

일반적으로 마찰계수는 0.70을 적용하고 있으나 찰쌓기돌댐의 경우 $f = 0.75$, 콘크리트댐의 경우 $f = 1.0$을 적용하는 경우도 있다(암반이나 토층에 현장타설 콘크리트를 시공하는 경우에는 $f = 0.6\sim1.0$으로 한다).

[표 8-5] 각종 기초지반의 마찰계수

지반의 종별	양호한 경 암	중경암	연암	사력층	마른 점토	습한 점토
기초지반의 마찰계수(f)	1.2	1.0	0.7~0.8	0.6	0.50	0.30

3. 제체(堤體)의 파괴에 대한 안정조건

제체(dam body)의 단면에 발생하는 최대압축력 및 인장응력은 그 허용압축 및 인장강도를 초과하지 않으면 파괴에 대하여 안정하다.

그림 8-47과 같이 댐 바닥의 길이가 b인 제저 AB상의 A점으로부터 거리 d인 점에 수직압력 $N(\sum V)$이 합력의 작용점으로 작용한다고 하면, 응력분포는 양쪽 끝이 같거나, 한쪽 끝에는 최대가 되고 다른 한쪽 끝은 최소로 되며, 그 사이의 응력은 선형적 분포를 나타난다.

▸ 응력분포의 작도방법

① AB의 중점 O에서 수선을 내려 $\sum V/b$라는 점을 O'로 한다(그림 8-48).

② O'와 AB의 3등분점(f)를 연결하고, 이 연장선과 수직응력 $N(\sum V)$이 합력의 작용점인 C점에서 수선과의 교점을 C''로 한다.

③ C''에서 AB에 평행선을 그어 A점에서 내린 수선과의 교점을 A'로 한다. 이 수선이 힘의 크기가 된다(P_1).

④ A' 와 O'를 서로 연결하여 B점의 힘의 크기(P_2)를 결정한다. 이와 같이 해서 구해진 A, B, B', A'가 필요로 하는 "응력분포도"이다.

⑤ 위 ②, ③ 및 ④ 과정을 반복하면서 그림 8-49, 그림 8-50의 응력분포도를 작도한다.

1) 합력(R)이 제저 중심점에 작용

만약 수직압력 $N(\sum V)$이 합력의 작용점으로 AB의 중심인 O점에 작용한다면, 그림 8-47과 같이 압축 응력강도는 A점과 B점에서 같게 되어 등분포하중(uniform load)을 나타내게 된다.

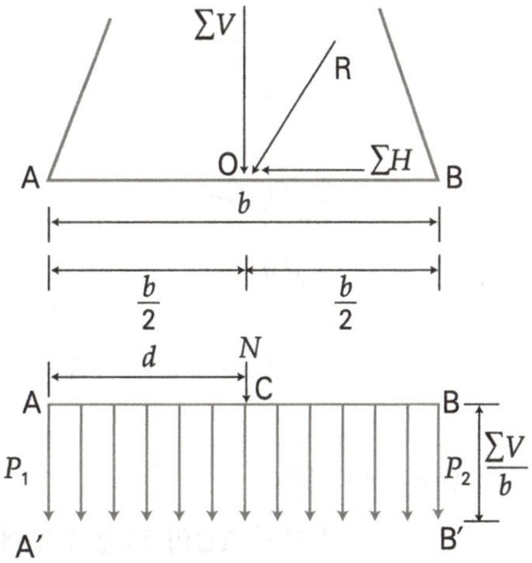

[그림 8-47] 합력이 제저의 중심점에 작용할 때 응력의 분포

2) 합력(R)이 제저 중점과 3등분사이에 작용

만약 수직응력 $N(\sum V)$이 합력 작용점으로 제저의 중심인 O점에서 A점에 가까운 C점에 있다면, 압축 응력강도는 A점에서 최대가 되고, B점에서 최소가 되어 등변분포(ununiform vary load)를 하게 된다. 이때의 A 및 B점에서의 응력분포를 각각 P_1 및 P_2 라고 하면 다음과 같은 식으로 나타난다. 또한, e는 이심율(離心率: distance from gravity center) 또는 편심거리라 하며, 제지면의 중심점과 합력의 작용점까지의 거리이다.

$$P_1 = \frac{2N}{b}\left(2 - \frac{3d}{b}\right)$$

$$P_1 = \frac{2\sum V}{b}\left(2 - \frac{3d}{b}\right) \quad \cdots\cdots (8\text{-}22)$$

$$P_2 = \frac{2N}{b}\left(\frac{3d}{b} - 1\right)$$

$$P_2 = \frac{2\sum V}{b}\left(\frac{3d}{b} - 1\right) \quad \cdots\cdots (8\text{-}23)$$

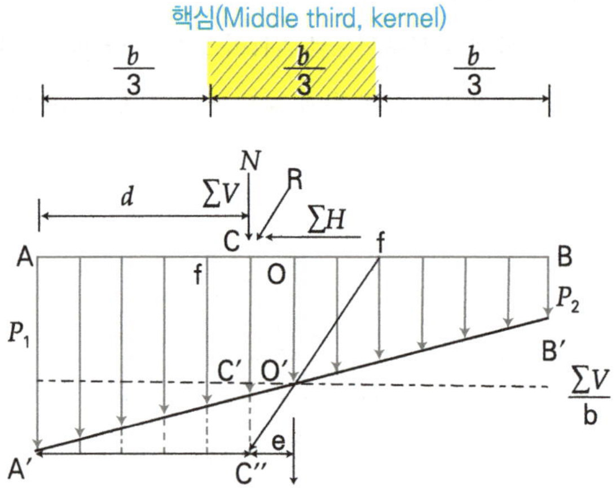

[그림 8-48] 합력이 제저의 중점과 3등분점 사이에 작용할 때 응력의 분포

3) 합력(R)이 제저 3등분점에 작용

수직응력 $N(\sum V)$이 합력의 작용점으로 제저 AB의 3등분점(f)에 있다면, 압축 응력강도 P_1은 A점에서 최대가 되고, B점에서 P_2는 0이 되어 삼각형분포(triangle load)를 하게 된다.

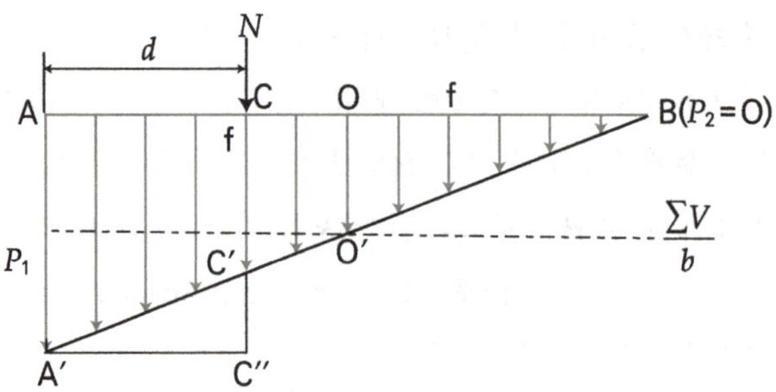

[그림 8-49] 합력이 제저의 3등분점에 작용할 때 응력의 분포

4) 합력(R)이 제저 3등분점 외측에 작용

수직응력 $N(\sum V)$이 합력의 작용점으로 제저 AB의 3등분점 외측에 있다면, 압축 응력 강도 P_1은 A점에서 최대가 되며, B점에서 P_2는 (−)값이 되어 B점에서 장력이 발생하여 제체가 파괴될 위험성이 높다.

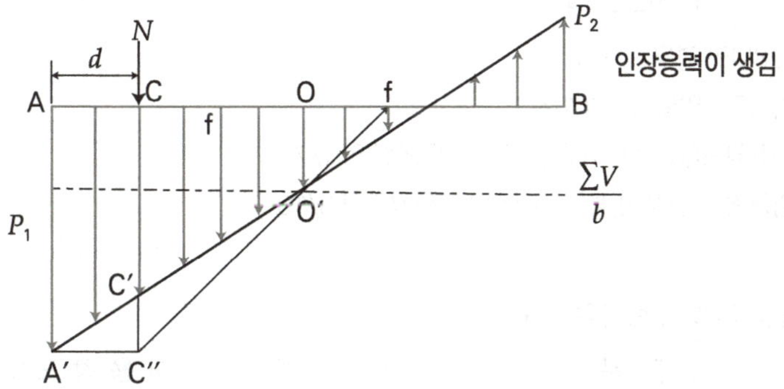

[그림 8-50] 합력이 제저의 3등분점 외측에 작용할 때 응력의 분포

특히, P_1과 P_2의 값은 수직응력 $N(\sum V)$이 합력의 작용점인 C점의 위치에 따라 다음과 같이 나타난다.

① $d > \frac{b}{3}$ 일 경우 $P_1 > 0$, $P_2 > 0$

② $d = \frac{b}{3}$ 일 경우 $P_1 > 0$, $P_2 = 0$

③ $d < \frac{b}{3}$ 일 경우 $P_1 > 0$, $P_2 < 0$

여기서 ③의 경우에는 B점에서 인장력이 생겨 제체의 파괴 위험성이 있으므로, 이 장력을 없애기 위하여 합력의 작용점으로 수직응력 $N(\sum V)$은 반드시 제저(댐 바닥)의 양쪽 끝에서 중앙 1/3 지점인 핵심에 있도록 해야 한다.

[표 8-6] 콘크리트의 허용강도(K)

구 분	허 용 강 도(t/㎡)
허용압축강도	550
허용휨인장강도	30
허용지압응력도	600

※ 재령이 28일인 경우

- 허용압축강도 : 압축강도의 1/4
- 허용곡인장강도(許容曲引張强度) : 인장강도의 1/7
- 허용지압응력도(許容支壓應力度) : 압축강도의 3/10

[표 8-7] 축설공사의 허용 항압강도(K)

구 분	허 용 강 도(t/㎡)
조석공사공작물	130
사암공사공작물	210
석회암공사공작물	270
화강암공사공작물	320
콘크리트공사공작물	220~270
시멘트모르타르공작물	120

※ 레미콘(ready mixed concrete)의 호칭 강도로서 160㎏/㎠를 쓸 때는 허용압축강도는 400t/㎡이다.

∴ (160㎏/㎠ → $1{,}600\text{t/m}^2 \times \frac{1}{4} = 400(\text{t/m}^2)$)

4. 기초지반의 지지력에 대한 안정조건

댐 바닥에 발생되는 최대압력강도(P_1)는 지반의 지지력 강도를 초과하면 안 된다. 이 조건은 제체의 파괴 위험성이 없도록 합력의 작용점(N)은 제저(댐 바닥)의 중앙 1/3 지점인 핵심에 있도록 해야 한다는 제체의 파괴의 안정조건과 동일한 것이며, 허용항압강도(K)대신 지반의 지지력 강도를 대입하여 얻게 된다.

댐 바닥에서의 최대압력강도(P_1)는 보통 댐 끝단에서 발생되며, 사방댐 축설재료의 허용압축강도(항압력: K)는 최대압력강도 P_1보다 커야 파괴되지 않는다.

즉, $K > \frac{2\sum V}{b}\left(2 - \frac{3d}{b}\right)$조건이 되어야 안전하게 된다. 일반적으로 이용되고 있는 각종 지반의 안전지지력강도는 표 8-8과 같다.

[표 8-8] 각종 지반의 안전지지력

구 분	안전지지력(t/㎡)
경 암	200~300
화강암	350~1000
분 암(玢岩)	300~350
경사암(硬砂岩)	150~600
석회암	160~240
연암(응회암 · 사암 · 혈암)	70~150
수성암류(고결도가 낮은)	50~60
자갈층(고결도가 높은)	70~80
모래층(고결도가 높은)	70~80
사질점토층	15~20
보통 흙	3~10
점토층	5~20
작은 자갈이 섞인 점토층	5~30
단단한 점토층	20~50
작은 자갈층	30~60
습한 점토	15~20
보통 모래층	10~40
모래섞인 자갈	20~50
이토	0

[표 8-9] 지반의 허용지지력

지 층 의 종 류	깊이 1m 전후 (t/㎡)	깊이 2~3m (t/㎡)
연한 실트와 이토(泥土)	1.0~2.0	2.0~5.0
실트(옆으로 밀려나지 않게 한 것)	10~20	15~20
연한 진흙	10~15	10~15
치밀하고 단단한 진흙	20~25	25~30
진흙과 모래(단단한 것)	20~30	25~35
잔모래(옆으로 밀려나지 않게 한 것)	20	20~30
굵은 모래	30	30~40
자갈과 굵은 모래	40~50	50~60
자갈과 굵은 모래의 고결층(固結層)	50~60	60~80
연암	70~100	70~100
양질의 암반	200~400	200~400

8.4.15 사방댐의 안정성 검토

1. 중력식 사방댐의 안정성 검토

사방댐의 대수면에 작용하는 수압 및 토압을 퇴사와 담수상태에 따라 다음과 같이 5가지의 형으로 구분하여 안정성을 검토하지만, 여기서는 1형과 2형에 대하여 설명하기로 한다.

[표 8-10] 구성외력에 의한 사방댐형(型)의 분류

댐형 분류	구성외력	사방댐형의 분류기준
1형	수압(h+h')+수중토압(h)	• 사력 등이 흐트러진(다져지지 않은) 상태로서 단기에 퇴적되어 수압과 수중토압의 작용이 예상되는 경우
2형	수압(h+h')	• 댐이 완성될 때까지 거의 퇴사되지 않아 수압의 작용만 예상되는 경우
3 · 4형	수압(h_2+h')+토압(h_1)	• 댐의 규모, 바닥파기의 상태, 토사의 유출상황 등으로 보아 댐이 완성될 때까지 물다짐 된 상태의 토사가 어느 정도 높이(h_1)로 퇴사됨으로써, 이 부분의 토압과 그 상부의 수압이 작용한다고 예상되는 경우
5형	토압(h)+수압(h')	• 바닥파기의 상태, 토사의 유출상황 등으로 보아 댐이 완성될 때까지 물다짐 된 상태의 토사가 방수로 바닥까지 퇴사됨으로써, 토압이 작용한다고 예상되는 경우
6형	수압(h+h')+수중토압(h_1)	• 댐이 완성될 때까지 흐트러진 상태의 토사가 어느 정도 높이(h_1)로 퇴적됨으로써, 이 부분의 수중토압과 수압(h+h')이 작용한다고 예상되는 경우

1) 1형

사방댐의 대수면에 퇴적되는 토사 및 사력 등이 다져지지 않고 느슨하게 쌓여 있는 상태로서 짧은 기간에 퇴적되어 수압과 수중토압이 작용하는 경우이다. 이러한 조건의 사방댐에는 방수로 월류수심에 의한 수압과 퇴사된 토사에 의한 토압이 동시에 작용한다.

사방댐의 안정성은 가정단면도 작성, 설계조건 결정, 합력의 수직분력 및 모멘트 계산, 합력의 수평분력 계산, 합력의 작용점 위치 및 편심거리 계산, 내부응력 및 지반반력 계산, 활동계수 계산을 통하여 검토한다. 사방댐의 안정성 검토 순서는 다음과 같다.

(1) 사방댐 계산 조건

① 가정단면도 작성

사방댐의 단면은 댐마루나비, 댐제저 나비, 반수면기울기, 대수면기울기, 댐 높이, 월류수심, 제체의 중력 및 수압 등을 가정하여 계산에 이용한다(그림 8-51 참고).

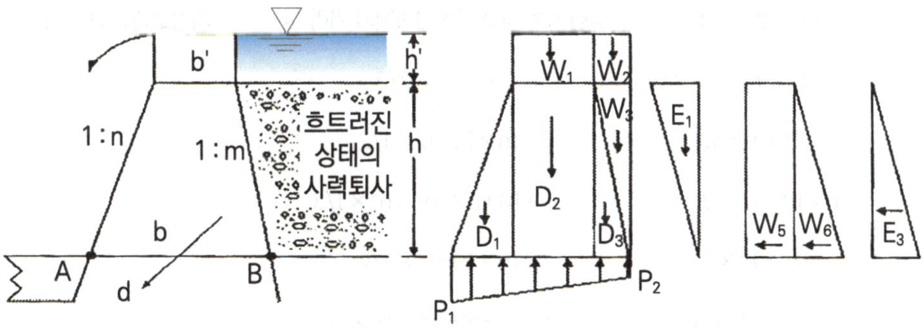

b' : 댐마루나비　b : 댐 제저나비　n : 반수면기울기　m : 대수면기울기
h : 댐 높이　h' : 월류수심　D : 제체의 중력　W : 수압
E : 토압　P : 압력강도　d : 합력의 작용점 위치

[그림 8-51] 사방댐 1형의 가정단면

② 댐의 설계조건 결정

일반적으로 사방댐 설계조건으로 퇴사의 단위중량(s)는 1.8 t/㎥, 수중토의 단위중량(s')은 0.8 t/㎥으로 하며 퇴사의 내부마찰각(ø)은 수중에서 30°를 기준으로 한다. 또한, 물의 단위중량(r)은 1.0 t/㎥, 월류수의 단위중량(r')은 1.2 t/㎥을 표준으로 한다(표 8-11 참고).

[표 8-11] 사방댐의 설계조건

w	r	r'	s	s'	ø	f	c	Qa	qa
제체의 단위 중량	물의 단위 중량	월류 수의 단위 중량	퇴사의 단위 중량	수중 토의 단위 중량	퇴사의 내부 마찰각	기초 지반의 마찰계수	랑킨 공식의 토압계수	허용 지지력	재료에 대한 허용 강도
t/㎥	t/㎥	t/㎥	t/㎥	t/㎥	°			t/㎡	t/㎡

③ 합력의 수직분력($\sum V$) 및 저항모멘트 계산

사방댐의 가정 단면인 반수면기울기, 대수면기울기, 댐 높이, 월류수심, 물의단위 중량, 월류수의 단위중량 및 수중토의 단위중량 등을 이용하여 표 8-12에 따라 합력의 수직분력($\sum V$) 및 저항모멘트를 계산한다.

[표 8-12] 합력의 수직분력($\sum V$) 및 저항모멘트 계산

구분	수 직 분 력 (V)	A점에서 힘의 작용점까지의 거리 (d)	저항모멘트 ($V \times d$)
D_1	(n×h)×h×1/2×w	(n×h)×2/3	
D_2	b'×h×w	(n×h)+b'×1/2	
D_3	(m×h)×h×1/2×w	(n×h)+b'+(m×h)×1/3	
W_1	b'×h'×r'	(n×h)+b'×1/2	
W_2	(m×h)×h'×r'	(n×h)+b'+(m×h)×1/2	
W_3	(m×h)×h×1/2×r	(n×h)+b'+(m×h)×2/3	
E_1	(m×h)×h×1/2×s'	(n×h)+b'+(m×h)×2/3	
계	합력의 수직분력 ($\sum V$)		저항모멘트(M_V)

④ 합력의 수평분력($\sum H$) 및 전도모멘트 계산

사방댐의 가정 단면인 댐 높이, 월류수심, 물의단위 중량, 수중토의 단위중량 및 랑킨공식의 토압계수 등을 이용하여 표 8-13에 따라 합력의 수평분력($\sum H$) 및 전도모멘트를 계산한다.

[표 8-13] 합력의 수평분력($\sum H$) 및 전도모멘트 계산

구분	수평분력 (H)	A점에서 힘의 작용점까지의 거리(d)	전도모멘트 ($H \times d$)
W_5	h'×h×r	h×1/2	
W_6	h^2×1/2×r	h×1/3	
E_3	h^2×1/2×s'×c	h×1/3	
계	합력의 수평분력 ($\sum H$)		전도모멘트(M_H)

⑤ 합력의 작용점 위치 및 편심거리 계산

저항모멘트, 전도모멘트, 합력의 수직분력 및 댐 제저나비 등을 이용하여 아래와 같이 합력의 작용점 위치 및 편심거리 계산한다.

- 합력의 작용점 위치(d) = $(M_V - M_H) \div \sum V =$ (m)
- 편심거리(e) $= \dfrac{b}{2} - d =$ (m)

※ 모멘트의 계산을 댐 밑바닥 상류방향 B점을 기준으로 하였을 때
합력의 작용점 (d) = $\dfrac{M_V + M_H}{\sum V}$ 로 계산한다.

⑥ 내부응력 및 지반반력 계산

- 내부응력

최대압축응력 $\delta_1 = \dfrac{2\sum V}{b}\left(2 - \dfrac{3d}{b}\right) =$ (t/m²)

최소압축응력 $\delta_2 = \dfrac{2\sum V}{b}\left(\dfrac{3d}{b} - 1\right) =$ (t/m²)

- 지반반력

최대지반반력 (P_1) = δ_1 = (t/m²)

최소지반반력 (P_2) = δ_2 = (t/m²)

- δ_1의 값이 음수이면 $P_1 = \dfrac{2 \times \sum V}{3 \times d}$, $P_1 = 0$으로 계산한다.
- 사력층에서는 $P_1 = \dfrac{2 \times \sum V}{3 \times d}$, $P_2 = 0$으로 계산한다.

⑦ 활동계수 계산 : 활동계수$(f') = \sum H / \sum V$

⑧ 안정성의 검토

- 전도에 대한 안정⋯ $M_V(\quad) > M_H(\quad)$ 안정
- 활동에 대한 안정⋯ $f\ (\quad) > f'\ (\quad)$ 안정
- 기초지반의 지지력에 대한 안정⋯ $Q_a(\quad) > P_1(\quad)$ 안정
- 내부응력에 대한 안정⋯ $q_a(\quad) > \delta_1(\quad)$ 안정
- 인장응력에 의한 제체의 파괴에 대한 안정⋯

$$\begin{cases} e \quad (\quad) \leqq \dfrac{b}{6} \\ \dfrac{2}{3}b(\quad) \geqq d\ (\quad) \geqq \dfrac{b}{3} \text{ 안정} \end{cases}$$

2) 2형

(1) 사방댐 계산 조건

사방댐의 완성 시까지 거의 퇴사가 되지 않아 수압만이 작용하는 경우이며, 월류수심을 고려한 수압만을 고려하여 안정성을 검토한다.

사방댐의 안정성 검토는 1형과 동일하며 가정단면도 작성, 설계조건 결정, 합력의 연직분력 및 모멘트 계산, 합력의 수평분력 계산, 합력의 작용점 위치 및 편심거리 계산, 내부응력 및 지반반력 계산, 활동계수 계산을 통하여 검토한다. 사방댐의 안정성 검토 순서는 다음과 같다.

① 가정단면도 작성

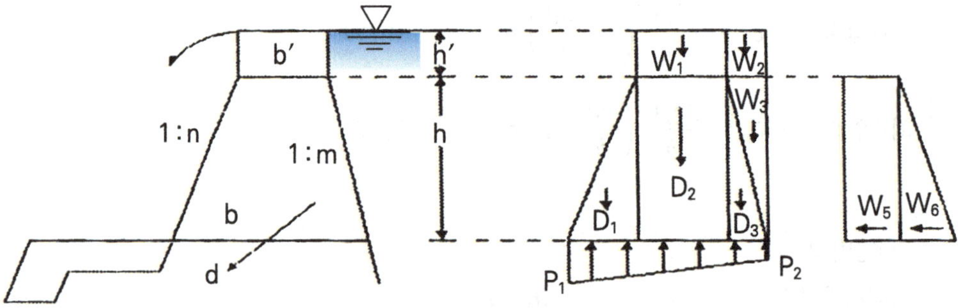

[그림 8-52] 사방댐 2형의 가정단면

② 설계조건 결정

일반적으로 사방댐 설계조건으로 제체의 단위중량(w), 물의 단위중량(r), 기초지반의 마찰계수, 허용지지력 및 재료에 대한 압축강도 등을 이용한다(표 8-14 참고).

[표 8-14] 사방댐의 설계조건

w	r	f	Q_a	q_a
제체단위중량	물의 단위중량	기초지반의 마찰계수	허용지지력	재료에 대한 압축강도 (허용강도)
t/㎥	t/㎥		t/㎡	t/㎡

③ 합력의 수직분력(ΣV) 및 저항모멘트 계산

사방댐의 가정 단면인 반수면기울기, 대수면기울기, 댐 높이, 월류수심, 물의단위 중량, 월류수의 단위중량 및 수중토의 단위중량 등을 이용하여 표 8-15에 따라 합력의 수직분력(ΣV) 및 저항모멘트를 계산한다.

[표 8-15] 합력의 수직분력(ΣV) 및 저항모멘트 계산

구분	수 직 분 력 (V)	A점에서 힘의 작용점까지의 거리(d)	저항모멘트 ($V \times d$)
D_1	(n×h)×h×1/2×w	(n×h)×2/3	
D_2	b'×h×w	(n×h)+b'×1/2	
D_3	(m×h)×h×1/2×w	(n×h)+b'+(m×h)×1/3	
W_1	b'×h'×r	(n×h)+b'×1/2	
W_2	(m×h)×h'×r	(n×h)+b'+(m×h)×1/2	
W_3	(m×h)×h×1/2×r	(n×h)+b'+(m×h)×2/3	
계	합력의 수직분력(ΣV)		저항모멘트(M_V)

④ 합력의 수평분력(ΣH) 및 저항모멘트 계산

사방댐의 가정 단면인 댐 높이, 월류수심, 물의단위 중량 등을 이용하여 표 8-16에 따라 합력의 수평분력(ΣH) 및 전도모멘트를 계산한다.

[표 8-16] 합력의 수평분력(ΣH) 및 전도모멘트 계산

구분	수평분력 (H)	A점에서 힘의 작용점까지의 거리(d)	전도모멘트 ($H \times d$)
W_5	h'×h×r	h×1/2	
W_6	h^2×1/2×r	h×1/3	
계	합력의 수평분력 (ΣH)		전도모멘트(M_H)

⑤ 이하 안정성 검토 내용 및 방법은 1형과 같다.

2. 투과형 사방댐의 안정계산

강제사방구조물은 사방시설 계획에 의하여 설계하며, 설계 시 필요한 기능과 안정성이 유지되고 구조물로서 일체성이 보증되어야 한다. 강제사방구조물도 유출토사의 억제 및 조절 기능이나 유수 및 토사 등에 의한 외력에 저항하여 장기간 사용되므로 유지관리 면에서도 충분히 검토하여 설계하여야 한다.

강제사방구조물은 크게 투과형 사방댐, 부분투과형 사방댐 및 불투과형 사방댐으로 분류할 수 있다. 강제투과형 사방댐 및 강제불투과형 사방댐 각부의 명칭은 그림 8-53 및 그림 8-54와 같다.

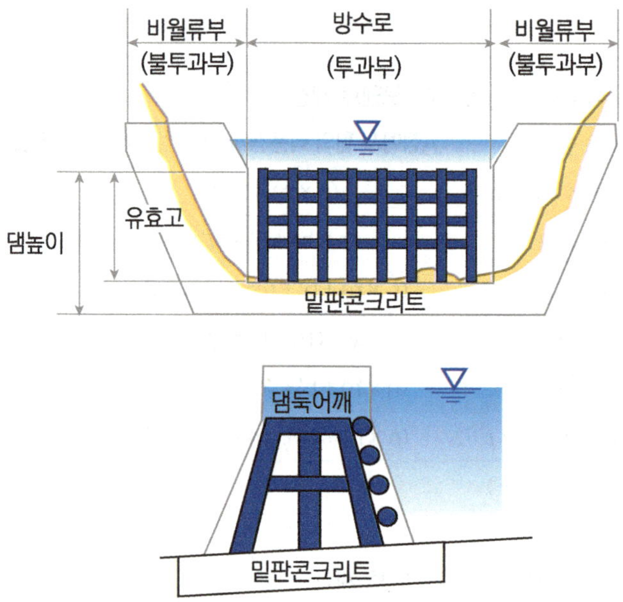

투과형 사방댐(a)

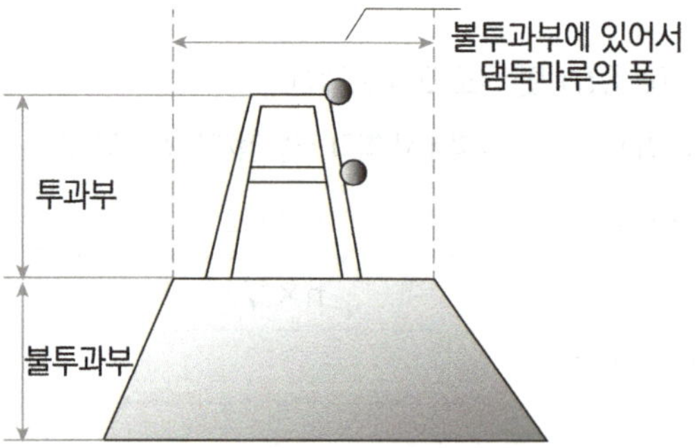

부분투과형 사방댐(b)

[그림 8-53] 강제투과형(a) 및 부분투과형 사방댐(b)의 명칭

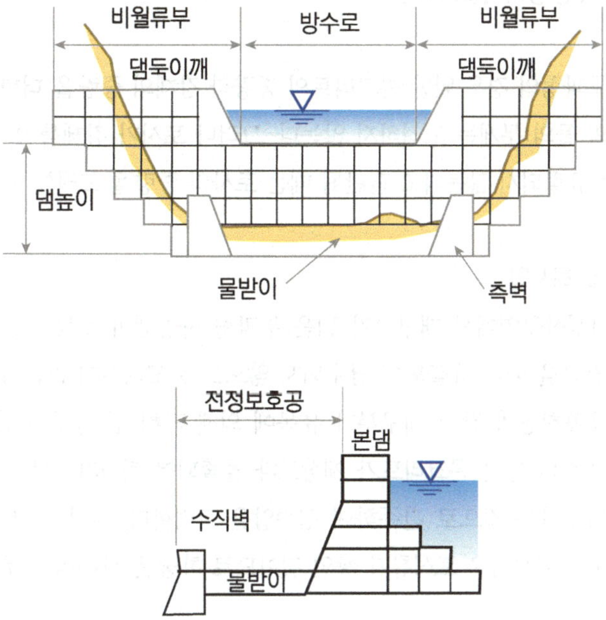

[그림 8-54] 강제불투과형 사방댐의 명칭

사방구조물에 강구조(鋼構造)를 적용할 때 계류수가 강산성이면 부식이 빨리 진행될 수 있고, 사력이 포함된 유수에 의하여 충돌 및 마모가 될 수 있으므로 주의해야 한다. 일반적으로 강제사방구조물은 중력식 콘크리트 사방댐과는 달리 제체의 자중에 의하여 저항하는 것이 아니라 재료의 강도, 즉 내하력(耐荷力)을 이용하는 구조물이므로 거석의 충돌 등에 대하여 부재가 파괴되지 않도록 설계할 필요가 있다.

또한, 강제불투과형 사방댐은 전체적인 침하에는 견딜 수 있을 수 있으나 국부적인 지지력 상실에 대한 저항성은 부족한 경우가 많으므로 국부적인 파괴위험이 있는 구조물은 기초 세굴 등에 대한 대책을 충분히 고려하여야 한다.

강제투과형 사방댐의 안정계산에 사용하는 하중은 정수압을 고려하지 않고, 토사면 아래에는 퇴사압, 그 위쪽에는 토석류의 유체력을 사용하여 계산한다. 이러한 경우 퇴사면의 높이는 퇴사압과 토석류 유체력의 합계가 가장 커지도록 한다.

투과형 사방댐의 설계외력은 기본적으로 불투과형 사방댐의 경우와 같지만 투과구조에 따라 작용하는 것으로 한다.

1) 강제사방댐의 설계외력

(1) 자중

자중은 부분투과형의 경우 밑판 콘크리트의 중량과 강제의 중량을 더한 것으로 한다. 강제틀 내의 퇴사 무게와 물의 무게는 고려하지 않는다. 그러나 토사가 강제틀 안이나 밑판 콘크리트에 퇴적되어 하류로 유출되지 않는다고 판단될 때는 토사의 중량을 고려할 수 있다.

(2) 정수압 및 퇴사압

정수압은 토사생산구역에서 개구부가 넓은 투과형 사방댐이 토석류를 포착할 때 퇴사 내의 유수는 사력의 간극을 따라 유출되어 담수되지 않으므로 고려하지 않는다. 다만, 토사유과구역에 설치되는 유목포착공과 같이 개구부가 유목에 의해 막혀 댐 상부의 담수가 있거나, 부분투과형 댐도 불투과부의 밑판 콘크리트가 계상보다 돌출되어 퇴사가 예상되기 때문에 밑판 콘크리트 천단까지 담수하는 것으로 간주하여 정수압을 고려한다. 밑판 콘크리트의 정수압은 수중퇴사압이 작용되고, 퇴사압은 토석류가 쌓인 것이므로 하중은 사다리꼴 분포로 하게 된다.

(3) 토석류의 유체력

투과형 사방댐의 안정계산에서 유체력은 개구부가 완전히 막힌 상태로 가정하여 퇴사면에 작용하는 것으로 한다. 또한, 사력 및 유수의 충돌에 의한 힘은 국소적으로 작용하기 때문에 안정계산에 무시하지만 투과형 사방댐의 부재 구조를 검토할 때는 고려하는 것으로 한다, 토사압 및 유체력을 외력으로 하여 제체 전체의 안전성과 부재의 안정성을 검토한다.

2) 강제사방댐의 안정성 검토

(1) 각 부의 구조

강제사방구조물의 각 부분의 구조인 방수로의 단면, 댐둑마루의 폭, 대수면 및 반수면의 기울기, 어깨의 안정성, 기초부 등은 중력식 콘크리트 사방댐에 준한다. 특히, 토석류가 발생할 경우에는 유목과 토석을 함께 포착하므로 슬릿의 순간격(부재 사이의 간격)은 토석류에 포함된 최대 유목길이의 1/3 – 1/2이하, 토석류의 최대 사력 입경의 1.5배 이내로 한다.

(2) 제체의 안정성 검토

토사생산구역에서 강제사방구조물의 전체 구조에 대한 안정성은 하중을 조합하여 검토한다. 부분투과형 사방댐의 기초 불투과부는 투과부와 하중을 분산하거나 균등화하여 지반의 허용지지력 이내에서 견딜 수 있는 두께가 필요하다. 일반적으로 기초 불투과부의 두께는 투과부의 구조, 형상 및 기초 지반의 특성에 따라 결정하지만 1m 이하를 원칙으로 한다.

불투과부의 댐마루 폭은 사력 및 유목의 충돌에 파괴가 되지 않도록 충돌하는 최대입경의 2배 또는 3m 이상으로 설계한다. 비월류부의 홍수 시 수심은 월류부에서 산정된 월류수심을 사용하여 안정계산을 실시한다. 토사유과구역에서 강제사방구조물의 전체 구조에 대한 안정성은 유목 등이 완전하게 막힌 상태에서도 안정하고, 사력에 의하여 투과부가 막히지 않도록 설계해야 하므로 설계하중은 자중 및 투과부 부재의 투영단면에 작용하는 정수압(물의 단위 용적중량)도 적용하여야 한다.

특히, 댐의 높이가 15m 이상이라도 15m 미만의 안정계산에 사용하는 하중으로 안정성을 검토해야하지만, 비월류부는 댐 높이 15m 미만(토석류 발생시: 정수압, 퇴사압, 토석류의 유체력, 본체의 자중, 토석류의 무게)과 15m 이상(평상시: 본체자중 지진관성력, 토석류 발생시: 정수압, 퇴사압, 토석류의 유체력, 본체의 자중, 토석류의 무게, 양압력)에서 채택하는 하중이 다르므로 주의해야 한다.

강제불투과형 사방댐은 각 부재가 확실하게 연결되어 과도하게 변형이 되지 않고 일체화가 되어야 하므로 댐 본체의 안정계산은 원칙적으로 방수로 및 비월류부의 2차원 단면에 실시하는 것으로 하며, 중력식 사방댐의 안정계산 식을 이용하여 전도에 대한 안정, 활동에 대한 안정 및 기초지반의 지지력에 대한 안정성을 검토한다.

① 제체(dam body)가 전도되지 않을 것: 사방댐 대수면 측에 인장응력이 생기지 않도록 제체의 자중과 외력의 합력작용선이 댐둑 밑의 중앙 1/3이내에 있어야 함
② 댐 바닥과 기초지반 사이 또는 기초지반 내에서 활동하지 않을 것. 또한, 돌댐이나 더블월, 셀댐 등과 같이 충전재를 사용하는 경우는 수평분력에 의해 생기는 전단변형에 대한 변형모멘트와 수직분력에 의한 저항모멘트를 계산하여 검토할 것.
③ 기초지반에 작용하는 최대하중강도(최대응력)가 지반의 허용지지력 이내일 것

(3) 부재의 안정성 검토

투과부의 부재를 설계할 때는 설계하중 이외에 토석류의 유체력, 퇴사압 · 유목 · 거력(巨礫) 및 면외하중(面外荷重)의 충돌하중에 대해 안전해야 하며, 일부 부재가 파손되어도 사방댐 전체가 붕괴되지 않도록 설계해야 한다. 특히, 사방댐의 직 상류가 만곡부일 경우에는 토석류를 포함하여 전석이 사방댐의 중심축에서 유심과 편심하는 면외하중이 예상된다. 이러한 경우에 약 10° 정도 편심하게 충돌할 수 있도록 편심각도를 고려하여 설계할 필요성이 있다.

또한, 토석류 유하 시에는 토석류의 유체력이 강제부분의 댐둑마루 부근에 단기하중이 작용하는 것으로 보고 허용응력도를 1.5배 할증한다. 강제의 골조가 오래되면 온도변화에 대한 온도응력을 고려할 경우 허용응력도를 1.15배 할증하도록 한다.

투과형, 부분투과형 사방댐은 투과부의 구성단면이 작고 중력식 구조가 아니기 때문에 부

재의 구조계산을 하여 안정성을 검토하며, 안정계산에 사용하는 설계외력은 표 8-17 및 그림 8-55와 같다.

① 토석류 발생시(댐 높이 15m 이내)

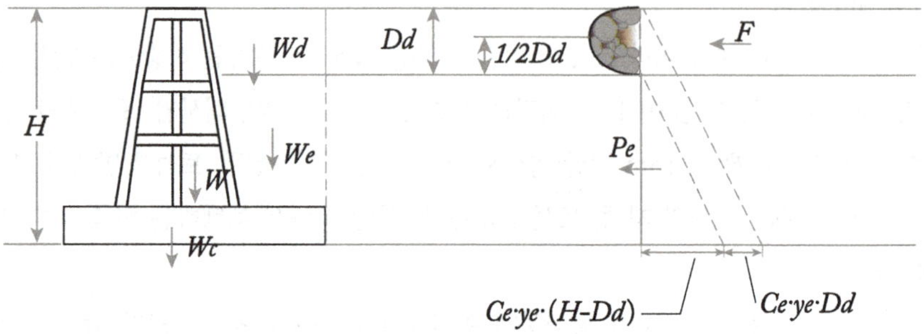

투과형 사방댐(a)

② 토석류 발생시(댐 높이 15m 이내)

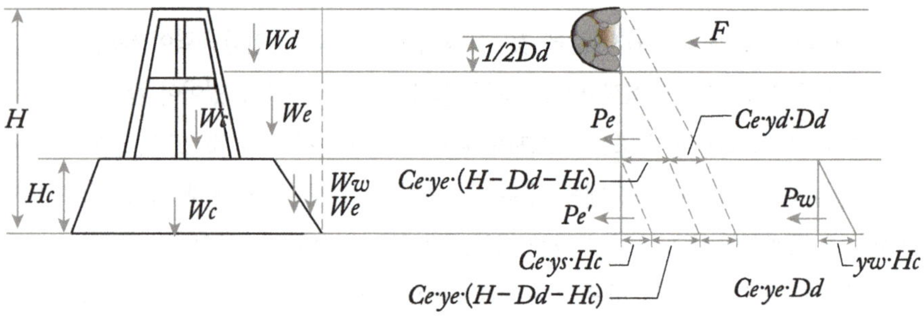

③ 홍수 시(댐 높이 15m 이내)

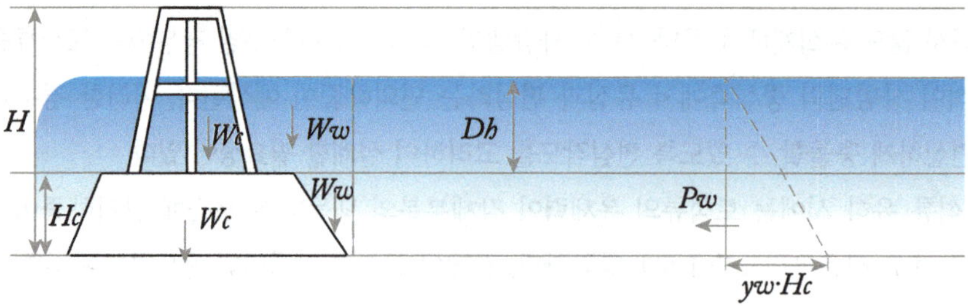

부분투과형 사방댐(b)

C_e	토압계수	γ_d	토석류의 단위체적중량
γ_w	유수의 단위체적중량	γ_s	수중에서의 토사의 단위체적중량
γ_e	토사의 단위체적중량	F	토석류의 유체력
D_h	홍수시의 수심	P_e'	수중의 퇴사압
D_d	토석류의 수심	H_c	불투과부의 높이
P_w	정수압	W_e	퇴사 무게 (밑판보다 위 , 아래)
P_e	퇴사압	W_c	불투과부분의 자중(기초의 자중)
W_d	토석류의 무게	W	강제의 자중
W_w	유수의 무게	H	댐의 높이

[그림 8-55] 강제사방댐의 안정계산에 사용하는 설계외력

[표 8-17] 투과형 및 부분투과형 사방댐의 안정계산에 사용하는 설계외력(자중은 제외)

		평상 시	토석류 발생시	홍수 시
투과형	댐 높이15m미만		퇴사압, 토석류 유체력	
	댐 높이15m이상		퇴사압, 토석류 유체력	
부분 투과형	댐 높이15m미만		정수압, 퇴사압, 토석류 유체력	정수압
	댐 높이15m이상	정수압, 퇴사압, 양압력, 지진 시의 관성력, 지진 시의 동수압	정수압, 퇴사압, 양압력, 토석류의 유체력	정수압, 퇴사압, 양압력

예제 8-5

중력식 콘크리트 사방댐 제1형에서 규격 및 설계조건은 아래 표와 같다. 이 사방댐의 안정성을 검토하시오.

{풀이}

① 축설재료 : 콘크리트

② 가정단면

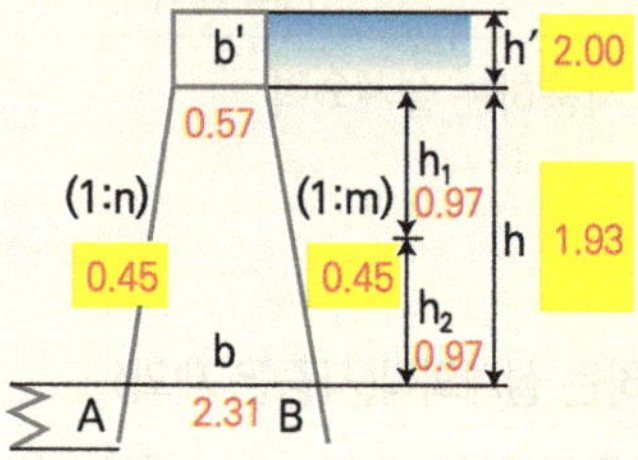

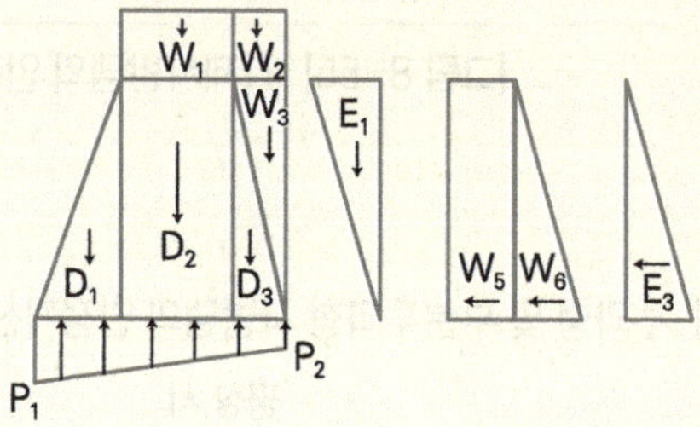

③ 사방댐의 규격 및 설계조건

• 각부치수

부호	h	h'	h_1	h_2	b'	b	n	m	n×h	m×h
단위	m	m	m	m	m	m	·	·	m	m
치수	1.93	2	0.97	0.97	0.57	2.31	0.45	0.45	0.8685	0.8685

• 시공조건

부호	w	r	r'	s	s'	ø	f	c	Qa	qa
구분	체제의 단위중량	물의 단위중량	월류수의 단위중량	퇴사의 단위중량	수중토의 단위중량	퇴사의 내부 마찰각	기초 지반의 마찰계수	랑킨 공식의 토압계수	허용 지지력	재료에 대한 허용강도
단위	t/㎥	t/㎥	t/㎥	t/㎥	t/㎥	·	·	·	t/㎡	t/㎡
치수	2	1.0	1.2	1.8	0.8	30	0.7	0.33	85	525

④ 합력의 수직분력 및 저항모멘트 계산

구분	수직분력(V)		A점에서 힘의 작용점까지의 거리 (d)		저항모멘트 ($V \times d$)
D1	(n×h)×h×1/2×w	1.68	(n×h)×2/3	0.58	0.97
D2	b'×h×w	2.20	(n×h)+b'×1/2	1.15	2.54
D3	(m×h)×h×1/2×w	1.68	(n×h)+b'+(m×h)×1/3	1.73	2.90
W1	b'×h'×r'	1.37	(n×h)+b'×1/2	1.15	1.58
W2	(m×h)×h'×r'	2.08	(n×h)+b'+(m×h)×1/2	1.87	3.90
W3	(m×h)×h×1/2×r	0.84	(n×h)+b'+(m×h)×2/3	2.02	1.69
E1	(m×h)×h×1/2×s'	0.67	(n×h)+b'+(m×h)×2/3	2.02	1.35
계	합력의 수직분력($\sum V$)	10.51		10.52	14.93 저항모멘트(M_V)

⑤ 합력의 수평분력 및 전도모멘트 계산

구분	수평분력 (H)		A점에서 힘의 작용점까지의 거리(d)		전도모멘트 ($H \times d$)
W5	h'×h×r	3.86	h×1/2	0.97	3.72
W6	h^2×1/2×r	1.86	h×1/3	0.64	1.20
E3	h^2×1/2×s'×c	0.49	h×1/3	0.64	0.32
계	합력의 수평분력($\sum H$)	6.21		2.25	5.24 전도모멘트(M_H)

⑥ 합력의 작용점 위치 및 편심거리 계산

- 합력의 작용점 위치(d) = $(M_V - M_H)$ / $\sum$V = (14.93 – 5.24)/10.51 0.92
- 편심거리(e) = b/2 – d = (2.31/2) – 0.92 0.23

⑦ 내부응력 및 지반 반력 계산

- 내부응력

최대압축응력(δ_1) = 2 × $\sum$V/b(2 – 3d/b) = 2 × 10.51/2.31(2 – 3 × 0.92/2.31) 7.33

최소압축응력(δ_2) = 2 × $\sum$V/b(3d/b – 1) = 2 × 10.51/2.31(3 × 0.92/2.31 – 1) 1.76

- 지반반력

최대지반반력(P_1) = δ_1, δ_2 값이 음수이면 $P_1 = (2 \times \sum V)/3 \times d$, $P_2 = 0$ 　 7.33

최소지반반력(P_2) = δ_2 　 1.76

⑧ 활동계수 계산

활동계수(f') 　 (f') = $\sum H / \sum V$ = 6.21/10.51 = 　 0.59

⑨ 안정성의 검토

- 전도에 대한 안정 　 M_V (14.93) > M_H (5.24) 　 안정
- 활동에 대한 안정 　 f(0.7) > f'(0.59) 　 안정
- 기초지반의 지지력에 대한 안정 　 Q_a (85) > P_1 (7.33) 　 안정
- 내부응력에 대한 안정 　 q_a(525) > δ_1 (7.33) 　 안정
- 인장응력에 의한 제체의 파괴에 대한 안정

e(0.23) ≤ b/6(2.31/6 = 0.39) 　 안정

2/3b(2/3 × 2.31 = 1.54) ≥ d(0.92) ≥ b/3(2.31/3 = 0.77) 　 안정

8.4.16 물빼기구멍

1. 시공목적

사방댐의 물빼기구멍(수발공(水拔工): weep-drain, weep hole)은 ① 댐 시공중의 배수와 유수의 통과 ② 댐 시공 이후 대수면에 가해지는 수압의 감소 및 퇴사 이후의 침투수압의 경감 ③ 사력기초의 잠류속도 감소 ④ 유출토사 및 홍수량의 조절을 위해 설치한다.

물빼기구멍은 크기 · 형상 · 수량 · 위치를 설치목적에 따라 결정하지만, 댐의 구조상 물빼기구멍에 응력이 집중하므로 필요에 따라 철근 등으로 보강해야 한다.

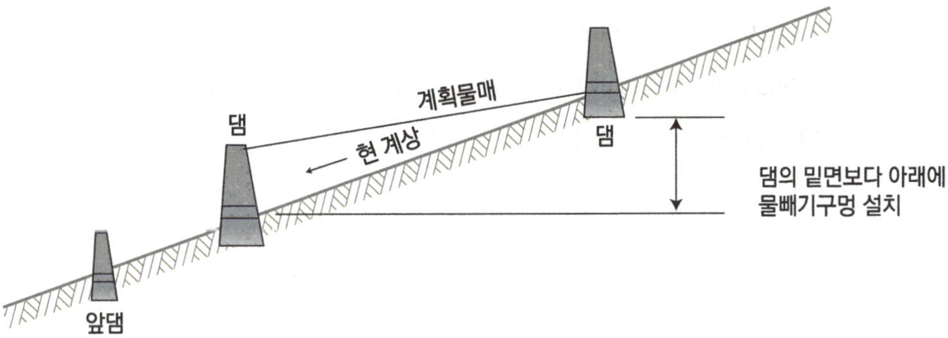

[그림 8-56] 물빼기구멍의 위치

[그림 8-57] 물빼기 구멍의 다양한 모습

2. 시공위치 및 크기

사방댐은 ① 하류에서부터 설치할 때 하류 댐의 물빼기구멍은 상류 댐의 기초보다 낮은 위치에 설치하고 ② 여러 개를 설치할 때에는 하단의 물빼기구멍은 계상선(溪床線) 또는 댐 높이의 1/3이 되는 곳에 설치하며, 이보다 상부에 설치할 때에는 물빼기구멍은 몇 개를 수평으로 배치한다. ③ 좁은 계곡에서는 댐 아래쪽에 1개만 설치하고, 계폭이 넓을 때에는 홍수 시 마다 유심선이 변화하므로 몇 개소 설치한다. ④ 큰 규모의 사방댐에 설치하는 최상단의 물빼기구멍은 토석류가 충돌할 때, 상부가 파괴되기 쉬우므로 방수로 어깨로부터 1.5m 이하에 설치해야 한다.

특히, 물빼기구멍의 크기는 지름 200~400㎜ 정도로서 직사각형 또는 정방형의 FRP관 및 둥근 모양의 P.V.C.관을 이용하지만, 일반적으로 파이프 지름 300㎜의 경질염화비닐관을 많이 사용하고 사방댐의 구조와 집수면적 등을 고려하여 개수를 결정한다.

[표 8-19] 집수면적에 따른 물빼기구멍의 수

집수면적(ha)	ø=300㎜ 파이프의 수
15ha 이내	1
15ha 이상 ~ 50ha 이내	2
50ha 이상 ~ 100ha 이내	3
100ha 이상 ~ 180ha 이내	4
180ha 이상 ~ 200ha 이내	5

8.4.17 세굴방지시설

1. 앞댐

1) 시공목적

앞댐(부댐(副댐): counter dam)은 본댐(本댐 또는 主댐: main dam)의 하류에 설치하며, 본댐과 앞댐 사이에 물받이를 설치하여 낙차에 의한 충격력 약화와 세굴을 방지하고 측벽도 함께 설치하여 물받이 양안의 침식방지를 도모한다.

또한, 계상의 석력이 크고 유출이 심할 경우에 댐둑어깨는 본댐의 두께와 같게 하지만, 석력이 작고 이동이 적은 계류에서는 본댐을 기준으로 0.8배를 표준으로 하며, 원칙적으로 앞댐은 물빼기구멍을 설치하지 않는다.

2) 본댐과 앞댐의 중복높이

본댐과 앞댐은 종단적으로 중복되어야 하며, 중복높이를 구하는 식은 다음과 같다.

$$(H+h) \leq 6.0\text{m 인 경우 } t \fallingdotseq \frac{1}{3}(H+h) \quad \cdots\cdots (8\text{-}24)$$

$$6.0\text{m} < (H+h) \leq 8.0\text{m 인 경우 } t = 2.0\text{m} \quad \cdots\cdots (8\text{-}25)$$

$$(H+h) > 8.0\text{m 인 경우 } t \fallingdotseq \frac{1}{4}(H+h) \quad \cdots\cdots (8\text{-}26)$$

식에서, H : 본댐의 높이(m), h : 월류수심(m), t : 중복높이(m)

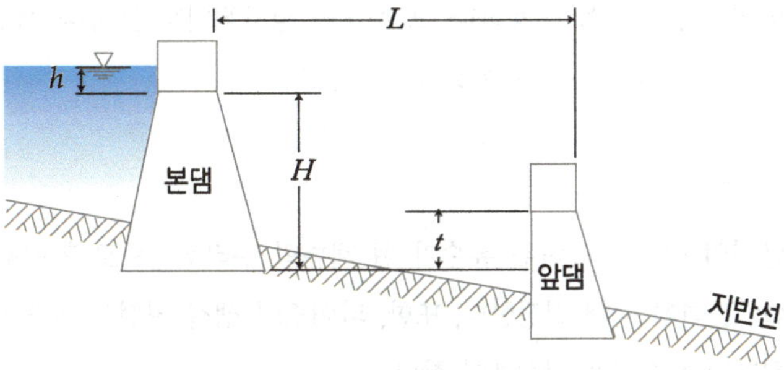

[그림 8-58] 본댐과 앞댐의 중복높이

3) 본댐과 앞댐의 간격

본댐과 앞댐의 간격이 멀어지면 낙하하는 수류가 앞댐을 월류할 때 재차 수세를 증가시켜 본댐과 앞댐 사이에 토사를 유출하게 되고, 간격이 가까우면 앞댐이 낙하하는 물의 충격을 받아 손상하거나 계상이 세굴되어 토사가 유출하게 된다.

본댐과 앞댐의 간격은 본댐의 유효낙차에 월류수심을 더한 높이의 1.5~2.0배를 표준으로 하며, 다음 식으로 구한다.

$$(H-t+h) \geq 6.0\text{m 인 경우 } L \fallingdotseq 1.5(H-t+h) \quad \cdots\cdots (8\text{-}27)$$

$$(H-t+h) < 6.0\text{m 인 경우 } L \fallingdotseq 2.0(H-t+h) \quad \cdots\cdots (8\text{-}28)$$

식에서, H : 본댐의 높이(m), t : 중복높이(m), h : 월류수심(m), L : 본댐과 앞댐의 간격(m)

특히, $(H-t+h) \geq 6.0$m에서 산출된 간격이 $(H-t+h) < 6.0$m에서 산출된 최대 간격보다 작을 때에는 해당 최대간격의 범위 내에서 중복높이를 정한다. 즉, 6.0m $\leq (H-t+h) \leq$ 8.0m인 경우는 $L \fallingdotseq 12.0$m로 한다.

2. 물받이

1) 시공목적

물받이(front apron, apron fixation) 또는 물받침은 댐의 반수면에 접속하여 설치하고, 유수, 석력 및 유목 등의 직접적인 낙하로 제각 및 반수면 부위의 계상의 세굴을 방지하는 공법이다. 물받이는 콘크리트구조를 원칙으로 하지만, 유량과 토사의 유출이 적은 장소는 돌망태 · 콘크리트블록 · 막돌놓기 공법 등을 이용하나 그 효과는 영구적이지 못하다. 물받이의 양안과 하류에는 측벽과 수직벽을 각각 설치하여 세굴을 방지한다.

2) 길 이

일반적으로 물받이의 길이는 낙하된 유수가 현 계류의 수리조건으로 환원될 수 있는 길이로 하며, 본댐과 앞댐의 간격에 준해 결정한다. 또한, 파이핑이 생길 위험이 있을 때에는 필요한 길이를 충분히 확보하거나 지수벽을 설치해야 한다.

$$l = (1.5 \sim 2.0)(H + t) - nH \quad \cdots\cdots (8\text{-}29)$$

식에서, l : 물받이의 길이(m), H : 댐 높이(m), t : 월류수심(m),

n : 반수면의 물매(다만, 1.5는 높은 댐, 2.0은 낮은 댐에서 각각 이용하며, 기울기는 계상물매에 준한다. 또한, 수직벽의 바닥파기는 물받이보다 적어도 1.0m 이상 깊게 시공함)

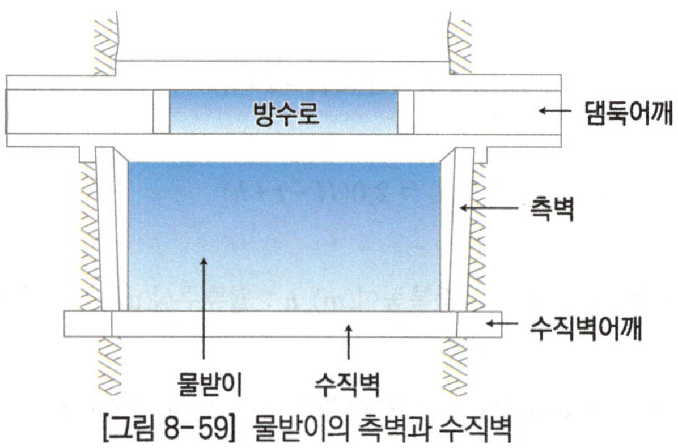

[그림 8-59] 물받이의 측벽과 수직벽

3) 두께 및 기울기

계상을 구성하는 석력의 크기가 작고, 유량이 많은 지점 및 높은 댐에서는 물받이 시설이나 상당히 깊은 물방석을 설치하여야 한다. 물받이의 두께는 댐의 높이에 따라 다르며, 경험에 의하여 0.5~1.5m를 표준으로 한다. $H = 5m$이면 0.5~1.5m, $H = 10m$이면 1.5m 내외로 한다. 또한, 두께가 1.2m 이상인 경우에는 물받이를 보호하기 위해 물방석(water cushion)을 설치하며, 물방석의 깊이는 0.3~1.0m를 표준으로 하지만, 댐 높이가 높을 때에는 2.0m 정도로 한다.

물받이의 두께는 다음과 같은 경험식에 의하여 산정한다.

① 물방석이 없는 경우

$$d = 0.2(0.6H_1 + 3h - 1.0) \quad \cdots\cdots (8\text{-}30)$$

② 물방석이 있는 경우

$$d = 1.0(0.6H_2 + 3h - 1.0) \quad \cdots\cdots (8\text{-}31)$$

$$d_w = 0.2(0.6H_2 + 3h - 1.0) \quad \cdots\cdots (8\text{-}32)$$

식에서, d : 물받이의 두께(m), d_w : 물방석의 수심(m), h : 본댐의 월류수심(m),

H_1 : 유효낙차(m : 물받이의 마루로부터 본댐의 방수로 마루까지의 높이),

H_2 : 유효낙차(m : 물방석의 수면으로부터 본댐의 방수로 마루까지의 높이)

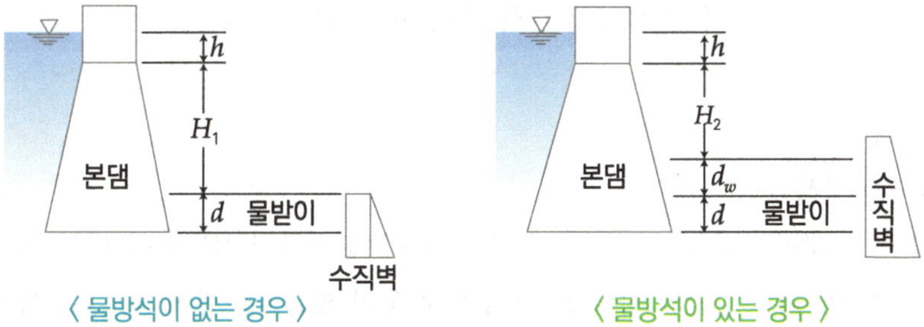

[그림 8-60] 물받이의 두께

물받이의 기울기는 수평을 원칙으로 하지만, 계상기울기가 급한 경우에는 댐의 기초가 깊게 굴삭되어 하류가 세굴될 위험이 있으므로 계획기울기에 따라 결정하도록 한다.

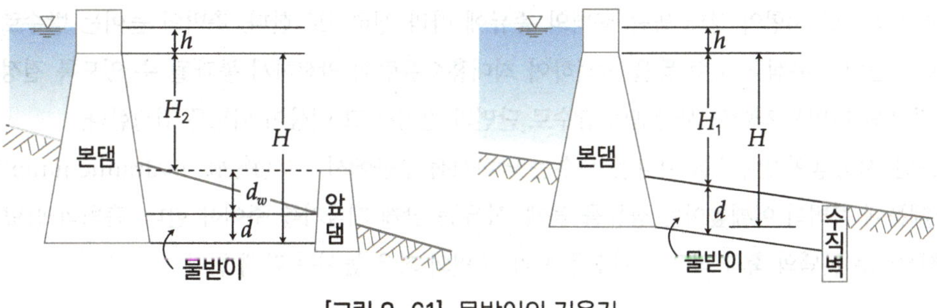

[그림 8-61] 물받이의 기울기

4) 물받이의 수직벽

물받이의 수직벽은 물받이의 하류 끝에 설치하며, 바닥넣기의 깊이 및 양끝의 추가 넣기는 기초세굴 등을 고려하여 결정한다. 특히, 사력층에서는 물받이의 하류 끝이 세굴되어 물받이가 파괴되는 원인이 되므로 반드시 물받이에 접속하여 수직벽을 설치해야 하며, 수직벽의 윗면두께는 0.5~1.0m를 표준으로 한다.

수직벽의 기초 바닥넣기는 계상의 세굴을 고려하여 결정하며, 물받이의 바닥보다 적어도 1.0m 이상 깊게 넣어야 한다. 또한, 수직벽의 반수면의 기울기는 높이 1.3m 이하에서는 수직으로 하고, 1.3m를 이상이면 1 : 0.2로 한다. 수직벽의 어깨기울기는 수직벽 자체의 비탈기울기와 같게 하지만, 수직벽의 어깨두께가 측벽의 어깨두께보다 작을 때에는 수직으로 한다.

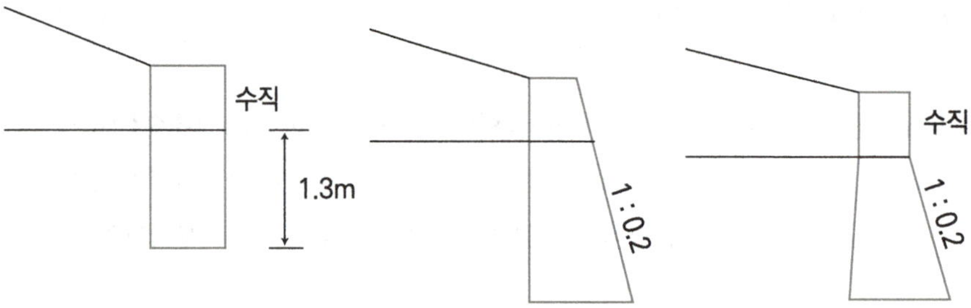

[그림 8-62] 수직벽의 깊이와 어깨 기울기

3. 측벽

1) 시공목적

사방댐의 측벽(側壁: side wall)은 낙하되는 유수에 의하여 물받이에 와류(渦流: eddy current)가 생기게 되면 양안의 사력이나 세립토사 등이 횡침식을 받게 되므로 계안의 지형 · 지질 상황에 따라 물받이의 유로를 고정하거나 보호할 필요가 있을 때 설치한다.

2) 기울기 및 높이

측벽은 사방댐의 본체와 일체가 되어 목적을 달성하는 것이므로 기울기는 1 : 0.2~0.3을 표준으로 하지만 지형의 상태 또는 측벽의 종류에 따라 정하기도 한다. 측벽의 높이는 방수로의 위치 · 높이 · 유심 · 도수 등을 고려하여 최대홍수유량이 안전하게 통과될 수 있도록 결정하며, 측벽의 단면은 적어도 사방댐의 방수로 단면과 같거나 그 이상이 되도록 결정한다.

또한, 사방댐의 방수로를 지나는 유수는 낙하지점 부근에서 도수(跳水: hydraulic jump)하기 때문에 측벽의 어깨높이는 상류를 높게, 하류는 낮게 기울기를 주어야 한다. 측벽의 방향은 원칙적으로 본댐의 축과 직각이 되도록 하며, 측벽의 좌우 높이는 같게 한다.

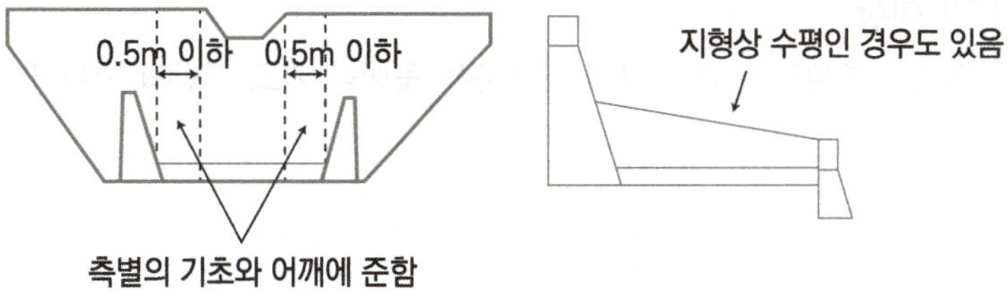

[그림 8-63] 측벽의 높이와 기울기

3) 측벽 기초와 댐둑마루

사방댐의 방수로를 월류하여 낙하하는 유수는 바람 · 유목 · 유심의 변화 등의 영향을 받아 양안에 충격을 가해 침식을 일으키므로 측벽의 기초는 방수로의 어깨보다 1.0m정도 바깥쪽에 설치하는 것을 표준으로 하며, 양안의 지형조건에 따라 0.5m정도를 바깥쪽에 설치할 수도 있다.

측벽의 기초밑면은 물받이의 기초밑면과 같은 높이로 하고, 물받이를 설치하지 않을 경우에는 본댐의 기초밑면 높이로 한다. 또한, 측벽의 하류 끝은 앞댐의 방수로 어깨보다 1.0m 정도 바닥넣기를 하도록 한다. 하류 끝부분의 어깨높이는 앞댐 또는 수직벽의 어깨높이와 같게 하고, 어깨의 두께는 0.3~0.5m를 표준으로 한다.

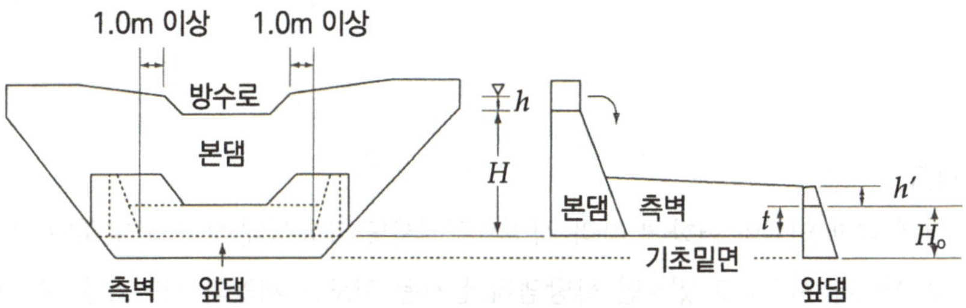

[그림 8-64] 측벽의 기초와 어깨

8.4.18 수축줄눈

1. 개요

길이가 긴 중력식 콘크리트사방댐은 온도나 수분의 변화 또는 건조수축을 받게 되어 팽창이나 수축으로 내부 비틀림에 의하여 균열이 생기게 된다. 30m 이상의 콘크리트사방댐은 수축줄눈(수축계목(收縮繼目): expansion joint)을 설치해야 한다. 수축줄눈의 간격은 10~15m로서 연직방향으로 수축줄눈을 설치해야 하며, 블록구분은 댐의 길이방향으로 거의 등분이 되도록 해야 한다.

2. 위치 및 형상

수축줄눈의 위치는 제체의 단면이 크게 변화하는 곳이나 기초 지반의 변이지점에 설치해야 한다.

〈단면의 변화지점〉

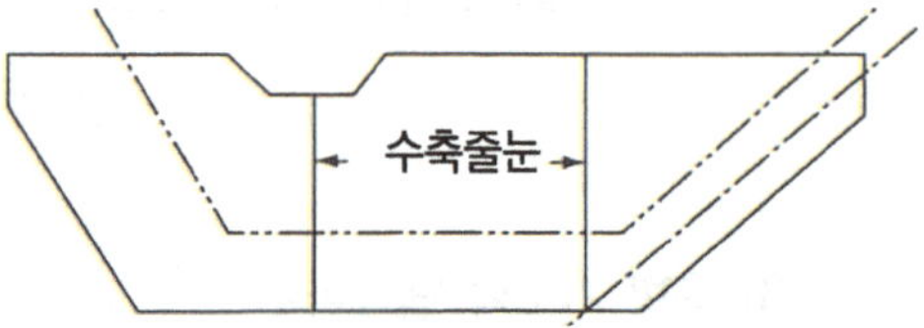

〈토사선 암반선과의 경계〉

[그림 8-65] 수축줄눈의 위치

수축줄눈의 형상은 원칙적으로 횡단방향의 중앙 부근에 삼각형 등으로 설치하며, 폭은 방수로 어깨 폭의 1/3 정도, 깊이는 폭과 같은 정도로 한다. 또한, 수축줄눈의 사이에 토사 등이 끼지 않도록 합성고무 등의 줄눈재를 끼워 넣거나 상부로부터 0.3m 정도의 단면 내에 지수판을 삽입하기도 한다.

8.4.19 사방댐의 어도

1. 개요

최근 환경에 대한 인식의 변화에 따라 사방사업에서도 계류생태계(溪流生態系)를 배려하여 사방댐에 어도가 시공되고 있지만 사방댐에 설치된 어도는 계안의 지형조건, 수위의 낙차, 계상변동 등의 영향으로 어류의 소상(遡上)기능이 떨어지는 경우가 자주 있다.

사방댐의 어도〔漁道: fish way〕는 대상 어류의 크기 · 습성 · 생활양식 등을 고려하여 형식을 선정하여야 하며, 시공 후 유지관리에 대해서도 충분히 고려하여야 한다. 특히, 어도는 모든 사방댐에 설치하는 것이 아니라 상수(常水)가 있고, 수서곤충이나 어류가 서식하는 장소에 한정해야 하므로 충분히 조사를 하여야 한다.

2. 어도의 설계

사방댐의 어도설계는 다음 내용을 중심으로 진행한다.

① 기초자료의 수집과 정리 : 구조물 자료 · 어패류 자료 · 수문자료 등

② 설계조건 검토 : 대상계류의 유량과 수위범위, 상 · 하류 쪽의 수위조건, 어도의 유량, 어패류의 소상능력 한계, 입지와 경계조건의 확인

③ 어도의 위치 및 형식선정 : 어도의 위치 · 입구 · 입구 풀 · 유도설비 · 출구 및 형식과 종류 검토

④ 기초 및 상세 설계서 검토 등의 순으로 실시한다.

3. 어도의 형식과 종류

1) 형식선정의 기준

사방댐의 어도 형식은 대상 유역의 유량, 수위, 어도의 유량, 대상 어패류의 소상능력 한계치, 입지조건, 경제적 조건, 설치 구조물의 특수성 등을 충분히 고려하고 선정해야 한다. 개략적인 설계는 어도 본체의 설계, 부대설비의 설계, 대안설계, 비교 검토, 설계도, 설계계산서, 설명도 등으로 진행한다.

2) 어도의 종류

(1) 수리구조에 의한 분류

어도 풀(pool)의 형식에는 계단식(전면월류형 · 부분월류형 · 아이스하바형 · 노르웨이형) · 파치컬슬로트식 · 잠공식 등이 있고, 수로형식에는 데닐식(표준데닐형 · 알라스카스텝파스형) · 완구배 바이패스수로식 · 잡석붙이기수로식 등이 있으며, 그 밖에 리프트식 · 엘리베이터식 · 갑문식 등이 있다.

[그림 8-66] 사방댐의 어도

(2) 구조형식에 의한 분류

어도 입구의 형식에는 전방형과 후방형이 있고, 수로의 형식에는 지그재그다단형 · 나선계단형 · 직선형 등이 있으며, 출구의 형식에는 다단식 · 단단식 · 우회수로식 등이 있다.

8.5 골막이

8.5.1 개요

골막이〔보곡공(保谷工) 또는 곡지공(谷止工): erosion check dam〕는 황폐한 산지에 발생한 구곡〔溝谷: gully〕이나 계류의 상류부에 유수에 의한 침식방지 및 안정을 위하여 시공하는 구조물이다. 계류수의 유속완화, 유수에 의한 종침식 방지, 유송토사의 퇴적촉진, 계상퇴적물의 재이동과 계안의 붕괴 방지 및 기슭막이 등의 기초보호 등을 목적으로 시공하는 작은 댐이며, 구곡막이라고도 한다.

골막이는 사방댐과 외견상 모양이 비슷하지만, 사방댐보다 규모가 작고 계류의 상부에 위치한다. 또한, 반수면만이 축설되고 대수면은 지표면까지 흙으로 채워 시공하는 것이 원칙이지만 최근에는 대수면을 노출시켜 퇴사기능을 도모하기도 한다.

8.5.2 시공

골막이는 계류의 상류부에 현재의 계상을 고정하여 종침식을 방지하기 위해 설치하므로 대수면의 댐룩마루는 상류의 계상면과 같게 하고, 반수면은 하류 계상보다 2m를 넘지 않도록 하며, 골막이의 어깨는 규모에 따라 1~3m 이상 근입되도록 한다. 일반적으로 반수면의 비탈물매는 1 : 0.2~0.3으로 하고, 계상물매가 급한 경우에는 세굴을 대비하여 물받이 · 수직벽 · 막돌놓기 등을 설치하기도 한다.

골막이의 위치는 상류지역에서 산복공사가 진행되어 토사공급이 중단되어 하류의 퇴적지역이 계상저하를 일으키는 곳에 계획하며, 계상이 저하되는 구간이 길 경우에는 군적(群的)으로 배치하여 종침식을 방지한다.

골막이의 방향은 사방댐과 같이 하류부를 향해 유심선(流心線)과 직각이 되도록 하는 것이 원칙이다. 또한, 골막이를 군적으로 계획할 때에는 모든 장소에서 하류를 향해 유심선과 직각이 되도록 계획하며, 방수로의 중심은 그 직상류에 위치하는 골막이의 방수로 중심점을 유심선으로 한다. 특히, 골막이의 방수로를 유하하는 홍수류가 골막이의 방향과 직각으로 유하하기 때문에 방수로의 위치와 방향을 합리적으로 정하여 양안이나 골막이의 어깨부에 피해가 발생하지 않도록 하여야 한다.

골막이의 계획물매는 침식이나 퇴적이 발생하지 않는 물매가 되어야 한다. 즉, 사방댐과 같이 구 계상물매의 1/3~1/2로 고정하는 것이 아니라 현 계상이 서서히 안정물매가 되도록 유도하는 것이므로 계상이 불안정할 때에는 골막이 사이에 새롭게 설치하여 계획물매를 수정해야 한다.

특히, 골막이에 의한 계상물매의 완화는 하류부의 세굴(洗掘)에 의하여 이루어지기 때문에 사방댐과 같이 퇴사에 의하여 물매를 유지시키는 방법과는 대조적이다.

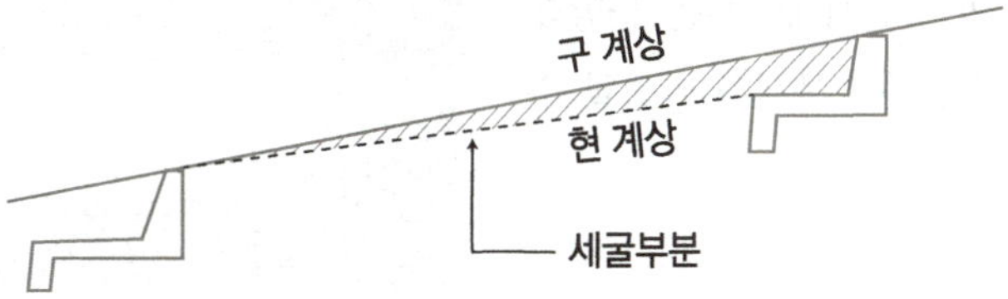

[그림 8-67] 골막이의 계획기울기 방법

8.5.3 골막이의 종류 및 특징

골막이는 사용재료에 따라 돌골막이 · 돌망태골막이 · 콘크리트골막이 · 콘크리트블록골막이 · 통나무골막이 · 바자골막이 · 떼골막이 · 흙자루골막이 등으로 구분한다.

1. 돌골막이

[그림 8-68] 돌골막이

돌골막이〔석보곡공(石保谷工): stone check dam〕는 유역면적이 4~5ha로서 석재를 채취하기 쉽고 계상변동이 비교적 심한 장소에서 구곡침식을 방지하며, 산각을 고정하기 위해 시공한다. 규모는 길이 4~5m, 높이 2m 이내로 직선부에서는 유심(流心)에 직각이 되도록 하고, 계상물매가 급한 곳에는 군적 배치를 한다. 돌쌓기의 기울기는 1 : 0.3을 표준으로 하고, 방수로가 필요하지 않으면 중앙부를 약간 낮추어 활꼴단면을 만들어 준다.

석재는 큰돌이나 막깬돌을 사용하지만 견고하게 시공해야 할 곳은 견치돌쌓기나 찰쌓기를 한다. 또한, 댐마루의 1/2 정도까지 뒷채움을 하며, 수세를 약화시키기 위해 하류에 막돌놓기도 시공한다.

2. 돌망태골막이

돌망태골막이〔사롱보곡공(蛇籠保谷工): gabion check dam〕는 구곡(溝谷) 주변에 호박돌 크기의 자연석이 많은 장소에서 축조하는 구조물이다. 암석지대 · 산사태 · 토석류 발생지대의 구곡발달을 저지하고, 산각을 고정하기 위해 시공한다.

돌망태용 철선은 영구적이지는 않지만, 부식되기 이전에 구조물 자체가 안정되므로 반영구적으로 취급되기도 한다. 콘크리트공작물보다는 자연친화적이고, 상수가 흐르는 장소는 수서생물(水棲生物)의 서식에도 효과적이지만, 온천지대나 유황성분의 광산지대에서는 돌망태의 부식으로 인해 내구성에 문제가 발생될 수 있다.

[그림 8-69] 돌망태골막이

3. 콘크리트골막이

콘크리트골막이(concrete check dam)는 비교적 큰 규모의 구곡침식이 발생하는 장소에서 침식을 방지하고, 산각을 고정하기 위하여 견고하게 콘크리트로 시공한다. 모래 · 자갈 · 시멘트를 시공지점까지 운반하고 거푸집을 가설해야 하므로 비용이 많이 들지만, 구조물의 규모가 크거나 계단식으로 시공할 때에는 기계화 시공도 가능하므로 유리한 점도 있다. 특히, 큰크리트골막이는 특수한 경우를 제외하고는 시공하지 않지만, 자연환경 및 경관에 미치는 영향을 고려할 경우에는 반수면을 문양 거푸집 등으로 처리하도록 한다.

4. 통나무골막이

통나무골막이(환태보곡공(丸太保谷工): timber check dam)는 계상 터파기를 실시한 곳에 지름 6㎝의 횡목(橫木)을 3.6m 간격으로 상 · 하 2줄로 놓은 후, 그 위에 1m의 종목(縱木)을 60~70㎝ 간격으로 놓고, 결속선으로 단단히 묶는다. 또한, 종목과 횡목이 접하는 곳에는 45° 방향으로 말뚝길이 1.8m의 기초말뚝을 박아 종 · 횡으로 쌓고, 그 공간에 자갈 · 돌 · 흙으로 채워 종목을 이용하여 방수로(放水路)를 만든다. 특히, 목재는 자연환경에 조화로운 소재이지만 부후 등에 주의해야 하며, 또한 응급공사에서는 현지에서 벌채한 통나무를 사용하고 방부목재는 환경에 미치는 영향이 크기 때문에 선택에 유의해야 한다.

[그림 8-70] 통나무골막이

5. 바자골막이

[그림 8-71] 바자골막이

(사진: 사방기술교본, 산림청)

바자골막이〔편책보곡공(編柵保谷工): wicker check dam, brush-wood hurdle check dam〕는 지름 10㎝ 내외의 통나무 말뚝을 계상에 고정하고, 버드나무 · 사시나무 등과 같은 맹아력이 강한 나뭇가지를 엮은 바자(編柵)를 땅에 삽입하여 발근이 되도록 한다. 규모가 작은 구곡이나 토사지대와 같은 장소를 대상으로 하며, 편책재료를 구하기 쉬운 곳에 적당하다. 특히, 현지에서 석재의 구득이 어려운 습지로 토심이 깊고 암반이 노출되지 않은 지역에 시공하는 것이 효과적이다.

예제 8-6

돌골막이 공작물의 윗면(천단)의 길이 L=5.0. 밑면의 길이 l=3m, 높이 H=2.0m, 기울기면의 비탈길이 h =2.09m, 돌쌓기의 두께(석재의 길이) 0.4m, 돌골막이 높이의 1/2 되는 곳의 뒷채움 평균두께 0.5m로 할 때 체적을 계산하시오.

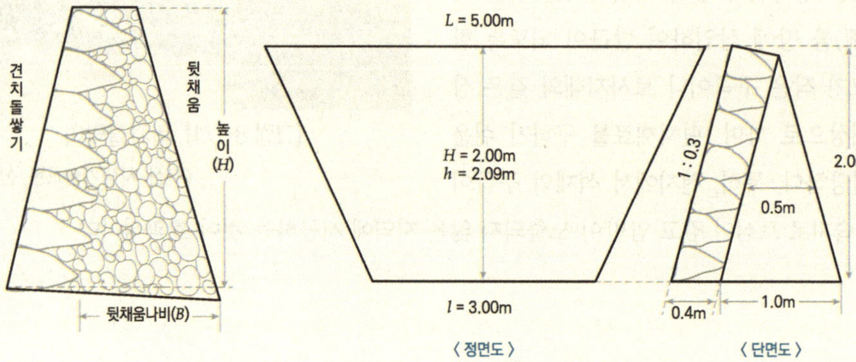

[그림 8-72] 돌골막이의 뒷채움과 체적계산 단면

{풀이}

① 비탈면적=[(5+3)/2] × 2.09= 8.36(㎡)

② 총체적의 계산 : 총체적(V)= 비탈면적 × (뒷채움 평균두께 + 돌쌓기의 두께)

8.36 × (0.5 + 0.4)= 7.52(㎥)

③ 뒷채움 평균두께(돌골막이의 마루에서 바닥까지 높이의 1/2 되는 곳의 두께)= 0.5m

④ 돌쌓기의 두께(석재의 길이) = 0.4m

⑤ 평균두께 = 총체적 / 비탈면적

7.52/8.36 = 0.90(m)

⑥ 뒷채움 자갈체적 = 비탈면적 × (뒷채움 평균두께 + 돌쌓기 두께의 40% 길이)

8.36 × (0.5 + 0.4 × 0.4)= 5.52(㎥)

8.6 바닥막이

8.6.1 개요

바닥막이〔상고공(床固工): stream grade stabilization structures, ground sill works〕는 황폐계류나 야계의 계상침식을 방지하고, 현 계상면을 유지하기 위해 계상을 횡단하여 시설하는 횡구조물이며, 설계요인은 대체로 사방댐에 준한다. 시공 장소는 종침식 및 횡침식 발생으로 계상이 낮아질 위험이 있는 지점의 하류 및 지류의 합류지점 직하부와 사방공작물의 파괴 또는 계상굴곡부의 하류 등이다. 바닥막이의 방수로 단면은 사방댐의 최대홍수량 산정공식에 의하여 구하며, 구한 단면적에 여유고를 주고 결정한다.

8.6.2 시공

1. 높이 및 방향

바닥막이의 바닥파기는 견지반이 나올 때 까지 충분히 파며, 계통적인 시공일 경우에는 하류의 바닥막이 유효고 높이 까지 파서 계획계상기울기에 맞도록 시공한다. 일반적으로 바닥막이의 높이는 3.0m 이하가 많지만, 단면은 원칙적으로 사방댐에 준해 결정한다. 그러나 높이가 2.0~3.0m 정도인 경우에는 경험적으로 댐마루의 폭은 1.0m~1.5m, 반수면의 기울기는 1 : 0.2, 대수면의 기울기는 수직으로 한다.

바닥막이의 높이를 결정할 때의 유의사항은 다음과 같다.

① 계상의 종침식 방지와 계상기울기를 유지하기 위하여 바닥막이와 바닥막이 사이에 낮은 바닥막이〔대공(帶工): inter-stream grade stabilization structures, stream bed works〕를 시공하고, 산각침식(山脚浸蝕)이 주로 발생하는 지역은 높은바닥막이를 시공한다.

② 유로의 굴곡부에 바닥막이를 설치할 때에는 요안(凹岸)의 어깨높이를 철안(凸岸)의 어깨높이보다 높게 해야 한다.

③ 계상의 석력 이동을 방지할 때에는 현 계상의 높이로 하고, 구조물의 기초 세굴을 방지할 때에는 기초를 보호할 수 있는 높이로 한다.

④ 바닥막이의 높이는 3.0m 내외로 하며, 물받이나 수직벽을 설치할 때에도 총낙차는 3.0m~3.5m 범위로 해야 한다.

바닥막이의 방향은 하류의 유심을 좌우하기 때문에 잘못 선정되면 하류의 기슭막이의 수충부가 되어 파괴되기 쉽다. 직선부에서는 유수의 방향에 직각으로 설치하고, 굴곡부에서는 유심선의 접선에 직각방향으로 설치한다.

바닥막이의 어깨는 원 지반에 넣는 것이 바람직하다. 바닥막이를 연속적으로 계획할 경우에는 3~4기 간격으로 어깨를 원 지반에 넣고, 또한 합류지점의 직하부에 설치하는 바닥막이의 어깨는 원 지반까지 충분히 넣어야 한다.

2. 간격

바닥막이의 간격은 그림 8-73에 의하여 다음 식으로 구할 수 있다.

$$l = \frac{mn}{m-n} \cdot h \quad \cdots\cdots (8\text{-}33)$$

식에서, l : 바닥막이의 간격(m), $1/m$: 계획계상물매(%), $1/n$: 현계상물매(%),
h : 바닥막이의 유효높이(m)

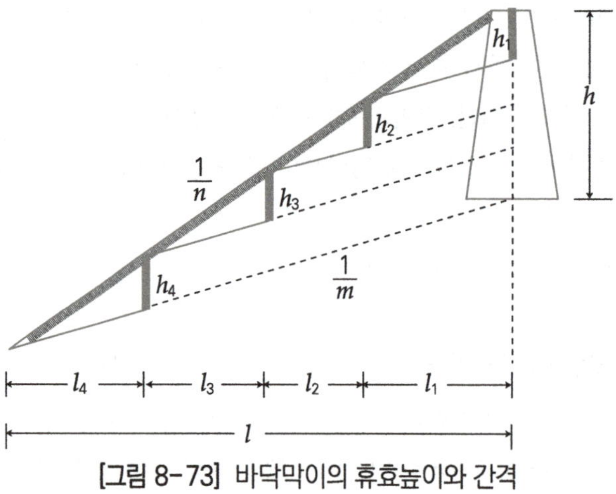

[그림 8-73] 바닥막이의 휴효높이와 간격

또한, 계상에서 난류 또는 편류를 방지하기 위한 바닥막이의 간격은 일반적으로 다음 식에 의하여 구할 수 있다.

$$l = (1.5 \sim 2.0) \cdot B \quad \cdots\cdots (8\text{-}34)$$

식에서, B : 유로 폭(m)

3. 물받이

물받이는 본체와 일체가 되어 월류하는 유수에 의한 침식 · 세굴 작용 및 하부에서 작용하는 양압력에 견딜 수 있는 구조로 하며, 콘크리트구조물을 표준으로 한다. 물받이 길이는 낙차고의 2~3배로 하고 월류수심이 깊을수록 길게 하며, 두께는 0.7~1.0m를 표준으로 한다. 물받이 끝에는 수직벽을 1m 이상으로 계획하고, 바닥에는 유속을 감소시킬 수 있는 공종을 추가로 계획한다. 특히, 기울기가 급한 곳에 물받이를 시공하면 바닥막이의 기초부분이 세굴되거나 바닥막이 자체가 파괴되므로 주의를 요한다.

$$l = (2 \sim 3) \cdot h \qquad \cdots\cdots (8\text{-}34)$$

식에서, l : 물받이의 길이(m), h : 월류수심((h')으로부터 물받이까지의 높이(m)

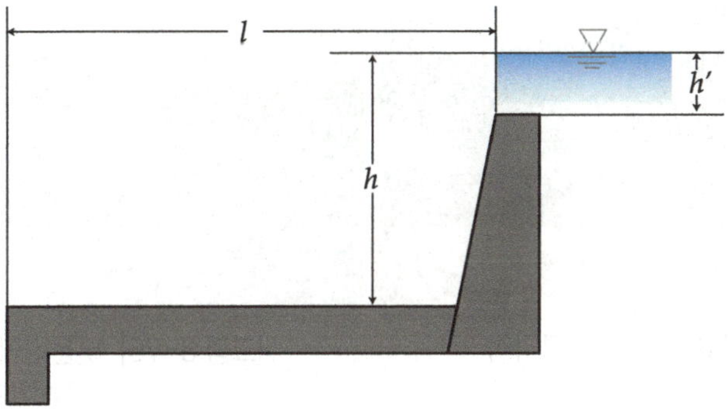

[그림 8-74] 바닥막이의 물받이

4. 측벽 및 수직벽

바닥막이의 측벽은 낙하되는 유수의 충격을 받지 않도록 측벽의 기초를 방수로 어깨로부터 수직으로 내린 선보다 바깥쪽에 위치시키며, 물받이에 낙하되는 유수가 월류되지 않도록 높이를 충분히 확보해야 한다.

수직벽은 상류 및 하류의 기울기를 모두 직각으로 하며, 어깨의 폭은 0.7~1.0m를 표준으로 한다. 수직벽의 높이는 계획유량, 계상변동 및 바닥막이의 낙차 등을 잘 고려하여 정하며, 수직벽의 하류 부분이 세굴에 잘 견딜 수 있도록 바닥넣기는 2~3m로 한다. 또한, 수직벽의 하류 세굴을 방지하기 위해 블록 · 침상 · 사석 · 돌망태 등을 설치한다.

8.6.3 종류 및 특징

바닥막이는 사용재료에 따라 돌바닥막이 · 콘크리트바닥막이 · 콘크리트블록바닥막이 · 철강재바닥막이 · 돌망태바닥막이 · 통나무바닥막이 · 바자바닥막이 · 섶다발바닥막이 등으로 구분한다.

1. 돌바닥막이

돌바닥막이(석보상공(石保床工): stream grade stabilization structures by stone)는 야계사방 공사에서 콘크리트바닥막이와 함께 널리 사용되었던 횡공작물이다. 석재를 구하기 쉬운 장소에서 주로 전석이나 막깬돌을 사용하여 찰쌓기로 축조하며, 일반적으로 높이는 1~2m 정도로 한다. 특히, 황폐계류에서 비교적 큰 규모의 토석류가 발생하게 되면 석력의 충돌에 의하여 구조물이 파손될 위험이 있으므로 계상재료의 크기 · 이동빈도 · 속도 등을 신중히 고려해야 한다.

[그림 8-75] 돌바닥막이

[그림 8-76] 낮은바닥막이

(사진: 사방기술교본, 산림청)

2. 콘크리트바닥막이

콘크리트바닥막이(stream grade stabilization structures by concrete)는 최근 사방공사에서 널리 사용하게 되었지만, 콘크리트 구조물은 환경적인 측면에서 많은 비판으로 시공에 제한이 되고 있다. 특히, 경관성과 생태성을 증진시키는 다양한 방안과 구조 개량 및 새로운 공법의 개발에도 많은 노력이 필요하다.

[그림 8-77] 콘크리트바닥막이(좌)와 생태통로형 콘크리트바닥막이(우) (사진: 사방기술교본, 산림청)

3. 돌망태바닥막이

돌망태바닥막이〔사롱보상공(蛇籠保床工): stream grade stabilization structures by gabion〕는 시공지 주변에서 석재를 처리해야 할 필요가 있는 곳에서 주로 시공한다. 돌망태는 투수성이 높고 유연성이 있어 산사태지나 연약지반 등과 같은 특수한 경우에 채택되기도 한다. 특히, 환경친화적이고 시공이 용이하여 소규모의 경우에 더욱 효과적이며, 돌구곡막이에 비하여 시공단가가 저렴한 장점이 있다.

4. 통나무바닥막이

통나무바닥막이〔원목보상공(原木保床工): stream grade stabilization structures by timber〕는 최근 계류환경에 대한 관심이 증대되면서 시공이 늘어나고 있다. 그러나 자연환경에 잘 조화되지만, 목재의 부후방지 및 내구성 향상을 위해 방부처리를 하므로 계상변동이 심하지 않는 지역을 대상으로 제한적 도입을 할 필요성이 있다.

[그림 8-78] 통나무바닥막이

[그림 8-79] 통나무 섶바닥막이

(사진: 사방기술교본, 산림청)

8.7 기슭막이

8.7.1 개요

기슭막이〔보안공(保岸工) 또는 호안공(護岸工): revetment〕는 황폐계류에서 유수에 의한 계안의 횡침식을 방지하고 산각의 안정을 도모하기 위하여 계류의 흐름 방향을 따라 시공한다. 유수가 계안에 충돌하여 횡침식이 발생하거나 침식에 의하여 산복붕괴가 발생할 위험이 있는 계안에 설치하는 것이며, 계안의 횡침식 방지, 산복공작물의 기초보호 및 산복붕괴의 직접적인 방지 등을 목적으로 시공하는 종구조물이다.

기슭막이 기초의 바닥넣기(根入) 깊이는 계획계상기울기, 계상의 상황 등을 고려하여 세굴되지 않는 안전한 깊이로 하며, 유수에 의해 세굴의 위험성이 있는 곳에서는 바닥막이(保床工), 수제(水制工) 등을 시공한다. 특히, 유로의 만곡(灣曲)에 의하여 물의 충격을 받는 수충부(水衝部)나 요안(凹岸) 또는 붕괴위험성이 있는 계안에 설치한다.

8.7.2 시공

1. 위치

기슭막이의 시공 위치는 지형 및 지질, 유수의 충돌상태, 계획홍수위, 시설의 계획높이, 비탈기울기, 기설 기슭막이의 실태 등을 조사하여 가장 효과적인 장소를 선정한다.

기슭막이는 계류의 횡침식을 방지하여 붕괴되기 쉬운 계안비탈면의 유지 및 기초보호를 위해 붕괴지에 직접 설치하는 방법(그림 8-80의 A 참조)과 유로를 변경시켜 위험한 장소에 직접 유수가 충돌하는 것을 방지하는 방법이 있다. 또한, 사방댐이 설치된 상류의 붕괴지 각부에 기슭

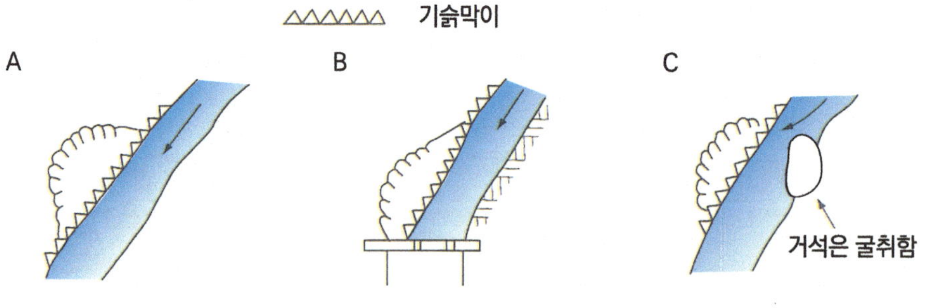

[그림 8-80] 기슭막이의 위치

막이를 설치하여 결괴 또는 붕괴를 방지하며(그림 8-80의 B 참조), 계류가 거석 등의 장해물로 유심이 변하하여 계안붕괴가 발생한 경우에는 장해물을 제거한 후에 기슭막이를 설치한다(그림 8-80의 C 참조).

2. 높이 및 기울기

기슭막이 높이는 계획홍수위(계획고수위) 이상으로 하여 홍수 시에도 넘치지 않도록 시공하여야 한다. 일반적으로 계획홍수위보다 0.5~0.7m 높게 하며, 계류의 만곡부에서는 요안이 철안(凸岸)에 비해 수위가 높아지므로 더 높게 시공한다. 특히, 사방댐 · 골막이 · 바닥막이 등의 상류에 계획하는 기슭막이 구조물의 마루(천단)는 댐 · 골막이 · 바닥막이 등의 양안쪽 마루와 같은 높이로 하거나, 계획기울기에 따라 상류부를 높게 시공하도록 한다.

기슭막이 계획기울기는 1 : 0.3~0.5를 표준으로 하지만, 사용재료와 현장여건에 따라 1 : 1.0~1.5 정도의 기울기로 계획할 수 있다. 기슭막이 둑마루 두께는 0.3~0.5m를 표준으로 하고, 둑마루 기울기는 원칙적으로 계획계상기울기와 일치하도록 시공한다.

특히, 콘크리트기슭막이(concrctc rcvctmcnt)는 둑마루 두께 0.3m, 앞면 기울기는 1 : 0.3, 뒷면기울기는 토압에 따라 결정하지만, 일반적으로 수직으로 계획한다. 물빼기구멍은 지름 3~6㎝ 정도로 하고 2~3㎡에 1개씩 계획한다. 신축에 의한 균열을 방지하기 위하여 10m마다 신축줄눈(신축이음: expansion joint)을 계획한다.

8.7.3 종류 및 특징

기슭막이는 사용재료에 따라 돌기슭막이 · 콘크리트기슭막이 · 콘크리트블록기슭막이 · 돌망태기슭막이 · 바자기슭막이 · 통나무기슭막이 등으로 구분한다.

1. 돌기슭막이

[그림 8-81] 돌기슭막이

돌기슭막이〔석보안공(石保岸工): stone revetment〕는 축설방법에 따라 돌쌓기기슭막이와 돌붙임기슭막이로 구분하고, 돌쌓기기슭막이는 메쌓기기슭막이와 찰쌓기기슭막이로 구분한다. 돌쌓기기슭막이는 계상에 토사석력의 이동이나 유수의 충돌이 심한 장소에 계안의 붕괴와 침식방지를 위하여 설치하며, 돌쌓기 물매는 찰쌓기 1 : 0.3, 메쌓기 1 : 0.5를 표준으로 한다. 주로 암반 위에 시공하지만, 사력층에 시공할 경우에는 충분한 터파기를 실시하며, 메쌓기는 돌쌓기의 틈으로 토사가 새지 않도록 충분한 뒷채움을 한다.

돌붙임기슭막이는 계류의 폭이 비교적 넓고 계상 기울기가 완만한 곳에 설치하며, 일반적으로 돌붙임의 기울기는 1 : 1.5 정도로 하며, 축조 방법에 따라 찰붙임돌기슭막이 및 메붙임돌기슭막이로 구분한다.

2. 콘크리트기슭막이

콘크리트기슭막이(concrete revetment)는 유수의 충돌력이 대단히 크고, 계안의 침식이 많은 장소에 시공하며, 둑마루의 두께는 0.3~0.5m, 앞면의 기울기는 1 : 0.3~0.5를 표준으로 하고 뒷면은 토압에 따라 결정하지만 수직으로 한다. 기슭막이는 뒷채움자갈 · 물빼기구멍 등을 설치하여 배후의 토압 및 수압을 완화하도록 한다. 물빼기구멍은 저수위보다 높은 위치에 지름 50~100㎜ 정도로 하고 2~3㎡에 1개소 설치하며, 뒷채움자갈을 충전할 때에는 두께 0.3m 정도를 표준으로 한다.

[그림 8-82] 콘크리트블록기슭막이

또한, 연장이 20m를 초과하면 원칙적으로 수축줄눈을 10~15m마다 1개소 정도 설치해야 한다.

3. 돌망태기슭막이

돌망태기슭막이(사롱보안공(砂籠保岸工): gabion revetment)는 산지계류의 산각부위를 보호하기 위해 계안의 기슭에 기울기 1 : 0.5 이상으로 설치한다. 일반적으로 낮은기슭막이는 돌망태를 2~3단 쌓은 후에 말뚝으로 고정하고, 높은기슭막이는 횡으로 쌓아 견고도를 증강시켜야 한다. 돌망태기슭막이는 세굴에 강하고, 황폐계류에 분포하는 호박돌 크기의 작은 돌을 이용할 수 있기 때문에 산사태 지대나 토석류 계류에서 주로 이용된다.

[그림 8-83] 돌망태기슭막이

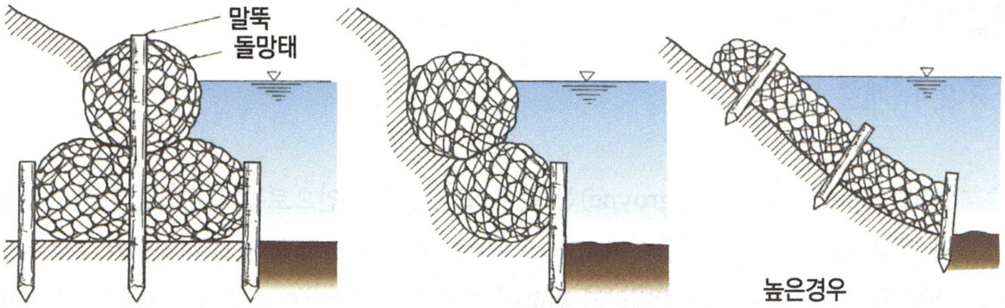

[그림 8-84] 돌망태기슭막이 시공

4. 바자기슭막이

바자기슭막이(wicker revetment)는 사력의 유출이 적은 계류의 계안침식을 방지하는데 적합한 구조물이다. 시공은 계안을 따라 0.6~1.0m 간격으로 길이 1.2m 및 지름 10~15㎝의 말뚝을 단단히 박고, 말뚝의 지상 0.5m 정도를 나무섶 등으로 바자를 엮은 후, 그 뒷면에 흙을 채운다. 바자기슭막이는 필요에 따라 떼를 붙여 시공하지만, 내구력이 약하므로 대부분 응급대책으로 사용되는 경우가 많다.

5. 나무기슭막이

통나무바닥막이(timber revetment)는 자연환경에 잘 조화되고 계류환경에 대한 관심이 증대되면서 시공은 되고 있으나 목재의 부후방지 및 내구성 향상을 위해 방부처리를 하므로 계상변동이 심하지 않는 지역을 대상으로 제한적 도입을 할 필요성이 있다.

(a) 갯버들 삽목 통나무기슭막이

(b) 갯버들 삽목 통나무기슭막이

[그림 8-85] 통나무 기슭막이

8.8 수제

8.8.1 개요

수제〔水制: spur, spur dike, groyne〕는 한쪽 또는 양쪽 계안으로부터 유심을 향하여 적당한 길이와 방향으로 돌출한 공작물이며, 계안으로부터 유심의 방향을 멀리 변경시켜 유로를 규제하고, 계안의 침식이나 붕괴를 방지하기 위하여 설치한다. 일반적으로 계류의 폭이 좁은 곳에서는 반대쪽 계안을 침식할 위험이 있으므로 계폭이 상당히 넓고 계상기울기가 완만한 장소에 설치한다.

수제는 흐름에 대한 저항을 될 수 있는 한 작게 하기 위하여 간단하고 내구성이 높으며 유지보수가 쉬운 구조로 계획한다. 상류쪽 수제는 투과수제로 하여 각 수제가 동일한 저항을 부담하도록 계획하며, 적은 수의 길고 큰 수제보다 많은 수의 짧은 수제가 효과적이므로 가급적 짧은 수제를 계획한다.

8.8.2 시공

1. 위치

수제의 위치는 시공목적과 대상지의 조건에 따라 효과를 높일 수 있도록 결정하며, 계류가 직선 또는 직선에 가까운 구간에서 양쪽에 수제를 계획할 경우에는 수제의 두부〔頭部: end nose〕를 서로 마주보게 하고 유로의 중앙에서 만나도록 위치를 정한다(그림 8-86의 A 참조). 계류의 상류에 짧은 구간에 걸쳐 붕괴지가 분포하고 있을 때에는 붕괴지의 상류에 수제를 설치

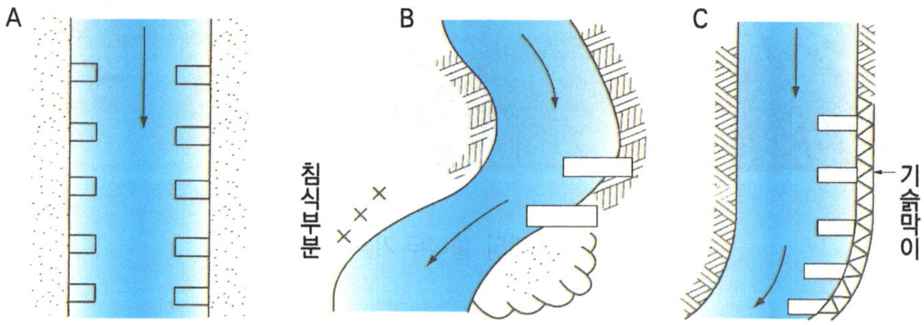

[그림 8-86] 수제의 위치

하여 붕괴지의 확대를 방지한다. 또한, 긴 구간의 경우에는 여러 개의 불월류수제를 계획한다(그림 8-86 B 참조). 일반적으로 붕괴지점은 한쪽 계안에만 수제를 계획하고, 기슭막이 구조물의 세굴방지를 위하여 직각 또는 상향수제를 계획한다(그림 8-86 C 참조).

2. 방향

수제의 방향은 유심선에 대해 상향 70~90°의 각도를 표준으로 한다. 수제는 돌출각도에 따라 상향수제〔上向水制: inclined spur〕, 직각수제〔直角水制: normal spur〕, 하향수제〔河向水制: declined spur〕로 구분한다. 또한, 홍수 시에 유수가 수제의 둑마루를 월류하는 여부에 따라 월류수제〔越流水制: overflow spur〕와 불월류수제〔不越流水制: non - overflow spur〕로 구분하고, 물의 흐름이 투과하는지의 여부에 따라 투과수제〔透過水制: permeable spur〕와 불투과수제〔不透過水制: impermeable spur〕로 구분한다.

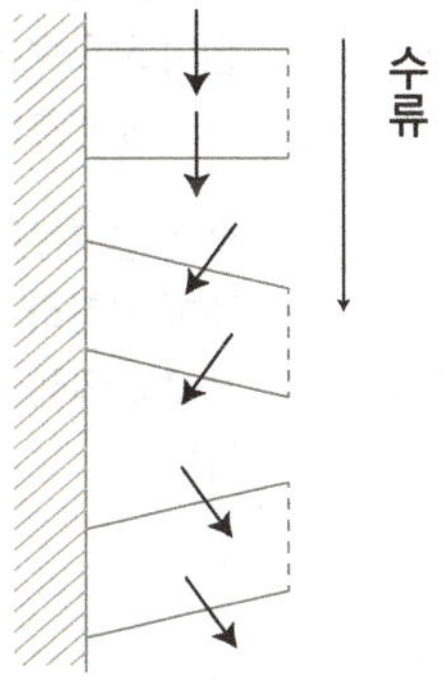

[그림 8-87] 수제의 형태에 따른 편류작용

상향수제는 사력토사의 퇴적이 하류의 계안과 수제를 따라 일어나며, 직각수제나 하향수제의 경우보다 많은 양이 퇴적되고 두부의 세굴작용이 가장 강하여 유수는 계류의 중심을 향해 편류(偏流)한다. 직각수제는 수제 사이의 중앙에 토사의 퇴적이 발생하고 두부에서는 계상의 세굴작용이 약하게 일어나며, 유수는 편류하지 않는다. 또한, 하향수제는 수제 사이에 사력의 퇴적이 직각수제보다 적고, 두부의 세굴도 가장 약하며, 유수는 계안을 향해 편류한다(그림 8-87 참조).

수제의 구조와 형식에 따른 세굴 및 퇴사의 특징을 보면 그림 8-88과 표 8-20과 같다.

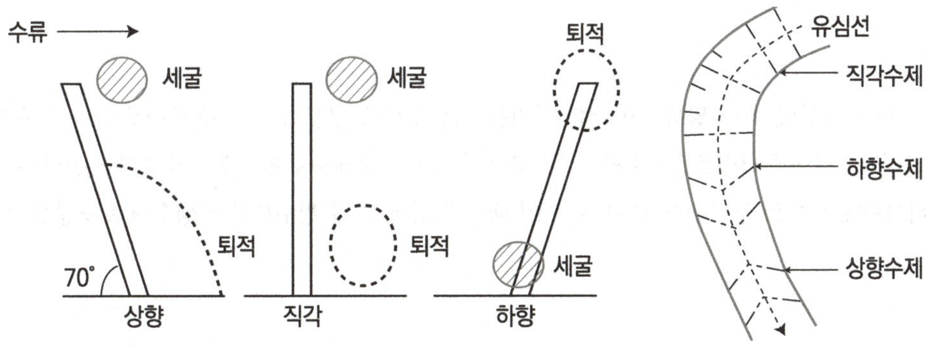

[그림 8-88] 수제의 방향에 따른 세굴 및 퇴사작용

[표 8-20] 수제방향의 장단점

장단점	상 향 수 제	직 각 수 제	하 향 수 제
장 점	• 수제의 안쪽 하안부에 토사의 퇴적상태가 양호하다. • 흐름을 전방으로 밀어내는 힘이 크므로 제방 및 호안 보호에 양호하다.	• 길이가 가장 짧고 공사비가 저렴하다. • 완류하천의 감조부 등에 양호하다.	• 수제 앞부분은 흐름에 의한 수충력이 비교적 약하다. • 완류부에서 용수취수구의 유지와 선착장의 수심 유지에 비교적 효과적이다.
단 점	• 수제 앞부분에서 흐름에 대해 저항하게 되므로, 세굴에 의해 손상될 위험이 크다.	• 하향수제에 비해 수제 앞부분은 세굴에 대한 영향이 작지만 상향 수제에 비해서는 위험이 크다.	• 월류에 의한 소용돌이가 발생하기 쉽다. • 수제의 안쪽 하안부에 세굴이 일어나기 쉬워 제방에 위험이 크다.

3. 길이, 간격 및 기울기

수제와 수제 사이를 수제구 또는 수제역이라 하며, 일반적으로 수제의 길이는 짧게 하고, 수제와 기슭막이를 함께 설치하는 것이 유지 면에서 경제적인 경우가 많다. 수제길이는 보통 계류 폭의 1/10~1/3 이하로 하며, 수제 간의 간격은 수제길이의 1.25~4.5배로 하지만 직류부, 곡류부의 철부(凸部), 직선부, 요부(凹部)의 순서로 간격을 작게 한다.

수제의 비탈기울기는 수중부분을 1 : 2.5~3.5, 수면상부는 1 : 1.5~2.5로 한다. 횡수제의 하심측 두부의 기울기는 1 : 5~10 정도로 아주 완만하게 한다. 수제의 높이는 최고수위로 하고 끝부분을 다소 낮게 유심을 향하여 1/10~1/15의 기울기로 설치한다.

8.8.3 종류 및 특징

수제는 형상에 따라 말뚝수제, 뼈대돌방틀 침상수제로 구분하고, 사용재료에 따라 돌수제 · 콘크리트수제 · 콘크리트블록수제 · 콘크리트틀수제 · 강제틀수제 · 돌망태수제 · 통나무수제 · 바자수제 등으로 구분된다. 또한, 유수에 대한 방향에 따라 횡수제와 평행수제로 구분된다.

1. 말뚝수제

말뚝수제(pile spur)는 대표적인 투과수제이다. 목재말뚝 또는 철근콘크리트 말뚝을 1개 또는 여러 개의 말뚝묶음을 한 줄 또는 여러 줄로 박고, 말뚝을 종 · 횡 또는 대각선 방향으로 연결하여 수제가 일체가 되어 작용하도록 한다.

[그림 8-89] 철근콘크리트 말뚝수제

2. 뼈대돌방틀

뼈대돌방틀수제(crib spur)는 목재나 철근콘크리트 부재로 만든 삼격형 또는 사각형 틀을 여러 개 연결하고, 그 내부공간에 잡석이나 호박돌 등으로 충전하므로 시공이 용이하다.

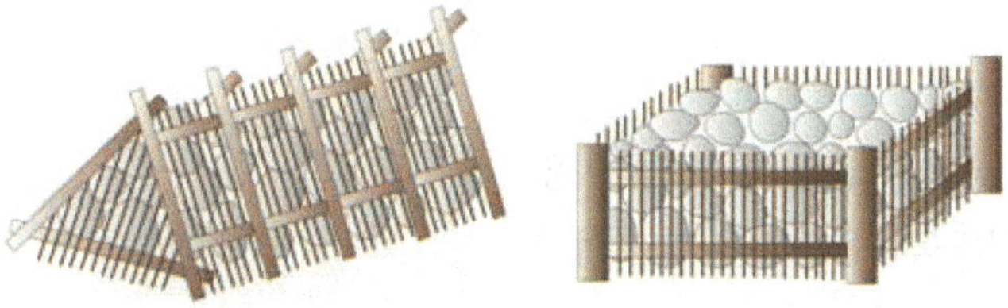

(a) 삼각방틀 (b) 사각방틀

[그림 8-90] 뼈대돌방틀 수제

3. 침상수제

침상수제(沈床水制: mattress spur)는 하상을 덮는 형태의 수제로서 불투과수제로 설치되는 경우가 많다. 사용하는 재료에 따라 섶침상수제, 섶침상수제 위에 말뚝을 박고 침상 위에 돌을 놓는 말뚝상치수제, 사각형목재틀에 돌을 채운 목공침상수제, 사각형 철근 콘크리트틀에 돌을 채운 콘크리트방틀수제가 있다.

4. 돌수제와 콘크리트블록수제

돌수제(석수제(石水制): stone spur)는 돌을 조합한 수제로서 크기 및 투과도를 자유롭게 변경할 수 있으며, 자연친화성을 높이기 위해 큰 돌다리 모양으로 시공하는 경우도 있다. 콘크리트블록수제(concrete spur)는 콘크리트블록을 조합한 수제이며, 모양 · 크기 · 투과도를 자유롭게 변경할 수 있다. 또한, 날개수제는 직사각형 판형상(板形狀)의 수제로서 2~4개를 유수에 따라 여러 줄을 설치한다.

(a) 돌수제

(b) 돌수제

(c) 돌찰붙임수제

(d) 사석수제

[그림 8-91] 다양한 돌수제 (사진: 사방기술교본, 산림청)

5. 통나무수제

통나무수제(timber spur)는 통나무를 이용하여 여러 개의 말뚝묶음을 한 줄 또는 여러 줄로 박고, 말뚝을 종 · 횡 또는 대각선 방향으로 연결하여 수제가 일체가 되어 작용하도록 한다. 계상변동이 심하지 않는 지역을 대상으로 제한적 도입을 할 필요성이 있다.

[그림 8-92] 통나무수제
(사진: 사방기술교본, 산림청)

8.9 둑쌓기

8.9.1 개요

둑쌓기(築堤工: levee, embankment)는 유수를 일정한 방향으로 안전하게 유도하고 범람을 방지하기 위해 계류의 양안에 흙으로 둑을 만드는 공사를 말한다. 둑쌓기 구간에 편입되는 토지의 사용가능 여부에 따라 둑쌓기 비탈기울기를 결정하며, 좌우의 양 둑은 수평이 되도록 계획한다. 또한, 계획계상기울기에 따라 횡단면도를 작성하고 토공량을 산정한다.

8.9.2 시공

일반적으로 제방의 흙은 모래와 점토를 약 1 : 4의 비율로 혼합한 것이 좋으며, 흙쌓기 지점에는 나무뿌리 등을 제거하고 지반을 파서 둑과 밀착되도록 한다. 제방기울기는 홍수 시 물의 흐름, 주변의 토지이용 및 환경, 공사비 등을 고려하여 결정하며 비교적 완만한 곡선이 되도록 한다.

둑의 높이는 계획홍수위보다 0.5~1.0m 높게 하며, 계획홍수량이 200㎥/s 미만인 지역은 여유고 0.6m 이상, 200~500㎥/s 인 지역은 0.8m 이상, 500~2,000㎥/s 지역에서는 1.0m 이상으로 한다. 둑마루의 폭(天端幅)은 용도 및 시공규모에 따라 1~3m로 하고 대수면 및 반수면 기울기는 대체로 다음과 같은 기준으로 시공한다.

[표 8-21] 둑 높이에 따른 비탈기울기

둑높이(m)	반수면비탈(할)	대수면비탈(할)	천단폭(m)
1.0	1.3	1.0	0.7~1.0
1.1~2.0	1.5	1.3	1.0~1.5
2.1~3.0	2.0	1.5	1.5~2.0
3.1~5.0	2.0	2.0	2.0~3.0

또한, 흙쌓기는 흙쌓기 제방의 침하량을 고려하여 계획높이보다 더 높게 쌓아야 하며, 이것을 더쌓기(더돋기(餘盛土): extra banking)라고 하고 여유고에는 포함하지 않는다. 더쌓기는 전단면에 대하여 실시하며, 제방의 후면은 빗물의 표면배수를 원활히 하기 위하여 10% 정도의 횡단기울기를 두어야 한다.

[표 8-22] 더쌓기 높이의 기준(단위 : ㎝)

제체의 특징		보통흙		모래 · 자갈	
기초 지반의 토질		보통흙	모래섞인 자갈, 자갈섞인 모래	보통흙	모래섞인 자갈, 자갈섞인 모래
통일분류법에 의한 기초지반의 토질		모래	자갈	모래	자갈
제 방 높 이	3 m 이하	20	15	15	10
	3 ~ 5 m	30	25	25	20
	5 ~ 7 m	40	35	35	30
	7 m 이상	50	45	45	40

둑쌓기 공사를 하고 비탈다지기가 완료된 사면은 강우에 의한 침식과 붕괴를 방지하기 위하여 둑 바깥비탈(제외지 쪽)에는 주로 평떼붙이기 공사나 줄떼다지기 공사를 한다. 또한 평수위 아래 부분에는 보통 돌붙이기, 콘크리트블록붙이기, 돌망태붙이기, 콘크리트붙이기 공사로 보강하는 호안공사를 해야 한다. 둑 안비탈(제내지쪽)은 줄떼다지기, 둑마루 부분은 보통 줄떼심기로 피복한다.

특히, 홍수 시 유수가 둑의 내부로 침투될 때에는 물의 누수현상이 나타나고, 심하면 관공작용〔貫孔作用: piping〕에 의하여 둑이 붕괴될 위험이 있으므로 둑의 설계 시 침윤선〔浸潤線: seepage line〕이 낮아지도록 제방너비를 넓히거나 둑 내에 진흙 또는 토목섬유 등 불투수성의 차수벽〔遮水壁, 止水板, 止水壁: cut-off wall, water-stop〕을 설치해야 한다.

[그림 8-93] 둑쌓기 시공과정 (사진: 사방기술교본, 산림청)

8.10 밑막이

8.10.1 개요

밑막이(根固工: toe protection of embankment)는 둑쌓기공사에서 둑 내로 스며드는 침윤수(浸潤水)에 의한 둑의 붕괴를 방지하기 위하여 둑의 안쪽 아래 부분 또는 유수에 의한 세굴을 방지하기 위하여 둑의 바깥쪽(유로쪽) 아래 부분에 구축하는 둑 비탈면 보호공사이다. 기슭막이의 간이공사로 축조하기도 하며, 사용재료에 따라 돌밑막이, 콘크리트블록밑막이 및 침상(枕床)밑막이 등이 있다.

8.10.2 시공

돌밑막이는 현장여건에 따라 막돌밑막이 · 깬돌밑막이 · 큰돌밑막이 등으로 계획하며, 비탈기울기가 1 : 1보다 완만하고 평시의 유수량이 비교적 적은 계류의 둑비탈에 시공한다. 유속이 빠르고 계상기울기가 급한 곳에는 찰쌓기로 시공하고, 유속이 느리고 계상기울기가 완만한 곳에는 메쌓기로 시공한다.

[그림 8-94] 돌밑막이

(사진: 사방기술교본, 산림청)

밑막이의 시공재료는 돌, 콘크리트, 콘크리트 블록, 침상(枕床) 등 현장여건에 맞는 재료를 채택하고 기초지반이 연약한 경우에는 그 상황에 따라 말뚝박기공사 등 기초 처리 계획을 반영한다. 둑쌓기 비탈길이 중 밑막이 계획 후 잔여 비탈면에는 평떼붙임, 줄떼붙임, 줄파종 등으로 피복되도록 계획한다.

8.11 모래막이

8.11.1 개요

모래막이(사류지(砂溜地): sand catching structures)는 상류지역으로부터 유출토사량이 많은 경우와 호우 등에 의한 토사재해를 예방하기 위하여 유로의 일부를 확대시켜 선상지대나 토석류 피해방지 등을 위해 시공한다.

상류지역에서 각종 사방공사 등으로 많은 유출토사를 저감시킬 수 없는 경우에 설치하는 구조물이며, 유역의 지형 · 지질 · 식생 · 계상기울기 · 토사의 유출형태 등을 고려하여 목적을 충분히 달성할 수 있도록 시공한다.

8.11.2 시공

모래막이는 유로의 일부를 확대하여 토사를 퇴적시키는 것이므로 토석류의 상습발생지 · 선상지 · 계간수로의 상류에 설치하는 경우가 많다. 특히, 계상면의 지형적 특징을 고려하여 저사용 포켓으로서의 기능을 충분히 발휘할 수 있는 장소를 선정해야 한다.

모래막이 구조물의 크기는 상류지역의 유역면적 · 강우량 · 지형 · 지질 · 임상 · 황폐정도 등에 따라 결정하지만, 연 1회 정도 준설작업에 의하여 기능을 회복할 수 있는 용량 이상으로 하는 것이 좋다. 또한 준설 토사의 반출방법 · 반출도로 · 부대시설 등을 모래막이 계획 시에 함께 고려해야 한다.

8.11.3 구조

모래막이 공법은 유로 내 퇴적 토사를 굴삭 또는 제거하여 일부분 확대하고, 그 상류 및 하류 계안에 지장을 주지 않도록 필요에 따라 상 · 하류에 사방댐 또는 바닥막이를 설치하여 토사의 퇴적을 통하여 계상을 유지시키는 구조이다. 특히, 모래막이 유입구의 폭을 너무 크게 하면 유입부 부근에 토사가 퇴적하므로 상류의 퇴적공간은 감소되어 유수를 범람시키게 된다. 또한, 모래막이는 계류의 상황 · 시공위치 등에 따라 다르지만, 유입구의 각도는 30° 정도가 적당하다.

또한, 모래막이의 형상은 지형의 특성에 따라 설계하지만, 반주걱형 · 주걱형 · 자루형 · 위형 등이 있다.

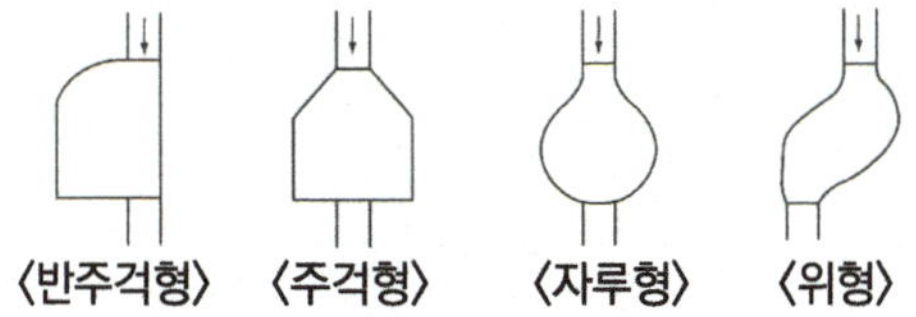

[그림 8-95] 모래막이의 평면형상

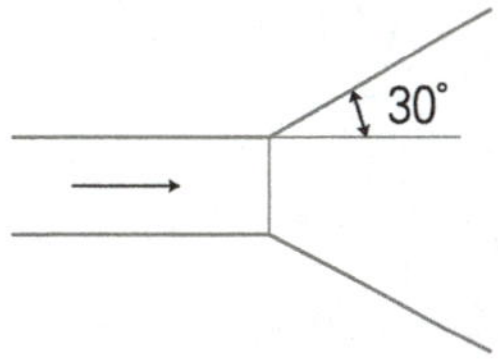

[그림 8-96] 유입구의 각도

8.12 계간수로공사

8.12.1 개요

계간수로공사〔溪間水路工事: water channel works in valley〕는 주로 모래 및 자갈 등의 퇴적지나 사행계류〔蛇行溪流: meander channel〕에서 사방댐 · 바닥막이 · 낮은바닥막이 · 기슭막이 등에 의하여 유로(流路)를 고정하여 난류(亂流)를 방지하고, 종단기울기를 규제하여 종 · 횡 침식을 방지하기 위하여 실시한다.

특히, 계간수로의 계획에는 안정성 · 경제성을 잘 검토하여 유수를 안전하게 유하시킬 수 있도록 각 공작물(工作物)의 기능 및 목적에 따라 적재적소에 잘 배치하고, 유지관리 및 주변의 자연환경 보전효과가 나타날 수 있도록 하여야 한다.

8.12.2 종류 및 특징

계간수로공사의 공종은 물줄기바로잡기〔수로변경공(水路變更工): channel course changing〕와 냇바닥치우기〔수로정리공(水路整理工): channel clearing〕로 구분되며, 사용 재료에 따라 공법은 돌수로 · 콘크리트수로 · 콘크리트블록수로 · 돌망태수로 등으로 구분된다.

물줄기바로잡기는 경지 등에 인접한 유로를 변경시켜 유수를 안전하게 유하시키는 것이고, 냇바닥치우기는 계상에 산재되어 있는 토사석력을 제거하거나 깊이 세굴된 지점에 돌을 채워 유수의 충돌과 난류에 의한 계상침식을 방지하기 위한 것이다. 특히, 계간수로 공사는 황폐계류에 시공하는 야계사방공사와 서로 밀접한 관계가 있다.

제9장
해안사방

제9장 해안사방

1 2 3 4 5 6 7 8 9

9.1 개요

해안사방(coastal sand dune fixation and stabilization)은 해안지역에서 모래언덕(사구(砂丘): sand dune)의 이동이나 모래날림(비사(飛砂): drifting sand waste) 및 해안침식 등으로 인하여 가옥이나 농경지 등의 피해를 예방하기 위해 시행하는 사방공사이다.

해안사방은 해안방재림조성사업(coast disaater prevention forest project)과 해안침식 방지사업(coastal erosion prevention project)으로 구분한다

9.2 해안사방 공종 및 조사

9.2.1 해안사방 공사의 종류

1. 해안방재림 조성

해안방재림조성사업은 해일 · 풍랑 · 모래날림 · 염분 · 쓰나미(津波: tsunami)등에 의한 피해를 감소시키기 위하여 시행하는 사방사업이다. 이중에서 모래언덕 조성공사는 해풍의 세기를 줄여 모래날림을 방지하고, 모래언덕을 고정하기 위하여 위하여 시행하는 사방사업이며, 모래언덕은 자연모래언덕(자연사구: natural sand dune) · 인공모래언덕(인공사구: artificial sand dune) · 인공성토모래언덕 등이 있다. 해안방재림 조성공사는 퇴사울세우기, 정사울세우기, 구정바자얽기, 모래덮기, 사초심기, 씨뿌리기, 방풍공, 배수공, 충립공 및 사지 식재공사 등이 있다.

2. 해안침식 방지

해안침식방지사업은 파도 등에 의한 해안침식을 방지하거나 복구하기 위하여 시행하는 사방사업이다. 해안침식은 파도막이, 방조제, 방조호안, 소파공, 소파제, 돌제 및 부대시설 등과 같은 해양토목구조물 등이 있다.

9.2.2 조사 및 측량

해안사방의 조성계획 또는 설계 시에는 사업의 목적과 내용 등에 따라 계획적으로 조사해야 하며, 조사대상의 범위는 해안사방 조성예정지 및 보전대상 구역을 포함하도록 한다. 해안사방에 필요한 조사항목은 ① 지형조사 ② 토양 · 지질 조사 ③ 기상조사 ④ 해상 · 표사조사 ⑤ 임황 · 식생 조사 ⑥ 황폐현황조사 ⑦ 사회적 특성조사 등을 사업목적에 따라 적절하게 선택한다.

[표 9-1] 주요 종류별 조사항목

구분	지형	토양 · 지질	기상	해상 · 표사	임황 · 식생	사회적 특성
해안방재림 조성	○	○	○		○	○
모래언덕 조성	○	○	○	○	○	○
해안침식방지	○	○	○	○		○

조사는 원칙적으로 예비조사→현지조사→정리의 순으로 실시하며, 예비조사는 현지조사를 효율적으로 실시하기 위하여 각종 문헌 등 기존 자료를 수집하고 지역주민의 청문조사를 실시한다. 또한, 현지조사는 예비 조사 결과를 중심으로 현지답사를 통하여 구체적으로 실시한다.

해안사방을 위한 측량은 계획 · 설계목적 · 현지상황 등에 따라 구조물의 위치 · 방향 · 구조 등을 결정하기 위해 실시하며, 구조물의 배치 등의 종합적인 판단이 가능한 범위까지 실시한다.

측량의 종류에는 평면측량 · 종단측량 · 횡단측량이 있으며, 측량을 실시할 때에는 파랑에 의하여 침식되지 않을 지점에 기준점을 설치해야 하고 침식의 위험이 있는 지점일 경우에는 비교점을 설치해야 한다.

측량의 결과는 다음의 축척을 표준으로 하여 도면을 작성한다.

① 평면도 : 1/1,000 또는 1/500

② 종단면도 : 1/1,000 또는 1/500

③ 횡단년도 : 1/100

④ 구조도 등 : 1/20~50

9.3 해안방재림의 조성

9.3.1 개요

해안방재림(海岸防災林: coast disaster prevention forest)은 해안의 모래땅 등에 산림을 조성하여 모래날림 · 조풍 · 파도 · 해일 · 쓰나미 등에 의한 피해를 방지하거나 경감하는 것을 목적으로 한다. 최근 해안지역의 다양한 토지이용으로 무분별한 개발과 각종 병해충 등에 의하여 해안방재림이 많이 감소되고 있다.

특히, 해안방재림의 조성은 피해의 종류 · 정도 · 보전대상과의 관련성 등을 종합적으로 고려하여 가장 적절한 규모가 되도록 계획하고, 그 배후의 나지에는 산림을 조성하여 각종 연안재해를 방지하거나 경감해야 한다. 또한, 미등록지를 포함한 국 · 공유지와 빈지(濱地) 등을 우선 사업대상지로 하며, 사유지는 소유주의 동의를 받아 사업을 실시한다.

9.3.2 계획 및 시공

해안방재림은 해안지역에서 조성된 산림으로 내륙의 임분 상태와 군락구조가 다르다. 해안방재림의 주요 기본 기능은 방재기능과 생활환경보전기능이지만, 최근에 사회적 기대의 변화로 생물다양성보전기능 · 보건휴양기능 · 경관기능 · 학습장소 제공기능 등 다양한 기능들도 반영되고 있다.

해안방재림은 성립장소에 따라 해빈림(海濱林), 해애림(海崖林), 기수림(汽水林)으로 나누며, 해빈림은 빈제림(濱提林)과 사구림(砂丘林)으로 구분된다. 해애림은 입지적인 측면에서 해빈림에 비하여 인위적 간섭이 적기 때문에 자연 식생이 상당 부분 남아 있다. 또한, 기수림은 해안과 하천 지형이 만나는 기수지역에 성립하는 숲이며, 대표적인 해안방재림은 인간(man)의 숲(grove)이라는 맹그로브 숲이다. 맹그로브 나무는 열대 및 아열대 지방의 큰 강가나 하구,

[그림 9-1] 경남 남해군 물건리의 방조어부림 전경

바닷가에서 자라며, 염분에 강하다. 특히, 무성하게 뻗은 뿌리는 토양유실과 태풍이나 쓰나미를 막아주는 방파제 역할을 한다.

해안방재림은 식생 · 낙엽 · 낙지에 의하여 모래땅의 표면을 피복하여 모래날림을 방지하거나 모래날림이 발생하지 못하게 한계풍속 이하로 유지시키는데 있다.

쓰나미와 해일은 그 발생 원인이 각각 다르지만, 이들에 대한 해안방재림의 방재기능은 유사하다. 해안방재림은 수간의 마찰저항에 의하여 쓰나미와 해일의 에너지를 저하시키고, 표류물의 이동을 저지하여 2차 피해를 예방하거나 저감 시킨다.

쓰나미와 해일이 일정한 폭의 해안방재림을 통과할 때 수간의 형상에 저항을 받아 속도는 저감된다. 해안방재림의 폭에 따른 쓰나미의 속도 및 에너지 저감은 그림 9-2와 같다.

해안방재림의 폭 60m를 조성하면 쓰나미의 속도는 3m/s 정도 되며, 에너지는 10% 이하로 저감하게 됨을 알 수 있다. 이와 같이 쓰나미의 유속을 저감시켜 파괴력을 매우 줄이기 위해서는 적어도 60m 정도의 폭이 필요하다. 특히, 우리나라의 해안에서 대규모 쓰나미의 유속을 2m/s로 저감시켜 피해를 줄이기 위해서는 최소한 100m 이상의 폭이 필요한 것으로 보인다.

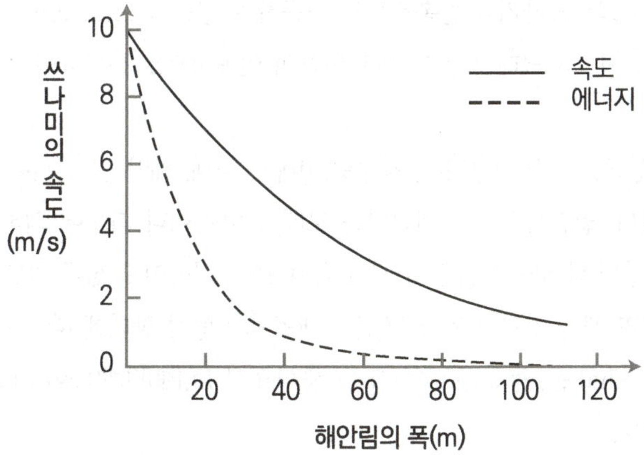

[그림 9-2] 해안방재림의 폭에 따른 쓰나미의 속도 및 에너지 저감

해안방재림은 미립목지에 신규로 조성하는 것을 원칙으로 하며, 소규모 조성에 따른 군생 및 점생 식재보다는 일정 규모 이상의 사업지를 우선 대상지로 한다. 해안선으로부터 내륙 300m 이내의 구역에 조성하며, 조성 폭은 현지여건에 따르지만 가능하면 60m 이상이 되도록 한다.

우리나라는 삼면이 바다로 둘려싸여 해안선이 길고, 여름철에는 태풍, 겨울철에는 계절풍에 의하여 각종 연안재해가 발생되고 있으므로 이를 방지하거나 경감할 수있는 해안방재림의 조성이 더욱 필요하다.

9.4 모래언덕의 조성

9.4.1 자연모래언덕의 조성

최근에 해안의 모래언덕을 조성하는 사례가 줄고 있지만, 모래언덕의 조성은 모래날림을 줄이고, 경제적으로 산림을 확실하게 조성할 수 있는 효과적인 방법이므로 자연현상에 대하여 저항력이 강한 천연모래언덕의 형태로 조성될 필요가 있다. 모래언덕의 조성은 해안으로부터 바람의 세기를 줄이거나 균일화하여 모래날림을 방지하고, 모래언덕을 고정하여 식재목이 정상적으로 생육할 수 있도록 하여야 한다.

모래언덕은 자연모래언덕〔자연사구: natural sand dune〕· 인공모래언덕〔인공사구: artificial sand dune〕· 인공성토모래언덕(embankment construction works)으로 다음과 같이 구분한다.

① 자연모래언덕 : 장기간에 걸쳐 해풍 등에 의하여 형성된 모래언덕
② 인공모래언덕 : 퇴사울타리를 반복적으로 시공하여 인공적으로 조성한 모래언덕
③ 인공성토모래언덕 : 포크레인 등 기계에 의하여 인공적으로 성토하여 조성한 모래언덕

자연모래언덕의 성립은 기상요인(기온, 강수량, 바람), 식생, 해안 및 산지유역의 지형요인 등에 따라 다르게 나타난다. 일반적으로 모래언덕은 모래가 바람이나 파도에 의하여 밀어 올려진 후부터 모래언덕이 형성될 때까지 치올린 모래언덕, 바람에 의하여 조성된 혀모양 모래언덕과 반달모양 모래언덕 등의 3단계를 거치게 된다. 또한 모래언덕의 형성 상태에 따라 풍구〔風溝: wind-gorge〕, 풍열〔風裂: shake〕, 풍분(風盆) 또는 풍식요지〔風蝕凹地: wind erosion basin〕 등으로 구분하기도 한다.

1. 치올린 모래언덕〔안제(岸堤): lifting dune〕

해안 정선부(汀線部)의 지형조건이 비교적 편평한 지역에서는 바다로부터 밀려오는 파도에 의하여 모래가 정선부에 퇴적되어 얕은 모래 둑을 형성하게 되며, 이것을 치올린 모래언덕이라 한다. 이 모래언덕의 높이는 최고 파도 높이 이상으로 형성되지 않으나, 보다 큰 파도가 올라오면 파괴되므로 이 치올린 모래언덕은 해안사구의 시초적 단계로서 배아적 사구〔胚芽的 砂丘: embryonal dune〕라 한다.

2. 혀모양 모래언덕〔설상사구(舌狀砂丘): tongue-form dune, tongue hill〕

치올려진 모래언덕의 모래 입경은 보통 0.1~0.5㎜ 이며, 지표의 풍속이 5~6m/s에 달하면 움직이기 시작하여 내륙으로 이동된다. 이때 비사(飛砂)의 진로 상에 수목이나 사초(砂草) 등 장애물이 있으면 풍력이 약화되어 모래가 퇴적되며, 퇴적되는 모래언덕의 모양은 혀모양을 이루게 되므로 설상사구라 한다. 특히, 모래 언덕의 모양은 장애물(수목 또는 사초)의 휨 정도(屈撓性), 밀도, 높이, 너비 등에 따라 다르게 나타난다.

3. 반달모양 모래언덕〔반월사구(半月砂丘): barchan〕

혀모양의 모래언덕에서 바람을 받는 쪽〔풍상면(風上面): windward〕은 그 일부가 사구의 비탈면을 따라 상승하여 모래를 바람의지쪽〔풍하면(風下面): leeward〕으로 보내고, 일부의 모래는 수평으로 운반하여 바람이 불어가는 양쪽에 반달모양의 날개를 가진 반월사구를 형성한다. 반달모양 모래언덕은 날개 언덕의 발달이 방해받지 않는 장소에서 잘 발달되므로, 해안사구지보다 내륙의 사막지에서 많이 볼 수 있다.

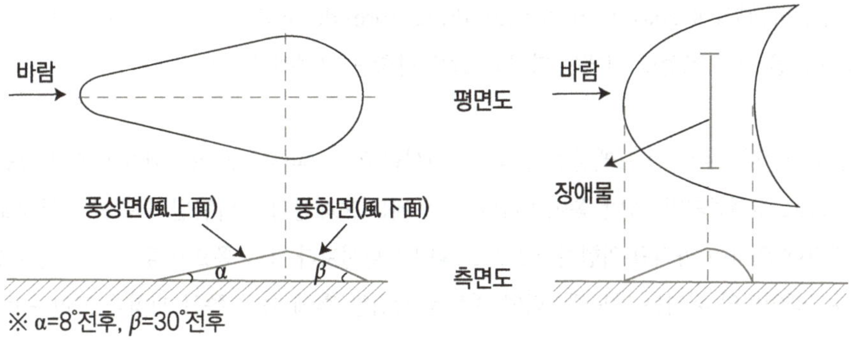

[그림 9-3] 혀모양의 모래언덕(좌)과 반달모양의 모래언덕(우)

4. 모래의 특성

모래언덕을 형성하는 모래는 석영(石英)이 85%~90%, 장석(長石)이 3~6%, 기타 각섬석(角閃石), 운모(雲母), 석류석(石榴石), 방해석(方解石), 자철광, 적철광 등으로 되어 있다. 모래입자의 직경은 모암의 종류나 지역에 따라 다르지만, 일반적으로 0.05~0.50㎜ 범위에 있으며, 0.25~0.50㎜가 70~95%로 가장 많다. 또한, 0.05~0.25㎜의 모래입자가 5~25%를 점유하기도 하지만 때로는 70%를 점유할 때도 있다. 모래언덕의 표면은 건조하지만 내부는 습한 편이며 모래입자의 크기가 작을수록 모세관력(毛細管力)이 커서 지하수가 상승하기 쉽다.

[표 9-2] 모래입자 크기별 지하수 상승고

모래입자의 직경(㎜)	60일까지의 상승고(㎝)	197일까지의 상승고(㎝)
0.25 이하	43.4	60.6
0.25~0.50	33.8	50.2
0.50~1.00	23.8	40.6
1.00~2.00	9.8	21.0

9.4.2 인공모래언덕의 조성

1. 위치 및 방향

인공모래언덕은 바다에 너무 가까우면 앞부분이 파도에 의하여 침식되거나 파괴되기 쉬우므로 정선으로부터 일정한 구간 떨어진 육지 쪽에 조성하는 것이 바람직하다. 또한, 사빈(砂濱)이 좁아 침식될 위험이 있는 장소에 조성할 때에는 방조공 등을 함께 계획하며, 사빈이 넓고 앞모래언덕〔전사구(前砂丘): coastal protection dune, fore-dune〕과 주모래언덕〔주사구(主砂丘): main dune〕을 모두 조성할 때에는 다음과 같은 사항을 고려해야 한다.

① 앞모래언덕의 위치는 모래날림의 정도 · 정선의 위치 · 파고 · 조위 · 해안의 경사 등을 종합적으로 고려하지만, 해안 쪽에 인접할 경우에는 모래언덕이 바람받이 쪽의 각부(脚部)가 파랑에 의하여 파괴될 위험이 있으므로 파랑도달선보다 내륙 쪽으로 위치를 정해야 한다.

② 주모래언덕의 위치는 앞모래언덕의 위치를 결정한 후에 육지 쪽의 지형을 고려하여 양 사구 고저차의 40배 이상으로 한다.

모래언덕의 방향은 모래의 균등한 공급을 도모하고 바람에 대하여 안정된 사구를 조성하기 위하여 주풍(主風)에 직각으로 하는 것이 요구되지만, 실제적으로 정선의 방향이 주풍 방향에 직각이 아닐 경우에 퇴사울타리는 정선과 사교(斜交)하기 때문에 양 끝에 퇴사의 상태가 달라지고 시구의 고정이 어렵게 된다.

특히, 퇴사울타리는 정선에 평행하도록 설치해야 하며, 정선과 주풍의 방향이 현저히 다를 때에는 정선방향에 평행하게 주울타리를 설치하고, 주풍방향에 직각이 되게 보조울타리를 설치하거나 지그재그로 설치하여 퇴사효과를 높여야 한다. 그러나 강풍 지대의 해안에서는 주울타리와 보조울타리의 접속지점에 위치하는 주울타리는 바람받이 쪽의 밑부분이 깊게 파이는 결점도 나타나므로 여러 조건을 고려하여 방향을 결정하도록 해야 한다.

2. 높이 및 구조

인공모래언덕의 높이는 너무 낮으면 효과가 적고, 너무 높아도 역효과를 가져와 위험하므로 신중하게 결정해야 한다. 일반적으로 인공모래언덕의 높이는 해빈의 넓이 · 기울기, 모래의 상태(입경 · 함수율), 풍향, 풍속 등의 영향을 받으므로 주변에 위치하는 인공모래언덕 · 배후의 산림 등을 고려하여 결정한다. 또한, 부근에 있는 자연사구의 정부(頂部)까지 식생이 침입하게 된다면, 이 사구는 안정되고 있는 것이므로 이 자연사구의 높이를 기준으로 계획하기도 한다.

특히, 인공모래언덕을 몇 열로 배치할 경우에는 앞모래언덕의 정부와 내륙방향에 위치한 자연모래언덕의 정부를 연결하는 직선 상에 주모래언덕의 정부가 위치하도록 높이를 결정하는 것이 좋다.

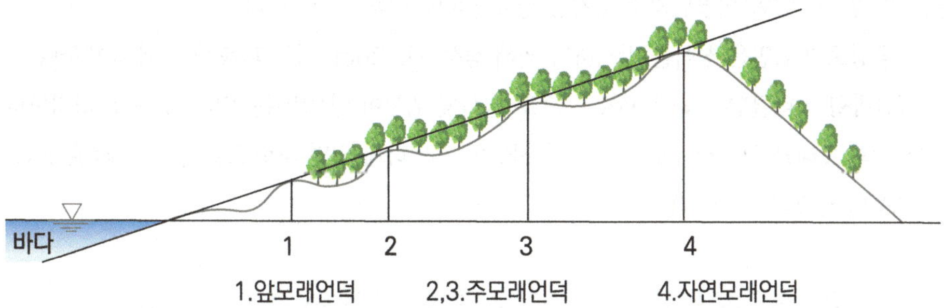

[그림 9-4] 모래언덕의 배치와 높이

해안지역에서 일반적인 모래언덕의 횡단면의 모습은 그림 9-4와 같다. 인공모래언덕의 횡단면상은 해풍에 대해 저항력이 있고 안정된 형상이 되도록 조성해야 하며, 경사면은 모래덮기로 고정한다. 또한, 인공모래언덕의 정부는 수평이 되게 조성하고, 정부의 전면 및 후면 비탈면은 구정바자얽기를 시공하여 고정시킨다.

일반적으로 자연모래언덕의 바람받이 쪽 경사는 모래의 비중 · 입경 등과 풍속 등에 따라 다르지만 5~10°정도로 완만하고, 바람의지 쪽의 경사는 모래의 안식각(安息角: angle of repose)에 가까워 급한 편이다. 모래언덕을 조성할 때에는 자연모래언덕의 높이, 바람받이 및 바람의지 쪽의 경사 등을 고려하여 조성해야 한다.

모래언덕의 정부에 요철이 있으면 바람이 안부(鞍部: saddle)를 통과할 때 풍압이 증가되어 오목한 부분이 침식되어 골이 생기고, 바람의지 쪽은 바람이 균일하게 분배되지 않아서 대단히 불규칙한 형상을 이루게 된다. 따라서 모래언덕의 정부가 풍압에 대하여 안정되려면 2~3m의 폭을 확보하여야 한다.

9.4.3 인공성토모래언덕의 조성

인공성토모래언덕(embankment construction works) 공사는 퇴사울타리 등에 의하여 자연퇴사를 기대할 수 없거나 모래언덕을 신속하게 조성해야 할 때 실시한다.

최근 부산의 해운대 백사장은 태풍으로 침식되면서 많은 모래가 유실되어 해수욕장의 기능이 떨어짐에 따라 복원사업을 실시하였다. 인공성토는 많은 장비가 개발되어 기계화되면서 빠른 시간에 모래언덕을 조성할 수 있다.

인공성토모래언덕 공사 시에 유의해야 할 사항은 다음과 같다.

① 인공성토의 양쪽 비탈면의 기울기는 성토재료의 안식각으로 한다.
② 인공성토의 표면은 침식을 방지하기 위해 점성토로 20㎝ 이상 피복한 후에 식재한다.
③ 해안방향의 비탈면이 높은 파도 등으로 침식될 위험이 있으면 콘크리트 등으로 처리한다.
④ 해안의 모래를 성토재료로 채취하여 사빈이 후퇴하게 되면 파랑으로 성토의 각부가 침식될 위험이 있으므로 주의해야 한다.

[그림 9-5] 인공성토로 조성된 부산 해운대 사구지

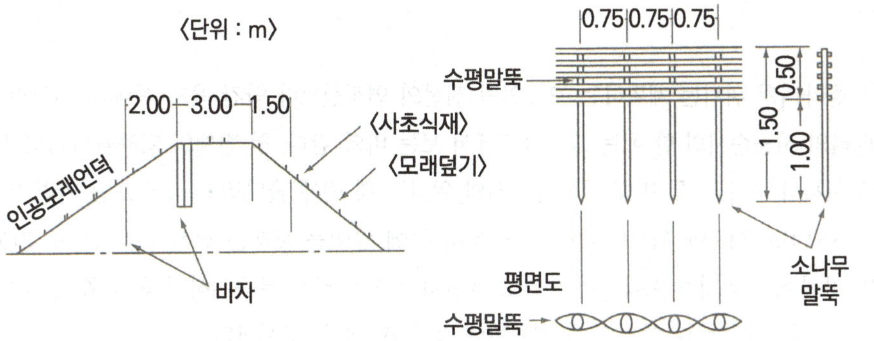

[그림 9-6] 인공성토의 사례

9. 5 퇴사울세우기

9.5.1 개요

퇴사울세우기(퇴사원공(堆砂垣工): sand dune fixation-hedge works)는 해안으로부터 모래날림이 많은 경우에 계획하는 것이며, 해안으로부터 이동하는 모래를 퇴사울타리의 앞면에 퇴적시켜 인공모래언덕을 조성하거나 정사울타리와 식재목의 보호를 위해 시공한다. 퇴사울세우기 공사를 설계할 때에는 그 위치와 구조 등에 유의해야 한다. 또한, 모래언덕은 사빈이 발달한 해안에서는 바다 쪽에 앞모래언덕을, 육지 쪽에 주모래언덕을 조성하며, 일반적으로 모래언덕의 조성순서는 육지 쪽부터 착수하여 점차 해안 쪽으로 진행한다.

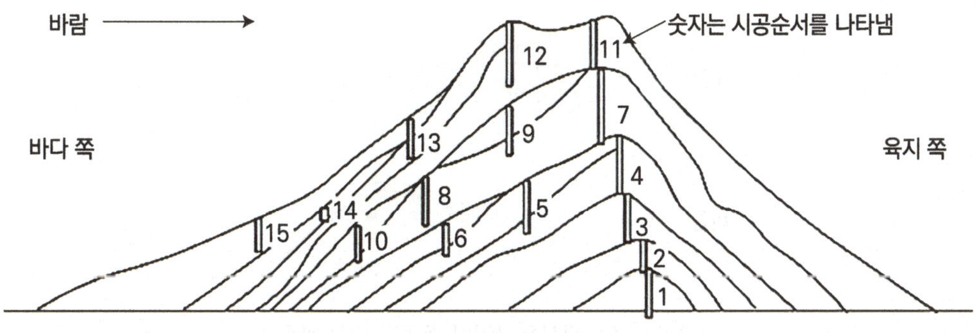

[그림 9-7] 퇴사울타리의 시공순서

9.5.2 시공

퇴사울타리의 위치는 계획하는 모래언덕 정선의 연직선보다 약간 육지 쪽에서 시작한다. 퇴사울타리의 시공순서의 한 예는 그림 9-7에서 보는 바와 같다. 첫 번째의 퇴사울타리의 시공순서 1에 위치하게 하고, 두 번째 퇴사울타리의 위치는 첫 번째 울타리의 직상 또는 약간 바다 쪽으로 0.5~1.0m 정도에 위치하도록 한다. 육지 쪽에 쌓이는 모래는 점성이 약하므로 기울기가 급하면 바람에 무너지기 쉬워 퇴적상태도 불안정하다. 따라서 부득이하게 육지 쪽에 설치할 때는 지주를 세우거나 바다 쪽에 망을 설치하여 풍도(風倒)를 방지한다.

퇴사울타리 재료간의 간격은 평균 최대풍속에도 모래날림이 발생하지 않는 풍속(지상 1m의 풍속 6m/s) 이하로 억제할 수 있고, 퇴사울타리의 앞뒤에서 풍속이 감쇄되어 소용돌이가 발생되지 않도록 통풍성(通風性)이 있어야 한다. 모래의 퇴사상태는 퇴사울타리의 굴요성(屈撓性)과 통풍성에 관계가 있으므로 퇴사울타리는 투과성이 있지만, 굴요성이 없는 것이 적합하다.

① 판자울타리와 같이 투과성과 굴요성이 없는 경우에는 판자울타리를 따라 바람이 움직이므로 판자의 기초부 앞에 골을 형성하며 퇴적한다(그림 9-8의 a참조).

② 초본류(草本類)와 같이 투과성과 굴요성이 많은 경우에는 바람은 약해지지만 대부분 모래는 통과하여 퇴적한다(그림 9-8의 b참조).

③ 섶울타리와 같이 투과성이 있지만, 굴요성이 없는 경우에는 투과성의 정도에 따라 모래는 울타리를 중심으로 퇴적한다(그림 9-8의 c참조).

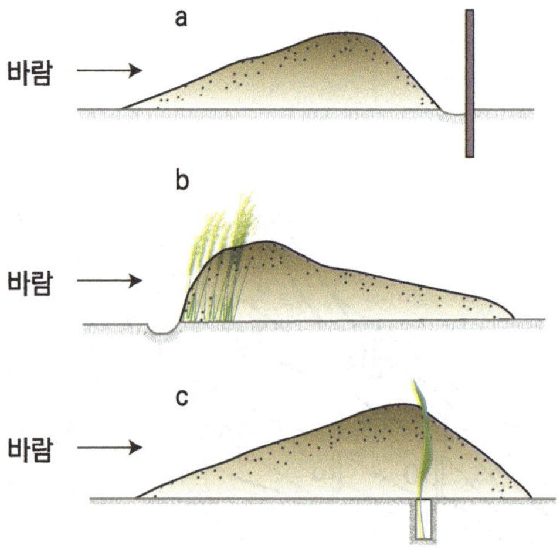

[그림 9-8] 퇴사울타리의 종류와 퇴사형태

일반적으로 퇴사울타리에 의한 모래날림의 퇴사지점은 풍속이 크고 간격이 넓을수록 후퇴한다. 즉, 퇴사울타리의 통풍이 지나치게 좁아서 방풍물체(갈대 · 대나무 등)의 통풍비가 2 : 1 보다 조밀하거나 간극은 적당할지라도 강풍에 의하여 퇴사울타리에 모래가 부착하면 퇴사울타리의 간극을 막아 넘어지는 경우도 있다.

따라서 방풍물체의 통풍비는 모래언덕의 형상과 바람의 힘, 그리고 모래의 입경 등에 따라 다르지만 통상 1 : 1로 하고, 경우에 따라서는 1 : 2로 한다.

9.5.3 구조 및 재료

퇴사울타리의 높이는 풍력 · 모래의 양 등에 따라 결정되지만, 일반적으로 강풍에 의한 풍도를 막기 위해서는 1.0m 정도로 하고, 정상은 수평이 되도록 한다. 또한, 퇴사울타리 하부를 충분히 매설하지 않으면 풍혈(風穴)이 생겨 퇴사울타리가 파괴되므로 충분히 매설하여야 한다.

퇴사울타리의 사용재료는 퇴사가 종료될 때까지 내구성이 있고, 구하기 쉬운 것을 선정하여야 한다. 일반적으로 말뚝재료로는 곰솔 · 소나무 · 낙엽송 · 참나무류 · 잡목 등이 사용되고, 방풍재로는 섶 · 갈대 · 참억새 · 대나무 · 플라스틱망 등이 사용된다.

퇴사울타리에 의하여 조성된 모래언덕이 바람침식을 받을 우려가 있는 지역은 모래언덕의 꼭대기에 40~60㎝ 정도의 구정바자얽기(丘頂編柵工: wicker works on sand dune)를 축설한다. 구정바자얽기는 산지사방의 바자얽기 공사에 준하며, 풍혈이 생기지 않도록 20㎝ 정도를 땅속에 묻어야 하고, 바자의 정부는 반드시 수평으로 설치한다.

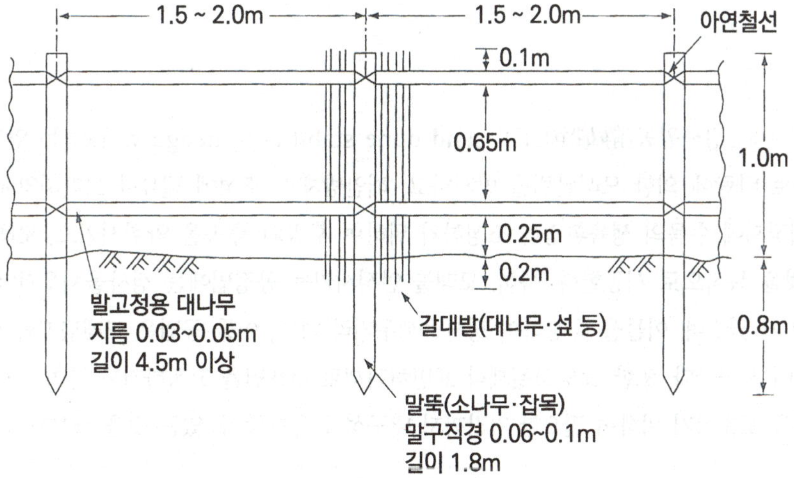

[그림 9-9] 퇴사울타리의 구조

[그림 9-10] 퇴사울타리 시공에 따른 식생변화

[그림 9-11] 다양한 퇴사울세우기

9.6 정사울세우기

9.6.1 개요

정사울세우기〔정사원공(靜砂垣工): sand dune stabilizing hedge works〕는 앞모래언덕의 뒤쪽으로 바람에 의한 모래날림을 방지하고, 해안방재림 조성에 필요한 모래지역에 실시하며, 식재예정지에 수목의 생육환경을 조성하기 위하여 후방의 풍속을 약화시키고, 모래의 이동을 막는 것을 목적으로 시공한다. 특히, 모래를 안정시키는 공정법에는 정사울세우기와 정사낮은울세우기가 있으며, 이들을 통칭하여 정사울세우기라 하며, 이들 공법은 모래덮기와 사초심기를 병행하여 시공한다. 또한, 토양고결제나 표면처리제로 지표면을 고정하기도 하며, 사용재료는 식재 수목을 보호하기 위하여 필요한 기간까지 내구성을 유지할 수 있는 것을 사용한다.

9.6.2 시공

정사울타리의 방향은 모래언덕의 안정 및 식재목의 보호를 위하여 시공하는 것이므로 주풍 방향에 직각이 되게 한다. 정사울타리의 높이와 크기는 식재 수목의 높이 등을 고려하여 결정하지만, 일반적으로 유효높이는 1.0~1.2m로 하며, 구획의 크기는 한 변의 길이가 7~15m의 정사각형이나 직사각형으로 한다.

특히, 정사울세우기의 구획은 잘못되었을 때에는 구획 내에 와류가 생겨 모래의 이동 및 해풍 등에 의하여 식재목이 피해를 받기 쉽기 때문에 가능한 적절한 크기로 작게 구획하여 경제적이 될 수 있도록 설치해야 한다.

정사낮은울세우기〔정사립공(靜砂立工), sand dune stabilizing low-hedge works〕는 정사울세우기의 구획을 다시 작게 구획하여 바람에 의한 모래의 이동으로 발생하는 피해나 염해 및 한해 등으로부터 식재 수목을 보호하기 위하여 설치한다. 정사낮은울세우기는 지형 및 정사울세우기의 배치상태에 따라 다르지만 일반적으로 한 변을 2~4m의 직사각형, 또는 2m 간격의 열상으로 한다.

높이는 지상 30~50㎝로 하며, 아래쪽 20~30㎝는 모래땅에 박아 빗물 등이 땅속으로 침투되도록 하고 통풍비는 1 : 1로 시공한다. 정사낮은울세우기나 충립공〔衝立工: 식재공의 풍상에 새류 등을 세워 바람이 식재목에 직접 닿지 않도록 설치하는 것〕을 설치하지 않을 경우에는 4×4m의 정사각형 또는 2×4m의 직사각형으로 한다. 정사낮은울타리를 설치한 후에 구획 내부에 ha당 10,000본의 곰솔 등의 묘목을 식재한다.

사용 재료는 모래땅에 수분을 공급하고, 주변의 임지로부터 비산해오는 식물의 종자를 포착하여 발아를 촉진시키기 위하여 짚 · 갈대 · 섶 · 억새류 등을 사용한다.

[그림 9-12] 정사울세우기

9.7 구정바자얽기

9.7.1 개요

구정바자얽기〔구정편책(丘頂編柵): wicker works on sand dune〕는 퇴사울세우기 공법 등에 의하여 조성된 모래언덕이 해풍에 의하여 파괴되는 경우가 있어, 이 모래언덕의 정부를 고정하기 위하여 모래언덕 방향으로 구정바자얽기를 실시한다.

9.7.2 시공

구정바자얽기의 구조물은 조성된 모래언덕에서 가장 바람이 세게 미치는 곳에 설치하므로 너무 높으면 파괴되기 쉽다. 일반적으로 바자의 높이는 40~60㎝로 하고, 하부는 풍혈(風穴)이 생기지 않도록 20㎝ 정도를 땅속에 매설하도록 한다.

구정바자얽기의 사용재료 · 구조 등은 산지사방의 바자얽기에 준하며, 바자의 맨 위쪽은 반드시 수평으로 설치해야 하며, 사용재료는 조풍 등에 내구성이 있어야 한다.

9.8 모래덮기

9.8.1 개요

모래덮기〔복사공(覆砂工) 또는 복공(伏工): sand dune covering works〕는 퇴사울세우기 또는 인공모래쌓기에 의하여 조성된 모래언덕을 방치하면 바람에 의하여 침식이나 비산으로 파괴가 되므로 모래언덕이 식생에 의하여 피복될 때까지 표면을 갈대 · 거적 · 새 · 섶 · 짚 등으로 깔고 덮어서 수분을 보존하며, 모래날림을 방지하기 위해 시공한다.

[그림 9-13] 모래덮기

1. 모래덮기 공법

모래덮기 공법은 사용재료에 따라 소나무모래덮기 · 갈대모래덮기 · 짚모래덮기로 구분한다.

시공은 바람에 의하여 비산되지 않도록 모래언덕의 표면을 정지한 후에 섶 · 짚 · 갈대 등을 풍하에서 풍상 방향으로 표면에 밀착시켜 피복하고, 그 위에 대나무와 새끼 등으로 견고하게 고정시킨다. 소나무섶 등으로 시공할 때는 바람의지 쪽에서 시작하여 바람받이 쪽에 이르도록 해야 하며, 각 열에 있어서 섶의 밑부분인 근원부는 바랍받이 쪽에 향하도록 놓는다. 또한, 강풍지역에서는 각 열을 따라 나뭇가지나 간벌재를 올려 놓은 후에 갈고리형의 말뚝으로 고정하고, 나뭇가지의 밀도는 바람의 강도나 모래날림의 정도에 따라 조정한다.

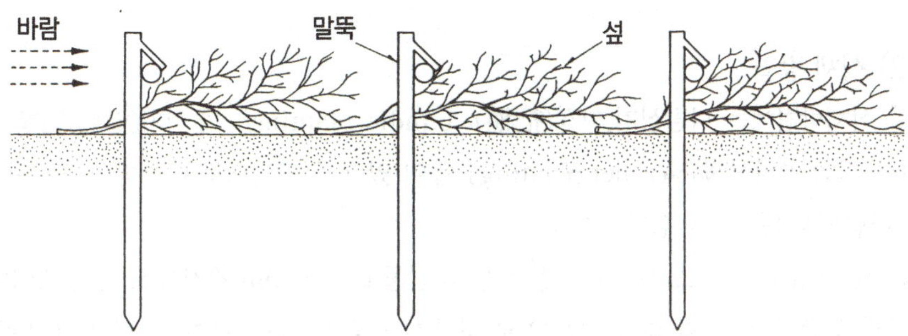

[그림 9-14] 섶덮기 공법의 시공모식도

2. 사초심기

사초심기(사초식재공: sand-grass planting measures)공법은 해안의 모래땅에서 잘 생육하고, 모래언덕의 고정기능이 높은 사초를 식재하여 비사를 방지하는 공법이다. 사초는 모래의 퇴적으로 말라 죽지 않고 기는줄기나 땅속줄기가 잘 뻗어 많은 가지를 발생하여 모래층의 긴박력이 좋아야 한다. 특히, 볏과, 사초과, 국화과 등에 속하는 초본류 중에서 내풍성 · 내염성이 강하고 퇴사에 의한 매몰 · 건조 · 더위에 강해 모래땅에서도 잘 생육하는 사초를 식재하며, 퇴사울타리와 정사울타리가 부식된 후에도 모래언덕을 피복, 고정하는 것을 목적으로 한다.

[그림 9-15] 사초심기

1) 사초의 종류

모래가 퇴적해도 고사하지 않고 기는줄기나 땅속줄기가 발달하여 모래언덕을 고정하기 위하여 식재하는 사초는 다음과 같은 종류가 있다.

① 볏과 : 갯쇠보리 · 새 · 솔새 등

② 사초과 : 보리사초 · 통보리사초 · 솔보리사초 등

③ 국화과 : 갯쑥부쟁이 · 갯쑥 · 갯씀바귀 · 갯메꽃 · 갯보리 · 갯질경 · 갯상근 · 모래지치 · 자귀풀 · 큰개미라지

④ 콩과 : 갯완두 등

⑤ 도입품종 : American beach grass · weeping love grass · swich grass 등

2) 식재 방법

사초의 식재방법에는 다발심기〔파식(把植): bundle planting〕, 줄심기〔열식(列植): row-planting〕, 망심기〔망식(網植): net planting〕 등이 있다. 일반적으로 바람받이 쪽에는 망심기를 하고, 바람의지 쪽에는 줄심기를 한다.

다발심기는 사초를 4~8포기씩 모아 한 다발로 만들고 30~50m 간격으로 심는 것이며, 묶음 모양에 따라 둥근다발심기와 넓적다발심기로 구분한다. 줄심기는 1~2주를 1열로 하여 주간거리 4~5㎝, 열간거리 30~40㎝가 되도록 식재하고, 줄 방향은 주풍방향에 직각이 되도록 심는다. 망심기는 사초를 바둑판의 눈금처럼 종횡으로 줄심기를 하여 모래언덕의 이동을 방지하도록 배치하며, 망의 구획 크기는 2m×2m로 하여 내부에도 사이심기를 한다.

또한, 사초심기 대신에 사초류 또는 기타 초본류의 종자를 직접 모래땅에 파종하는 씨뿌리기도 하며, 씨뿌리는 방법 · 파종량 · 파종시기 등은 산복녹화공사의 씨뿌리기에 준한다.

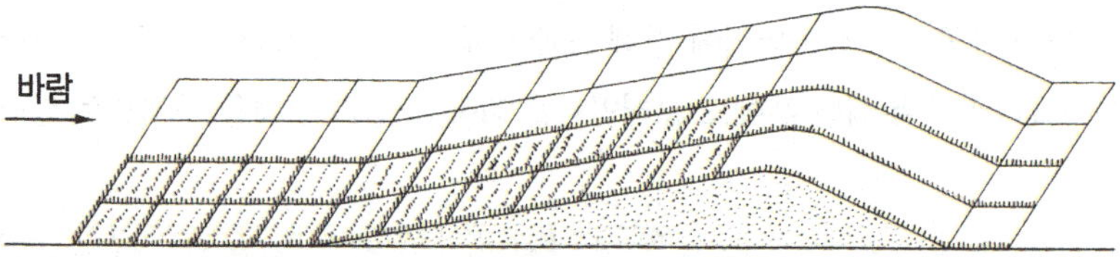

[그림 9-16] 사초심기의 배치사례(바람받이 쪽: 망심기, 바람의지 쪽: 줄심기)

9.9 방풍공

9.9.1 방향 및 높이

해안지역에서는 강한 해풍으로 해안방재림 조성으로 심은 묘목이 흔들려 고사하기 쉬우므로 방풍공을 시공하며, 방풍공에 의한 풍속의 감소율 및 범위는 방풍재의 투과율에 따라 다르다. 방풍공은 조성하려는 해안방재림의 폭을 고려하여 가장 효과적인 위치에 설치하며, 일반적으로 방풍공의 방향은 주풍의 방향에 직각이 되도록 설치한다. 방풍공의 높이는 지형, 주풍의 강도, 해안방재림의 폭, 방풍공의 방풍률 등에 따른 효과 범위를 고려하여 결정하지만, 일반적으로 2~3m로 한다. 또한, 폭이 넓어 1개의 열로는 효과를 기대할 수 없는 곳에서는 열상으로 배치한다.

9.9.2 구조

방풍공은 정사울타리나 식재목을 바람으로부터 보호하기 위해 설치하며, 식재수목의 단목(單木)별로 내륙방향을 제외한 3방향에 보호책을 설치하여 풍해를 줄이고 앞모래언덕의 여러 곳에 방풍울타리를 설치한다. 방풍공에는 방풍책 · 방풍네트 등이 사용되고 있으며, 사용재료와 내구성도 다양하기 때문에 방풍공을 설계할 때에는 설치기간 · 풍속 등을 고려해야 한다.

[그림 9-17] 해안방재림 조성지의 방풍책

지주의 구조에는 지주 단독의 단주형(單柱型)과 주주와 지주를 조합한 공주형(控柱型)이 있으며, 현지 상황에 따라 선택한다. 또한, 방풍공의 주주(主柱) · 지주(支柱)에는 목재 · 합성수지 · 경량강재 등이 사용되고 있지만, 모든 재료는 풍압에 의하여 파괴되지 않는 구조로 해야 한다.

특히, 철강재류를 사용할 때에는 조풍에 의하여 녹슬지 않도록 아연도금 등을 실시해야 한다. 방풍책은 가장 효과적인 방풍률이 되도록 부재의 간격과 재료를 사용하지만, 주로 갈대 · 대나무 · 목재 등이 사용되며, 방풍네트에는 각종 섬유 · 합성수지 · 금속 등이 사용된다. 풍동실험에 의하면 방풍공의 방풍률은 60% 정도를 표준으로 하는 것이 바람직하다고 한다.

9.10 배수공

배수공은 강수에 의한 지표면 유출수 및 지하수 등을 신속히 배제하기 위하여 시공한다. 배수공의 공종은 산복사방의 배수로공사 및 속도랑배수구에 준하며, 해안방재림의 조성지는 평탄지가 많으므로 지하수위가 높은 곳이나 침투수가 정체하기 쉬운 곳은 배수로공사 및 속도랑배수구를 시설하며, 표면수 및 지하수를 신속하게 배제하여 식재 수목의 뿌리가 썩는 것을 방지해야 한다.

9.11 충립공

충립공(衝立工)은 볏짚 · 새류 등으로 엮은 지주를 식재목의 바람받이 쪽에 세워 바람이 식재목에 직접 닿지 않도록 하여 식재목을 보호하기 위해 설치한다. 또한, 충립공은 바람에 의한 식재목의 수분증발을 억제하여 활착률을 높이고, 강우를 땅속에 침투시켜 모래땅의 건조를 방지하는데 효과적이다.

충립공은 식재목에서 15㎝ 정도 떨어진 거리에 폭 30㎝, 높이 40㎝ 정도로 배치하지만, 묘목의 크기에 따라 결정한다.

9.12 사지 식재공사

9.12.1 개요

사지 식재공사(砂地 植栽工事: planting measures on sand dune)는 해안지역의 모래땅에 가장 적합한 수종, 본수, 혼효비 및 식재방법을 결정하여 조기에 수림화하기 위하여 실시한다.

최근 해안방재림의 방재기능 뿐만 아니라 생활환경보전이나 풍치보전 및 생물다양성보전기능에 대한 사회적 요구도도 증가하고 있으므로 이러한 점을 충분히 고려하여 수종 · 식재본수 · 혼효비율 · 식재방법 등을 선정해야 한다.

9.12.2 식재수종

해안의 모래땅은 지온의 일변화가 심하고 토양의 보수력이 작기 때문에 해안방재림의 기능을 할 수 있는 숲이 되기까지 많은 시간과 경비가 필요하다. 식재계획 시에는 식재지의 토양조건 · 기상조건 · 사회조건 등을 조사하여 가장 적절한 수종 · 식재본수 · 혼효비율 · 식재방법 등을 결정하고, 객토와 시비 등에 대해서도 충분히 검토해야 한다.

해안의 모래땅은 일반 산지에 비해 강풍 · 조풍 · 건조에 의한 피해를 받기 쉬워 환경조건이 좋지 않으므로 수종선정에 신중을 기해야 한다. 해안사지의 조림용 수종으로 구비해야 할 일반적인 조건은 다음과 같다.

① 양분과 수분에 대한 요구가 적을 것
② 바람에 대한 저항력이 강할 것
③ 모래날림 · 조풍 · 한풍 등의 피해에 잘 견딜 것
④ 온도의 급격한 변화에 잘 견딜 것
⑤ 병 · 충해에 강할 것
⑥ 울폐력이 좋고, 낙엽 · 낙지 등에 의하여 지력을 증진시킬 수 있을 것
⑦ 생활환경이나 풍치의 보전 및 창출에 적합할 것

우리나라의 해안방재림 조성에 일반적으로 식재되고 있는 수종에는 곰솔 · 소나무 · 섬향나무 · 노간주나무 · 팽나무 · 떡갈나무 · 해당화 · 아까시나무 · 보리장나무 · 순비기나무 · 사시나무 등이 있으며, 이 중에서 3~4년생의 곰솔이 가장 많이 식재되고 있다. 또한, 위성류 · 사스레피나무 · 후박나무 · 멀구슬나무 · 예덕나무 · 돈나무 등도 식재 가능한 수종이다.

해안의 모래땅은 토양의 이화학적 조건이 매우 나쁘기 때문에 주 임목의 성장을 도와주기 위하여 비료목을 혼식할 필요가 있다. 특히, 해안방재림에서는 쪽제비싸리 · 싸리류 · 오리나무류 · 아까시나무 · 보리수나무 · 자귀나무 · 소귀나무 등을 비료목으로 식재하고 있다.

9.12.3 식재본수 및 방법

식재본수는 해안지역에서 내륙으로 갈수록 식재목에 필요한 생육조건이 개선되기 때문에 토양 · 기상조건 · 정선으로부터의 거리 등을 고려하여 결정한다. 묘목을 식재하면 사지가 조속히 피복되어 바람과 건조의 피해를 방지할 수 있지만, 너무 밀식하면 수목의 생육이 저해되므로 주 임목의 식재본수는 10,000본/ha, 내륙 쪽은 5,000~8,000본/ha 정도가 좋다.

식재방법은 산복사방 공사의 식재방법에 준하며, 식재묘목은 산지사방 조림용보다는 대묘를 사용하는 것이 좋으며, 객토는 부식토와 같은 비옥한 흙을 한 구덩이당 1~3L씩 넣어 모래와 잘 섞은 후에 사용한다. 또한, 모래의 이동과 수분증발을 방지하고 토양양료를 공급하기 위해 짚 · 녹비 · 퇴비 · 울타리 재료의 부스러기 등을 모래 속 20~30㎝ 깊이에 깔아 묻어두어 썩으면 식재목의 비료가 되므로 식재목의 생장에 큰 효과가 있다. 볏짚깔기의 양은 식재목 1본당 400g 정도를 표준으로 한다.

특히, 묘목 식재지 또는 식재목 뿌리 주위에 볏짚을 덮어서 모래의 이동과 수분의 증발 및 지온의 극단적인 상승과 저하를 방지한다. 볏짚덮기 사용량은 식재목 주위에서 300g/본 정도를 표준으로 하며, 식재지 전면에서는 6,000~10,000㎏/ha를 표준으로 한다.

9.12.4 시비 및 객토

해안사방지역 식재용 비료의 종류는 식재지의 상태에 따라 다르지만, 지효성 비료를 기본으로 하며, 필요에 따라 속효성 비료를 함께 사용한다.

해안의 모래땅 식재에 사용되는 비료의 일반적인 구비조건은 다음과 같다.

① 효과가 빠르고, 오랫동안 시비효과가 있을 것
② 잘 유실되지 않을 것
③ 다른 성분과 잘 결합하지 않을 것
④ 사용이 편리할 것

또한, 필요에 따라 추비를 실시하며, 객토는 전면객토보다는 근계의 발달을 고려하여 현지의 모래 등을 혼입하여 부분객토를 실시한다.

[그림 9-18] 해안방재림 나무심기

[그림 9-19] 해안방재림조성사업

(사진: 사방기술교본 산림청)

9.13 해안침식 방지

9.13.1 파도막이

1. 개요

파도막이(파랑공: tide prevention works)는 앞모래언덕(전사구: fore-dune)의 각부가 파도 등에 의하여 침식이나 파괴되는 것을 막기 위해 설치하는 구조물이다. 파도막이는 앞모래언덕의 바다 쪽에 설치하지만, 모래언덕이 정선에서 떨어져 있는 경우가 많기 때문에 파도에 의한 침식은 비교적 적은 편이다. 특히, 강한 파도의 압력을 직접 받는 방조공과 같은 강도는 필요하지 않지만, 파도의 침식에 대해서는 충분한 내구성이 있어야 한다.

풍랑, 해일 및 쓰나미 등으로 인하여 해안침식이 진행되고 있는 지역을 대상으로 해안의 침식방지와 함께 지역주민의 안전과 재산을 보호할 지역을 우선적으로 선정하며, 현지에 적합하고 경관이 저해되지 않는 재료를 선택하여 흙막이 · 돌쌓기 · 큰돌쌓기 등의 구조물을 설치하고, 수림대를 조성하도록 한다.

2. 시공

파도막이 구조물의 위치는 앞모래언덕 각부의 바다 쪽 파도 도달선에 위치하도록 설치하고, 일반적으로 방향은 정선과 앞모래언덕에 평행하게 하며, 맨 윗부분은 수평으로 한다. 또한, 파도막이의 높이는 통상의 파도에 의하여 앞모래언덕의 각부가 세굴되거나 파괴되지 않을 정도의 높이로 한다.

파도막이에는 파도막이바자얽기 · 파도막이울짱얽기 · 파도막이돌망태쌓기 등이 있다. 이전에는 파도막이울짱얽기가 많이 사용되었지만 내구성이 떨어져서 최근에는 전석 · 콘크리트판 · 콘크리트 블록 · 2차 제품들이 많이 사용되고 있다.

해안침식지 복구에 시공하는 구조물의 기초는 최대한 깊게 설치하여 풍랑 등에 의한 침식을 방지해야 한다. 구조물은 지형을 고려하여 설치해야 하고, 해안선의 선형에 돌출되지 않도록 하며, 계획고는 방파제 설치기준에 따른 최고 만조위선을 초과하도록 설치하여야 한다. 해안침식지 복구사업지의 내륙에 해안방재림이 조성되어 있지 않은 곳은 3열 이상의 수림대를 조성하며, 수림대 조성은 충분한 시비와 객토를 실시하고 염해에 강한 큰 나무를 식재한다.

[그림 9-20] 전석(좌) 및 판자(우) 파도막이 구조물

[그림 9-21] 해안침식지(좌)와 복구모습(우)

9.13.2 방조제

1. 개요

방조제(coastal dike for tide prevention)는 파랑 · 해일 · 쓰나미 등에 의한 파도의 침입 및 해안침식을 방지하여 모래언덕 및 해안방재림과 그 예정지를 보호하여 산림을 조성하기 위하여 시공한다.

방조제는 원칙적으로 정선에 평행이 되도록 하고, 형식은 직립형 · 경사형 · 혼합형 등이 있으며, 종류는 사용 재료에 따라 콘크리트 · 철근콘크리트 · 석재 · 콘크리트블록 · 돌망태 등으로 구분한다. 방조제의 제체는 다소의 점토를 포함한 사질이나 사력질을 이용하고 충분히 다져야 한다. 다만, 직립형의 콘크리트 방조제는 소요 강도 및 내구성이 있는 콘크리트를 사용한다.

2. 시공

방조제의 둑마루 높이는 기상 및 조석 등 자연조건과 방조제의 형상 · 소파공의 효과 · 월파의 허용 정도 등을 고려하여 설계고조위(設計高潮位)에 여유고를 더하여 높이를 결정한다.

방조제의 단면은 전도에 대한 안정, 활동에 대한 안정, 체제의 파괴에 대한 안정, 기초지반의 지지력에 대한 안정조건을 만족해야 한다. 전면의 기울기는 제체의 안정 · 수리조건 · 해빈의 이용 등을 고려하여 결정해야 하며, 둑마루의 두께는 일반적으로 3m 이상을 표준으로 한다.

방조제의 기초공은 제체를 안전하게 유지하여 파도의 세굴에 충분히 견딜 수 있도록 하며, 밑막이는 기초공의 세굴을 방지할 필요가 있을 때 설치하고 단독으로 침하 또는 굴요 할 수 있는 구조로 한다.

또한, 방조제는 기초지반 또는 기초지반과 기초공 사이의 누수를 방지하기 위하여 지수공(止水工)을 설치하며, 방조제를 넘어가는 파도나 물보라 등을 배수하기 위해 방조제 뒷면의 아랫부분에 배수공도 설치하도록 한다.

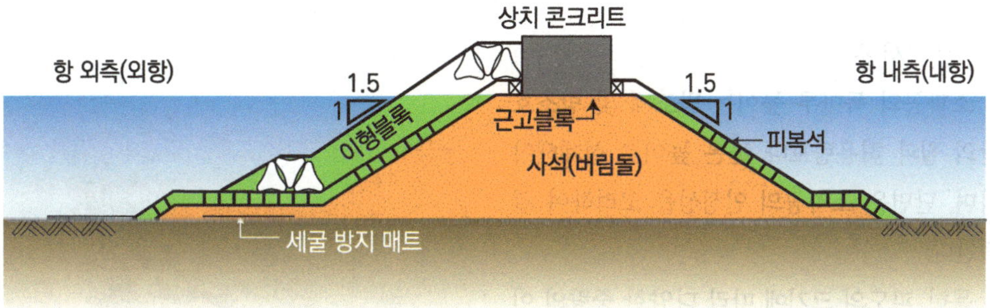

[그림 9-22] 경사형 방조제

9.13.3 방조호안

1. 개요

방조호안(防潮護岸: tide prevention revetment)은 파랑 · 해일 · 쓰나미 등에 의한 해안선을 고정하여 해안침식을 방지하고, 모래언덕, 해안방재림 또는 해안방재림 조성예정지를 보호하여 산림조성을 유도하기 위하여 시공한다.

[그림 9-23] 방조호안

2. 시공

방조호안의 형식 및 종류 등은 방조제와 유사하며, 방조호안의 둑마루 높이 · 단면 · 기초공사 · 지수공 · 밑막이 · 배수공 등도 방조제의 시공과 비슷하다.

9.13.4 소파공

1. 개요

소파공(消波工: coastal breakwater works)은 파도의 월파고 · 월파량 · 충격쇄파압을 분산시키거나 저감시켜 방조제 · 방조호안 등의 전면부에 퇴사를 촉진하며, 세굴을 방지하기 위해 시공한다. 소파공의 형식은 원칙적으로 투과식으로 하며, 방조제 및 방조호안에 평행하게 설치하도록 한다.

소파공의 종류는 석재 및 콘크리트블록 등이 있고, 이 중에서 소파효과가 높은 것을 현지 실정에 따라 선정한다.

2. 시공

소파공의 둑마루 높이는 방조제 및 방조호안의 월파 허용량보다 높은 높이로 설계해야 하며, 단면은 소파공의 안정성을 고려하여 결정한다.

[그림 9-24] 테트라포드를 이용한 소파공

특히, 파도의 크기에 따라 다양한 중량의 이형(異形) 콘크리트블록은 1940년대부터 프랑스에서 상품명인 테트라포드(tetrapod)로서 처음 개발된 후 많은 종류의 소파블록들이 개발되어 사용되고 있다. 소파공에 사용하는 콘크리트블록 및 사석은 파력을 받는 방조제의 전면을 보호할 수 있도록 보다 안정된 중량을 가지도록 해야 한다. 또한, 소파공의 기초는 소파공을 안전하게 지지하고, 파력 및 파도에 의한 세굴을 충분히 견딜 수 있어야 한다.

9.13.5 소파제

1. 개요

소파제(消波提: coastal dike for breakwater embankment)는 파랑에 의한 침식으로 사빈 · 모래언덕 · 해안선이 후퇴하는 것을 방지하여 정선을 유지하고, 그 배면에 퇴사를 촉진하기 위하여 시공한다. 소파공의 형식 및 종류의 선정에 준하며, 원칙적으로 정선에 평행한 선형이 되도록 한다.

2. 시공

소파제의 둑마루 높이는 수심 · 조위 · 파고 · 지반 · 제체의 침하 · 소파제의 형식 등을 고려하여 결정한다. 소파제의 단면과 기초는 소파공의 단면과 기초에 준하는 것으로 한다.

9.13.6 돌제

1. 개요

돌제(突堤: coastal spur, groin)는 주로 연안표사의 원인이 되는 해안의 표사이동을 억지하거나 퇴적시켜 해안침식을 방지하기 위하여 정선에 직각이 되도록 시공한다. 돌제의 종류는 석재 · 콘크리트블록 · 콘크리트말뚝 · 강널말뚝(steel sheet pile) 등 그 형상이나 공법에 따라 다양하지만, 현지 실정에 맞는 재료를 선정하여 시공한다.

2. 시공

돌제의 둑마루 높이는 육지 쪽의 수평부분이 설계파도에 의하여 넘치지 않을 정도의 높이로 하며, 단면은 소파공의 단면에 준하도록 한다. 돌제의 길이는 앞부분이 표사를 포착하여 퇴적시킬 수 있는 위치까지 모두 해면과 육지가 맞닿은 선으로부터 바다 쪽으로 수십 미터 돌출되고, 간격은 그 길이의 두 배정도로 한다. 기초는 소파공의 기초에 준하고 방조제 또는 방조호안에 접속되도록 한다. 방조제 등이 없는 경우에는 악천후의 파도가 기초에 접촉하는 위치까지로 한다. 또한, 돌제의 간격은 정선이 가장 후퇴하였을 때를 기준으로 하여 해안의 보전이나 이용 상 필요한 폭을 확보할 수 있도록 한다.

돌제는 돌제군으로서 사용되고, 사석이나 소파(消波) 블록을 제방모양으로 쌓은 투과식인 것과 직사각형 콘크리트 블록 · 케이슨 · 널말뚝 등을 제방모양으로 이용하는 불투과식이 있다. 또한, 돌제는 항만 부두의 한 형식으로 선박의 계류시설, 창고, 가건물 등을 배치한 대표적인 부두형식의 하나이다.

[그림 9-25] 돌제시공

사방공학

부 록

참고문헌

강원석, 마호섭, 전권석. 2016. 강우량의 누적일수가 산사태 발생에 미치는 영향. 한국임학회지 105(2): 216~222.

경기도. 1994. 치산사방녹화사

경상북도. 1977. 영일지구 사방사업사

경상북도. 2008. 경북산림환경100년사

구길본, 마호섭. 2018. 개방형에 따른 사방댐의 투과율 및 생태적 기능 분석. 농업생명과학연구 52(6): 1~12.

국토교통부, 2011. 확률강우량도 개선 및 보완 연구

김경하, 김재수, 김종섭, 마호섭, 박인보, 박재현, 이헌호, 장인수, 정용호, 최형태. 2002. 최신수문학. 동화기술

김성수, 류재석, 이승태, 정호섭. 2009. 토목재료학. 구미서관

김형수. 1990. 최신하천공학. 형설출판사

김희종. 1983. 하천공학. 동명사

마호섭. 1994. 산지사면의 붕괴위험도 예측모델의 개발 및 실용화 방안. 한국임학회지 83(2) : 175~190.

마호섭, 박재현. 2019. 산지계류에 설치된 계상구조물이 어류의 이동에 미치는 영향 -버들치를 중심으로-. 한국산림과학회지 108(2) : 224~232.

마호섭, 이성재. 2018. 석산개발지역 퇴적장 석축사면의 안정성 해석. 한국산림과학회지 107(4) : 385~392.

마호섭, 강원석, 박진원. 2011. 암반비탈면에 있어서 천공기법에 의한 녹화공법의 개발 -참싸리를 중심으로-. 한국임학회지 100(4) : 558~564.

마호섭, 정원옥. 2007. 산지사면에 있어서 퇴사량에 의한 사방댐의 시공적지 예측. 한국임학회지 96(3) : 300~306.

박성우, 권순국, 서승덕, 안병기, 이순혁, 최예환. 1984. 응용수문학. 향문사

박창하. 최신측량학. 2002. 도서출판 건기원

배종순. 2014. 토질역학. 씨아이알

북부지방산림청. 2011. 자연친화적인 사방댐 설계·시공 매뉴얼

송창섭, 이달원, 유찬, 송영환, 김용성, 백원진, 임성훈. 2017. 토질역학. 구미서관

임승태. 1996. 최신의 사면안정공법. 기술경영사

윤용남. 1997. 공업수문학. 청문각

산림청. 1988. 황폐지 복구사

산림청. 1996. 임업 및 임학용어 표준화 연구보고서(Ⅱ). 한국임정연구회

산림청. 2002. 환경친화적 사방공법정립에 관한연구

산림청. 2007. 한국사방100년사
산림청. 2011. 자연과 조화로운 사방시설 조성사례집
산림청. 2023. 개정 사방기술교본
산림청. 2014. 사방표준품셈
산림청. 2014. 2014년도 산사태방지분야 시행계획
산림청. 2016. 훼손지 산림생태 복원연구사업단 최종보고서
산림청. 2017. 산림보호국 소관 법령집
산림청. 2018. 산림생태복원 유형별 사례집
우보명. 1997. 개정 사방공학. 향문사
우보명. 2003. 훼손지환경녹화공학. 서울대학교출판부
우보명. 2013. 개정 임업토목공학. 향문사
장병욱, 전우정, 성찬용, 고홍석,김광우, 송창섭, 유찬, 임성훈, 김용성. 2008. 토목시공학. 구미서관
조동길. 2017. 생태복원 계획·설계론(제 I 권). 넥서스환경디자인연구원 출판부
조동길. 2017. 생태복원 계획·설계론(제 II 권). 넥서스환경디자인연구원 출판부
조태응. 1971. 실용사방공학. 농림신문사
전근우. 2011. 신고 사방공학. 향문사
최영박, 이순택, 안원식, 김병호. 1996. 수문학. 문운당
한국지반공학회. 1997. 사면안정. 구미서관
Daney Brunsden & David B. Prior. 1984. Slope Instability. John Wiley & Sons
Kyoji Sassa, Hiroshi Fukuoka, Fawu Wang, Gonghui Wang 2005. Landslides –Risk Analysis and Sustainable Disaster management. Springer
Kenneth N. Brooks, Oeter F. Ffolliott, Hans M Gregersen, John L. Martin R. Perrow & Anthony J. Davy. 2002. Handbook of Ecological Restoration. Cambridge Univ. Press
Thames. 1991. Hydrology and The Management of Watershed. Iowa State Univ. Press
Peter E. Black. 1991. Watershed Hydrology. Prentice Hall Advanced Reference Series
Robert J. Naiman. 1992. Watershed Management. Springer-Verlag
William J. Mitsch, Sven Erik Jorgensen. 2004. Ecological Engineering and Ecosystem Restoration. John Wiley & Sons
愛知縣(日本). 1994. 治山事業計劃. 設計の手引. 39~60쪽
治山研究會(日本). 1990. 治山技術寫眞圖說
林野廳(日本). 1983. 治山技術基準 解說
全國治水砂防協會(日本). 개정판 砂防設計公式集(매뉴얼)

(財)砂防·地すべり技術せんた 2009. 鋼製砂防構造物設計便覽. ニッセイエブロ株式會社.
小橋登治 外 共著. 1997. 環境綠化工學. 朝倉書店
中野秀章. 1976. 森林水文學. 共立出版株式會社
中野泰雄. 2003. 總合的な防災對策. 三和書籍
中村俊六. 1995. 魚道のはなし. 株式會社 山海堂
中村太士. 1999. 流域一貫. 築地書館
小川 滋 外 編著. 2006. 土砂災害の警戒·避難システム. 九州大學出版會
陶山正憲. 1998. 治山·砂防工法特論. 地球社
陶村富士弥. 1978. 治山·砂防工學. 森北出版株式會社
山口伊佐夫. 1985. 砂防工學. 地球社
武居有恒 外 共著. 1993. 砂防工學. 文永堂出版
矢野義男. 1984. 山地防災工學. 山海堂
大石道夫. 2014. 微地形砂防の實際. 鹿島出版會
塚本良則. 1992. 森林水文學. 文永堂出版
塚本良則. 1998. 森林·水·土の保全. 朝倉書店
塚本良則 外 共著. 1991. 新砂防工學. 株式會社 朝倉書店
太田猛彦 外 共著. 1999. 溪流生態砂防學. 財團法人 東京大學出版會
河村三郎. 1982. 土砂水理學. 森北出版株式會社
芦田和男 外 共著. 1985. 扇狀地の土砂災害. 株式會社 古今書院

찾아보기

번호·로마자

ㄴ

ㄷ

ㅂ

ㅊ

저자약력

▣ 학 력

1974. 03. ~ 1980. 02 : 경상대학교 임학과(농학사)
1983. 03. ~ 1985. 02 : 서울대학교 대학원 임학과 농학석사(산림공학)
1985. 03. ~ 1988. 02 : 경상대학교 대학원 임학과 농학박사(산림공학)

▣ 경 력

1989. 03. ~ 2021. 02 : 경상대학교 환경산림과학부 교수
1993. 02. ~ 1994. 08 : 미국 Univ. of Washington Post-Doc.
1999. 01. ~ 2001. 01 : 경상대학교 농과대학 부속학술림장
2002. 03. ~ 2003. 06 : 경상대학교 교무부처장
2005. 01. ~ 2007. 02 : 경상대학교 농업생명과학대학 부속학술림장
2005. 03. ~ 2007. 02 : 경상대학교 농업생명과학대학 산림과학부장
2012. 04. ~ 2017. 03 : 산림청 지원 훼손지 산림생태복원 연구사업단 단장
2016. 06. ~ 2018. 05 : 경상대학교 도서관장
2021. 03. ~ 현재 : 경상대학교 환경산림과학부 명예교수

▣ 기타경력

2002. 08. ~ 2017. 07 : 경상남도 지방건설기술위원회 위원
2006. 03. ~ 현재 : 경상남도 치산, 임도 타당성평가위원회 위원
2006. 01. ~ 2007. 12 : 농림부 농림기술관리센터 전문위원(임업분야)
2007. 02. ~ 2018. 01 : 낙동강유역환경청 환경영향평가위원회 위원
2008. 08. ~ 2018. 06 : 경상남도 도시계획심의위원회 위원
2008. 12. ~ 2018. 07 : 경상남도 지방산업단지계획심의위원회 위원
2008. 04. ~ 2018. 07 : 경상남도 산지관리위원회 위원
2011. 11. ~ 2012. 12 : 국립산림과학원 산림환경부 겸임연구관
2012. 02. ~ 2015. 04 : 한국산림공학회 회장
2013. 02. ~ 2018. 01 : 국립공원관리공단 자문위원회 위원
2013. 05. ~ 2018. 04 : 한국광해관리공단 자문위원회 위원
2013. 02. ~ 2019. 01 : 산림청 사방사업 현장기술 자문위원회 위원
2014. 04. ~ 2019. 03 : 사천시 규제개혁위원회 위원
2015. 05. ~ 2017. 04 : 서부지방산림청 임도시설타당성평가위원회 위원
2015. 10. ~ 2019. 09 : 울산광역시 산지관리위원회 위원
2016. 05. ~ 2018. 04 : 부산광역시 산지관리위원회 위원

2016. 05. ~ 2021. 04 : 경상남도 재해복구사업심의위원회 위원
2017. 02. ~ 2019. 10 : (주)한국남동발전 사외이사
2018. 02. ~ 2019. 01 : 경상남도 도민안전제일위원회 위원
2018. 03. ~ 2020. 02 : 한국산업인력공단 기술사검정심의위원회 위원
2019. 03. ~ 2019. 09 : 국방부 특별건설기술위원회 위원
2021. 07. ~ 현재 : 거제시 도시계획위원회 위원
2023. 06. ~ 현재 : 거제시 건축·경관공동위원회 위원

■ 수상

정부포상 : 2012. 9. 제15회 농림수산과학기술대상(농림수산식품부 장관상)
학술단체 : 2009. 5. 한국지리정보학회 학술상
2015. 4. 한국산림공학회 공로상
훈장 : 2021. 2. 옥조근정훈장

■ 저서

1997. 산림공학(공저) 광일문화사
2002. 최신수문학(공역) 동화기술
2009. 산림과 환경(공저) 서린디자인출판
2011. 산림환경자원학개론(공저) 서린디자인출판
2017. 산림측량학(공저) 향문사

■ 논문 및 보고서

논문 : 산지사면의 붕괴위험도 예측모델의 개발 및 실용화 방안 등 180편

■ 특허

등록일자	등록번호	제목	비고
2008. 12. 1	10-0872483	암반사면의 녹화용 녹화분	
2009. 1. 22	10-0881032	천공 및 녹화분을 이용한 암반사면의 녹화방법	
2011. 9. 26	10-1069309	식생필터를 이용한 옹벽의 녹화방법	
2023. 4. 3	10-2519112	사면안정 격자구조물	

사방공학 (개정판)

1판 1쇄 인쇄 2023년 9월 4일
1판 1쇄 발행 2023년 9월 4일

저자 마호섭

발행인 넥서스환경디자인연구원(주)
편집디자인 김보라

발행처 넥서스환경디자인연구원(주)
출판신고 2007년 2월 21일 (신고번호 제22-3086호)
주소 (우)16006 경기도 의왕시 이미로 40 인덕원 IT밸리 B902, B903, B904

전화 031-424-2930 | 팩스 031-421-2931
홈페이지 www.nexusdesign.co.kr
이메일 nexus@nexusdesign.co.kr
값 40,000원

ISBN 979-11-87571-19-3